D1730828

Ulrich Teipel und Armin Reller (Hrsg.)

3. Symposium

Rohstoffeffizienz und Rohstoffinnovationen

05./06. Februar 2014

Neues Museum Nürnberg

FRAUNHOFER VERLAG

Kontaktadresse:
Fraunhofer-Institut für Chemische Technologie ICT
Joseph-von-Fraunhofer-Straße 7
76327 Pfinztal
Telefon 0721 4640-0
Telefax 0721 4640-111
E-Mail info@ict.fraunhofer.de
URL www.ict.fraunhofer.de

Bibliografische Information der Deutschen Nationalbibliothek
Die Deutsche Nationalbibliothek verzeichnet diese Publikation in der Deutschen Nationalbibliografie; detaillierte bibliografische Daten sind im Internet über http://dnb.d-nb.de abrufbar.
ISBN 978-3-8396-0668-1

Druck und Weiterverarbeitung:
Printsystem GmbH, Heimsheim

Für den Druck des Buches wurde chlor- und säurefreies Papier verwendet.

Fraunhofer-Informationszentrum Raum und Bau IRB
Postfach 800469, 70504 Stuttgart
Nobelstraße 12, 70569 Stuttgart
Telefon 0711 970-2500
Telefax 0711 970-2508
E-Mail verlag@fraunhofer.de
URL http://verlag.fraunhofer.de

VORWORT

Der nachhaltige Umgang mit knappen natürlichen Ressourcen ist eine der wesentlichen Aufgaben der Zukunft. Geringere Verfügbarkeit und steigende Rohstoffpreise erfordern deutliche Innovationen im Rohstoffbereich und machen die notwendigen Verfahren zu einem bedeutenden Wirtschaftsfaktor. Ein wesentliches Ziel muss sein, die Ressourceneffizienz deutlich zu steigern und die Wertschöpfung der daraus hergestellten Produkte aber auch der Vorprodukte zu optimieren.

Das Symposium „Rohstoffeffizienz und Rohstoffinnovationen", welches im Februar 2014 im Neuen Museum Nürnberg stattfindet widmet sich dieser Thematik. In 58 Beiträgen werden auf dem Symposium Fragestellungen und Problemlösungen zur effizienten Nutzung vom Primär- und Sekundärrohstoffen, Wert- und Werkstoffen, der Komplettierung von ganzheitlichen Stoffkreisläufen und der Produktverantwortung, sowie deren Bedeutung für den Klimaschutz vorgestellt und diskutiert. Dieses Symposium will einen Beitrag dazu leisten, dass die Thematik der Rohstoffeffizienz und Ressourcenoptimierung in Zukunft deutlicher fokussiert wird und mehr an Bedeutung gewinnt. Ein wichtiges Ziel dieses Symposiums ist es insbesondere zum wissenschaftlich-technischen Austausch rund um das Thema „Rohstoffe" beizutragen und Personen aus der Politik und Gesellschaft, der Industrie, sowie aus Forschung und Entwicklung und der industriellen Anwendung zusammen zu bringen. Technologietrends und Ressourcenstrategien werden ebenso wie eingeführte Technologien und wirtschaftliche Perspektiven für innovative Produkte oder Prozesse vorgestellt und diskutiert.

Wir möchten uns bei allen, die organisatorisch oder inhaltlich an der Vorbereitung und der Durchführung des Symposiums und dem Gelingen dieses Buches beteiligt sind, herzlich bedanken. Allen Vortragenden und Posterautoren danken wir für die Einreichung ihrer Manuskripte und den Teilnehmern für das Interesse an diesem Symposium. Für die Unterstützung bei der Vorbreitung zu diesem Symposium möchten wir uns bei den Mitgliedern des Programmausschusses, den Mitarbeitern des Fraunhofer Institutes ICT, des Bayerischen Staatsministeriums für Umwelt und Verbraucherschutz, des Neuen Museums Nürnberg, der Technischen Hochschule Nürnberg und der Universität Augsburg sehr herzlich bedanken. Unser besonderer Dank gilt Frau Karola Kneule, Frau Sabine Raab und Herrn Dipl.-Ing. Hartmut Kröber für die außerordentliche und tatkräftige Unterstützung.

Im Februar 2014 Ulrich Teipel und Armin Reller

Inhaltsverzeichnis

WIRTSCHAFTSSTRATEGISCHE ROHSTOFFE FÜR DEN HIGHTECH-STANDORT DEUTSCHLAND

L. Mennicken

Bundesministerium für Bildung und Forschung, Referat Ressourcen und Nachhaltigkeit, Heinemannstr. 2, 53175 Bonn, e-mail: lothar.mennicken@bmbf.bund.de

Keywords: BMBF, Forschungsförderung, wirtschaftsstrategische Rohstoffe

1 Einleitung

Die weltweite Nachfrage nach Rohstoffen, insbesondere wirtschaftsstrategischen Rohstoffen, steigt rasant, gleichzeitig wächst die Zahl der staatlichen Eingriffe in bestehende Rohstoffmärkte und damit verbundene Wettbewerbsverzerrungen. Für die deutsche Wirtschaft, die jährlich etwa 1,25 Milliarden Tonnen Rohstoffe verarbeitet, stellen Preis- und Lieferrisiken ein ernst zu nehmendes Problem dar. Aktuelle Marktanalysen zeigen, dass Preis- und Lieferrisiken vor allem für Metall führende Ressourcen, wie zum Beispiel Platingruppenmetalle, Stahlveredler (Wolfram, Niob) und Hochtechnologiemetalle wie der Seltenen Erden bestehen [1]. Diese in einer aktuellen Studie der Europäischen Kommission [2] als „kritisch" eingestuften Rohstoffe sind für die Entwicklung und den Ausbau von Zukunftstechnologien und die zügige Umsetzung der Energiewende hin zu einer energieeffizienten umweltverträglichen „Green Economy" unentbehrlich. Deutschland ist im Hinblick auf die Verfügbarkeit dieser Primärrohstoffe fast zu 100 % auf Importe angewiesen. Um mögliche negative Auswirkungen auf die Wertschöpfung in Deutschland zu vermeiden, hat die Politik das Thema Rohstoffsicherung frühzeitig auf die Agenda gesetzt und flankiert die Anstrengungen der Unternehmen durch politische Maßnahmen, um verlässliche rechtliche und institutionelle Rahmenbedingungen für einen fairen Wettbewerb auf den internationalen Rohstoffmärkten zu gewährleisten. In der 18. Legislaturperiode wird das Bundesministerium für Bildung und Forschung, dem Koalitionsvertrag zwischen CDU/CSU und SPD (2013) entsprechend, durch gezielte Forschungsförderung die Verfügbarkeit und effiziente Nutzung von Rohstoffen für die deutsche Hightech-Industrie weiter verbessern helfen.

2 Rohstoffpolitik der Bundesregierung

2.1 Forschungspolitische Strategien und Maßnahmen

Die Bundesregierung hat die Rohstoffproblematik frühzeitig thematisiert und mit einem Bündel von Strategien und Maßnahmen auf die bestehenden und erwarteten Versorgungsengpässe auf dem Rohstoffmarkt reagiert. Bereits 2002 noch vor dem Boom der Rohstoffpreise in den Jahren 2004/2005 wurde in der Nationalen Nachhaltigkeitsstrategie [3] als einer von 20 Indikatoren das prioritäre Ziel verankert, die Rohstoffproduktivität in Deutschland zwischen 1994 und 2020 zu verdoppeln und damit das Wirtschaftswachstum vom Rohstoffverbrauch zu entkoppeln. Erste Erfolge sind zu verzeichnen. Die Rohstoffproduktivität konnte bis 2011/2012 um etwa 50 % gesteigert werden. Um das erklärte Ziel bis 2020 zu erreichen, müssen die Anstrengungen jedoch in den kommenden Jahren noch einmal verdoppelt werden. Die Bundesregierung unterstützt daher auch in Zukunft die Aktivitäten der Industrie durch eine Reihe flankierender Maßnahmen.
Abbildung 1 gibt einen Überblick über die rohstoffbezogenen Strategien und Maßnahmen der Bundesregierung und die federführenden Ministerien. Zu nennen sind hier die Rohstoffstrategie [4] unter Federführung des Bundesministeriums für Wirtschaft und Energie, die Hightech-Strategie 2020 [5] unter Federführung des Bundesministeriums für Bildung und Forschung im Bedarfsfeld Klima und Energie sowie das Deutsche Ressourceneffizienzprogramm (ProgRess) [6] unter Federführung des Bundesministeriums für Umwelt, Naturschutz, Bau und Reaktorsicherheit.
Um die Versorgung mit nichtenergetischen mineralischen Rohstoffen zu sichern, wurde im Oktober 2010 die Rohstoffstrategie verabschiedet mit dem Ziel Handelshemmnisse abzubauen, die deutsche Wirtschaft bei der Diversifizierung ihrer Rohstoffbezugsquellen zu unterstützen, bilaterale Rohstoffpartnerschaften aufzubauen sowie Technologieentwicklungen, Ausbildung und Wissenstransfer zu fördern. Das deutsche Ressourceneffizienzprogramm der Bundesregierung definiert darüber hinaus 20 Handlungsansätze insbesondere für die nachhaltige Nutzung abiotischer, nichtenergetischer Rohstoffe. Die Stärkung der Forschung und Verbesserung der Wissensbasis (Handlungsansatz 17) sind dabei prioritäre Ziele. Das Bundesministerium für Bildung und Forschung (BMBF) unterstützt im Rahmen der Hightech-Strategie 2020 Forschungs- und Entwicklungsarbeiten im Bereich innovativer Technologien für Ressourceneffizienz. Eine zentrale Aktionslinie der Hightech-Strategie im Bedarfsfeld Klima/Energie ist das Rahmenprogramm „Forschung für nachhaltige Entwicklungen (FONA)“.

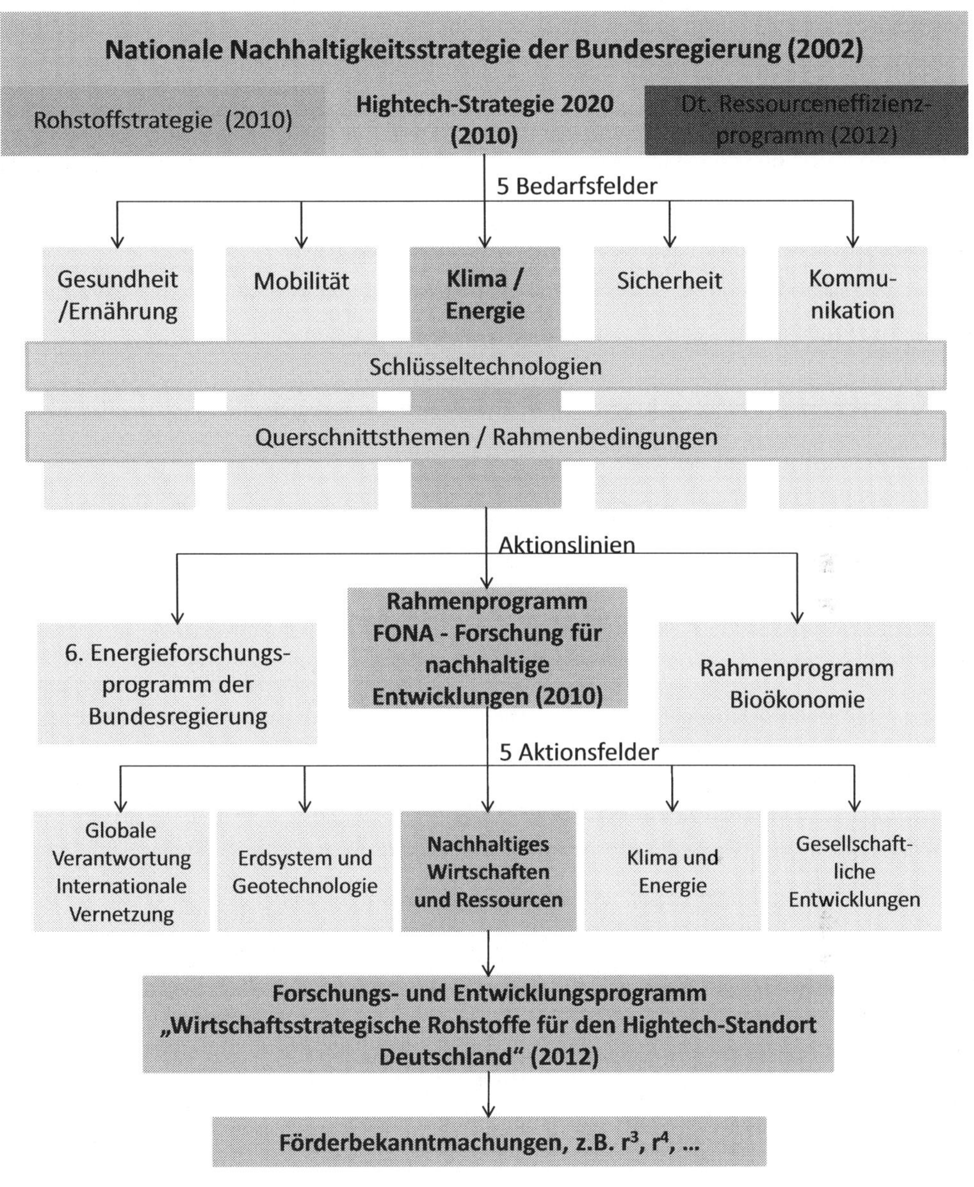

Abb. 1: Übersicht über die forschungspolitischen Strategien der Bundesregierung und Einordnung der BMBF-Fördermaßnahmen im Rahmenprogramm FONA

2.2 Fördermaßnahmen des Bundesministeriums für Bildung und Forschung

In dem BMBF-Rahmenprogramm FONA spielt die Entwicklung von innovativen Technologien und Konzepten zur Bewältigung der globalen Herausforderungen wie die des Klimawandels eine zentrale Rolle. Besonderes Augenmerk wird dabei auf die Verbindung zwischen grundlagen- und anwendungsorientierter Forschung gelegt. Bereiche mit einem starken Wachstumspotenzial wie z.B. die Ressourcen- und Energieeffizienz stehen deshalb im Fokus des Programms. Einen weiteren Schwerpunkt bilden internationale Forschungskooperationen, vor allem mit Schwellen- und Entwicklungsländern. Die rohstoffbezogenen Aktivitäten und Maßnahmen innerhalb von FONA hat das BMBF mit dem neuen Forschungs- und Entwicklungsprogramm „Wirtschaftsstrategische Rohstoffe für den Hightech-Standort Deutschland (2012)“ [7] gebündelt. Das Programm fokussiert auf den zukünftig steigenden Bedarf der Hightech-Industrie in Deutschland hinsichtlich Bereitstellung (Gewinnung/Recycling) wirtschaftsstrategischer Rohstoffe. Für das Programm wird das BMBF in den nächsten 5 – 10 Jahren rund 200 Millionen Euro zur Verfügung stellen. Das Programm wird über konkrete Fördermaßnahmen der Projektförderung umgesetzt.

2.2.1 Fördermaßnahme „r^2 – Innovative Technologien für Ressourceneffizienz – Rohstoffintensive Produktionsprozesse“

Im Rahmen der Fördermaßnahme „r^2 – Innovative Technologien für Ressourceneffizienz- Rohstoffintensive Produktionsprozesse“ hat das BMBF zwischen 2009 und 2013 22 Forschungsverbünde der Metall-, Stahl-, Chemie-, Keramik- und Baustoffindustrie mit rund 38 Millionen Euro gefördert, die Wirtschaft hat weitere 17 Millionen Euro zur Verfügung gestellt. Die aufgezeigten Potenziale für industrielle Effizienzsteigerungen rohstoffintensiver Produktionsprozesse sind immens. Bei deutschlandweiter Umsetzung der r^2-Ergebnisse könnten pro Jahr rund 80 Millionen Tonnen Rohstoffe eingespart und die deutschlandweite Rohstoffproduktivität um 5 – 6 % gesteigert werden. Gleichzeitig könnte der Energieverbrauch um rund 75 TWh reduziert und beim derzeitigen Energiemix die damit verbundenen Treibhausgasemissionen um ca. 60 Millionen Tonnen CO_2-Äquivalente reduziert werden. In summa ließen sich damit die Produktionskosten um rund 3,4 Milliarden Euro jährlich reduzieren bei gleichzeitig leicht positiven Effekten für die Beschäftigung.

Projektbeispiel: Vermeidung von Metallverlusten in metallurgischen Schlacken am Beispiel der Kupfererzeugung (Kupferschlacke)

Kupfer ist eines der wichtigsten Basismetalle für die deutsche Industrie, etwa 25 % des Kupferbedarfs in Deutschland können über das Recycling von Kupferschrott gedeckt werden, der Rest muss aus sulfidischen und oxidischen Erzen gewonnen werden. Die Abbauwürdigkeit von Kupfererzen liegt inzwischen bei einem Kupferanteil von 0,3 Gew.-%. Da ein Kupfergehalt in dieser Größenordnung für eine wirtschaftliche Verhüttung zu gering ist, wird meist am Ort des Abbaus die Anreicherung zu Konzentraten mit rund 30 Gew.-% Kupfer durchgeführt. In der im Verhüttungsprozess anfallenden Schlacke verbleibt dabei ein Kupferrestgehalt von 1 Gew.-%, der oberhalb der Abbauwürdigkeit von 0,3 Gew.-% liegt. Einem Konsortium bestehend aus den Verbundpartnern Aurubis AG, SMS Siemag AG und der RWTH Aachen ist es gelungen durch Entwicklung einer neuartigen Verfahrenskombination bestehend aus einem etablierten Elektroofen und einem nachgeschalteten Rührreaktor mit induzierter magnetischer Rührwirkung eine optimierte Metallausbringung aus dem Schlackenbad zu erreichen und den Restkupfergehalt in der Schlacke von durchschnittlich 0,85 Gew.-% auf 0,45 Gew.-% zu senken. Bei einer jährlich anfallenden Menge an Kupferschlacke von geschätzten 3,5 Millionen Tonnen können durch die Verfahrensoptimierung etwa 12.250 Tonnen Kupfer jährlich mit einem Marktwert von rund 67 Millionen Euro in den Stoffkreislauf zurückgeführt werden [8].

Abb. 2: Betrieb des Rührreaktors bei der Aurubis AG in Hamburg (Quelle: Aurubis AG)

2.2.2 Fördermaßnahme „r^3 – Innovative Technologien für Ressourceneffizienz – Strategische Metalle und Mineralien“

Im Rahmen der Fördermaßnahme „r^3 – Innovative Technologien für Ressourceneffizienz- Strategische Metalle und Mineralien“ arbeiten 28 verschiedene Verbundprojekte an innovativen Technologien und Lösungen, um die Rohstoffbasis für Schlüsseltechnologien zu sichern. Die Forschungsvorhaben konzentrieren sich dabei auf die Themenfelder Recycling, Substitution und Materialeinsparung, Urban Mining – Rückgewinnung von Rohstoffen aus anthropogenen Lagerstätten - sowie Methoden zur Bewertung der Ressourceneffizienz. Zielmetalle sind beispielsweise Indium, Germanium, Gallium und Seltene Erden, aber auch Industrieminerale wie Flussspat. Diese Stoffe sollen zukünftig substituiert, recycelt oder in der Produktion sparsamer verwendet werden. Das BMBF stellt hierfür in den Jahren 2012 bis 2016 rund 30 Millionen Euro zur Verfügung, weitere 12 Millionen Euro kommen aus der Wirtschaft hinzu.

Projektbeispiel: „Haldencluster“

Hüttenhalden sind Lagerstätten für Mineralien und Metalle, die große Mengen an Reststoffen wie Stäube, Schlämme, nicht verwertete Schlacken und andere Produktionsrückstände aus der Roheisen- und Stahlerzeugung bergen. Eine Nutzung der dort schlummernden Ressourcen könnte die Abhängigkeit von Rohstoffimporten reduzieren, erfordert aber umfassende Daten über die genauen Wertstoffpotenziale der Halden sowie neue Konzepte zur Rückgewinnung der Wertstoffe. Im „Haldencluster“ haben sich drei Forschungsverbünde zusammengeschlossen mit dem Ziel, das Wertstoffpotenzial deutscher Hüttenhalden zu evaluieren, dabei Dopplungen zwischen den drei Forschungsansätzen zu vermeiden und Synergieeffekte zu nutzen. Ziel des Forschungsprojekts ReStrateGis ist es, die Wertstoffvorkommen in Deutschland anhand eines multiskalaren Ressourcenkatasters für Hüttenhalden aufzuzeigen. In einem Übersichtskataster werden Daten aus behördlichen Archiven und weiteren Quellen zusammengestellt und online in einer interaktiven Karte präsentiert. In einer regionalen Komponente werden zusätzlich Daten zu einem konkreten Haldenstandort detailliert erfasst [9]. Das Projekt ROBEHA untersucht, ob sich die bisher ungenutzten Reststoffe der Bergbauhalden im Westharz nachhaltig aufbereiten und verwerten lassen und gleichzeitig die Umweltqualität verbessert werden kann. Dafür werden zunächst Haldentypen identifiziert und das Rohstoffpotenzial der Berge-, Aufbereitungs- und Schlackehalden bewertet [10]. Im Projekt SMSB werden die zwanzig größten sächsischen Bergbauhalden auf ihr Rohstoffvorkommen untersucht und in einem Haldenkataster erfasst. Das Verzeichnis soll Auskunft geben über deren geographische Lage und Eigentumsverhältnisse, die Herkunft des Haldenmaterials sowie den Aufbau, Wertstoffgehalt und das Potenzial der Aufschüttungen. Auch Informationen über mögliche Abbau-, Aufbereitungs- und Gewinnungstechnologien sowie deren Kosten sollen als Entscheidungsgrundlage zur Verfügung gestellt werden [11].

Abb. 3: Typische Hüttenhalde in Deutschland (Quelle: Michael Jandewerth, Fraunhofer UMSICHT)

2.2.3 Fördermaßnahme „r^4 – Innovative Technologien für Ressourceneffizienz – Forschung zur Bereitstellung wirtschaftsstrategischer Rohstoffe“

Mit der jüngsten Fördermaßnahme „r^4 – Innovative Technologien für Ressourceneffizienz – Forschung zur Bereitstellung wirtschaftsstrategischer Rohstoffe“ setzt das BMBF neue Maßstäbe im Bereich Exploration und Gewinnung von Primärrohstoffen sowie Recycling von Spurenmetallen, für die es bisher keine effizienten Rückgewinnungsverfahren gibt. Aufgrund der langen Bergbau- und Explorationstradition in Deutschland und Mitteleuropa existieren viele bekannte Lagerstätten, für die jedoch umweltverträgliche technische Konzepte für eine wirtschaftliche Nutzung fehlen. Gleiches gilt für Halden (Tailings/Aufbereitungsrückstände) sowie Produktionsrückstände und End-of-life Geräte, die ein erhebliches Rohstoffpotenzial beinhalten. Hier gilt es, innovative Technologien zu entwickeln für Stoffe, die meist nur in sehr geringer Konzentration enthalten sind. Als flankierende Maßnahmen sollen Akzeptanzforschung zur Rohstoffgewinnung, Nachwuchsgruppen, eine strukturbildende Maßnahme bzw. ein Netzwerk zur Stärkung der deutschen Rohstoffforschung im internationalen Wettbewerb und ein Integrations- und Transferprojekt unterstützt werden. Stoffkreisläufe orientieren sich nicht an Ländergrenzen, die Fördermaßnahme ist daher offen für europäische und internationale Zusammenarbeit, sofern ein Mehrwert für Deutschland zu erwarten ist. Das BMBF plant zwischen 2015 und 2019 rund 60 Millionen Euro in die Forschung auf der Rohstoff-Angebotsseite zu investieren, zusätzlich werden erhebliche Eigenmittel aus der Industrie erwartet. Aktuell läuft die Begutachtung und Auswahl der

Projektskizzen, die zum 31. Januar 2014 eingereicht wurden. Als weiterer Stichtag für die Einreichung von Projektskizzen ist der 30. Januar 2015 vorgesehen.

2.2.4. Fördermaßnahme „KMU-innovativ: Ressourcen- und Energieeffizienz"

Kleine und mittelständische Unternehmen (KMU) sind in vielen Bereichen der Spitzenforschung Vorreiter des technologischen Fortschritts in Deutschland. Das BMBF fördert daher Forschungsvorhaben von KMU zur Steigerung der Ressourcen- und Energieeffizienz im Rahmen des Förderschwerpunkts „KMU-innovativ: Ressourcen- und Energieeffizienz". Themenschwerpunkte sind: Steigerung der Ressourceneffizienz in rohstoffintensiven Produktionssystemen, Verbesserung der Rohstoffproduktivität durch Optimierung von Wertschöpfungsketten sowie innovative Recycling- und Verwertungsverfahren. Projektskizzen können zweimal jährlich zum 15.04. und 15.10. eingereicht werden.

Projektbeispiel: Separation von Seltenen Erden aus Sonderabfällen (SepSELSA)

Energiesparlampen und Leuchtstoffröhren enthalten große Mengen an Seltenen Erden, wie Yttrium, Terbium und Europium, welche derzeit zu ca. 97 % aus China importiert werden. Die in Deutschland anfallenden Leuchtstoffabfälle werden gegenwärtig nahezu vollständig unter Tage deponiert, wodurch wertvolle Rohstoffe den Stoffkreisläufen verloren gehen. Ziel des Projektes SepSELSA ist es, die kostbaren Seltenen Erden aus Altlampen und Rückständen der Lampenproduktion durch mechanische und chemische Behandlungsverfahren zurückzugewinnen und erneut als Ausgangsstoffe in den Markt einzugliedern [12].

Abb. 4: Rückgewinnung von Seltenerdmetallen aus Energiesparlampen (Quelle: FNE Entsorgungsdienste GmbH)

2.2.5. Fördermaßnahme „CLIENT – Internationale Partnerschaften für nachhaltige Klimaschutz- und Umwelttechnologien und -dienstleistungen"

Der nachhaltige Umgang mit begrenzten Ressourcen ist ein globales Problem. Mit der Fördermaßnahme CLIENT sollen durch modellhafte Projekte internationale Partnerschaften in Forschung, Entwicklung und Umsetzung von Umwelt- und Klimaschutztechnologien und -dienstleistungen geschaffen und ausgebaut sowie Leitmarktentwicklungen in diesem Feld angestoßen werden. Der Fokus der Forschungskooperationen liegt besonders auf der Zusammenarbeit mit den Staaten Brasilien, Chile, Russland, Indien, China, Südafrika sowie Vietnam mit dem Ziel, nachhaltige Lösungen in den Partnerländern zu implementieren. Inhaltliche Schwerpunkte im Bereich Ressourcennutzung sind: Rohstofferschließung und -management, Produktionsintegrierter Umweltschutz, Ressourceneffizienz, Rohstoffsubstitution, Schließung von Stoffkreisläufen und Recycling.

Projektbeispiel: Integration des Elektrolyseausbruchs der Primäraluminium-Gewinnung in die Aluminiumrecycling-Technologie (IEPALT)
Ziel des deutsch-brasilianischen, von dem Clausthaler Umwelttechnikinstitut (CUTEC GmbH) koordinierten, Verbundvorhabens ist die erstmalige Entwicklung eines Verfahrens für das rückstandlose Recycling des kompletten Elektrolysezellenausbruchs (Kohle und Schamotte) aus den Schmelzflussreaktoren der Primär-Aluminiumindustrie. Damit sollen Rohstoffe und Primärenergieträger eingespart und hochgiftiger Sonderabfall reduziert werden. Die Untersuchungen erfolgen im Labor- und Technikum-Maßstab sowie mit ersten Einschleusversuchen in Deutschland und Brasilien im industriellen Maßstab [13].

3 Ausblick

Das Projektbeispiel „Kupferschlacke" (siehe Abschnitt 2.2.1) ist ein Paradebeispiel erfolgreicher Forschungsförderung, das angefangen von der Erarbeitung der metallurgischen Grundlagen im Laborversuch, dem Test der Verfahrensoptimierung im Technikum bis hin zum Aufbau einer industrietauglichen Pilotanlage beim Verbundpartner Aurubis AG in Hamburg alle Schritte der Innovationskette durchlaufen hat. In der Praxis scheitert eine effiziente Übertragung vielversprechender FuE-Ergebnisse in den Industriemaßstab allerdings häufig an den hohen finanziellen und technischen Risiken, die ohne begleitende industrieorientierte Forschung von den Industriepartnern alleine nicht getragen werden können. Der Sprung hin zu den großtechnischen Anlagen aufgrund der in den Vorlaufprojekten erzielten Ergebnisse ist ohne weitere Förderung für viele vor allem mittelständische Unternehmen – obwohl mit Umweltvorteilen und gleichzeitigen Gewinnerwartungen verbunden – zu risikoreich und unterbleibt deshalb häufig. Das BMBF plant daher durch eine gezielte Förderung des Scale-Up in den Industriemaßstab die Lücke zwischen Invention (Erfindung) und Innovation zu schließen und damit eine effiziente Übertragung vielversprechender FuE-Ergebnisse in die industrielle Praxis zu gewährleisten.

Im Frühjahr 2014 wird voraussichtlich eine neue Förderbekanntmachung (r+Impuls) veröffentlicht, welche an die Bekanntmachungen „r^2 – Innovative Technologien für Ressourceneffizienz – Rohstoffintensive Produktionsprozesse“ und „CO_2 – Technologien für Nachhaltigkeit und Klimaschutz – Chemische Prozesse und stoffliche Nutzung von CO_2“ anknüpft. Das BMBF unterstützt damit insbesondere die Weiterentwicklung der in den oben genannten Fördermaßnahmen erzielten FuE-Ergebnisse über Pilotanlagen bis hin zu industrietauglichen Referenzanlagen oder produktreifen Prototypen, um aus dem Labor oder Technikum in Richtung Marktanwendung zu kommen und damit mehr und schneller erfolgversprechende Erfindungen in nachhaltige Innovationen umzuwandeln. Damit soll ein signifikanter Beitrag zur Erreichung der Nachhaltigkeitsziele Verdopplung der Rohstoff- und Energieproduktivität sowie Senkung der Treibhausgasemissionen um 40 % bis 2020 erreicht werden. Durch die Bereitstellung von wirtschaftsstrategischen Rohstoffen durch innovative Verfahren aus Primär- und Sekundärrohstoffquellen wird der Hightech-Standort Deutschland gestärkt.

4 Literatur

[1] *Ursachen von Preispeaks, -einbrüchen und –trends bei mineralischen Rohstoffen*, DERA Rohstoffinformationen 17, 2013.

[2] http://ec.europa.eu/dgs/jrc/index.cfm?id=1410&dt_code=NWS&obj_id=18230&ori=RSS

[3] Nationale Nachhaltigkeitsstrategie der Bundesregierung: Perspektiven für Deutschland (2002).

[4] Rohstoffstrategie der Bundesregierung, Bundesministerium für Wirtschaft und Technologie (2010).

[5] Hightech-Strategie 2020 für Deutschland, Bundesministerium für Bildung und Forschung (2010).

[6] Deutsches Ressourceneffizienzprogramm (ProgRess), Bundesministerium für Umwelt, Naturschutz und Reaktorsicherheit (2012).

[7] Wirtschaftsstrategische Rohstoffe für den Hightech-Standort Deutschland, Forschungs- und Entwicklungsprogramm des BMBF für neue Rohstofftechnologien, Bundesministerium für Bildung und Forschung (2012).

[8] Weitere Informationen zum Verbundvorhaben „Kupferschlacke“ über den Verbundkoordinator Michael Hoppe, Aurubis AG, m.hoppe@aurubis.com.

[9] Weitere Informationen zum Verbundvorhaben „ReStrateGis“ über den Verbundkoordinator Michael Jandewerth, Fraunhofer UMSICHT, michael.jandewerth@umsicht.fraunhofer.de.

[10] Weitere Informationen zum Verbundvorhaben „ROBEHA“ über den Verbundkoordinator Christian Poggendorf, Prof. Burmeier Ingenieurgesellschaft mbH, c.poggendorf@burmeier-ingenieure.de.

[11] Weitere Informationen zum Verbundvorhaben „SMSB“ über den Verbundkoordinator Philipp Büttner, Helmholtz-Institut Freiberg für Ressourcentechnologie, p.buettner@hzdr.de.

[12] Weitere Informationen zum Verbundvorhaben „SepSELSA“ über die Verbundkoordinatorin Karin Jacob-Seifert, FNE Entsorgungsdienste GmbH, fne@problemabfaelle.de.

[13] Weitere Informationen zum Verbundvorhaben „IEPALT“ über den Verbundkoordinator Prof. Dr. Martin Faulstich, Clausthaler Umwelttechnikinstitut GmbH, martin.faulstich@cutec.de.

ROHSTOFFE FÜR DEN WIRTSCHAFTSSTANDORT BAYERN – EINE RESSOURCENSTRATEGIE

S. Kroop[1], M. Franke[1], M. Mocker[1], F. Stenzel[1], M. Faulstich[2]

[1] Fraunhofer UMSICHT, Institutsteil Sulzbach-Rosenberg, An der Maxhütte 1, 92237 Sulzbach-Rosenberg, e-mail: stephanie.kroop@umsicht.fraunhofer.de

[2] CUTEC Institut, TU Clausthal, Leibnizstraße 21, 38678 Clausthal-Zellerfeld, e-mail: martin.faulstich@tu-clausthal.de

Keywords: Ressourcenstrategie, Rohstoffimporte, Sekundärrohstoffe, Versorgungsrisiken, Recycling

1 Einleitung

Der weltweit steigende Rohstoffbedarf hat in den vergangenen Jahren wiederholt zu teilweise extremen Preissteigerungen und Verfügbarkeitsrisiken insbesondere im Bereich der Industriemetalle und -minerale geführt. Die Sicherstellung der industriellen Produktion und damit des Wohlstandes moderner Industriegesellschaften erfordert daher Konzepte zu einer nachhaltigen und krisensicheren Rohstoffversorgung. Vor diesem Hintergrund hat das Bayerische Umweltministerium die hier auszugsweise beschriebene Studie zur Erarbeitung einer auf die spezifischen Rahmenbedingungen des Freistaates Bayern zugeschnittenen Rohstoffstrategie in Auftrag gegeben.

2 Herangehensweise

Während sich viele Studien in der Vergangenheit mit der Identifizierung kritischer Rohstoffe sowie der Ermittlung von Indikatoren zur Bewertung möglicher Verfügbarkeitsrisiken befasst haben, wurde in der hier vorgestellten Arbeit ein darüber hinaus gehender Ansatz zur Entwicklung einer länderspezifischen Ressourcenstrategie gewählt. Aufbauend auf einer unter Einbeziehung existierender Studien sowie eigener Kenntnisse basierenden Analyse der Kritikalität einer breiten Basis von Industriemetallen und -mineralen wurden in einem weiteren Schritt die Leitindustrien des Landes anhand verschiedener Kennzahlen wie beispielsweise der Beschäftigtenzahlen sowie der Bruttowertschöpfung ermittelt. Der Bedarf, der auf diese Weise identifizierten Leitindustrien an kritischen Rohstoffen wurde aufgrund der unzureichenden Datenbasis zum Rohstoffbedarf der betroffenen Branchen unter Auswertung der in der Außenhandelsstatistik enthaltenen Warenimporte abgeschätzt. Als Bewertungskriterium wurde sowohl die absolute Importmenge, als auch der Anteil der bayerischen Importe im Vergleich zur Gesamtimportmenge Deutschlands herangezogen. Besondere Beachtung fanden dabei Rohstoffe, bei denen der bayerische Importanteil für eine Vielzahl von Warengruppen als deutlich überdurchschnittlich zu bewerten war. Auf diese Weise wurde zu der grundlegenden Information der Kritikalität der Rohstoffe im Allgemeinen die bayernspezifische wirtschaftliche Bedeutung dieser Rohstoffe ermittelt und mithilfe eines für diesen Zweck entwickelten wirtschaftlichen Gewichtungsindex priorisiert. Um die Bedeutung der betrachteten Rohstoffe hinreichend differenziert abbilden und bewerten zu können, wurden Rohstoffsteckbriefe erstellt. Diese Steckbriefe enthalten bayernspezifische Kennwerte und Zahlen (wirtschaftliche Bedeutung, Mengenrelevanz) sowie zusätzliche, den Rohstoff betreffende Parameter (Substituierbarkeit, Recyclingfähigkeit u.a.) [1].

3 Ergebnisse

3.1 Rohstoffauswahl

In der Studie wurden unter Auswertung existierender Studien [2, 3, 4, 5] 30 Rohstoffe näher betrachtet. Diese wurden in mindestens einer der Studien als kritisch bzw. besonders kritisch eingestuft oder als für Zukunftstechnologien relevant identifiziert. Dabei handelt es sich um die Elemente Antimon, Baryt, Beryllium, Chrom, Fluorit, Gallium, Germanium, Gold, Graphit, Indium, Kobalt, Kupfer, Lithium, Magnesium, Molybdän, Niob, Phosphor, Platingruppenmetalle, Seltene Erden, Selen, Silber, Tantal, Tellur, Titan, Wolfram, Zink, Zinn, Zirkonium sowie die fossilen Rohstoffe Erdgas und Erdöl.

3.2 Identifizierung der Leitindustrien

Durch Analyse der Wirtschaftsstruktur des Landes anhand der Beschäftigtenzahlen sowie der Bruttowertschöpfung der Branchen konnten die Elektrotechnik- und Elektronikindustrie, der Maschinenbau, die Automobilindustrie, die Metallindustrie sowie die Chemische Industrie als für die Studie relevante Leitindustrien identifiziert werden. Zusätzlich wurde die Baustoffindustrie aufgrund der großen Mengenrelevanz der benötigten Rohstoffe sowie die Landwirtschaft aufgrund des großen Bedarfs an nicht substituierbarem Phosphor betrachtet.

3.3 Rohstoffbewertung

Für die Bewertung der Relevanz der Rohstoffe für die bayerische Wirtschaft wurden die Kriterien wirtschaftliche Bedeutung, Mengenrelevanz sowie der Rohstoff-Risiko-Index, der das zukünftige Versorgungsrisiko beurteilt [6], herangezogen.

Die wirtschaftliche Bedeutung der betrachteten Elemente und Rohstoffe wurde mit Hilfe des wirtschaftlichen Gewichtungsindex ausgedrückt. Der dimensionslose Index berücksichtigt neben anderen Kennziffern die Einsatzgebiete und Verwendungszwecke der Rohstoffe in der bayerischen Wirtschaft. Details zur Bewertungssystematik und Methodik finden sich in der genannten Initialstudie [1].

3.3.1 Beispiel Kupfer

Für den Rohstoff Kupfer stellt sich die Situation so dar, dass 41 % des Kupfers in die Herstellung von elektrischen und elektronischen Produkten fließen, 23 % in Gebäuden verbaut werden, 12 % in den Bereich Konstruktion, Maschinenbau und Ausrüstung fließen, 14 % auf das Anwendungsgebiet Transport entfallen und 10 % direkt in der Automobilindustrie eingesetzt werden [2, 5].

Für das Kriterium Mengenrelevanz wurden für den Rohstoff Kupfer 74 Warengruppen für die betrachteten Leitindustrien als relevant identifiziert und nachfolgend eingehender analysiert. Von diesen 74 betrachteten Warengruppen waren 29 als überdurchschnittlich zu bewerten (Importe in Bayern anteilig höher als in Deutschland). Hierzu zählten unter anderem Warengruppen wie Abfälle und Schrott aus raffiniertem Kupfer oder auch isolierte Wickeldrähte aus Kupfer.

Der Rohstoff-Risiko-Index beträgt für Kupfer 6,1. Damit gehört Kupfer zu der Gruppe der Rohstoffe, die als am wenigsten gefährdet identifiziert worden sind [6]. Allerdings führen die ersten beiden Kriterien dazu, dass dem Rohstoff Kupfer in Bayern eine hohe wirtschaftliche Bedeutung zukommt.

3.3.2 Weitere betrachtete Rohstoffe

Der wirtschaftliche Gewichtungsindex wurde für alle untersuchten Rohstoffe, außer für die Elemente Gold, Phosphor, Selen, Zinn, Zirkon sowie Erdöl und Erdgas, berechnet. Für diese Ausnahmen konnte der Index nicht bestimmt werden, da zu dessen Berechnung eine Bewertung aus der Studie der Europäischen Kommission [5] verwendet wurde, und diese Elemente in der Studie nicht betrachtet wurden. Für diese Rohstoffe wurde die wirtschaftliche Bedeutung allerdings auf der Grundlage von Literaturdaten und eigenen Einschätzungen beurteilt. Die Ergebnisse des wirtschaftlichen Gewichtungsindex sind in Abbildung 1 dargestellt.

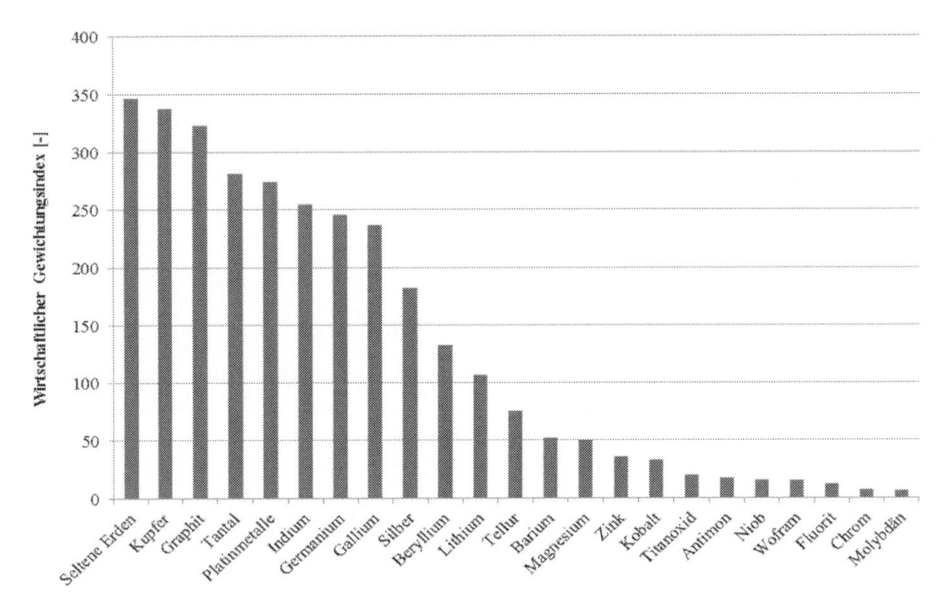

Abb. 1: Wirtschaftlicher Gewichtungsindex ausgewählter Rohstoffe – geringe Einstufung 0-115, mittlere Einstufung 116 – 231, hohe Einstufung 232 – 347 [1]

3.4 Sekundärrohstoffpotenziale

Als geeignete Sekundärrohstoffquellen wurden im Rahmen der Studie die Potenziale aus Restabfällen, Altautos, Elektronikaltgeräten, Deponien sowie verschiedenen phosphorhaltigen Stoffströmen zur Substitution kritischer Rohstoffe analysiert. Am Beispiel der in Bayern endgültig stillgelegten Altautos konnte anhand von Durchschnittsdaten zum Rohstoffinventar von Nutzfahrzeugen [7, 8] aufgezeigt werden, dass für die etwa 1,4 Mio. in Bayern im Jahr 2010 produzierten PKW jeweils etwa ein Drittel des Eisen- und Stahlbedarfs sowie des Bedarfs an Aluminium, Kupfer und Platin durch Recycling der Altautos gedeckt werden könnte (siehe Abb. 2).

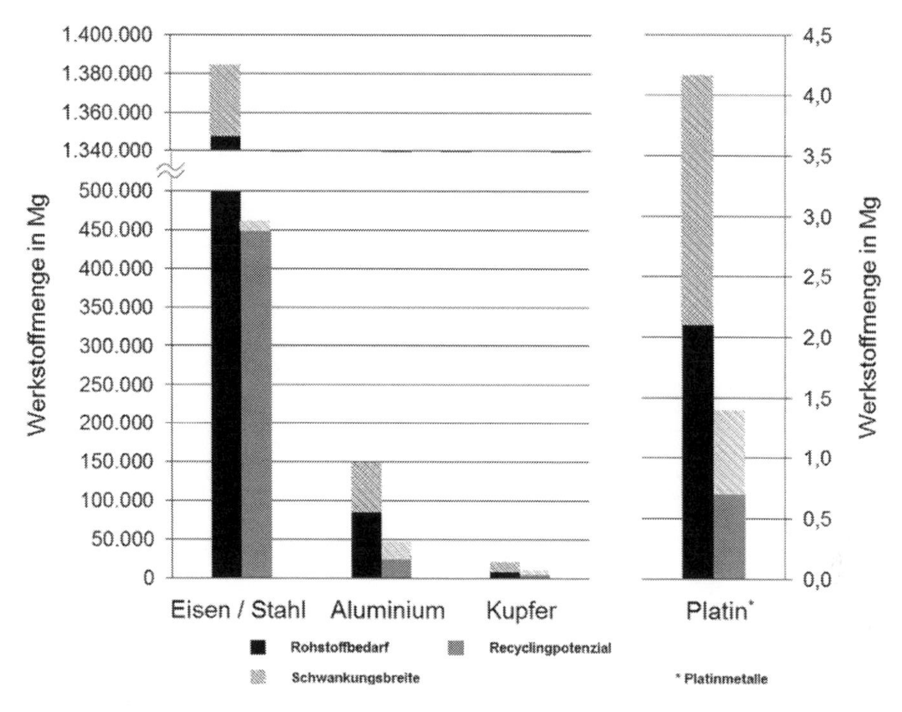

Abb. 2: Rohstoff- und Recyclingpotenzial von Altautos in Bayern [1, 7, 8]

Die Nutzung von Sekundärrohstoffen reduziert nicht nur die Abhängigkeit von Rohstoffimporten sondern in der Regel auch den Einsatz von Energie. So werden beispielsweise bei der Herstellung von Kupferdraht aus Primärrohstoff 50,4 MJ/kg und bei der Herstellung aus Sekundärrohstoffen 3,4 - 9,2 MJ/kg an Energie benötigt [9].

Tabelle 1 zeigt die wichtigsten Sekundärrohstoffquellen für die Elemente Kupfer und Phosphor. Bei den theoretischen Potenzialen handelt es sich bis auf die in den Deponien enthaltenen Kupfermengen um jährlich zur Verfügung stehende Potenziale. Das Phosphorpotenzial aus Wirtschaftsdüngern kann nicht als zusätzlich vorhanden betrachtet werden, da der Phosphor bereits über die Ausbringung der Wirtschaftsdünger in der Landwirtschaft genutzt wird. Berücksichtigt man das technische Potenzial, das für Bayern auf ca. 7.000 Mg/a abgeschätzt wurde, so kann etwa ein Drittel des durch Mineraldünger gedeckten Phosphorbedarfs substituiert werden [10].

Die Nutzung der identifizierten Sekundärrohstoffpotenziale stellt sich bisher in vielen Fällen jedoch als problematisch dar. Zum einen sind insbesondere bei Altfahrzeugen und Elektronikaltgeräten exportgenerierte Rohstoffabflüsse zu verzeichnen. Zum anderen bestehen erhebliche Wissensdefizite im Bereich der einzelnen Industrien und Branchen hinsichtlich des eigenen Rohstoffbedarfs und somit auch der Rohstoffabhängigkeit.

Tabelle 1: Kupfer- und Phosphorpotenziale in Abfallströmen [7, 8, 10, 11, 12, 13, 14]

Quelle	Kupferpotenziale [Mg]	Phosphorpotenziale [Mg]
Deponien	120.000	-
Altfahrzeuge	7.690	-
Restabfall	6.385	-
Elektroaltgeräte	3.512	-
Wirtschaftsdünger	-	31.000
Abwasser	-	8.400
Tierische Nebenprodukte	-	7.000
Biogene Reststoffe	-	1.200

4 Fazit

Im Rahmen der hier in Auszügen beschriebenen Ressourcenstrategie konnten die bereits in vielfältigen Studien untersuchten Aspekte der Rohstoffknappheit auf die spezifischen Randbedingungen des Industriestandortes Bayern übertragen werden. Durch diese länderspezifische Präzisierung wurde die Grundlage für eine Priorisierung des weiteren Forschungsbedarfs geschaffen. Dieser besteht nun in der Umsetzung der in der Studie [1] aufgezeigten Strategien zur Einsparung und Rückgewinnung der für Bayern besonders kritischen bzw. bedeutenden Rohstoffe. Eine detailliertere Betrachtung des Rohstoffbedarfs und der tatsächlichen Rohstoffabhängigkeit kann nur auf Grundlage einer verbesserten Datenlage erfolgen. Um dies zu erreichen, müssen Unternehmen und Verbände weiter für das Thema Rohstoffabhängigkeit sensibilisiert und dessen Wichtigkeit verdeutlicht werden. Zur verbesserten Nutzung von Sekundärrohstoffpotenzialen sind ungewollte und irreversible Rohstoffabflüsse zu vermeiden. Des Weiteren stellt eine verstärkte Nutzung bzw. die Weiterentwicklung von Erfassungs- und Recyclingverfahren einen wichtigen Baustein für die Erhöhung der Ressourceneffizienz dar.

5 Danksagung

Die Initialstudie „Ressourcenstrategie für Bayern unter besonderer Berücksichtigung von Sekundärrohstoffen“ wurde vom Bayrischen Staatsministerium für Umwelt und Verbraucherschutz finanziert.

6 Literatur

[1] ATZ Entwicklungszentrum, „Initialstudie Ressourcenstrategie für Bayern unter besonderer Berücksichtigung von Sekundärrohstoffen", im Auftrag des Bayerischen Staatsministeriums für Umwelt und Gesundheit, Sulzbach-Rosenberg, 2011

[2] G., Angerer, F., Marscheider-Weidemann, A., Lüllmann, L., Erdmann, M., Scharp, V., Handke, M., Marwede, „Rohstoffe für Zukunftstechnologien – Einfluss des branchenspezifischen Rohstoffbedarfs in rohstoffintensiven Zukunftstechnologien auf die zukünftige Rohstoffnachfrage", im Auftrag des Bundesministeriums für Wirtschaft und Technologie, in ISI Schriftenreihe Innovationspotenziale, Fraunhofer IRB-Verlag, Karlsruhe/Berlin, 2009

[3] H., Bardt, „Sichere Energie- und Rohstoffversorgung: Herausforderungen für Politik und Wirtschaft?", Beiträge zur Ordnungspolitik aus dem Institut der deutschen Wirtschaft Köln, Nr. 36, Institut der deutschen Wirtschaft Köln Medium GmbH, Köln, 2008

[4] M., Buchert, D., Schüler, D. Bleher, „Critical metals for future sustainable technologies and their recycling potential", in Sustainable Innovation and Technology Transfer Industrial Sector Studies, United Nations Environment Programme & United Nations University, Darmstadt/Paris, 2009

[5] European Commission, „Critical raw materials for the EU", Report of the Ad-hoc Working Group on defining critical raw materials, 2010

[6] IW Consult GmbH Köln, „Rohstoffsituation Bayern – keine Zukunft ohne Rohstoffe, Strategien und Handlungsoptionen", München, 2010

[7] G.W., Schweimer, „Sachbilanz des VW Golf 4", Volkswagen AG, Wolfsburg, 2010

[8] R.G., Eggert, M.W., Hitzmann, G.M., Hornberger et al., „Minerals, Critical Minerals and the U.S. Economy", in The National Academics Press, Washington D.C., 2008

[9] F., Steinwender, „Urban Mining – Chancen und Risiken aus Sicht der Logistik", 1. Fachkongress Urban Mining®, Iserlohn, 2010

[10] F., Stenzel, M., Mocker, M., Franke, M. Faulstich, „Phosphatrückgewinnung – Potenziale und Verfahren" in U., Teipel, R., Schmidt, (Hrsg.) Rohstoffeffizienz und Rohstoffinnovationen, Band 2, IRB Fraunhofer Verlag, S. 239-257, Stuttgart, 2011

[11] G., Rettenberger, „Zukünftige Nutzung der Deponie als Ressourcenquelle", in S., Flamme, B., Gallenkemper, K., Gellenbeck, W., Bidlingmaier, M., Kranert, M., Nelles, R., Stegmann (Hrsg.), Münsteraner Schriften zu Abfallwirtschaft, Band 13, S. 101-109, FH Münster (LASU), Münster, 2009

[12] J., Huismann, F., Magalini, R., Kuehr, „Final Report: 2008 Review of Directive 2002/96 on waste Electrical and Electronic Equipment (WEEE)", United Nations University, Bonn, 2007

[13] Bayerischer Landtag, Schriftliche Anfrage des Abgeordneten Dr. Christian Magerl, BÜNDNIS 90/DIE GRÜNEN vom 06.12.2010, Drucksache 16/7421, München, 2010

[14] W., Rommel, „Wertstoffpotenziale im Restabfall in Bayern", von der Abfallwirtschaft zur Ressourcenwirtschaft, Jahresfachtagung VKS, Landesgruppe Bayern, Kloster Irsee, 2011

RESSOURCENEFFIZIENZ – STRATEGIE IN BADEN-WÜRTTEMBERG

Stefan Gloger[1], Dr. Christian Kühne[2]

[1] Ministerium für Umwelt, Klima und Energiewirtschaft Baden-Württemberg, Kernerplatz 9, 70182 Stuttgart; Leiter des Referats Umwelttechnik, Forschung, Ökologie; e-mail: stefan.gloger@um.bwl.de

[2] ebenda; Stellvertretender Referatsleiter, Referent für Ressourceneffizienz; e-mail: christian.kühne@um.bwl.de

Keywords: Ressourceneffizienz; Landesstrategie; Baden-Württemberg; Akteure; Fahrplan

1 Einleitung

Die Erfahrungen der vergangenen Jahre haben gezeigt, dass der sparsame Umgang mit Rohstoffen in den Unternehmen immer mehr an Bedeutung gewinnt. Dazu kommt, dass die sichere Versorgung mit kritischen Rohstoffen, wie z.B. Seltene Erden, Indium, Tantal oder Germanium, für viele High-Tech-Produkte unverzichtbar ist. Auch die Energiewende ist ohne bestimmte Metalle kaum zu realisieren. Ferner ist eine sichere und bezahlbare Versorgung mit fossilen Primärrohstoffen wie Erdöl oder Erdgas essentiell für die Industrie. Eine sinnvolle Ressourcenpolitik trägt deshalb zu einer Sicherung des Industriestandortes Baden-Württemberg bei, kann – mit energie- und ressourceneffizienten Produkten und Produktionsweisen – Wettbewerbsvorteile im Weltmarkt bedeuten und soll zugleich die Umwelt entlasten. Das Ministerium für Umwelt, Klima und Energiewirtschaft verfolgt federführend für die Landesregierung seit 2010 eine Landesinitiative Umwelttechnik und Ressourceneffizienz. Schwerpunkte sind vor allem,

- den zukünftigen Ressourcenbedarf und deren Verfügbarkeit, insbesondere von seltenen und knappen Ressourcen, für die Baden-Württembergische Wirtschaft zu ermitteln, um Rohstoffengpässe zu vermeiden,
- die Ressourceneffizienz in baden-württembergischen Unternehmen durch systematische Nutzung von bestehenden Effizienzpotentialen zu steigern und
- den zukünftigen Bedarf von Umwelttechniken und Ressourceneffizienztechniken – auch auf den Märkten – frühzeitig zu erkennen und zu deren Entwicklung und Verbreitung voranzutreiben.

Der Begriff „Ressourceneffizienz" umfasst hier alle Maßnahmen, die die Schonung der natürlichen Ressourcen, eine sichere Versorgung sowie einen effektiven und effizienten Einsatz von Ressourcen einschließlich ihrer Mehrfachnutzung im Kreislauf verfolgen Der Begriff der „Ressourcen" wird im engeren Sinne - wie im Deutschen Ressourceneffizienzprogramm PROGRESS: abiotische, nichtenergetische Rohstoffe, ergänzt um die stoffliche Nutzung biotischer Rohstoffe - betrachtet. Auf weitere natürliche Ressourcen wie Wasser, Boden, Luft, Biodiversität sowie auf personelle oder finanzielle Ressourcen wird in diesem Beitrag nicht eingegangen (dazu z.B. SRU-Umweltgutachten 2012 Verantwortung in einer begrenzten Welt S. 365 ff: Ökologische Grenzen einhalten – Herausforderung für die Politik).

2 Das Vorgehen des Landes im Einzelnen

Zunächst ist hervorzuheben, dass Baden-Württemberg eine Ressorts und Akteursgruppen übergreifende Strategie verfolgt. Beteiligt sind das Ministerium für Umwelt, Klima und Energiewirtschaft (federführend), das Ministerium für Finanzen und Wirtschaft, das Ministerium für Wissenschaft, Forschung und Kunst, das Staatsministerium sowie die Landesagentur Umwelttechnik BW, auf Seiten der Wirtschaft der Landesverband der Baden-Württembergischen Industrie (LVI), der Landesverband Deutscher Maschinen- und Anlagenbau (VDMA), der Landesverband der Chemischen Industrie (VCI), die Landesstelle des Zentralverbands Elektrotechnik- und Elektronikindustrie (ZVEI) sowie der Industrie- und Handelskammertag. Unterstützt und fachlich getragen wird die Arbeit durch zahlreiche wissenschaftliche Institute.

2.1 Strategische Studien und Forschung

Im Auftrag des Ministeriums für Umwelt, Klima und Energiewirtschaft werden strategische Studien durchgeführt, die sich mit den

- Materialflüssen in Baden-Württemberg,
- einer Verbindung der Materialflüsse mit der Wirtschaftsstruktur,
- einer Analyse der ausgewählten Branchen,
- und mit Strategien zur Problemlösung oder Vermeidung von Rohstoffengpässen durch konkrete Maßnahmen und Handlungsempfehlungen

befassen. Im Einzelnen sind dies folgende Projekte:
„Ressourcenökonomische Herausforderungen für den Wirtschaftsstandort Baden-Württemberg“ – durch das Institut für Angewandte Wirtschaftsforschung e.V. (IAW) – Dr. Krumm. Es geht um eine detaillierte Analyse der Wirtschaftsstruktur Baden-Württembergs mit Mikrodaten, die Erstellung von „Branchenbildern“, die Bewertung der Datensituation für Rohstoffe und die Validität der Daten, sowie um das Schließen von Datenlücken. Auf den Ergebnissen dieser Studie setzt das folgende Projekt auf.

„Landesstrategie Ressourceneffizienz: Rohstoffe für Baden-Württemberg" – Fraunhofer ATZ Entwicklungszentrum sowie Prof. Dr. Faulstich, Universität Clausthal-Zellerfeld: Eine Analyse der Materialflüsse in Baden-Württemberg unter Rohstoffaspekten, ihre Verbindung mit der Wirtschaftsstruktur, die Auswahl der in Baden-Württemberg besonders relevanten bzw. kritischen Stoffe und relevanten Branchen. Dabei werden auch Strategien zur Problemlösung und Vermeidung von Rohstoffengpässen erarbeitet sowie konkrete Handlungsempfehlungen eine Roadmap mit Maßnahmen, Meilensteinen und Zielen als Eckpunkte für einen „Fahrplan".

Eine weitere Studie betrachtet detailliert eine ausgewählte Produkt- und Stoffgruppe. Der methodische Ansatz soll auf andere Produkt- und Stoffgruppen übertragbar sein: „Untersuchung zu Seltenen Erden: Permanentmagnete im industriellen Einsatz in Baden-Württemberg" – Öko-Institut e.V. Das Team von Dr. Buchert bearbeitet gemeinsam mit relevanten Wirtschaftsakteuren eine Auswahl der relevanten Industriesektoren, die Datenerhebung zum Einsatz und Verbleib der Rohstoffe, nimmt eine Abschätzung des Bedarfs Baden-Württemberg vor und entwickelt Handlungsoptionen sowie Ausweichstrategien. Das Projekt baut auf der Studie "Abfall und anthropogene Lager als Ressource" (ISWA, Universität Stuttgart) auf und führt die gewonnenen Ergebnisse für Neodym vertiefend fort.

Zur Steigerung der Ressourceneffizienz in den baden-württembergischen Unternehmen wird die Methoden- und Instrumentenentwicklung speziell für KMU vorangetrieben, die auf die neue ISO-Norm 14051 aufsetzt. Hierzu läuft das Projekt „Material- und Energieflussbasierte Kosten- und Klimaanalyse" an der Hochschule Pforzheim, Institut für Industrial Ecology INEC bei Prof. Mario Schmidt. Themen sind:

- Methoden der Abbildung und einfachen Modellierung von betrieblichen Energie- und Stoffströmen in Stoffstromnetzen,
- konzeptioneller Anschluss der monetären Bewertung und Kostenrechnung,
- Einbeziehung von Umweltwirkungen wie Treibhausgas-Berechnung mit Carbon Footprints von Vorprodukten und Scope 3-Emissionen,
- „Material Flow Cost Accounting" (MFCA)-Kalkulation gemäß ISO 14051 als Sonderauswertung durch Anwendung spezieller Allokationsvorschriften.

Ausgewählte und anonymisierte Praxisbeispiele sowie ein internationaler Workshop mit Vorstellung der Methode und Einbeziehung ausländischer Fallbeispiele schließen das Vorhaben ab.

Das Umweltministerium beteiligt sich ferner an der „Benchmarkstudie Ressourceneffizienz" gemeinsam mit dem VDI Zentrum Ressourceneffizienz und der hessischen Wirtschaftsförderung „Hessen Trade & Invest".

Auch weitere Projekte zur Ressourcenproduktivität und Umwelttechnik werden vorbereitet. Durch die Finanzierung der Hochschulen des Landes unterstützt das Ministerium für Wissenschaft, Forschung und Kunst die Forschung und Entwicklung im Bereich Umwelttechnik, Ressourceneffizienz und Kreislaufwirtschaft und ermöglicht damit die Schaffung der Grundlagen für den Innovationsprozess. Denn Maßnahmen zum effizienteren Einsatz von Ressourcen setzen die Entwicklung von Innovationen voraus. Das Spektrum erstreckt sich dabei von Forschungen zur effizienten Nutzung und Sicherung der natürlichen Ressourcen Boden und Wasser, über die Materialforschung zur Entwicklung oder Verbesserung von Werkstoffen bis hin zur gesamten Breite der Verfahrenstechnik mit Hilfe derer auf sämtlichen Ebenen der Wertschöpfungskette - einschließlich der Entsorgung und Wiederverwertung - Lösungen für den effizienten Einsatz von Ressourcen entwickelt werden und schließlich bis zur Forschung im Bereich der Verbraucherwissenschaften und der Modellierung, der ökonomischen Bewertung von Stoffströmen. Im Rahmen von Verbundprojekten erfolgt die Betrachtung von Prozessketten und die Orientierung an der Multifunktionalität der Ressourcen bzw. von Produkten mit dem Ziel, die Ergebnisse der wissenschaftlichen Forschung gemeinsam mit den Wirtschaftspartnern in der Praxis zu erproben und nutzbar zu machen. Exemplarisch seien hier genannt:

- Industry on Campus-Projekt Stuttgart „Rohstoff- und Energieeffizienz durch verfahrenstechnische Innovationen“,
- Forschungscampus ARENA2036 - Active Research Environment for the Next Generation of Automobiles”,
- Phosphorrückgewinnung aus kommunalem Abwasser und industriellem und landwirtschaftlichem Prozessabwasser mittels Kristallisationsverfahren,
- Allianz Rohstoff Ton (ART).

2.2 Rohstoffdialog Baden-Württemberg

Am 13. Mai 2013 unterzeichneten das Ministerium für Finanzen und Wirtschaft Baden-Württemberg, der Landesverband der Baden-Württembergischen Industrie (LVI) und der Deutsche Gewerkschaftsbund, Bezirk Baden-Württemberg (DGB) eine gemeinsame Erklärung „Rohstoffdialog Baden-Württemberg“. Darin erklären sie:

- eine sichere Rohstoffversorgung ist ein Bekenntnis zu Industrie, Innovation und guter Arbeit;
- eine sichere Rohstoffversorgung ist Standortsicherung;
- eine sichere Rohstoffversorgung braucht den Dialog der großen gesellschaftlichen Kräfte;

- eine sichere Rohstoffversorgung muss am diversifizierten Einkauf, effizienten Einsatz und intelligenten Recycling ansetzen.

Sie wollen Indikatoren zur Rohstoffsituation, zu Rohstoffpreisen und wirtschaftlich verträglicher Effizienzsteigerung in unsere Berichterstattung einführen und den Fortschritt bei der Entwicklung einer gegen Rohstoffknappheit widerstandsfähigen Industrie daran messen. Sie wollen gemeinsam Delegationsreisen in große Rohstoffländer der Welt führen, die Außenwirtschaftskontakte zu Bergbauunternehmen und Rohstoffhändlern weiter ausbauen und für baden-württembergische Rohstofftechnologien weltweit auf Messen und Ausstellungen werben. Sie wollen sich gemeinsam für mehr Transparenz und Fairness im Rohstoffhandel einsetzen. Die Politik ist gefordert, auf eine Einhaltung der Kernarbeitsnormen der internationalen Arbeitsorganisation in den Rohstoffherkunftsländern hinzuwirken. Sie wollen gemeinsam Überlegungen anstellen, wie eine sichere, verlässliche und wirtschaftliche Rohstoffversorgung für den Industrie- und Innovationsstandort Baden-Württemberg gewährleistet werden kann: von der Förderung über die Substituierung, vom effizienten Einsatz bis hin zur Rückgewinnung von Rohstoffen. Es sollen die wirtschaftsnahe Forschung im Land zur intelligenten Stofftrennung und -rückgewinnung, zu Stoffstromsteuerung und -transparenz gebündelt werden.

2.3 Ziele und Schwerpunkte der Landesstrategie Resssourceneffizienz

In der Koalitionsvertrag zwischen den BÜNDIS 90/DIE GRÜNEN und der SPD Baden-Württemberg 2011 – 2016 wurde das Thema Ressourceneffizienz als ein wesentlicher Schwerpunkt aufgenommen:

> „Ressourceneffizienz ist für uns ein Leitmotiv politischen Handelns. Sowohl aus ökologischer als auch ökonomischer Sicht ist die intelligentere Nutzung knapper Rohstoffe und Energieträger geboten. Gerade für Baden-Württemberg sehen wir große Chancen, unsere Spitzenposition auf den globalen Wachstumsmärkten Umwelttechnologien, Erneuerbare Energien und Ressourceneffizienz zu stärken und weiter auszubauen."

Unter Federführung des Ministeriums für Umwelt, Klima und Energiewirtschaft Baden-Württemberg wird die Landesstrategie Resssourceneffizienz für das Land entwickelt. Schwerpunkte sind:

- Innovationen und Technologieentwicklung: Den zukünftigen Bedarf an ressourceneffizienten Technologien und Produkten frühzeitig erkennen, mit Innovationen darauf reagieren.

- Erhöhung der Ressourceneffizienz und insbesondere der Materialeffizienz in Unternehmen: Wege finden, das Wissen über Ressourceneffizienz noch besser in die Unternehmen zu bringen und dort zu verankern.
- Kreislaufwirtschaft, Sekundärrohstoffe und ressourceneffizientes Design: Die Abfallwirtschaft wird in den nächsten Jahren umfassenden Veränderungen unterworfen sein. Es geht darum, das gesamte System neu zu durchdenken und dabei alles Bisherige auf den Prüfstand zu stellen. Ziel muss eine komplette Neuaufstellung unserer Abfallwirtschaft hin zur Sekundärrohstoffwirtschaft und zu einer echten Kreislaufwirtschaft sein.
- Umweltschonende und effiziente Primärrohstoffgewinnung und -aufbereitung: Hier stehen wir noch am Anfang. Können aber auf technologische Erfahrungen im Maschinenbau, in der Separations- und Anreicherungstechnik, im Recycling und in der klassischen Umwelttechnik zurückgreifen, um so die ressourceneffizientesten und umweltschonendsten Lösungen anbieten zu können.
- Indikatoren und Messgrößen für Ressourceneffizienz. Wir können uns nur Ziele setzen und überprüfen, ob wir diese erreichen, wenn wir entsprechende Indikatoren und Messgrößen haben. Die bisherigen sind nicht ausreichend. Für unsere Landesstrategie müssen wir uns vertieft mit der Frage von sinnvollen Messgrößen auseinandersetzen, um für uns passende und pragmatische Parameter auszuwählen.

Ziel der Landesstrategie ist es, Baden-Württemberg zu einer der ressourceneffizientesten Regionen zu entwickeln.

3 Akteursplattform

Die „Akteursplattform Ressourceneffizienz Baden-Württemberg" ist der operationelle Prozess, in den nächsten zwei Jahren gemeinsam mit den wichtigsten Akteuren - Land Baden-Württemberg, Großunternehmen, KMU, Ressourceneffizienztechnologie-Anbieter, Wissenschaft, NGO, Verbände, Netzwerke, Sozialpartner, Banken und Versicherungen - die Landesstrategie mit konkreten Zielen, verbindlichen Maßnahmen und prüfbaren Meilensteinen zu präzisieren. Die Themen der Ressourceneffizienz aus den Bereichen Produktion, Konsum, Arbeit und Finanzen werden in einem offenen Dialog erörtert. Ergebnis wird ein „Fahrplan Ressourceneffizienz" sein. Aufbau und Entwicklung des Fahrplans finden in drei Phasen statt:

- Herausforderung, Leitideen und Ziele; Etablierung der Arbeitskreise,
- Instrumente und Maßnahmen. Sie werden unter Beteiligung lokaler Partner formuliert und in Beziehung zu nationalen sowie europäischen Aktivitäten gesetzt bzw. ergänzt,

- Kommunikative Begleitung der Umsetzung, um die Sichtbarkeit in Fachwelt und Öffentlichkeit zu erhöhen.

Den inhaltlichen Kern der Plattform bilden 5 Arbeitskreise zu den oben genannten Themen. Die Struktur zeigt das folgende Bild:

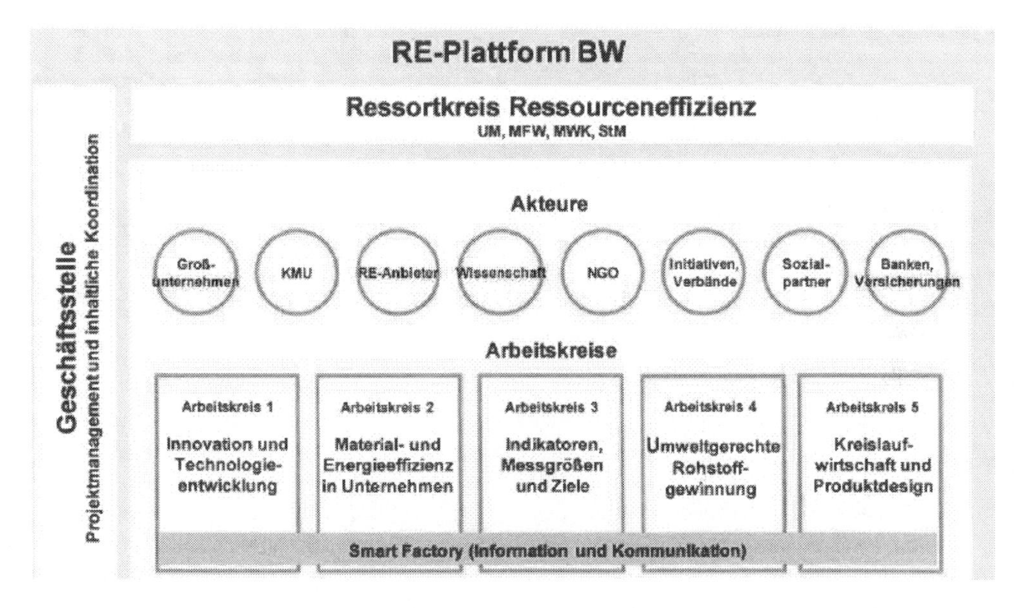

Abb. 1: Vorschlag VDI-TZ zur Struktur der Akteursplattformbildung

Aus dem Kreis der Stakeholder werden relevante Trends und Einzelfragen für die Weiterentwicklung der Ressourceneffizienz in Baden-Württemberg bearbeitet.

Die Arbeitskreise werden die Themen unter den folgenden Aspekten behandeln:

- Märkte & Trends,
- Produktion,
- Qualifizierung & Ausbildung,
- Bewertung & Finanzierung.

Dabei ist eine Vernetzung mit nationalen & lokalen Aktivitäten (z.B. Netzwerk Ressourceneffizienz) vorgesehen. Aus diesem Prozess werden gemeinsame Handlungsempfehlungen für die Politik abgeleitet.

4 Eine Allianz für mehr Ressourceneffizienz

Um das Thema Ressourceneffizienz voran zu bringen, sind **gute Beispiele** aus Unternehmen essentiell. Gemeinsam mit Spitzenverbänden der Industrie hat das Umweltministerium am 12.11.2013 eine „Allianz für mehr Ressourceneffizienz" gegründet.

Abb.2: Unterzeichnung der „Allianz für mehr Ressourceneffizienz Baden-Württemberg" am 12.11.2013 in Stuttgart (von links: Wolf, Dr. Koch, Untersteller, Dr. Auer, Hermani, Mayer)

5 Ziel der Allianz

Das Thema Ressourceneffizienz wird als gemeinsame Aufgabe der Wirtschaft und der Landesregierung verstanden. Hierfür sind Wirtschaft und Land eine „Allianz für mehr Ressourceneffizienz" mit folgenden konkreten Zielen eingegangen:

- Die Unterzeichner wirken darauf hin, dass 100 Unternehmen gewonnen werden („100 Betriebe für Ressourceneffizienz"), die ihre Einsparpotenziale im Energie- und Materialbereich anhand von konkreten Projekten erfassen, dokumentieren und diese veröffentlichen. Kommuniziert werden Vorgehen und Umsetzung der Maßnahmen und deren Erfolg sowie die Größenordnung des Einsparpotenzials.
- Die konzertierte Aktion soll konkret aufzeigen, wie Ressourceneffizienz umgesetzt wird und welcher Nutzen damit verbunden ist. Zudem sollen weitere Unternehmen zum Mitmachen gewonnen werden.

- Die Initiative wird die bisherigen Aktivitäten zur Ressourceneffizienz im Land mit konkreten, vorzeigbaren Ergebnissen unterstützen und auf die operative Handlungsebene bringen.
- Die 100 Betriebe sollen als Exzellenzbeispiele auch Strahlkraft über Baden-Württemberg hinaus entfalten.

Ziel der Initiative ist es, 100 Betriebe aus Baden-Württemberg als Exzellenzbeispiele repräsentativ, öffentlichkeitswirksam und beispielgebend hervorzuheben und darzustellen.

6 Initiative „100 Betriebe für Ressourceneffizienz"

Die Aktivitäten der 100 Unternehmen sollen sich sowohl auf Energie- als auch auf Materialeffizienz beziehen. Der Fokus liegt auf der Materialeffizienz. Es kann auf bereits erfolgreiche Projekte zurückgegriffen werden, bei denen die Unternehmen ihre Ergebnisse gegebenenfalls aktualisieren und geeignet aufbereiten.
Die teilnehmenden Unternehmen haben Maßnahmen zur Steigerung der Material- und Energieeffizienz durchgeführt bzw. führen diese durch. Die Kosten der Maßnahmen tragen die Unternehmen. Diese Unternehmen können sich mit ihren Maßnahmen als Exzellenzbeispiele für Ressourceneffizienz in der Initiative bewerben. Nach einer inhaltlichen Bewertung und Zusage können sie nach vollständigem Abschluss und Veröffentlichung der Maßnahme für ihre Teilnahme und Bereitstellung von Ergebnissen vom Land eine Unterstützung von 10.000 Euro erhalten, die sie z. B. für eigene Aufwendungen oder für externe Beratungen einsetzen können. Damit sollen vor allem kleine und mittelständische Unternehmen zum Mitmachen motiviert werden.
Das Land stellt für die 100 Unternehmen die dafür notwendigen Mittel bereit. Es stellt weiterhin sicher, dass kompetente Stellen die Vorauswahl sowie eine Qualitätssicherung der Beispiele vornehmen, eine Begleitforschung durchführen und Berater speziell für diese Aktion schulen. Dies soll so unbürokratisch wie möglich erfolgen.
Um eine Langfristigkeit der Effizienzaktivitäten zu erreichen, werden allen baden-württembergischen Unternehmen geeignete Hilfestellungen durch Tools und Schulungen angeboten, die das Land fördert.
Die ausgewählten Unternehmensbeispiele werden ausführlich öffentlich präsentiert und vorgestellt. Über den Stand der Ergebnisse wird regelmäßig auf dem Ressourceneffizienz- und Kreislaufwirtschaftskongress Baden-Württemberg berichtet.

7 Ausgewählte Ergebnisse des Ressourceneffizienz- und Kreislaufwirtschaftskongresses Baden-Württemberg vom 12./13.11.2013

7.1 Kernthesen einiger Referenten und Podiumsteilnehmer

Um die ganz persönliche Bewertung prominenter Referenten zum Thema deutlich zu machen, werden Auszüge aus den im Verlauf der Veranstaltung aufgenommenen Interviews zitiert:

Franz Untersteller MdL, Minister für Umwelt, Klima und Energiewirtschaft des Landes Baden-Württemberg über die Bedeutung von Ressourceneffizienz für Baden-Württemberg aus ökonomischer und ökologischer Sicht

„Ich habe den Eindruck, dass wir hier einen schlafenden Bären geweckt haben.“

Die „Allianz für mehr Ressourceneffizienz“ mit der Wirtschaft ist ein wichtiger Schritt zur Bündelung der Kräfte auf dem eingeschlagenen Weg zu immer besserer Ressourceneffizienz. Wirtschaft und Politik haben dasselbe Ziel. Eine enge Kooperation von Politik und Wirtschaft in Baden-Württemberg ist wesentlich. Mit der gemeinsamen Initiative „100 Betriebe für Ressourceneffizienz“ setzen wir Baden-Württemberg und die hiesige Industrie wirklich an die Spitze beim Thema Ressourceneffizienz. Indem wir Ressourcen- und Materialeffizienz in den Mittelpunkt rücken und das Thema Gewinnung von Sekundärrohstoffen aus den Abfällen stärker berücksichtigen, können wir vor dem Hintergrund volatiler Rohstoffpreise und knapper werdender Rohstoffe eine sichere Basis für unsere Industrie erreichen. Einerseits natürlich der Standort Baden-Württemberg, aber andererseits auch die Unternehmen selbst. Diese können auch profitieren, wenn sie effizientere Produkte herstellen und die wiederum auf den Weltmarkt bringen. Sie werden dadurch insgesamt wettbewerbsfähiger. Das Thema kann also durchaus eine Win-Win-Geschichte für beide sein.

Peter Hofelich MdL, Beauftragter der Landesregierung Baden-Württemberg für Mittelstand und Handwerk über Marktchancen durch Fertigungskompetenz, den Schlüssel im internationalen Wettbewerb und eine gute Wirtschafts- und Strukturpolitik

„Ressourceneffizienz als Grundbedingung für nachhaltiges Wirtschaften.“

Ressourceneffizienz nimmt einen zunehmend hohen Stellenwert ein, weil es natürlich als Kostenfaktor eine wichtige Sache ist, aber auch, weil der Kunde nach ressourceneffizienten Produkten verlangt. Darin liegen große Marktchancen für die Baden-Württembergischen Unternehmen mit ihrer hohen Fertigungskompetenz und ihrem hohen Anteil an qualifizierten Beschäftigten. Wenn das Ingenieurland, das Facharbeiterland Baden-Württemberg, hier einen richtigen Auftritt hat und sich selber in der Welt als technologisch führend präsentieren kann, dann wird das für uns über Jahre hinweg einen großen Wettbewerbsvorteil bedeuten. Das ist der Schlüssel für uns.

Daniel Calleja Crespo, Generaldirektor der Direktion Unternehmen und Industrie der Europäischen Kommission, über den Markt für Ressourceneffizienz, globale Zusammenarbeit und die Bedeutung von kleinen und mittelständischen Unternehmen.

"Ressourceneffizienz ist ein großer Markt"

Deutschland spielt eine wichtige Rolle, weil es einer der Länder ist, welches die Bedeutung von Nachhaltigkeit und innovativen Lösungen für eine „Green Economy" realisiert hat. Europa hat großes Potential. Wir könnten mehr als 600 Mrd. Euro jedes Jahr sparen, wenn wir eine effizientere und nachhaltigere Ressourcenwirtschaft hätten. Die „Green Economy" ist eine großartige Gelegenheit, am Ende des Tages wettbewerbsfähiger und nachhaltiger zu sein.

Prof. Ugo Bardi, Professor für Physikalische Chemie an der Universität Florenz und Mitglied des Club of Rome, über die Ressourcenproblematik, die Energiewende als Erfindung Deutschlands und warum ein solcher Kongress in Italien schwer möglich wäre.

"We are reacting to a crisis"

Germany is very active and has invented an idea, which is popular all over the world: it's called "Energiewende", the energy transition. To pass through this transition, we must go through big changes, but sometimes changes are a bit painful. When you start understanding, that in order to change, you will have to suffer, people are not happy. Nevertheless, we need to plan and work on having sufficient energy, to carry through the transition. That is a fundamental point. We need renewable energy and Germany is the most advanced place in the world, taking this kind of initiative. I was impressed by the level of this meeting. In Germany, you can see that people can manage and think in the long term, see the problem and think of ways to solve it by reasoning about investing for the future.

Dr. Eric Schweitzer, Präsident des Deutschen Industrie- und Handelskammertags und Vorstandsvorsitzender der ALBA Group plc & Co. KG, über die zentrale Bedeutung von Recycling beim Thema Ressourceneffizienz, den erfolgreichen Dialog zwischen Wirtschaft und Politik und Erwartungen für die Zukunft.

„Ressourceneffizienz ist für Unternehmen das zentrale Thema"

Für den DIHK als Dachverband aller Industrien und Handelskammern und damit mit über 3,6 Millionen gewerblichen Unternehmen in Deutschland spielt Resssourceneffizienz eine große Rolle. Ich glaube, allein das Ergebnis, dass es zu dieser Vereinbarung zwischen der Wirtschaft und der Landesregierung kommt – federführend von einem grünen Umweltminister – ist ein herausragendes Zeichen. Nicht nur für das Land Baden-Württemberg, sondern für Deutschland insgesamt und sollte auch Vorbild für andere Länder sein. Es ist ein ganz wichtiges Zeichen – auch im Rahmen des Dialogs zwischen Wirtschaft und Politik. Es herrscht ja teilweise die Meinung, dass Politik und Wirtschaft zu wenig miteinander sprechen. Das tun sie nicht. Auch die angeblichen Berührungsängste zwischen einem grünen Politiker und der Wirtschaft gibt es nicht. Das sind sehr gute Zeichen. Damit ist das auch ein wichtiges Signal weit über Baden-Württemberg hinaus.

Kiyoto Furuta, Senior General Manager des Global Environment Centers bei Canon Inc., über die Umweltcharta von Canon, Weltstandards für grüne Technologien und Deutschland als Vorbild für Japan.

„Von Deutschland lernen“

Canon hat sich eine Umweltcharta gesetzt in der steht, dass es als produzierendes Unternehmen Ressourceneffizienz und Ressourcenproduktivität steigern möchte. Umweltanforderungen sind eine globale Thematik und ein Unternehmen, oder ein Land, kann diese nicht alleine bewältigen. Insofern muss die gesamte Welt in der Angelegenheit zusammenarbeiten. Vor diesem Hintergrund wäre es von großem Vorteil, wenn man Weltstandards aufstellen könnte. Hinsichtlich des Umweltschutzes und der Ressourceneffizienz würde das auch den Schwellenländern helfen, wenn sie sich weiterentwickeln. Natürlich wird Japan auch weiterhin seinen Beitrag leisten. Japanische Unternehmen müssen aktiv mitmachen.. Deutschland schafft es, Politik, Wirtschaft und Forschung zum wichtigen Thema Ressourceneffizienz zu bündeln. Das ist eine starke Message an die Welt und auch speziell an Japan.

Dr. Hans-Eberhard Koch, Präsident des Landesverbands der Baden-Württembergischen Industrie e.V., über die Initiative zur Steigerung der Ressourceneffizienz, Traditionen der Baden-Württembergischen Industrie und Ressourcenpolitik aus Sicht des Landes.

„Der Rohstoffhunger ist immens“

Wir arbeiten natürlich ständig daran die Ressourceneffizienz zu verbessern. Das ist unser tägliches Brot, das wir brauchen, um im Wettbewerb zu bestehen. Gerade die Baden-Württembergische Industrie ist mittel- und langfristig orientiert und versucht immer, die Balance zu finden, zwischen sozialen, wirtschaftlichen und ökologischen Zielsetzungen. Das ist Tradition in Baden-Württemberg. Mit dem Konzept zur „Allianz für mehr Ressourceneffizienz Baden-Württemberg“ und die Initiative „100 Betriebe für Ressourceneffizienz“ wollen wir Unternehmen finden, die Beispiele für die Verbesserung der Ressourceneffizienz geben und diese publizieren, um anderen Unternehmen zu zeigen, welche Möglichkeiten es gibt. Der Rohstoffhunger ist natürlich immens. Wir wollen aber nicht an einem Rohstoffbedarf zu Grunde gehen, der nicht erfüllt werden kann, denn wir brauchen Wachstum. Deswegen benötigen wir auch weiterhin als Industrie die Nachfrage aus den Schwellenländern. Für mich ist der Kongress ein Beispiel, wie die Rahmenbedingungen von politischer Seite günstig beeinflusst werden können. Indem ein Kongress durchgeführt wird, wird informiert und beraten, da werden Beispiele gegeben, es wird Transparenz erzeugt für Ressourcenverbrauch und -bedarf sowie für die Entwicklung der Ressourcen weltweit. Insofern ein gutes Beispiel für Ressourcenpolitik aus Sicht des Landes. Der Kongress ist durch die Initiative „100 Leuchttürme“ konkreter geworden.

Peter Willbrandt, Vorstandsvorsitzender der Aurubis AG , über den Wettbewerbsvorsprung durch Ressourceneffizienz, die Rolle des Verbrauchers und die Wichtigkeit von Austausch und Kongressen.

„So ein Kongress öffnet den Blick“

Dass wir als ein sehr rohstoffarmes Land nicht international Rohstoffe kaufen brauchen und unabhängig sind, wird nicht funktionieren. Wenn wir eine Gesellschaft bleiben wollen, in der Wohlstand herrscht und die Hightech-Produkte herstellt, brauchen wir auch Rohstoffe dafür. Dem müssen wir uns stellen. Ressourceneffizienz ist ein ganz wichtiger Faktor dabei, Wir gehen heute sehr verantwortungsbewusst mit den Dingen um und kümmern uns intensiv um die Technologie und die Prozesse, die in unseren Unternehmen vorhanden sind. Das gibt uns einen Wettbewerbsvorsprung und wenn Sie in der Ressourceneffizienz einen Vorsprung haben, ist das genauso, als würden Sie weniger Personal einsetzen oder weniger Strom für die gleichen Prozesse brauchen: Es gibt Ihnen einen Kostenvorteil und das führt dazu, dass Sie wettbewerbsfähig sind. Das ist ein ganz wichtiger Faktor. Und wir brauchen beides: Recycling und eine effiziente Rohstoffgewinnung, primär und sekundär. Es ist ein Kongress mit vielschichtigen Themen. Das zeigt auch die Vielschichtigkeit der Probleme auf. Das ist wichtig. So ein Kongress öffnet den Blick, regt zum Austausch an, sodass man neue Ideen für Innovation bekommt. Deswegen finde ich solche Kongresse gut. Sie müssen sein.

Prof. Dr.-Ing. Martin Faulstich, Vorsitzender des Sachverständigenrates für Umweltfragen und Professor für Umwelt- und Energietechnik, über die Aufgabe der Bürger und die Notwendigkeit Erneuerbare Energien zu fördern und Recyclingsysteme aufzubauen.

„Von den Besten lernen“

Die Kernherausforderung ist sicherlich, Recyclingsysteme aufzubauen. Im Recycling werden gerade mal eine Hand voll im großen Stil gesammelt – also Eisen, Stahl, Kupfer und so weiter. Das heißt, wir müssen für fast alle Strategiemetalle Recyclingsysteme aufbauen und davon sind wir noch einige Jahre entfernt. Wir führen in dem Bereich ein Projekt zusammen mit der Landesregierung durch und gucken uns die Leitindustrien an. Das sind der Maschinenbau, die Automobil- und Elektroindustrie. Wir vergleichen den Rohstoffbedarf dieser Branchen und können dann eine konkrete Strategie wählen: Welche Elemente sind in Baden-Württemberg kritisch? Welche Aufbereitungstechnologien gibt es und welche müssen noch entwickelt werden? Das soll dann auch im Rahmen von Modellprojekten geschehen. Bei einem solchen Kongress geht es auch darum, von den Besten zu lernen. Im Publikum sitzen viele Unternehmer und wenn die sehen, dass andere Unternehmer dieses Thema bereits erfolgreich umsetzen, ist es für viele sicher eine große Motivation für das eigene Unternehmen.

Prof. Dr. Mario Schmidt, Direktor des Instituts für Industrial Ecology der Hochschule Pforzheim, über staatliche Förderungen, Bewusstseinsstärkung durch gezielte Ausbildung und Ressourceneffizienz als Dauerthema.

„Wir werden von Mal zu Mal konkreter“

Seit den 90er Jahren haben sich in Baden-Württemberg viele mittelständische Unternehmen mit dem Thema Energie- und Stoffstrommanagement auseinandergesetzt. Diese Unternehmen haben fast alle davon profitiert, weil sie ihre Kosten einsparen konnten. Das sind häufig Projekte, die auch von staatlicher Seite gefördert wurden. Insofern können wir auf eine lange Erfolgsgeschichte zurückschauen. Wie kann ich so produzieren, dass die natürlichen Ressourcen stärker geschont werden? Das halte ich für eine wichtige Zukunftsfrage, die in der Ausbildung noch sehr viel stärker berücksichtigt werden müsste, als das heute der Fall ist. Der Kongress zeigt, dass die Wirtschaft bereits viel getan hat, aber vor allem für die Zukunft bereit ist, noch sehr viel mehr zu tun und das Thema Ressourceneffizienz aktiv zusammen mit der Landesregierung aufgreift. Wir werden von Mal zu Mal konkreter. Letztes Jahr war es vielleicht noch eine Überschrift „Ressourceneffizienz“, diese Tagung zeigt, dass Ressourceneffizienz zu einem Dauerthema werden wird, dass wir nächstes und übernächstes Jahr wieder aufgreifen werden – dann wahrscheinlich mit vielen interessanten Ergebnissen aus Projekten, die wir genau jetzt mit dieser Initiative „100 Betriebe für Ressourceneffizienz“ anstoßen.

Prof. Dr. Thomas Bauernhansl, Leiter des Instituts für Industrielle Fertigung und Fabrikbetrieb der Universität Stuttgart und des Fraunhofer-Instituts für Produktionstechnik und Automatisierung über die Potenziale von Industrie 4.0, Ressourceneffizienz als Top-Thema der Wirtschaft und ein Motto gegen Verzichtsstrategien:

„Wir sind das China Deutschlands“

Industrie 4:0 ist die vierte industrielle Revolution gemeint. Wir leben gerade in der dritten, in der es darum geht, die Individualisierung der Produktion mithilfe von IT zu realisieren. Die vierte beschäftigt sich damit, alles massiv zu dezentralisieren, in Echtzeit zu kommunizieren und dabei auch das Internet zu nutzen. Alle Objekte in der Fabrik sollen intelligent werden, zum Beispiel die Maschinen. Die Menschen sollen mithilfe technischer Assistenzsysteme zusätzliches Wissen gewinnen und Software-Services nutzen, um deutlich effizienter, kundennäher und personalisierter zu arbeiten. Es kann nur dezentral funktionieren, denn jeder ist ja irgendwie Produzent und Verbraucher. Dazu müssen die einzelnen Erzeuger und Verbraucher intelligent ihre Zustände und ihren zukünftigen Bedarf kommunizieren können. Das wird mit entsprechender Software abgeglichen. Wenn wir ein Produkt kaufen, möchten wir heute schon wissen, wie der CO_2-Footprint des Produkts ist. Wenn der Lieferant das Produkt wiederbekommt, möchte er vielleicht wissen, was mit dem Produkt alles passiert ist: Wie wurde es gebraucht? Was ist in dem Produkt enthalten? Wie komme ich an die Rohstoffe heran? All diese Informationen können zukünftig entweder direkt im Produkt oder über eine Produktidentifikation in einem Internet-Tool abgelegt werden, und so dem Konsumenten und Lieferanten die Information in Echtzeit zur Verfügung stellen. Wir brauchen Technologien, die es ermöglichen, Wachstum und Wohlstand vom Ressourcenverbrauch zu entkoppeln. Wir müssen uns das Motto „Technologie statt Verzicht“ aneignen. Wenn irgendwo ein Ressourceneffizienzkongress stattfindet, sollte das in Baden-Württemberg sein, weil wir die ganzen Akteure haben, die tatsächlich etwas bewegen können.

Prof. Dr. Frank Schultmann, KIT Institut für Industriebetriebslehre und Industrielle Produktion und Prof. Dr. Jörg Woidasky, Hochschule Pforzheim, Fakultät für Technik/Nachhaltige Produktentwicklung:

„Materiallager Bausektor"

Die Bauwirtschaft weist eine hohe wirtschaftliche Relevanz auf. Gebäude verursachen oder stehen für ca. 42 % des EU-weiten Energieverbrauchs, 35 % aller Treibhausgasemissionen, 40 % des Bedarfs an Primärrohstoffen, 50 % des Abfallaufkommens. Zugleich sind die hohen verbauten Stoffmengen eine Ressourcenquelle, ein Materiallager. Ziel des „Urban Mining" ist das das frühzeitige Identifizieren und Erschließen von Wertstoffen in der urbanen Infrastruktur und in Gebäuden, noch bevor diese ausgetragen (und zu Abfall) werden, um diese künftig als (Sekundär-) Rohstoffe zu nutzen. Das im Rahmen von FONA-Förderschwerpunkt r3 entwickelte „Ressourcen-App" zielt auf eine vollständige Nutzung des Materiallagers Gebäude durch systematische Erkennung und Quantifizierung des Wertstoffpotentials, eine Kombination von Datenspeichern und vor-Ort-Aufmaß in Echtzeiterfassung und –erkennung sowie eine Rückbauplanung.

Ralf Fücks, Mitglied des Vorstands der Heinrich-Böll-Stiftung e.V.

Ökologie ist eigentlich eine Langzeit-Ökonomie, nämlich eine Wirtschaftsweise, die ihre eigenen Grundlagen nicht zerstört. Gleichzeitig bin ich skeptisch gegenüber einer Privatisierung der ökologischen Frage. Wir brauchen dazu die Politik: sowohl im Großen wie im Kleinen, Dafür brauchen wir die Wirtschaft, weil es dabei um technologische Innovation im großen Stil geht. Wir sind inzwischen freiwillig oder unfreiwillig zu einer Art Pionierland geworden, vor allem durch die Energiewende. Wir unterschätzen oft, wie aufmerksam der Rest der Welt auf das Gelingen in Deutschland schaut. Ich finde es beeindruckend, dass der Kongress diese Dimension angenommen hat. Hier findet fast eine Vollversammlung der Industrie statt, auch über Baden-Württemberg hinaus.

Prof. Dr. Martin Jänicke, Gründungsdirektor des Forschungszentrums für Umweltpolitik der FU Berlin und Mietglied im Kuratorium der Deutschen Bundesstiftung Umwelt

Es kommt mehr als in allen anderen Umweltpolitikbereichen auf die Wirtschaft an – auf ihre Eigendynamik und Innovationsaktivität. Der Staat muss sehr viel intelligenter vorgehen, ist stärker in einer Moderationsfunktion. Er ist nicht derjenige, der sofort mit Regulationen aufwarten kann, sondern er muss für vielfältige Innovationsanstrengungen von Unternehmen offen sein. Gleichwohl wird der Staat aber auch mit klaren Vorgaben operieren müssen. Die Politik sollte im Bereich der frugalen Innovationen tätig werden. Das sind Innovationen, bei denen nicht nur das Produkt einfach, billig und wartungsarm ist, sondern wo auf jeder Wertschöpfungsstufe Rohstoffe eingespart werden. So kommen beim einzelnen Produkt Einspareffekte heraus, die wir bisher kaum irgendwo gesehen haben. Das ist eine Technik, die in Entwicklungsländern erfolgreich ist. Es ist auch eine sehr spannende und brisante Frage, wie unsere High-Tech-Entwicklung mit der Herausforderung einer einfacheren Technik umgehen kann. Policy-Feedback ist eine wichtige Vorausset-

zung dafür, dass Politik weitergeht. Ich habe aber den Eindruck, dass das auf dieser Veranstaltung sehr gut funktioniert.

Rainer Hundsdörfer, Vorsitzender der Geschäftsführung der ebm-papst Gruppe

Erstens ist für mich ganz wichtig, dass wir nicht nur auf die Energie gucken, wenn wir den Energieverbrauch reduzieren wollen, sondern wirklich das gesamte Bild Ressourcenverbrauch betrachten. Zweitens kann ich aus meiner beruflichen Praxis bestätigen, dass Ökonomie und Ökologie keine Widersprüche sind, sondern perfekt zusammenpassen: Wenn ich wenig Ressourcen einsetze, bin ich zum Schluss auch profitabler. Machen müssen es die Unternehmen selbst und der Staat muss die Randbedingungen setzen. Ich bin grundsätzlich nicht für zu viel Regulierung, aber es gibt ein paar Vorgaben, die gemacht werden müssen.

Wolfgang Grupp, alleiniger Geschäftsführer und Inhaber von TRIGEMA Inh. W. Grupp e.K

Ökologie muss ökonomisch Vorteile bringen und das tut sie auch. Jeder Unternehmer muss schon aus dem kaufmännischen Prinzip heraus Ressourcen sparen, wo es nur geht. Ökologie ein Zukunftsprojekt. Denn wer ökologisch nicht richtig arbeitet, kann in der Zukunft nicht bestehen und wird sie nicht absichern. Je effizienter und ökologischer ich arbeite, desto mehr Vorteile habe ich. Das ist in einem Hochlohnland unsere Chance. Wir brauchen innovative – das heißt ökologische – Produkte, die die anderen noch nicht produzieren können. Damit haben wir den Vorteil, dass die ganze Welt diese ökologischen Produkte bei uns kaufen muss. Damit können wir Arbeitsplätze und unseren Exportüberschuss für die Zukunft sichern. Es ist eine tolle Idee, so einen Event hier in Baden-Württemberg zu veranstalten. Ich bin gerne hergekommen. Denn das, was hier besprochen und angemahnt wird, ist die Zukunft und eine Chance für uns Unternehmer und damit für unsere Arbeitsplätze in Baden-Württemberg und in Deutschland.

Prof. Götz Wolfgang Werner, Gründer und Aufsichtsratsmitglied dm-drogerie Markt

Der Mensch ist der Verursacher sämtlicher Inanspruchnahmen in der Welt und wenn der Mensch sich nicht ändert, wird auch nichts Gutes in der Welt stattfinden.. Wenn wir nicht umdenken, verwandelt sich auch die Welt nicht. Wenn es uns gelingt, bei den Menschen das Bewusstsein für die Belange der Umwelt zu stärken, werden Ressourcen geschont. Sie können aber als Unternehmen, die Menschen, nicht bevormunden, sondern nur entsprechende Verhältnisse schaffen. Wir nehmen immer Ressourcen in Anspruch, konsumieren. Lebenszeit, Umwelt, geistige Ressourcen. Vor allem die muss man verschwenderisch einsetzen. Der Mensch ist der Zweck, nicht das Mittel der Ökonomie. Unternehmen sind Veranstaltungen, in denen Menschen ihren Sinn finden müssen. Nur Innovationen bewirken, dass wir Neues kaufen, wir haben eine bedarfsorientierte Wirtschaft. Jeder Konsument ist Auftraggeber. Das Thema ist wichtig, das muss man unterstützen. Wenn man sich als bekannter Unternehmer nicht dafür einsetzt, wer soll es denn dann machen?

Prof. Dr. Roger Willemsen, Publizist und Fernsehmoderator

Der Kongress bündelt sich Sachverstand, um eine Frage zu klären, die uns sehr ökologisch vorkommt, die aber letztlich der Erhaltung des Planeten dient. Insofern geht von so einem Kongress immer ein Imperativ für die Schützbarkeit des Planeten aus. Das ist erstmal jenseits von allen politischen oder wirtschaftlichen Gruppierungen wichtig. Welche Initiativen sich daraus ergeben und ob die Wirtschaft in dem Fall – wie so häufig – schneller ist als die Politik, muss sich zeigen. Sie werden die Energiewende gemeinschaftlich weder in Baden-Württemberg noch in Deutschland schaffen, wenn die Ressourceneffizienz nicht erheblich erhöht wird. Das heißt, sie müssen bittere Botschaften vermitteln.

8 Fazit

In Baden-Württemberg wird eine landesspezifische, gemeinsame, über alle Ressorts und Akteursgruppen getragene Strategie entwickelt, die wissenschaftlich fundiert ist und von Unternehmen mitgetragen wird.

9 Literatur und Links

[1] Ressourceneffizienz- und Kreislaufwirtschaftkongress Baden-Württemberg vom 12./13. November 2013 (http://www.ressourceneffizienzkongress.de/)

[2] „Allianz für mehr Ressourceneffizienz Baden-Württemberg" (https://www.baden-wuerttemberg.de/de/service/presse/pressemitteilung/pid/land-und-wirtschaft-bilden-allianz-fuer-mehr-ressourceneffizienz-baden-wuerttemberg/, https://www.baden-wuerttemberg.de/fileadmin/redaktion/dateien/Remote/um/allianz_vereinbarung.pdf)

[3] „Rohstoffdialog Baden-Württemberg" (http://www.baden-wuerttemberg.de/de/service/presse/pressemitteilung/pid/einsatz-fuer-nachhaltige-rohstoffsicherung-im-land/, http://www.lvi-online.de/upload/mediapool/2013_05_gemeinsame_erklaerung_rohstoffdialog.pdf)

[4] Faulstich, M.; Baron, M.: "Wege zu einer umweltverträglichen Rohstoffwirtschaft"; in Woidasky, J.; Ostertag, K.; Stier, C. (Hrsg.) in „Innovative Technologien für Ressourceneffizienz in rohstoffintensiven Produktionsprozessen – Ergebnisse der Fördermaßnahme r^2", Fraunhofer-Verlag, Stuttgart, 08/2013, S. 407-431

[5] Bauernhansl, Thomas: Industrie 4.0 - Herausforderungen und Grenzen in der Produktion. In: Sikom Software: Sprache ohne Grenzen 2013 : Sikom Best Practice Day, 19.-20.6.2013, Heidelberg. Heidelberg, 2013, 35 Folien; Verl, Alexander (Hrsg.) ; Bauernhansl, Thomas (Hrsg.) ; Verein zur Förderung produktionstechnischer Forschung: Industrie 4.0 und vernetzte Produktion - aktuelle Forschungsansätze : Fraunhofer IPA Seminar, 3. Juli 2013, Stuttgart; Bauernhansl, Thomas: Industrie 4.0: Herausforderungen und Grenzen in der Produktion : Keynote. ; In: AT-Kearney: Die Fabrik des Jahres 2013: Global Excellence in Operations; Treffen Sie die Besten auf dem Kongress zum Wettbewerb 2012; Leipzig, 18. und 19. Februar 2013. Landsberg : Süddeutscher Verlag Veranstaltungen, 2013, 38 Folien.

[6] Schmidt, M. (2013): Was haben Ressourceneffizienz und Lean Production gemeinsam? In: Klinke, S., Rohn, H. (Hrsg.): RessourcenKultur: Vertrauenskulturen und Innovationen für Ressourceneffizienz im Spannungsfeld normativer Orientierung. Nomos-Verlag Baden-Baden. S. 279f.; Schmidt, M., Schneider, M. (2013): Ressourceneffizienz spart Produktionskosten. In: Rohn, H.; Lettenmeier, M., Pastewski, N. (Hrsg.) :Ressourceneffizienz – Potenziale von Technologien, Produkten und Strategien. Erste Auflage, 256 S. Fraunhofer Verlag: Stuttgart, 2013. S. 9-19 ; Schmidt, M. (2013): Einordnung in das Forschungsfeld Ressourceneffizienz. In: Woidasky, J., Ostertag, K., Stier, C. (Hrsg.): Innovative Technologien für Ressourceneffizienz in rohstoffintensiven Produktionsprozessen. Fraunhofer-Verlag: Stuttgart, S. 395-406.

[7] Woidasky, J.; Stier, C.; Stork, A.; Sevilmis, N.; Schultmann, F.; Stengel, J. (2013): Erkennung und Erschließung von Rohstoffpotentialen aus dem Hochbau. In: Rüppel, U. (Hrsg.): 2. Darmstädter Ingenieurkongress – Bau und Umwelt. 12. und 13. März 2013; TU Darmstadt. Shaker Verlag, Aachen, S. 669 – 673 (ISBN 978-3-8440-1747-2).

[8] Hiete, M.; Stengel, J.; Ludwig, J.; Schultmann, F. (2011): Matching construction and demolition waste supply to recycling demand: a regional management chain model. Building Research & Information, Volume 39, Issue 4, 2011.

ERKUNDUNG DES ROHSTOFFPOTENZIALS EINER HISTORISCHEN HARZER BERGBAUHALDE IM RAHMEN DES R³-PROJEKTES ROBEHA

Kerstin Kuhn[1], Jeannet Meima[1], Dieter Rammlmair[1], Tina Martin[2], Rudolf Knieß[2], Ursula Noell[2]

[1] Bundesanstalt für Geowissenschaften und Rohstoffe, Stilleweg 2, 30655 Hannover, e-mail: kerstin.kuhn@bgr.de

[2] Bundesanstalt für Geowissenschaften und Rohstoffe, Wilhelmstraße 25-30, 13593 Berlin

Keywords: Bergbau, Halde, ROBEHA, LIBS, Geophysik

1 Einleitung

Während Bergbauhalden bisher meist hinsichtlich ihres Gefährdungspotenzials betrachtet und bewertet wurden, erkennt man derzeit zunehmend ihr Potenzial an Wertstoffen.

Im Rahmen des, vom BMBF- geförderten, r³-Projektes ROBEHA (Nachhaltige Nutzung des Rohstoffpotenzials von Bergbauhalden im Westharz) werden verschiedene Haldentypen im Westharz erfasst und an Beispielen ihr Rohstoffpotenzial abgeschätzt. Neben der Charakterisierung des Haldenmaterials und einer Vorratsberechnung werden auch Aufbereitungsversuche an dem Material durchgeführt. Zusätzlich soll ein multikriterieller Bewertungsansatz für das Recycling von Halden entwickelt und ein Haldenressourcen-Kataster aufgebaut werden.

2 Materialien und Methoden

2.1 Materialien

Es wurden Übersichtsproben von Halden aus verschiedenen Bergbaustadien und verschiedenen Buntmetall-Lagerstätten des Westharzes untersucht. Dazu gehören grobblockige Bergehalden, als Reststoffe einer Vorstufe der eigentlichen Erzaufbereitung, Aufbereitungshalden mit feinkörnigen Reststoffen der Dichtetrennung (z.B. Pochsande) oder der Flotation (Tailings), sowie Reste aus der Verhüttung (Schlacken).

Detaillierte Untersuchungen wurden an einer Pochsandhalde bei Clausthal/Zellerfeld durchgeführt, welche durch hohe Blei- und Silbergehalte gekennzeichnet ist.

2.2 Methoden

Die gewonnenen Übersichtsproben wurden mit Hilfe der Röntgenfluoreszenzsanalyse (RFA) und Massenspektrometrie mit induktiv gekoppeltem Plasma (ICP-MS) untersucht.

Die Detailerkundung der Pochsandhalde wurde mit verschiedenskaligen Methoden durchgeführt. Eine großräumige geophysikalische Erkundung bildet dabei die Grundlage zur Detektion des Untergrundes, zur Abschätzung des Volumens und unterschiedlicher Bereiche im Inneren der Pochsandhalde. Dafür wurden Geoelektrikprofile unterschiedlicher Länge aufgenommen. Für die oberflächennahen Grenzschichten wurden parallel dazu Radarprofile mit einer 200 MHz-Antenne gemessen. Eine Erweiterung der geoelektrischen Methode, das Spektral Induzierten Polarisations Verfahren (SIP) kam ebenfalls stellenweise zum Einsatz und könnte Auskunft über die enthaltende mineralischen Reststoffe geben.
Anschließend wurden die verschiedenen Bereiche der Halde mittels Rammkernen beprobt. An den 19 Bohrstellen wurden Tiefen zwischen 3 und 8 m erreicht. Im Vergleich zu einem Bohrungsraster, wird durch die geophysikalische Vorerkundung die Anzahl der Bohrungen auf ein Minimum reduziert und die zusätzlich geschaffene Wegsamkeiten für Wässer minimiert. Mit Hilfe eines LIBS-Bohrkernscanners (LIBS: Laserinduzierte Plasmaspektroskopie) werden die Kerne bezüglich ihrer Elementverteilung untersucht und Zonen mit Wertmetallanreicherungen lokalisiert. Kleinskalige, chemische und mineralogische Analysen werden an Teilproben aus den Bohrkernen mittels Röntgenfluoreszenzsanalyse (RFA), Massenspektrometrie mit induktiv gekoppeltem Plasma (ICP-MS). Zusätzlich werden Licht-/Auflicht- und Elektronenstrahlmikroskopie (REM) eingesetzt. In Kombination mit dem Rasterelektronenmikroskop wird die Software „Mineral Liberation Analysis" (MLA) verwendet.

3 Ergebnisse und Diskussion

3.1 Allgemeines

Aus den Übersichtsuntersuchungen einiger Halden im Westharz lässt sich eine sehr unterschiedliche Metallverteilung in den Halden ableiten. In erster Linie ist der Metallgehalt einer Halde vom Haldentyp und der stofflichen Zusammensetzung der abgebauten Erze abhängig. Ein weiterer wichtiger Aspekt ist das Alter der Halde. Dies hängt vor allem mit dem Aufbereitungsverfahren und dem Zielmetall/Zielerz zur damaligen Zeit zusammen, als das Haldenmaterial abgelagert wurde. So lag das Ziel der Erzgewinnung für die Oberharzer Ganglagerstätten für lange Zeit beim Silber und nur untergeordnet beim Blei [1]. Die Lagerstätte Rammelsberg baute man lange Zeit auf Kupfer und nur untergeordnet auf Silber und Blei ab [2]. Ab dem 15. Jhd. gewann die Blei und Silberproduktion aus Rammelsberger Erzen an Bedeutung. Zink wurde erst ab der Mitte des 19. Jahrhunderts nennenswert verwertet [1, 2]. Durch diese Verschiebungen der Zielmetalle wurden die anderen Erze oft auf Halde gelegt, wobei einige Halden im Laufe der Bergbaugeschichte wieder aufgearbeitet wurden. Die Weiterentwicklung der Aufbereitungsverfahren führte

ebenfalls zur Verringerung der Restkonzentrationen in den Aufbereitungsabfällen, aber auch zu einem größeren Materialdurchsatz. Zusammenfassend kann man sagen, dass die älteren Halden meist höhere Konzentrationen aufweisen als die jüngeren, dafür haben sie aber gewöhnlich kleinere Ausmaße. Der historische Abbau kam nicht so schnell voran und die Materialien wurden nicht so weit transportiert, so dass vermehrt kleine Halden angelegt wurden. Ein wirtschaftliches Potential ist jedoch von der Tonnage, als ein Zusammenspiel von Metallkonzentration und Menge abhängig.
Für die groben Bergehalden sind die Konzentrationen meist etwas geringer und durch den großen Anteil an Nebengestein müsste eine große Menge aufbereitet werden um nur einen kleinen Teil Erz zu gewinnen. Die Schlacken weisen die höchsten Metallgehalte auf, sind aber schwer aufzubereiten. Die Metalle sitzen hier fein verteilt sowohl in Sulfiden, als auch in Oxiden. Sehr interessant sind die Aufbereitungshalden. Reststoffe diesen Typs, welche vor 1930 abgelagert wurden und v.a. aus Pochwerken und Erzwäschen stammen, weisen dabei recht hohe Konzentrationen, jedoch meist kleinere Haldengrößen auf. Jüngere Reststoffe entstammen der Flotation, die im Harz in den 1920er Jahren erprobt und eingeführt wurde [3, 4]. Die Reste aus der Flotation, Tailings genannt, weisen geringere Metallkonzentrationen auf, wurden aber in sehr großen Spülbecken abgelagert. Diese Kombination ist vor allem interessant, wenn wertvolle Metalle enthalten sind.

3.2 Detailerkundung Pochsandhalde Bergwerkswohlfahrt

Auf Grundlage der Untersuchungsergebnisse, der Zugänglichkeit und der Eigentumsverhältnisse wurde die Pochsandhalde Bergwerkswohlfahrt für eine detaillierte Erkundung im Rahmen des ROBEHA Projektes ausgewählt. Die Halde ist eine Art Aufschüttung am Hang die keilförmig zusammenläuft und eine Länge von ca. 300 Metern aufweist.
Da es sich bei Bergbauhalden um sehr heterogene Schüttkörper handelt, ist für eine genaue Erkundung eine große Probenanzahl erforderlich. Die Anwendung verschiedenskaliger Methoden hilft jedoch die Probenanzahl und damit den Aufwand und die Kosten für Probenahme und Analytik zu reduzieren.
Die Grundlage für weitere Arbeiten bietet eine großräumige geophysikalische Erkundung. Die vorläufigen Ergebnisse der geoelektrischen Messungen sind in Abbildung 1 dargestellt. Entlang der verschiedenen Profile ist jeweils der gut leitende Untergrund aus Grauwacken und/oder Tonschiefern mit Werten unter 200 Ωm erkennbar. Oberflächennah deuten sich die aufgelagerten Pochsandreste ab. Mit Werten > 500 Ωm sind sie als Zone höherer spezifischer Widerstände erkennbar. Eine Validierung der Geoelektrikprofile erfolgt nach Abschluss der Bohrkernauf-

nahme, da auch grobes blockiges Material, welches durch einen großen Porenraum und z.T. geringe Feuchtigkeit gekennzeichnet ist, hohe Wiederstände aufweisen kann. Auch für die Profile, die über den Hang verlaufen, treten noch Unsicherheiten im Modell auf, die vermutlich durch Feuchtigkeitsaustritte gekennzeichnet sind.

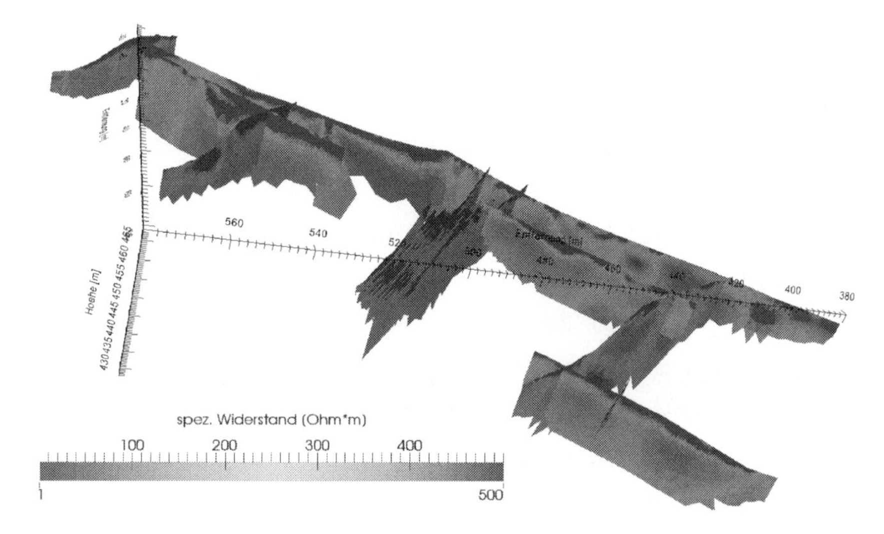

Abb. 1: Darstellung des spezifischen elektrischen Widerstands der Pochsandhalde Bergwerkswohlfahrt. Besser leitende Bereiche (vermutlich Tonschiefer) und hochohmigere Bereiche (vermutlich Grauwacke) des Grundgebirges unterscheiden sich von den aufgelagerten Pochsandresten und blockigem Schuttmaterial (rote Bereiche, > 500 Ωm). Da auch Porenraum und Feuchtigkeit einen Einfluss auf das Model haben und auch der aufgelockerte und verwitterte Untergrund ähnliche Signale aufweisen könnte, ist eine Validierung nach Abschluss der Rammkerndokumentation notwendig.

Die Radarergebnisse zeigen zusätzliche, oberflächennahe Schichtgrenzen an, die vermutlich unterschiedliche Schüttungen darstellen. Mithilfe des SIP-Verfahren könnte es möglich sein, verschiedene mineralische Rohstoffe insbesondere Sulfide zu klassifizieren und quantifizieren. Dazu laufen aufwendige Laborversuche, mit deren Hilfe Aussagen über eine Eignung des Verfahrens für diesen Anwendungszweck möglich sind.

Auf der Basis der geophysikalischen Erkundung wurden in den verschiedenen Bereichen der Halde Rammkerne gezogen. Die untersuchte Halde besteht im Untergrund aus blockigem Nebengesteinsmaterial das teils lehmig verkittet ist. Darauf liegt der sogenannte „Pochsand“, ein lockeres Sand-Kies-Schluff-Gemisch, bestehend aus Nebengesteinsbruchstücken und Erzfragmenten. Derzeit werden die Kerne mit einem LIBS-Bohrkernscanner Element-chemisch untersucht, um aus den so gewonnenen Elementverteilungsbildern Zonen der An- oder Abreicherung ableiten zu können. Bisherige Ergebnisse zeigen eine deutliche Wechsellagerung von verschiedenem Material in den feinkörnigen Aufbereitungsresten, die unterschiedliche Metallgehalte aufweisen (Abbildung 2). Der Pochsand ist homogener aufgebaut und zeigt nur diffus abgrenzbare Zonen mit einer Metallanreicherung ohne klare Schichtgrenzen. Aus diesen verschiedenen Zonen werden dann Unterproben entnommen und diese chemisch und mineralogisch untersucht.

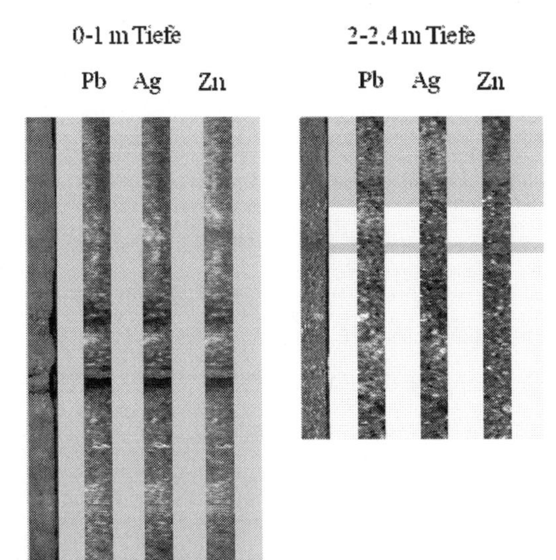

Abb. 1: Relative Elementverteilungen von Blei, Silber und Zink für zwei Kerne aus verschiedenen Tiefenbereichen. Je heller die Farben, desto höher sind die Elementkonzentrationen, die sich aus höheren LIBS-Intensitäten ergeben. Jeweils links ist ein Foto des Kernes zu sehen. Im Gegensatz zum „Pochsand" (gelb markiert) ist in den schluffigen Bereichen (orange markiert) eine deutlichere Wechsellagerung unterschiedlichen Materials erkennbar, die sich in der Elementverteilung wiederspiegelt.

Die durchschnittlichen Bleigehalte der Pochsande liegen zwischen 2,7 und 6,1 % (Mittelwert: 4,4 %). Erste Analysen der Spurenelemente zeigen durchschnittliche Silbergehalte von 117 ppm und Antimonkonzentrationen von 224 ppm. In einigen Bereichen ist der Pochsand mit einer Schicht aus feinkörnigen Aufbereitungsresten überlagert, die zwischen 3 und 14 % Pb (Mittelwert: 7,6 %), 197 ppm Ag und 410 ppm Sb aufweist. Die Zinkgehalte sind mit durchschnittlich 0,23 % im Pochsand und 0,27 % im feinem Material aus ökonomischer Sicht eher unbedeutend. Blei und Silber und Antimon treten in Galenit (PbS), und Tetraedrit ($(Cu,Fe,Ag,Zn)_{12}Sb_4S_{13}$) auf. Ein Teil des Galenits ist bereits zu Cerussit ($PbCO_3$) verwittert.

In den weiteren Arbeiten soll eine Vorratsberechnung durchgeführt werden. Zusätzlich werden die für die spätere Erzaufbereitung wichtigen Parameter wie Verwachsungsgrad, Mineralvergesellschaftung und Alterationssäume untersucht und mittels Rasterlektronenmikroskopie in Verbindung mit der MLA-Software quantifiziert.

Die bisherigen Ergebnisse deuten aufgrund der hohen Konzentrationen auf ein wirtschaftliches Potenzial für eine Gewinnung von Metallen aus dem Material hin. Das entscheidende Kriterium wird aber die Materialmenge sein. Die Abgrenzung des Pochsandes und Schluffs vom Untergrund und eine genaue Abschätzung des Volumens sind dafür enorm wichtig. Die Aufbereitbarkeit des Materials und eine mögliche Verwendung von inerten Restphasen, z.B. als Bau- oder Füllstoffe werden von Projektpartnern untersucht.

4 Danksagung

Das Projekt ROBEHA wird vom BMBF im Rahmen der r³ - Innovative Technologien für Ressourceneffizienz - Strategische Metalle und Mineralien gefördert. Wilhelmus Duijnisveld und Torsten Zeller (CUTEC GmbH) danken wir für die Leihgabe der Rammkernbohrgeräte und Frau Kerstin Fischer für die Benutzung des Sägetisches. Ein besonderer Dank geht an Dominik Göricke, Robert Balzer, Gesine Wellschmidt, Marc Brockmann, für die tatkräftige Unterstützung bei den Geländearbeiten und dem Sägen der Rammkerne. Manfred Ratz, Matthias Sack und Wilhelm Nikonow danken wir für die Unterstützung bei den geophysikalischen Geländearbeiten. Bedanken möchten wir uns ebenfalls bei Frank Korte und Hans Lorenz für die RFA- und ICP-MS-Analysen.

5 Literatur

[1] H. Dennert, „Die Entwicklung des Oberharzer Silber-Blei-Zink-Erzbergbaus vom 16. bis zum Anfang des 20. Jahrhunderts“ in Die Blei-Zink-Erzgänge des Oberharzes (F. Buschendorf H. Dennert, W. Hannak, H.Hüttenhain, K. Mohr, H. Sperling und D. Stoppel, eds.), Heft 118, Lieferung 1, ch. 4, pp. 83-114, Hannover, 1971.

[2] C. Bartels, „Die Geschichte des Bergbaus am Rammelsberg“ in Der Rammelsberg – Tausend Jahre Mensch-Natur-Technik (R. Roseneck, eds.), Band 1, pp. 44-83, Verlag Goslarsche Zeitung, Goslar, 2001.

[3] W. Liessmann, *„Historischer Bergbau im Harz“*, 337 p., Berlin, Heidelberg, New York: Springer, 1997.

[4] C. Bartels, *„Das Erzbergwerk Grund“*, 149 p., Preussag AG Metall, Goslar, 1992.

ANALYSE KRITISCHER ROHSTOFFE DURCH METHODEN DER MULTIVARIATEN STATISTIK

S. Glöser[1], M. Faulstich[2]

[1] Fraunhofer ISI, Breslauerstr. 48, D-76139 Karlsruhe, e-mail: simon.gloeser@isi.fraunhofer.de

[2] CUTEC Institut an der TU Clausthal, Leibnizstr. 21, D-38678 Clausthal-Zellerfeld

Keywords: Versorgungssicherheit, Quantifizierung der Rohstoffkritikalität, Statistische Methoden zur Dimensionsreduzierung, Marktentwicklung, kritische Rohstoffe

1 Einleitung

In einem Hochtechnologieland wie Deutschland ist die störungsfreie Versorgung mit Rohstoffen Voraussetzung für die erfolgreiche Produktion und Vermarktung von Spitzentechnologie und damit die Basis für eine nachhaltige Entwicklung der Wirtschaft. Wegen des hohen Anteils des verarbeitenden Gewerbes an der gesamten Wertschöpfung bei gleichzeitig hoher Rohstoffarmut, also nahezu vollständiger Importabhängigkeit, wird dem Thema der Versorgungssicherheit einiger für verschiedene Industriezweige essentieller metallischer und mineralischer Rohstoffe insbesondere in Deutschland hohe Bedeutung zugesprochen. In diesem Zusammenhang wird häufig die Kritikalität der Rohstoffe analysiert, d.h. das Zusammenspiel aus wirtschaftlicher Bedeutung eines Rohstoffes und seiner Versorgungssicherheit. Dabei werden Rohstoffe, die eine hohe wirtschaftliche Bedeutung haben, deren Versorgungssituation aber gleichzeitig stark risikobehaftet ist, als kritische Rohstoffe bezeichnet [1].

Aus historischer Sicht ließ sich die Versorgungssicherheit metallischer Rohstoffe in erster Linie auf Konflikte wie die beiden Weltkriege oder den Kalten Krieg zurückführen und wurde häufig von der reinen Importabhängigkeit strategisch wichtiger Ressourcen bestimmt, wobei in diesem Zusammenhang häufig von strategischen Rohstoffen gesprochen wurde [2]. Während in der damaligen Debatte ganz klar Konflikte den Hintergrund bildeten, ist die gegenwärtige Rohstoffdebatte wesentlich differenzierter: Im Vordergrund stehen Rohstoffe für die zivile Nutzung, insbesondere in Anwendungsfeldern, die technologisch einen hohen Nutzen versprechen. Als Konsequenz hieraus wird versucht, die Begriffe „strategisch" und „kritisch" in Bezug auf Rohstoffe stärker zu differenzieren, wobei Rohstoffe für militärische Anwendungen als „strategisch" klassifiziert werden und solche für zivile Anwendungen als „kritisch", obwohl es natürlich starke Überschneidungen zwischen beiden Bereichen gibt [3].

Da bezüglich kritischer Rohstoffe häufig von einer fixen, statischen Liste ausgegangen wird (z.B. die 14 kritischen Rohstoffe der EU27 [4]), wurde im deutschsprachigen Raum neuerdings der übergeordnete, flexibler auslegbare Begriff der „wirtschaftsstrategischen Rohstoffe" eingeführt [5]. Im folgenden Beitrag werden allerdings ausschließlich quantitative Methoden zur Erfassung kritischer Rohstoffe betrachtet, weshalb hauptsächlich von kritischen Rohstoffen gesprochen wird. Dabei werden zunächst die Methoden und Ergebnisse verschiedener Kritikalitätsstudien verglichen. Die in den jeweiligen Studien als kritisch identifizierten Rohstoffe werden anschließend statistisch auf Ähnlichkeit untersucht und in verschiedene Cluster aufgeteilt. Dies erfolgt über dimensionsreduzierende Verfahren der Multivariaten Statistik, wie die Multidimensionale Skalierung, die Hierarchische Clusteranalyse und die Multiple Korrespondenzanalyse. Hierzu wurden verschiedenste für die Kritikalitätsbewertung relevanten Eigenschaften der Rohstoffe, insbesondere Markteigenschaften auf Nachfrage- und Angebotsseite in Betracht gezogen. Zielsetzung dieses Beitrags ist es, die reine Risikobetrachtung der Kritikalitätsanalyse basierend auf der Aggregation verschiedener Indikatoren um statistische Methoden zum Clustern und zur Strukturanalyse zu erweitern. Abschließend wird in diesem Beitrag die Problematik der mangelnden Dynamik in den bisher rein statischen Methoden der Quantifizierung der Kritikalität von Rohstoffen diskutiert sowie aktuelle Entwicklungen im Bereich der Kritikalitätsanalyse dargestellt.

2 Aktuelle Studien zur Quantifizierung der Kritikalität von Rohstoffen im Vergleich

Zahlreiche Studien zur Quantifizierung der Rohstoff-Kritikalität wurden in jüngster Vergangenheit für unterschiedliche Länder und Wirtschaftsregionen unter Berücksichtigung verschiedener qualitativer und quantitativer Indikatoren angefertigt.
Im Gegensatz zur Risikoanalyse technischer Anlagen, bei denen die Unfallwahrscheinlichkeit meist über Fehler- und Ereignisbaum-Analysen berechnet wird, wobei die Ausfall- und Fehlerwahrscheinlichkeiten einzelner Komponenten bekannt sind oder ermittelt werden können, ist die Quantifizierung des Versorgungsrisikos von Rohstoffen nur durch die sinnvolle Aggregation verschiedener quantifizierbarer Einflussfaktoren darstellbar. Dennoch lässt sich die Kritikalität eines Rohstoffes mit der in ISO 31000 (Risikomanagement - Grundsätze und Leitlinien) beschriebenen klassischen Risikobetrachtung aus der Ingenieurs- und Umweltwissenschaft herleiten. Das Risiko wird allgemein als Produkt aus Schadensausmaß und Eintrittswahrscheinlichkeit definiert. Dabei wird das Risiko häufig in einer Risiko-Matrix dargestellt, was sich - wie in Abb. 1 gezeigt - auf die Kritikalitätsbetrachtung übertragen lässt.

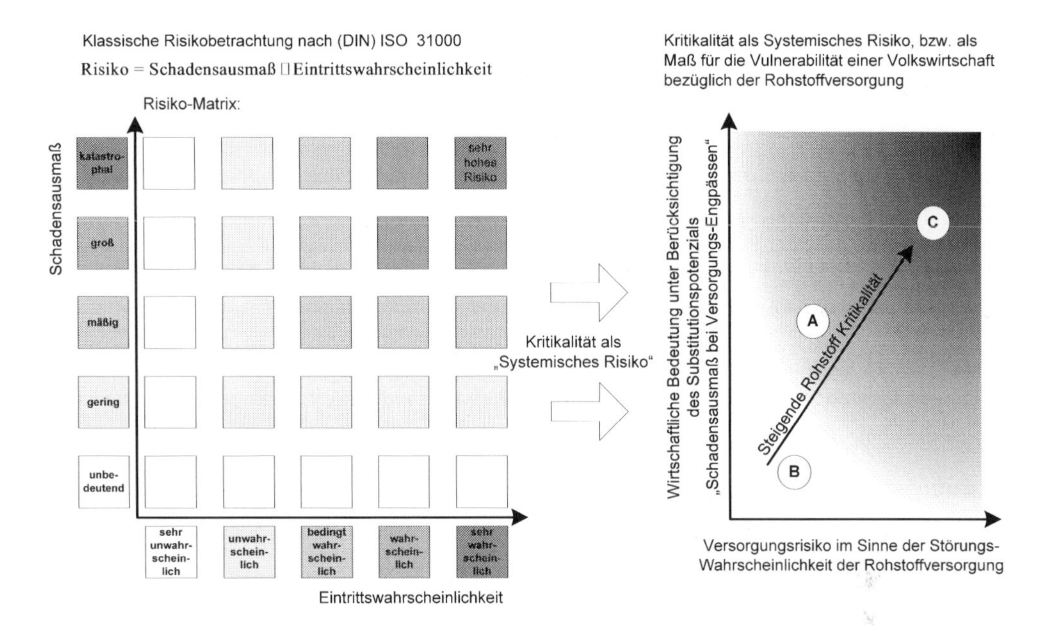

Abb. 1: Kritikalität im Sinne der Risikoanalyse [eigene Darstellung, nach 1]

Folgende Größen werden in aktuellen Studien zur Bewertung der Kritikalität der Rohstoffversorgung meist berücksichtigt [6], [7], [8]:

Versorgungsunsicherheit (Versorgungsrisiko)

- ⇨ Konzentration der Produktion auf Länder- und Unternehmensebene
- ⇨ Politische Stabilität der Förderländer
- ⇨ Alternative Versorgungsquellen
- ⇨ Recycling & Einsparpotenzial
- ⇨ Umweltrisiko beim Abbau und bei der Aufbereitung

Wirtschaftliche Bedeutung

- ⇨ Anteil betroffener Branchen an der gesamten Bruttowertschöpfung
- ⇨ Berücksichtigung kurzfristiger Substitutionspotenziale
- ⇨ Relevanz für strategische / politische Maßnahmen (z.B. Energiewende)

Zur Quantifizierung dienen dabei z.B. die „Worldwide Governance Indicators“ der World Bank, die als Maß der politischen Stabilität der Förderländer gelten, Konzentrationsmaße wie der Herfindahl-Hirschmann-Index zum Messen der Länderkonzentration der Rohstoffförderung, sowie Importquoten nach Herkunftsländern als Maß für die Diversifikation des inländischen Rohstoffbezugs. Auch lassen sich viele qualitative Faktoren nicht eindeutig quantifizieren und fließen als hierarchische Gewichtung in die Berechnungen mit ein. Insgesamt unterscheiden sich die in den verschiedenen Kritikalitätsstudien herangezogenen Faktoren und Indikatoren ebenso wie die

Aggregation der einfließenden Größen (siehe unten), was erheblichen Einfluss auf die Ergebnisse hat (vgl. Abschnitt 2.1ff, [9]).

Allerdings basieren nicht alle aktuellen Forschungsarbeiten zur Versorgungssicherheit wirtschaftsstrategischer Rohstoffe auf der zuvor erläuterten Kritikalitätsbetrachtung. Teilweise wurde ein einheitlicher Risiko- bzw. Kritikalitäts-Index (oder Indizes) unter quantitativen und qualitativen Einflussgrößen entwickelt, was der Kritikalitätsbetrachtung nach dem Prinzip der Risiko-Matrix zwar sehr nahe kommt, die wirtschaftliche Bedeutung der Rohstoffe allerdings nicht explizit analysiert [10]. Während die Risikoindex- und Kritikalitätsbetrachtungen rein statische Erhebungen darstellen, wurden auch dynamische Methoden entwickelt, mit deren Hilfe meist in verschiedenen Szenarien zukünftige Rohstoffbedarfe für unterschiedliche Märkte und Technologien dargestellt wurden. Ziel dieser Studien ist die Identifikation möglicher zukünftiger Versorgungsengpässe auf Grund starker technologiebasierter Nachfrageimpulse oder zu erwartenden Änderungen der Angebotssituation. Ein direkter Bezug zur Quantifizierung der Versorgungsrisiken besteht in diesen Ansätzen allerdings nicht. Insgesamt lassen sich bezüglich aktueller Studien zur Sicherheit der Rohstoffversorgung die folgenden drei grundlegenden methodischen Ansätze zusammenfassen:

- ⇨ Reiner Risiko-Index / Indizes zur hierarchischen Bewertung des Versorgungsrisikos
- ⇨ Zweidimensionale Betrachtung in einer Kritikalitäts-Matrix
- ⇨ Zukünftige Nachfrageszenarien unter Berücksichtigung der Reserven, bzw. der Anpassungsfähigkeit der Angebotsseite an Impulse der Rohstoffnachfrage

In

Tabelle 1 sind einige aktuellen Studien und Veröffentlichungen nach ihrer jeweilig zu Grunde gelegten Methodik kategorisiert.

Im Folgenden werden die Methoden und Hintergründe der in

Tabelle 1 hervorgehobenen Studien kurz dargestellt, was für die anschließenden Auswertungen und Vergleiche der Ergebnisse vorteilhaft ist. Dabei werden insbesondere die Studien betrachtet, in denen als Screening-Methode eine möglichst große Zahl von Rohstoffen untersucht wurde.

Tabelle 1: Aktuelle Studien zur Versorgungssicherheit aufgeteilt nach angewandter Methodik, angelehnt an [9]

1. Risiko-Index / Indizes	2. Kritikalitäts-Matrix	3. Nachfrage-Szenarien
„Rohstoffsituation Bayern: Keine Zukunft ohne Rohstoffe", (IW Consult 2009) [10]	„Kritische Rohstoffe für Deutschland", IZT / adelphi (Erdmann et al. 2011) [11]	„Rohstoffe für Zukunftstechnologien", Fraunhofer ISI / IZT (Angerer et al. 2009) [12]
"Sichere Energie- und Rohstoffversorgung" (Bardt 2008) [13]	"Criticality of the Geological Copper Family" (Graedel et al. 2011)[14]	"Critical Metals for Future Sustainable Technologies and their Recycling Potential", Öko Institut (Buchert et al. 2009) [15]
"Evaluating supply risks for mineral raw materials", BGR (Sievers et al. 2010) [16]	"Critical raw materials for the EU", European Commission Enterprise and Industries (EU Working Group 2010) [4]	"Assessing the long-term supply risks for mineral rawmaterials", VW / BGR (Rosenau-Tornow et al. 2009) [17]
"Material Security: Ensuring resource availability for the UK economy", Oakdene Hollins Ltd, (Morley, Eatherley 2008)	„Critical Materials Strategy" (U.S. Department of Energy 2010) [18]	„Trends der Angebots- und Nachfragesituation bei mineralischen Rohstoffen", RWI, Fraunhofer ISI, BGR (Frondel et al. 2008) [19]
„Ressourcenstrategien für Hessen unter besonderer Berücksichtigung von Sekundärrohstoffen" (Faulstich et al. 2011) [20]	"Design in an Era of Constrained Resources", General Electrics (Duclos et al. 2008) [21]	"Mineral Supply and Demand into the 21st Century", USGS (Kesler 2007) [22]
Critical Metals in Strategic Energy Technologies (Moss et al. 2011)	"Minerals, Critical Minerals, And the U.S. Economy" (National Research Council of the National Academics 2007) [1]	

2.1 USA: Critical Minerals and the US economy 2007

Die Idee für diese Studie geht auf Diskussionen innerhalb des National Research Councils (NRC) der Vereinigten Staaten zurück. Nach Meinung einiger Mitglieder des NRC wird den Auswirkungen potenzieller Versorgungsschwierigkeiten bei nicht-energetischen Rohstoffen auf die amerikanische Wirtschaft in der öffentlichen Diskussion zu wenig Rechnung getragen, sodass vom NRC ein neuer Ausschuss („Committee on Critical Mineral Impacts of the U.S. Economy") ins Leben gerufen wurde, der mit der Durchführung der Studie beauftragt wurde [3]. In dieser Studie wurde erstmals die Kritikalitätsmatrix als Abstraktion der Risikobetrachtung wie in Abb. 1 dargestellt verwendet. Dabei basierte die Quantifizierung der Kritikalität auf Experteneinschätzungen:

Das Versorgungsrisiko eines Rohstoffes wurde unter Berücksichtigung verschiedener Indikatoren, wie die geologische Verfügbarkeit, die Importabhängigkeit, die Bindung an Kuppelproduktion und die Recyclingfähigkeit, nach dem Ermessen des Ausschusses auf einer Skala von 1 (niedriges Versorgungsrisiko) bis 4 (hohes Versorgungsrisiko) verortet.

Zur Bewertung der Vulnerabilität wurden die Auswirkungen von Versorgungsstörungen in den jeweiligen Anwendungsbereichen von einem Expertenausschuss auf einer Skala von 1 bis 4 bewertet. Diese Bewertung wurde anschließend mit dem Anteil der jeweiligen Anwendungen am Gesamtverbrauch des Rohstoffs in den USA gewichtet und aufsummiert. Die Ergebnisse der Studie sind in Abb. 2 dargestellt.

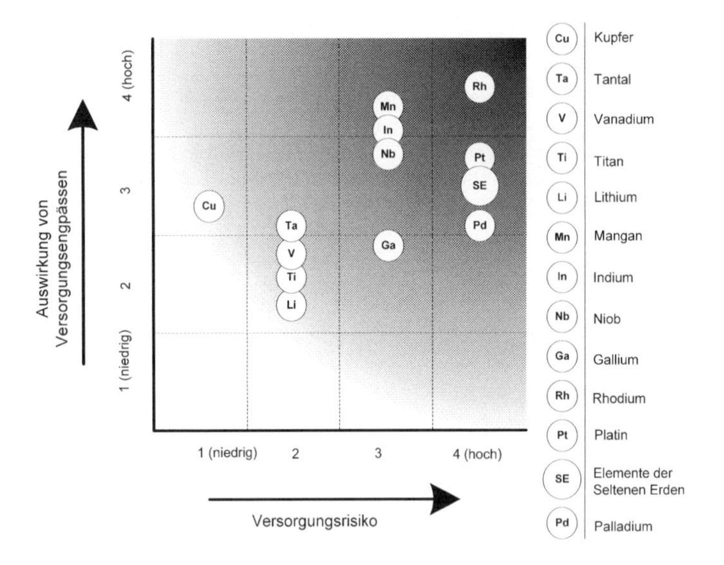

Abb. 2: Ergebnisse der NRC-Studie für die USA 2007 (NRC 2008, S. 65) [1]

2.2 Europäische Union: Critical raw materials for the EU 2010

Die Studie wurde von einer zwischen April 2009 und Juni 2010 tätigen Expertengruppe, der „Ad hoc Working Group on Defining Critical Raw Materials", erarbeitet, deren Vorsitz ein Vertreter der Europäischen Kommission innehatte. Sie steht im Kontext der Europäischen Rohstoffinitiative und hatte das Ziel, 41 Rohstoffe auf ihre Kritikalität für die Europäische Union zu untersuchen. Als Bezugsrahmen wurde ein Zeithorizont von 10 Jahren festgelegt [3]. In Anlehnung an die vom NRC entwickelte Kritikalitätsmatrix wird ein Rohstoff als kritisch angesehen, wenn das Versorgungsrisiko und die wirtschaftlichen Folgen einer Versorgungsstörung beide als hoch angesehen werden. Allerdings basiert diese Studie im Gegensatz zur NRC-Studie auf einem rein quantitativen Ansatz, wobei die Dimensionen der Kritikalität nach dem in Abb. 3 dargestellten

Algorithmus berechnet wurden. Das Ergebnis dieser Studie war die Identifikation von 14 kritischen Rohstoffen für die EU (vgl. Abb. 3).

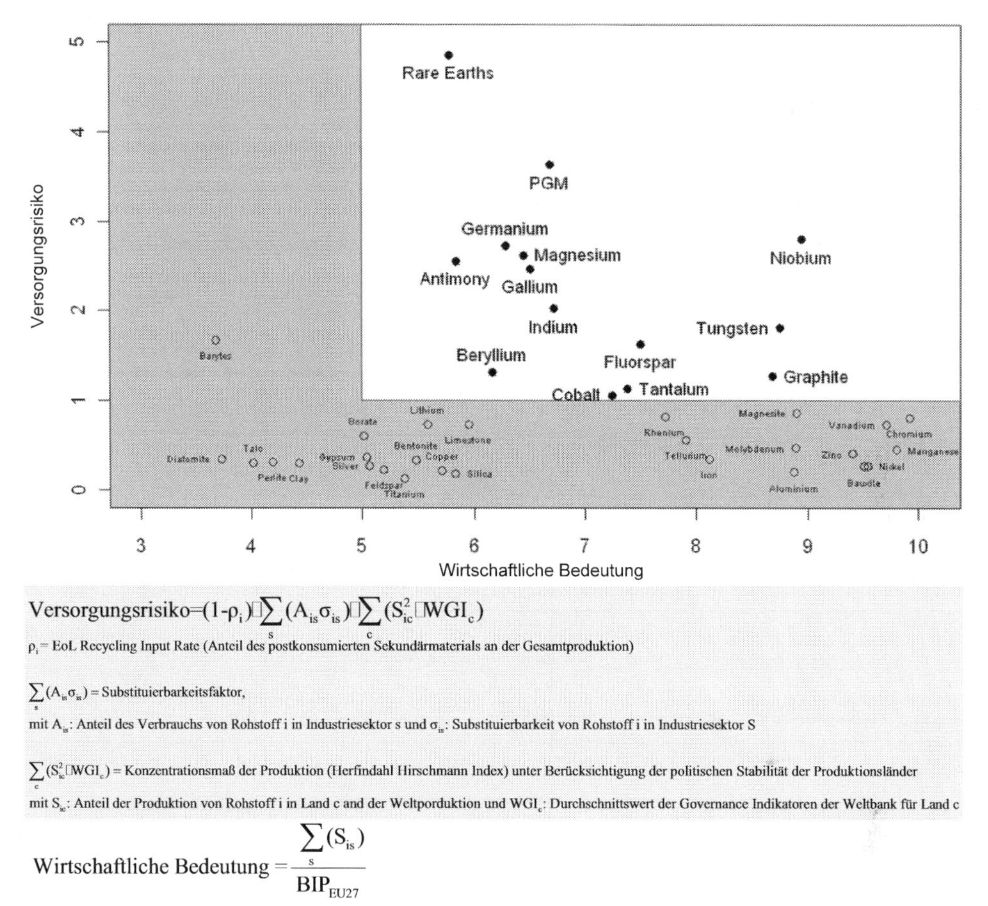

mit S_{is}: Bruttowertschöpfung des von Rohstoff i abhängigen Wirtschaftssektors (Megasektor) und BIP_{EU27}: Gesamtwertschöpfung der Europäischen Wirtschaft

Abb. 3: Ergebnisse und Methodik der EU Studie 2010 [4]

2.3 Deutschland: Kritische Rohstoffe für Deutschland 2011

Von der KfW Bankengruppe wurde eine Studie zur Bewertung der Kritikalität von Rohstoffen aus der Perspektive der deutschen Wirtschaft in Auftrag gegeben. Die Studie ist von einem Konsortium aus dem Institut für Zukunftsstudien und Technologiebewertung (IZT) und adelphi durchgeführt worden. Untersucht wurden 52 Rohstoffe aus den Bereichen Steine und Erden, silikatische Industrieminerale, sonstige Industrieminerale, metallische Erze und Metalle. Als Ansatz zur Quantifizierung der Kritikalität wurde die von der NRC entwickelte Kritikalitätsmatrix gewählt. Wesentlicher Unterschied zur Studie der USA und der EU, ist die Methode zur Ermittlung der Koordinaten der einzelnen Rohstoffe innerhalb der Kritikalitätsmatrix [3]. Die zur Bewertung der Kritikalität herangezogenen Faktoren sowie deren Gewichtung und die Ergebnisse der Studie sind in Abb. 4 dargestellt.

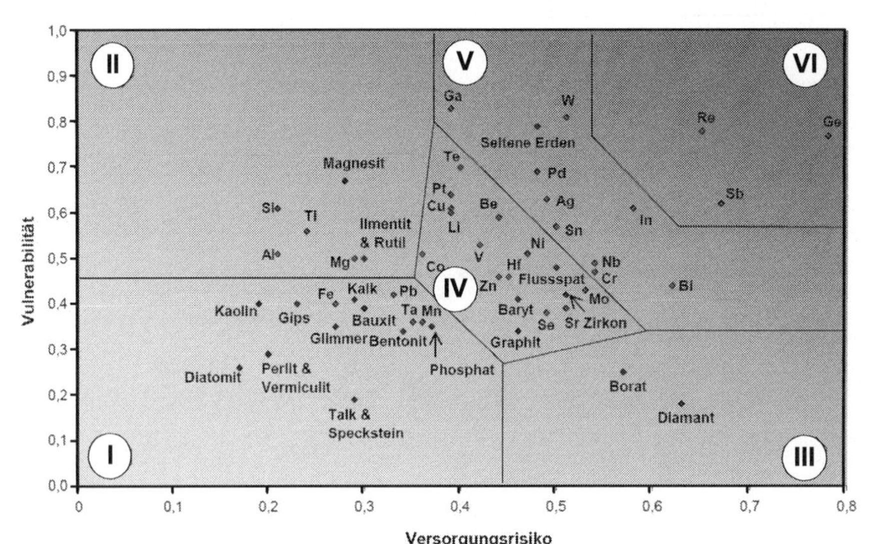

Vulnerabilität	Zeitliche Relevanz	Gewichtung	Versorgungsrisiko	Zeitliche Relevanz	Gewichtung
Mengenrelevanz:			**Länderrisiko**		
Anteil Deutschlands am Weltverbrauch (2008)	kurzfristig	25%	Länderrisiko für die Importe Deutschlands (2008)	kurzfristig	10%
Änderung des Anteils Deutschlands am Weltverbrauch (2004-2008)	kurzfristig	10%	Länderrisiko für die globale Produktion (2008)	kurzfristig	10%
Änderung der Importe Deutschlands (2004-2008)	kurzfristig	10%	Länderkonzentration der globalen Reserven (2008)	mittel- bis langfristig	10%
Strategische Relevanz			**Marktrisiko**		
Sensitivität der Wertschöpfungskette in Deutschland	mittel- bis langfristig	25%	Unternehmenskonzentration der globalen Produktion (2008)	kurzfristig	25%
Globaler Nachfrageimpuls durch Zukunftstechnologien (2030)	mittel- bis langfristig	20%	Verhältnis von globalen Reserven zu globaler Produktion (2008)	mittel- bis langfristig	25%
Substituierbarkeit	mittel- bis langfristig	10%			
			Strukturrisiko		
			Anteil der globalen Haupt- und Nebenproduktion (2008)	mittel- bis langfristig	10%
			Recyclingfähigkeit (2008)	mittel- bis langfristig	10%

Abb. 4: Ergebnisse und Methodik der Studie "kritische Rohstoffe für Deutschland" 2011 [11]

Unterschieden wird zwischen kurzfristigen und mittel- bis langfristigen Faktoren, die sowohl für die Erhebung der Vulnerabilität als auch zur Quantifizierung des Versorgungsrisikos zum Tragen kommen. Die meisten Indikatoren wurden rein quantitativ auf Basis von Produktionsdaten und Außenhandelsstatistiken erhoben. Auch einige qualitativen Faktoren, wie die Bewertung der Sensitivität der Wertschöpfungskette in Deutschland fließen in die Bewertung mit ein.

Die Kritikalitätsmatrix wurde in 6 Bereiche unterteilt, wobei die Bereiche V und VI als kritisch einzustufen sind (vgl. Abb. 4).

2.4 Bayern: Rohstoffsituation Bayern 2009

Die Studie wurde von der Vereinigung der Bayerischen Wirtschaft in Auftrag geben, um die Kritikalität von Rohstoffen für die bayerische Industrie zu untersuchen und die Sensibilität bei Politik und Unternehmen für dieses Thema zu steigern. Durchgeführt wurde die Studie von der IW Consult GmbH unter Mitwirkung von Professor Reller, Universität Augsburg.

In der Studie wurden 37 Rohstoffe mithilfe eines Rohstoff-Risiko-Index bewertet, der sich aus qualitativen und quantitativen Kriterien zusammensetzt (vgl. Abb. 5). Entscheidend für die Gesamtbewertung ist die Summe der Bewertungen über die einzelnen Kriterien. Die für die bayerische Industrie als besonders problematisch identifizierten Rohstoffe sind in Abb. 5 dargestellt.

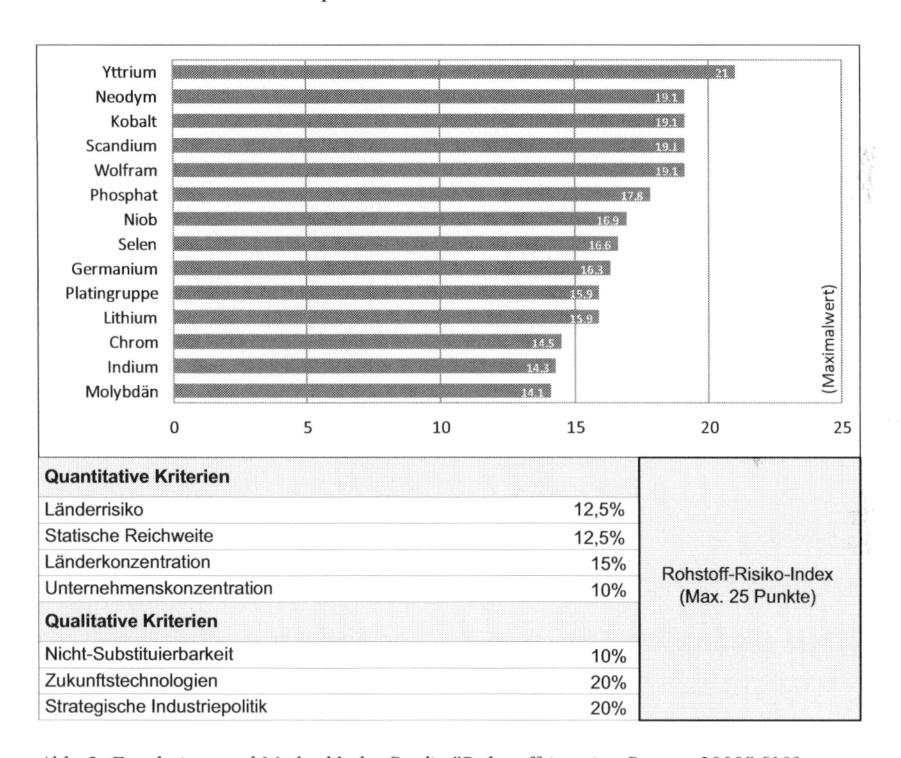

Quantitative Kriterien	
Länderrisiko	12,5%
Statische Reichweite	12,5%
Länderkonzentration	15%
Unternehmenskonzentration	10%
Qualitative Kriterien	
Nicht-Substituierbarkeit	10%
Zukunftstechnologien	20%
Strategische Industriepolitik	20%

Abb. 5: Ergebnisse und Methodik der Studie "Rohstoffsituation Bayern 2009" [10]

2.5 Vergleich bisheriger Studien durch einheitliche Skalierung der Ergebnisse

Wie in den vorangegangenen Abschnitten gezeigt unterscheiden sich die bisherigen Studien bezüglich der Screening-Ergebnisse zu kritischen Rohstoffen erheblich, was nicht nur auf die regionalen Unterschiede, sondern auch auf die stark unterschiedlichen Methoden zurückzuführen ist. Da in den betrachteten Studien die Reihenfolge und Skalierung der Achsen in den Kritikalitätsdiagrammen (vgl. Abb. 2-4) sowie die Grenzen, die die kritischen Rohstoffe von den nicht kritischen unterscheiden, nicht einheitlich sind, wurden die Ergebnisse zur besseren Vergleichbarkeit und zur Hervorhebung der Unterschiede in eine einheitliche Matrix übertragen. Hierzu wurde die Kritikalität in direkter Anlehnung an die Risikodefinition (vgl. Abb. 1) als Produkt aus der wirtschaftlichen Bedeutung eines Rohstoffes und dessen Versorgungsrisiko definiert. Wie in Abb. 6 gezeigt, ergibt sich so eine Kritikalitätsfunktion, deren Höhenlinien in der Kritikalitätsmatrix jedem Punkt ein eindeutiges Kritikalitätsniveau zuordnen. Dies ermöglicht eine eindeutigere Quantifizierung der Kritikalität als die pauschal angesetzte Begrenzung in bisherigen Studien.

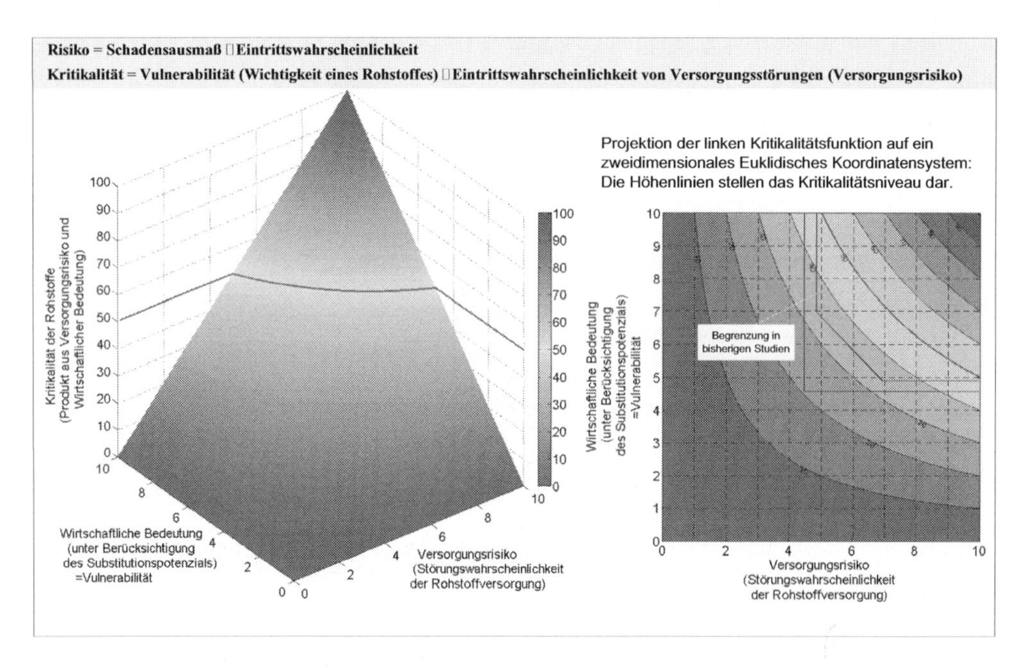

Abb. 6: Kritikalitätsfunktion im Sinne der Risikodefinition und die Kritikalitätsmatrix mit Höhenlinien

Die Ergebnisse der Übertragung der einzelnen Studien in eine einheitliche Kritikalitätsmatrix sind in Abb. 7 gezeigt. Die jeweiligen Koordinaten in den ursprünglichen Matrizen (Abb. 2-4) wurden hierzu auf die Bereiche 0-10 skaliert. Über die Höhenlinien wird das Kritikalitätsniveau jedes Rohstoffes eindeutig quantifiziert, was sich in einem Histogramm ähnlich zu Abb. 5 darstellen lässt. Interessant ist, dass trotz der unterschiedlichen Methoden und regionalen Bezüge die besonders kritischen Rohstoffe sehr ähnlich ausfallen. Inwiefern sich die unterschiedlichen kritischen Rohstoffe bezüglich ihrer die Kritikalitätsbewertung beeinflussenden Faktoren unterscheiden, bzw. welche Ähnlichkeiten bestehen, wird im Folgenden durch statistische Methoden analysiert.

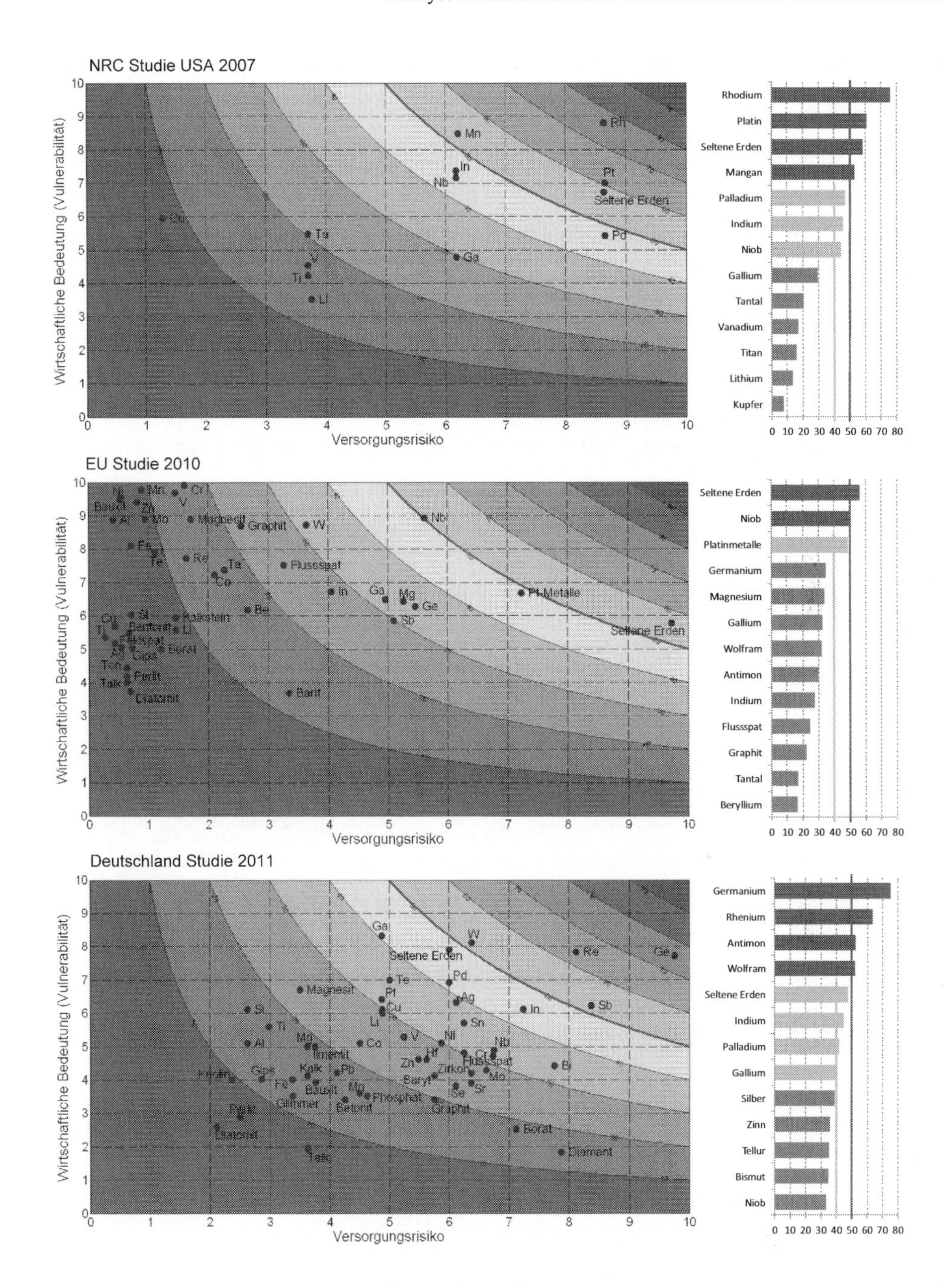

Abb. 7: Vergleich bisheriger Studien zur Kritikalität von Rohstoffen durch einheitliche Skalierung

3 Methoden der Multivariaten Statistik zur Analyse kritischer Rohstoffe

Um einen Vergleich von Gemeinsamkeiten und Unterschiede, bzw. strukturellen Zusammenhängen der für die Kritikalitätsbewertung relevanten Eigenschaften zu bekommen, wurden verschiedene Methoden der Multivariaten Statistik auf die Rohstoffeigenschaften angewendet. Diese Methoden sollen keineswegs die Quantifizierung der Kritikalität in der Kritikalitätsmatrix ersetzen, sondern zusätzliche Erkenntnisse über Gemeinsamkeiten, Zusammenhänge und Unterschiede zwischen den Rohstoffen aufzeigen. Die hier vorgestellten Verfahren sind folglich als Ergänzung zur Kategorisierung und zum Clustern der Rohstoffe zu verstehen. Neben den als kritisch eingestuften Rohstoffen aus den zuvor vorgestellten Studien wurden in die Betrachtung weitere „klassischen" Industriemetalle wie Kupfer, Aluminium, Nickel und Blei aufgenommen, um ein gewisse Referenz zu kritischen Rohstoffen zu bekommen. In die statistischen Analysen sind eindeutig quantifizierbare Eigenschaften, die in bisherigen Studien als für die Kritikalitätsbetrachtung relevant identifiziert wurden, eingeflossen (vgl. [7]). Die betrachteten Eigenschaften und die jeweilige Ausprägung bezüglich einzelner Rohstoffe sind in Abb. 8 dargestellt. Tabelle 2 liefert zusätzliche Informationen sowie Quellen bzw. die zu Grunde liegende Datenbasis.

Tabelle 2: Erläuterung zu den Rohstoffeigenschaften zur statistischen Auswertung aus Abb. 8

Eigenschaft	Erläuterung	Quellen / Datenbasis
A1.: Durchschnittspreis	Jährlicher Durchschnitt der letzten 5 Jahre	Metal Bulletin, USGS, Asian Metal Pages
A2.: Preisvolatilität	Berechnet als Standardabweichung der jährlichen Durchschnittspreise der letzten 5 Jahre	Metal Bulletin, USGS, Asian Metal Pages
A3.: Börsengehandelt?	Bezieht sich auf die London Metal Exchange (LME)	LME, Metal Bulletin
A4.: Minenproduktion	Globale Primärproduktion der Rohstoffe	USGS, BGR
A5.: Länderkonzentration	Herfindahl Hirschmann Index der Länderproduktion	USGS, BGR
A6.: Produktionswachstum	Relatives Wachstum der vergangenen 10 Jahre	USGS, BGR
A7.: Neben-/ Hauptprodukt	1, wenn hauptsächlich eigene Infrastruktur	Ullmanns Enzyklop.
A8.: Häufigkeit	Häufigkeit in der kontinentalen Erdkruste in ppmw	CRC Handbook of Chemistry and Physics
A9.: Reserven	Schätzwert der Reserven in Jahren	USGS
A10.: EoL Recycling Rate	Schätzwert der EoL RR	UNEP
A11.: Welthandel	Summe aller Handelsströme von $Rohstoff_i$	UN Comtrade
A12.: Handelskonzentration	HHI der globalen Exporte von $Rohstoff_i$	UN Comtrade
A13.: Technologien	Anzahl der techn. Anwendungen, die die ersten 50% der Nachfrage ausmachen	EU Report, USGS [4]
A14.: Korrelation	Korrelationskoeffizient der Nachfrage mit der Weltwirtschaft nach Bravais/Pearson	World Bank
A15.: Zukunftstechnologien	Index basierend auf der Studie ‚Rohstoffe für Zukunftstechnologien', 0 wenn kein Wert in der Studie	Angerer et al. [12]
A16.: Substitution	Index der EU Studie für die ‚Nichtsubstituierbarkeit' 1, wenn nicht substituierbar	EU Report [4]

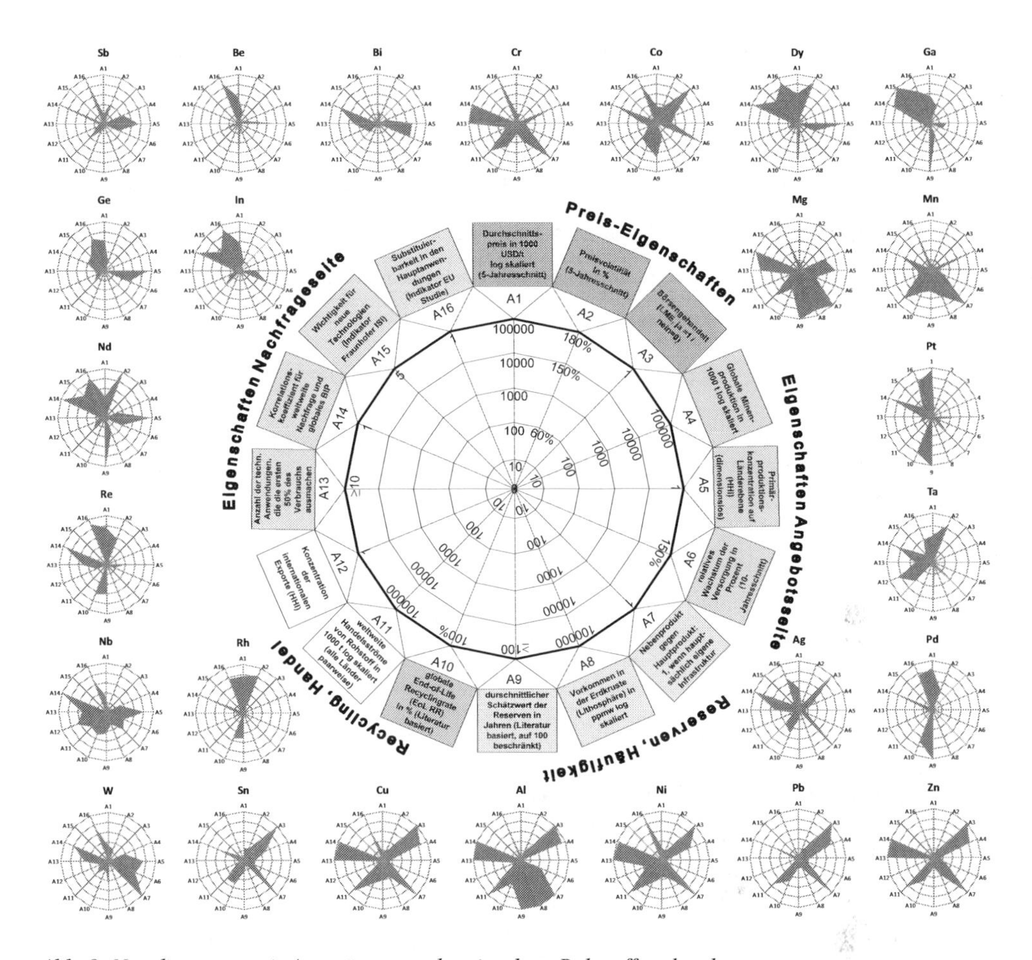

Abb. 8: Netzdiagramm mit Ausprägungen der einzelnen Rohstoffmerkmale

Egal ob in tabellarischer Form, oder in Netzdiagrammen wie in Abb. 8, auf Grund der Menge der Werte ist es schwer eine strukturelle Übersicht zu erlangen. Daher sind Verfahren zur Dimensionsreduzierung für die Aufbereitung und Analyse der Daten an dieser Stelle sinnvoll.

Der Fokus dieses Beitrags liegt in der Präsentation der Ergebnisse der verschiedenen statistischen Analyseansätze. Daher werden nachfolgend die angewendeten Algorithmen nur relativ kurz beschrieben und an entsprechender Stelle auf die jeweilige Fachliteratur verwiesen.

3.1 Multidimensionale Skalierung

Die Multidimensionale Skalierung (MDS) ist ein dimensionsreduzierendes Verfahren der Multivariaten Statistik. Ziel dieses Verfahrens ist es, die betrachteten Variablen entsprechend ihrer Ähnlichkeit (bezogen auf die betrachteten Merkmale) räumlich so anzuordnen, dass diejenigen Variablen mit hoher Ähnlichkeit möglichst nah beieinander liegen, während die Variablen die sich unähnlich sind möglichst weit auseinander liegen. So lassen sich komplexe, unübersichtliche Datensätze optisch vereinfacht darstellen. Entscheidend ist bei der Skalierung folglich die Nähe der einzelnen Variablen zueinander, nicht deren Koordinaten (vgl. [23]).

Dabei wird die ursprüngliche Datentabelle mit den jeweiligen Merkmalsausprägungen über eine geeignete Distanzmetrik in eine Distanzmatrix überführt (vgl. Abb. 9). Diese Distanzmatrix wird dann über einen iterativen Optimierungsprozess auf die Ebene projiziert, wobei die in der Matrix angegebenen Distanzen möglichst genau durch die Distanzen in der Eben wiedergegeben werden.

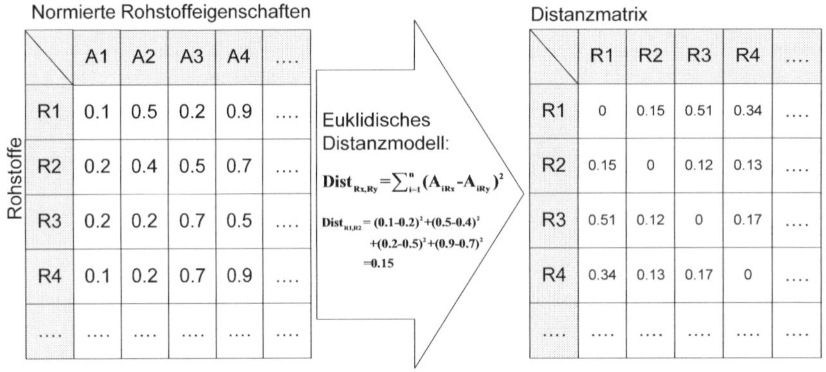

Normierte Rohstoffeigenschaften

Rohstoffe

	A1	A2	A3	A4	....
R1	0.1	0.5	0.2	0.9	....
R2	0.2	0.4	0.5	0.7	....
R3	0.2	0.2	0.7	0.5	....
R4	0.1	0.2	0.7	0.9	....
....	....	....	....	....	....

Euklidisches Distanzmodell:

$$\mathbf{Dist}_{Rx,Ry} = \sum_{i=1}^{n} (A_{iRx} - A_{iRy})^2$$

$$\mathbf{Dist}_{R1,R2} = (0.1-0.2)^2 + (0.5-0.4)^2 + (0.2-0.5)^2 + (0.9-0.7)^2 = 0.15$$

Distanzmatrix

	R1	R2	R3	R4	....
R1	0	0.15	0.51	0.34	....
R2	0.15	0	0.12	0.13	....
R3	0.51	0.12	0	0.17	....
R4	0.34	0.13	0.17	0	....
....	....	....	....	....	....

Abb. 9: Überführung der Datentabelle in eine Distanzmatrix über die Euklidische Distanzmetrik

Genau genommen ist die Multidimensionale Skalierung ein Überbegriff für ein ganzes Bündel von statistischen Verfahren zur Ähnlichkeitsstrukturanalyse, die sich bezüglich der Wahl des Distanzmodells (wie wird die Distanzmatrix berechnet) und der Darstellungsform unterscheiden [24].

Für die hier durchgeführten Analysen wurde die frei verfügbare Statistiksoftware R unter Verwendung eines Euklidischen Distanzmodells herangezogen.

Das Ergebnis der MDS bezüglich der in Abb. 8 dargestellten Daten ist in Abb. 10 wiedergegeben. Zu erkennen ist eine klare Abgrenzung der „Technologie-Metalle", die auch am häufigsten als kritisch eingestuft werden, von den klassischen Industriemetallen um Kupfer und Aluminium. Dazwischen liegen typische Legierungsmetalle, die zwar teilweise auch im Hightech-Bereich eingesetzt werden, aber in erster Linie als hochwertige Legierungselemente für Stähle, oder Aluminiumlegierungen verwendet werden (z.B. Mangan, Chrom, Wolfram, Magnesium). Die in Abb. 8 dargestellten Gruppen (eingekreiste Rohstoffe) entsprechen den Ergebnissen der im Folgenden erläuterten Hierarchischen Clusteranalyse, wobei die gestrichelten Linien die weitere Unterteilung zwischen 3 und 6 Clustern darstellen.

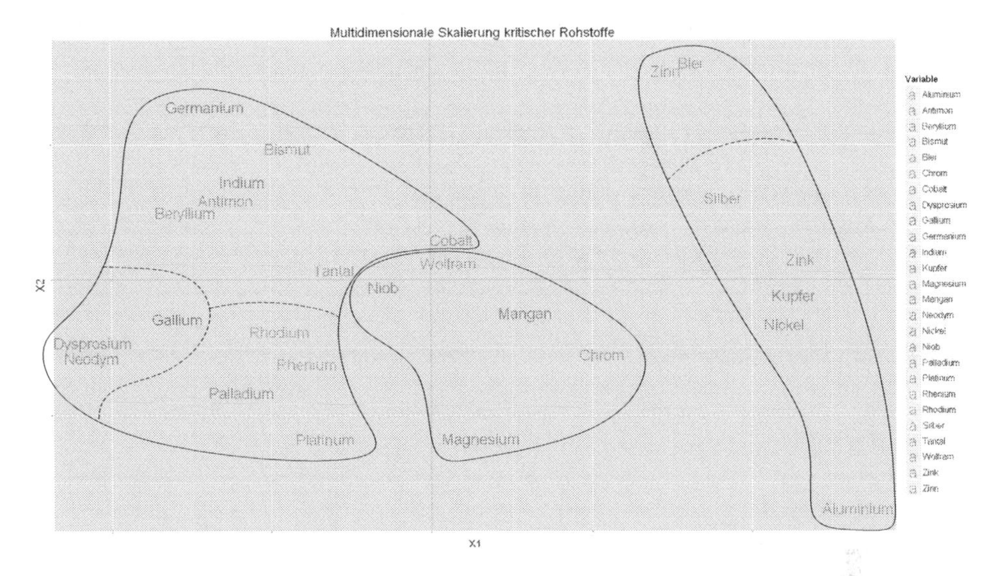

Abb. 10: Ergebnisse der Multidimensionalen Skalierung bezüglich der Merkmale in Abb. 8

3.2 Hierarchische Clusteranalyse

Die Hierarchische Clusteranalyse ist ähnlich zur MDS ein auf Distanzmatrizen basierendes Verfahren der Multivariaten Statistik. Es handelt sich ebenfalls um einen iterativen Algorithmus, bei dem im Ausgangspunkt jede Variable ein eigenes Cluster bildet. In jeder Iteration werden die beiden Cluster zusammengefügt, die in der Distanzmatrix die höchste Ähnlichkeit aufweisen, wobei das zusammengeführte Cluster die durchschnittlichen Werte seiner Bestandteile übernimmt [23]. Dadurch wird systematisch ein Dendogramm (Ähnlichkeits-Baumstruktur) aufgebaut, wie in Abb. 11 dargestellt. Durch die Festlegung der Zahl der Cluster wird das Dendogramm so unterteilt, dass die internen Elemente jedes Clusters möglichst homogen sind (siehe rote Kästchen in Abb. 11). Die Ergebnisse der hierarchischen Clusteranalyse sind direkt vergleichbar mit der Multidimensionalen Skalierung (vgl. Kreise in Abb. 10). Interessant ist dabei auch der Vergleich zwischen der Einteilung in 3 und der Einteilung in 6 verschiede Cluster. Während die Gruppe der Legierungsmetalle in beiden Betrachtungen gleich bleibt, werden bei den Hightech-Metallen die Platingruppe zusammen mit Rhenium und die Seltenerdelemente (Neodym & Dysprosium) zusammen mit Gallium separat gruppiert. Kobalt wird am Rand der Hightech-Metalle angeordnet, obwohl eine unmittelbare nähe zu den Legierungsmetallen besteht (vgl. MDS in Abb. 10).

Die einzelnen Verfahren der Hierarchischen Clusteranalyse unterscheiden sich bezüglich des gewählten Distanzmaßes und bezüglich des Fusionierungsalgorithmus, der den Zusammenschluss zu einzelnen Clustern regelt [23]. Für die hier durchgeführten Analysen wurde ebenfalls die Statistiksoftware R unter Verwendung eines Euklidischen Distanzmodells herangezogen.

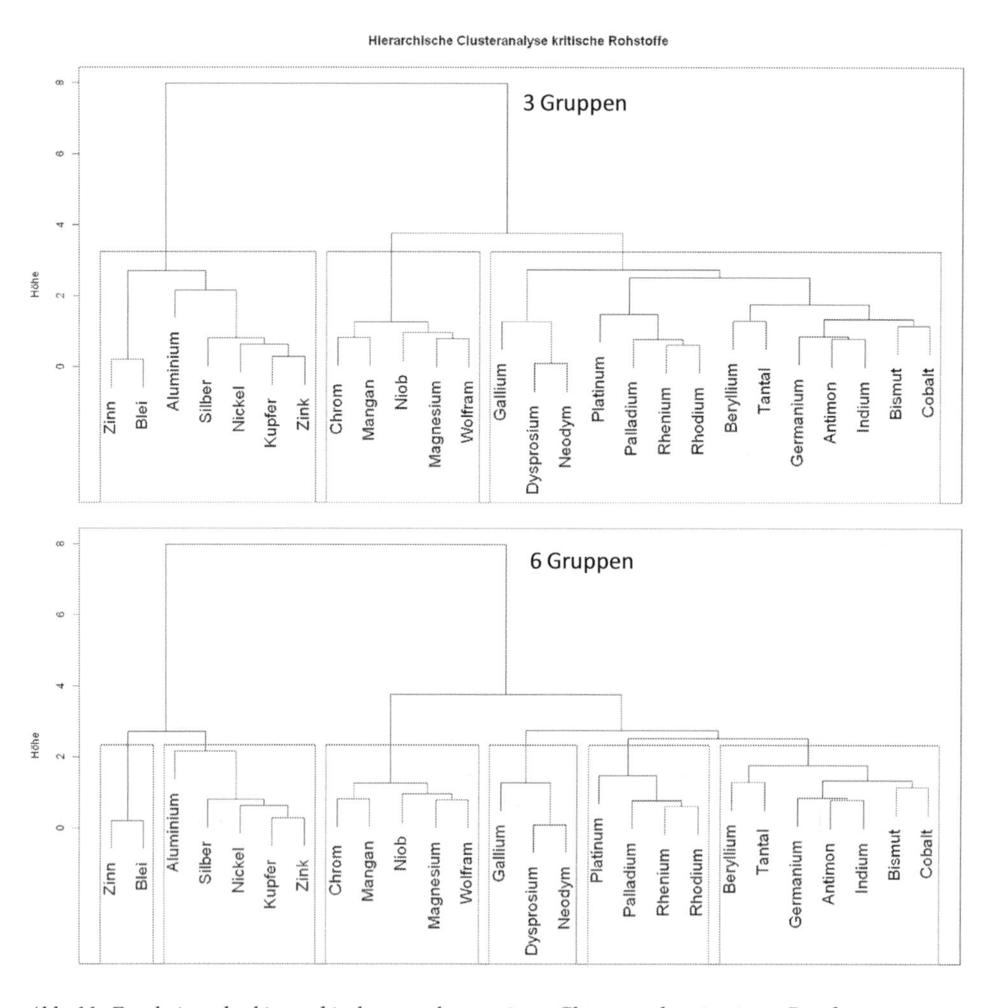

Abb. 11: Ergebnisse der hierarchischen, agglomerativen Clusteranalyse in einem Dendogramm

3.3 Multiple Korrespondenzanalyse

Im Gegensatz zu den Verfahren der Clusteranalyse und der Multidimensionalen Skalierung bietet die Multiple Korrespondenzanalyse die Möglichkeit, qualitative Aspekte in die Untersuchung einfließen zu lassen. Dabei geht es nicht mehr um Ähnlichkeiten einzelner Objekte, sondern um die Frage, welche Merkmalsausprägungen häufig gemeinsam vorkommen. Im Falle der hier untersuchten Rohstoffe wurde jedem Rohstoff bezüglich der jeweiligen Eigenschaft in Abb. 8 das Attribut „hoch", „mittel" oder „niedrig" zugeordnet, wobei die Skala im Netzdiagramm (Abb. 8) für jede Eigenschaft in drei gleichgroße Teile unterteilt wurde. Im Fokus steht bei dieser Analyse nicht der Rohstoff selbst, sondern die Kombination der Ausprägungen untereinander. Wie in Abb. 12 gezeigt, werden für die MCA (Multiple Correspondance Analysis) die einzelnen Merkmalsausprägungen in einer speziellen Kontingenztabelle, der sogenannten ‚Burtmatrix' zusammengestellt. Diese Matrix ist die Grundlage der anschließenden Skalierung, die ähnlich zum Verfahren der MDS als iterative Optimierung verläuft, wobei diejenigen Ausprägungen der jeweiligen Variablen, die häufig gemeinsam auftreten, näher zueinander skaliert werden (vgl. [25]).

Normierte Rohstoffeigenschaften

Rohstoffe	A1	A2	A3	A4	....
R1	niedrig	mittel	niedrig	hoch	....
R2	niedrig	mittel	mittel	hoch	....
R3	niedrig	niedrig	hoch	mittel	....
R4	niedrig	niedrig	hoch	hoch	....
....	....	....	....	....	....

Burt Matrix:
Kontingenztabelle zwischen den jeweiligen Merkmalsausprägungen:

Wie häufig kommen welche Merkmalsausprägungen gemeinsam vor?

Burt Matrix

niedrig mittel hoch		A1			A2			An		
		n	m	h	n	m	h	n	m	h
A1	n	4	0	0	2	2	0	....	....	....
	m	0	0	0	0	0	0	....	....	....
	h	0	0	0	0	0	0	....	....	....
A2	n	2	0	0	2	0	0	....	....	....
	m	2	0	0	0	2	0	....	....	....
	h	0	0	0	0	0	0	....	....	....
An	n	....	....	....	....	....	....	....	....	....
	m	....	....	....	....	....	....	....	....	....
	h	....	....	....	....	....	....	....	....	....

Abb. 12: Vorgehensweise zur Durchführung einer Multiplen Korrespondenzanalyse (MCA)

Auf diese Weise lassen sich Zusammenhänge aus relativ komplexen Datenstrukturen übersichtlich darstellen. Für die Hier durchgeführte MCA wurden aus Gründen der Übersichtlichkeit nicht alle betrachteten Eigenschaften aufgenommen, sondern nur diejenigen, zwischen denen ein Zusammenhang zu erwarten wäre (vgl. Abb. 13). Natürlich ist zu überprüfen, inwiefern die aus den hier betrachteten Rohstoffen gewonnen Erkenntnisse allgemeine Gültigkeit haben, dennoch lassen sich in Abb. 13 sehr interessante Strukturen erkennen. Offensichtlich besteht ein sehr enger Zusammenhang zwischen der Produktionskonzentration und der Preisvolatilität (rot unterstrichen). Dabei ist zu beachten, dass die hier betrachtete Volatilität als die Standardabweichung vom Jahresdurchschnittspreis über die vergangenen 10 Jahre berechnet wurde (siehe Tabelle 2), also keine kurzfristigen Schwankungen, sondern extreme Schwankungen über die Jahre hinweg abbildet. Weiterhin lässt sich in Abb. 13 ein klarer Zusammenhang zwischen dem Produktionsniveau und der Frage, ob der Rohstoff an der Börse (hier nur LME[1] betrachtet) gehandelt wird erkennen. Auch haben die börsengehandelten Rohstoffe mit hohem Produktionsniveau tendenziell ein niedrigeres Preisniveau, was im Vergleich klassischer Industriemetalle mit Hightech-Metallen natürlich zu erwarten war.

[1] Die London Metal Exchange ist die größte Rohstoffbörse Europas und einer der zentralen globalen Handelspunkte

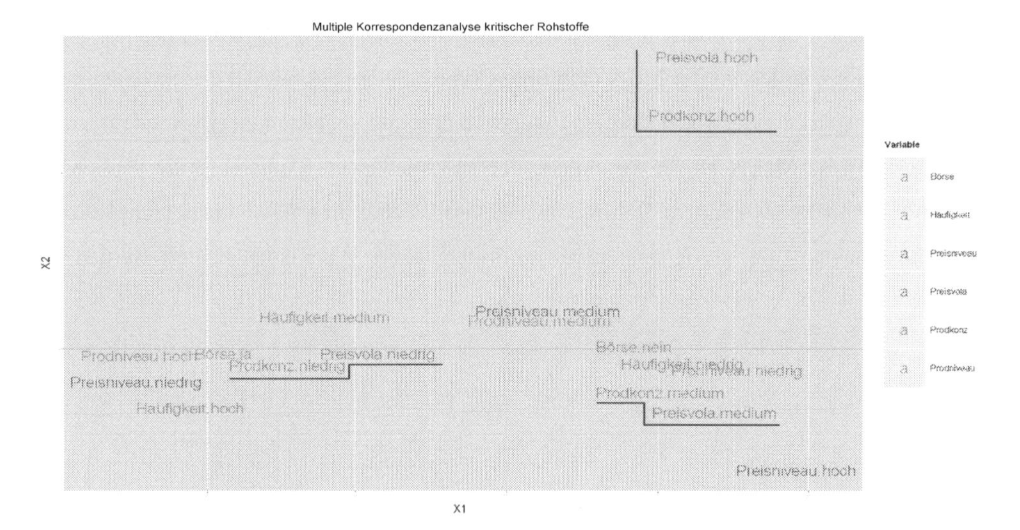

Abb. 13: Ergebnis der Multiplen Korrespondenzanalyse

Die hier vorgestellten Methoden der Multivariaten Statistik lassen sich zur Identifikation und Darstellung verschiedenster Zusammenhänge in der Analyse von Rohstoffeigenschaften, bzw. Markteigenschaften heranziehen. Beispielhaft ist in Abb. 14 eine Multidimensionale Skalierung bezüglich der jährlichen Preisänderungsraten (Jahresdurchschnittspreise) zwischen 2001 und 2011 dargestellt. Weiterhin wurde der Metallpreisindex der Weltbank aufgenommen. Gut zu erkennen ist die extreme Abweichung vieler Technologiemetalle von der breiten Masse um den Preisindex herum.

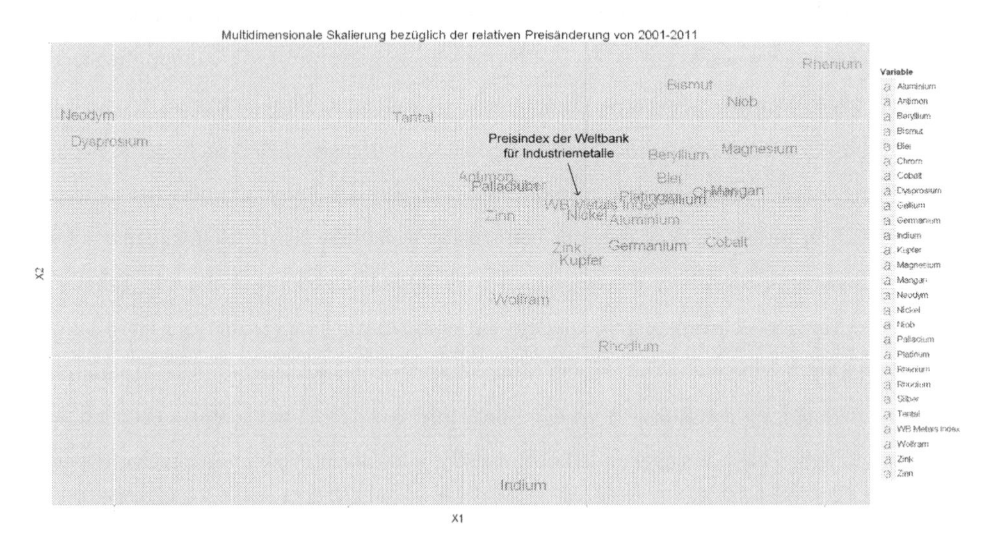

Abb. 14: Anwendung der Multidimensionalen Skalierung auf die Preisänderungsraten

4 Weiterentwicklung der Methoden zur Quantifizierung der Rohstoffkritikalität

Neben der Diskussion um eine sinnvolle Zusammenstellung und Aggregation von Indikatoren zur Quantifizierung der wirtschaftlichen Bedeutung bzw. des Versorgungsrisikos, zeigen aktuelle Forschungsarbeiten im Bereich der Rohstoffkritikalität sowohl eine Tendenz zur Einbeziehung zusätzlicher Dimensionen in die Kritikalitätsanalyse [6], [26] als auch Modellansätze zur Dynamisierung der Kritikalitätsbetrachtung [27], [28], [29]. Diese Tendenzen werden im Folgenden erläutert und diskutiert.

4.1 Mehrdimensionale Betrachtung

Bereits in der ersten Studie zu kritischen Rohstoffen der EU [4] wurde neben der eigentlichen Kritikalitätsmatrix (Abb. 3) als zusätzlicher Wert das Umweltrisiko, welches der Abbau und die Aufbereitung der jeweiligen Rohstoffe verursachen, ergänzend quantifiziert (vgl. Abb. 15).

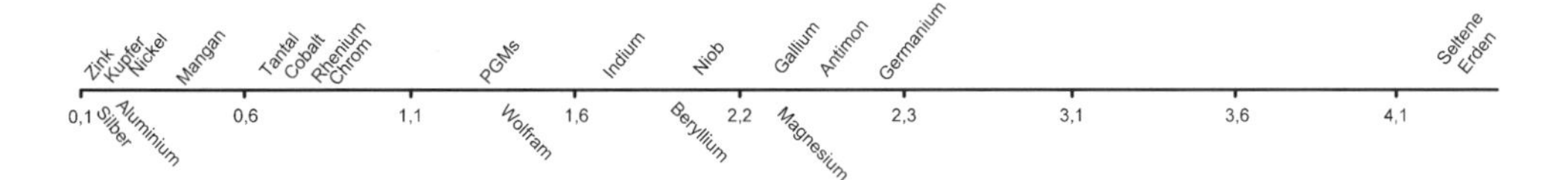

Abb. 15: Ergebnisse zur Quantifizierung des Umweltrisikos ausgewählter Rohstoffe aus der EU Studie

Graedel et al. [26], [6] erweiterten die ursprüngliche Matrix um die dritte Dimension des Umweltrisikos und definierten die Kritikalität als Länge des durch die Rohstoffpunkte aufgespannten Vektors (vgl. Abb. 16). Problematisch hierbei erscheinen allerdings zwei Punkt: Erstens ist dies eine Entfernung von der ursprünglichen Idee der Quantifizierung der Kritikalität in Anlehnung an die Risikodefinition, da durch die Vektorlänge ein additiver und kein multiplikativer Zusammenhang zwischen den Einflussgrößen gegeben wird. Ein Rohstoff kann folglich auch nur auf Grund der straken Ausprägung einer Koordinate, also z.B. eines hohen Versorgungsrisikos ohne gleichzeitig hoher wirtschaftlicher Bedeutung, als kritisch eingestuft werden. Zweitens sind die Dimension des Umweltrisikos und des Versorgungsrisikos nicht unabhängig voneinander. Eine hohe Umweltbelastung bei der Rohstoffgewinnung- und Aufbereitung kann, wie derzeit das Beispiel der Selten-Erden-Aufbereitung in Malaysia durch Lynas Corp. zeigt[2], durchaus zu strengeren gesetzlichen Umweltauflagen und damit zu Einschränkungen der Versorgung führen.

---

[2] Wegen mangelnden Aufbereitungskonzepten der radioaktiven Stäube bei der Raffination von Seltenen Erden gibt es derzeit Reibungen zwischen der Lynas Corp. und malaysischen Behörden und Bürgerverbänden. vgl. http://www.oeko.de/press/press_releases/dok/1484.php

Daher erscheint es sinnvoll, neben der Kritikalität als Zusammenspiel aus wirtschaftlicher Bedeutung und Versorgungsrisiko noch weitere Größen separat zu betrachten, die unter Umständen Einflüsse auf die Rohstoffversorgung haben könnten, die aber auch sonst auf volkswirtschaftlicher ebenso wie auf unternehmerischer Ebene relevant erscheinen. Wie in

Abb. 17 gezeigt wäre eine separate Betrachtung des Preisrisikos, das in gewisser Weise mit dem Versorgungsrisiko einhergeht, aber zusätzlich die Gefahr stärkerer Preisschwankungen auf Basis historischer Volatilitäten und das Potenzial von Verknappung auf Grund rasch steigender Nachfrage berücksichtigt, sinnvoll. Im Versorgungsrisiko, das häufig in erster Linie Eigenschaften der Angebotsseite (Länderkonzentrationen, Unternehmenskonzentrationen) betrachtet, kommen Nachfrageentwicklungen und den Preis beeinflussende Markteigenschaften nicht ausreichend zur Geltung. Weiterhin erscheint aus Sicht der ökologischen Nachhaltigkeit die Betrachtung des Umweltrisikos über die wirtschaftliche Bedeutung sinnvoll. So könnte die Diskrepanz zwischen wirtschaftlichen Interessen und Umweltschonung bei der Rohstoffgewinnung klarer aufgezeigt werden. Ähnliches gilt in Hinblick auf die soziale Nachhaltigkeit für eine Art „sozialethisches Risiko", durch das die Problematik von Konfliktrohstoffen und Arbeitsbedingungen im Kleinbergbau quantifiziert wird (vgl.

Abb. 17).

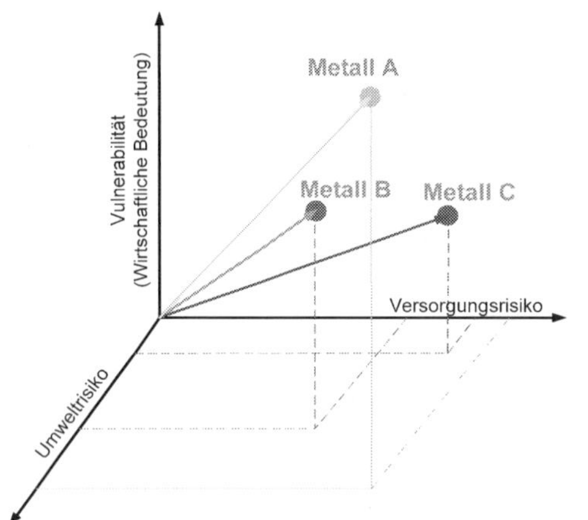

Abb. 16: Ergänzung der Umweltdimension und Berechnung der Kritikalität über die Vektorlänge [6]

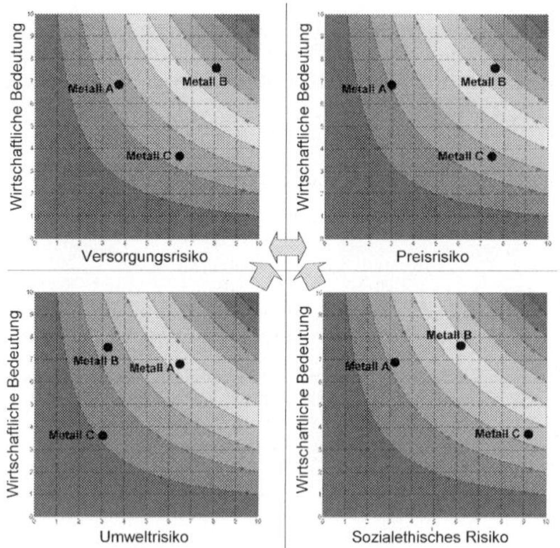

Abb. 17: Separate Betrachtung verschiedener Risiken über die Wirtschaftliche Bedeutung

4.2 Dynamische Betrachtung – Rohstoffrisiken über die Zeit

Neben der Weiterentwicklung der Methodik zur Quantifizierung der Kritikalität verschiedener Rohstoffe steht die Notwendigkeit der Berücksichtigung zeitlicher Dynamik in den Analysen. Wie Abb. 18-19 zeigen, besteht sowohl auf der Angebots- als auch auf der Nachfrageseite eine nicht vernachlässigbare Dynamik. Dabei bildet Abb. 18 die Konzentration der Abbauländer über die letzten 50 Jahre ab. Eine verstärkte Dynamik bei den Technologierohstoffen, die verhältnismäßig geringe Produktionsmengen aufweisen, ist klar ersichtlich.

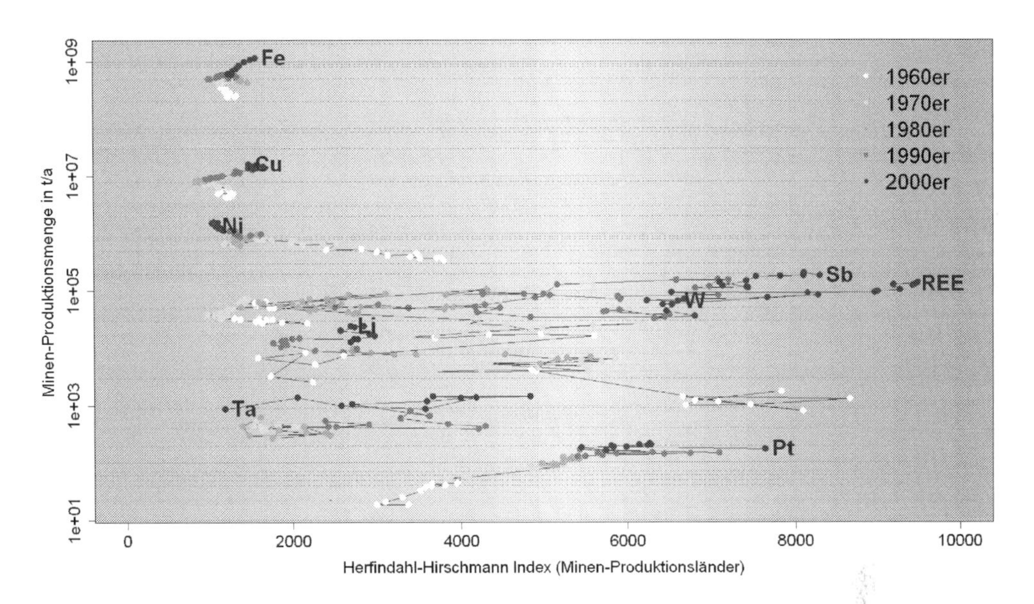

Abb. 18: Konzentration der Produktion über die vergangenen 50 Jahre, HHI skaliert von 0-10000 [3], [30]

Insbesondere bei diesen Rohstoffen muss in Zukunft von einem verstärkten Bedarf für bestimmte Technologien ausgegangen werden [12], [31]. Die Kombination des aktuellen Bedarfs der jeweiligen Rohstoffe in bestimmten Technologien und des prognostizierten Bedarfs 2030 mit dem Versorgungsrisiko aus der EU Studie (vgl. Abb. 3) ist in Abb. 19 dargestellt.

Zwar werden in bisherigen Kritikalitätsstudien teilweise entsprechende Indikatoren für mittel- bis langfristige Entwicklungen in die heutige Kritikalitätsanalyse einbezogen (vgl. Abb. 4, [6]), methodisch ist es allerdings durchaus problematisch, in eine statische Analyse ohne Berücksichtigung der zeitlichen Dimension Werte für unterschiedliche Zeitpunkte einfließen zu lassen. Dieses Vorgehen kann zur Verwässerung der Darstellung der aktuellen Versorgungssituation führen. Auch erscheint es nicht unproblematisch, die heutige Versorgungssituation mit unterschiedlichen Indikatoren zu bewerten als die mögliche zukünftige Versorgungssituation, da dabei offensichtlich unterschiedliche Aspekte verglichen werden und durch die einheitliche Darstellung in einer Kritikalitätsmatrix lediglich eine Übereinstimmung suggeriert wird. Um Aussagen über die zukünftige Entwicklung der Kritikalität eines Rohstoffes treffen zu können sollten folglich die zeitlichen Verläufe aller zu Grunde gelegten Indikatoren berücksichtigt werden.

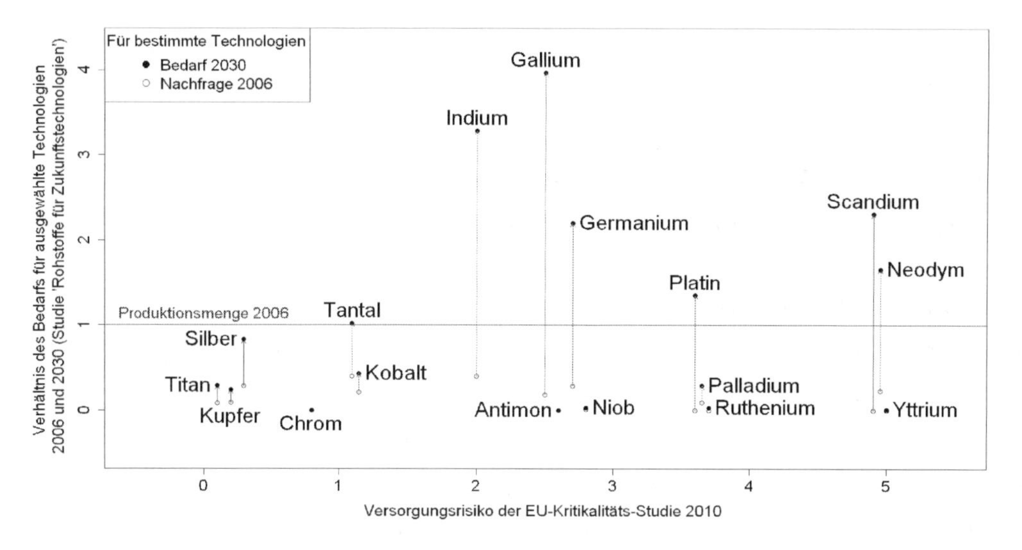

Abb. 19: Aktueller und zukünftiger Bedarf bestimmter Rohstoffe in ausgewählten Technologien [30]

Für die dynamische Betrachtung der Kritikalität scheint demnach zunächst eine Analyse der Entwicklung historischer Werte interessant, wobei die Indikatoren zu jedem Zeitpunkt nach dem Prinzip der statischen Analyse berechnet werden. Weiterhin gibt es erste Ansätze zur dynamischen Modellierung der Kritikalität [27], [28]. Beide Konzepte zur Dynamisierung der Kritikalitätsbetrachtung werden im Folgenden kurz dargestellt und diskutiert.

4.2.1 Indikatorbasierte dynamische Analyse über historische Zeitreihen

Die größte Herausforderung bei der Betrachtung von Kritikalitätsverläufen über die Zeit ist die Erhebung der notwendigen Daten, die bereits bei statischen Analysen recht umfangreich ausfallen (vgl. Abb. 4). Ein verhältnismäßig einfacher Ansatz ist die Fokussierung auf die Mengenrelevanz von Rohstoffen unter Verwendung historischer Zeitreihen.

So könnte z.B. aus dem Quotienten des Anteils eines Landes am Weltverbrauch eines Rohstoffes und des Anteils des jeweiligen Landes an der Weltwirtschaft ein einfacher Indikator gebildet werden, der indiziert, ob ein Rohstoff innerhalb eines Landes stärker verbraucht wird als im globalen Durchschnitt. Der Anteil eines Landes am Weltverbrauch kann vereinfacht werden durch den Anteil der Importe eines bestimmten Rohstoffes an der Summe aller globalen Importe dieses Rohstoffes, also am Welthandel. Weiterhin scheint ein Indikator sinnvoll, der den Anteil eines bestimmten Rohstoffes am Gesamtrohstoffimport eines Landes ins Verhältnis setzt mit dem Welthandel dieses Rohstoffes am Welthandel aller betrachteten Rohstoffe (vgl. Definitionen Abb. 20). Durch die Analyse von Handelsdaten nach dem zuvor beschriebenen Prinzip wurden, wie in Abb. 20 dargestellt, zwei Indikatoren berechnet, über die bereits relative Aussagen über die Wichtigkeit eines Rohstoffes für Deutschland und Japan getroffen werden können. In den

Handelsdaten wurden für jeden Rohstoff basierend auf der UN Comtrade Datenbank[3] die Güterklassifikationen (HS Codes) für Erze, chemische Zwischenprodukte (Oxide, Chloride, Carbonate etc.), sowie reine Metalle berücksichtigt. Während in Japan die Seltenen Erden sowie Platin und Palladium die Rohstoffe mit der höchsten relativen Gewichtung darstellen, liegen in Deutschland Wolfram, Bismut und Platingruppenmetalle (außer Pt und Pd) ganz oben. Die Aussage, die auf Basis der Indikatoren getroffen werden kann, ist z.B., dass Deutschland, obwohl es nur ca. 5% der Weltwirtschaft ausmacht, für ca. 20% aller Importe von Wolfram verantwortlich ist. D.h., Deutschland verbraucht 4 Mal mehr Wolfram, als man es auf Grund der Wirtschaftsleistung erwarten würde, folglich kann davon ausgegangen werden, dass Wolfram für die deutsche Industrie besonders bedeutend ist. Dies sind natürlich Aussagen auf einer gewissen Abstraktionsebene und es ist in weiteren Schritten notwendig, die inländische Wertschöpfung basierend auf den jeweiligen Rohstoffen genauer zu analysieren. Für eine erste Screening-Methode über den Zeitverlauf erscheint dieser Ansatz allerdings nützlich. So lässt sich für Deutschland z.B. erkennen, dass Platin, Palladium und sonstige PGM stark an Wichtigkeit gewonnen haben, was wohl in erster Linie auf die Verwendung in Autokatalysatoren zurückzuführen ist. Wolfram für Hochleistungslegierungen ist als Werkstoff in vielen Bereichen des Maschinenbaus wichtig.
Auf Basis der in Abb. 20 dargestellten Indikatoren wurden erste Werte für eine Kritikalitätsanalyse über die Zeitachse ermittelt. Dabei setzt sich die relative wirtschaftliche Bedeutung jeweils zur Hälfte aus den Indikatoren 1 und 2 in Abb. 20 zusammen, während das Versorgungsrisiko jeweils zur Hälfte aus der Produktionskonzentration auf Länderebene und der Konzentration der Importe berechnet wurde (jeweils über den HHI, vgl. Abb. 20). Alle Werte wurden auf die Skala von 1 bis 10 skaliert. Die Ergebnisse dieses recht einfachen, exemplarischen Ansatzes sind in Abb. 21 dargestellt. Zu erkennen ist eine insgesamt recht hohe Dynamik, was auch auf die Größe der Märkte und die schwankenden Handelsströme zurückzuführen ist. In Deutschland zeigen die Seltenen Erden zwar nach wie vor ein sehr hohes Versorgungsrisiko, die relative wirtschaftliche Bedeutung ist aber im Vergleich zu Wolfram und Bismut niedriger. Allerdings ist hier zu berücksichtigen, dass es sich bei den Seltenen Erden um eine ganze Stoffgruppe handelt und dass einzelne Elemente dieser Gruppe durchaus höhere Bedeutung haben können. Hier stößt die Analyse von Handelsdaten an ihre Grenzen, da eine stoffspezifische Nachverfolgung auf Grund des Aggregationsniveaus der Güterklassifikation (HS[4], bzw. CN[5] Codes) nicht möglich ist.

---

[3] Größte weltweite Handelsdatenbank der Vereinten Nationen: http://comtrade.un.org/
[4] HS: Harmonized System – 6stellige Güterklassifikation zur Einteilung und Erfassung von Handelsdaten
[5] CN: Combined Nomenclature – ergänzt 2 weitere Stellen an die HS codes

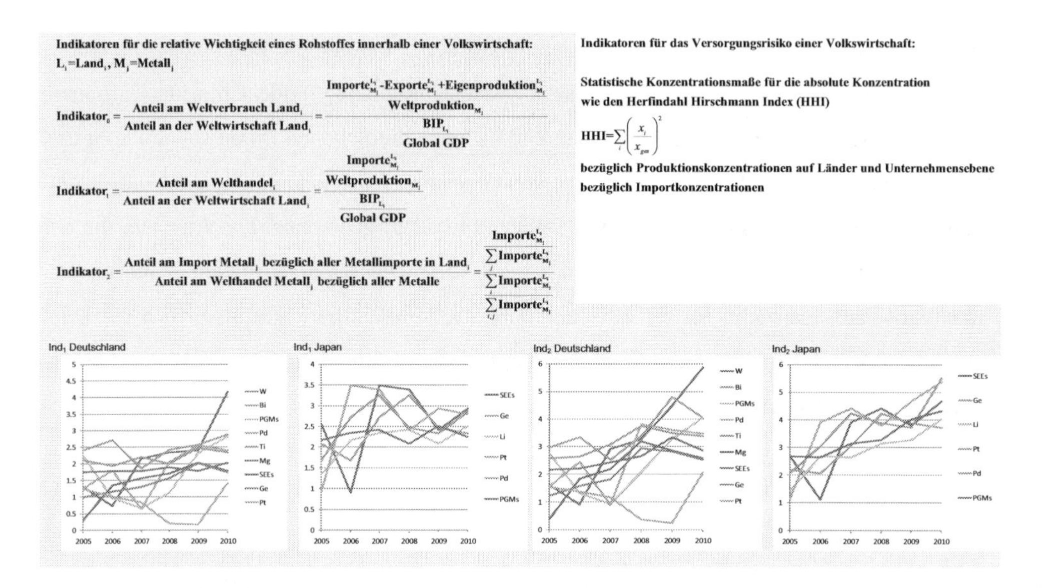

Abb. 20: Indikatoren zur Bewertung der relativen wirtschaftlichen Bedeutung über die Zeit am Beispiel von Deutschland und Japan

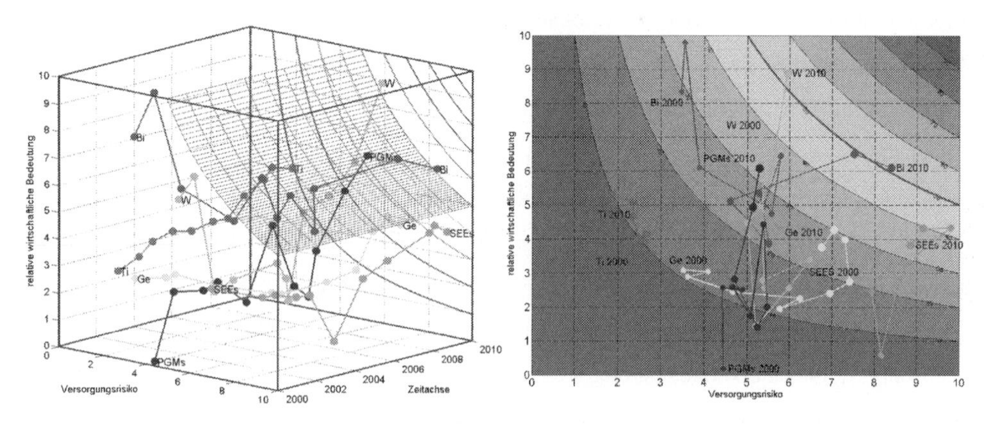

Abb. 21: Einfacher, indikatorbasierter Ansatz zur Erhebung der Kritikalität über den Zeitverlauf

Insgesamt eigenen sich die hier vorgestellten Analysen konkreter Indikatoren über die Zeit als Screening-Methode zur groben Analyse mehrerer Rohstoffe und zum Vergleich der Versorgungssituation und des Rohstoffbedarfs verschiedener Länder und Regionen. Für Entscheidungsträger aus Politik und Industrie, deren Ziele die Ergreifung von Maßnahmen zur Reduzierung der Rohstoffkritikalität sind, bieten diese Screening-Methoden allerdings nicht ausreichend Informationen. Rohstoffspezifische Ansätze, die sowohl die globale als auch die inländische Wertschöpfungsstruktur abbilden sind hierzu notwendig.

4.2.2 Modellbasierte dynamische Ansätze zur Kritikalitätsanalyse

Während die zuvor diskutierten Ansätze als Screening-Methoden zur Analyse einer größeren Zahl verschiedener metallischer und mineralischer Rohstoffe ausgelegt sind, gibt es inzwischen erste Ansätze zur dynamischen Modellierung der Kritikalität ganz konkret ausgewählter Rohstoffe. Dabei werden sowohl System-Dynamics [28], [29] als auch Agentenbasierte Modellierungsansätze [27] untersucht. Der Fokus dieser Modelle liegt allerdings in erster Linie auf der Schaffung höherer Transparenz bezüglich der globalen und nationalen Wertschöpfung verschiedener Technologiemetalle sowie in der Analyse deren Marktdynamik. Dennoch kann basierend auf derartigen Modellen die Entwicklung der Versorgungssituation verschiedener Rohstoffe im Zeitverlauf abgeleitet werden. Diese Ergebnisse sind grundlegend für Aussagen bezüglich der positiven wie negativen Änderung der Versorgungssituation strategischer Rohstoffe bzw. für die Bewertung bisheriger Maßnahmen zur Reduzierung des Rohstoffrisikos. Weiterhin wäre es möglich, bestehende Wechselwirkungen und Interdependenzen zwischen einzelnen Faktoren zu identifizieren und zu analysieren. Abb. 22 zeigt den Ansatz zur Verbindung von globalen und regionalisierten Stoffstrommodellen mit systemdynamischen Marktmodellen als Grundlage für die Extraktion der Versorgungssituation über den Zeitverlauf.

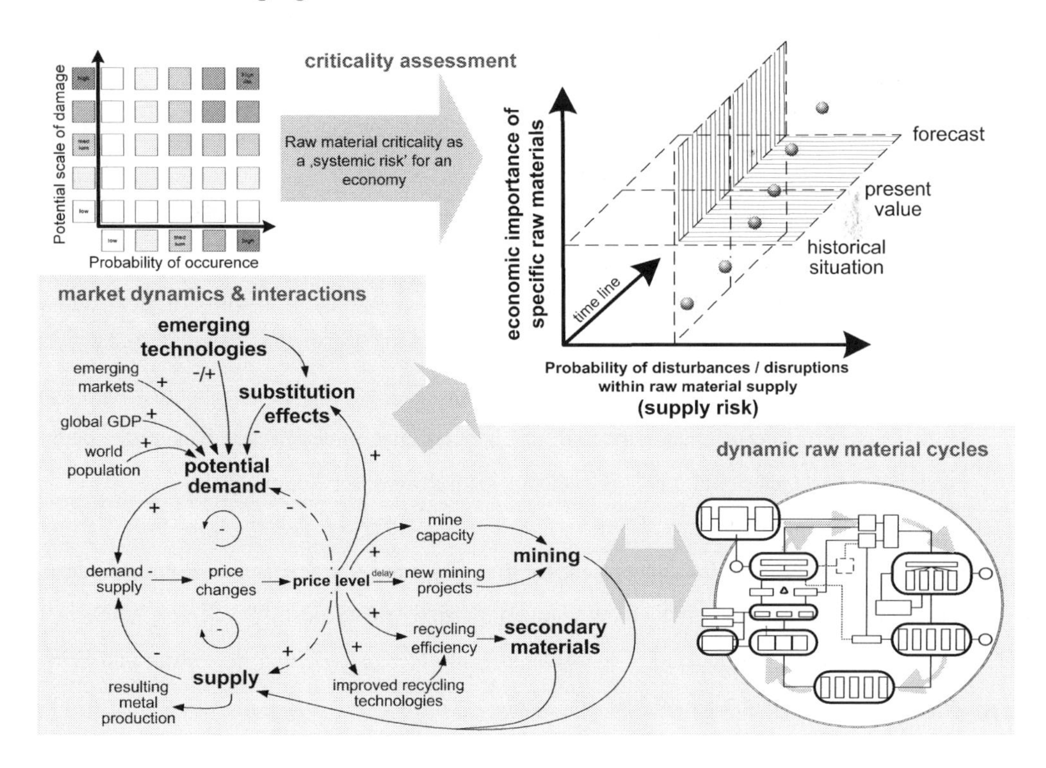

Abb. 22: Ansatz zur Kombination globaler und regionaler dynamischer Stoffstrommodelle mit systemdynamischen Marktmodellen als Grundlage zur Bewertung der Versorgungssituation bestimmter Rohstoffe über den Zeitverlauf [28], [29]

5 Literatur

[1] *National Research Council*: Minerals, Critical Minerals, And The U.S. Economy; 2007.

[2] *Haglund D.:* Strategic minerals: A conceptual analysis. Resources Policy; 1984.

[3] *Gandenberger C., Glöser S., Marscheider-Weidemann F., Ostertag K., Walz R.:*

Die Versorgung der deutschen Wirtschaft mit Roh- und Werkstoffen für Hochtechnologien - Präzisierung und Weiterentwicklung der deutschen Rohstoffstrategie; 2012.

[4] *Ad-hoc Working Group on defining critical raw materials:* Critical raw materials for the EU: European Commission; 2010.

[5] *Wellmer F.:* Was sind wirtschaftsstrategische Rohstoffe? In: Schriftenreihe der Deutschen Gesellschaft für Geowissenschaften; 2012, Heft 80, p. 120.

[6] *Nassar NT., Barr R., Browning M., Diao Z., Friedlander E., Harper EM.:* Methodology of Metal Criticality Determination. Criticality of the Geological Copper Family. Environ. Sci. Technol. 2012.

[7] *Achzet B., Helbig C.:* How to evaluate raw material supply risks—an overview. Resources Policy 2013.

[8] *Melcher F., Wilken H.:* Die Verfügbarkeit von Hochtechnologie-Rohstoffen. Chemie in unserer Zeit 2013.

[9] *Erdmann L., Graedel TE.:* Criticality of Non-Fuel Minerals: A Review of Major Approaches and Analyses. Environ. Sci. Technol. 2011.

[10] *Bossardt B. et al.:* Rohstoffsituation Bayern - keine Zukunft ohne Rohstoffe: Strategien und Handlungsoptionen. München, 2011.

[11] *Erdmann L., Behrendt S., Feil M.:* Kritische Rohstoffe für Deutschland: Identifikation aus Sicht deutscher Unternehmen wirtschaftlich bedeutsamer mineralischer Rohstoffe, deren Versorgungslage sich mittel- bis langfristig als kritisch erweisen könnte, 2011.

[12] *Angerer G., Erdmann L., Marscheider-Weideman F., Scharp M., Lüllmann A., Handke V. et al.:* Rohstoffe für Zukunftstechnologien: Einfluss des branchenspezifischen Rohstoffbedarfs in rohstoffintensiven Zukunftstechnologien auf die zukünftige Rohstoffnachfrage, 2009.

[13] *Bardt H.:* Sichere Energie- und Rohstoffversorgung: Herausforderung für Politik und Wirtschaft; Institut der deutschen Wirtschaft, 2008.

[14] *Graedel TE., Barr R., Chandler C., Chase T., Choi J., Christoffersen L. et al. :* Criticality of the Geological Copper Family. Methodology of Metal Criticality Determination. Environ. Sci. Technol. 2012.

[15] *Buchert M., Schüler D., Bleher D., Neurohr N., Hagelüken L.:* Critical Metals for Future Sustainable Technologies and their Recycling Potential: Sustainable Innovation and Technology Transfer Industrial Sector Studies 2009.

[16] *Sievers H., Buchholz P., Huy D.:* Evaluating supply risks for mineral raw materials; 2010.

[17] *Rosenau-Tornow D., Buchholz P., Riemann A., Wagner M.:* Assessing the long-term supply risks for mineral raw materials—a combined evaluation of past and future trends. Resources Policy 2009.

[18] *U. S. Department of Energy:* Critical Materials Strategy; 2010.

[19] *Frondel, Auel, Grösche, Huchtemann, Oberheitmann, Peters et al.:* Trends der Angebots- und Nachfragesituation bei mineralischen Rohstoffen; 2006.

[20] *Faulstich M., Pfeifer S., Franke M., Mocker M.:* Ressourcenstrategie für Hessen unter besonderer Berücksichtigung von Sekundärrohstoffen; 2011.

[21] *Duclos SJ., Otto JP., Konitzer DG.:* Design in an Era of Constrained Resources. Mechanical Engineering 2008.

[22] *Kesler SE.:* Mineral Supply and Demand into the 21st Century.

[23] Backhaus K, Erichson B, Plinke W, Weiber R. Multivariate Analysemethoden: Eine anwendungsorientierte Einführung. 13th ed. Berlin [u.a.]: Springer; 2011.

[24] *Borg I, Groenen PJF.:* Modern multidimensional scaling: Theory and applications. New York: Springer; op.2005.

[25] *Blasius J., Greenacre MJ.:* Multiple correspondence analysis and related methods: International Conference on Correspondence Analysis and Related Methods (CARME 2003) held at the Universitat Pompeu Fabra in Barcelona from 29 June to 2 July 2003.

[26] *Graedel TE., Nassar NT.:* The criticality of metals: a perspective for geologists. Geological Society, London, Special Publications 2013.

[27] *Knoeri C., Wäger PA., Stamp A., Althaus H., Weil M.:* Towards a dynamic assessment of raw materials criticality: Linking agent-based demand — With material flow supply modelling approaches. Science of The Total Environment 2013.

[28] *Glöser S., Faulstich M.:* Quantitative Analysis of the Criticality of Mineral and Metallic Raw Materials Based on a System Dynamics Approach. Proceedings of the 30th International Conference of the System Dynamics Society, St. Gallen, Switzerland 2012.

[29] *Glöser S., Soulier M., Tercero Espinoza L., Faulstich M.:* Using Dynamic Stock and Flow Models for Global and Regional Material and Substance Flow Analysis. In: Proceedings of the 31st International Conference of the System Dynamics Society, Cambridge, Massachusetts, USA 2013.

[30] *Buijs B., Sievers H., Tercero Espinoza L.:* Limits to the critical raw materials approach. Proceedings of the ICE - Waste and Resource Management 2012;165(4):201–8.

[31] *Teipel U., Angerer G.:* Zukunftstechnologien und Weltwirtschaft treiben die Märkte für Hightech-Metalle. Chemie Ingenieur Technik 2010.

ABSCHÄTZUNG DES ZUKÜNFTIGEN UMWELTPROFILS DER SELTENEN ERDEN UNTER BERÜCKSICHTIGUNG MÖGLICHER VERSORGUNGSTRENDS

R. Graf [1], M. Held [2], F. Gehring[2], C.P. Brandstetter[1]

[1] Abt. Ganzheitliche Bilanzierung (GaBi), Lehrstuhl für Bauphysik (LBP), Universität Stuttgart; Wankelstraße 5, 70563 Stuttgart, roberta.graf@lbp.uni-stuttgart.de

[2] Abt. Ganzheitliche Bilanzierung (GaBi), Fraunhofer Institut für Bauphysik (IBP)

Keywords: Ökobilanz, Produktionsszenarien, Monazit, Neodym, Seltene Erden

1 Einleitung

Die Lanthanide, mit den Ordnungszahlen 57 bis 71 sowie Scandium (21) und Yttrium (39) werden als Seltene Erden bezeichnet [1]. Ihre außergewöhnlichen Charakteristiken wie zum Beispiel ihr hoher Brechungsindex [2] machen sie für viele Anwendungen interessant. Eine Substitution ist oft unmöglich oder nur durch eine völlige Neukonstruktion lösbar [2]. Das leichte Seltene Erden Element Neodym wird unter anderem viel in Permanentmagneten verwendet. Diese werden häufig für so genannte grüne Technologien wie Windkraftanlagen oder Elektromotoren von Elektroautos benötigt [3]. Ein steigender Bedarf an Seltenen Erden für grüne Technologien wird prognostiziert [4]. Seltene Erden sind als kritische Rohstoffe gelistet, da die Versorgungslage unsicher ist und ihre Nutzung zum Teil strategische Bedeutung hat [5]. Ein ressourceneffizienter Einsatz von Seltenen Erden ist somit, um langfristig den Bedarf decken zu können, besonders wichtig. Die Methode der Ökobilanz kann dazu dienen die Umweltwirkung von Produkten zu quantifizieren und ermöglicht es konventionelle und neue Technologien sinnvoll miteinander zu vergleichen [6]. Um die Versorgungslage abzusichern, werden weltweit neue Minenprojekte mit dem Fokus auf Seltene Erden unternommen [7]. Die Erschließung neuer Vorkommen wird das Umweltprofil der Seltenen Erden beeinflussen [8]. Um die vermuteten Veränderungen des Umweltprofils der Seltenen Erden abschätzen zu können, wird ein Vorgehen entwickelt, welches es erlaubt Umweltwirkungen möglicher zukünftiger Abbau-Mixe abzubilden. Eine langfristige Entscheidungssicherheit zum potentiellen ökologischen Mehrwert des Einsatzes von Seltenen Erden kann somit abgeleitet werden.

2 Vorgehensweise

Zunächst wird der aktuelle Stand der Technik der Seltenen Erden Gewinnung herausgearbeitet. Anhand einer Literaturrecherche werden die wichtigsten Einflussfaktoren auf die Umweltwirkungen bestimmt. Abbau, Aufbereitung sowie Auftrennung in die individuellen Seltenen Erden Elemente stehen dabei im Fokus. Basierend auf dem Stand der Technik wird, mit Hilfe der Software und Datenbank Gabi 5 [9], ein generisches Ökobilanzmodell erstellt. Dieses bildet die Gewinnung von Neodymoxid aus Monazit ab. Durch seinen generischen Aufbau kann das Modell mittels Modifikation eingesetzter Parameter verschiedene Abbau-Mixe untersuchen. Die zuvor bestimmten Schlüsselfaktoren der Gewinnung können durch die Nutzung der Parameter entsprechend eingestellt werden. Durch eine Literaturrecherche werden aktuelle und potentielle Abbauvorhaben untersucht, bei denen Seltene Erden als Haupt oder Koppelprodukte gewonnen werden. Zugleich werden aktuell verfügbare Daten zu geplanten Produktionsvolumen, Konzentrationen der abgebauten Seltenen Erden sowie den Anteilen der gewonnenen individuellen Seltenen Erden berücksichtigt. Anhand einer Relevanzanalyse erfolgt die Identifikation der vielversprechendsten Minenprojekte samt einer zeitlichen Einordnung ihres möglichen Produktionsbeginns. Basierend auf diesen Informationen werden, mittels Best- bzw. Worst-Case Annahmen zum Produktionsstart neu erschlossener Vorkommen, vier verschiedene Zukunftsszenarien entwickelt. Die tatsächliche Produktion des Jahres 2010 wird als Referenz gewählt. Bei einer folgenden Szenarioanalyse erfolgt die Bestimmung der, dem jeweiligen Szenario entsprechenden, Parameterwerte durch Durchschnittsbildung. Diese werden anschließend in das Ökobilanzmodell übertragen und auf ihre Auswirkungen auf das Umweltprofil der Seltenen Erden untersucht.

2.1 Ökobilanzmodell

Das entwickelte generische Modell umfasst die Abschnitte Abbau, Aufbereitung sowie Auftrennung in die individuellen Seltenen Erden Elemente. Es ist in der Lage den Einfluss der unterschiedlichen Schlüsselfaktoren aufzuzeigen. Dazu werden Parameter eingesetzt. Wie in Abbildung 1 zu sehen ist, können folgende Modifikationen vorgenommen werden: Auswahl der Abbauart, unabhängige Anpassung des verwendeten Energiemixes in allen drei betrachteten Produktionsphasen, Einstellung der Seltene Erden Konzentration bei der Aufbereitung sowie Einstellung des Anteils von Neodym und Auswahl der Allokationsmethode bei der Auftrennung.

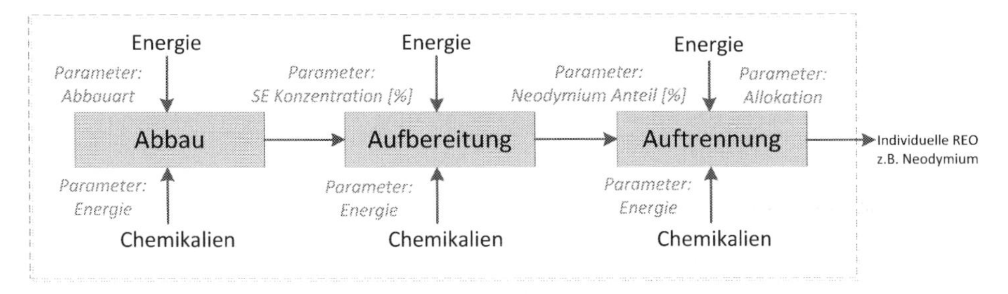

Abb.1: Schematische Darstellung des generischen Ökobilanzmodells

Durch das mit Hilfe der Software und Datenbank GaBi 5 erstellte generische Modell für die Gewinnung von Neodymoxid aus Monazit, kann ein großer Teil der zukünftigen Produktion ökobilanziell abgebildet werden. Das entwickelte Modell ist in der Lage den Einfluss der unterschiedlichen Parameter aufzuzeigen. Es kann prinzipiell auch auf andere Vertreter der Gruppe übertragen werden.

3 Ergebnisse

Im Folgenden werden die wichtigsten Ergebnisse der Untersuchung angeführt.

3.1 Einflussfaktoren

Die folgenden Aspekte erweisen sich bei der Literaturrecherche zum Stand der Technik von Abbau, Aufbereitung und Auftrennung und der anschließenden Übertragung in das Ökobilanzmodell als wesentlich [8]:

- Wirtsgestein, bestimmt Abbauart sowie Kuppelprodukte
- Regionale Faktoren, die den verwendeten Energiemix bestimmen
- Konzentration der gesamten Seltenen Erden im abgebauten Material, bestimmt wieviel Material abgebaut werden muss, um eine bestimmte Menge an Seltene Erden zu gewinnen.
- Anteil der individuellen Seltenen Erden

3.2 Einfluss der Minenprojekte

Der Abbau und die Verarbeitung der Seltenen Erden sind äußerst komplexe Systeme die dynamischen Entwicklungen unterworfen sind. Es existiert eine große Anzahl potentieller Vorkommen, welche je nach Entwicklung der Marktpreise sowie der Entwicklung weiterer Faktoren erschlossen werden könnten [8]. Durch die Abhängigkeit der Projekte von der Marktentwicklung entsteht eine dynamische Situation. Festzuhalten ist, dass die Diversität der Seltenen Erden Versorgung steigen wird. Während im Jahr 2010 nur China, Brasilien, Indien und Malaysia als Seltene Erden Produzenten genannt werden, können hier zukünftig unter anderem auch USA, Australien, Vietnam, Kirgisistan, Kasachstan, Kanada, Grönland und Südafrika aktiv werden [3, 5, 7, 10-15].

Jedes Vorkommen an Seltenen Erden ist einzigartig was Konzentration, Wirtsgestein und Zusammensetzung angeht [2]. Durch die mögliche Erschließung neuer Vorkommen wird sich daher auch die Zusammensetzung des Abbau-Mixes in Bezug auf Wirtsmineralien ändern. Die Bedeutung von Monazit wird steigen. Besonders deutlich ist der Einfluss der Vorkommen in Tabelle 1 zu sehen. Hier zeigt sich, welche große Varianz bei allen betrachteten aktuellen und potentiellen Minenprojekten sowohl bei der Konzentration der Seltenen Erden sowie dem Anteil an Neodym vorliegt.

Tabelle 1: Bandweite der Konzentrationen und Neodym Anteile bei unterschiedlichen Minenprojekten [6]

	Minimal	Maximal
Konzentration der Seltenen Erden [%]	0,085	11,8
Anteil Neodym am abzubauenden Material [%]	1	31,7

Um trotz der extremen Bandbreiten sinnvolle Aussagen generieren zu können und somit Entscheidungssicherheit zu erreichen ist eine Szenario Analyse notwendig.

3.3 Szenarienanalyse

Um der unsicheren Datenlage gerecht zu werden, werden Extremszenarien verwendet. Mit Hilfe von Best- bzw. Worst-Case-Annahmen werden verschiedene Produktionsszenarien entwickelt und ihre Auswirkungen auf das Umweltprofil untersucht. Betrachtet werden dazu die tatsächliche Produktion des Jahres 2010 als Referenz, sowie optimistische und pessimistische Szenarien für die Jahre 2015 und 2020.

Optimistisch und Pessimistisch bezieht sich dabei auf die Anzahl der neu eröffnenden Minen. Für die entwickelten Szenarien werden jeweils die Durchschnittswerte der Parameter ermittelt. Durch eine anschließende Übertragung der Parameterwerte auf das Ökobilanzmodell können mögliche zukünftige Umweltprofile von Neodymoxid abgebildet werden.

Tabelle 2: Szenarien [6]

	Berücksichtigte neue Minen
Pessimistisch 2015	Mountain Pass, Mount Weld, Dong Pao
Optimistisch 2015	Mountain Pass, Mount Weld, Dubba Zirconia, Nolans Bore, Dong Pao, Taboca Pitinga, Steenkampsal Mine, Kutessay II, Ulba
Pessimistisch 2020	Dubba Zirconia, Nolans Bore, Taboca Pitinga, Steenkampsal Mine, Kutessay II, Ulba
Optimistisch 2020	Safartoq Rare Earth Project, Bull Hill, Thor Lanke, Kvanefjeld, Hoidas Lake, Bear Lodge, Zakopsdrift, Strange lake, Zeus, Elliot Lake

Für die in Abbildung 2 betrachteten Wirkungskategorien AP (Versauerungspotential), EP (Eutrophierungspotential), GWP (Treibhauspotential), POCP (Photochmische Ozobildungspotential) und PED (Primärenergieverbrauch) werden Reduzierungspotentiale der Umweltwirkungen zwischen 10 und 30 Prozent ermittelt.

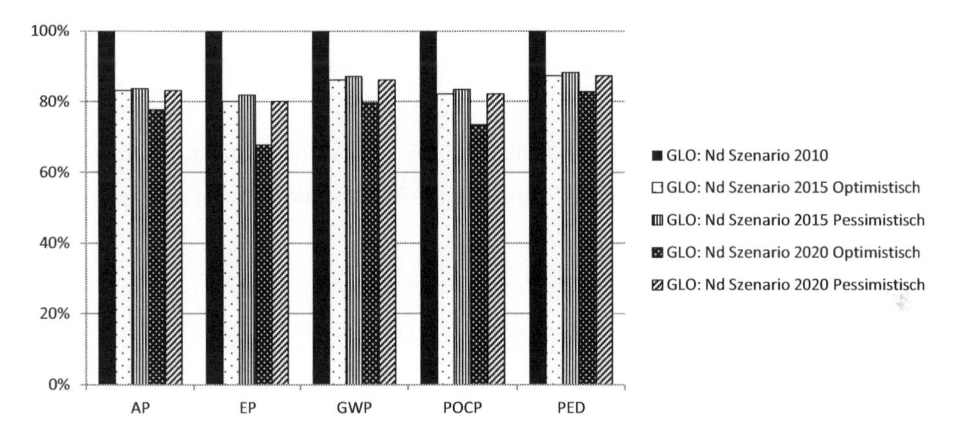

Abb. 2: Vergleich der verschiedenen Szenarien in unterschiedlichen Wirkungskategorien

4 Zusammenfassung und Ausblick

Charakteristiken der erschlossenen Vorkommen, Abbau- und Verarbeitungsart werden in Zukunft das Umweltprofil der Seltenen Erden beeinflussen. Die hier vorgestellte Vorgehensweise erlaubt eine Abschätzung des zukünftigen Umweltprofils unter Berücksichtigung des Abbau-Mixes. Bei allen betrachteten zukünftigen Produktionsszenarien verringern sich die potentiellen Umweltwirkungen. Wie bereits angeführt, wurde das verwendete Ökobilanzmodell speziell für die Gewinnung von Neodym aus Monazit entwickelt. Zukünftig sollte es noch an andere Mineralarten sowie weitere Seltene Erden Elemente angepasst werden. Eine Integration variabler Wirkungsgrade ist noch denkbar und die Erweiterung des Modells um auch Recyclingpfade abbilden zu können. Hierbei ist aber die aktuelle Datenlage noch sehr schwierig, wobei die Datenverfügbarkeit im Bereich der Seltenen Erden ein allgemeines Problem ist.

5 Literatur

[1] British Geological Survey (Ed.).. Rare Earth Elements. Commodity Profile, 2011.

[2] Gupta C., Krishnamurthy N. Extractive metallurgy of rare earths. Boca Raton, USA. CRC Press, 2005.

[3] Schüle D. et al. Study on Rare Earths and their Recycling. Öko-Institut e.V. Darmstadt, 2011.

[4] Angerer G. Rohstoffe für Zukunftstechnologien. Fraunhofer-IRB-Verlag. 2009

[5] U.S. Department of Energy (Ed.). Critical Materials Strategy, 2010

[6] Klöpffer W., Grahl B. Ökobilanz (LCA). Ein Leitfaden für Ausbildung und Beruf. Wiley-VCH, 2009.

[7] Chen, Z.: Global rare earth resources and scenarios of future rare earth industry. Journal of rare earths, Vol. 29, No. 1,p.1, 2011.

[8] Graf, R. Ökobilanzielle Betrachtung von Seltenen Erden. Universität Stuttgart, 2012.

[9] PE International AG. GaBi 5 Software-System and Databases for Life Cycle Engineering. Leinfelden-Echterdingen, 2012.

[10] Moreno, L. Rare Earth Elements. Industry Primer. Jacob Securities Inc., 2011.

[11] Elsner H. et al. Elektronikmetalle - zukünftig steigender Bedarf bei unzureichender Versorgungslage? Bundesanstalt für Geowissenschaften und Rohstoffe. Commodity Top News 33, 2010.

[12] Nestour M. Technology minerals. The rare earths race is on! Ernst & Young, 2011.

[13] Watts M. Rare Earth. Shock & Ore. The scramble for rare earth selfsufficiency. Industrial Minerals, 2010.

[14] Long, K. The Future of Rare Earth Elements- Will these High-Tech IndustryElements Continue in Short Supply? USGS Open-File Report, 2011.

[15] Kara H. et al. Lanthanide Resources and Alternatives. Oakdene Hollins, 2010.

HANDY CLEVER ENTSORGEN

O. Gantner[1], H. Köpnick[2], O. Bischlager[2], U. Teipel[3], C. Hagelüken[4], A. Reller[1]

[1] Lehrstuhl für Ressourcenstrategie, Universität Augsburg, Universitätsstraße 1a, 86159 Augsburg, oliver.gantner@wzu.uni-augsburg.de, armin.reller@wzu.uni-augsburg.de

[2] Referat Ressourcenmanagement, Bayerisches Staatsministerium für Umwelt und Verbraucherschutz, Rosenkavalierplatz 2, 81925 München, Herbert.Koepnick@stmug.bayern.de, Otto.Bischlager@stmug.bayern.de

[3] Technische Hochschule Nürnberg, Mechanische Verfahrenstechnik, Wassertorstraße 10, 90489 Nürnberg, ulrich.teipel@th-nuernberg.de

[4] Umicore AG & Co. KG, Rodenbacher Chaussee 4, 63457 Hanau-Wolfgang, christian.hagelueken@eu.umicore.com

Keywords: Althandy-Sammelaktion, Altersverteilung, Kreislaufwirtschaft, Recycling, Reuse

1 Motivation

Auslöser der Althandy-Sammelaktion war die Studie „Gold in der Tonne" der TU-Berlin aus dem Jahr 2009 von Chancerel und Rotter [1]. Dabei wurde für die 24 Millionen in Deutschland verkauften Mobiltelefone im Jahr 2007 ein Gewicht von 4.745 t über die Verteilung der Verkaufsmengen in den vorangegangenen Jahren berechnet. Weiter wurde berechnet, dass im Jahr 2007 223 t Mobiltelefone gesammelt wurden. Diese setzten sich, wie in Tabelle 1 dargestellt, aus Sammlungen der Kommunen, der Hersteller sowie informeller und anderer Sammelsysteme zusammen. Darüber hinaus wurden die Mobiltelefone bestimmt, die nicht getrennt erfasst und mit dem Restmüll entsorgt wurden.

Tabelle 1: Gesammelte und nicht getrennt erfasste Mobiltelefone in Deutschland im Jahr 2007

Sammlung	**Gewicht in t**
Durch Kommunen gesammelte Mobiltelefone	95
Durch Hersteller gesammelte Mobiltelefone	108
Durch informelle und andere Sammelsysteme gesammelte Mobiltelefone	20
Gesamt	*223*
Nicht getrennte Erfassung	
Mit dem Restmüll entsorgt	*1.000*

Quelle: Chancerel & Rotter 2009 [1]

Diesen Ergebnissen zufolge wurden im Jahr 2007 5 mal mehr Handys über den Restmüll entsorgt als in der getrennten Erfassung gesammelt wurden. Wie sich ein Verbraucher von seinem alten Handy trennt und welchen Entsorgungsweg es damit erfährt, ist mit ausschlaggebend, ob die darauf gespeicherten Daten geschützt sind. Nach der Abgabe seines Handys bleibt dem Verbraucher oft eine transparente Kenntnis über den weiteren Lebensweg verschlossen. Die Datenschutzfrage ist aber mit dafür entscheidend, ob Handys abgegeben werden. Die Sicherstellung des Datenschutzes ist insbesondere bei Wiedervermarktung entscheidend, bei der eine geeignete Datenlöschung gewährleistet sein muss.

Beim Handyrecycling geht es aber um mehr als den Datenschutz, es hat auch erhebliche Auswirkungen auf Umwelt und Ressourcen. Eine verlängerte Nutzung von Handys zur Ressourcenschonung ist erstrebenswert, birgt allerdings das Risiko des „Re-Use-Paradoxons". Einer verlängerten Nutzungsphase stehen oft der Verlust der enthaltenen Wertstoffe und die Emission von Schadstoffen gegenüber, wenn diese Nutzung in Regionen ohne geeignete Recyclinginfrastruktur stattfindet. Auch nach der verlängerten Nutzungsphase, insbesondere in Entwicklungs- und Schwellenländern, müssen die Handys einem hochwertigen Recyclingkreislauf zugeführt werden, andernfalls werden sie einem unangemessenen sowie ineffizienten Recycling unterzogen oder gar nicht recycelt. Auch wenn in einem einzelnen Handy nur sehr geringe absolute Mengen an Wertstoffen enthalten sind, so bedingt die sehr große Stückzahl von jährlichen Handyverkäufen einen relevanten Anteil an der Nachfrage nach Technologiemetallen[1]. So sind z.B. die weltweiten jährlichen Verkäufe an Handys und Computern verantwortlich für rund 4% der Weltminenproduktion von Gold und Silber, bei Palladium und Kobalt sogar für 20%. Somit bilden Handys und andere Elektronikprodukte auch eine wichtige „einheimische" Sekundärrohstoffquelle („urban mine"), die bei umfassendem und hochwertigem Recycling für die europäische Industrie das Importrisiko von kritischen Rohstoffen reduziert. [2]

Wenn Handys und die darin enthaltenen Wertstoffe einer nicht getrennten Erfassung zugeführt werden, sind die Metalle physisch zwar nicht verloren, gehen aber nach der Behandlung des gemischten Siedlungsabfalls in Schlacke/Asche über. Im Idealfall findet eine Metallabscheidung der Rückstände statt. Die anfallenden Metallfraktionen werden dann meist der Stahl- und NE-Metallindustrie zugeführt, eine effektive Rückgewinnung von Edel- und Sondermetallen ist über diesen Weg aber nicht möglich. Die Verluste an Wertstoffen sind aber auch bei einer nach dem ElektroG vorgeschriebenen Behandlung der Mobiltelefone, die der Wertstoffgruppe 3 zugeordnet sind, erheblich. Chancerel et al. [3] zeigen, dass in einer modernen Aufbereitungsanlage mit Schredder-Technologie 75% des Goldes, 88% des Silbers und 74% des Palladiums verloren gehen. Dieser Verlust ist dadurch bedingt, dass große Anteile der Edelmetalle (diese sind im Handy

[1] Diese manchmal auch als wirtschaftsstrategische Metalle bezeichneten Elemente umfassen die Gruppe der Edel- und Sondermetalle und sind auf Grund ihrer besonderen chemischen und physikalischen Eigenschaften trotz meist nur geringer Konzentration ausschlaggebend für die Funktionalität in Produkten der Umwelt- und Hochtechnologie.

sehr komplex und kleinteilig mit anderen Materialien vergesellschaftet) in Output-Fraktionen wie Eisen/Stahl, Aluminium oder Kunststoff gelangen, aus denen sie in den Folgeprozessen nicht mehr zurückgewonnen werden. Im Jahr 2007 sollen zwischen 320 und 460 kg Gold auf diese Weise verloren gegangen sein, insbesondere durch die Zuführung in eine nicht getrennte Erfassung. Eine direkte metallurgische Verwertung von Handys, die zur Rückgewinnung von Edelmetallen optimiert ist, ermöglicht hohe Rückgewinnungsquoten für Edelmetalle, z.B. 98% bei Gold. Deshalb sollten komplexe edelmetallhaltige Stofffraktionen wie Handys nicht einem mechanischem Konzentrationsprozess mit Shreddern und nachfolgenden physikalischen Sortierschritten unterzogen werden.

Die Ziele der Sammelaktion, die sich aus diesen Defizite ergaben, bestanden darin

- die geringe Recyclingquote bei Handys zu erhöhen,
- die Defizite in der Entsorgungskette zu überwinden und gleichzeitig allgemeingültige Handlungsempfehlungen für das Handyrecycling abzuleiten,
- zur Bewusstseinsbildung und Sensibilisierung für das Thema Handyentsorgung beizutragen,
- die Kernbotschaften zu verbreiten, dass Handys einerseits Schadstoffe und andererseits wertvolle Rohstoffe enthalten, weswegen sie weder in die Mülltonne, noch dauerhaft in eine Schublade gehören.

2 Konstruktion

Nach geltendem ElektroG [4] sind ausschließlich öffentlich-rechtliche Entsorgungsträger, Vertreiber und Hersteller befugt, Althandys zu sammeln, weshalb das Bayerische Umweltministerium für Umwelt und Gesundheit nicht befugt war und ist, ein Althandy-Sammelsystem einzurichten und zu betreiben. Vere e.V. und die take-e-way GmbH [5, 6] haben sich als Verband zur Rücknahme und Verwertung von Elektro- und Elektronikaltgeräten bereit erklärt, die Rechtsträgerschaft der Sammlung zu übernehmen. In einem Kooperationsvertrag wurde ein kollektives Rücknahmesystem gemäß § 9 Abs. 7, 8 ElektroG vereinbart. Vere. e.V. übernahm die Verantwortung für die Rücknahme der Geräte aus der Sammelaktion vom 30.04.-30.06.2012 und zeigte das Rücknahmesystem der Hamburger Umweltbehörde ordnungsgemäß an. Im Gegenzug sicherte das StMUG zu, Sammelstellen in Schulen, Behörden, Unternehmen und sonstigen Einrichtungen in Bayern bereitzustellen sowie die Aktionswebseite einzurichten und die Werbung zu organisieren.

3 Durchführung und Ablauf

Das Unternehmen eficom in Leutkirch/Allgäu war zuständig für das Projektmanagement. Seine Aufgaben bestanden in der Ausarbeitung des Konzepts, der Organisation der Sammlung, Vorfinanzierung und des Controllings. Eficom trug das finanzielle Risiko der Sammelaktion, womit für den Freistaat Bayern zu keiner Zeit ein Kostenrisiko bestand.
Das Unternehmen Teqport Services in München war der Generalauftragnehmer der Sammelaktion. Seine Zuständigkeiten lagen in der Abwicklung der Logistik, der Technik und dem Verkauf der Mobiltelefone. Die Handsets[2], die dem Recycling zugeführt wurden sowie das Zubehör und der Elektroschrott, wurden von Teqport Services an den Zwischenhändler Karletshofer in Neu-Ulm verkauft, der wie im Vorfeld vertraglich festgelegt die Recyclinghandsets an die Firma Umicore in Hoboken weiterleitete. Die Re-Use-Handys wurden über Handelsplattformen an verschiedene Abnehmer verkauft.
Sämtliche Sammelboxen wurden durch die DHL zur Firma Dr. Handy in Martinsried transportiert, wo diese nach dem Wareneingang erfasst wurden. Es wurde das Gesamtgewicht der Boxen gewogen sowie die Anzahl der gesammelten Handys pro Box ermittelt. Danach wurden Zubehör und Fremdkörper[3] von den Handys getrennt. Um die auf der Rückseite der Handsets angebrachte IMEI-Nummer (International Mobile Station Equipment Identity) mit einem Handscanner ablesen zu können, wurden die Akkus aus den Handys entfernt. In einer Teqport-eigenen Datenbank wurde abgefragt, ob die Mobiltelefone für Re-Use tauglich waren. War dies der Fall, wurde der Akku wieder eingesetzt, sofern dieser optisch unbeschädigt war. Handsets, die marktpreisbedingt für den Wiederverkauf ungeeignet waren, wurden als Recycling-Handys getrennt gesammelt, ebenso wie deren Akkus. Nach Teqport [7] werden die Marktpreise auf Basis von verschiedenen Faktoren ermittelt und kontinuierlich aktualisiert. Zu diesen Faktoren gehören Preisinformationen von Käufern aus verschiedenen Absatzregionen wie Europa, Asien, Amerika, Mittlerer Osten, Afrika; allgemeine Marktinformationen wie Verkaufsstart eines neuen Modelles, Werte der in der Vergangenheit getätigten Verkäufe; Erfahrungswerte der Mitarbeiter im Bereich Telekommunikation, etc. Die Handsets und Akkus, die Re-Use-fähig waren, wurden einer Funktionsprüfung unterzogen. Jene Handsets und Akkus, die nicht funktionstüchtig waren, wurden den Recyclinghandsets und Recycling-Akkus zugeführt. Im Anschluss wurden die funktionierenden Re-Use-Handys einer zertifizierten Datenlöschung unterzogen. Die Datenlöschung ist modellabhängig. Deshalb wurde aus einer der drei Optionen gewählt:

---

2 Ein Handset ist ein Handy ohne Akku.

3 Es wurden verschiedene Fremdkörper aufgefunden, die als Restmüll erfasst sind.

- Datenlöschung durch Software/Hardware Reset
- Datenlöschung durch Herstellersoftware Update/Flash
- Datenlöschung durch spezialisierte Software

Nach Abschluss der Datenlöschung wurden die wiederverkaufsfähigen Handsets einzeln aufbereitet und nach Bedarf repariert. Sofern die den Re-Use-Handys zugehörigen Akkus nicht mehr funktionierten, wurden diese aussortiert und komplementiert. Diese Akkus wurden von Re-Use-fähigen Handys selektiert, bei denen der Akku, nicht aber das Handset funktionierte. Diese selektive Wiederverwendung der Akkus bei Re-Use-Handys in Verbindung mit der Komplementierung ermöglicht, dass nahezu 100% der noch funktionsfähigen Akkus wiederverwendet werden können und keine neuen Akkus zugekauft werden müssen. [8]

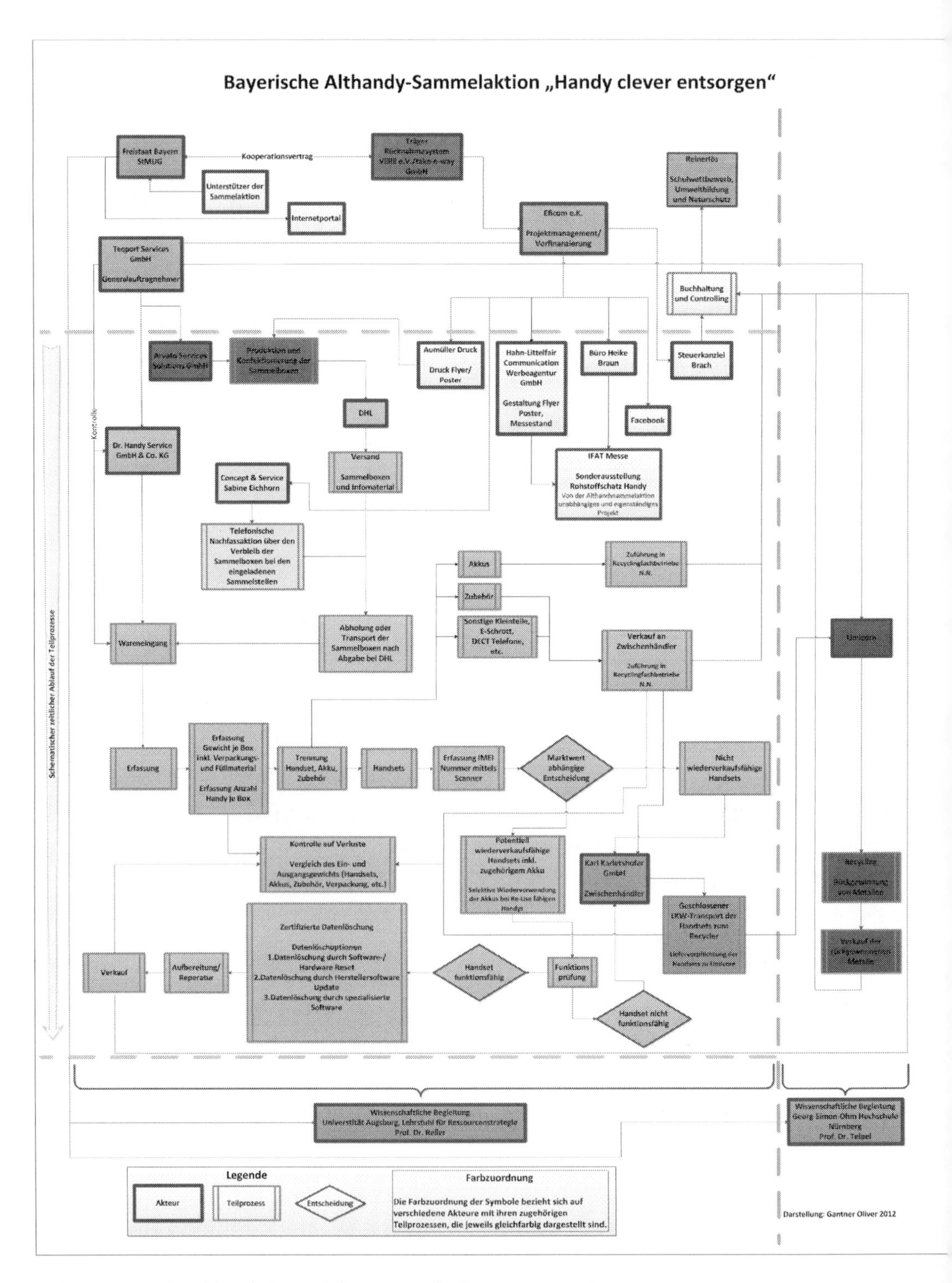

Abb. 1: Bayerische Althandy-Sammelaktion „Handy clever entsorgen“

4 Ergebnisse

Tabelle 2 zeigt die Massenbilanz [8] der Althandy-Sammelaktion. Insgesamt wurden 11.640,54 kg im Wareneingang erfasst, die auf 2.855 Sammelboxen verteilt waren. Bezogen auf die insgesamt gesammelten 69.504 Handys fielen im Durchschnitt 24,34 Handys pro Sammelbox an. Die Ausgangskontrolle der Gewichte ergab eine Differenz von 52,84 kg. Dies erklärt sich erfassungsbedingt durch Rundung des Wiegens beim Wareneingang. Das Gewicht der Sammelboxen/Kartonagen belief sich auf 1.827,2 kg, sodass eine Sammelbox 640 g wog. In den Sammelboxen waren 313,8 kg Restmüll, 328,5 kg Elektroschrott - hauptsächlich schnurlose Telefone - und 1.875,5 kg Zubehör wie Ladekabel enthalten. Das im Zubehör enthaltene Metall wurde laut Verwertungsnachweis [9] zu 80% und das im Elektroschrott enthaltene Metall zu 70,6% stofflich verwertet. Die Kunststoffanteile wurden energetisch verwertet. Es wurden 5.602 der gesammelten Handys wieder vermarktet. Das Gesamtgewicht der Re-Use-Handys betrug 560 kg. Demnach wogen die gesammelten Re-Use-Handys durchschnittlich 100 g. Die bei der Altersbestimmung gesammelten modellspezifischen Daten (MSD) zum Gewicht der Mobiltelefone ergaben ein Gewicht von 579,35 kg bei 5.599 ermittelten Re-Use-Handys. Allerdings wurden die MSD (vor der Erfassung) gerundet. Nichts desto weniger sind diese eine unabhängige Kontrolle der Gewichte und Stückzahlen.

Die Akkus der Recycling-Handys wurden nach Gewicht, nicht aber nach Stückzahl erfasst. Unter der Annahme, dass gleich viele Akkus wie Recycling-Handys gesammelt wurden, würde ein Recycling-Akku im Durchschnitt 26,7 g wiegen. Ein Recyclinghandset wiegt durchschnittlich 77,86 g. Demnach würde ein in der Althandy-Sammelaktion gesammeltes Handy im Durchschnitt mindestens 104,57 g wiegen. Die MSD[4] der Recycling-Handys ergaben für 58.617 ermittelte Handys ein Gesamtgewicht von 6.225,44 kg, was 106,20 g pro gesammeltem Recycling-Handy entsprechen würde. Das exakte durchschnittliche Gewicht eines gesammelten Recycling-Handys liegt demnach zwischen 104,57 g und 106,20 g. Aus den Erlösen der gesammelten Recycling-Handsets und Re-Use-Handys ergibt sich, dass zum Zeitpunkt der Aktion im Durchschnitt ein Recycling-Handset einen Materialwert von 1,09 € hat. Ein Re-Use-Handy hat durchschnittlich einen Wert von 12,85 €[5]. Damit ist ein vermarktungsfähiges Handy im Durchschnitt das 11,8-fache mehr wert.

4 Es konnte nicht bei allen Modellen das Alter sowie Informationen zu Akkutypen, Displaytypen und die Anzahl der Kameras erfasst werden.

5 Der Materialwert eines Handys ergibt sich aus seiner stofflichen Zusammensetzung und den aktuellen Metallpreisen, wobei Gold mit Abstand die größte Rolle spielt, gefolgt von den Preisen für Silber, Palladium und Kupfer. Da die Metallpreise im zeitlichen Verlauf oft großen Schwankungen unterliegen haben diese meist einen größeren Einfluss auf den Materialwert als die stoffliche Zusammensetzung, die sich zwischen unterschiedlichen Modellen meist in einer ähnlichen Bandbreite bewegt. Der Re-Use Wert hängt vor allem von Angebot und Nachfrage nach einem individuellem Modell ab, hier sind Alter, Funktionalität und Marken/Moden ausschlaggebend und die Streuung ist sehr viel größer als beim Materialwert.

Tabelle 2: Massenbilanz

	Gewicht in kg	**Anzahl**	**Art Anzahl**	**Durchschnittliche Verteilung je Fraktion auf die Sammelboxen in kg**
Eingangsgewicht Gesamt	11.640,54	2.855	Boxen	4,07
Restmüll	313,8	-	nur nach Gewicht erfasst	0,10
Kartonagen	1.827,2	2.855	Boxen	0,64
E-Schrott	328,5	-	nur nach Gewicht erfasst	0,11
Zubehör	1.875,5	-	nur nach Gewicht erfasst	0,66
				Durchschnittliches Gewicht pro Handy oder Akku in kg
Akkus (Annahme 63.902 Akkus)	1.707,0	-	nur nach Gewicht erfasst	0,0267
Recycling-Handsets	4.975,5	63.902	Geräte	0,7786
Re-Use-Handys	560,2	5.602	Geräte	0,1000
Differenz	52,84			

Unter den Handys, die recycelt wurden, befanden sich prinzipiell auch marktgängige Handys, die jedoch nicht mehr funktionstüchtig waren. Insgesamt handelte es sich dabei um 5.452 Handys. Im Vergleich konnten 5.602 vermarktet werden (vgl. Abb. 2).

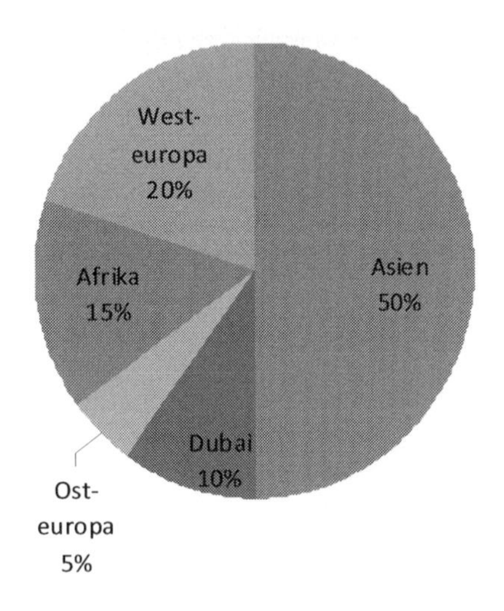

Abb. 2: Absatzgebiete Re-Use-Handys

Das theoretische Vermarktungspotential bei der Sammelaktion lag demnach bei 11.054 Handys oder 15,90%, bezogen auf 69.504 Handys. Es bedeutet aber auch, dass 49,32% der gesammelten Re-Use-Handys defekt waren. Unter den Recycling-Handys befanden sich 1.911 Handys, die von Teqport keinem Hersteller und keinem Modell zugeordnet werden konnten, weshalb zu diesen Handys keine Aussage getroffen werden kann, ob sich diese für den Re-Use geeignet hätten oder ob diese funktionstüchtig waren.

4.1 Handy-Recycling [10, 11, 12]

Aus den Recycling-Handys wurden im Vorfeld die Akkus entfernt und separat vermarket, wobei leider nicht geklärt werden konnte, wo die Akkus letztlich stofflich recycelt wurden und wie effektiv daraus eine Metallrückgewinnung erfolgt ist.
Die 63.902 Recycling-Handsets wurden an die Firma Umicore in Hoboken bei Antwerpen (Belgien) geliefert. In der der dort betriebenen integrierten Metallhütte wurden daraus die enthaltenen Edelmetalle sowie eine Reihe von Basis- und Sondermetallen zurückgewonnen. Nach Eintreffen wurde die Lieferung zunächst als eigener Posten erfasst und gewogen, es ergab sich ein Nettogewicht (trocken) von 4690,9 kg. Aus diesem individuellen Posten wurde dann die genaue Zusammensetzung bestimmt. Dazu wurden die Handys zunächst in einem Probenahmeschredder zerkleinert auf 4 x 4 cm^2, aus dem homogenisierten Schredderoutputstrom (dieser enthält alle Fraktionen, es findet hier keine Separation statt) wurde durch einen automatisierten Teilprozess eine Primärprobe von 400 kg gezogen. Diese Rohprobe wurde in einem 2. Schredderprozess auf 7 x 7 mm^2 weiter zerkleinert, erneut homogenisiert und daraus eine Sekundärprobe von 4 kg erzeugt. Aus dieser Rohprobe wurde im Laborbereich der Feuchte- und Organikgehalt (Glühverlust) bestimmt, und nach Feinmahlung zu einem Pulver und erneuter Homogenisierung 16 identische Laborproben von jeweils 100 g erzeugt. Diese wurden dann auf Ihre genaue Zusammensetzung analysiert, die Analyseergebnisse sind in Abbildung 4 dargestellt. Der Glühverlust des organischen Anteils wurde mit 48 % bestimmt, was sehr gut mit den allgemeinen Angaben übereinstimmt. Die beschriebene relativ aufwändige Probenahmeprozedur ist wichtig, um sicherzustellen, dass die Laborproben von jeweils nur 100 g tatsächlich repräsentativ für den gesamten Handyposten von 4,7 t sind. Die in der Analyse festgestellten exakten Gehalte an Edelmetallen und Kupfer sind Basis für die Abrechnung mit dem Anlieferer (Kunden), Fehler bei Probenahme und/oder Analytik verfälschen den Metallwert des Postens und führen damit zu einer Minder- oder Übervergütung. Nach der Probenahme wird das verbleibende Material mit anderen Eingangsmaterialien vermischt (z.B. Leiterplatten, Autokatalysatoren, edelmetallhaltigen Rückständen aus industriellen Prozessen, etc.) und dem metallurgischen Recyclingprozess zugeführt.

Dadurch, dass neben den Handyposten auch alle anderen Eingangsposten genau beprobt und analysiert sind, kann die Zusammenstellung der Posten in der Mischung so erfolgen, dass die Parameter optimal für den anschließenden Hochofenprozess eingestellt werden. Durch Verschneiden von Organik-haltigen Leiterplatten oder Handys z.B. mit keramischen Autokatalysatoren (letztere enthalten Platingruppenmetalle) kann der Energiebedarf für den Schmelzprozess reduziert werden, es muss weniger Koks als Reduktionsmittel zugegeben werden und das in den Elektronikfraktionen enthaltene Kupfer kann als metallurgisches Extraktionsmittel für Edelmetalle aus anderen Inputmaterialien verwendet werden.

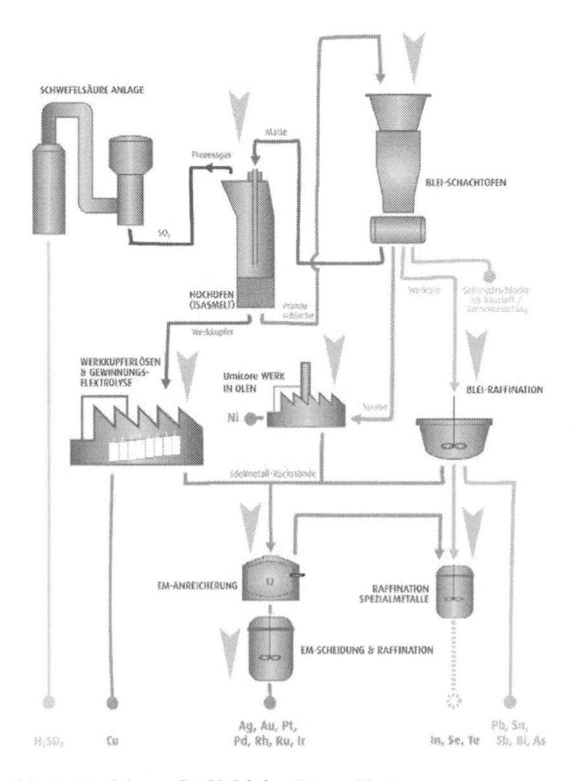

Abb. 3: Verfahrensfließbild der Firma Umicore

Erster Schritt und Kernstück der Recyclinganlage ist ein Hochofenprozess. Darin werden täglich rund 1.000 t Eingabemischung aufgeschmolzen, Edelmetalle und einige Sondermetalle wie Tellur, Wismut oder Antimon werden über eine metallische Kupferphase von den anderen Materialien separiert. Aus diesem „Werkkupfer" werden dann durch eine komplexe Abfolge von weiteren pyrometallurgischen, hydrometallurgischen und elektrochemischen Prozessen die Edelmetalle und Kupfer abgetrennt und in hoher Reinheit als Feinmetalle ausgebracht. Die im ersten Hochofenprozess abgetrennte Schlackenphase wird einem weiteren Hochofenprozess zugeführt, hier dient jetzt das in der Schlacke enthaltene Blei als Sammlermetall für weitere Basis- und

Sondermetalle, die dann in Folgeschritten ebenfalls entweder als Feinmetalle oder als marktfähige Metallverbindungen ausgebracht werden. Abbildung 3 zeigt ein vereinfachtes Verfahrensbild des Umicore Recyclingprozesses, der auf der Kupfer-, Blei-, Nickel-Metallurgie basiert.
Die Anlage in Hoboken verarbeitet 350.000 t/a und gewinnt 17 Metalle aus der in Abbildung 3 dargestellten flexiblem Hauptprozesslinie zurück. Diese sind Gold (Au), Silber (Ag), Platin (Pt), Palladium (Pd), Rhodium (Rh), Iridium (Ir), Ruthen (Ru), Kupfer (Cu), Blei (Pb), Nickel (Ni), Zinn (Sn), Wismut (Bi), Selen (Se), Tellur (Te), Antimon (Sb), Arsen (As), Indium (In).

Lot Ref	172579		
Net Dry weight	4690,9	kg	
Ag	1.375,0	ppm	
Au	300,5	ppm	
Pd	65,6	ppm	
Pb	0,2012	%	
Cu	11,5450	%	
Bi	0,0000	%	non-ferrous metals recycled as metals or compounds
Ni	1,8570	%	
As	0,0000	%	
Sb	0,0685	%	
Sn	0,8495	%	
Te	0,0000	%	
In	<300	ppm	
Zn	0,1529	%	
Fe	10,5200	%	
Al2O3	3,2650	%	
CaO	1,7940	%	
SiO2	11,0900	%	
MgO	1,1010	%	
BaO	0,5129	%	elements transferred into inert depleted slag that is used as product (dykes, concrete aggregate)
TiO2	0,6435	%	
CeO2	0,7855	%	
Be	0,0034	%	
Mn	0,0710	%	
Cd	0,0000	%	
WO3	0,8171	%	
MoO3	0,3513	%	
ZrO3	0,0000	%	
Co	0,0987	%	
Organics / LOI (Lost of Ignition)	48,3600	%	organics are used as a reducing agent and as a substitute of coke in our smelt process

Abb. 4: Chemische Analyse der Handyinhaltstsoffe der Firma Umicore

Das Recycling von Handys kann in dem beschriebenen Prozess deshalb besonders effektiv durchgeführt werden, weil es in großem Maßstab und in Kombination mit vielen anderen Materialien mit modernster Prozesstechnik durchgeführt wird. Nur dadurch lassen sich die große Bandbreite und Ausbeuten an zurückgewonnenen Metallen erzielen, und nur dadurch können Energiebedarf und Verarbeitungskosten optimiert werden.

Zusätzlich wird bei Umicore in Hoboken ein Spezialprozess zum Recycling von Lithium-Ionen und Nickelmetallhydrid-Akkus betrieben, daraus werden Kobalt (Co), Nickel und Kupfer zurückgewonnen sowie ein Konzentrat von Seltenen Erden erzeugt (einige SE sind in NiMH-Akkus enthalten), das dann von der Firma Rhodia weiter verarbeitet wird.

Interpretation der Analyseergebnisse:

Die Handys der Bayerischen Sammelaktion weisen einen Goldanteil von ca. 300 ppm (=g/t) auf. Der Anteil an Silber liegt bei knapp 1400 ppm und der Palladiumgehalt bei knapp 70 ppm, es sind rund 12% Kupfer, 2% Nickel und 1% Zinn enthalten. Der Netto-Metallwert (nach Abzug der Verarbeitungskosten) des Handypostens betrug mit den zum Zeitpunkt der Abrechnung im Febr. 2013 gültigen Metalpreisen (Au 39.939 €/Kg; Ag 748 €/kg; Pd 18.090 €/kg, Cu 6,14 €/kg) rund 12.850 €/t (0,94 €/Handset), davon entfällt der Hauptanteil (80%) auf Gold, 15 % auf Palladium und Silber und 5 % auf Kupfer. Bei den Metallpreisen von Anfang Januar 2014 (Au 28.010 €/kg; Ag 451 €/kg; Pd 16.575 €/kg, Cu 5,36 €/kg) sinkt der Netto-Metallwert um rund 30% auf 8.900 €/t bzw. 0,65 €/Handset, was den starken Einfluss der fluktuierenden Metallpreise unterstreicht. Die weiteren zurückgewonnenen Metalle spielen für den monetären Wert keine Rolle, im volkswirtschaftlichen und ökologischen Sinn ist es aber wichtig, dass sie ebenfalls zurückgewonnen werden können.

Bei der Analyse dieses Handypostens ergeben sich einige Auffälligkeiten: Der Bleigehalt von 0,2% unterstreicht, dass es sich teilweise um sehr alte Geräte (Schubladenhandys) handelt, denn schon seit mehreren Jahren sind bleihaltige Lote in Handys und anderen Elektronikanwendungen nicht mehr zugelassen. Ebenfalls auffällig ist ein relativ hoher Eisenanteil von 10 % und ein Kobaltgehalt von 0,1%. Da Kobalt im Handset von Handys eigentlich nicht vorhanden ist und auch der Eisengehalt normalerweise niedriger liegt, ist zu vermuten, dass im Vorfeld nicht bei allen Handys die Akkus entfernt wurden bzw. bauartbedingt nicht entfernt werden konnten.

Das Recycling der Handys der Bayerischen Althandy-Sammelaktion hat gezeigt, dass ein Recyclingprozess mit einem pyrometallurgischen Eingangsschritt in einer modernen integrierten Metallhütte für die umweltgerechte und effiziente Wiedergewinnung der Edel- und Sondermetalle eine gute Möglichkeit darstellt. Durch die Sammelaktion „Handy clever entsorgen" und ihre technische Umsetzung konnten wichtige Erkenntnisse und Informationen über die Wertinhaltsstoffe einer größeren Menge Handys analytisch erfasst und Informationen über einen etablierten Recyclingprozess gewonnenen werden.

4.2 Altersverteilung

Das Alter der gesammelten Mobiltelefone wurde auf Modellbasis bestimmt und umfasst die bisherige maximale Lebensspanne der Mobiltelefone. Diese gibt Aufschluss über das Alter, nicht jedoch über die Nutzung der Handys. Insgesamt wurden 1.752 verschiedene Modelle gesammelt. Davon konnten 364 Modelle nicht bestimmt werden. Mit den ermittelten Modellen konnte die maximale Lebensspanne von 64.219 der insgesamt 69.504 Handys bestimmt werden. Modelle, deren Alter nicht bestimmt werden konnten, fanden bei der Altersverteilung keine Beachtung. Das Durchschnittsalter der 64.219 Handys, bei denen das Alter ermittelt wurde, beträgt 8,64 Jahre. Abbildung 5 stellt die Altersverteilung nach Jahren dar. Polak & Drapalova [13] bestimmten bei der nationalen tschechischen Althandy-Sammelaktion 2008, in der über 32.000 Handys gesammelt wurden, eine durchschnittliche Lebenspanne von 7,99 Jahren. Sie schätzen die Nutzungszeit auf 3,63 Jahre und die Aufbewahrungszeit auf 4,35 Jahre ab.

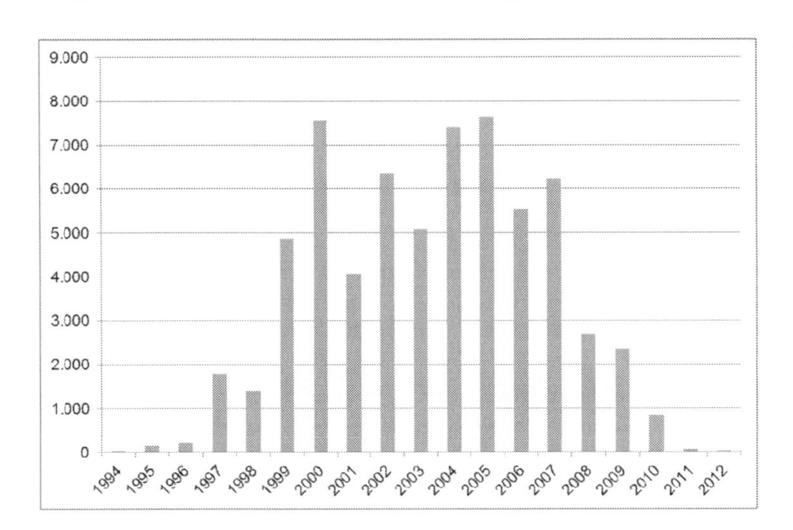

Abb. 5: Altersverteilung der gesammelten Handys nach Jahren

Die Altersverteilung der gesammelten Re-Use-Handys beträgt 5,76 Jahre. Auffällig ist das Jahr 2002, aus dem 588 Telefone gesammelt wurden. Dabei handelt es sich ausschließlich um das Modell Nokia 6310/6310I. Die hohe Wiedervermarktung bei diesem Modell erklärt sich dadurch, dass bei dem Autohersteller VW vielfach Freisprecheinrichtungen ab Werk verbaut wurden, die mit diesem Modell kompatibel sind. Das Durchschnittsalter ohne dieses Modell bei den Re-Use-Handys beträgt 5,28 Jahre.

In Abbildung 6 wird deutlich, dass sich das Durchschnittsalter der Re-Use-Handys unter den Herstellern erheblich unterscheidet. Im direkten Vergleich mit den Recycling-Handys derselben Hersteller wird ersichtlich, dass die Re-Use-Handys immer jünger sind als die Recycling-Handys. T-Mobile weist hier bei Re-Use und Recycling den gleichen Wert auf. Aufgrund der geringen Stichprobe bei T-Mobile ist dies vernachlässigbar. Das Durchschnittsalter nach Herstellern weist ebenfalls eine erhebliche Spannbreite auf. Die Gründe dafür sind sehr vielfältig, z.B. veränderte Herstellerabsatzgebiete oder veränderte Herstellervorlieben der Kunden.

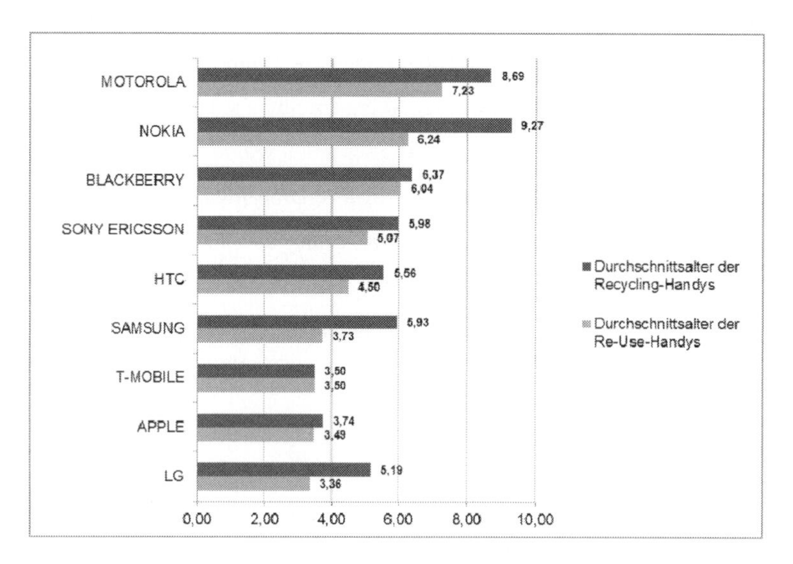

Abb. 6: Durchschnittsalter der Re-Use-Handys in Jahren im Vergleich zum Durchschnittsalter der Recycling-Handys derselben Hersteller

4.3 Akkus

Mit den MSD konnten 63.916 Akkus ermittelt werden. 10.586 waren Nickel-Metallhydrid-Akkus, 53.330 Lithium-Ionen-Akkus. In Abbildung 7 wird deutlich, dass die Nickel-Metallhydrid-Akkus seit dem Jahr 2002 bei den gesammelten Mobiltelefonen nicht mehr von Bedeutung sind. Andererseits zeichnet sich die immer stärkere Nutzung der Lithium-Ionen-Akkus bei den gesammelten Handys ab. Von den Lithium-Ionen-Akkus konnten 5.985 Stück Lithium-Polymer-Akkus zugeordnet werden. Für die anderen 47.345 Lithium-Ionen-Akkus war eine weitere Differenzierung nicht möglich. Informationen über die in den Akkus enthaltenen Wertstoffe liegen nicht vor, da der eingeschlagene Recyclingweg anders als bei den Handsets keine Analysedaten geliefert hat.

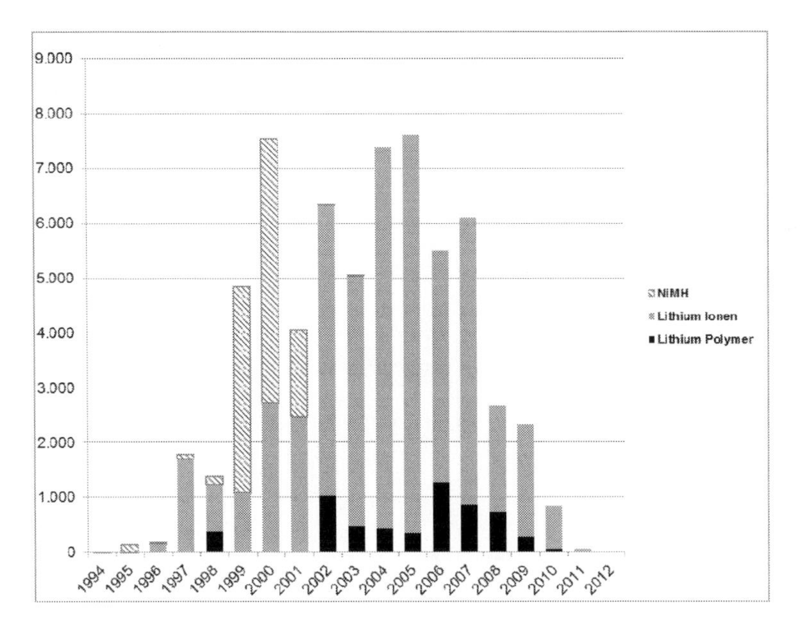

Abb. 7: Akkutypen der gesammelten Handys

4.4 Kameras

Bei 64.125 Handys konnte mit den MSD die Anzahl der Kameras ermittelt werden. 36.646 Handys hatten keine Kamera, 23.959 hatten eine Kamera und 3.523 Handys hatten zwei Kameras. Handys mit einer oder zwei Kameras nahmen in den Jahren 2002 bis 2009 erheblich zu, wie in Abbildung 8 dargestellt ist.

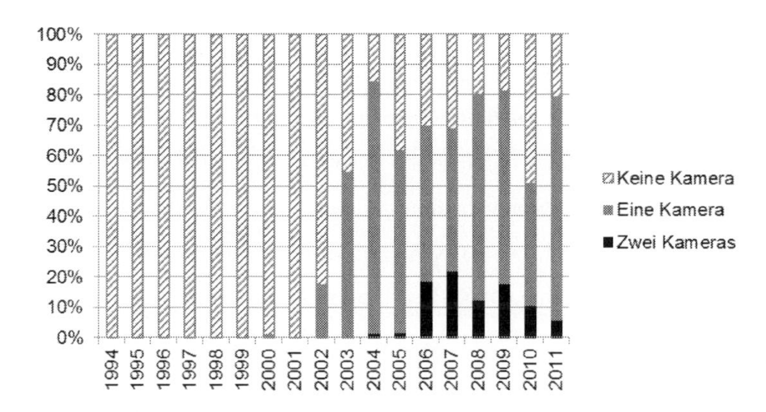

Abb. 8: Kameras der gesammelten Handys

4.5 Displays

Es konnten 62.310 Displaytypen den gesammelten Handys zugeordnet werden. In Abbildung 9 sind die gängigsten Displaytypen genannt. Es wird deutlich, dass die einfarbigen Displays fast gänzlich verschwunden sind. Insbesondere seit den Jahren 2001 bis 2003 sind die einfarbigen

Displays stark rückläufig. In dieser Übergangsphase finden sich vermehrt LCD-Displays. Weiter differenziert treten verstärkt TN-Displays auf, die bis zum Jahr 2010 einen bedeutenden Anteil haben. Ab dem Jahr 2002 sticht klar die immer stärkere Dominanz der TFT-Displays hervor.

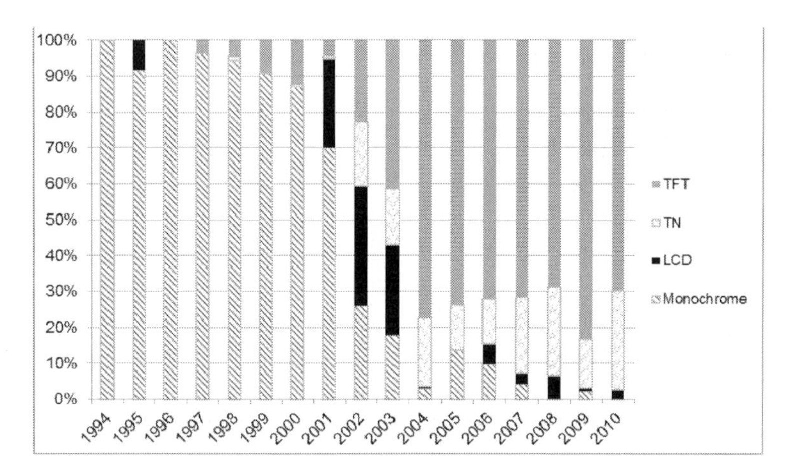

Abb. 9: Displaytypen der gesammelten Handys

4.6 Gewicht

In Abbildung 10 sind die durchschnittlichen Gewichte der gesammelten Handys nach Jahren aufgeführt. Die Entwicklung zeigt, dass die Gewichte in den Jahren von 1994 bis 2003 kontinuierlich abnahmen. Seit dem Jahr 2003 liegen die Gewichte auf einem relativ konstanten Niveau unter 100 g. Werden ausschließlich die Recycling-Handys betrachtet, ergibt sich das gleiche Bild. Der Trend bei den Re-Use-Handys zeigt, dass deren Durchschnittsgewichte abnehmen. Die geringe Stichprobe im Jahr 2011 und die stark steigende Nachfrage nach Smartphones in den vergangenen vier Jahren [14] machen für die Zukunft höhere durchschnittliche Gewichte wieder wahrscheinlich. Smartphones weisen, bedingt durch große Displays und große Abmessungen höhere Gewichte auf. Ein in der Althandy-Sammelaktion gesammeltes Apple iPhone 4 wiegt z.B. 137 g und hat eine Abmessung von 115,2 x 58,6 x 9,3 mm. Mit Ausnahme der Jahre 2001 und 2011 sind die durchschnittlichen Gewichte der Re-Use-Handys höher, als die der Recyclinghandys.

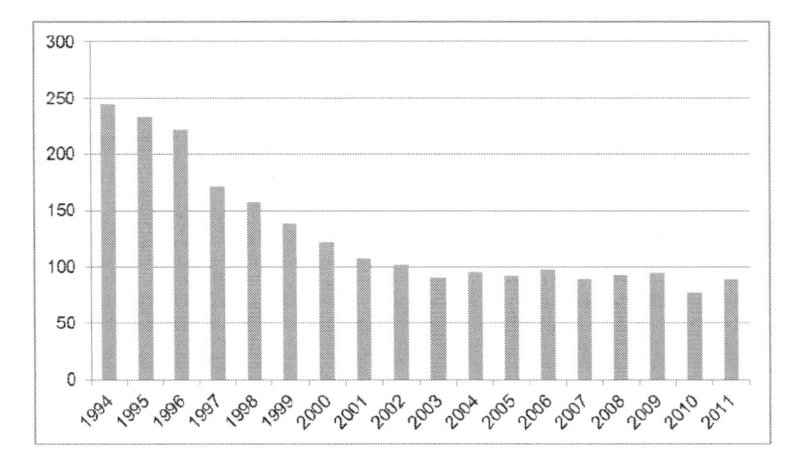

Abb. 10: Durchschnittsgewicht der gesammelten Handys nach Jahren

Zusammenfassend lassen Abbildungen 7, 8 und 9 erkennen, dass bei den Handys um das Jahr 2002 ein Technologiewechsel stattfand, einhergehend mit einem veränderten Ressourcenverbrauch, auch durch den Einsatz neuer Funktionsmaterialien. Unter Berücksichtigung des Durchschnittsalters der Handys wird fortan auch die Materialzusammensetzung neue Herausforderungen für das Recycling mit sich bringen. Diesem technologischen Wandel um das Jahr 2002 ging eine Miniaturisierung der Handys vorweg, wie Abbildung 10 darstellt. Diese Miniaturisierung hatte ebenfalls einen Einfluss auf die Materialzusammensetzung.

4.7 Kartographische Auswertung

Die zentrale Aussage der kartographischen Auswertung ist, dass die räumliche Beteiligung der Sammelstellen, die Zahl der gesammelten Handys für Recycling und Re-Use und der Altersdurchschnitt für Recycling- und Re-Use-Handys gleich verteilt sind. Obwohl die Infrastruktur der Sammelstellen wie Schulen und Behörden aus landesplanerischer Sicht flächendeckend vorgegeben ist, relativiert sich dies durch die freiwillige Teilnahme der Sammelstellen. Das bedeutet zum einen, dass die Sammelaktion flächendeckend umgesetzt und von den Sammelstellen angenommen wurde. Andererseits wird deutlich, dass sich eine flächendeckende Sammlung bewährt hat und auch in Zukunft anbietet. Es gibt keine eindeutig erkennbaren Gunsträume wie etwa Ballungszentren, die verstärkt bei einer Sammelaktion Berücksichtigung finden sollten.

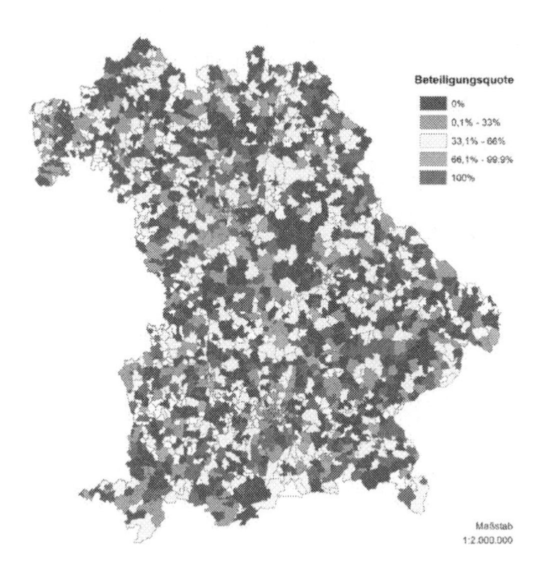

Abb. 11: BeteiligungsquoteVerhältnis eingeladener und teilnehmender Sammelstellen; Kartenautor: Petra Hutner, Karte erstellt mit ArcGIS 10

5 Fazit

Der Ansatz, eine Althandy-Sammelaktion in Kooperation mit Staat, Kommunen und Wirtschaft durchzuführen sowie Sammelstellen befristet in Behörden, Schulen und Unternehmen einzurichten, hat sich als erfolgreich erwiesen. Alle wesentlichen Ziele der Aktion wurden erreicht. Erstmals konnten in einer Handysammelaktion gleichzeitig ein bequemer Zugang zu Sammelstellen, höchstmöglicher Datenschutz und ökoeffiziente Behandlung der gesammelten Handys gewährleistet werden.

Seit Inkrafttreten des ElektroG 2005 war dies die größte Althandy-Sammelaktion, die in einem Bundesland organisiert wurde. Es war eine hohe Beteiligung der Zielgruppen (Behörden, Schulen, Unternehmen) gegeben.

Der beabsichtigte Nachweis wurde erbracht, dass eine landesweite Handysammelaktion prinzipiell zu deutschen Lohnkosten kostendeckend durchführbar ist.

Die Aktion trug zusammen mit der parallel stattgefundenen Ausstellung "Rohstoffschatz Handy" auf der IFAT 2012 zur Bewusstseinsbildung in Bayern und Deutschland bei. Es wurden Optimierungspotentiale in der Entsorgungskette identifiziert. Diese führten bereits zu ersten politischen Initiativen.

Seitens der Projektbeteiligten konnten vielfach Erkenntnisse und Erfahrungen gewonnen werden. Für weiterführende Sammelaktionen lassen sich daraus Optimierungspotentiale für Ablauf, (zeitlichem) Aufwand, Kosten, Logistik, Mediennutzung und Kommunikation ableiten.

Für künftige Sammelaktionen könnte der Verwertungsweg von Akkus und Zubehör, wie in dieser Sammelaktion für Handys, vorher vertraglich festgelegt werden. Damit wäre die Transparenz über die enthaltenen Wertstoffe bei den Akkus und dem Zubehör ebenfalls gewährleistet.

Das Alter der gesammelten Handys stellt nur eine Momentaufnahme dar, die es künftig weiter zu überprüfen gilt. Es lassen sich damit nur bedingt Rückschlüsse auf die in Zukunft zu erwartenden Sammelmengen ziehen. Allerdings unterliegen diese mehreren beeinflussenden Faktoren. Denn in Anbetracht des bisher immer weiter steigenden Absatzes an Mobilfunkgeräten wird sich zeigen, wie sich die Produktlebenszyklen bis zum Recycling verändern. Auch bleibt abzuwarten, welche Auswirkung die Sensibilisierung der Öffentlichkeit auf das Sammelverhalten oder die Etablierung von Smartphones auf das Nutzerverhalten haben wird. In künftigen Sammelaktionen könnten diese Unsicherheiten mit begleitenden Umfragen weiter eingegrenzt werden.

6 Literatur

[1] P. Chancerel, S. Rotter, Gold in der Tonne. Eine Stoffflussanalyse zeigt erhebliche Systemschwächen bezüglich der Verwertung von Gold aus ausgedienten Mobiltelefonen. Müllmagazin 1/2009.

[2] C. Hagelüken, Technologiemetalle – Systemische Voraussetzungen entlang der Recyclingkette. in: Strategische Rohstoffe – Risikovorsorge, Kausch, Bertau, Gutzmer, Matschullat (Hrsg), Springer Spektrum, Berlin Heidelberg 2014, S. 161-172

[3] P. Chancerel, C. Meskers, C. Hagelüken, S. Rotter, E-scrap: metals too precious to ignore. http://www.preciousmetals.umicore.com/PMR/Media/e-scrap/show_eScrapMetalsTooPreciousToIgnore.pdf.

[4] ElektroG, Elektro- und Elektronikgerätegesetz, Gesetz über das Inverkehrbringen, die Rücknahme und die umweltverträgliche Entsorgung von Elektro- und Elektronikgeräten.

[5] VERE, VERE-Verband zur Rücknahme und Verwertung von Elektro- und Elektronikaltgeräten e.V. Hersteller Importeur Inverkehrbringer Elektro- und Elektronikgerätegesetz ElektroG. http://www.vereev.de/. 2012

[6] take-e-way (2012): take-e-way - Lösung für ElektroG, BattG, VerpackV. http://www.take-e-way.de/. 2012

[7] Teqport , Teqport Services. Persönliche Mitteilung am 02.08.2012.

[8] O. Gantner, Wissenschaftliche Begleitung der Althandy-Sammelaktion „Handy clever entsorgen" Teil 1: Konstruktion, Durchführung, Ergebnisse. Augsburg, 2013.

[9] Karletshofer, Karletshofer GmbH. Verwertungsnachweis. Persönliche Mitteilung am 18.01.2013.

[10] S. Wolf, U. Teipel, Wissenschaftliche Begleitung der Althandy-Sammelaktion „Handy clever entsorgen“ Teil 2: Technologische Begleitung und Bewertung der Prozesse zum Alt-Handy-Recycling. Nürnberg, 2013.

[11] C. Hagelüken, Persönliche Mitteilung am 18.12.2013

[12] C. Hagelüken, Recycling of Electronic Scrap at Umicore's integrated metals smelter and refinery. World of metallurgy – Erzmetall 59, 3, S. 152-161

[13] M. Polak, L. Drapalova, Analysis of Lifespan of Mobile Phones: Estimation of EoL Mobile Phones Generation: Electronic Goes Green 2012.

[14] BITKOM, Smartphone-Absatz steigt rasant. http://www.bitkom.org/de/markt_statistik/64086_70921.aspx

DER MULTI-RECYCLING-ANSATZ IN DER ÖKOBILANZ

G. Endemann[1], S. Finkbeiner[2], S. Neugebauer[2], W. Volkhausen[3]

[1] Geschäftsfeld Politik, Wirtschaftsvereinigung Stahl / Stahlinstitut VDEh, Sohnstraße 65, 40237 Düsseldorf 1, e-mail: gerhard.endemann@stahl-zentrum.de

[2] Institut für Technischen Umweltschutz, Fachgebiet Sustainable Engineering, Technische Universität Berlin, Straße des 17. Juni 135, 10623 Berlin, e-mail: matthias.finkbeiner@tu-berlin.de / sabrina.neugebauer@tu-berlin.de

[3] Direktionsbereich Umwelt- und Klimaschutz, ThyssenKrupp Steel Europe AG, Kaiser-Wilhelm-Str. 100, D-47166 Duisburg, , e-mail: wolfgang.volkhausen@thyssenkrupp.com

Keywords: Ökobilanz, Stahl, Recycling, Ressource, Umwelt.

1 Einleitung

Ressourceneffizienz ist ein wesentlicher Teilaspekt der Nachhaltigkeit. Stahl ist der weltweit mit Abstand am häufigsten verwendete industrielle Basiswerkstoff (Abb. 1). Zur Steigerung der Ressourceneffizienz kommt Stahl eine besondere Bedeutung zu. Einerseits bildet er als Werkstoff die Basis für Infrastrukturen und industrielle Produktion, moderne Stahlwerkstoffe sind damit für jede moderne Gesellschaft unverzichtbar. Andererseits ist Stahl unvergänglich. Er kann nach dem Recycling in neuen Anwendungen immer wieder eingesetzt werden. Wertvolle Ressourcen werden zur Sicherung der Werkstoffbasis von morgen zurückgewonnen [1] (Abb. 2). Bisherige Ökobilanzen berücksichtigen das Recycling nicht oder nur unzureichend. Um dies adäquat abzubilden, wurde von der TU Berlin eine Methode in Kooperation mit dem Stahl-Zentrum entwickelt, die auf internationalen Standards für Ökobilanzen aufsetzt.

2 Ökobilanzen zur Umweltbewertung von Produkten und Materialien

Eine Ökobilanz nach ISO 14040 und 14044 [2] bemisst Umweltauswirkungen im Zusammenhang mit den Produktions-, Gebrauchs- und Recyclingprozessen des Erzeugnisses oder Stoffes. In die Betrachtung können alle Lebenszyklusphasen eingeschlossen werden [3] (Abb. 3). Im Falle von Stahl bedeutet das vom Erzabbau über die Produktion (z.B. -> Blech -> Auto) und Nutzung bis hin zum Stahlrecycling. In Ökobilanzmodellen werden die einzelnen Phasen im Detail abgebildet, Umweltauswirkungen den einzelnen Lebenswegphasen zugeordnet und anhand von Wirkungskategorien ausgewertet. Die genannten Normen enthalten zwar Vorgaben für Aufbau und Durchführung einer Ökobilanzstudie (Abb. 4), erlauben bei der Bewertung von Recyclingprozessen und Sekundärmaterialien jedoch verschiedene Optionen.

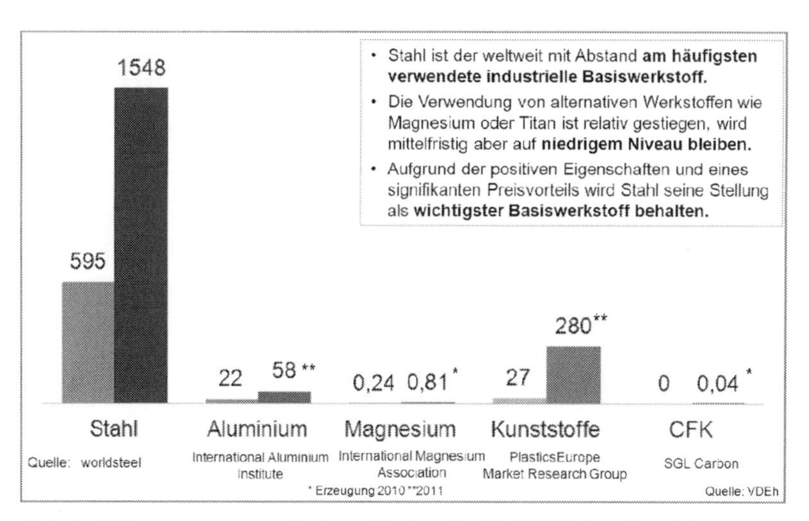

Abb. 1: Welterzeugung verschiedener Werkstoffe 1970/2012 (in Mio. t/a)

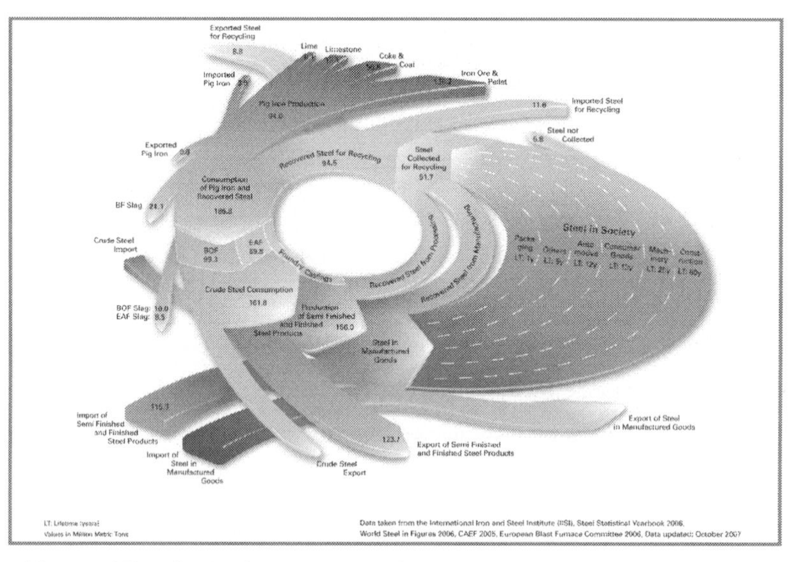

Abb. 2: Stahlkreislauf in der EU-15 (Stand 2007, Quelle; Eurofer)

Bei Berücksichtigung des Recyclings muss eine angemessene Zuordnung der Umweltlasten erfolgen, da hier der Lebensweg eines Materials nicht mit der Entsorgung endet, sondern ein ebenfalls zu bilanzierender neuer Lebenszyklus beginnt. Im Falle von Stahl dehnt sich der Betrachtungszeitraum auf mehrere Lebenszyklen aus. Es stellt sich besonders die Frage der Aufteilung von Umweltlasten aus der Primärerzeugung aber auch, wie Anreize zum Sekundärmaterialeinsatz und zur Kreislaufwirtschaft geschaffen werden. Die Einbeziehung der Recyclingprozesse in Ökobilanzen hat einen starken Einfluss auf deren Ergebnis. Hierzu hat sich bislang kein international akzeptierter Ansatz durchgesetzt.

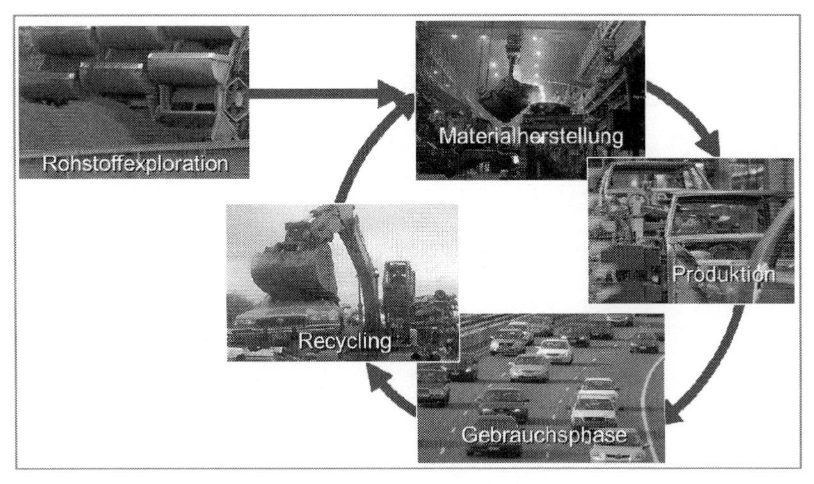

Abb. 3: Stahl ist multirecyclingfähig ohne seine Eigenschaften zu verlieren

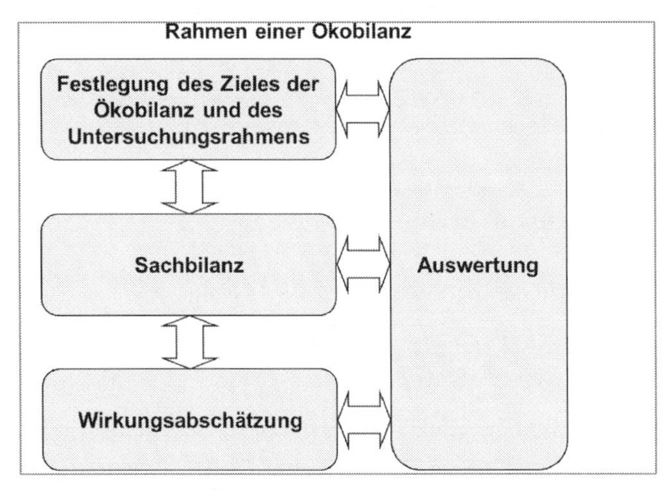

Abb. 4: Phasen der Ökobilanz nach ISO 14044

Am häufigsten werden bisher die Ansätze „Prinzip der ersten Verantwortung“ (recycled content approach) und „Prinzip der letzten Verantwortung“ (end of life recycling approach) angewendet. Zahlreiche weitere wissenschaftliche Ansätze liegen dazwischen (Abb. 5) [4, 5]. Ein Rezyklatansatz (→ recycled content) führt zwangsläufig zu Fehlinterpretationen, da der Stahlbedarf die Rücklaufmengen an Stahlschrott bei Weitem übersteigt, Schrott sowohl im Oxygen- wie im Elektrostahlverfahren eingesetzt wird und vollständig recycelbar ist [6]. Für die Umwelt macht es keinen Unterschied, wo Sekundärrohstoffe eingesetzt werden, solange sie recycelt werden. Ziel ist es, ein Ökobilanzmodell zu entwickeln, in dem (mehrfache) Recyclingprozesse angemessen und unabhängig von Produkten oder Erzeugungsrouten berücksichtigt werden.

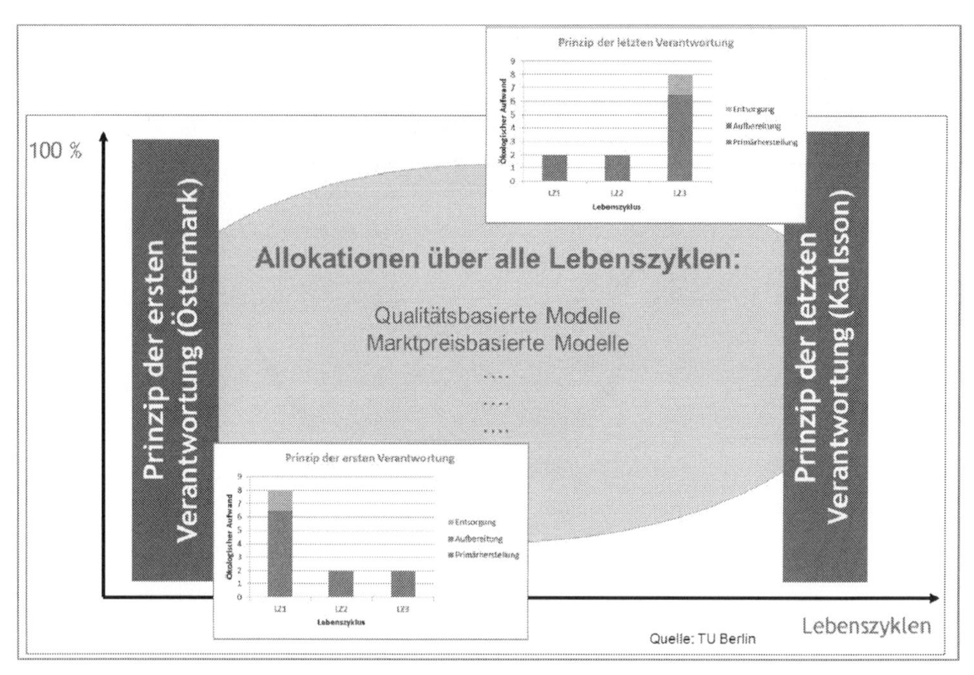

Abb. 5: Allokationsmethoden

3 Ökobilanzmodell für den Werkstoff Stahl

Ein detailliertes Ökobilanzmodell bildet Primär- und Sekundärstahlerzeugung zusammen ab, d.h. ohne Unterscheidung der Herstellungsrouten. Es quantifiziert alle Umweltwirkungen, die sich im Rahmen der Herstellung und Entsorgung des Werkstoffes Stahl ergeben. Die Nutzungsphase wird bewusst ausgeklammert, da sie je nach Einsatzfeld sehr stark variiert. Der Fokus liegt somit auf einer rein materialbezogenen Betrachtung der Stahlherstellung über mehrere Lebenszyklen. Die Stahlproduktion wird insgesamt betrachtet, also Hochofen-Route (HO-Route) und Elektroofen-Route (EO-Route) gemeinsam [7]. Der erzeugte Stahl wird als übergreifender Materialpool zusammengefasst, der letztlich auch als Rohstoffquelle für die erneute Stahlerzeugung dient, statt nach einzelnen Sorten, Produkten o.ä. zu diversifizieren. Sie basiert des Weiteren auf der Annahme, dass die inhärenten Eigenschaften beim Recycling erhalten bleiben, d.h. aus Stahl kann wieder Stahl hergestellt werden. Der Fokus liegt auf Deutschland, wobei reale Industriedaten für die Stahlproduktion verwendet werden. Bei vollständiger Berücksichtigung aller Auswirkungen auf die Umwelt über den gesamten Lebensweg eines Produkts (inkl. Herstellung und Recycling) resultiert aus der Ökobilanz eine „Umweltperformance" in unterschiedlichen Kategorien.

Im Ökobilanzmodell sind alle Teilprozesse der Stahlherstellung eingeschlossen, sowohl für die HO- als auch für die EO-Route (Abb. 6). Alle Verarbeitungsprozesse wurden, basierend auf Primärdaten modelliert und auf Konsistenz überprüft. Die Modellierung umfasst die Prozesse aber auch benötigte Rohstoffe und Zwischenprodukte sowie Energieflüsse (Abb. 7). Wechselwirkungen zwischen einzelnen Produktionsschritten werden genauso berücksichtigt wie ressourcenschonend genutzte Koppelprodukte (z.B. Schlacke und Schwefel). Für die eingesparte Primärproduktionsroute wird eine Systemraumerweiterung gemäß dem Ansatz nach World Steel Association durchgeführt [8]. Alle wesentlichen Energie- und Materialflüsse werden quantifiziert, ob Materialentnahme oder Emissionen in Luft, Wasser und Boden.

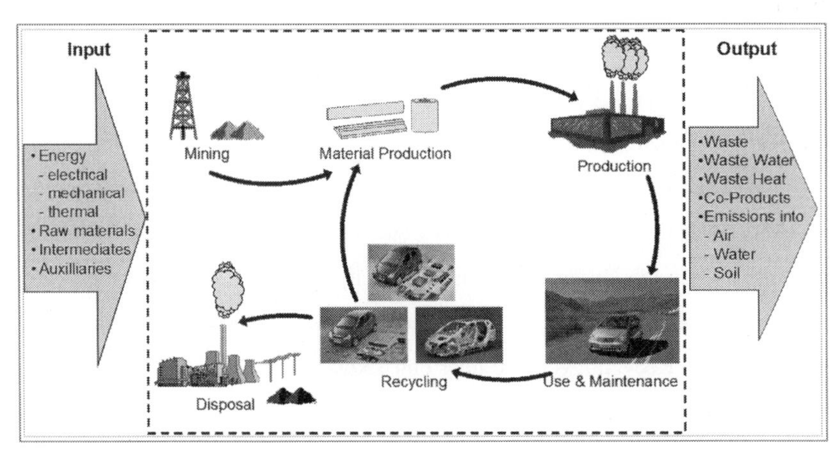

Abb. 6: LCA-Rahmenbedingungen => Basis ISO 14040/44

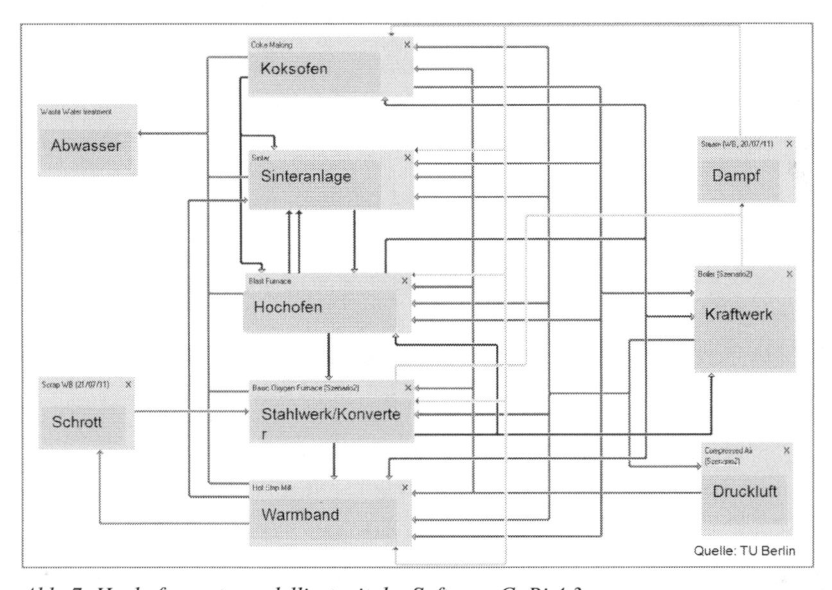

Abb. 7: Hochofenroute modelliert mit der Software GaBi 4.3

3.1 Berücksichtigung der Recyclingprozesse und Multi-Recycling-Ansatz

Dank geschlossener Kreislaufführung und moderner Recyclingtechnik werden Schrotte sowohl aus der Stahlverarbeitung als auch aus dem Recycling gebrauchter Produkte zurückgewonnen. Eine Unterscheidung von Primär- und Sekundärmaterial ist nicht notwendig, denn in jedem Stahl ist anteilig Stahlschrott enthalten [9]. Nur weil die Nachfragemengen (Stahlbedarf) die Angebotsmengen an Stahlschrott bei weitem übersteigen, ist der Materialkreislauf mengenmäßig nicht geschlossen [7].

Um eine möglichst realitätsnahe Situation abzubilden, wird bei der Einbeziehung des Recyclings von der klassischen Betrachtung aus Produktsicht abgewichen. Basis der neuen Methode ist eine „Materialpoolbetrachtung" des Werkstoffs Stahl, also die gleichzeitige Berücksichtigung beider relevanten Produktionsrouten unter der Annahme, dass Stahl beliebig oft recycelbar ist und auch nach mehreren Lebenszyklen noch zu allen Stahlprodukten verarbeitet werden kann. Für den Multi-Recycling-Ansatz (MRA) wird vereinfacht angenommen, dass eine Tonne Warmband über die HO-Route einmalig produziert und wiederholt über die EO-Route recycelt wird (Abb. 8). Somit wird die strittige Frage der Zuordnung von Umweltlasten (erste oder letzte Verantwortung) vermieden. Umweltlasten werden über die Lebenszyklen aufaddiert und auf diese gleichmäßig verteilt. Faktisch nimmt somit die Gesamtumweltlast mit zunehmender Lebenszykluszahl ab, da der Einfluss der Primärproduktion immer geringer wird. Am Ende jedes Lebenszyklus werden auftretende Lebensweg- und Recyclingverluste über einen konservativen Ansatz berücksichtigt. So entsteht ein Gesamt-Umweltprofil für Stahl, das jedem Lebenszyklus zu gleichen Lasten zugeordnet wird. Eine Übervorteilung der einen oder anderen Produktionsweise wird vermieden. Das ganzheitliche Werkstoffprofil orientiert sich an den tatsächlichen Rahmenbedingungen.

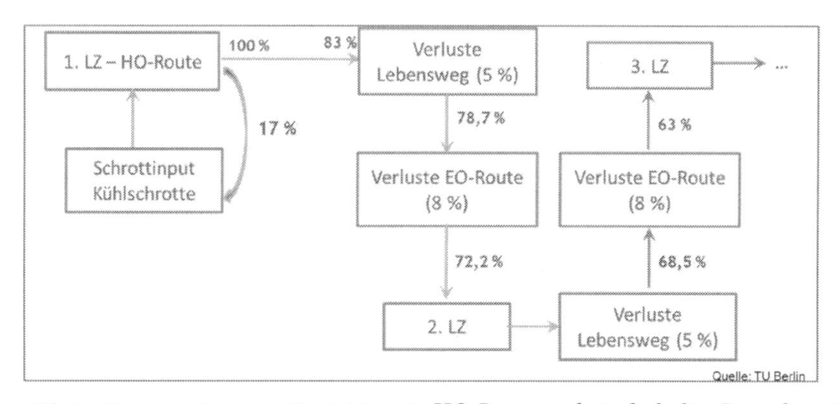

Abb. 8: Mengengerüst; erste Produktion via HO-Route und wiederholtes Recycling über EO-Route

3.2 Berücksichtigung der inhärenten Eigenschaften

Der Multi-Recycling-Ansatz setzt ein endloses oder mehrfaches Recycling voraus. Zur Prüfung dieser Annahme dient ein Prüfschema, mit dem der Erhalt der inhärenten Eigenschaften nachgewiesen wird (Abb. 9). Hierbei wird überprüft, ob das Material für ein mehrfaches Recycling geeignet ist. Die Prüfstellen setzen an mehreren Punkten innerhalb des Werkstoffherstellungsprozesses an. Eine wichtige Voraussetzung zur Anwendung des Multi-Recycling-Ansatzes ist demnach, ob ein Sekundärrohstoff überhaupt geeignet ist, einem Recyclingprozess zugeführt zu werden. Für Stahl ist dieses Kriterium ebenso wie die weiteren Prüfkriterien erfüllt, somit kann der MRA für den Werkstoff Stahl angewendet werden.

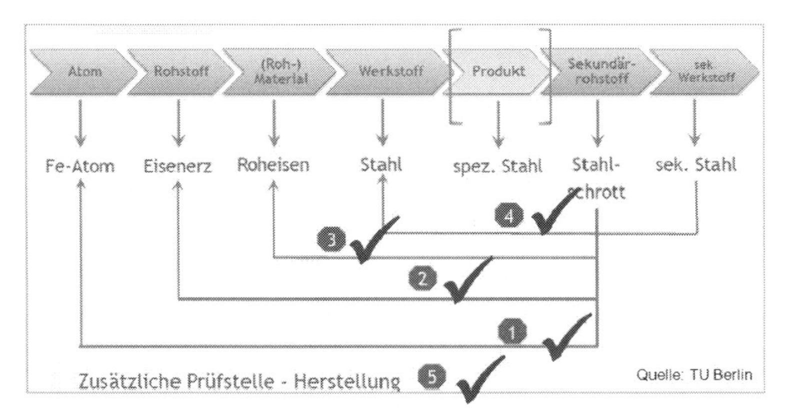

Abb. 9: Prüfung auf Erhalt der inhärenten Eigenschaften

3.3 Unabhängige Prüfung

Der entwickelte Ansatz wurde über ein externes Panel mit Experten auf Ökobilanz- und Materialseite einer kritischen Prüfung nach ISO 14044 [10] unterzogen. Unter Leitung von Prof. Dr. W. Klöpffer (Int. Journal of Life Cycle Assessment) gehörtem dem Panel zusätzlich Prof. R. K. Rosenbaum (Technical University of Denmark) und Dr. M. Buchert (Ökoinstitut e.V.) an. Die Prüfer bestätigen, dass es sich um einen validen, ISO-konformen Ansatz zur Bewertung von Werkstoffen handelt [11, 12].

4 Umweltbewertung von Stahl

Die besondere Eigenschaft von Stahl, dass er immer wieder recycelt werden kann ohne seine inhärenten Eigenschaften einzubüßen, wird an Hand des neu entwickelten Prüfschemas nachgewiesen. Ausschlaggebend hierfür ist:

- Stähle lassen sich prinzipiell über verschiedene Routen herstellen,
- „Sekundär"- und „ Primär"-Stahl sind technisch gleichwertig,
- „Sekundär"-Stahl ist für alle Werkstoffe ohne Einschränkung einsetzbar und
- Stahlschrott ist für die Stahlherstellung gleichwertig mit Primärrohstoffen,
- die Einhaltung von Werkstoffnormen ist unabhängig vom Herstellungsverfahren.

Der MRA ermöglicht eine ganzheitliche Bewertung von Umweltwirkungen, die sich im gesamten Lebenszyklus des Werkstoffes Stahl ergeben. Konservativ wird berücksichtigt, dass die Lebensdauern von Stahlprodukten stark variiert und in jedem Lebenszyklus geringe Verluste auftreten (z.B. Rost, unvollständige Schrotterfassung, Produkt- und Schrottexporte).

Abbildung 10 zeigt den Einfluss einer zunehmenden Lebenszykluszahl auf das Gesamtergebnis des MRA am Beispiel des Treibhauspotenzials (Global Warming Potential GWP). Die Umweltauswirkungen von Stahl verringern sich mit jedem neuen Kreislauf. Mit jedem neuen Lebenszyklus nähert sich das Ergebnis einem asymptotischen Wert an. Hiernach errechnet sich das Treibhauspotenzial schon nach nur 6 Lebenszyklen auf unter eine Tonne CO_2-Äquivalente pro Tonne Stahl. Gegenüber der Primärstahlerzeugung ohne Recycling beträgt das reale Treibhauspotenzial damit nur rund 60 Prozent. Auch die Emissionen an CO, SO_2 und NO_x, der kumulierte Energieaufwand (KEA) und der abiotische fossile Ressourcenverbrauch (Abiotic Depletion fossil = ADP (f)) fallen in der langfristigen Stahlnutzung gegenüber der reinen Primärproduktion zwischen 35 und 75 Prozent geringer aus (Abb. 11). Die Ergebnisse für den elementaren Ressourcenverbrauch (ADP (e)) fallen verfahrensbedingt genau gegenteilig aus, da die Umweltlasten der Elektroofen-Route höhere Werte aufweisen, was z.B. mit bestimmten Einsatzstoffen im Elektrostahlwerk begründet wird.

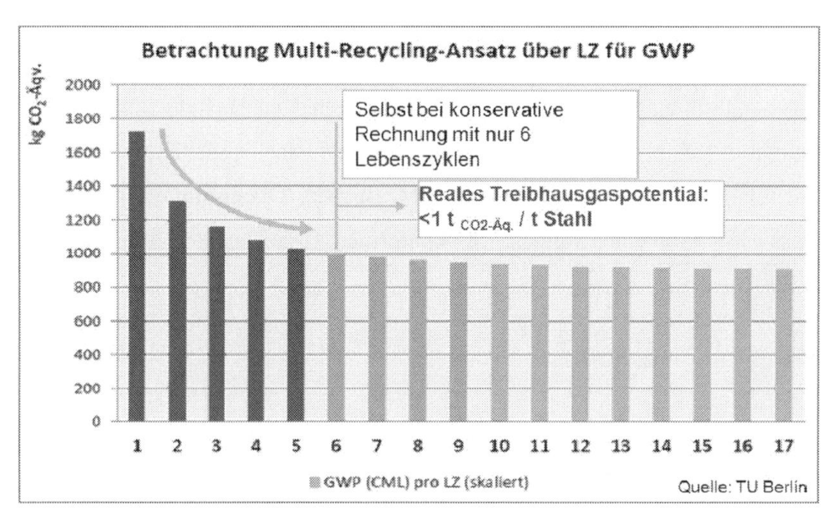

Abb. 10: Ergebnis Stahl-Ökobilanz bei Betrachtung mehrerer Lebenszyklen (Bsp.: Global Warming Potential GWP = Treibhauspotential)

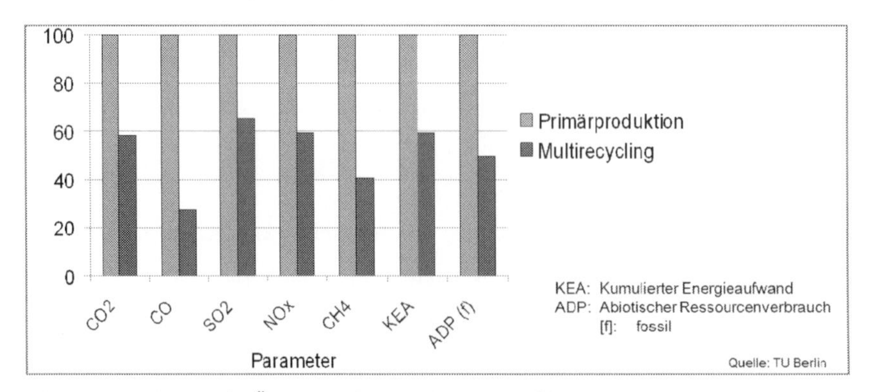

Abb. 11: Ergebnis Stahl-Ökobilanz für verschiedene Indikatoren

5 Fazit

Mit der MRA-Ökobilanzmethode ist es möglich, den Lebensweg eines Materials im Hinblick auf seine Umweltauswirkungen über mehrere Lebenszyklen abzubilden (Abb. 12). Der Multi-Recycling-Ansatz (MRA) gibt die Möglichkeit, ein Umweltprofil zu erstellen, in dem Recyclingprozesse angemessen berücksichtigt werden. Durch Betrachtung des gesamten Materialpools werden subjektive Werthaltungen umgangen. Das Modell spiegelt somit die Realität von Stahlherstellung und -recycling wieder.

Multi-Recycling macht Stahl einzigartig

- **Multi-Recycling**: Stahl wird immer wieder recycelt und ohne Qualitätsverlust zu neuen Produkten verarbeitet
- **Inhärenz**: Beim Stahlrecycling bleiben die Eigenschaften voll erhalten
- **Ganzheitliche Bewertung:** Primär- und Sekundärroute sowie alle Nutzungszyklen werden gleichermaßen berücksichtigt
- **Spezifisches Treibhauspotenzial**: Bei der Stahlherstellung inkl. Multi-Recycling werden weniger als 1 Tonne CO_2-Äquivalent je Tonne warmgewalztem Stahl freigesetzt

Sie finden die Studie auf folgender Internetseite http://www.stahl-online.de/ unter dem Titel **„Stahl: Ökobilanz überzeugt"**

Abb. 12: Der Multi-Recycling-Ansatz in der Stahl-Ökobilanz

Der Ansatz ist auf weitere Werkstoffe neben Stahl übertragbar, sofern das entsprechende Sekundärmaterial einem Materialpool zugeführt wird und sich für ein Recycling ohne Qualitätsminderung eignet. Die Eignung kann über das entwickelte Bewertungsschema zur Prüfung der inhärenten Eigenschaften festgestellt werden.

Für den Werkstoff Stahl wird ein ganzheitliches Umweltprofil erstellt, das alle relevanten Größen der Stahlproduktion berücksichtigt. So beträgt das reale Treibhauspotenzial von Stahl nach dieser ganzheitlichen Bilanzmethode unter einer Tonne CO_2-Äquivalente pro Tonne warmgewalzten Stahl und damit nur rund 60 Prozent gegenüber der einfachen Betrachtung der Primärstahlerzeugung ohne Recycling. Dies verdeutlicht, warum die Berücksichtigung der Recyclingprozesse und des gesamten Materialpools sinnvoll und notwendig ist.

6 Literatur

[1] U. Schamari, „Ökobilanz spricht für Stahl", *Stahl und Eisen,* Bd. 132, Nr. 12, pp. 67-70, 2012.

[2] M. Finkbeiner und et al., „The New International Standards for Life Cycle Assessment: ISO 14040 and ISO 14044," *International Journal of Life Cycle Assessment,* Bd. 11, pp. 80-85, 2006.

[3] W. Klöpffer und B. Grahl, Ökobilanz (LCA), Weinheim: Wiley-VCH, 2009.

[4] R. Frischknecht, „LCI modelling approaches applied on recycling of material in view of environmental sustainability, risk perception and eco-efficiency," *International Journal of Life Cycle Assessment,* Bd. 15, pp. 666-671, 2010.

[5] T. Ekvall und A.-M. Tillman, „Open-loop recycling: Criteria for allocation procedures," *International Journal of Life Cycle Assessment,* Bd. 2, pp. 155-162, 1997.

[6] W. Volkhausen, „Methodische Beschreibung und Bewertung der umweltgerechten Gestaltung von Stahlwerkstoffen und Stahlerzeugnissen", Dissertation an der Fakultät für Wekstoffwissenschaften und Werkstofftechnologie der Technischen Universität Bergakademie Freiberg, 2003.

[7] P. Dahlmann und et al., „Zur Bedeutung der Stahlwerksschlacke als Sekundärbaustoff und Rohstoffpotential," in *Recycling und Rohstoffe*, 2012, pp. 785-796.

[8] World Steel Association, „World Steel Association Life Cycle Inventory - Study for Steel Products," Brüssel, 2011.

[9] Informationszentrum Stahl, „Stahl Recycling - Die Wege zum Stahl," 2010. [Online]. Available: http://stahl-info.de/Stahl-Recycling/stahlrecycling.asp. [Zugriff am 15 3 2012].

[10] ISO 14044 - Umweltmanagement – Ökobilanz – Anforderungen und Anleitungen, Berlin: DIN Deutsches Institut für Normung e.V, 2006.

[11] Neugebauer, S.; Finkbeiner, M.: Ökobilanz nach ISO 14040/44 für das Multirecycling von Stahl. Finaler Abschlussbericht. TU Berlin, Berlin, 2012

[12] Klöpffer, W.; Buchert, M.; Rosenbaum, R.: Bericht zur kritischen Prüfung „Ökobilanz nach ISO 14040/44 für das Multirecycling von Stahl". Schlussbericht. Frankfurt, Darmstadt, Kopenhagen 2012

ERHÖHUNG DER RESSOURCEN- UND ENERGIEEFFIZIENZ BEI DER STAHLERZEUGUNG DURCH KONTINUIERLICHE DYNAMISCHE PROZESSFÜHRUNG

B. Kleimt[1], B. Dettmer[2], M. Weinberg[3]

[1] VDEh-Betriebsforschungsinstitut GmbH, Sohnstraße 65, 40237 Düsseldorf, e-mail: bernd.kleimt@bfi.de

[2] Georgsmarienhütte GmbH, Neue Hüttenstraße 1, 49124 Georgsmarienhütte, e-mail: bernd.dettmer@gmh.de

[3] Hüttenwerke Krupp Mannesmann GmbH, Ehinger Straße 200, 47259 Duisburg, e-mail: m.weinberg@hkm.de

Keywords: Rohstahlerzeugung, Prozessführung, Prozessmodell, Abgasanalyse, Ressourceneffizienz

1 Einleitung

In Deutschland werden etwa 70 % des Rohstahls (ca. 32 Mio. t/Jahr), insbesondere Qualitätsstähle für die Automobilindustrie, über die Hochofen-Sauerstoffblaskonverter-Route erzeugt. 30 % der Rohstahlerzeugung, zurzeit jährlich etwa 13 Mio. Tonnen, erfolgen im Lichtbogenofen, in dem als Einsatzstoff nahezu zu 100 % Stahlschrott verwendet wird. Die Rohstahlerzeugung im Sauerstoffblaskonverter durch die Entkohlung von Roheisen bzw. im Elektrolichtbogenofen über das Einschmelzen von Stahlschrott ist mit einem hohen Einsatz von Rohstoffen und einem signifikanten Durchsatz von elektrischer und chemischer Energie verbunden. Im Rahmen des BMBF-Förderprogramms r² - „Innovative Technologien für Ressourceneffizienz - Rohstoffintensive Produktionsprozesse" wurden zwei Verbundvorhaben mit dem Ziel durchgeführt, die Ressourcen- und Energieeffizienz der Rohstahlerzeugung durch eine kontinuierliche dynamische Prozessführung zu verbessern.

2 Kontinuierliche dynamische Prozessführung zur Effizienzsteigerung bei der Rohstahlerzeugung

Beide Verbundvorhaben verfolgten das Ziel, die Ressourcen- und Energieeffizienz der Rohstahlerzeugung mit Hilfe einer verbesserten online Prozessführung zu erhöhen. In beiden Vorhaben wurden dazu dynamische Prozessmodelle mit einer innovativen Abgas-Analysetechnik kombiniert. Im Folgenden werden die prozessspezifischen Aspekte der beiden Vorhaben im Detail erläutert.

2.1 Optimierte Prozessführung für die Stahlerzeugung im Blasstahlkonverter

Im Rahmen des Verbundvorhabens „Optimierte Prozessführung zur ressourceneffizienten Stahlerzeugung im Konverterprozess“ wurde ein dynamisches Modell zur Berechnung des aktuellen Prozesszustands zusammen mit einer laser-basierten Abgasanalysetechnik zur schnellen Analyse der Gehalte von CO und CO_2 im Abgas an den LD-Konvertern der Hüttenwerke Krupp Mannesmann GmbH (HKM) implementiert und zur on-line Prozessbeobachtung und Endpunktbestimmung genutzt.

2.1.1 Prozessbeschreibung

Im LD-Konverter werden durch Aufblasen von Sauerstoff und Bodenspülen mit Stickstoff oder Argon die im Roheisen gelösten Anteile an Kohlenstoff, Phosphor und Silizium gemäß den Anforderungen der herzustellenden Stahlqualität gesenkt, und der Zielwert für die Schmelzentemperatur wird eingestellt. Eine Sauerstoffzufuhr über den Bedarf der Entkohlung und Entphosphorung hinaus führt jedoch zu einem erhöhtem Abbrand von Eisen und anderen erwünschten Eisenbegleitern wie z. B. Mangan. Weiterhin steigt der Sauerstoffgehalt der Schmelze unnötig an und muss dann in der anschließenden sekundärmetallurgischen Behandlung durch die Zugabe von Desoxidationsmitteln, in der Regel Aluminium, wieder abgebaut werden.
Das schmelzenindividuelle Verhalten des Konverterprozesses hängt stark von den Eigenschaften der Einsatzstoffe Roheisen und Stahlschrott ab, wobei insbesondere die des Schrotts stark schwanken können. Das Prozessverhalten lässt sich kontinuierlich bisher nur indirekt und verzögerungsbehaftet, z. B. über eine Analyse der Abgaszusammensetzung beobachten. Eine direkte Erfassung von Schmelzentemperatur sowie Stahl- und Schlackenzusammensetzung ist im Allgemeinen nur punktuell unter Störung des Blasvorgangs möglich, z. B. über eine Sublanze zum Eintauchen der entsprechenden Messsonden und Probennehmer.
Die derzeit für den LD-Konverter eingesetzten Prozessführungssysteme umfassen in der Regel eine modellbasierte statische Einsatzstoffberechnung, einen Algorithmus zur Bestimmung des Endpunkts des Blasvorgangs und eine nachfolgend angestoßene Endpunktkorrektur mit einer modellbasierten Sollwertberechnung für Sauerstoffeintrag und Materialzugaben, um die Zielwerte des Prozesses einzustellen. Das Zusammenspiel dieser Komponenten ist in Abbildung 1 bzgl. des Verlaufs von Kohlenstoffgehalt und Temperatur skizziert.

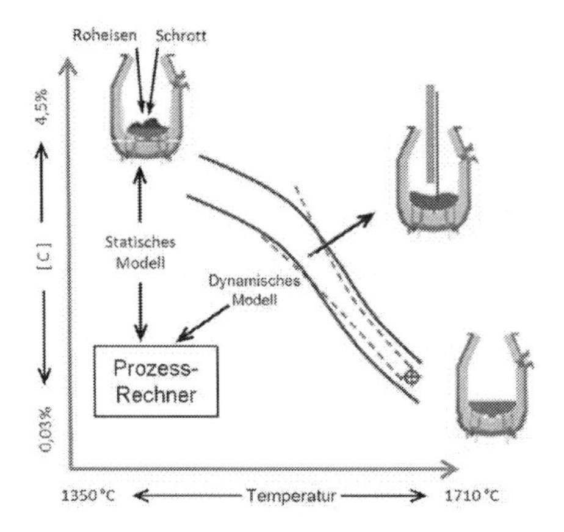

Abb. 1: Prozessführung für die Konverterbehandlung [1]

2.1.2 Prozessmodellierung

Ausgangspunkt der Modellierung des LD-Prozesses war ein vorhandenes Prozessmodell für den AOD (Argon Oxygen Decarburisation)-Konverter [2, 3]. Dort wird eine Stahlschmelze zur Herstellung von nichtrostendem Stahl durch Auf- und Einblasen von Sauerstoff entkohlt. Das Modell dient zur Online-Beobachtung des aktuellen Schmelzenzustands anhand dynamischer Massen- und Energiebilanzen. Da der LD-Prozess dem AOD-Prozess strukturell sehr ähnlich ist, wurde das vorhandene AOD-Modell zur Simulation des LD-Prozesses entsprechend erweitert und angepasst. Im Unterschied zum AOD-Prozess wird beim LD-Prozess nicht flüssiger Rohstahl, sondern flüssiges Roheisen mit einem Kohlenstoffgehalt von bis zu 5 % und Stahlschrott als Einsatzstoff chargiert. Die Energie für das Aufschmelzen des Schrotts wird im Wesentlichen durch die Reaktionsenergie aus dem Abbrand des im Roheisen enthaltenen Kohlenstoffs und Siliziums aufgebracht. Wichtig für den LD-Prozess ist weiterhin die Entfernung des unerwünschten Begleitelements Phosphor. Abbildung 2 zeigt die Struktur des dynamischen LD-Modells zur kontinuierlichen Beobachtung des Prozessverhaltens.

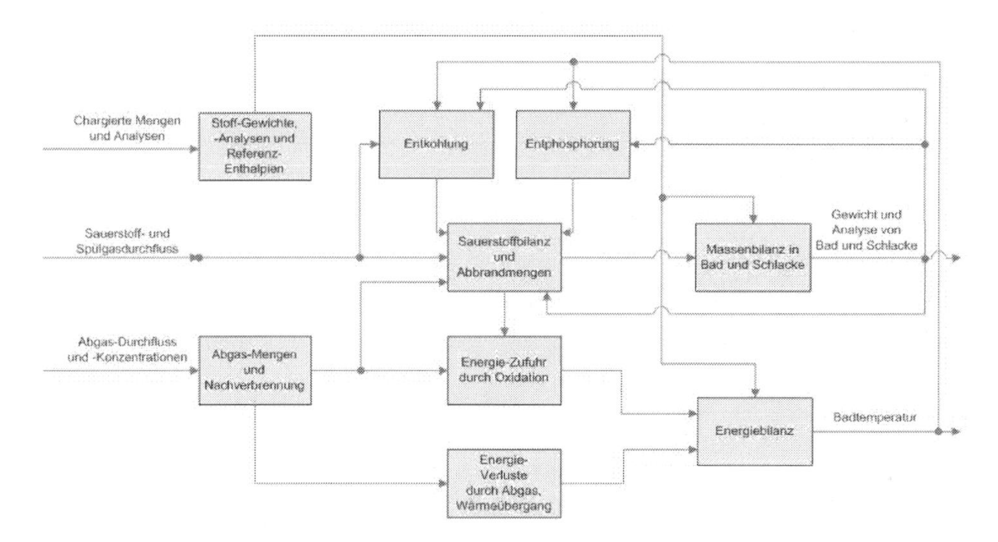

Abb. 2: Struktur des dynamischen LD-Modells zur Prozessbeobachtung

Die zyklische Berechnung des Kohlenstoff-, Phosphor- und Metallabbrands erfolgt auf Basis des in einem Zeitintervall verfügbaren Sauerstoffs aus der Zufuhr über die Lanze, der Zugabe von Oxiden und dem im Bad gelösten Sauerstoff. Beim LD-Konverter spielt weiterhin die Nachverbrennung von CO unter Berücksichtigung eingesaugter Falschluft eine große Rolle. Der nach Abzug des für die Nachverbrennung erforderlichen Anteils jeweils verbleibende Sauerstoff wird anhand der folgenden Hierarchie mit dynamisch veränderlicher Verteilung den verschiedenen Reaktionen zugeordnet:

1. Oxidation von Fe bei größerem Abstand der Lanze von der Badoberfläche
2. Vollständige Oxidation von Al und Si
3. Oxidation von Mn, P und C gemäß thermodynamischem Modell
4. Oxidation von Fe mit verbleibendem Sauerstoff.

Der aktuelle Energiegehalt der Schmelze ergibt sich aus dem anfänglichen Energiegehalt, den Energieeinträgen der im Bad ablaufenden Oxidationsreaktionen und der CO-Nachverbrennung im Konverter sowie den Energieverlusten über das Abgas, die Konverterausmauerung und die Oberflächenabstrahlung. Die Berechnung des Energiegehalts für eine Referenztemperatur berücksichtigt den Energiebedarf zum Aufschmelzen und Aufheizen der zugegebenen Schrotte, Legierungsmittel und Schlackenbildner. Die Schmelzentemperatur ergibt sich dann aus der Differenz zwischen dem aktuellen und dem Referenz-Energiegehalt.

Das störende Begleitelement Phosphor wird im Wesentlichen über das Roheisen eingetragen und während der LD-Behandlung über das Aufblasen von Sauerstoff weitgehend oxidiert und als

Oxid in die Schlacke überführt. Zur Beobachtung des Phosphorgehaltes wurde ein thermodynamisches Modell entwickelt. Eine wirkungsvolle Entphosphorung von Stahlschmelzen erfordert Schlacken mit ausreichendem Kalkanteil und einem hohen Eisenoxidgehalt. Die Reaktion wird weiterhin durch niedrige Schmelzentemperaturen begünstigt. Der Gleichgewichtswert der Phosphorverteilung zwischen Stahl und Schlacke wurde von in der Literatur [4] beschriebene statistische Auswertungen von Laborversuchen mit kalkgesättigten Schlacken übernommen. Der aktuelle Phosphorgehalt im Bad strebt dem Gleichgewichtsgehalt über eine Reaktionskinetik 1. Ordnung entgegen, welche die Strömungsverhältnisse in der Schmelze über eine vom Spülgasdurchfluss abhängige Zeitkonstante abbildet.

Das auf den LD-Prozess angepasste und um die Berechnung der Entphosphorung erweiterte Modell wurde zur Simulation des Prozessverhaltens an den Konvertern von HKM genutzt. Abbildung 3 zeigt Ergebnisse für eine LD-Beispielschmelze. Die dynamische Verteilung des eingebrachten Sauerstoffs auf die Entkohlungs-, Entphosphorungs- und Metallabbrand-Reaktionen ist in guter Übereinstimmung mit dem aus den Abgasmesswerten bilanzierten Entkohlungsverlauf (Kurve Entkohlung AG in Abb. 3b) und der am Ende analysierten Stahlzusammensetzung. Auch die aus der Energiebilanz berechnete Stahltemperatur (Abb. 3c) stimmt hier sehr gut mit den entsprechenden Messwerten überein.

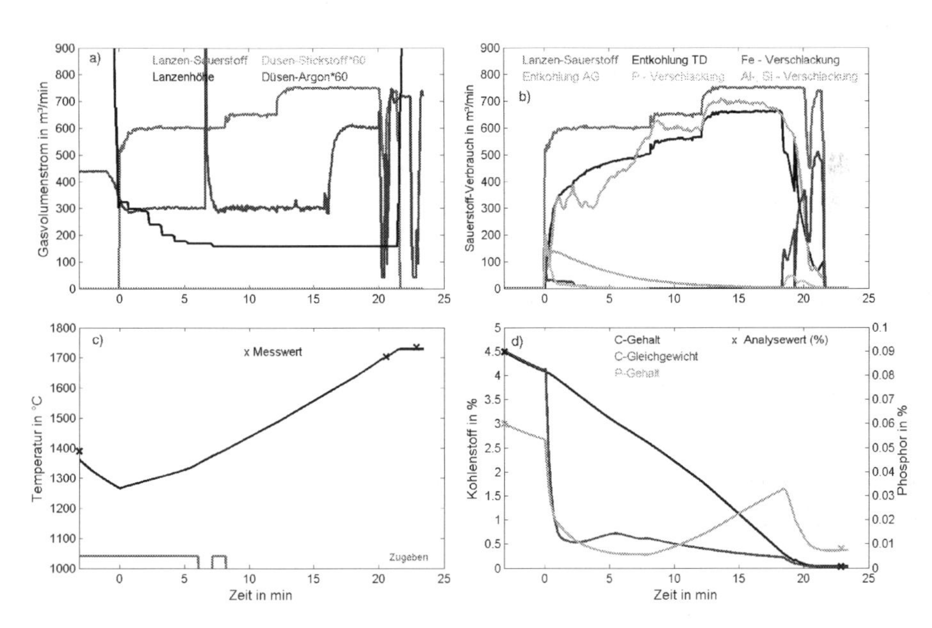

Abb. 3: (a) Prozessgase, (b) Sauerstoffbilanz (c) Temperaturverlauf, (d) Kohlenstoff- und Phosphorgehalt für eine HKM-Beispielschmelze

Zur Validierung, Erweiterung und Optimierung des Modells wurden die Prozessdaten von insgesamt 5000 Schmelzen aus beiden Konvertern von HKM ausgewertet. Abbildung 4 zeigt exemplarisch die gute Genauigkeit des Modells bezüglich der Schmelzentemperatur, des Kohlenstoff- und Phosphorgehalts im Stahl sowie des FeO-Gehalts der Schlacke für 125 Schmelzen mit zusätzlicher Probenahme über eine Sublanze. Dabei werden die simulierten Werte den jeweiligen Mess- bzw. Analysewerten gegenübergestellt. Die Standardabweichung des Modellfehlers beträgt für die Stahltemperatur 16 K, für den Kohlenstoffgehalt 0,02 %, für den Phosphorgehalt 30 ppm und für den FeO-Gehalt 3 %.

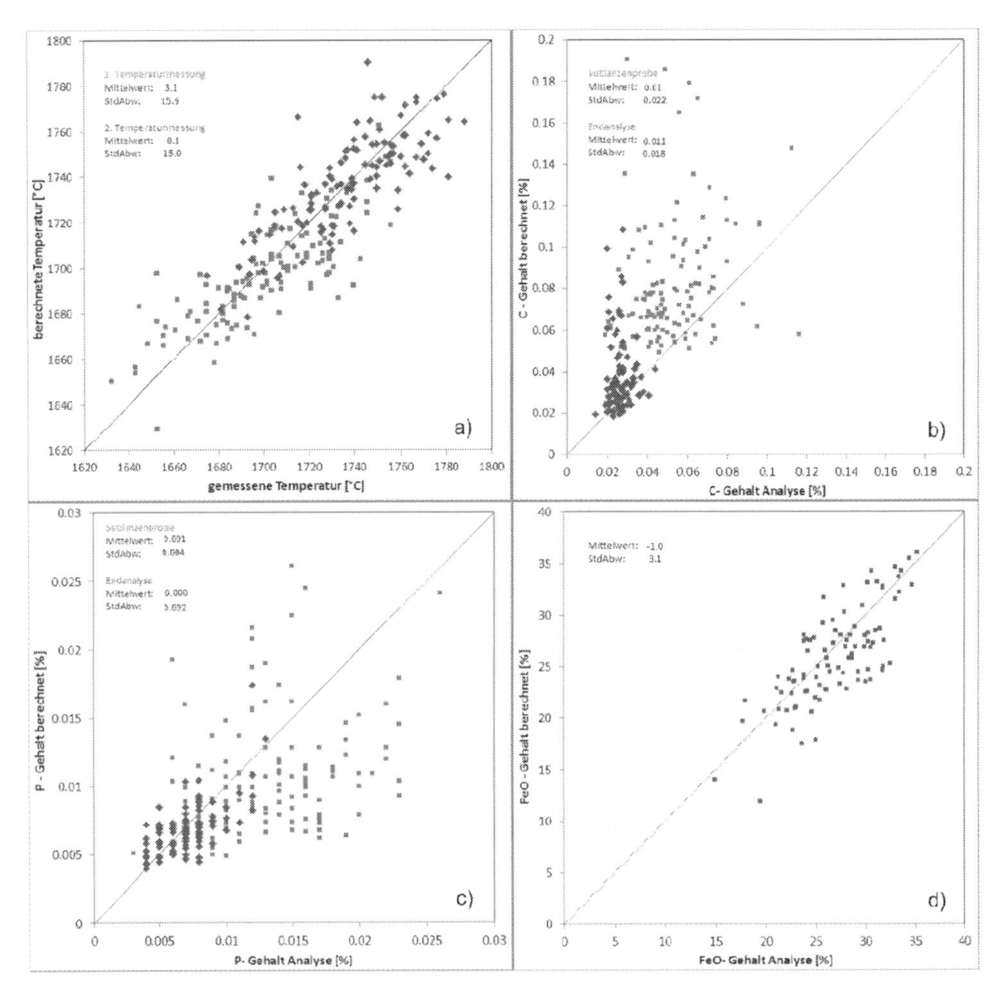

Abb. 4: Modellgenauigkeit bezüglich Schmelzentemperatur (a), Kohlenstoff- (b) und Phosphorgehalt (c) des Stahls sowie FeO–Gehalt der Schlacke (d)

Das auf den Konverterprozess von HKM angepasste dynamische Modell kann im Online-Betrieb sowohl zur Beobachtung des Prozesses als auch zur Vorausberechnung des weiteren Prozessverhaltens hinsichtlich der Bad- und Schlackenzusammensetzung sowie der Badtemperatur genutzt werden.

2.1.3 Abgasanalyse

Die Entkohlungsgeschwindigkeit dC/dt, charakterisiert durch den CO-Gehalt des Abgases, nimmt in der Endphase des LD-Prozesses in kürzester Zeit sehr stark ab (siehe Abbildung 5 aus [1]), da der Kohlenstoffgehalt dort seinen Gleichgewichtswert nahezu erreicht hat. Das Ende der Entkohlung kann daher über den Abfall der CO-Konzentration im Abgas bestimmt werden, die bislang an den Konvertern von HKM kontinuierlich mit Hilfe eines Massenspektrometers beobachtet wurde. Die Entnahme des Messgases erfolgt auf einer Höhe von 63 m über Hüttenflur, etwa 50 m über dem Konvertermund.

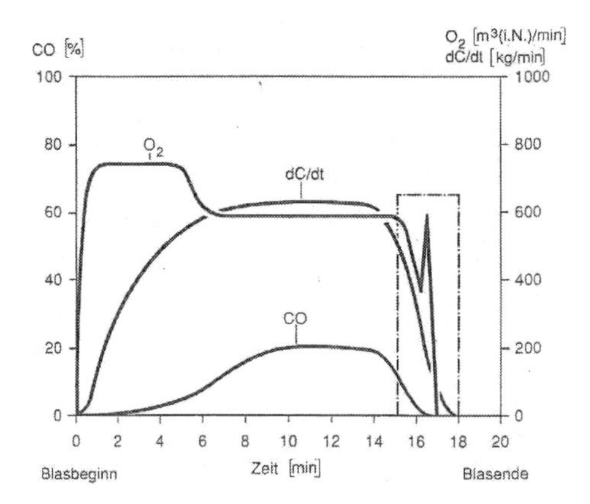

Abb. 5: Verlauf von Abgasanalyse und Entkohlungsrate während der Konverterbehandlung

Dies bedingt in Summe mit der Messgasaufbereitung eine Totzeit von etwa 30 s vom Entstehen des Gases im Prozess bis zum Vorliegen der Analyse. Um trotz der signifikanten Totzeit in der Abgasanalyse die gemessene CO-Konzentration als Kriterium für das Ende der Entkohlung nutzen zu können, wurde der Blasprozess schon bei Erreichen eines CO-Gehalts von 4 % unterbrochen, um über eine Sublanzenmessung die Temperatur der Stahlschmelze zu ermitteln. Die damit verbundene Unsicherheit über den Oxidationszustand der Schmelze zum Zeitpunkt der Sublanzenfahrt kann zu einem unnötig hohen Metallabbrand führen.

Eine zeitnähere Detektion der CO-Konzentration im Konverterabgas ist möglich, indem das Messgas schneller den Detektor erreicht. Zudem ist die Zeit entscheidend, die das Analysesystem benötigt, um den Messwert bereitzustellen. Daher wurde innerhalb des Vorhabens ein innovatives, laserbasiertes Abgas-Analysesystem eingesetzt, das auf der Methode der Einlinienspektroskopie beruht und mit einer ungemittelten Messwertbereitstellung bei anliegendem Messgas nach weniger als 1 s als „In-situ-Verfahren“ bezeichnet werden darf. Dadurch kann der Endpunkt der Entkohlung deutlich zeitnäher und präziser bestimmt werden. Somit kann das Überfri-

schen der Schmelze durch eine unnötig hohe Sauerstoffzufuhr und einhergehendem Abbrand von Eisen vermieden werden.
Laserbasierte Verfahren für eine schnelle Abgasanalyse wurden in den letzten Jahren im Bereich der Stahlerzeugung im Lichtbogenofen bereits in der betrieblichen Praxis erprobt [5, 6]. Abbildung 6 zeigt das Prinzip einer solchen Abgasanalyse: Ein temperaturgeregelter Diodenlaser erzeugt einen Infrarotstrahl, der durch das Abgas geleitet und von einer Empfängereinheit aufgenommen wird. Der Laser tastet dabei die Absorptionslinien der zu messenden Gase über einen bestimmten Wellenlängenbereich ab. Aus der Intensität des Laserstrahls an dem Detektor kann die Elektronikeinheit sehr genau die Konzentration des jeweiligen Messgases errechnen.

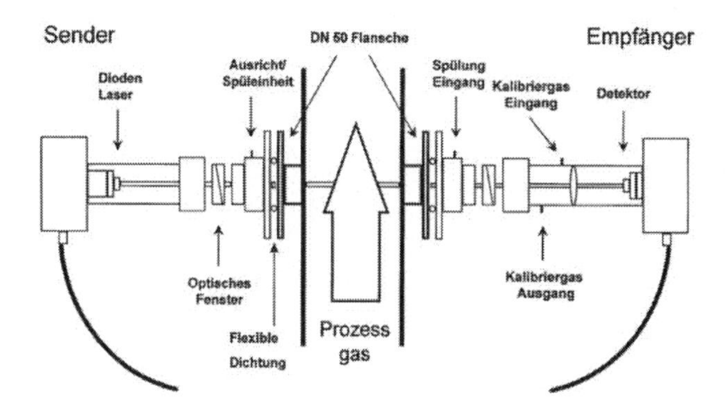

Abb. 6: Schema der In-Situ-Laser-Gasanalyse

Zur In-situ-Abgasanalyse wurde in Zusammenarbeit mit der Firma Bernt Messtechnik GmbH, Düsseldorf, das laserbasierte System „Lasergas ™ II Monitor" des Herstellers Neo Monitors AS ausgewählt. In der bei HKM implementierten Anwendung wird das Spektrometer auf einer 200 mm Messzelle betrieben. Das Messsystem hat eine Auflösung von 2 ppm CO, die Detektionsgrenze liegt bei 4 ppm CO. Aufgrund der hohen spektralen Auflösung ermöglicht das Messsystem eine querempfindlichkeitsfreie Gasanalyse. Es besitzt keine beweglichen Teile und weist die für den rauen Betrieb in einem Stahlwerk erforderliche Robustheit auf. Es bietet den Vorteil, Abgase ohne zusätzliche Kühlung analysieren zu können.
Der Abgaskanal des Konverters ist als Kessel ausgeführt, deswegen verhindert die hohe Staublast im Abgas von bis zu 500 g/Nm³ eine In-situ-Messung bereits ab 10 cm Messweg. Aus diesem Grund wird das Messsystem mit einer extraktiv arbeitenden Messgasentnahme versorgt. Die Entnahme besteht aus einem 5 µm-Grobfilter und einer Messgaspumpe. Die Leitungen und der Grobfilter sind beheizt, um Kondensatausfall vor dem Messsystem auszuschließen. Die Entnahme ist mit einer Leistung von 100 l/min ausgelegt und führt das Messgas durch eine Küvette direkt an dem Detektor vorbei. Das System ist in den Blaspausen mit Stickstoff rückspülbar, um

ein dauerhaftes Zusetzen der Filter zu vermeiden und den benötigten Volumenstrom zu gewährleisten.

Die Dichte des Messgases und die Stärke der Lichtabsorption hängen auch von der Temperatur und dem Druck des Messgases ab. Aus diesem Grund wurde die Messzelle mit Aufnehmern und Umformern für Gasdruck und Gastemperatur bestückt. Im Spektrometer sind entsprechende Funktionen zur Korrektur der ermittelten Gaskonzentration hinterlegt.

Das Messsystem wurde in einen Analysenschrank integriert (siehe Abb. 7). Das Spektrometer aus Diodenlaser und Lichtdetektor und die Messzelle mit Messaufnehmern für Gasdruck und -temperatur sind im Bodenbereich des Schranks angeordnet, darüber sind die Messgaspumpe und ein Gerät zur Anzeige der Durchflussmenge zu sehen. Im oberen Teil befinden sich die zur Rückspülung benutzten Komponenten. Der gesamte Schrank ist in der Nähe der Entnahmestelle im Außenbereich aufgestellt.

Abb. 7: Analysenschrank mit LaserGas CO Spektrometer

2.1.4 Optimierte Blasendpunktbestimmung

Die Bestimmung des Endpunkts des Blasvorgangs, zu dem die Entkohlung nahezu abgeschlossen ist, erfolgt in der bisherigen Prozessführung bei HKM (siehe Abb. 1) auf der Basis einer statischen Einsatzstoffberechnung und eines Algorithmus (dynamisches Modell in Abb.1), der die Abgasmesswerte auswertet. Für die Endpunktbestimmung wird wie oben beschrieben der Verlauf der Entkohlungsbehandlung mit Hilfe einer kontinuierlichen Analyse des Konverterabgases, insbesondere bzgl. des CO-Gehalts, beobachtet. Wenn der CO-Gehalt des Abgases einen vordefinierten Wert unterschreitet, und gleichzeitig die durch die Einsatzrechnung vorgegebene Soll-Sauerstoffmenge nahezu vollständig eingebracht ist, wird der Blasvorgang unterbrochen und über eine Sublanze die Temperatur der Stahlschmelze ermittelt. Bei einer Reihe von Schmelzen ist die Hauptentkohlungsphase zu diesem Zeitpunkt noch nicht abgeschlossen. Somit kann es nach dem Auslösen der Sublanze zu einem verzögerten Abfall oder sogar einem erneuten Anstieg des CO-Gehalts im Abgas kommen. In Abbildung 8 sind in den Teilbildern b) und c) zwei Beispiele für Verzögerungen im Verlauf der Entkohlung dargestellt. Daneben zeigt das Teilbild a) einen regulären Verlauf mit einem kontinuierlich abfallenden CO-Gehalt. Der Vergleich zwischen den Messkurven aus alter und neuer Abgasanalyse verdeutlicht die um etwa 20 Sekunden kürzere Totzeit des laserbasierten neuen Analysesystems im Vergleich zum bisher eingesetzten Massenspektrometer.

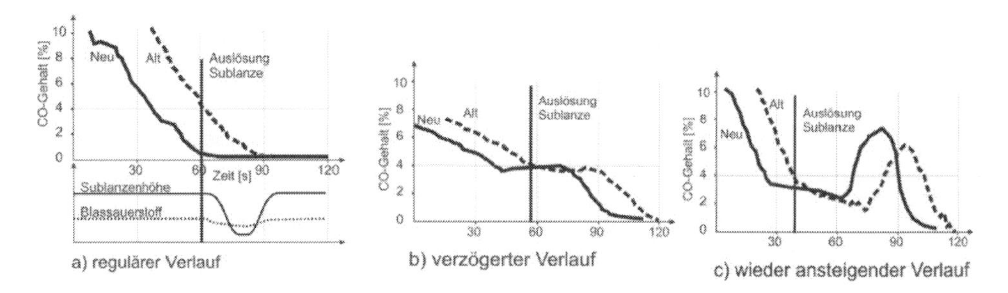

Abb. 8: Auslösepunkt anhand der Abgasanalyse für verschiedene Prozesszustände: reguläre (a), verzögerte (b) und wieder ansteigende (c) Entkohlungsrate

Das zu frühe Auslösen der Sublanze in den Fällen mit verzögertem Entkohlungsverlauf bedeutet, dass der Zielgehalt für den Kohlenstoff zu diesem Zeitpunkt noch nicht erreicht war. Dies kann mit dem neuen Analysesystem mit seiner kurzen Totzeit vermieden werden, indem die Sublanze bei einem niedrigeren Schwellwert von 2.8 % ausgelöst wird, wenn nahezu kein CO im Abgas mehr vorhanden ist, d.h. die Entkohlung definitiv abgeschlossen ist.

Zusätzlich kann für eine optimierte Blasendpunkt-Bestimmung das zuvor beschriebene dynamische Modell genutzt werden. Es liefert im Online-Betrieb neben der kontinuierlichen Beobachtung des Prozesses auch eine Vorausberechnung des Prozessverhaltens hinsichtlich der Bad- und Schlackenzusammensetzung (insbesondere bzgl. des durch die Abgasanalyse nicht abgedeckten Phosphorgehalts) sowie der Badtemperatur. Dazu werden die Gasvolumenströme für Sauerstoff und Spülgas für den Vorhersagehorizont als konstant angenommen. Das Modell gleicht dabei auch den thermodynamisch berechneten Zustand der Schmelze zum Ende der Entkohlungsphase mit dem dort über die laserbasierte Abgasanalyse bestimmten charakteristischen Abfall des CO-Gehalts ab.

2.1.5 Automatische Korrektur des Blasvorgangs

Das dynamische Prozessmodell kann auch eine automatische Korrektur des Blasvorgangs für eine optimale Einstellung des am Behandlungsende geforderten Schmelzenzustands unterstützen. In der bisherigen Prozessfahrweise bei HKM erfolgt eine solche Korrekturrechnung in der sogenannten Endpunktberechnung nach der Temperaturmessung über die Sublanze kurz vor dem aus den Abgasmesswerten abgeleiteten Ende des Blasvorgangs. Dabei wird der zusätzliche Sauerstoffbedarf oder die Zugabe von Kühlmitteln wie Eisenerz berechnet, die erforderlich sind, um die Zielwerte der Schmelzentemperatur sowie der Gehalte von Kohlenstoff und Phosphor einzustellen. Abbildung 9 zeigt den Zusammenhang zwischen der nach der Sublanzenmessung abzubauenden Temperaturdifferenz zur Soll-Abstichtemperatur und der dazu zu verblasenden Sauerstoffmenge unter Berücksichtigung der einzustellenden Zielphosphorgehalte [7]. Die vertikalen Balken stellen die Streuung der gemessenen Temperaturdifferenzen bei den noch zu verblasenden Sauerstoffmengen dar. Für zu heiße Schmelzen mit Temperaturdifferenzen unterhalb der Ideallinie sind Kühlmittel zu chargieren, für zu kalte Schmelzen ist eine zusätzliche Sauerstoffzufuhr zum Heizen notwendig.

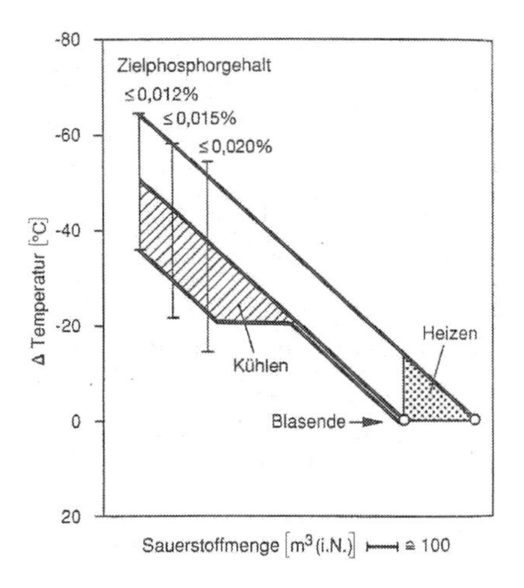

Abb. 9: Schema der Endpunktberechnung

Mit der Endpunktbestimmung alleine auf der Basis des CO-Gehalts im Abgas kann etwaigen Abweichungen im Prozessablauf, z.B. aufgrund unterschiedlicher Konstellationen in den Einsatzstoffen, nur unzureichend Rechnung getragen werden. Daher ist eine Korrektur des Blasvorgangs bei erkennbaren Abweichungen vom gewünschten Verlauf des Schmelzenzustands auf Basis möglichst umfassender Schmelzen-informationen erforderlich. Abbildung 10 stellt ein Konzept zur modellbasierten Berechnung optimierter Sollwertvorgaben für automatische Korrekturen des Blasvorgangs dar, welches auf dynamischen Vorausberechnungen der weiteren

Schmelzenentwicklung bis zum Blasende unter variierten Prozessbedingungen beruht. Innerhalb der Endpunktberechnung wird eine Optimierung der Sollwerte bzgl. Sauerstoffzufuhr, Heiz- und Kühlmittel-Zugaben sowie Schlackenbildner-Zugaben durchgeführt, um erforderliche Korrekturmaßnahmen zum Erreichen der Zieltemperatur und der Zielgehalte bei minimiertem Ausbringungsverlust durchführen zu können. Eine solchermaßen erweiterte Prozessführung des Konverters hilft, die mit dem Metallabbrand verbundenen, ökonomischen und ökologischen Kosten zu minimieren, und so die Ressourceneffizienz und die Produktivität des Konverterprozesses signifikant zu erhöhen.

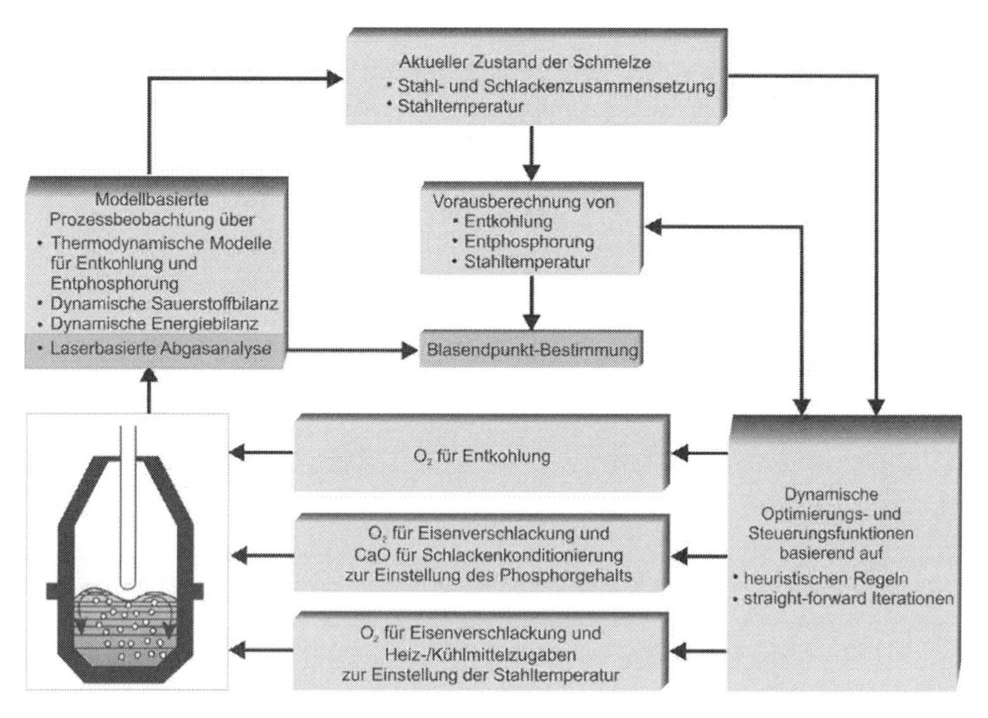

Abb. 10: Konzept für modellbasierte dynamische LD-Prozesssteuerung

2.2 Dynamische Prozessführung für die Stahlerzeugung im Lichtbogenofen

Im Rahmen des Verbundvorhabens „Erhöhung der Energie- und Materialeffizienz der Stahlerzeugung im Lichtbogenofen durch optimiertes Wärmemanagement und kontinuierliche dynamische Prozessführung“ wurde die Energieeffizienz des Verfahrens über eine Nutzung der im Abgas enthaltenen Enthalpie deutlich verbessert. Dazu wurden spezielle Diffusoren für das gezielte Einbringen von Nachverbrennungssauerstoff entwickelt und zusammen mit einer Regelung basierend auf Abgasmesswerten am Ofen der Georgsmarienhütte (GMH) installiert. Weiterhin wurde ein dynamisches Prozessmodell zur on-line Berechnung der Temperatur, des Kohlenstoffgehalts und des Oxidationszustands der Schmelze entwickelt und in das Prozessführungssystem des Ofens der GMH integriert. Die kontinuierliche Berechnung des Kohlenstoff- und Sauerstoffgehalts der Schmelze bietet die Möglichkeit, die Sauerstoffzufuhr zur Entkohlung bedarfsgerecht zu regeln. So kann die Rohstoffeffizienz durch eine Verminderung des metallischen Abbrands und der Überoxidation erhöht werden.

2.2.1 Prozessbeschreibung

Im Lichtbogenofen (LBO) wird im wesentlichen Stahlschrott mit Hilfe von elektrischer Energie und chemischen Energieträgern wie Erdgas, Sauerstoff und Kohlenstoff eingeschmolzen. Im LBO setzen drei Drehstrom-Lichtbögen oder ein Gleichstrom-Lichtbogen die elektrische Energie im Wesentlichen in Strahlung und Konvektion um. Chemische Energie wird über Erdgas-Sauerstoffbrenner und die Zufuhr von Sauerstoff zur Verbrennung von Kohlenstoffträgern eingebracht. Typische Sauerstoffverbräuche liegen bei 34 Nm^3/t, Erdgasverbräuche bei 10 Nm^3/t. Damit beträgt der chemische Energieeintrag mehr als 30 % des gesamten Energieumsatzes. Er dient dazu, den elektrischen Energiebedarf zu vermindern und somit bei gleicher elektrischer Leistung die Produktivität des Lichtbogenofens zu erhöhen.

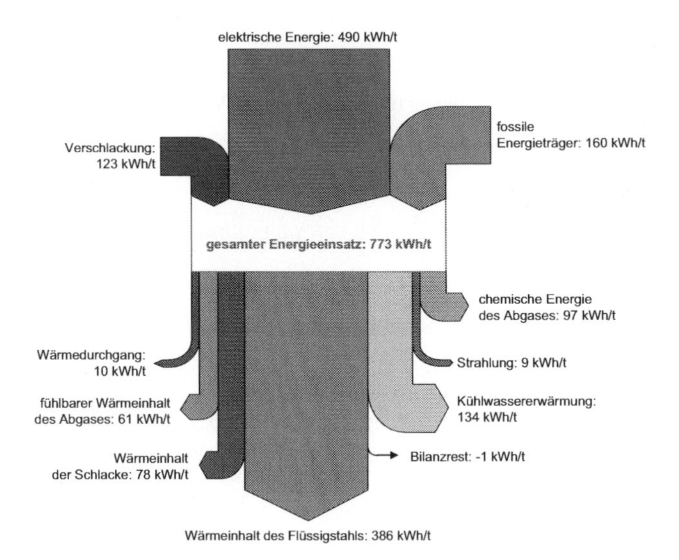

Abb. 11: Sankey-Diagramm eines 130 MVA Gleichstrom-Lichtbogenofens [8]

Wie die Energiebilanz eines typischen Lichtbogenofens in Abbildung 11 zeigt, beläuft sich der gesamte Energieeintrag auf etwa 770 kWh/t [8]. Aufgrund der hohen Verluste steht jedoch nur etwa die Hälfte davon als nutzbarer Austrag in Form des flüssigen Stahls zur Verfügung. Ein nicht unerheblicher Teil des Energieeintrags wird an das wassergekühlte Ofengefäß abgegeben. Weiterhin geht bis zu 30 % des gesamten Energieeintrags im Abgasstrom verloren, ein wesentlicher Anteil hiervon durch die unvollständige Verbrennung von Kohlenstoff zu CO. Die stark exotherme Nachverbrennung von CO zu CO_2 beinhaltet ein erhebliches Energiepotenzial, das über eine zusätzliche Sauerstoffzufuhr im Ofen für den Einschmelzprozess genutzt werden kann. Ein zu hoher Sauerstoffeintrag führt jedoch zu einer unnötigen Verschlackung von Eisen und wertvollen, mit dem Schrott eingebrachten Legierungselementen wie Chrom oder Vanadium, und damit zu einer Verminderung des metallischen Ausbringens.

Die Forschungs- und Entwicklungsarbeiten wurden an dem Gleichstrom-Lichtbogenofen der Georgsmarienhütte GmbH (GMH) mit einer Anschlussleistung von 130 MVA durchgeführt. In den Ofen werden in zwei Portionen insgesamt etwa 155 t Schrott chargiert. Das Abstichgewicht beträgt 140 t, die Chargendauer etwa 60 Minuten. Dabei werden ca. 450 kWh/t elektrische Energie in den Flüssigstahl eingebracht. Für den chemischen Energieeintrag besitzt der Ofen Sauerstoff-Erdgasbrenner, fest in die Ofenwand eingebaute Sauerstoff-Injektoren, durch die Ofentür eingebrachte Sauerstofflanzen, sowie Lanzen zum Einblasen von Kohlenstoff.

2.2.2 Modellierung des Lichtbogenofen-Prozesses

Zur Untersuchung der energetischen Performance des Lichtbogenofens wurde ein vom VDEh-Betriebsforschungsinstitut (BFI) entwickeltes statistisches Modell zur Bewertung des elektrischen Energiebedarfs [9] genutzt. Mit Hilfe dieses Modells kann der elektrische Energieverbrauch eines Ofens im Vergleich zu anderen Öfen bewertet werden, und Veränderungen im elektrischen Energieverbrauch des Ofens können analysiert werden. Weiterhin wurde ein dynamisches Energie- und Massenbilanz-Modell genutzt, welches das BFI im Rahmen eines europäischen EGKS-Vorhabens in Zusammenarbeit mit GMH entwickelt und validiert hat [10, 11]. Abbildung 12 zeigt die Struktur dieses Modells. Mit Hilfe der Masse aller zugegebenen Einsatzstoffe wird das aktuelle Schmelzengewicht (getrennt für Stahl und Schlacke) berechnet und hieraus der Bedarf an Einschmelzenergie bestimmt. Aus der Differenz zwischen Energieeintrag (elektrisch und chemisch) und Energieverlusten (Abgas, Kühlwasser, Abstrahlung und Konvektion) wird der aktuelle Energieinhalt der Schmelze ermittelt und zur Berechnung der aktuellen Schmelzentemperatur mit dem Einschmelzenergiebedarf der chargierten Materialien ins Verhältnis gesetzt.

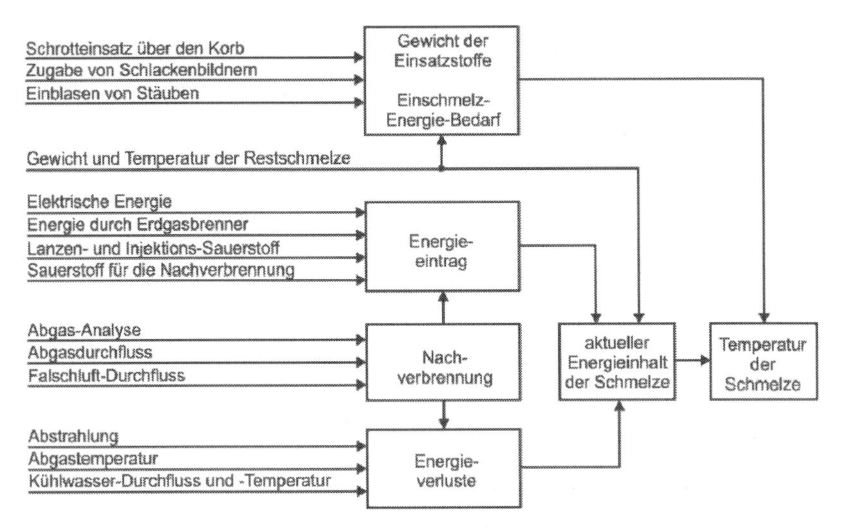

Abb. 12: Struktur des dynamischen Prozessmodells mit Eingangsgrößen des Ofens der GMH

Das dynamische Prozessmodell wurde mit zyklischen und azyklischen Prozessdaten von im Lichtbogenofen der GMH produzierten Schmelzen validiert. Abbildung 13 zeigt links den Verlauf der berechneten Schmelzentemperatur. Die Zeitpunkte des Chargierens von Schrott sind klar durch einen Temperaturabfall gekennzeichnet. Die berechnete Schmelzentemperatur wird kurz vor Abstich mit Messwerten einer Thermoelement-Sonde verglichen. Für diese Schmelze ist die Übereinstimmung zwischen der berechneten Temperatur und den Messwerten sehr gut. Zur Bewertung der Modellgenauigkeit sind im rechten Teilbild von Abb. 13 die berechneten Schmelzentemperaturen für eine größere Anzahl von Schmelzen gegen die entsprechenden Temperaturmesswerte aufgetragen. In Anbetracht des Energieumsatzes während des Einschmelzprozesses von rund 700 kWh/t ist die Standardabweichung des Modellfehlers von 21 K ein sehr guter Wert. Bezogen auf den Energieumsatz beträgt der relative Fehler ca. 1 %.

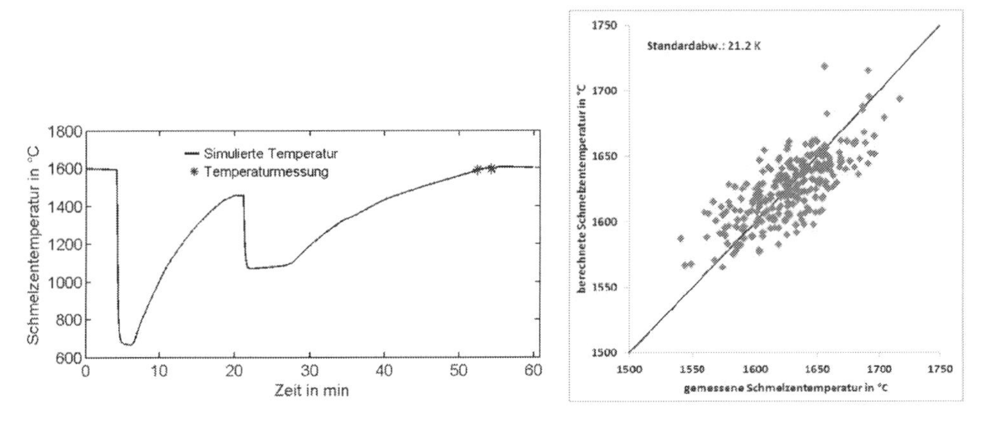

Abb. 13: Modellgenauigkeit für die Schmelzentemperatur

2.2.3 Abgasanalyse am Lichtbogenofen der GMH

Am Lichtbogenofen der GMH wird die Zusammensetzung des Abgases kontinuierlich über ein Massenspektrometer erfasst [12]. Abbildung 14 zeigt den gemessenen Verlauf der Abgaszusammensetzung für eine Beispielschmelze.

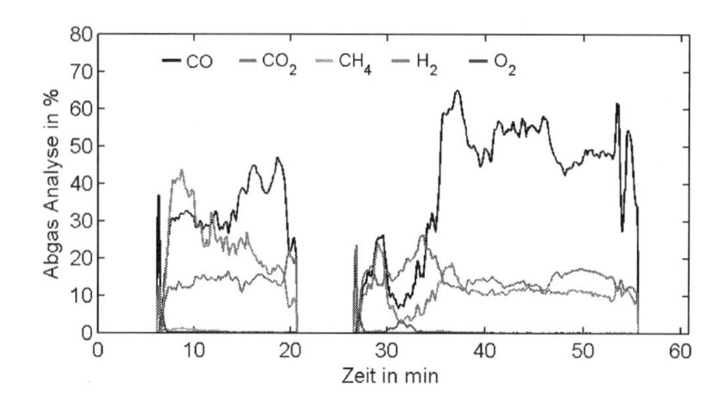

Abb. 14: Abgasmesswerte einer GMH-Beispielschmelze

Über die Komponenten CO und H_2, die im Laufe der Behandlung Gehalte von über 50 % erreichen, geht ein erheblicher Anteil an chemischer Energie über das Abgas verloren. In diesen Phasen besteht somit ein signifikantes Potential zur energetischen Optimierung. Ein Ziel des Vorhabens war es daher, über eine gezielte Zufuhr von Nachverbrennungssauerstoff die Abgasverluste über nicht vollständig verbranntes CO und H_2 zu vermindern. Dazu wurden spezielle Diffusoren in die Wand des Ofens von GMH eingebaut. Abbildung 15 zeigt die Verteilung der Diffusoren über den Umfang des Ofengefäßes zusammen mit den anderen Quellen zur chemischen Energiezufuhr.

Die Nachverbrennungsreaktion ist nur so lange effektiv wie sich eine ausreichende Menge Schrott im Ofeninnenraum befindet. Daher wird die Sauerstoffzufuhr auf einen Zeitraum nach dem Chargieren der Schrottkörbe beschränkt. Weiterhin wird erst ab einem CO-Gehalt von mindestens 10 % im Abgas Nachverbrennungssauerstoff in den Ofeninnenraum eingebracht, damit sichergestellt ist, dass ausreichend brennbare Gase zur Verfügung stehen.

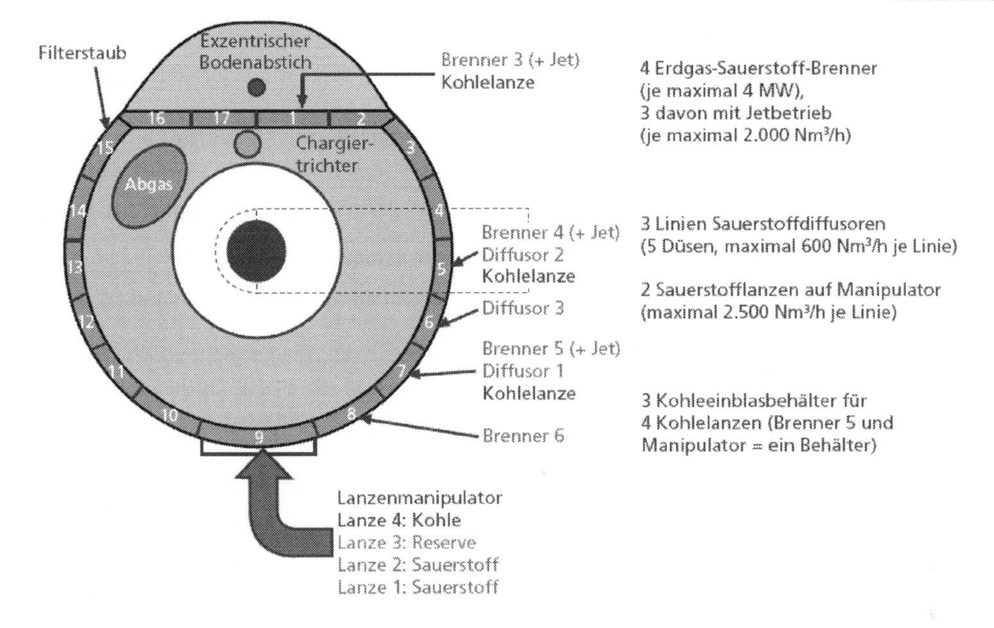

Abb. 15: Konfiguration des chemischen Energieeintrags am Lichtbogenofen der GMH

In Abbildung 16 sind für eine Charge der Verlauf des Sauerstoffeintrags über die Diffusoren und der gemessene CO-Gehalt im Abgas für eine Beispielschmelze aufgetragen. Der gemessene CO-Gehalt im Abgas schwankt zwischen 30 und 40 %, der gleichzeitig aufgetragene Nachverbrennungsgrad, das Verhältnis von CO_2 zu $CO + CO_2$, bewegt sich um 30 %.

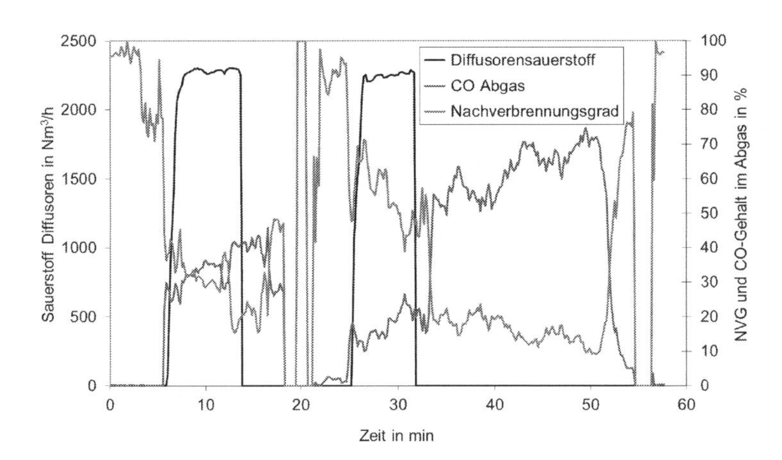

Abb. 16: Zufuhr von Nachverbrennungssauerstoff und gemessener CO-Gehalt im Abgas mit dem berechneten Nachverbrennungsgrad für eine Beispielschmelze

Nach dem Chargieren des zweiten Korbs wird der Sauerstoffeintrag fortgesetzt. Der CO-Gehalt bewegt sich nun zwar auf einem deutlich geringeren Niveau, steigt aber trotz der Sauerstoffzufuhr an. Der Sauerstoffeintrag wird mit dem Beginn des Einblasens von Kohlenstoff zur Bildung einer Schaumschlacke beendet. Zu diesem Zeitpunkt steigt zwar der CO-Gehalt im Abgas stark an, es ist jedoch nicht mehr genügend Schrott vorhanden, der die Energie aus der Nachverbrennungsreaktion aufnehmen könnte.

Die durch die Zufuhr von Nachverbrennungssauerstoff erzielte Verbesserung der energetischen Performance des Lichtbogenofens der GMH wurde mit dem in [9] beschriebenen statistischen Modell des BFI untersucht. Demnach konnte der elektrische Energieverbrauch im Vergleich zum Referenzzeitraum zum Beginn des Vorhabens im Mittel um rund 40 kWh/t vermindert werden. Dies entspricht auch der Differenz zwischen dem berechneten Bedarf und dem tatsächlichen elektrischen Energieverbrauch. Rund die Hälfte dieser Einsparung lässt sich auf die effizientere Zufuhr des Nachverbrennungssauerstoffs über die Diffusoren zurückführen. Der andere Teil lässt sich vermutlich durch eine Modifikation der Brennertechnik und die Optimierung der Primärabgasstrecke erklären.

2.2.4 Optimierung des metallischen Ausbringens durch gezielte Sauerstoffzufuhr

Neben der Energieeinsparung lag ein weiterer Schwerpunkt des Vorhabens in der Verbesserung der Materialeffizienz. Wesentliche Verluste treten durch die Verschlackung der metallischen Einsatzstoffe auf. Bei jeder Schmelze fallen im Lichtbogenofen zwischen 16 und 20 t Schlacke an, die bis zu 40 % aus FeO besteht, was einem Verlust von bis zu 6,5 t Eisen entspricht. Das Maß der Eisenverschlackung korreliert mit dem Kohlenstoffgehalt der Schmelze.

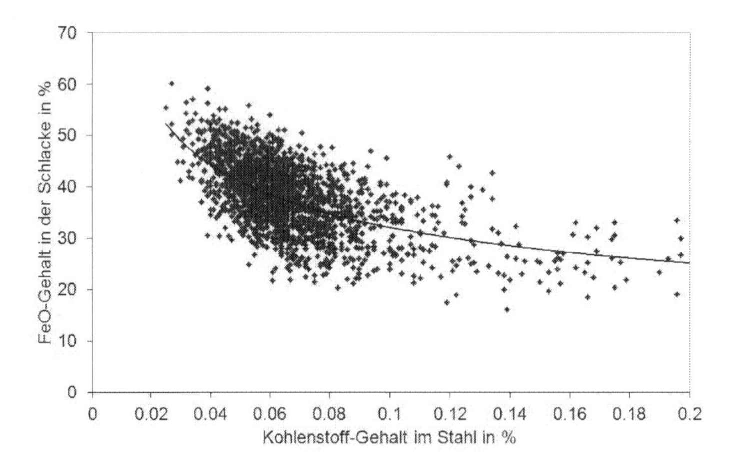

Abb. 17: Zusammenhang zwischen Eisenverschlackung und Kohlenstoff-Gehalt im Stahlbad

Abbildung 17 zeigt den Zusammenhang zwischen dem Kohlenstoff-Gehalt im Stahlbad und dem FeO-Gehalt in der Schlacke, wie er sich als Momentaufnahme zum Ende des Einschmelzens aus der Analyse einer Stahl- und Schlackenprobe ergibt. Es wird deutlich, dass der Materialverlust mit abnehmendem Kohlenstoffgehalt überproportional ansteigt. Um das metallische Ausbringen zu optimieren ist es somit wichtig, den vorgegebenen Ziel-Kohlenstoffgehalt möglichst genau zu treffen, da jedes Unterschreiten eine höhere Eisenverschlackung und damit eine geringere Materialeffizienz verursacht.

Das dynamische Prozessmodell des BFI wurde daher um eine detaillierte Kohlenstoffbilanz zur Modellierung des Kohlenstoffgehalts des Stahlbades erweitert. Kohlenstoff gelangt zum einen über die mit den Körben chargierten Schrottsorten in das Stahlbad. Zusätzlich wird bei der GMH ca. 1 t Kohle mit dem ersten Korb chargiert. Zum anderen wird Kohlenstoff zusammen mit Sauerstoff in das Stahlbad eingeblasen, was durch die Bildung von CO-Blasen zum Aufbau der Schaumschlacke dient. Der so eingebrachte Sauerstoff trägt jedoch auch zur Verschlackung von Eisen und anderen Begleitelementen bei. Der aktuelle Kohlenstoffgehalt der Stahlschmelze wird bei GMH über die Analyse einer Stahlprobe und indirekt über eine Messung des Sauerstoffgehalts ermittelt.

Die von dem Modell berechnete Kohlenstoff-Konzentration und der daraus abgeleitete Oxidationszustand sind für eine Beispielschmelze im linken Teil von Abbildung 18 dargestellt. Nach dem Setzen des ersten Korbs in den Restsumpf der Vorgängerschmelze steigt der Kohlenstoffgehalt aufgrund der mitchargierten Kohle stark an und wird im Laufe der Behandlung durch die Entkohlungswirkung des eingeblasenen Sauerstoffs abgebaut. In Minute 41 wird eine Stahlprobe entnommen, die Modelladaption erfolgt nach Eintreffen der Laboranalyse in Minute 48. Die Messwerte der darauffolgenden drei CELOX-Messungen werden für diese Schmelze durch das Modell sehr gut getroffen.

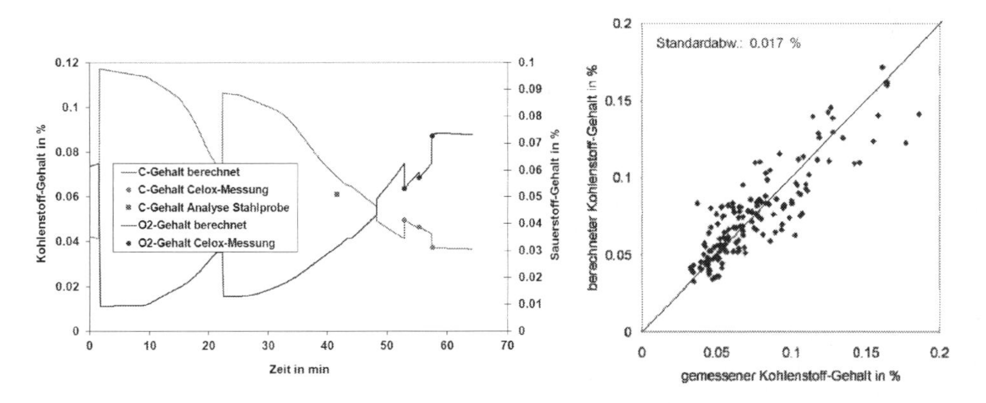

Abb. 18: Berechnete Kohlenstoff- und Sauerstoff-Konzentration des Stahlbades

Die Modellgenauigkeit bezüglich des Kohlenstoffgehalts ist für die untersuchten Schmelzen im rechten Teil von Abbildung 18 dargestellt. Nach Adaption auf die erste Messung lässt sich der Kohlenstoffgehalt mit einer Standardabweichung des Modellfehlers von 0,017 % ermitteln.

Basierend auf der modellgestützten Kohlenstoff- und Sauerstoffbilanz wurde eine Regelung für die Sauerstoffzufuhr entworfen, so dass eine bedarfsgerechte Zufuhr in Abhängigkeit der chargierten Schrottsorten und der zugeführten Kohlenstoffträger erfolgt. Damit kann der Abbrand von Eisen und wertvollen Legierungselementen vermindert und gleichzeitig eine Überoxidation der Schmelze mit erhöhtem Verbrauch an Desoxidations-Aluminium verhindert werden.

3 Diskussion

Beide Verbundvorhaben haben mit der Anwendung einer optimierten Prozessführung einen signifikanten Beitrag zur Erhöhung der Ressourceneffizienz bei der Rohstahlerzeugung geliefert.

3.1 Ressourceneffizienzpotential der optimierten Konverter-Prozessführung

Mit Hilfe der optimierten Prozessführung konnte die Ressourceneffizienz des Konverterprozesses hinsichtlich des metallischen Ausbringens der Einsatzstoffe und der Treffsicherheit hinsichtlich der qualitätsrelevanten Parameter Temperatur und Analyse der Stahlschmelze signifikant erhöht werden. Bislang wurden für das sichere Erreichen der Zielgrößen erhebliche Zuschläge bei der Sauerstoffzufuhr vorgesehen, verbunden mit einem Überschreiten der Zieltemperatur und erhöhtem Eisenabbrand. Die genauere und verzögerungsarme Analyse der Abgaszusammensetzung, die dynamische Modellierung der metallurgischen Vorgänge und die darauf aufbauende präzisere Endpunktbestimmung führen zu einem schmelzenindividuell optimierten und damit ressourcenschonenden Rohstoff- und Sauerstoffeinsatz.

Durch die präzisere Endpunktbestimmung lässt sich das Ende der Entkohlungsreaktion verzögerungsfreier detektieren und die Zieltemperatur zum Zeitpunkt der Sublanzenmessung genauer einstellen. Geht man davon aus, dass die Unsicherheit bei der Einstellung der Zieltemperatur um etwa 10 K verringert wird, so bedeutet dies eine Verminderung des Eisenabbrands um etwa 560 kg pro Schmelze bzw. Einsparungen in einer Größenordnung von etwa 2 kg Eisen pro t Stahl. Damit unmittelbar verbunden ist ein Minderverbrauch an Sauerstoff.

Zudem kann bei angepasstem Sauerstoffeinsatz mit minimierter Eisenverschlackung eine Überoxidation der Schmelze vermieden und somit der Verbrauch an Desoxidationsmitteln, im wesentlichen Aluminium, gesenkt werden. Hier ist mit einer Einsparung von etwa 6 % zu rechnen. Bei einem mittleren Verbrauch von 600 kg pro Schmelze ergäbe sich eine Einsparung von 0,15 kg Desoxidations-Aluminium pro t Stahl.

Im Zuge dieser Maßnahmen wurden auch Einsparungen im Hinblick auf Energie (Sauerstoff), Hilfsstoffe (Feuerfestmaterial, Schlackenbildner) und Prozessgase (Argon, Stickstoff) erzielt. So

kann z.B. im Zusammenhang mit einer im Mittel niedrigeren Schmelzentemperatur und einem geringeren Eisenoxid-Gehalt in der Schlacke der Verschleiß von Feuerfest-Materialien der Konverter-Ausmauerung um etwa 10 % gesenkt werden. Somit kann die Haltbarkeit der Feuerfestzustellung um bis zu 150 Schmelzen gesteigert werden.
Bezogen auf die bei HKM jährlich erzeugten 5,8 Mio Tonnen Stahl ergibt sich alleine bzgl. der Einsatzstoffe Roheisen und Schrott eine jährliche Einsparung von etwa 11.600 t, bzgl. des Aluminiums von 870 t. Hochgerechnet auf die gesamte Blasstahlerzeugung in Deutschland ergibt dies eine jährliche Einsparung von 64.000 t des Rohstoffs Eisen und von 4.800 t Aluminium.

3.2 Ressourceneffizienzpotential der optimierten Prozessführung des Lichtbogenofens

Die Forschungsarbeiten des Verbundvorhabens zur verbesserten Prozessführung des Lichtbogenofens haben das Potenzial, die Energie- und auch die Materialeffizienz der Elektrostahlerzeugung signifikant zu verbessern. Durch eine gezielte Zufuhr von chemischer Energie über Nachverbrennungssauerstoff auf Basis einer kontinuierlichen Abgasanalyse lassen sich die Energieverluste über das Ofenabgas um bis zu 25 % vermindern. Dies führte am Ofen der GMH zu einer Einsparung von elektrischer und chemischer Energie von rund 20 kWh/t Rohstahl. Der verringerte elektrische Energiebedarf zieht durch die bei konstanter Leistung verminderte Stromflusszeit automatisch eine Verkürzung der Behandlungszeiten von etwa 5 Minuten und damit verbunden einer zusätzlichen Energieeinsparung von etwa 5 kWh/t nach sich. Durch die Verminderung des elektrischen Energieverbrauchs konnte die Stromflusszeit am Ofen der GMH bereits um 2 Minuten verringert werden.
Durch einen gezielteren Einsatz von Sauerstoff über eine modellgestützte und auf einer Abgasanalyse basierenden Prozessführung kann das metallische Ausbringen von Eisen um etwa 1 % erhöht werden. Weiterhin kann der Sauerstoffgehalt der Schmelze besser kontrolliert werden, was zu einem Minderverbrauch von bis zu 10 % des Desoxidations-Aluminiums führen kann. Weiterhin führen diese Maßnahmen zu einem geschätzten Minderverbrauch an Sauerstoff von bis zu 2 Nm^3/t.

4 Literatur

[1] H.-E. Wiemer, A. Pfeiffer, K. Rieche, K. Wünnenberg, Stahl und Eisen 1995, 115 (4), 103-110.

[2] B. Kleimt et al., Senkung des Verbrauchs von Rohstoffen und des Anfalls von Reststoffen bei der Erzeugung von hoch-chromhaltigen Edelstählen im AOD-Konverter, Schlussbericht BMBF-Vorhaben 01 RW 0121 und 01 RW 0122, 2005.

[3] B. Kleimt, R. Lichterbeck, C. Burkat, Stahl und Eisen 2007 127 (1), 35-41.

[4] E. Schürmann, H. Fischer, Stahl und Eisen 1991, 111 (10), 100-105.

[5] A. Dietrich, P. Kaspersen, H. Sommerauer, in Proc. SCANMET II, 2nd Int. Conf. on Process Development in Iron and Steelmaking, Lulea 2004.

[6] H.-J. Krassnig, B. Kleimt, L. P. Voj, H. Antrekowitsch, Stahl und Eisen 2008 128 (9), 41-52.

[7] J. Cappel, K. Wünnenberg, Stahl und Eisen 2008 128 (9), 55-66.

[8] Kühn, R.: Untersuchungen zum Energieumsatz in einem Gleichstromlichtbogenofen zur Stahlerzeugung, Diss. Technische Universität Clausthal, 2002, Shaker Verlag.

[9] S. Köhle, Recent improvements in modelling energy consumption of electric arc furnaces. Proc. 7th European Electric Steelmaking Conference, Venice 2002, S. 1.305 - 1.314

[10] B. Kleimt, S. Köhle, R. Kühn, S. Zisser, Application of models for electrical energy consumption to improve EAF operation and dynamic control, Proc. 8th European Electric Steelmaking Conf. Birmingham 2005, S. 183 - 197

[11] A. Di Donato, et al., Development of operating conditions to improve chemical energy yield and performance of dedusting in airtight EAF. EGKS-Projekt, Bericht EUR 22973, 2007.

[12] R. Kühn, J. Deng, Kontinuierliche Abgasanalyse und Energiebilanz bei der Elektrostahl-Erzeugung, stahl und eisen 125 2005, Nr. 4, S. 51-56

KLÄRSCHLAMMVERWERTUNG REGION NÜRNBERG: KLÄRSCHLAMM ZU ENERGIE UND DÜNGER

B. Hagspiel

Werkleiter Stadtentwässerung und Umweltanalytik Nürnberg, e-mail: burkhard.hagspiel@stadt.nuernberg.de

Keywords: Klärschlamm, Recycling, Phosphor, Faulgasverwertung

1 Zusammenfassung

Im Rahmen eines durch das Bundesministerium für Bildung und Forschung (BMBF) maßgebend unterstützten Forschungs- und Entwicklungsvorhabens entsteht im Klärwerk der Stadt Nürnberg eine Pilotanlage im halbtechnischen Maßstab zum Zweck der Verhüttung von Klärschlamm in einem einstufigen Prozess [1]. Bei Erfolg kann ein technisch - wirtschaftlicher und politisch wichtiger Meilenstein zum Thema Klärschlammverwertung erreicht werden. Das Ergebnis des Versuchs entscheidet, ob zukünftig eine technische Alternative zur Klärschlammmonoverbrennung angeboten werden kann und gleichzeitig die Rückgewinnung des im Klärschlamm vorhandenen Phosphors unter wirtschaftlich relevanten Bedingungen möglich ist. Wenn ja, dann erschließt sich mit hohem Wirkungsgrad auf internationaler Ebene ein bedeutendes Aufkommen schadstoffarmen Düngers für die Landwirtschaft. Es würde der Beweis erbracht, dass die Reinigung des kommunalen Abwassers nahezu abfallfrei und ohne überregionale Klärschlammtransporte möglich ist.

2 Einleitung

Bei der Abwasserreinigung der Stadt Nürnberg fallen jährlich ca. 40.000 Tonnen entwässerter Klärschlamm an, der zu einem Preis von knapp 3 Millionen EUR aufwändig entsorgt wird. Zusammen mit den Städtepartnern Erlangen, Fürth und Schwabach summiert sich das Aufkommen auf ca. 70.000 Tonnen Schlamm pro Jahr. Er wird überwiegend in Braunkohlekraftwerken mitverbrannt, ein kleiner Anteil wird in die Landwirtschaft und in den Landschaftsbau verbracht.
Deutschlandweit wird intensiv nach nachhaltigen, ökologisch verträglichen und zugleich wirtschaftlich vertretbaren Alternativen im Umgang mit Klärschlamm kommunaler Abwasserreinigungsanlagen geforscht. Hierbei geht es im Sinne des Kreislaufwirtschaftsgesetzes um die alternative energetische wie stoffliche Nutzung des Schlamms als Rohstoff zur Deckung des Eigenbedarfs an Strom und Wärme, sowie die Rückgewinnung des Phosphors zur Verwendung als

wichtiger Pflanzendünger. Die Städtepartner wollen im Rahmen der interkommunalen Zusammenarbeit ein zukunftsweisendes Konzept der Verwertung des Klärschlamms für die Metropolregion Nürnberg entwickeln und umzusetzen. In einem internationalen Ideenwettbewerb wurden 13 Verfahren untersucht. Allein die Technologie des metallurgischen Phosphorrecyclings im thermischen, reduktiven Schmelzvergasungsprozess eines Schachtofens (Mephrec) [2] wurde als evident und zugleich wirtschaftlich valide eingestuft.
Nach erfolgreicher Akquisition von Fördermitteln des Bundesministeriums für Bildung und Forschung startet das Vorhaben mit einem Pilotprojekt im halbtechnischen Maßstab, um die Technik zu erproben.

3 Problemstellung

Bei der *Produktion* von Waren sind Verfahren der Kreislaufführung von Stoffen und der optimierten energetischen Nutzung der eingesetzten Rohstoffe als wichtiger, positiver Wettbewerbsvorteil betriebsintern Stand der Technik. Die *Entsorgung und Verwertung* der Waren und Nahrungsmittel sind zwar durch Gesetze reguliert. Neben der thermischen Nutzung der Abfallstoffe setzen sich alternative Konzepte der stofflichen Verwertung aber nur schwer durch, weil der Aufwand für Sammlung, Sortierung und Rückgewinnung im Verhältnis zum Nutzen und Preis der Recyclingprodukte oft unverhältnismäßig hoch ist.
Das Kanalisationsnetz ist ein perfektes Sammelsystem flüssigen Abfalls. Dessen Verwertung beschränkt sich hingegen regelmäßig auf die energetische Nutzung des Faulgases bei der Klärschlammstabilisierung. In Deutschland werden 1,07 Mio Mg/a Klärschlamm TS anschließend (mit)verbrannt und die Asche deponiert. 0,88 Mio Mg/a erfahren eine umstrittene stoffliche Verwertung in Landwirtschaft und Landschaftsbau.
Im ersten Fall steht die Energie regelmäßig nicht dort und dann zur Verfügung, wie sie auf der Kläranlage gebraucht wird und die Verbrennungsprodukte verursachen weitere Entsorgungskosten statt Erträge. Im zweiten Fall werden mit höchstem Aufwand die Schadstoffe über den Klärschlamm aus dem Abwasser entfernt, um sie anschließend großflächig und mit hohem Entgelt auf dem Boden der Landwirtschaft wieder zu verteilen. Beide Entsorgungsmodelle gelten als nicht nachhaltig.
Die stoffliche Verwertung des Klärschlamms zu Düngezwecken steht vor dem politischen Wendepunkt. Bayern, Nordrhein-Westfalen, Baden-Württemberg [3] und Niedersachsen [4] favorisieren die Einstellung der Schlammausbringung auf Ackerflächen. Die Länder begrüßen über den Bundesrat die Initiativen zur nachhaltigen Bewirtschaftung von Phosphor aus Abwasser, fordern entsprechende Initiativen seitens der Europäischen Kommission und erwarten von der

Bundesregierung, dass Deutschland die Vorreiterrolle für die Bereitstellung von P-Dünger aus Klärschlamm übernimmt [5]. Die Bundesregierung hat angekündigt, die Klärschlammausbringung zu Düngezwecken zu beenden und Phosphor und andere Nährstoffe zurückzugewinnen [6]. Dieses Vorhaben ist konsequent, die Umsetzung aber ökologisch wie wirtschaftlich nicht gelöst. Der Energie- und Betriebsmittelbedarf bedeutet zusätzlichen Ressourcenverbrauch und verursacht Kosten um ein vielfaches höher als der Ertrag aus Verkaufserlös der Recyclingprodukte [16].

4 Ziele

Die Arbeitsgemeinschaft der Städte an der oberen Regnitz bündelt die Interessen der Klärwerksbetreiber unter den Gesichtspunkten der

1. optimierten energetischen und stofflichen Bilanz der Abwasserreinigung,
2. Eliminierung der Schadstoffe des Abwassers über den Klärschlamm,
3. Nutzung der Abwasserinhaltsstoffe unter Minimierung der Treibhausgasemissionen
4. umweltgerechten Verwertung der Klärschlamminhaltsstoffe (Metalle + P-Dünger) und
5. Minimierung sowie regionale Allokation des Abfallrests (Vermeidung Abfall und ca. 1,1 Mio Transportkilometer).

Die Stadt Nürnberg gründete eine GmbH, um die genannten Fragestellungen zu bearbeiten:

- Gestaltung eines regionalen Klärschlammmanagements.
- Integrierte Aufbereitung des Klärschlamms (Trocknung und Brikettierung) mit Eigenenergie.
- Energetische Verwertung der Trockensubstanz mit einem einstufigen Prozess zur thermischen Innertisierung und zur Abtrennung der Inhaltsstoffe, respektive Schwermetalle.
- Vermarktung der phosphorhaltigen Schlacke.

5 Projektiertes Verfahren

Mit dem Schachtofen werden in langer Tradition Metalle geschmolzen. 1794 erfand John Wilkinson den Kupolofen, um auch in kleinem Maßstab Gusseisen zu erzeugen. Der japanische Großkonzern Nippon Steel Engineering entwickelte 1979 das Verfahren des Direct-Melting [7]. Nach dem Verfahrensmuster (siehe Abb. 1) werden weltweit 42 Anlagen zur Abfallentsorgung betrieben. Unter Zumischung von Koks und ggf. Kalkstein wird der Abfall vorerhitzt und getrocknet. In der nächsten Zone kommt es zur thermischen Zersetzung und Ausgasung. Dann beginnt der Schmelzvorgang an den Grenzflächen der Stoffe. In der Reaktorkernzone werden bei

Temperaturen bis über 2.000 °C sämtliche organische Strukturen zerstört. Das Eisen einschließlich der Schwermetalle geht unter reduzierenden Bedingungen in die flüssige Phase über und wird über einen Siphon abgeleitet und durch Löschen im Wasserbad granuliert. Die leichtere, flüssige Schlacke schwimmt auf und wird über die gleiche Weise abgeleitet. Erfolgt der Abstich gemeinsam, trennt ein nachgeschalteter Magnetseparator das Eisen- vom Schlackegranulat.
Als besondere Vorteile des Direct-Melting werden hervorgehoben:

- Hohe Prozessstabilität durch mit Sauerstoff steuerbare Hochtemperaturvergasung.
- Reinheit der Produkte (Synthesegas, geringe Emissionen, homogene Metall- und Schlackezusammensetzung, sichere Zerstörung aller organischen Verbindungen).
- Nachhaltigkeit und Wirtschaftlichkeit durch günstige Energie- und Stoffrückgewinnung.
- Nachgewiesene Zuverlässigkeit mit zahlreichen Anlagen.

Der Eisenabstich ist Senke für Schwermetalle und wird wie anderer Schrott in die Industrie zurückgeführt. Die granulierte Schlacke geht in die Baustoffindustrie.
In Japan hat sich das Schmelzen der Siedlungs- und Industrieabfälle gegenüber der Verbrennung mit Rostfeuerung vor allem wegen der Sortenreinheit der Produkte (Eisen, Schlacke, Synthesegas) und der geringen Emissionsbelastung (HCl und SO_2) etabliert.

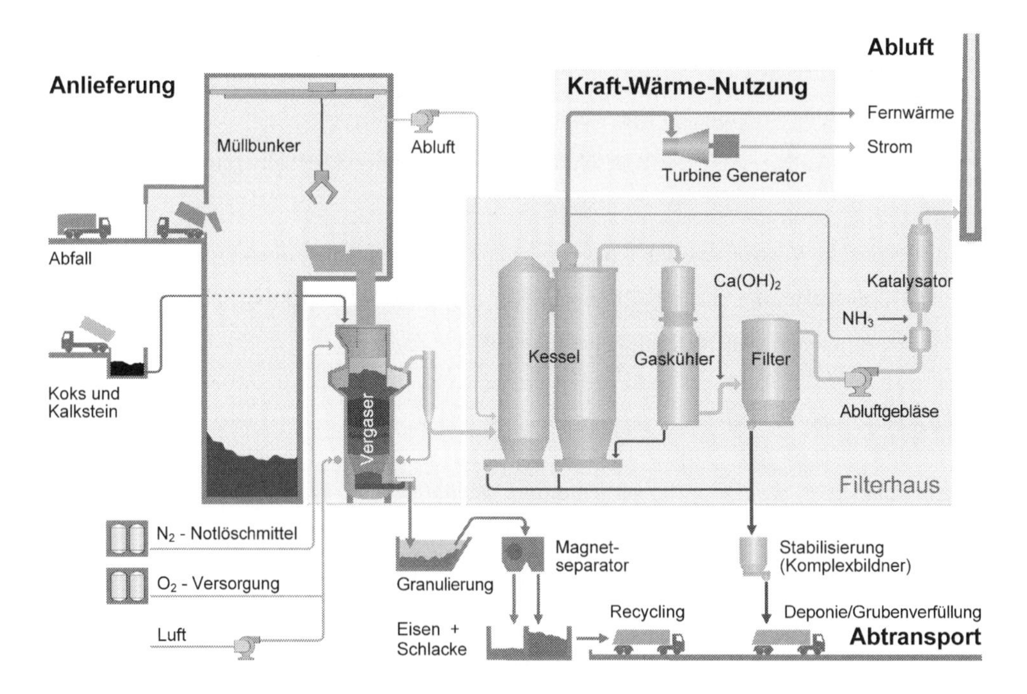

Abb. 1: Verfahrensschritte der Direct-Melting (in Anlehnung [7])

5.1 Die Verhüttung von Klärschlamm

Die Bergakademie TU Freiberg führt seit 1992 Versuche zur Schacht-Schmelz-Vergasung von Abfällen durch. Zwischen 1997 und 2001 wurden zwei Pilotanlagen zur Vergasung von Altholz und Kommunalabfall errichtet und mit Erfolg betrieben. Das Ingenieurbüro für Gießereitechnik Leipzig GmbH (ingitec GmbH) entwickelte bis 2000 für die Mitteldeutsche Feuerungs- und Umwelttechnik GmbH Leipzig (MFU) die Schmelzvergasung von Abfällen im sogenannten 2sv-Verfahren, mit gleichem Ansatz wie das Direct-Melting. Ende 2002 konzipierte das Ingenieurbüro das Verfahren Metallurgisches Phosphorrecycling (Mephrec) und entwickelte es unter technischen und wirtschaftlichen Gesichtspunkten für die Klärschlammbehandlung fort [8]. Verarbeitet wird unter Zugabe von Koks und Sauerstoff getrockneter und brikettierter Klärschlamm [9]. Der Koks liefert mit ca. 15% der mineralischen Anteile im Klärschlamm die erforderliche Energie für den Schmelzprozess. Das Verfahren ist flexibel auch für andere phosphorhaltige Stoffe wie Klärschlammasche oder Tiermehl geeignet, sofern diese unter Bindemittelzugabe in geeigneter Weise in eine stabile, stückige Form verfestigt werden können.

Auf der Grundlage von Konformitätsuntersuchungen der Thüringer Landesanstalt für Landwirtschaft ist es gelungen, den mineralischen P-Dünger aus Schmelzvergasung in der aktuellen Düngemittelverordnung neben dem Thomasphosphat aus der Stahlindustrie zu verankern [10]. Das Mephrec wird jetzt auch in der deutschen Fachwelt als eigenständiges Verfahren neben dem thermo-chemischen Aufschluss von Verbrennungsaschen anerkannt [11].

5.2 Leistungsdaten Vorhaben Nürnberg

Die Kernkomponenten des Systems Direct-Melting und Mephrec sind vergleichbar, aber unterschiedlich optimiert. Die Logistik für die Klärschlammannahme und die Gesamtdimensionen sind deutlich reduziert. Als vorbereitende Stufen kommt die Klärschlammtrocknung und Brikettierung mit Standardkomponenten hinzu. Das Prozesswasser der Klärschlammtrocknung und Abluftbehandlung soll direkt im Klärwerk verarbeitet werden. Der Brennwert des Klärschlamms, vergleichbar mit Braunkohle, ist zu niedrig, um die gewünschte Gasqualität zur motorischen Nutzung zu erzielen. Der Vergasungsprozess soll deshalb durch Zugabe von Sauerstoff höherwertiges Synthesegas erzeugen. Die erzeugte Wärme wird für die Klärschlammtrocknung verbraucht.

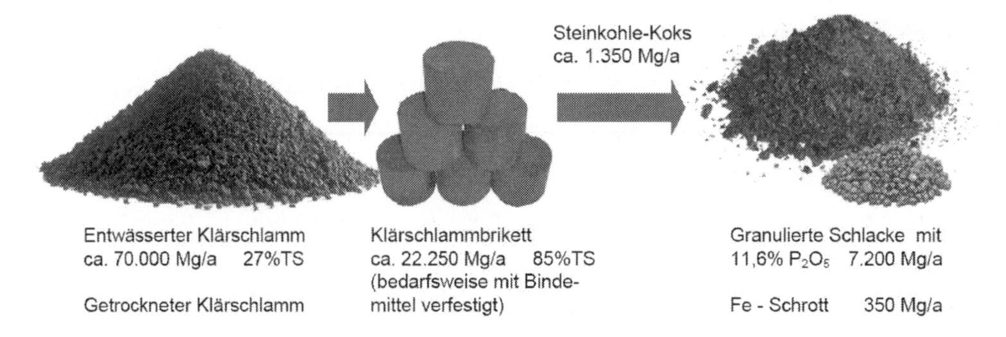

Abb. 2: Verfahrensschritte des metallurgischen Phosphorrecyclings im Modell Nürnberg

Tabelle 1: Berechnete Leistung bei Anlagenvollausbau für Nürnberg, Erlangen, Fürth, Schwabach

Input		**Output**	
Klärschlammmenge 27%TS	70.000 Mg/a	Synthesegas	51,00 GW/a
Betriebszeit	7.500 h/a	Rohgasmenge	1,96 Nm³/h
Klärschlamm TS	2,50 Mg/h	(mit 16,4% H_2; 3,0% CH_4; 0,3% C_2H_4; 32% CO)	
Klärschlammbrikett 85%TS	3,00 Mg/h	Feuerleistung	5,88 MW
Koks	0,18 Mg/h		(2,20 MW_{el})
Technischer Sauerstoff	0,86 Mg/h	P_2O_5-Schlacke-Granulat	960 kg/h
		Fe-Schrott	46 kg/h
		Staub	8 g/h
Betriebspersonal	15 MA	Abwasser	840 l/h

Durch die geplante Verlängerung der Wertschöpfungskette kann der Deckungsgrad an selbst erzeugtem Strom für die Stadtentwässerung auf über 90% gesteigert werden.

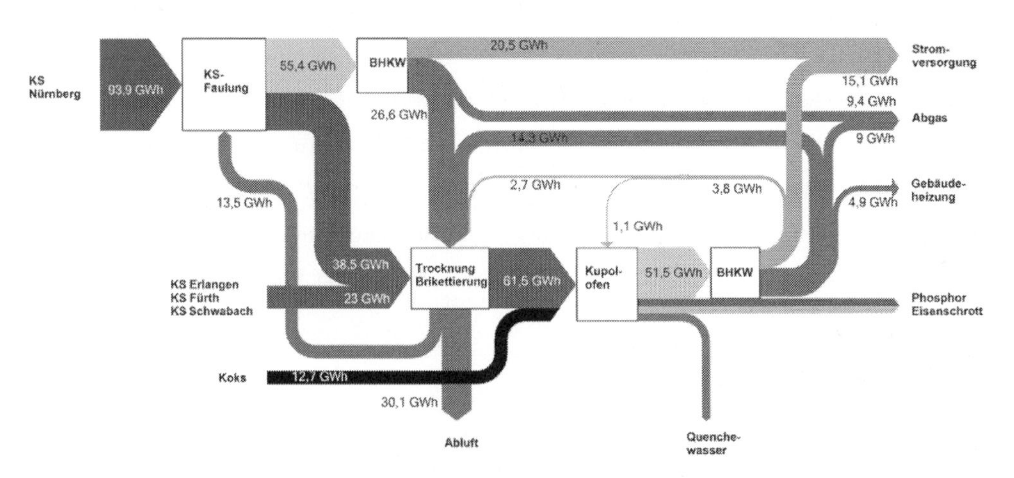

Abb. 3: Prognostizierte Energiebilanz bei Vollausbau der Verwertungsanlage Nürnberg

5.3 Projektdaten Vorhaben Nürnberg

Die Phosphorausbeute des Verfahrens ist im Vergleich zu anderen nahe an der Grenze des technisch möglichen. Hierzu folgende Annahmen auf Grundlage durchgeführter Experimente:

- > 95% Gesamt-P aus Abwasserstrom im Klärschlamm (bei P-Fällung mit Eisen III)
- > 80% Gesamt-P in metallurgischer Schlacke (ca. 4% in Eisenschmelze, Rest in Flugstaub)
- 12 bis 20% liegen als P2O5 vor, der Rest in unbedenklichen sonstigen Verbindungen
- > 82% der erzeugten P-Schlacke sind pflanzenverfügbar (citratlöslich).

Tabelle 2: Komponenten Mephrec- Schlacke im Vergleich mit Thomas-Schlacke [Angaben in % TM]

Schlackenart	CaO	MgO	SiO_2	Al_2O_3	Fe-Oxide	P_2O_5	Citratlöslichkeit
Mephrec-Schlacke*	32,3	3,6	27,0	20,6	3,9	11,6	> 81,9
Thomas-Schlacke**	47 - 50	3	6 - 8	1 - 2	12 - 16	16 - 19	85 - 95

* Klärschlammmischung aus 60% Nürnberg, 40% München (Analyse Thüringer Landesanstalt für Landwirtschaft)
** Literaturangaben

Die Schadstofffreiheit des Produkts ist, verglichen mit gängigen Düngemitteln, sehr positiv. Organische Ingredienzien sind verfahrensbedingt auszuschließen, da die hohen und sicher eingehaltenen Temperaturen jede organische Struktur zerstören. Der Dünger hat das Potenzial, am Markt des ökologisch orientierten Landbaus eingeführt zu werden.

Tabelle 3: Nachgewiesene Produktqualität der P-haltigen Schlacke im Verhältnis zu rechtlichen Bestimmungen und Vergleichsdüngern [Angaben in mg/kg TM] [12]

Gesetzliche Bestimmung	As	Pb	Cd	Cd/kg P_2O_5	Cr^{VI}	Ni	Hg	Tl	Cu	Zn	U
Bioabfallverordnung (BioAbfV)	--	150	1,5	--	--	50	1	--	100	400	--
Düngemittelverordnung (DüMV)	40	150	1,5	50	2	80	1	1	--	--	--
Klärschlammverordnung (AbfKlärV) < 5% P_2O_2 in der TM	--	120	2,5	--	--	80	1,6	--	700	1500	--
Klärschlammverordnung (AbfKlärV) > 5% P_2O_2 in der TM	--	150	3,0	--	--	100	2	--	850	1800	--
Schlacke aus Schmelzvergasung (11,6% P_2O_5 in TM)	0,59	< 20	0,02	0,14	< 1	< 15	0,01	0,01	74	85	10
Teilaufgeschlossenes Rohphosphat (39,8% P_2O_5 in TM) Mittelwert aus 21 untersuchten Düngern	24,6	10,1	64,0		382	92,7	0,08	1,3	79,6	1126	445
Triple Superphosphat (45,5% P_2O_5 in TM) Mittelwert aus 11 untersuchten Düngern	13,7	32,3	62,1		503	45,9	0,04	0,8	33,6	778	229
Rohphosphat mit kohlensaurem Kalk aus Meeresalgen, mit Mg (17,8% P_2O_5 in TM) Mittelwert aus 5 untersuchten Düngern	22,2	21,5	65,7		663	21,4	0,11	6,7	30,2	865	126

5.4 Ökobilanzierung

Das Verfahren Mephrec wurde mit dem bisherigen Entsorgungsweg der Mitverbrennung im Braunkohlekraftwerk verglichen [13]. Die Systemgrenze umfasst die Stoffstrom- und Energiebilanzen für die beiden alternativen Klärschlammentsorgungssysteme, beginnend mit der Erzeugung von Klärschlamm und dessen weitere Behandlung bis zur Entsorgung der Reststoffe, einschließlich Verfahren zur Rückgewinnung des Phosphors.

Mephrec ist gegenüber einer Mit- und Monoverbrennung ohne P-Rückgewinnung ökologisch betrachtet bei den wesentlichen negativen Umweltwirkungen Phosphorressource, Versauerung, Eutrophierung, Humantoxizität und Bodenschutz teilweise mit großem Abstand im Vorteil.

Aufgrund der maximalen P-Ausbeute und den zugleich geringsten Schadstoffkonzentrationen in der Phosphorschlacke schneidet das Verfahren auch im Vergleich zu den anderen begutachteten Verfahrung zur Erzeugung von Recyclingphosphor besonders gut ab. Aufgrund der teilweise geringen Verfügbarkeit von Phosphor im Klärschlamm, seine Versauerungswirkung und Bodenschädigung und besonders durch die hohen organischen und metallischen Belastungen mit humantoxikologischem Potenzial ist die Ökobilanz von landwirtschaftlich verwertetem Klärschlamm schlecht [14].

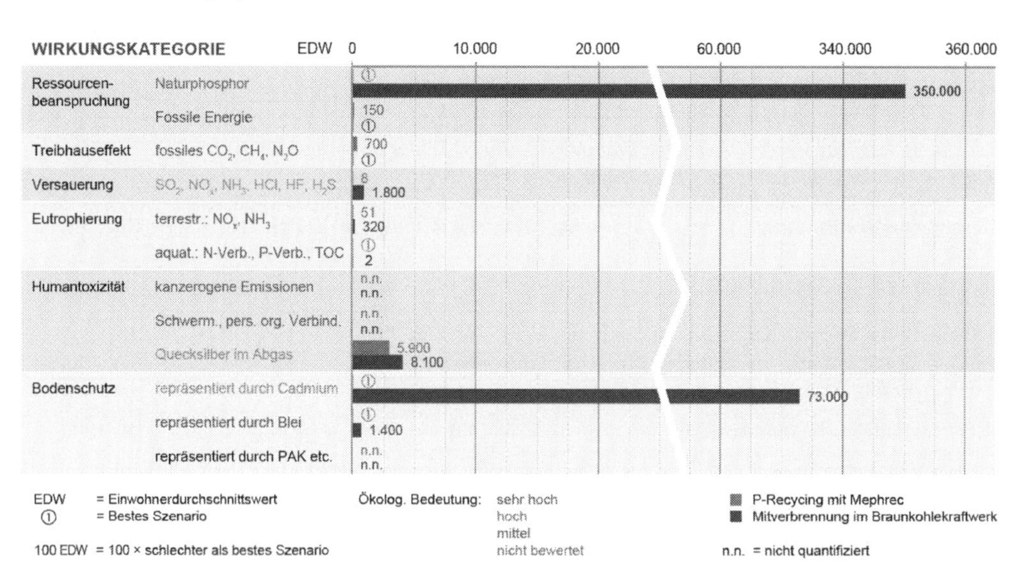

Abb. 4: Ergebnis der ökologischen Bilanzierung Treibhausgasemissionen im Vergleich zum bisherigen Entsorgungsweg der Klärschlammmitverbrennung im Braunkohlekraftwerk (Systematik und Bewertungsmodalitäten siehe [14])

Der Punkt Treibhausgasemissionen und Verbrauch fossiler Ressourcen ist zu differenzieren:

- Der Verbrauch fossiler Brennstoffe und die Erzeugung von Treibhausgasen sind im Vergleich zu den anderen Faktoren von untergeordneter Bedeutung. (Diese sind selbst bei der landwirtschaftlichen Verrottung des Klärschlamms nicht wesentlich kleiner als bei der Mono-/Mitverbrennung.)

- Die stoffliche Klärschlammverwertung erzeugt grundsätzlich in Folge des zusätzlichen Energiebedarfs höhere Emissionen an Treibhausgasen; je nach Art des Ressourceneinsatz einmal weniger, einmal mehr. Die Logistik (im Fall Nürnberg Transport von ca. 1,1 Mio km) ist standortsabhängig. Eine eigene Anlage hat hier Vorteile.
- Mit ca. 68% der gesamten Energieerzeugung hängt der tatsächlich relevante ökologisch positive Effekt der Klärschlammwertung entscheidend vom Grad der Gasverwertung bei der konventionellen Klärschlammstabilisierung ab. Auch die übrigen 32% der im stabilisierten Klärschlamm enthaltenen Restenergie kann gleichermaßen bei der Mit- oder Monoverbrennung, wie bei der Synthesegasverwertung der Mephrecanlage über Kraft-Wärme-Kopplung zu Strom gemacht werden.
- Bei der Mitverbrennung im Braunkohlekraftwerk kann man den Klärschlamm als positives Substitut für die emissionslastige Braunkohle ansetzen. Man muss es aber nicht: Wird der Strom im Klärwerk durch die Synthesegasverwertung selbst erzeugt und verbraucht, dann kann auf den Bezug von Fremdstrom in gleicher Höhe verzichtet werden. In der Folge fällt die Nachfrage nach in Braunkohlekraftwerken erzeugtem Strom. Auf den Betrieb dieser Werke kann mittelfristig verzichtet werden.

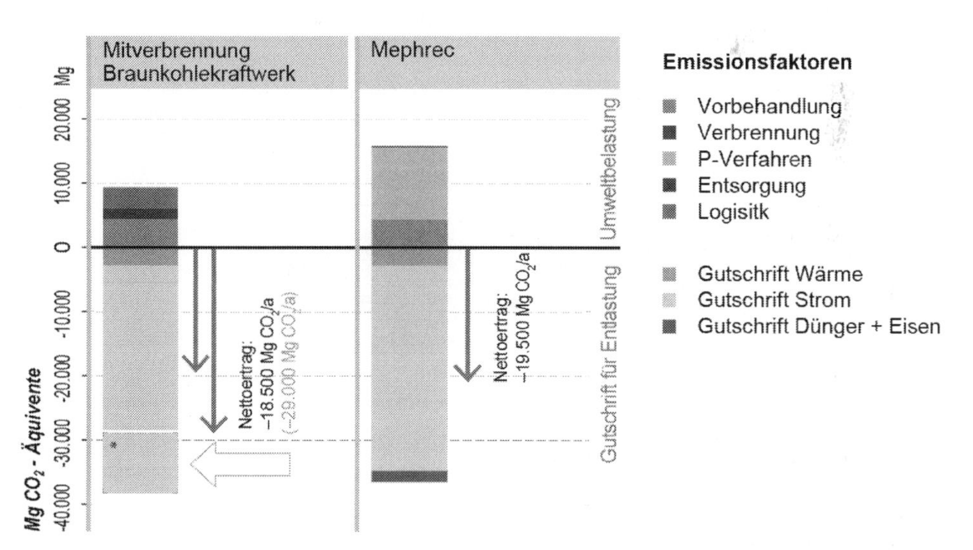

Abb. 5: Ergebnis der ökologischen Bilanzierung Treibhausgasemissionen im Vergleich zum Entsorgungsweg der Klärschlammmitverbrennung im Braunkohlekraftwerk ⇨ (Gutschrift, wenn statt Klärschlamm Braunkohle verheizt wird.)*

5.5 Kosten des Vorhabens Nürnberg

Die Verfahrenstechnik ist kapitalkosten- und betriebsmittelintensiv. Auf Grundlage einer Machbarkeitsstudie werden die Investitionskosten auf 25,6 Mio EUR (incl. MwSt) veranschlagt. Die laufenden Kosten für Betrieb und Unterhalt summieren sich auf 5,7 Mio. EUR/a, ein Vollkostenanteil von rund 80% der Gesamtkosten.

In einer nicht veröffentlichten Studie des Instituts für Siedlungswasserwirtschaft der RWTH Aachen [15] wurde die Kostenstruktur der P-Erzeugung mit Mephrec vergleichbar zu den anderen in der „PHOBE" Förderinitiative P-Recycling16 berücksichtigten Verfahren der P-Rückgewinnung aus Klärschlamm kalkuliert. Danach würde der Erzeugungspreis mit 10,50 EUR/kg P circa das 8-fache des Marktpreises von Naturphosphat betragen (entspricht ca. 5 EUR/E·a). Der Preis ist fast 4-fach so hoch wie das preisgünstigste Recyclingverfahren mit einem wesentlichen Unterschied: Es wird durch Eigenerzeugung der Stromeinkauf in Höhe von ca. 2,5 Mio EUR eingespart und der Klärschlamm ist vollständig am Standort verwertet.

Aus Sicht der Stadt als Abwasserentsorger ist der Barwertvergleich der Vollkosten für die Klärschlammentsorgung maßgeblich. Da ein Markt für Recyclingphosphor erst am Entstehen ist, sollte auf einen nennenswerten Wertansatz für P-Verkaufserlöse zunächst verzichtet werden.

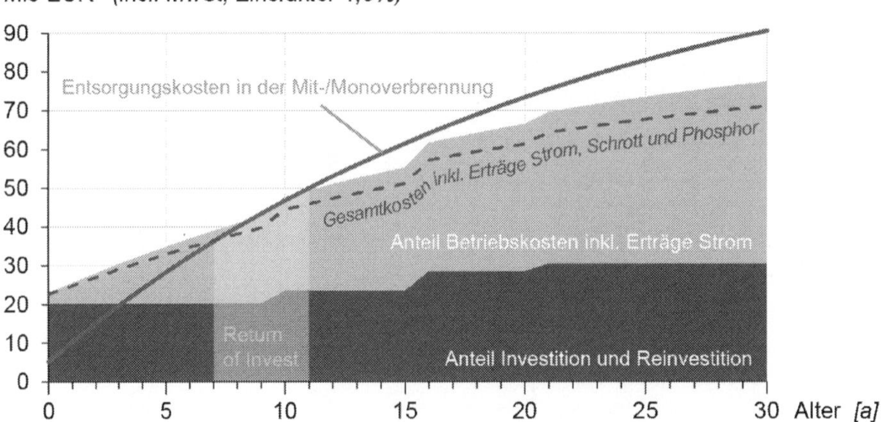

Abb. 6: Barwertvergleich von energetischer Fremdverwertung (rote Linie) und energetisch/stofflicher Eigenverwertung mit Mephrec (blaue Fläche). Mit Gutschrift aus Verkauf von Phosphorprodukten ermäßigen sich die Betriebskosten. (Zinsfuß gemäß gebührenrechtlicher Kalkulation)

Pro 100 EUR/Mg P Verkaufserlös vermindern sich die Mephrec-Vollkosten der Klärschlammverwertung um ca. 1 EUR/Mg entwässerter Klärschlamm. Der Zeitraum des primären Return of Investment verkürzt sich bei einem realistischen Erlös von ca. 1.000 EUR/Mg P nur um wenige

Zeit. Je niedriger der gewählte Zinsfuß, desto weiter öffnet sich die Schere zwischen Kosten der Fremd- und der Eigenverwertung.
Die Vorhaltung der anspruchsvollen Technik, Logistik und Abluftreinigung, sowie des Betriebspersonals verlangt hinsichtlich Wirtschaftlichkeitskriterien Mindestanlagengrößen von über 50.000 Mg/a entwässerter Klärschlamm. Ein Downskaling der Anlage scheint nach Stand der Technik nicht sinnvoll.
Die Wirtschaftlichkeitsrechnung reagiert aufgrund des überproportionalen Betriebsmittelbedarfs sensitiv auf Preisentwicklungen des Rohstoffmarktes für Sauerstoff und Koks. Es kann nicht damit gerechnet werden, dass der Erzeugerpreis des Recyclingphosphors gegenüber Rohphosphat rasch abnimmt. Auch überproportional wachsende Erlöse aus P-Verkauf verbessern deshalb die Bilanz nicht entscheidend. Durch die hohe energetische Eigenbedarfsdeckung entkoppelt sich jedoch die Preisentwicklung der Gesamtkläranlage besonders von den Stromlieferbedingungen des Marktes.

6 Pilotanlage

Die prinzipielle Eignung des Verfahrens und die Qualität der Produkte wurden experimentell am Gießerei-Institut der Technischen Universität Bergakademie Freiberg im Kleinkupolofen nachgewiesen. Die Technologie ist evident, aber in notwendigen Dimensionen unerprobt. Die Risiken hinsichtlich Investitionsentscheidung, Realisierungs- und Betriebserfolg einer technischen Großlösung sind besonders im Verhältnis zum erwarteten Erlös zu hoch, um allein durch den Betreiber (Stadt Nürnberg) einerseits, oder einen potenziellen Generalübernehmer der Anlage (Wirtschaftspartner/Privatinvestor) andererseits übernommen werden zu können.
Eine Pilotanlage im halbtechnischen Maßstab soll im Rahmen eines Forschungs- und Entwicklungsprojekts klären, ob die Technik zur Erreichung der genannten Ziele eine betriebssichere und wirtschaftliche Lösung ist.

6.1 Organisation

Im Rahmen der Projektenwicklung wurde nach Lösungen gesucht, um die hohen Risiken des Vorhabens zu begrenzen, beziehungsweise den Erfolg zu sichern. Das Forschungsvorhaben wird seitens der Bundesregierung gemäß den vorläufigen Ergebnissen zu optimalen Förderquoten des Pro-gramms ERWAS [17] unterstützt. Die Kooperationspartner sind die Stadt als projektierende Gesellschaft und Standortsgeber, ein privater Wirtschaftspartner und Verfahrensgeber, ein erfahrender Betreiber einer Klärschlammmonoverbrennungsanlage und vier renommierte Forschungsinstitute.

Die Partner bleiben wirtschaftlich eigenständig und selbstverantwortlich; die Projektkoordination wird über einen Kooperationsvertrag geregelt. Die Stadt stellt die Infrastruktur und die laufenden Betriebsmittel einschließlich Betriebspersonal. Die Kosten dafür entstehen überwiegend proportional zur tatsächlichen Laufzeit des Projekts. Die finanziellen Risiken sind deshalb sehr begrenzt.

Das verfahrenstechnische und wirtschaftliche Hauptrisiko trägt der private Investor. Zusammen mit dem Verfahrensgeber entscheidet er maßgebend über die (wirtschaftliche) Zukunft des Verfahrens. Durch die Beteiligung des größten Monoverbrennungsanlagenbetreibers Deutschlands fließen dessen Erfahrungen ein und es werden mit ihm zusammen die Möglichkeiten der Ascheverarbeitung erprobt.

Die Zusammenarbeit mit den wissenschaftlichen Fachinstituten gewährleistet die vollständige und transparente Überprüfung der Technologie unter technischen, wirtschaftlichen, ökologischen und marktwirtschaftlichen Gesichtspunkten.

Das Projekt wird seitens der Stadt durch eine GmbH abgewickelt. Die Umsatzsteuer auf Investition und Betriebsmittel stellt einen signifikanten Anteil an den potenziellen Verwertungskosten dar. Bei einer umsatzsteuerpflichtigen Gesellschaft ergibt sich deshalb ein Entsorgungskostenvorteil zwischen 5% – 7 % gegenüber einer umsatzsteuerbefreiten Körperschaft. Außerdem weist die Organisation als GmbH (& Co. KG) langfristige Vorteile hinsichtlich der Betriebsverwaltung und Geschäftsabwicklung zusammen mit Kooperationspartnern auf.

6.2 Programm und Zeitplanung

Die Pilotanlage hat eine Anlagenleistung von ca. ein Fünftel der späteren Großanlage. Die technische Ausstattung reduziert sich auf die wesentlichen Komponenten des Verfahrens. Auf die motorische Verwertung des erzeugten Synthesegases wird verzichtet. Die Aufstellung der Aggregate, Logistik und Einbindung in die Infrastruktur der Kläranlage reduzieren sich auf provisorische Mindesterfordernisse. Das Projekt gilt als erfolgreich, wenn die Anlage die geplanten Produkte mit der Mindestqualität und -menge verlässlich erzeugt und eine Dauerleistung von 1.000 Betriebsstunden erreicht. Es besteht die Option zur Verlängerung der Testphase.

Neben allgemeinen Risiken des Management und der zielgerichteten Zusammenarbeit werden die entscheidenden Herausforderungen in der preislichen Gestaltung von Anlagentechnik und Betriebsmittel gesehen. Für Fehlkonstruktionen besteht kein finanzieller Spielraum.

Die technischen Schwierigkeiten liegen im Bereich der Ofentechnik, der zuverlässigen und kontinuierlichen Betriebsweise und besonders in der erforderlichen Aufbereitung der Eingangsstoffe. Es ist unklar, mit welchem Aufwand die notwendige Stabilität und Stückigkeit des Klärschlammbriketts erfolgen muss, damit der Schmelzvorgang sicher und kontinuierlich funktioniert. Die zweite Herausforderung liegt in der (preis)optimierten Gestaltung der investitionsintensiven Abluftreinigung.

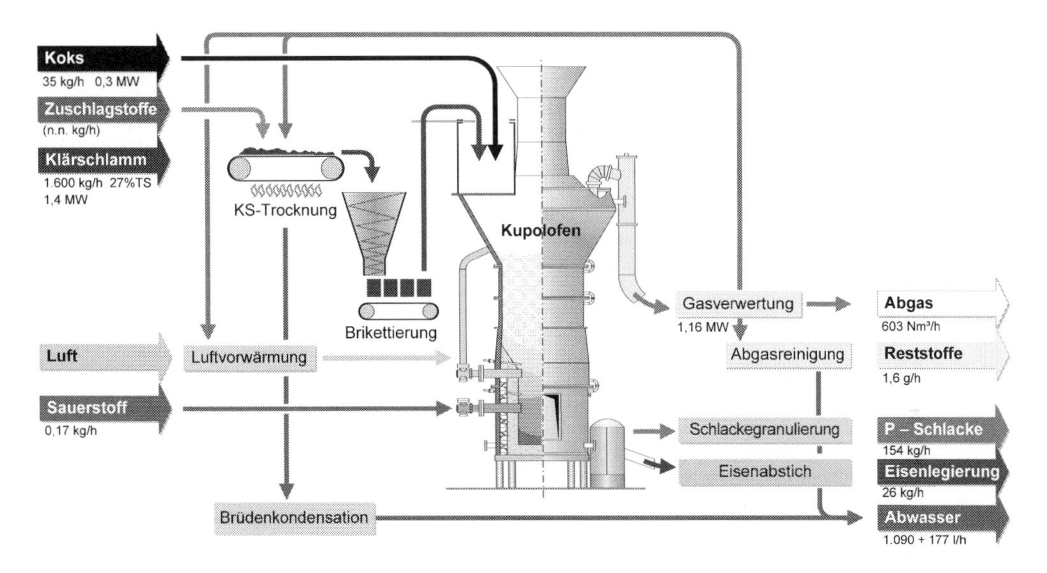

Abb. 7: Anlagenkomponenten des Mephrecversuchs im technischen Halbmaßstab

Es sind weitere Versuche angesetzt, um die Chemie, die Verfahrensvariabilität und der Einsatz verschiedener Ausgangsprodukte wie Klärschlammasche aus Monoverbrennung zu erkunden. Der Stofffluss von Phosphor über das Abwasser ist verfahrensbedingt sehr stabil. Die genauere P-Verteilung in der Abluft, der Schlacke und dem geschmolzenen Eisen ist hingegen nicht quantifiziert. Der Umgang mit Flugstaub und die effiziente Verarbeitung des Quenchwassers sowie der Abluft sind zu klären. Das gilt auch für die Trennung von Schlacke und Eisen.

Es wird ferner untersucht, in weit die vorzügliche Lagerfähigkeit der hergestellten Klärschlammbriketts Potenzial für eine antizyklische, diskontinuierliche Nutzung überschüssiger Energie besonders über die Sommermonate hinweg hat, um die energetische Gesamtbilanz hinsichtlich Gesamtwirkungsgrad der Energiebereitstellung zu optimieren.

Für eine Vermarktung des Recyclingphosphats sind die Nachweise für die REACH-Konformität mit umfänglicher Prüfung der Umwelt- und Gesundheitsrelevanz zu erarbeiten. Es entsteht zum späteren Zeitpunkt gegebenenfalls das Business Case für die Platzierung und internationale Vermarktung des Systems.

Durch die wissenschaftlichen Partner werden die Parameter und Verfahrensabhängigkeiten bis zur Ökobilanz erforscht und im Forschungsbericht aufbereitet, damit die Erkenntnisse einem möglichst breiten Interessentenkreis zur Verfügung stehen.

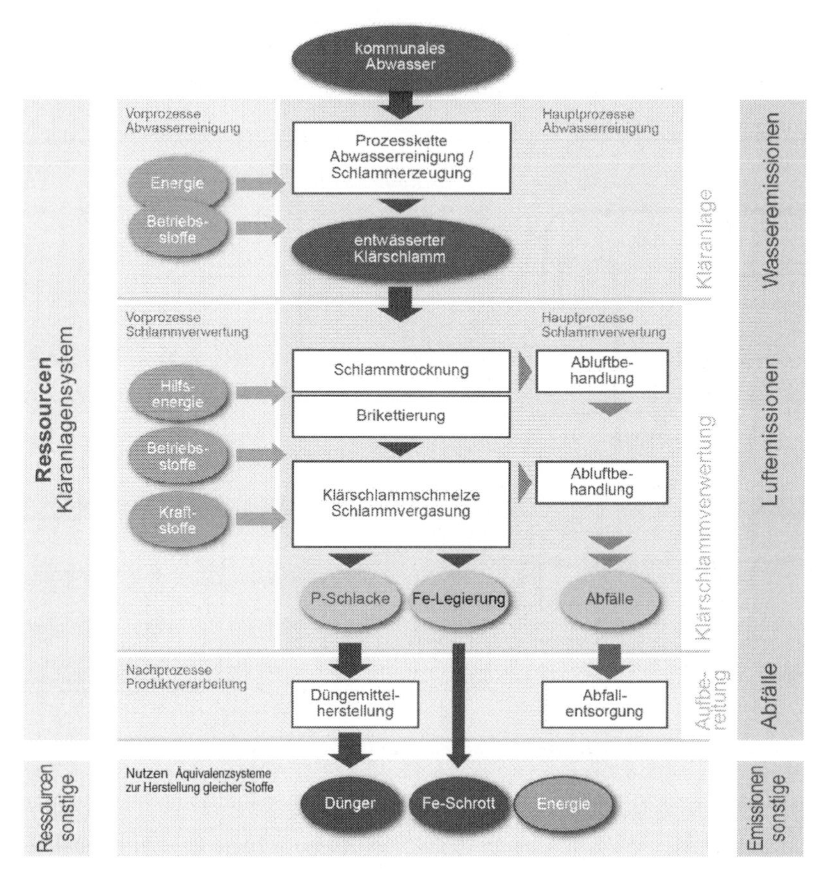

Abb. 8: Untersuchungsprogramm zur Bewertung der ökologischen Validität [18]

Es wird erwartet, dass die grundsätzliche Entscheidung über die Zukunft recht bald nach der ersten Inbetriebnahme gefällt werden kann.

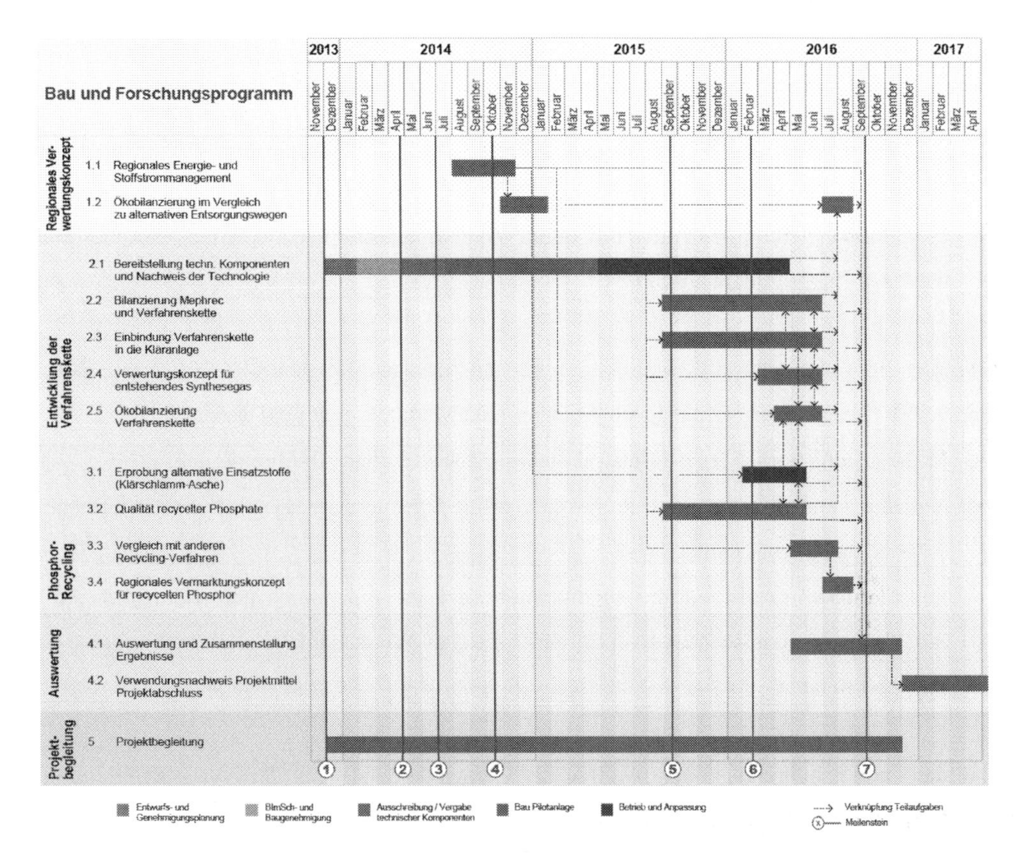

Abb. 9: Forschungs- und Entwicklungsprogramm Pilotanlage im technischen Halbmaßstab

6.3 Kosten

Die Pilotanlage wird mit ca. einem Fünftel der veranschlagten Gesamtleistung der Großanlage gebaut. Für die geplante Betriebszeit von 1000 h entstehen Kosten in Höhe von 2,2 Mio EUR. Der Gesamtaufwand einschließlich Abriss der Anlage beträgt bis zu 5,7 Millionen EUR (br.).

7 Aussichten

Die anhaltende Diskussion um die Klärschlammentsorgung, die Verstärkung der Integrationsbemühungen im Zuge der aktualisierten Priorisierung der stofflichen Verwertung im Kreislaufwirtschaftsgesetz [19] und nicht zuletzt die international zunehmend an Bedeutung gewinnende Abhängigkeit vom Rohstoffmarkt für Phosphor [20] haben das Interesse der Bundesregierung an realen technischen Lösungen zum nachhaltigen Recyceln der Abwasserreststoffe verstärkt.

Das Ergebnis der Förderinitiative der Bundesregierung zu „Kreislaufwirtschaft für Pflanzennährstoffe, insbesondere Phosphor“ [21] macht aber offensichtlich, dass

- die meisten neuartigen Verfahren des Phosphorrecyclings noch sehr fern von einer industriellen Anwendung sind,
- der Investitions- und Betriebsmittelaufwand zur Rückgewinnung von Phosphor im Verhältnis zum Nutzen in der Regel unverhältnismäßig hoch sind und dass
- eine Refinanzierung des Aufwands durch Verkaufserlöse aus rezyklierten Phosphor bis auf weite Zukunft nicht absehbar ist.

Das Problem ist volkswirtschaftlich nur dadurch lösbar, dass ein geeignetes Verfahren integraler Bestandteil der am Standort vorhandenen Anlagen- und Marktfaktoren wird durch

- Mitbenutzung vorhandener Infrastruktur wie Abwasser- und Abluftreinigung,
- einfache, möglichst einstufige Prozessketten mit Eigenverwertung der erzeugten Energie (Wärme und Strom) und
- Substitution von Aufwand für Logistik und Fremdentsorgung durch Vermeidung von Abfall (Klärschlamm/Rechengut) bei gleichzeitiger Wertschöpfung (leicht verfügbares Phosphorsubstrat).

Der wasser- und gebührenrechtliche Auftrag der Gemeinden endet mit der Abwasserreinigung und Entsorgung der Abfallstoffe. Um einen finanziellen Deckungsbeitrag zu erzielen und eine ökologisch wie volkswirtschaftlich positive Wirkung zu entfalten, muss jedoch des Weiteren ein alternativer Markt für den Recyclingstoff entwickelt werden. Unter marktwirtschaftlichen Gesichtspunkten könnte sich dieser im Umfeld der öffentlichen Siedlungswasserwirtschaft günstig entwickeln, wenn folgende Faktoren eingehalten werden:

1. Im Vergleich zu natürlichen, marktüblichen Rohphosphaten geringere Schadstoffgehalte.
2. Verlässliche Margen durch niedrige Abgabepreise.
3. Spekulationsfreie, weltmarktunabhängige und gesicherte Mindestliefermengen.

Die Erkenntnisse zum Phosphorrecycling haben durch die Forschungsinitiativen sprunghaft zugenommen. Für Entscheidungen der Zukunft reichen sie hinsichtlich Komplexität und Evidenz dennoch nicht aus. Eine voreilige Entscheidung zu einer eigenen Industrieanlage ist ohne Testobjekt nicht vertretbar. Negativbeispiele kalter Anlagen [22] dominieren mit Halbwahrheiten über Ursachen und Ziel der Fehlinvestitionen zu Recht die Skepsis von Kommunen und Kläranlagenbetreiber. Eine Quersubventionierung des Düngemittelmarktes über Abwassergebühren ist ebenfalls nicht opportun.

7.1 Potenzial

Die von Fraunhofer UMSICHT im Auftrag des Bayerischen Staatsministerium für Umwelt und Gesundheit erstellte Untersuchung mit Handlungsempfehlungen für die Politik [23] kommt zum Ergebnis, dass das Vorhaben zur Verhüttung des Klärschlamms nicht nur für die Metropolregion Nürnberg, sondern generell das aussichtsreichste Modell für eine Umsetzung einer landesweiten Phosphorrückgewinnung darstellt, da gleichzeitig das stoffliche als auch das energetische Potenzial des Ausgangsstoffs genutzt wird, das Recycling eine Quote erzielt, die derzeit konkurrenzlos ist und die hergestellte P-Schlacke ausgezeichnet geringe Mengen schädlicher Stoffe enthält.
Prinzipiell weist das Verfahren hohe Flexibilität hinsichtlich der Annahme weiterer P-haltiger Reststoffe aus Biovergärung oder aus der Tiermehlverwertung auf.
Die Klärschlammbriketts sind ein potenzieller Energiespeicher, der hinsichtlich des Ausgleichs von Nachfrage und Angebot von Wärmeenergie zur Optimierung der Energetischen Bilanz der Kläranlage und gegebenenfalls auch eines Fernwärmeverbunds beitragen kann.

7.2 Preis

Der nachfragedominierter Preis der Klärschlammentsorgung spiegelt nicht die wirkliche, volkswirtschaftliche Situation der Kosten wieder. Auch der relativ hohe Preis, der für die Entsorgung von Klärschlamm an Landwirte gezahlt wird, ist ökonomisches Indiz, dass es hier weniger um ökologischen Nutzen als vielmehr um die Entledigung von problematischen Abfällen geht.
Gleichzeitig sind die teilweise sehr hohen Umweltkosten für Gewinnung, Aufbereitung und Transport von Rohphosphat nur in den seltensten Fällen im Marktpreis des hergestellten Düngers internalisiert. Generell ist der Rohstoffmarkt stark von politische Interessen und Spekulation geprägt.
Die Umweltkosten für die Entsorgung von Klärschlamm im Landbau sind nicht benannt. Selbst wenn der aktuelle Preis für die Klärschlammausbringung in der Landwirtschaft die tatsächlichen Langzeitkosten wiederspiegelte, so bleibt dennoch die Frage unbeantwortet, wie die vom Landwirt erzielten Einnahmen aus der Klärschlammannahme zu verwenden sind, um negative Langzeitwirkungen mit den Einnahmen auch tatsächlich auszugleichen.
Rohstoffausbeutung widerspricht Per se dem ökologischen Nachhaltigkeitsgebot. Gleichzeit ist ungewiss, ob Preissteigerungen im Rohstoffmarkt des Phosphors überhaupt in absehbarer Zeit ein preisgleiches P-Recyclingprodukt möglich machen. Der Betriebsmittelaufwand für die Erzeugung ist stets überproportional hoch und sehr energiepreisabhängig. Umso ferner rückt die Möglichkeit, das Recycling nur über den Produktpreis zu refinanzieren.

Der Preis für das Recyclingprodukt ist und bleibt deshalb ein Entsorgungspreis für Klärschlamm; die Düngemittelproduktion preislich ein Nebeneffekt. Neben der Bereitstellung von Technik zur Herstellung verwertbaren Düngemittels geht es weiterhin und intensiv um die Optimierung des Verfahrens hinsichtlich Energieausbeute und Eigenbedarfsdeckung mit zusätzlich erzeugtem Strom.

7.3 Weitere Entwicklung

Wenn Entsorgung von Klärschlamm in der Landwirtschaft abgestellt werden sollte, stehen derzeit die Wege der Monoverbrennung und die der Mitverbrennung als wirtschaftlich vertretbare Alternativen zur Verfügung. Um neben der energetischen auch die stoffliche Verwertung zu gewährleisten, gibt es nur die Möglichkeit, entweder vor der Mitverbrennung einen Mindestanteil von ca. 30 bis 40% düngemittelfähiger P-Verbindungen aus Abwasser oder Faulschlamm zu extrahieren, oder im Falle der Monoverbrennung in einem zusätzlichen Verfahrensschritt die Asche thermochemisch oder nasschemisch aufzuschließen.

Tabelle 4: Einschätzung des Potenzials der alternativen Klärschlammverwertungskonzepte (Grobe Einschätzung aus Sicht Stadt Nürnberg)

Klärschlammnutzung		**P aus Abwasser / Klärschlamm + Mitverbrennung**	**Klärschlamm- und Ascheverhüttung + P-Schlacke**	**Monoverbrennung + P aus Asche**
Konzept		1. P-Extraktion 2. Energ. Nutzung	Stofftrennung incl. energ. Nutzung	1. Energ. Nutzung 2. P-Extraktion
Energetische Nutzung Eigenbedarfsdeckung	15%	–	++	+
P-Verwertung (Effekt.+ Verfügbarkeit)	15%	o (Fällung) + (chem. Aufschluss)	++	++
Qualität Produkte	10%	+ (MAP-Fällung)	++	+
Abfall	10%	o (Emissionen aus Verbren. Kohle)	+	+
Emissionen / sonstige Faktoren Ökobilanz	10%	o	+ (Eigenbedarf)	o
regionale Allokation und Wertschöpfung	5%	– (Nationalhandel) (+ bei kurzer Entf.)	+ (nur Großanlage)	+ (i.d.R. Großanlage)
Gesamtkosten Verwertung	25%	+ (MAP-Fällung)	++	– (–– (Lagerung + Rec.)
Investitionsbindung	5%	+	––	––
Erfahrung	5%	+	o	+
Gesamtbewertung		o	++	+

Unter energetischen Gesichtspunkten und zugleich unter den Gesichtspunkten der Vermeidung hohen chemischen Zusatzaufwands scheint die Verwertung in einem gemeinsamen Prozess die wirtschaftlich wir ökologisch sinnvollste Lösung.
Die Behandlung von Abfall mit Schmelzvergasung zum Beispiel im Verfahren des Direct Meling ist seit Jahrzehnten bewährte Praxis. Es ist naheliegend, die Technik auch auf Klärschlamm anzuwenden und im Verhüttungsprozess die phosphorhaltige Schlacke vergleichbar zum Thomasmehl weiter zu verwerten.
Gemäß den vorliegenden Wirtschaftlichkeitsberechnungen hat die integrierte Lösung der energetischen und zugleich stofflichen Verwertung in einem Verfahrensschritt berechtigte Aussicht, beide Ziele zugleich und zum Preis einer Monoverbrennungsanlage mit ausreichender regionaler Handelseinbindung zu erreichen.

7.4 Politik

„Die Entscheidung, ein Rückgewinnungsgebot für Phosphor aus relevanten Stoffströmen einzuführen, hängt nach Auffassung der Bundesregierung und der Bundesländer von verschiedenen Faktoren, wie z.B. Pflanzenverfügbarkeit der Recyclingdünger sowie technische Durchführbarkeit und Wirtschaftlichkeit der Rückgewinnungsverfahren ab. Hier bedarf es nach Auffassung der Bundesregierung weiterer Erkenntnisse, so dass die Einführung eines Rückgewinnungsgebots derzeit als verfrüht eingeschätzt wird.“ [20]
Diese Feststellung der Bundesregierung als Antwort auf eine parlamentarische Anfrage 2012 benennt das Kernproblem: Die Regierung ist gewillt, Weichen für eine sinnvolle Umweltpolitik zu stellen, kennt aber noch nicht alle Handlungsoptionen und deren Folgen und trägt die Sorge, kontraproduktive Leitlinien zu definieren.
Unabhängig von der aktuellen Diskussion zum Phosphorrecycling stehen große anlagentechnische Investitionen zur Klärschlammentsorgung an, weil die vorhandenen Altanlagen zum Teil erneuerungsbedürftig sind, Kohlekraftwerke mittelfristig abgestellt und die nicht terminierte Ausbringung von Klärschlamm in der Landwirtschaft und im Landschaftsbau politisch nur noch schwer vertretbar ist.
Die Zeit zur Erprobung von Verwertungsverfahren im großtechnischen Maßstab drängt.
Es sind deshalb Anreize zu schaffen (Förderprogramm, Umlagesysteme und modifizierte Abwasserabgabe) und marktwirtschaftliche Bedingungen (Klärschlamm-, Phosphorrecycling- und Düngemittelverordnung ggf. in Verbindung mit Abfall-, Boden- und Wasserschutzrecht) zu gestalten.

Eine Subventionierung der Düngemittelproduktion ist über Abwassergebühren nicht möglich. Im Rahmen des Wasserrechts ist es hingegen denkbar, Grenzwerte für die Qualität des abgegebenen Klärschlamms oder der Asche als Teil der Abwasserreinigung zu definieren.
Die Bestrebungen der Bundesregierung sind nachvollziehbar und vertretbar, wenn zuvor gesichert wird, dass sich über geeignete Verbandsorganisationen die notwendigen Strukturen der Verwertungswege bilden können und wenn geeignete Technik eingeführt ist.
Die Verbandsbildung wird durch einheitlich gerechte Mindeststandards ohne Emissionsrabatte und ohne Privilegierung von Kleinbetrieben und Kraftwerksbetreibern gefördert.
Zur Bereitstellung der Technik benötigt es weitere, geförderte Referenzanlagen mit nachweislichem Erfolg. Finanzielle Defizite aus laufender Produktion von Recyclingprodukten bedürfen des finanziellen Ausgleichs auf Landes- oder Bundesebene. Zur Einführung des Verwertungsgebots sind Übergangsfristen von 15 bis 20 Jahre (Referenzanlage + eine Anlagengeneration) notwendig um die Strukturen anzupassen.

8 Schlusswort

Die Siedlungswasserwirtschaft der Zukunft muss neben den Fragen der Erhaltung der bestehenden Infrastruktur und der Vervollständigung der Wasserreinigung auch die verfahrenstechnische Herausforderung der möglichst weitgehenden Verwertung des Abwassers und seiner Inhaltsstoffe lösen. Rechengut und Klärschlamm sind Rohstoff für die Eigenbedarfsdeckung an Wärme und Strom. Sie sollen aber zugleich den Dünger für die Nahrungsketten wieder zur Verfügung stellen. Der Phosphorgehalt im Abwasser hat das Potenzial, über 40% des zukünftigen Bedarfs von Landwirtschaft und Nahrungsmittelindustrie zu decken.
Unter der Prämisse „Sludge to energie and food“ kann die Abwasserwirtschaft seine volkswirtschaftliche Bedeutung durch Erschließung neuer, zusätzlicher organischer Abfallquellen parallel zu den anderen Entsorgungswegen nach Kreislaufwirtschaftsgesetz in Zukunft behaupten und sinnvoll vergrößern.

9 Literatur

[1] Projektrealisierung vorbehaltlich der im ersten Quartal 2014 in Aussicht gestellten Förderzusage und Genehmigung der Anlage nach Bundesimmissionsschutzgesetz.

[2] Scheidig, K., Mallon, J. u. Schaaf, M. 2010: Zukunftsfähige Klärschlamm-Verwertung. KA – Korrespondenz Abwasser, Abfall 57 (2010) Nr. 9, S. 902-915

[3] Spitznagel M. 2011: Bund-/Länderstrategie zur nachhaltigen Phosphor-Nutzung. 44. GWA Band 223, Aachen.

[4] Kottwitz, A. 2013: Erklärung zum mittelfristigen Ausstieg aus der landwirtschaftlichen Klärschlammverwertung. EUWID Nr. 39.2013.

[5] Beschluss Bundesrat, Drucksache 576/13 vom 20.09.13.

[6] Koalitionsvertrag Bundesregierung zur 18. Legislaturperiode 2013: Deutschlands Zukunft gestalten.

[7] Nobuhiro Tanigaki NIPPON STEEL & SUMIKIN ENGINEERING CO., LTD. 2013: Technical Introduction of the Direct Melting System (Summit Converence Waste to Energy City 2013)

[8] Scheidig K., Mallon J., Schaaf M. 2013. P-Recycling-Dünger aus der Schmelzvergasung von Klärschlamm und Klärschlammasche. KA – Korrespondenz Abwasser, Abfall Nr. 9, S. 845-850.

[9] Ingenieurbüro für Gießereitechnik GmbH (Ingitec) 2009: DBU-Abschlussbericht AZ-24557 „Metallurgisches Phosphor-Recycling aus Klärschlämmen und Filterstäuben als Voraussetzung für die wirtschaftliche Erzeugung eines hochwertigen Phosphor-Düngemittels aus Abfällen, Leipzig, 70 S.

[10] Verordnung über das Inverkehrbringen von Düngemitteln, Bodenhilfsstoffen, Kultursubstraten und Pflanzenhilfsmitteln (Düngemittelverordnung - DüMV) vom 05.12.2012: Düngemittel aus besonde-ren Ausgangsstoffen Tabelle 6 Nr. 6.2.5

[11] DWA-Arbeitsgruppe KEK-1.1 2013: Stand und Perspektiven der Phosphorgewinnung aus Abwasser und Klärschlamm. KA – Korrespondenz Abwasser, Abfall Nr. 9, S. 837-844.

[12] Dr. Dittrich, B., Dr. Klose, R. 2008: Schwermetalle in Düngemitteln. Schriftenreihe Sächsische Landesanstalt für Landwirtschaft 3/2008 Leiterer, M., Riedel, R. 2011: Konformitätsbescheinigungen zur düngemittelrechtlichen Bewertung des phosphathaltigen Düngemittels aus Hochtemperatur Schmelzbehandlung von Klärschlamm nach dem Mephrec®-Verfahren). Thüringer Landesanstalt Jena

[13] Fehrenbach H., Reinhardt J. 2011: Ökobilanzielle Bewertung des P-Rückgewinnungsverfahrens Mephrec® im Vergleich mit alternativen Verfahren für die Stadtentwässerung Nürnberg, Heidelberg. (unveröffentlicht)

[14] Fehrenbach H., Reinhardt J. 2011: Ökobilanzielle Bewertung der in der Förderinitiative entwickelten Verfahren. In: Kreislaufwirtschaft für Pflanzennährstoffe, insbesondere Phosphor, Schluss-präsentation der Förderinitiative am 14.09.2011 in Berlin. Schriftenreihe Gewässerschutz-Wasser-Abwasser Band 228, Aachen.

[15] Everding, W. 2011: Kostenabschätzung für das Mephrec-Verfahren, Aachen (unveröffentlicht)

[16] Everding, W. und Pinnekamp, J. 2011: Kostenabschätzung von ausgewählten Phosphorrückgewinnungsverfahren. In: Kreislaufwirtschaft für Pflanzennährstoffe, insbesondere Phosphor, Schluss-präsentation der Förderinitiative am 14.09.2011 in Berlin. Schriftenreihe Gewässerschutz-Wasser-Abwasser Band 228, Aachen.

[17] Bundesministerium für Bildung und Forschung 2012: Bekanntmachung von Richtlinien zur Förde-rung von Forschungsvorhaben auf dem Gebiet „Zukunftsfähige Technologien und Konzepte für eine energieeffiziente und ressourcenschonende Wasserwirtschaft" (ERWAS) des Förderschwerpunktes „Nachhaltiges Wassermanagement - NaWaM" im Rahmen des Förderprogramms „Forschung für nachhaltige Entwicklungen - FONA" Vom 21. Februar 2012

[18] Institut für Energie- und Umweltforschung Heidelberg GmbH 2013: Beitrag zum Förderantrag Klärschlammverwertung Region Nürnberg, Antrag ERWAS-412-2044-022

[19] Novellierung Kreislaufwirtschaftsgesetz vom 24.02.2012: § 5 und § 6: Recycling vor sonstiger Verwertung, insbesondere energetische Verwertung.

[20] Antwort Bundesregierung auf Anfrage Fraktion BÜNDNIS 90/DIE GRÜNEN zum Thema Phosphatversorgung der Landwirtschaft sowie Strategien und Maßnahmen zur Förderung des Phosphatrecyclings Drucksache 17/11486, 2012.

[21] Bundesministerium für Bildung und Forschung 2001: Schlusspräsentation Förderinitiative Kreislaufwirtschaft für Pflanzennährstoffe, insbesondere Phosphor.

[22] Insolvente Beispielunternehmungen in Nachbarschaft: Klärschlammverwertungsanlage (KSV) Dinkelsbühl 2012, Pyrolyse Drehrohrofen Thermoselect in Ansbach 2007.

[23] Fraunhofer-Institut für Umwelt-, Sicherheits- und Energietechnik UMSICHT, 2012: Phosphorstrategie für Bayern (Abschlussbericht).

ANALYSE UND OPTIMIERUNGEN DER KOMMUNALEN ABFALLWIRTSCHAFT AM BEISPIEL DER LANDESHAUPTSTADT MÜNCHEN

N. Schütz[1], T. Thörner[1], H. Alwast[1], K. Reh[2], F. Stenzel[2], M. Franke[2], M. Faulstich[3]

[1] Prognos AG, Schwanenmarkt 21, 40213 Düsseldorf, e-mail: nadja.schuetz@prognos.de

[2] Fraunhofer UMSICHT, Institutsteil Sulzbach-Rosenberg, An der Maxhütte 1, 92237 Sulzbach-Rosenberg, e-mail: katharina.reh@umsicht.fraunhofer.de

[3] CUTEC Institut, TU Clausthal, Leibnizstraße 21, 38678 Clausthal-Zellerfeld, e-mail: martin.faulstich@tu-clausthal.de

Keywords: Systemvergleich, Ökoeffizienz, kommunale Abfallwirtschaft, Recycling

1 Veranlassung und Hintergrund

Die aktuellen politisch-rechtlichen sowie technischen Entwicklungen zeichnen in der Abfallwirtschaft einen Trend hin zu einer Wertstoff- und Ressourcenwirtschaft. Damit gewinnt die Schonung natürlicher Ressourcen durch Recycling und Energiegewinnung neben der schadlosen Beseitigung der Abfälle immer mehr an Bedeutung. Daraus resultiert die Notwendigkeit, die bestehenden Erfassungs-, Behandlungs- und Verwertungsstrukturen der kommunalen Entsorgungsträger zu untersuchen und anzupassen.

Vor diesem Hintergrund hat der Abfallwirtschaftsbetrieb München (AWM) die Prognos AG und das Fraunhofer-Institut für Umwelt-, Sicherheits- und Energietechnik UMSICHT, Institutsteil Sulzbach-Rosenberg, beauftragt, unter Berücksichtigung der spezifischen Münchner Gegebenheiten ein zukunftssicheres, nachhaltiges Gesamtkonzept mit hoher Wirtschaftlichkeit und Ressourceneffizienz sowie einer hohen Benutzerfreundlichkeit und Praktikabilität für den Bürger zu entwickeln.

München ist mit mehr als 1,4 Mio. Einwohnern und einer Fläche von über 300 km² als Landeshauptstadt des Freistaats Bayern die drittgrößte Stadt Deutschlands. Die kommunale Abfallwirtschaft zur Entsorgung der Haushaltsabfälle basiert erfassungsseitig auf einem Holsystem bestehend aus Restmüll-, Papier- und Biotonne. Daneben gibt es für die Verpackungen ein haushaltsnahes Bringsystem. An rund 1000 Wertstoffinseln stehen im Stadtgebiet Wertstoffsammelcontainer für Glas (drei Farben), Kunststoffe, Verbundstoffe und Metalle zur Verfügung. Ergänzt werden diese Systeme durch 12 Wertstoffhöfe, an denen Sperrmüll, Wert- und Problemstoffe abgegeben werden können.

Die thermische Behandlung von Abfällen findet im Müllheizkraftwerk München Nord statt. Ein Teil der organischen Abfälle wird in der Trockenfermentationsanlage des Abfallwirtschaftsbetriebes energetisch genutzt und nach der Nachrotte zu den sogenannten „Münchener Erden" aufbereitet. Für die weiteren separat erfassten Wertstoffe werden in und um München nicht durch den AWM betriebene, stoffliche und energetische Verwertungsanlagen wie zum Beispiel Papierfabriken und Biomasseheizkraftwerke genutzt.

2 Methodik des Systemvergleichs

Die Untersuchung wurde in drei Phasen durchgeführt (siehe Abb. 1). Besonderer Wert wurde bei der Bearbeitung auf einen gemeinsam mit dem Abfallwirtschaftsbetrieb München abgestimmten Untersuchungsrahmen gelegt, der den Münchener Gegebenheiten spezifisch angepasst ist. Um dies zu gewährleisten, wurde der AWM während der gesamten Untersuchung aktiv in die Gestaltung und inhaltlichen Diskussionen einbezogen, was durch Workshops, Befragungen in den Fachabteilungen und eine auftraggeberseitige Steuerungsgruppe realisiert wurde.

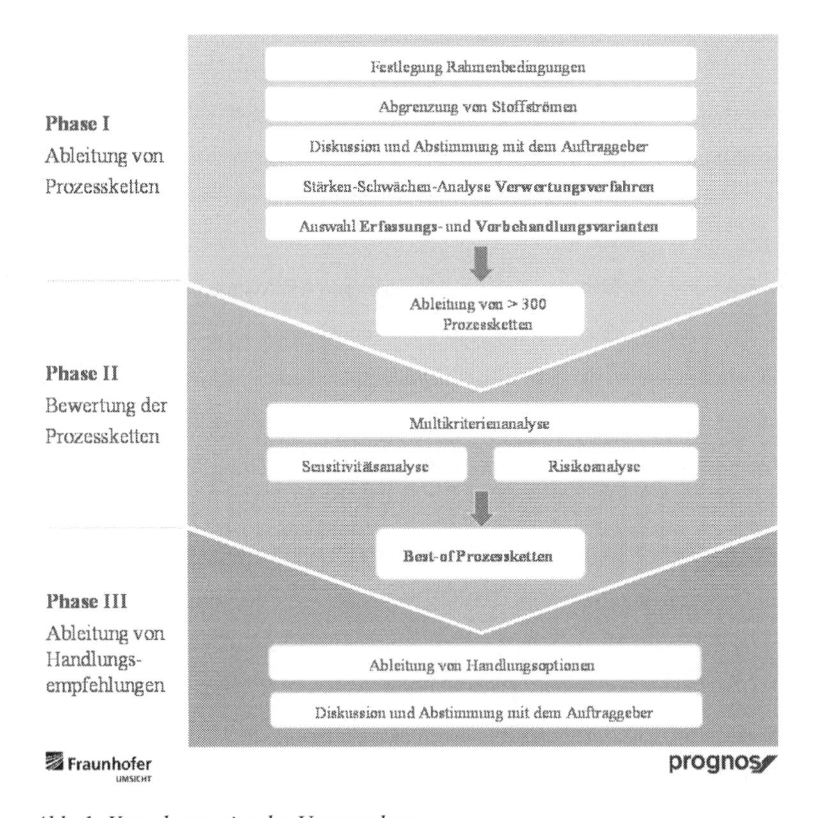

Abb. 1: Vorgehensweise der Untersuchung

Phase I: Ableitung von Prozessketten

Im Rahmen der Untersuchung erfolgte zusammen mit dem AWM die Diskussion und Definition der Rahmenbedingungen. Neben der Festlegung der Betrachtungs- und Bilanzgrenzen wurde unter anderem die Abgrenzung von drei Prozessschritten (Erfassung, Vorbehandlung und Verwertung) entlang der Wertschöpfungskette von Abfallströmen vorgenommen.

Im Prozessschritt **Verwertung** wurden alle energetischen und stofflichen Hauptverwertungsoptionen eines Stoffstroms abgebildet. Abgesehen von der Verwertung der Gärreste aus Fermentationsanlagen sowie der Schlacken aus MHKW, MVA und EBS-HKW, wurden keine nachgelagerten Prozessschritte betrachtet. Der Prozessschritt **Erfassung** umfasste Bring- und Holsysteme zur Sammlung der Stoffströme inklusive des Transportes. Unter dem Prozessschritt **Vorbehandlung** wird in der Untersuchung ausschließlich die Trennung von Stoffstromgemischen verstanden. Eine Berücksichtigung von möglichen weiteren Aufbereitungsschritten, wie bspw. der Trennung von Papier in Einzelqualitäten, wurde aus systematischen Gründen der Verwertung zugerechnet.

Zur Verringerung der Komplexität wurden gemeinsam mit dem AWM sechzehn **Stoffströme** abgegrenzt (vergleiche Abb. 2). Bei der Auswahl der Stoffströme lag der Fokus auf Siedlungsabfällen, die aktuell in der Verantwortung des AWM liegen und oder mengen- und wertbezogen relevant sind.

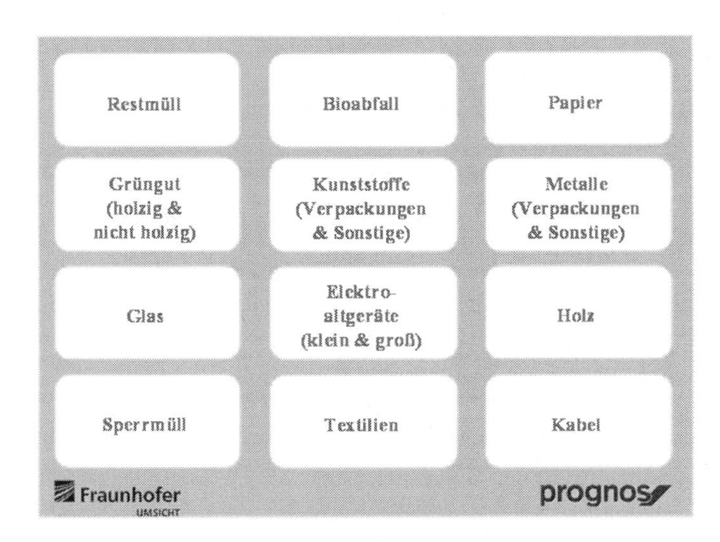

Abb. 2: Vorgehensweise der Untersuchung

Ausgehend von der Verwertungsseite wurden im Rahmen einer anschließenden **Stärken-Schwächen-Analyse** mögliche **Verwertungsoptionen** für jeden Stoffstrom identifiziert. Basis für die Bewertung war eine Zusammenstellung aller aktuell verfügbaren Verwertungsoptionen pro Stoffstrom. Im Anschluss wurden mit Hilfe von ökologischen und technisch-ökonomischen Kriterien die Verfahren ausgewählt, die für eine weitere Betrachtung in Frage kommen. Als Kriterien für eine Eingrenzung dienten die Entsorgungssicherheit, der Ressourcenschutz, der Aufwand für die Inputaufbereitung sowie die Treibhausgasemissionen. Verfahren, die bei der Bewertung einen bestimmten Mindestwert unterschritten haben, wurden nicht weiter berücksichtigt. Durch dieses Vorgehen konnte die Anzahl von ursprünglich zehn energetischen und zwölf stofflichen Verfahren auf sieben energetische und acht stoffliche Verwertungsverfahren eingegrenzt werden.

Im Anschluss an die Stärken-Schwächen-Analyse wurden den ausgewählten Verwertungsverfahren verschiedene **Erfassungsvarianten** zugeordnet. Als Holsysteme wurden Monotonnen und gemischte Wertstofftonnen sowie Haushaltssammlungen betrachtet. Der Wertstoffhof, die Depotcontainer sowie eine mobile Wertstoffsammlung wurden als Bringsysteme aufgenommen. Im Anschluss erfolgte die Definition der als Bindeglied zwischen Verwertung und Erfassung benötigten **Vorbehandlung** der Abfälle und Wertstoffe. Für die Aufstellung der Prozessketten wurde zuerst der Verwertungsschritt betrachtet, da die Priorität der Analyse auf einer optimierten Verwertung der Stoffströme lag. Aus den Erfordernissen der Verwertung ergaben sich anschließend geeignete Erfassungsvarianten beziehungsweise Verknüpfungen aus Erfassungs- und Vorbehandlungsvarianten. Durch die anschließende Kombination von Verwertungs-, Erfassungs- und Vorbehandlungsmöglichkeiten für jeden der 16 Stoffströme konnten insgesamt mehr als **300 Prozessketten** definiert werden.

Phase II: Bewertung der Prozessketten

Zur Bewertung der Prozessketten im Rahmen einer **Multikriterienanalyse** wurden die im „Nachhaltigkeitsdreieck“ dargestellten Leitindikatoren zusammen mit dem AWM entwickelt (vergleiche Abb. 3).

Die Bewertung der Leitindikatoren erfolgte anhand von qualitativen und quantitativen Indikatoren (vgl. Abb. 3). Die quantitativen Indikatoren wurden gewichtsspezifisch bewertet. Die Betrachtung erfolgte für jeden Prozessschritt und relativ zum vorhandenen Status quo der Abfallentsorgung in München. Die einzelnen Bewertungen der qualitativen und quantitativen Indikatoren wurden in eine einheitliche und vergleichbare Skala überführt. Die gewichteten Bewertungen der Indikatoren ergaben die Gesamtbewertung der Leitindikatoren. Im Anschluss wurden die einzelnen Bewertungen der Leitindikatoren gewichtet und ergaben so die Gesamtbewertung pro Prozessschritt. Datenbasis für die Analyse waren spezifische Daten des Abfallwirtschaftsbetriebs München, eine Vielzahl von Literaturdaten sowie eigene Daten und Modelle der Gutachter.

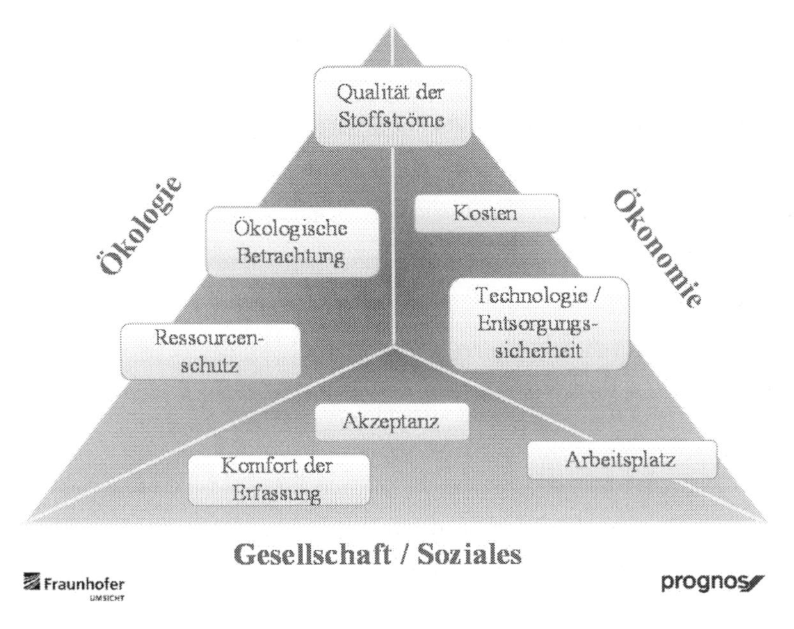

Abb. 3: Nachhaltigkeitsdreieck mit Leitindikatoren

Im Rahmen der **ökologischen Bewertung** der einzelnen Systemvarianten wurden die Leitindikatoren Ressourcenschutz und Ökologische Betrachtung einbezogen. Der Leitindikator Ökologische Betrachtung wurde quantitativ mit Hilfe von vier Indikatoren bewertet. Für den Indikator Klimarelevanz wurden die CO_2-Äquivalente je Mg Stoffstrom ermittelt, die im Prozessschritt Erfassung und Vorbehandlung emittiert und im Prozessschritt Verwertung emittiert oder eingespart wurden. Weitere Indikatoren zur Einschätzung dieses Leitindikators waren die Energiebilanz, das Ozonbildungspotenzial sowie die Partikelemissionen. Im Rahmen des Leitindikators Ressourcenschutz wurden unter anderem der Flächenbedarf für Verwertungsanlagen oder die Mengenabschöpfung bei einer alternativen Erfassungsvariante gegenüber dem Status quo bewertet.

Für die Betrachtung von **ökonomischen Aspekten** wurden vor allem die Leitindikatoren Kosten sowie Technologie und Entsorgungssicherheit betrachtet. Die Bewertung der Kosten erfolgte für alle drei Prozessschritte und jeden Stoffstrom mit Hilfe von spezifischen Daten (Euro je Mg). Der Leitindikator Technologie und Entsorgungssicherheit bezog sich auf Abfallbehandlungsanlagen. Mit Hilfe von qualitativen Einschätzungen zum Stand der Technik von Anlagen, deren zeitlicher Verfügbarkeit und der Flexibilität bezüglich veränderter Inputstoffströme konnte bewertet werden, ob die Entsorgung in der Stadt München auch zukünftig gewährleistet werden kann. Die Qualität der Stoffströme wurde zum einen quantitativ mit Hilfe von erzielbaren Erlösen für Wertstoffe in Euro je Mg bewertet. Zum anderen wurde mit einer qualitativen Bewertung berücksichtigt, wie ein Verwertungsverfahren nach der Abfallhierarchie des KrWG eingestuft ist.

Gesellschaftliche und soziale Aspekte wurden im Rahmen der Erfassung qualitativ bewertet. Der Leitindikator Akzeptanz diente der Beurteilung der Annahme eines Systems durch den Bürger. Mit dem Komfort der Erfassung als zweitem Leitindikator erfolgte die Bewertung der Handhabbarkeit eines alternativen Erfassungssystems für den Bürger. Im Leitindikator Arbeitsplatz wurde bewertet, inwieweit sich durch die Prozessketten Veränderungen beim Arbeitsschutz, den Arbeitszeitmodellen und der Anzahl von Arbeitsplätzen ergaben. Hier wurden neben der Erfassung die Vorbehandlung und Verwertung bewertet sowie qualitative als auch quantitative Bewertungen herangezogen.

Ergebnis der Multikriterienanalyse waren die aus den bewerteten Prozessketten ausgewählten Best-of Varianten. Im Anschluss an die Multikriterienanalyse wurden die als Best-of identifizierten Prozessketten erst einer **Sensitivitätsanalyse** und anschließend einer **Risikoanalyse** unterzogen. In der Sensitivitätsanalyse wurde beurteilt, wie empfindlich die Bewertungen der Best-of Prozessketten auf veränderte Rahmenbedingungen reagieren. Ergaben sich durch veränderte Einflussfaktoren Verschlechterungen in der Bewertung, wurden alternative, in der Multikriterienanalyse ebenfalls als gut bewertete Prozessketten in die Sensitivitätsanalyse einbezogen. Folgende Einflussfaktoren wurden im Rahmen der Sensitivitätsanalyse geprüft:

- Die in der Multikriterienanalyse zusammen mit dem AWM festgelegte Gewichtung der Leitindikatoren pro Prozessschritt wurde aufgehoben und durch eine Gleichgewichtung ersetzt.
- Im Rahmen der Multikriterienanalyse erfolgte keine Berücksichtigung von massenbezogenen Veränderungen. Die massenbezogene Betrachtung des quantitativen, gewichtsspezifisch berechneten Leitindikators Kosten sowie der Indikatoren Klimarelevanz und Energiebilanz war Bestandteil der Sensitivitätsanalyse.
- Die Multikriterienanalyse bezog sich auf das Gebiet der Stadt München. Eventuell notwendige Transporte zu Verwertungsanlagen außerhalb der Stadt München wurden nicht betrachtet. Diese Transportentfernungen zu Verwertungsanlagen wurden in Bezug auf Kosten, Klimarelevanz und Energiebilanz quantitativ berücksichtigt.
- Die bisher unberücksichtigten, aber vorhandenen Besonderheiten der Bebauungsstrukturen in den Stadtteilen von München wurden betrachtet.

In der anschließenden Risikoanalyse fand die Beurteilung der Risiken, mit denen die ausgewählten Best-of Prozessketten verbunden sein können, statt. Die Themen Rechtskonformität und Finanzierungsrisiko wurden für alle identifizierten Best-of Varianten geprüft. In einer dritten, übergeordneten Prüfung wurde der Einfluss von Marktstrukturen und Volatilitäten auf ein zukünftiges nachhaltiges Gesamtkonzept der Stadt München beleuchtet. Hier erfolgte unter anderem die Betrachtung von Einflussfaktoren auf globaler und europäischer Ebene, die auf die Angebots- und Nachfragestruktur der Sekundärrohstoffmärkte und Verwertungswege Einfluss nehmen.

Phase III: Handlungsempfehlungen

Im Rahmen der Phase III wurden im Anschluss an Multikriterien- sowie Sensitivitäts- und Risikoanalyse die Ergebnisse von Prognos und Fraunhofer UMSICHT in **Handlungsempfehlungen** überführt. Diese wurden nachfolgend mit dem AWM diskutiert und abgestimmt.

3 Ausgewählte Ergebnisse

Es hat sich gezeigt, dass je nach betrachtetem Stoffstrom sowohl Prozessketten mit stofflichen als auch mit energetischen Verwertungsverfahren Best-of Varianten bilden können. Exemplarisch wird die Bewertung für die beiden Stoffströme Bioabfall und Papier anhand der Best-of Variante und einer schlechter bewerteten Prozesskette dargestellt. Tabelle 1 zeigt die ausgewählten Prozessketten für die beiden Stoffströme.

Tabelle 1: Ausgewählte Prozessketten für die Stoffströme Papier und Bioabfall

Prozesskette / Prozessschritte	**Erfassung**	**Vorbehandlung**	**Verwertung**
Papier			
Prozesskette Nr. 1 *(Best-of Variante)*	Papiertonne	Keine Vorbehandlung	Papierfabrik
Prozesskette Nr. 2	Restmülltonne	Abtrennung Stoffstromgemisch	Mitverbrennung in der Industrie
Bioabfall			
Prozesskette Nr. 1 *(Best-of Variante)*	Restmülltonne	Abtrennung Stoffstromgemisch	Diskontinuierliche Fermentation und Gärrestverbrennung im EBS-HKW
Prozesskette Nr. 2	Biotonne	Keine Vorbehandlung	Diskontinuierliche Fermentation und Nachrotte

Für **Papier** wurden stoffliche Verwertungsmöglichkeiten (Einsatz in Papierfabrik oder als Dämmmaterial) sowie energetische Verfahren (Mitverbrennung in der Industrie sowie Verbrennung im EBS-HKW, im MHKW München Nord und in einer durchschnittlichen MVA) verknüpft mit verschiedenen Erfassungs- und Vorbehandlungsvarianten bewertet. Die stoffliche Verwertung in einer Papierfabrik mit Erfassung in der Papiertonne wurde als Best-of Variante identifiziert. Die energetische Verwertung, zum Beispiel durch Mitverbrennung in einem Zementwerk, mit vorheriger Erfassung in der Restmülltonne wurde demgegenüber schlechter bewertet.

Ausschlaggebend für die schlechtere Bewertung der Prozesskette mit energetischer Verwertung war zum einen der Leitindikator Qualität der Stoffströme. Hier wurde berücksichtigt, dass die für separat erfasstes Altpapier erzielbaren Erlöse bei dieser Variante entfallen. Darüber hinaus entstehen Kosten für die Verbrennung im EBS-Heizkraftwerk, was sich negativ auf diesen Leitindikator auswirkt. Zudem wird für den Betrieb des EBS-HKW gewichtsspezifisch etwas weniger Personal benötigt als bei der Papierfabrik. Dieser Aspekt führt zu einer etwas schlechteren Bewertung des Leitindikators Arbeitsplatz.

Die Erfassung des Papiers in der Restmülltonne zeigte hingegen bei den Leitindikatoren Ökologische Betrachtung, Ressourcenschutz und Kosten eine bessere Bewertung gegenüber der Getrennterfassung. Dies resultiert aus der hohen Fahrzeugauslastung, die bei der Abfuhr der Restmülltonne erreicht wird. Dadurch ergeben sich gewichtsspezifisch geringere Energieaufwendungen und somit niedrigere Emissionen. Die Kosten für die Abfuhr sind aufgrund der höheren Auslastung ebenfalls geringer. Darüber hinaus wird mit diesem Erfassungssystem nahezu das gesamte Papieraufkommen in den Haushalten für den energetischen Verwertungsweg erfasst, was im Indikator Mengenabschöpfung positiv berücksichtigt wird. Da keine separate Trennung im Haushalt erforderlich ist, erhöht sich auch der Komfort der Erfassung für den Bürger.

Hinsichtlich der Erfassung weist die Restmülltonne bei der Bewertung in der Multikriterienanalyse demnach einige Vorteile gegenüber der Papiertonne auf. Auf der Verwertungsseite wurde allerdings die energetische Verwertung im Zementwerk schlechter als die stoffliche Verwertung in der Papierfabrik eingestuft. Zusätzlich ist bei der Erfassung mit dem Restabfall ein Vorbehandlungsschritt notwendig. Dies führt zu höheren Aufwendungen im Prozessschritt Vorbehandlung gegenüber der Getrennterfassung und somit zu einer schlechteren Bewertung. Aus diesen Gründen zählt die Prozesskette mit Erfassung im Restabfall nicht zu den Best-of Varianten.

Es zeigte sich, dass die Best-of Variante bezüglich der in Kapitel 2 dargestellten Einflussfaktoren nicht sensitiv reagiert und, im Hinblick auf Finanzierung und Rechtssicherheit, keine Risiken aufweist. Die Prozesskette mit Erfassung in der Restmülltonne ist dagegen aufgrund der Nichteinhaltung des Getrennterfassungsgebotes nach dem KrWG ab 1.1.2015 mit rechtlichen Risiken verbunden. Durch die erforderliche Anlagenkapazität zur mechanischen Behandlung des Restabfalls besteht zudem ein Finanzierungsrisiko.

Beim **Bioabfall** wurden stoffliche, energetische und energetisch-stoffliche Verfahren in Kombination mit geeigneten Erfassungs- und Vorbehandlungsvarianten geprüft. Betrachtet wurden die Verwertungsverfahren Kompostierung, Verbrennung im MHKW München Nord und in einer durchschnittlichen MVA sowie diskontinuierliche und kontinuierliche Fermentationsverfahren. Dabei wurden zwei Prozessketten mit einer diskontinuierlichen Fermentation als Verwertungsoption am besten bewertet. Bei der Best-of Variante wird der Bioabfall in der Restmülltonne erfasst und anschließend aussortiert. Aufgrund der Vermischung der Organik mit dem Restmüll kommt es zu Verunreinigungen, weshalb das Material nach der Fermentation nicht mehr stofflich verwertet werden kann. Der Gärrest wird stattdessen im nachgelagerten Prozessschritt in einem EBS-HKW energetisch genutzt. In der am zweitbesten bewerteten Prozesskette findet eine getrennte Erfassung über die Biotonne statt. Hier wird der Gärrest der Nachrotte zugeführt, um Kompost herzustellen.

Für den Stoffstrom Bioabfall erhielt der Verwertungsweg diskontinuierliche Fermentation unter Berücksichtigung der Münchner Gegebenheiten die beste Bewertung. Gegenüber der alleinigen Kompostierung wirkt sich hier unter anderem die Gewinnung regenerativer Energie positiv auf den Leitindikator Ökologische Betrachtung aus. Im Vergleich zu der direkten Verbrennung des organischen Materials ist die Fermentation kostengünstiger. Dies ist auch im Vergleich zur kontinuierlichen Vergärung der Fall. Zudem weist die diskontinuierliche Variante im Boxenverfahren gegenüber der kontinuierlichen eine höhere Flexibilität gegenüber Schwankungen von Menge und Qualität des Inputmaterials auf. Nachteilig wirken sich bei der diskontinuierlichen Fermentation der etwas geringere Biogasertrag und der höhere Methanschlupf auf den Leitindikator Ökologische Betrachtung aus.

Die beiden am besten bewerteten Prozessketten beinhalten das gleiche Verwertungsverfahren, unterscheiden sich jedoch in dem nachgelagerten Verwertungsschritt Gärrestverwertung. Der Vorteil der energetischen gegenüber der stofflichen Nutzung des Gärrestes liegt in der vergleichsweise hohen Gutschrift in der CO_2-Bilanz und der vorteilhaften Energiebilanz, weshalb die Gärrestverbrennung im Leitindikator Ökologische Betrachtung gut bewertet wurde. Vorausgesetzt wird allerdings eine gute energetische Einbindung des EBS-HKW. Alle weiteren Leitindikatoren sind etwas schlechter eingestuft. Beispielsweise wird die Gärrestverbrennung im Leitindikator Ressourcenschutz deutlich negativer bewertet, da wertvolle Pflanzennährstoffe durch den Einsatz im EBS-HKW unwiederbringlich verloren gehen. In der ökonomischen Betrachtung wurde eine höhere spezifische Kostenbelastung aufgrund der Andienung an ein EBS-HKW ermittelt. Im gesellschaftlich-sozialen Bereich weist die energetische Verwertung wegen des erforderlichen Schichtbetriebes im Leitindikator Arbeitsplatz Nachteile gegenüber der Nachkompostierung auf. Gleiches gilt für die auf den Anlageninput bezogen etwas geringere Anzahl an Arbeitsplätzen. Innerhalb der Verwertungsverfahren schneidet deshalb die Fermentation mit nachgelagerter energetischer Verwertung im Vergleich zur Fermentation mit stofflicher Nutzung des Gärrestes leicht schlechter ab. Durch die positive Bewertung im Bereich Erfassung behält die Prozesskette jedoch ihren Best-of Status.

Wie beim Stoffstrom Papier weist die Miterfassung in der Restmülltonne auch beim Bioabfall gegenüber der Getrennterfassung aufgrund der höheren Fahrzeugauslastung und der daraus resultierenden geringeren Anzahl an Sammeltouren Vorteile auf. Dies betrifft sowohl die Kosten als auch die Aspekte Klimarelevanz und Energiebilanz im Leitindikator Ökologische Betrachtung. Zudem wird die für diesen Verwertungsweg vollständige Abschöpfung des Stoffstromes über die Restmülltonne im Indikator Mengenabschöpfung positiv berücksichtigt. Im gesellschaftlich-sozialen Bereich zeigen sich deutliche Vorteile durch einen verbesserten Bürgerkomfort, da die Abfalltrennung im Haushalt entfällt. Dagegen wird bei der getrennten Erfassung in der Biotonne positiv bewertet, dass aufgrund der höheren Anzahl an Sammeltouren gewichtsspezifisch mehr Arbeitsplätze benötigt werden.

Bei der gemeinsamen Erfassung mit dem Restabfall ist ein Vorbehandlungsschritt erforderlich, da der organikhaltige Teilstrom für die Fermentation in einer MBA separiert werden muss. Dieser gegenüber der Getrennterfassung zusätzliche Aufwand wirkt sich in diesem Prozessschritt in einer schlechteren Bewertung aus.

In der Gesamtbetrachtung der beiden Prozessketten erreicht die Variante mit Erfassung in der Restmülltonne und Gärrestverbrennung die beste Bewertung. Gegenüber der sehr guten Bewertung des Erfassungsschrittes und der ebenfalls guten Ergebnisse der Verwertung spielt die schlechtere Bewertung des Vorbehandlungsschrittes eine untergeordnete Rolle. Allerdings wurde die Best-of Variante als risikobehaftet eingestuft, da ab dem 1.1.2015 nach den Vorgaben des KrWG ein Getrennterfassungsgebot für Bioabfälle gilt und zudem der Vorrang der stofflichen vor der energetischen Verwertung nach der Abfallhierarchie zu beachten ist. Im Bereich Finanzierung wurde ein erhöhtes Risiko aufgrund der notwendigen Investition in ausreichende Sortier- und Verwertungskapazitäten identifiziert, da aktuell in der Region keine Anlagenkapazitäten für die mechanische Behandlung des Restabfalls verfügbar sind. Deshalb wurde die Variante einer Gemischterfassung als nicht empfehlenswert beurteilt. Die Prozesskette mit Erfassung in der Biotonne und nachfolgender diskontinuierlicher Fermentation mit Nachkompostierung wurde aus diesem Grund als mögliche Handlungsoption weiter betrachtet.

4 Handlungsempfehlungen

Die nachfolgend beschriebenen Handlungsoptionen beinhalten geeignete Verwertungsverfahren und entsprechende Erfassungsvarianten, welche als Bausteine für ein zukunftssicheres und nachhaltiges Gesamtsystem für München empfohlen werden können.

Unter der Zielstellung einer ökoeffizienten Verwertung haben die durchgeführten Analysen gezeigt, dass eine Kombination aus stofflichen und energetischen Verfahren am vorteilhaftesten ist. Für sortenrein erfasste Stoffströme ist dabei ein hochwertiges Recycling zu empfehlen. Auch das Abtrennen von Fraktionen zur stofflichen Verwertung aus Stoffgemischen ist sinnvoll. Beispielsweise wird für den Stoffstrom Sperrmüll empfohlen, die recycelbaren Anteile der enthaltenen Kunststoffe und Metalle sowie des Holzes durch Sortierung abzutrennen und stofflich zu nutzen. Die energetische Verwertung wird bei zunehmendem Störstoffgehalt der Materialien vor allem für hochkalorische Stoffströme vorteilhaft.

Bei der Analyse der Verwertungswege wird für mehrere Stoffströme der Status quo als vorzugswürdige Variante bestätigt. So stellen die beiden vom AWM betriebenen Verwertungsanlagen, die Trockenfermentationsanlage München (diskontinuierliche Fermentation) und das MHKW München Nord, ökoeffiziente Prozesse dar. Die in die Handlungsempfehlungen aufgenommenen Verfahren und die damit verwerteten Wertstoffe sind in Abbildung 4 zusammenfassend dargestellt.

Die Handlungsempfehlungen für die Erfassungsvarianten orientieren sich an den zuvor beschriebenen Verwertungsverfahren. Die Auswahl der geeigneten Erfassungsmöglichkeiten erfolgte analog der in Abschnitt 3 beschriebenen Bewertung für alle sechzehn Stoffströme. Dabei hat sich gezeigt, dass für einige Stoffströme mehrere Erfassungsvarianten vorteilhaft sind. Deshalb wird für München ein flächendeckendes Basiserfassungssystem empfohlen, welches für bestimmte Stoffströme und Stadtbereiche durch Zusatzoptionen ergänzt werden kann (vgl. Abb. 5).

Abb. 4: Handlungsoptionen für stoffliche und energetische Verwertungsverfahren

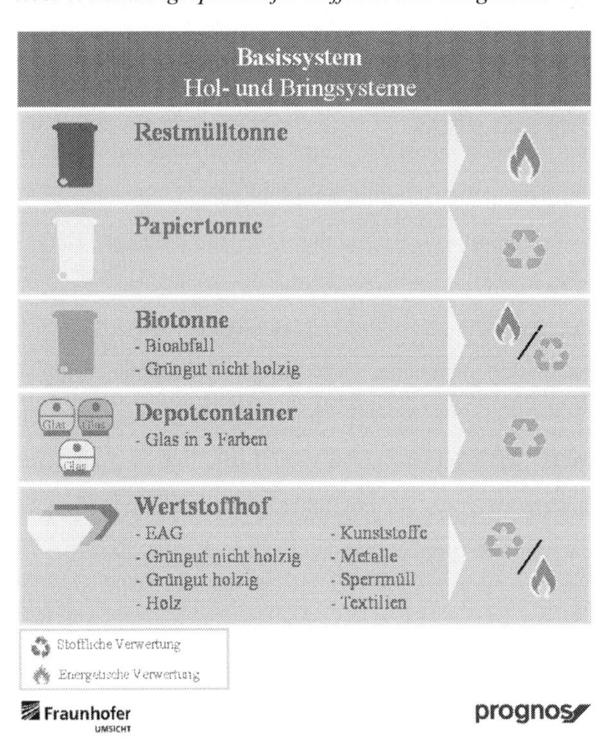

Abb. 5: Basissystem Erfassung mit Verwertungsmöglichkeiten

Das Basissystem besteht im haushaltsnahen Bereich aus Bioabfall-, Papier- und Restmülltonne. Dieses sogenannte 3-Tonnen-System ist im Status quo vorhanden und ermöglicht eine vergleichsweise hohe Mengenabschöpfung. Alle drei Tonnen erhielten in der Analyse eine sehr gute Bewertung. Ergänzt wird das Holsystem durch zwei Bringsysteme. Für die Erfassung von Glas wurde der Depotcontainer als vorteilhaft identifiziert. Für acht weitere Stoffströme wird die Erfassung über Wertstoffhöfe empfohlen. Insbesondere bei der Wertstoffhoferfassung, die unter anderem den Vorteil der Sammlung sehr sortenreiner Stoffströme bietet, sind ergänzende Erfassungsmöglichkeiten sinnvoll. So kann für bestimmte Fraktionen die Bürgernähe erhöht und damit die Mengenabschöpfung verbessert werden.

Zwei Varianten der erweiterten Erfassung von Kunststoffen, Metallen und Elektro- und Elektronikkleingeräten (EAG (klein)) sind bereits in einem Pilotversuch durch den AWM getestet worden. Die Versuche wurden durch Fraunhofer UMSICHT und die Prognos AG von Mitte 2011 bis Mitte 2012 wissenschaftlich begleitet. Die Ergebnisse dieses Tests wurden für die Auswahl der Handlungsempfehlungen berücksichtigt. Die nachfolgend beschriebenen Zusatzsysteme müssten jedoch vor einer praktischen Umsetzung genauer geprüft werden. Beispielsweise ist zu beurteilen, inwieweit die Erfassungsvarianten in ausgewählten Stadtgebieten sinnvoll eingesetzt werden können. In die Prüfung sollten Langzeiterfahrungen aus anderen Städten oder Kreisen einfließen. Die möglichen Zusatzsysteme sind in Abbildung 6 dargestellt.

Abb. 6: Zusatzsystem Erfassung

Als Ergänzung zum Basissystem ist zum einen eine Ausweitung des Holsystems sinnvoll. Für Kunststoffe und Metalle ist die gemeinsame Erfassung vorteilhaft. Dazu sind die Varianten Wertstofftonne, Sacksammlung und die Nutzung der Papiertonne als Duo-Tonne denkbar. Im Vergleich dieser Erfassungsvarianten liegt der Nachteil der Wertstofftonne beim zusätzlichen Platzbedarf an den Tonnenstandplätzen, weshalb diese Variante nicht für den verdichteten Innenstadtbereich geeignet scheint. Im Rahmen einer Sacksammlung ist hingegen mit einer Verschlechterung des Stadtbildes am Abholtag zu rechnen. Bei der Nutzung der Papiertonne als Duo-Tonne werden nach der Erfassung des Papiers in einem zweiten Leerungsturnus Kunststoffe und Metalle erfasst, welche in Wertstoffsäcken eingeworfen werden. Inwiefern diese Sammlung zu einer Verschlechterung der Papierqualität führen kann, wenn Bürger im Zeitraum der Papiersammlung andere Wertstoffe einwerfen, müsste noch geprüft werden. Für die Erfassung von EAG (klein) kommt die Miterfassung in der Papier- oder Wertstofftonne in Frage, wenn die Geräte vorher in speziellen Säcken verpackt wurden. Nachteilig wirkt sich der notwendige Sortieraufwand zum Aussortieren der Säcke aus. Zudem werden möglicherweise EAG (klein) als Fehlwurf lose eingeworfen, was unter Umständen zu einer Beeinträchtigung der Qualität der Wertstoffe führt. Für die Erfassung von holzigem Grüngut könnte in Bezirken mit höherem Gartenanteil eine Sacksammlung angeboten werden. Zur Erhöhung des Bürgerkomforts ist für Elektro- und Elektronikgroßgeräte (EAG (groß)) sowie Sperrmüll eine haushaltsnahe Abholung empfehlenswert. Dies ermöglicht auch den weniger mobilen Bürgern die Entsorgung dieses Abfallstromes. Im Status quo wird diese Abholung bereits kostenpflichtig durch den AWM angeboten.

Zum anderen können auch Bringsysteme, die im Vergleich zum Wertstoffhof mehr Standplätze aufweisen und zeitlich länger verfügbar sind, für die Erhöhung der Erfassungsmenge sinnvoll eingesetzt werden. Eine hohe Sortenreinheit wird durch ein Wertstoffmobil ermöglicht, welches zu bestimmten Zeiten Haltestellen im verdichteten Innenstadtbereich anfährt. So können unter anderem EAG (klein) und Textilien gesammelt werden. In dem von Fraunhofer UMSICHT und der Prognos AG wissenschaftlich begleiteten Pilotversuch wurde ein solches Mobil in München für EAG (klein), Kunststoffe und Metalle bereits getestet. Für die Stoffströme Textilien und EAG (klein) bietet sich zudem eine Depotcontainersammlung an. Hier ist die Standzeit und damit die Verfügbarkeit im Vergleich zu einem Wertstoffmobil deutlich höher. Die Depotcontainererfassung wird aktuell in München für EAG (klein) in einem Pilotversuch durchgeführt. Für Textilien befindet sich diese Sammlung in der Planungsphase. Für die Erhöhung der Standplatzdichte der Depotcontainer zur Glaserfassung im Innenstadtbereich bieten sich platzsparende und optisch ansprechende Varianten an. Beispielsweise können Unterflurbehälter gewählt bzw. die Container in Litfaßsäulen integriert werden.

Im verdichteten Innenstadtbereich mit begrenzten Tonnenstandplätzen und teilweise verhältnismäßig schlechter Sammelqualität von getrennt erfassten Wertstoffen könnte die Umstellung auf ein Zwei-Tonnensystem vorteilhaft sein. Dabei besteht zum einen die Möglichkeit, die Papiertonne beizubehalten, und alle weiteren trockenen Wertstoffe sowie die Organik in einer Restmülltonne zu erfassen. Das Gemisch wird anschließend einer mechanisch-biologischen Behandlung zugeführt. Damit wird ein gewisser Anteil an Wertstoffen aussortiert. Der organikhaltige Reststrom kann in einer Fermentationsstufe zur Biogasgewinnung mit nachfolgender Gärrestverbrennung eingesetzt werden. Eine andere Variante umfasst die regional begrenzte Einführung einer nassen und einer trockenen Tonne. Die nasse Tonne ist für organische Abfälle und Hygieneartikel bestimmt und wird direkt der Fermentation mit Gärrestverbrennung zugeführt. Das Wertstoffgemisch der trockenen Tonne wird sortiert, um die Sortierfraktionen anschließend der stofflichen und energetischen Verwertung zuzuführen. Die möglichen Vorteile eines Zwei-Tonnensystems im Innenstadtbereich bedürfen allerdings einer weitergehenden Betrachtung und genauen Prüfung. Die Realisierung ist aufgrund des im KrWG verankerten Getrennterfassungsgebotes mit rechtlichen Risiken sowie wegen der Erweiterung der notwendigen Anlagenkapazitäten für die Aussortierung von Wertstoffen und die Fermentation mit Finanzierungsrisiken verbunden.

5 Fazit

Die mit dem Kreislaufwirtschaftsgesetz und dem bevorstehenden Wertstoffgesetz einhergehenden, tiefgreifenden Änderungen der abfallwirtschaftlichen Rahmenbedingungen führen zum Teil zu erheblichen Auswirkungen auf die vielfach bereits langjährig etablierten kommunalen Erfassungs- und Verwertungsstrukturen. Eine Überprüfung und Anpassung der kommunalen Systeme ist daher notwendig. Die hier am Beispiel des AWM beschriebene Analyse hat gezeigt, dass die in München bereits vorhandenen Erfassungs- und Verwertungssysteme zum Großteil ökoeffizient gestaltet sind. Darüber hinaus konnten zusätzliche Möglichkeiten identifiziert werden, die eine weitere Effizienzsteigerung ermöglichen. Je nach Bebauungsstruktur kommen für die Erfassung eines Stoffstromes in den verschiedenen Stadtteilen unterschiedliche Lösungen in Betracht. Insgesamt zeigt die vergleichende Analyse, dass ein ökoeffizientes System für die Entsorgung von Siedlungsabfällen sich nur in einer Kombination aus stofflich hochwertigen Verwertungsverfahren und energieeffizienten thermischen Verfahren realisieren lässt. Die Erfassung und damit auch die ggf. notwendige Vorbehandlung sollten dabei am Verwertungsverfahren ausgerichtet werden. Vor allem bei der Erfassung, aber auch bei der Verfügbarkeit von Vorbehandlungs-

und Verwertungsanlagen, sind beim Aufbau der Systeme die lokalen und regionalen Gegebenheiten für die Bewertung maßgeblich.

Verweis:

Dieser Artikel ist so bereits in der Zeitschrift *Müll und Abfall* (Jahrgang 45, Ausgabe August 2013, S. 420 - 426) erschienen.

ENERGIEEFFIZIENTE REZYKLIERUNG VON BLOCKGUSSKOKILLEN DURCH DIREKTUMSCHMELZUNG

Dominic Brach

Universität Duisburg-Essen, Institut für Metallurgie und Umformtechnik, Lehrstuhl für Metallurgie und Stahlerzeugung (Prof. Dr.-Ing. Rüdiger Deike), Duisburg. E-Mail: Dominic-Brach@brach.de

Keywords: Kokille, Blockguss, Gusseisen, Umschmelzung

1 Einleitung

Blockgusskokillen sind wiederverwendbare Formen, die bei der Urformung von Stahl in beiden Herkunftslinien (Konverter- und Elektrostahlwerke) Anwendung finden. Sie werden typischerweise aus Gusseisen mit Lamellen- (GJL) oder Kugelgraphit (GJS) hergestellt und haben in der Regel eine Eigenmasse zwischen 20-30 Tonnen. Hervorzuheben sind die teilweise sehr hohen Kohlenstoffgehalte der genutzten Eisenlegierungen von >4%, die sich in vielen Betrieben aus Gründen der Haltbarkeit als vorteilhaft erwiesen haben.

Aufgrund der thermozyklischen Belastung der Kokille und der damit einhergehenden Eigenspannungsentwicklung, ist die Lebensdauer, die sog. Kokillenstandzeit, technisch begrenzt.

Ausgemusterte Kokillen müssen aufgrund ihrer Größe zunächst in einem Trümmerwerk zerkleinert werden, um dann als nicht sortenreiner Eisenschrott über den normalen Markt abgesetzt werden zu können. Margenabschläge bei „Kleinmengen" einzelner Kokillen sind zusätzlich zu bedenken. Ersatzweise zu vergießende Kokillen müssen entsprechend kostenintensiv auflegiert werden. Ein weiterer Kostentreiber ist der Transport der Kokillen und der Trümmer, da Frachten nicht nur nach Gewicht, sondern – insbesondere auf dem Schienenwege – nach Volumen verrechnet werden; das Volumen/Masse-Verhältnis ist hier bei der Kokille (kann nicht geschachtelt werden), als auch bei der Trümmeraufschüttung sehr hoch.

Im Rahmen eines F&E-Projekts wird ein Ofen zur Kokillenumschmelzung entwickelt, in den eine ausgemusterte Schrottkokille als Ganzes, also ohne vorherige Zertrümmerung, eingesetzt werden kann. Diese soll dann erschmolzen, metallurgisch für einen erneuten Eisenguss behandelt und schließlich auch vergossen werden.

2 Versuchsanlage

2.1 Zielstellung der Anlage

Wie bereits einführend beschrieben, soll der Kokillenschmelzofen der direkten Umschmelzung von Blockgusskokillen aus Gusseisen dienen. Umschmelzen bedeutet in diesem Zusammenhang den Einsatz einer Schrottkokille, deren Erschmelzung, notwendige metallurgische Behandlungen und den Abguss zu einer neuen Kokille.

Es sind diverse Restriktionen bei der Auslegung der Anlage zu beachten: Das Ofengefäß muss direkt mit einem Hallenkran zu beladen sein. Ein entsprechender Deckel, der ausreichend schnell zu öffnen und schließen ist, ist vorzusehen. Das größte Nutzmaß, bemessen an der größten im Einsatz befindlichen bzw. geplanten Kokille soll 3.500 mm x 3.000 mm x 1.500 mm mit einer Masse von bis zu 40 Tonnen abbilden. Das Ofengefäß ist dementsprechend so auszulegen, dass sowohl von den Dimensionen bei geschlossenem Deckel (und dessen Bewegungsbereich), sowie der feuerfesten Auskleidung zur Aufnahme des maximalen Schmelzbades, ausreichend Sicherheit vorhanden ist. Für Anlagen der Flüssigphasenbehandlung gelten diesbezüglich besondere Auflagen.

Zur visuellen Kontrolle des Schmelzbades, sowie zum Einsatz von Lanzen etc. ist eine entsprechende Öffnung vorzusehen.

Die Leistung des Aggregates soll angemessen dimensioniert sein und im Wesentlichen ökonomischen Betrieb ermöglichen. Ein wirtschaftlicher Betrieb muss selbstverständlich auch im Rahmen der ökologischen Grenzwerte und Richtlinien der amtsführenden Gewerbeaufsicht betrachtet werden. Eine Konformitätserklärung muss erstellt werden können.

Während des Schmelzzyklus tritt zwangläufig ein Abbrand von Kohlenstoff in der Eisenschmelze ein. Daher muss eine Möglichkeit geschaffen werden, diesen Verlust durch ein Aufkohlen der Schmelze, etwa durch Zugabe von Graphit, Koks- oder Kohlenstäuben auszugleichen. Des Weiteren kommt es zu Silizium- und Manganabbrand. Ebenso muss die weitere metallurgische Behandlung und Kontrolle der Schmelze bedacht werden.

Darüber hinaus soll die Anlage nicht nur zur Erschmelzung, sondern auch als Gießaggregat verwendet werden, d.h. es soll ein pfannenloser Guss möglich sein.

Eine völlig autonome Prozessautomatisierung und –steuerung soll den Kampagnenbetrieb der Anlage mit maximal 3 Bedienern ermöglichen.

2.2 Anlagenteile und Betriebseinheiten

Der Kokillenschmelzofen (Versuchsofen) besteht aus einem schwenkbaren Ofengehäuse in Stahlbauausführung mit der Brennereinrichtung, dem elektrisch verfahrbaren Ofendeckel, der auf einem, am Tragrahmen montierten, Schienengleis fährt und einer Ofenarbeitstür. Wichtigste Nebenaggregate sind die zentrale Hydraulikanlage, Steuereinrichtungen, sowie die Kühlungsanlage für die Arbeitstür.

Zum Beladen mit dem Schmelzgut wird der Ofendeckel mit einem fest verbauten Getriebemotor angehoben und seitlich vom Ofengehäuse verfahren.

Das Schmelzgut wird mittels Brückenkran und geeigneten Kokillenzangen in das Ofengefäß gelegt. Nach dem Chargieren wird der Ofendeckel wieder über das Gehäuse gefahren und durch Absenken geschlossen. Eine Verriegelung findet nicht statt; der Deckel wird durch eine Schienen- und Zapfenaufnahme gehalten. Die Betätigung der elektromechanischen Verfahr- und Hubeinrichtung erfolgt manuell von der Arbeitsbühne oder dem Leitstand aus.

Die Beheizung erfolgt mit einem Oxygen-Fuel-Brenner, der in einer Stirnwand des Ofengehäuses montiert ist

Die feuerfeste Wärmeisolierung im Bodenbereich des Ofengehäuses besteht aus einlagigem Faserpapier von 2 mm Stärke. Die zweite und dritte Lage wird aus einem Bauxitstein aufgebracht. Dieser zeichnet sich durch hohe Hitzebeständigkeit und Verschleißfestigkeit aus. Die Dauertemperaturbeständigkeit dieser Feuerfestauskleidung ist vom Hersteller mit 1.500 °C angegeben. Die vierte, fünfte und sechste Lage wird mit einem Chromkorundstein mit einer Stärke von jeweils 80 mm aufgebaut. In diesen Schichten beträgt die Temperaturbeständigkeit 1.700 °C. Im direkten Kontakt zum Ofengefäß ist der gesamte Bodenbereich, der die Schmelze im Betrieb aufnehmen soll, mit einer Chromkorundmasse geglättet; diese weist im direkten Kontakt mit dem flüssigen Eisen eine Temperaturbeständigkeit von 1.800 °C auf.

Der Wandaufbau erfolgt mit einem Formstein in 300 mm Stärke und einer Temperaturbeständigkeit von 1.700 °C. Die Steine werden mit Stahlklammern der Güte S355 am Ofengehäuse befestigt. Der verfahrbare Ofendeckel wird ebenfalls mit diesem Stein ausgekleidet.

In den Boden sind 2 Spülsteine zum Zwecke der Homogenisierung der Schmelze und zur Kontrolle des Verflüssigungsgrades eingesetzt. Als Spülgas soll Argon oder Stickstoff verwendet werden.

Der Fortschritt des Schmelzprozesses wird über die hydraulisch zu öffnende Arbeitstür mit einer Nutzöffnung von 800 mm x 700 mm überwacht. Der Rahmen der Arbeitstür besteht aus warmfestem Edelstahl, welcher mit einer Chromkorundmasse ausgekleidet ist. Um Überhitzung und

Ausflammen an der Arbeitstür zu vermeiden, wird ein wassergekühlter Edelstahlrahmen mit einem geschlossenen Wasserkühlkreissystem genutzt.
Zum Abguss des Schmelzbades kann das Ofengehäuse mit geschlossenem Ofendeckel mittels eines zentralen Hydraulikzylinders um bis zu 10° entgegen der Richtung der Arbeitsbühne gekippt werden. Ein Erkerabstich mit Linearschieber ermöglicht den Guss über eine Rinne in bereitgestellte Gussformen oder eine Pfanne
Bedieneinrichtungen befinden sich zentral auf der Arbeitsbühne, sowie Notbedienungen an sicheren Punkten bei Gefahr. Die gesamte Anlage ist kameraüberwacht, damit eine Steuerung im Aufheizbetrieb von nur einem Mitarbeiter erfolgen kann.
Die Führung der Prozessabgase erfolgt durch einen isolierten Abgasstutzen in der, dem Brenner gegenüberliegenden, Stirnwand des Ofengefäßes. Dieser leitet das Gas durch ein bestehendes, benachbartes Tiefofengefäß. In dieses kann das Schmelzgut für den nächsten Einsatz im Vorfeld eingesetzt werden und so durch Nutzung der Abgaswärme bereits vorgewärmt werden. Zusätzlich wirkt das zweite Ofengefäß durch die Winkelung der Abgasführung als mechanische Entstaubung. Anschließend wird das Abgas über den Abgaskanal des Tiefofens und weiter über den Kamin ins Freie geführt
Neben den Betriebseinheiten des Hauptaggregates bestehen diverse Neben- und Hilfsaggregate, die in direkter Verbindung stehen. Dazu zählt die zentrale Hydraulikanlage, die den Ofengefäßkippzylinder, sowie Arbeitstüröffnung bzw. –verriegelung bedient.
Die Steuerung wird von einem komplett automatisierten Prozessleitsystem gewährleistet, in dem alle Anlagenteile und Betriebseinheiten mittels Messtechnik erfasst und ausgeregelt werden können.
Es kommt ein Siemens Simatic S7-300-System mit Step-7-Programmierung als SPS-Steuerung zum Einsatz. In diese werden sämtliche Signaleingänge integriert und zentral geregelt. Als Visualisierung des Leitstandes wird Simatic WinCC Flexible verwendet; dies bietet unter anderem den Vorteil, mehrere synchron betriebene Bedienstände bzw. einen Leit- und mehrere vereinfachte Bedienstände aufzubauen
Zusätzlich zu den fest verbauten Haupt- und Nebenaggregaten werden eine Vielzahl von Gerätschaften zum vorgesehenen Betriebszweck im Normalbetrieb benötigt. Unter anderem wären hier Lanzensysteme zu nennen, die zur Kontrolle der Temperatur und zur Probennahme durch die Ofenarbeitstür verwendet werden können.

2.3 Brennertechnologie und Energien

Als Energieträger dient Erdgas Typ H. Dieses wird in allen Industrie- und Haushaltsnetzen bereitgestellt. In Deutschland besteht diesbezüglich ein gesetzlicher Versorgungsanspruch.[1] Der Brennwert dieses Gases liegt im Bereich von 13 bis 14 kWh/kg.[2] Im Fall der Versuchsanlage beträgt der Vordruck des vorhandenen Industrienetzes 500 mbar; der des Sauerstoffs 12 bar.
Für das richtige, gleichbleibende Erdgas-Sauerstoff-Gemisch steht eine komplette Gas-Sauerstoff-Druckregeleinrichtung mit Sicherheitsstrecke zur Verfügung. Die Durchflussmengenmessung erfolgt über Massenstrommesser.
Es kommt eine Oxy-Fuel-Brenneranlage mit einer maximalen Heizleistung von 6 MW zum Einsatz; diese wurde bei der Auslegung durch die Forderung einer Zyklenzeit von ~ 4 Stunden ermittelt. Darin enthalten ist eine avisierte Schmelzdauer von ~ 190 Minuten und alle vor- und nachbereitenden Prozesse zu den Vorgänger- und Folgezyklen.
Im Worst-Case-Szenario, d.h.

- volles Ausschöpfen der Ofennutzlast von m = 40 Tonnen,
- nicht vorgeheiztes Schmelzgut (20 °C), sowie
- Einhalten der geforderten Schmelzzeit von Δt ~ 190 Minuten,

und unter Zugrundelegung der mittleren Wärmekapazität von Gusseisen mit

$$c_{p,Fe} = [0{,}46 \ldots 0{,}54]\left[\frac{kJ}{kg * K}\right] \stackrel{\text{def}}{=} 0{,}5\left[\frac{kJ}{kg * K}\right]$$

beträgt die benötigte, zuzuführende Wärmemenge abgeschätzt:

$$\Delta Q_{Schmelzofen} = c_p * m * \Delta T = 0{,}5\left[\frac{kJ}{kg * K}\right] * 40000[kg] * (1400 - 20)[K] = 2{,}76 * 10^7[kJ]$$

Unter der Annahme eines *feuerungstechnischen* Wirkungsgrades der Anlage von

$\eta_{Schmelzofen} = 0{,}4$

erhält man die benötigte Leistung:

$$P = \frac{1}{\eta} * \frac{\Delta Q}{\Delta t} = 2{,}5 * \frac{2{,}76 * 10^7[kJ]}{11400[s]} \cong 6052{,}63[kW] \cong 6[MW]$$

Da zur Entwicklung der Brennerlösung ein bestehender Brenner modifiziert wurde, hat man sich an die Nennleistung von 6 MW angelehnt.

---

[1] Vgl. EnWG: §11ff.

[2] Vgl. DIN 51857

Die Verbrennungsreaktion findet nach Austritt aus der Brennerdüse annähernd atmosphärisch statt, da im geschlossenen Ofengefäß nur ein geringer Überdruck (500 mbar) eingestellt werden soll, um Falschluftzug zu vermeiden. Unter dieser Voraussetzung können Normalbedingungen[3] angenommen werden.

Somit ergeben sich aus der Dichte des Erdgases

$$\rho = 0{,}81 \left[\frac{kg}{m^3}\right]$$

und dem Heizwert

$$\mathrm{Hu} = 13 \left[\frac{kWh}{kg}\right]$$

der spezifische Heizwert pro Volumeneinheit

$$\mathrm{Hu}_{spez} = 0{,}81 \left[\frac{kg}{m^3}\right] * 13 \left[\frac{kWh}{kg}\right] = 10{,}53 \left[\frac{kWh}{m^3}\right]$$

und damit der Gasanschlusswert als:

$$AW_{Erdgas} = \frac{6000\,[kW]}{10{,}53 \left[\frac{kWh}{m^3}\right]} \cong 570 \left[\frac{Nm^3}{h}\right]$$

Um eine vollständige Verbrennungsreaktion zu erreichen, wird das Erdgas-Sauerstoff-Verhältnis stöchiometrisch mit

$$\lambda = \frac{\dot{m}_{O_2,real}}{\dot{m}_{O_2,stöchiometrisch}} = 1$$

eingestellt.

Erdgas H besteht im Wesentlichen aus Methan. Die Verbrennungsreaktion mit gasförmigem Sauerstoff ergibt sich wie folgt:

$$CH_4 + 2O_2 \rightarrow CO_2 + 2H_2O$$

Eine unterstöchiometrische Fahrweise ($\lambda < 1$) würde zu einer unvollständigen Verbrennung und damit zur Bildung von giftigen CO-Gasen führen:

$$2CH_4 + 3O_2 \rightarrow 2CO + 4H_2O$$

$$CH_4 + O_2 \rightarrow C + 2H_2O$$

---

[3] Vgl. DIN 1343

Diese CO-Gase dürfen nur in sehr geringen Mengen freigesetzt werden[4] und können durch den leichten Ofenüberdruck auch in Bereiche der Arbeitsbühne gelangen und sind somit unbedingt zu vermeiden. Des Weiteren würde nicht der gesamte zugeführte Brennstoff in der Reaktion aufgehen, sodass die Nutzenergie und damit der Wirkungsgrad des Brenners sinkt.
Im Gegensatz dazu stellt eine überstöchiometrische Fahrweise ($\lambda > 1$) zwar eine vollständige Reaktion sicher, jedoch ermöglicht der Sauerstoffüberschuss auch ungewollte Reaktionen mit der Schmelze. Es kommt unter anderem zu verstärktem Abbrand des freien Kohlenstoffs an der Kontaktfläche zwischen Schmelze und Reaktionsraum:

$$C + O_2 \rightarrow CO_2$$

Dieser muss zur Erhaltung der Qualität der Eisenschmelze später ausgeglichen werden. Darüber hinaus wirkt sich in diversen Nebenreaktionen ein Sauerstoffüberschuss negativ auf die Verschlackung und die Lebensdauer der Feuerfestmauerung aus.
Um eine jederzeit vollständige Verbrennung zu ermöglichen, insbesondere um die Bildung von CO-Gasen zu vermeiden, muss die Reaktionslücke des Reglers, sowie dessen Regeltoleranz ausgeglichen werden. Dazu wird eine minimale Überstöchiometrie eingestellt:

$$\lambda_{sicher} = 1{,}05$$

Laut Reaktionsgleichung wird als Mischungsverhältnis für die vollständige (stöchiometrische) Verbrennung die doppelte Menge Sauerstoff auf den Brennstoff benötigt:

$$MV_{stöchiometrisch} = 2 * \lambda_{sicher} = 2 * 1{,}05 = 2{,}1$$

Somit ergibt sich der Sauerstoffanschlusswert als:

$$AW_{Sauerstoff} = MV_{stöchiometrisch} * AW_{Erdgas} = 2{,}1 * 570 \left[\frac{Nm^3}{h}\right] \cong 1200 \left[\frac{Nm^3}{h}\right]$$

Ungeachtet der reinen Verbrennungsreaktion bildet sich durch die Berührung der heißen Abgase mit Sekundärluft im Abgassystem eine geringe Menge CO.
Die Kühlung des Brenners erfolgt medienseitig, d.h. durch das Durchströmen mit den Einsatzstoffen Erdgas H und Sauerstoff jeweils in Gasform. Nach Ausschalten des Brenners wird Pressluft zur Kühlung eingeleitet.
Der Brenner ist hüttentechnisch ausgelegt, hat eine eigene elektrische Zündanlage, sowie stetige UV-Sondenüberwachung.
Die Erdgas und Sauerstoff führende Brennerdüse ist starr im Ofengehäuse verbaut.

[4] Vgl. BImSchG: §44ff.

Oberhalb der Brennerdüse befindet sich eine, zum Brenner gehörige, Einblasvorrichtung für Sauerstoff in Form einer weiteren Düse. Diese ist vertikal verstellbar und wird zum einen genutzt, um den Flammstrahl der Brennerdüse anstellen zu können. Somit kann die Flamme so verstellt werden, dass sie über das Schmelzgut und – im weiteren Verlauf des Schmelzzyklus – über das Schmelzbad streichen kann. Zum anderen lässt sich mit einer zusätzlichen, reinen Sauerstoff-Düse das Mischungsverhältnis Erdgas/Sauerstoff feiner einstellen und einfacher regeln. Die abgeführten heißen Abgase werden zur Vorwärmung der Folgekokille genutzt. Dazu wird das Abgas durch das benachbarte Tiefofengefäß geleitet, in den diese mit Beginn des Schmelzzyklus eingesetzt wird.
Messungen haben die folgenden Abgastemperaturen vor Eintritt in den Tiefofen, sowie nach dem Austritt aus der Tiefofenkammer ergeben:

$T_{vor,Abgas} \sim 1300°C$

$T_{nach,Abgas} \sim 300°C$

Der, der Folgekokille zugeführte Wärmestrom und damit die rückgewonnene Energie lässt sich nun im offenen System „Tiefofen" berechnen mit:

$$\dot{Q} = \int_{300°C}^{1300°C} c_{p,Abgas} * \dot{m}_{Abgas} * \Delta T$$

Die Kokille wird von Raumtemperatur wie folgt erhitzt:

$T_{vor,Kokille} \sim 20°C$

$T_{nach,Kokille} \sim 820°C$

Da bis zur Entnahme der vorgeheizten Kokille kein stationärer Zustand erreicht ist, lässt sich die durch Konvektion aufgenommene Energie auch berechnen als:

$$\Delta Q_{Tiefofen} = c_{p,Fe} * m_{Fe} * \Delta T = 0{,}5 \left[\frac{kJ}{kg * K}\right] * 40000[kg] * (820 - 20)[K] = 1{,}6 * 10^7 [kJ]$$

Unter Betrachtung der gesamten, durch den Brenner zugeführten Energie während eines Schmelzzyklus

$$\Delta Q_{zu} = 6000 \left[\frac{kJ}{s}\right] * 11400[s] = 6{,}84 * 10^7 [kJ]$$

ergibt sich der Gesamtwirkungsgrad der Anlage (bestehend aus den Wirkungsgraden des Schmelzaggregates und des Vorheizaggregates Tiefofen), unter der Voraussetzung der korrekten Annahme der Auslegung als:

$$\eta_{Gesamt} = \frac{\Delta Q_{Schmelzofen} + \Delta Q_{Tiefofen}}{\Delta Q_{zu}} = \frac{2{,}76 * 10^7 [kJ] + 1{,}6 * 10^7\ [kJ]}{6{,}84 * 10^7 [kJ]} \cong 0{,}63$$

Die Temperaturführung übernimmt im Rahmen der S7-Steuerung ein Prozessregelbaustein. Die Temperaturerfassung erfolgt über Thermoelemente im Ofen. Diese können verschleißarm im Dauerbetrieb eingesetzt werden. Darüber hinaus werden die Abgastemperaturen im gesamten Verlauf an mehreren Stellen gemessen. Es gibt verschiedene Alternativen zur Versorgung der Anlage mit den Einsatzstoffen. Erdgas wird in der Regel über ein öffentliches oder halböffentliches Netz zur Verfügung gestellt. Sauerstoff kann entweder direkt als Gas über ein Industrienetz oder als Flüssigsauerstoff bereitgestellt werden. In diesem Fall muss der flüssige Sauerstoff vor der Einleitung mittels Verdampferanlage in Gasform gebracht werden.

2.4 Ökologie und Sicherheit

In Bezug auf (Arbeits-)Sicherheitsaspekte müssen bei der Auslegung die anzuwendenden harmonisierten Normen, sowie die EG-Richtlinien erfüllt werden. Die Anlage ist gemäß geltender Maschinenrichtlinie ausgelegt worden. Es sei an dieser Stelle darauf hingewiesen, dass ab 29. Dezember 2009 eine neue Maschinenrichtlinie in Kraft getreten ist.[5]

Die Errichtung, der Versuchs- sowie Dauerbetrieb bedürfen der Genehmigung durch die zuständige Gewerbeaufsichtsbehörde.[6] Diese erteilt auch Auflagen in Bezug auf Immissionsschutz, Arbeitsschutz und Wasserschutz.

Im Wesentlichen dürfen die ausgesetzten Abgase am Austritt des Kamins im Tagesmittel folgende Werte nicht überschreiten:

- Gesamtstaub 20 mg/Nm^3
- Gesamtkohlenstoff (CO_x) 50 mg/Nm^3
- Stickoxide (NO_x) 500 mg/Nm^3
- Chrom 1 mg/Nm^3
- Nickel 0,5 mg/Nm^3

Für alle Arbeitsplätze und Bewegungsbereiche von Mitarbeitern ist eine Arbeitsplatzgefährdungsbeurteilung zu erstellen. Arbeitgeberpflichten zur Überwachung der Anlagen im Betrieb können auf geschultes Fachpersonal (Schicht- und Anlagenführer) übertragen werden. Die Erstellung der Gefährdungsbeurteilung obliegt der, speziell dafür durch die Berufsgenossenschaft

[5] Vgl. EG-Richtlinie 2006/42/EG

[6] Vgl. BImSchG: §1ff.

ausgebildeten, Fachkraft für Arbeitssicherheit. Bei Anlagen im Versuchsbetrieb sollte generell eine weisungs- und entscheidungsbefugte Person anwesend sein, da es zu unvorhergesehenen Betriebszuständen kommen kann.

Die Anforderungen an das Bedienpersonal müssen genau definiert werden. Nur zuverlässige, unterwiesene, körperlich und geistig geeignete Mitarbeiter dürfen zugelassen werden. Die betriebsärtzliche Vorsorgeuntersuchung sollte mindestens dem Verfahren G25 entsprechen, bzw. G30 wenn der Arbeitsplatz dauerhaft direkter Strahlungswärme ausgesetzt ist.[7] Das Betreten des Gefahrenbereichs ist generell nur Personen zu gestatten, die ausreichend mit den Gefahren vertraut gemacht wurden. Zu jeder Zeit muss eine Redundanz beim Bedienpersonal gegeben sein, d.h. die Anlage darf – im Versuchsbetrieb – nie von nur einer Person bedient werden. Der Anlagenbereich ist weiträumig abzusperren; dies ist auch entsprechend während des Betriebes zu kontrollieren. Eine Explosionszonenanalyse ist als Teil der Gefährdungsanalyse zu erstellen.

Das Bedienpersonal trägt auf der Ofenbühne feuerhemmende Arbeitskleidung, die den Körper bis auf Hände und Kopf vollständig bedeckt. Helm und knöchelhohe Sicherheitsschuhe sind generell in Industriebereichen vorgeschrieben. Bei laufendem Hydraulikaggregat kann die Lärmbelastung in manchen Bereichen das Tragen von Gehörschutz erforderlich machen; diese sind zu kennzeichnen.

Bei Arbeiten unter direkter Strahlungshitze, z.B. zur Probennahme durch die Ofentür oder beim Abstich, muss ein hitze- und feuerbeständiger Spezialanzug getragen werden, der den kompletten Körper bedeckt. Beim Abstich sind zusätzlich im Flurbereich Gamaschen zu tragen.

Für den Fall einer Störung der Ofendruck-Regelung, bei der es zur Bildung von CO-Gasen kommt, ist jeder Mitarbeiter im Gefahrenbereich mit einem CO-Warngerät auszustatten.

Darüber hinaus sind Kennzeichnungen, Löschmittel und Rettungspläne gemäß den Vorschriften zu erstellen und zu pflegen. Die Betriebsanleitung ist bei der Anlage vorrätig zu halten. Die Anlage darf nur nach erfolgter Konformitätserklärung in Betrieb gesetzt werden.[8]

Da in der Anlage Hydrauliköl als ein wassergefährdender Stoff in nicht unerheblicher Menge verwendet wird, müssen auch wasserschutzrechtliche Restriktionen bedacht werden. Insbesondere ist eine Druckprüfung der Leitungsanalge mit doppeltem Nenndruck durchzuführen. Im Bereich des Kompressors muss ein Auffangraum vorgesehen werden, für den Fall dass es zu einem unkontrollierten Austritt von Hydrauliköl kommt.[9]

---

[7] Vgl. prEN 746-6

[8] Vgl. EG-Richtlinie 2006/42/EG

[9] Vgl. VAwS: §22

Neben der Bildung von CO- und CO_2-Gasen liegt ein besonderes Augenmerk auf der Reduktion von Stickoxiden (NO_x).

Bei der Bildung von Stickmonooxid (NO) unterscheidet man zwischen thermischem NO und promptem NO. Thermisches NO entsteht bei diversen Reaktionen direkt in der Flamme:

$$N_2 + O_2 \rightarrow 2NO$$

$$N_2 + O \rightarrow NO + N$$

$$N + O_2 \rightarrow NO + O$$

Mit steigender Temperatur und Sauerstoffüberschuss wird in der Flamme mehr thermisches NO gebildet. Eine Möglichkeit der Reduktion besteht in einer möglichst kalten Einstellung der Flamme.

Promptes NO bildet sich in vielstufigen, komplizierten Reaktionsstufen aus Sauerstoff, Stickstoff und C_x-Radikalen an der Flammenfront. Der Anteil des prompten NO ist im Vergleich zum thermischen insgesamt höher.

Das sog. Brennstoff-NO hat bei Gasfeuerungen keinen Einfluss.

Stickdioxid (NO_2) bildet sich unmittelbar nach der Flammenfront; dort reduziert es jedoch sehr leicht wieder zu NO, daher ist der direkte NO_2-Anteil sehr gering. Des Weiteren reagiert es aus NO und Falschluft im Abgaskanal beim Temperaturabfall. Somit ist die Bildung von NO_2 kaum zu begrenzen.

Zwar werden im Kokillenschmelzofen als Einsatzstoffe nur Erdgas und Sauerstoff zugeführt und der leichte Ofenüberdruck verhindert das Eindringen von Falschluft, und damit Stickstoff als Bestandteil derselben, in die Ofenkammer, jedoch dringt bei jedem Öffnen des Deckels eine große Menge Umgebungsluft in die Kammer ein, sodass innerhalb des kurzen Schmelzzyklus die Reaktion mit Stickstoff nicht ausgeschlossen werden kann.

Durch eine nahezu stöchiometrische Fahrweise (λ=1,05 $\cong$ 1) des Ofens kann die Reaktion mit Stickstoff weitestgehend begrenzt werden, da der zur Verfügung stehende Sauerstoff (fast) vollständig in der Reaktion mit dem Brennstoff aufgeht.

Es lässt sich feststellen, dass bei exakter Stöchiometrie sowohl die Bildung von NO_X, als auch CO minimal ist. Bei Sauerstoffüberschuss (λ>1) bleibt Sauerstoff für ungewollte Reaktionen zu NO_x; bei Sauerstoffunterschuss (λ<1) bildet sich durch die unvollständige Verbrennungsreaktion CO.

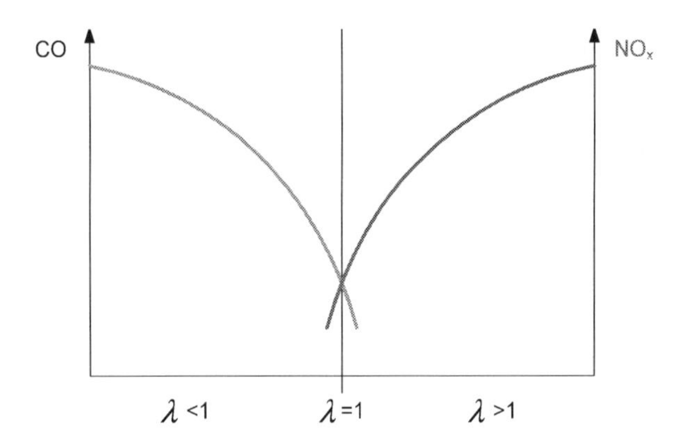

Abb.1: Bildung von CO und NO_x abhängig von λ

2.5 Betrieb der Anlage

Der Kokillenofen soll kampagnenweise betrieben werden, um Energieverluste, etwa durch Verlust der Speicherwärme, zu vermeiden. Schrottkokillen werden zu diesem Zweck gesammelt; es werden Kampagnen mit möglichst vielen Schmelzzyklen angestrebt.

Jedes An- und Abfahren des Ofens ist mit Energieverlusten bzw. einem Mehraufwand an Energie und Zeit verbunden. Im Wesentlichen lässt sich die Durchführung einer Kampagne in drei Teile gliedern:

- Anfahren

  Beim Anfahrbetrieb wird der Ofen manuell von Raumtemperatur auf eine erste Einsatztemperatur von ca. 800°C gebracht. Alternativ kann vor dem Zünden des Brenners die Erstkokille bereits eingesetzt werden. Es ist auf langsames Erwärmen zu achten, damit die Feuerfestauskleidung der Ofenkammer keinen Schaden, etwa durch Rissbildung, erleidet. Um einen ausreichenden Zug zu gewährleisten und die Erst- bzw. Folgekokille (je nach dem, ob die Erstkokille bereits in das Schmelzaggregat eingesetzt wurde oder nicht) vorzuwärmen, muss vor dem Zünden des Schmelzofens der Tiefofen gezündet werden. Die beiden Hauptbrenner desselben erwärmen die Abgasanlage auf Betriebstemperatur und werden sodann abgestellt. Danach kann der Schmelzofen gezündet werden. Schlägt das Zünden fehl, ist bei geöffnetem Deckel eine Mindestwartedauer einzuhalten, damit sich nach mehreren möglichen Versuchen kein kritisches explosives Gasgemisch bilden kann. Der Ofen wird dann langsam auf Schmelztemperatur erhitzt und das erste mal abgestochen.

- Normalbetrieb

  Zum Normalbetrieb zählen der Einsatz der Folgekokille(n), Schmelzzyklen und Abguss. Es wird mit Volllast gefahren. Die jeweilige Folgekokille wird zur Energierückgewinnung in den Tiefofen eingesetzt und auf gut 800°C vorgeheizt. Der Brenner wird jeweils vor dem Öffnen des Ofendeckels, sowie vor dem Kippen und beim Abguss komplett ausgeschaltet. Die Wiederzündung erfolgt mit eingesetzter Folgekokille in Nulllage.

- Abfahren

  Nach dem Einsatz der letzten Schrottkokille der Kampagne wird keine Folgekokille mehr in den Tiefofen gesetzt. Der Schmelzzyklus und der Abguss werden wie im Normalbetrieb vollzogen. Nach dem vollständigen Abguss der Schmelze (in diesem Fall darf keine Restschmelze mehr im Ofen zurück bleiben) wird der Brenner nicht wieder gezündet.

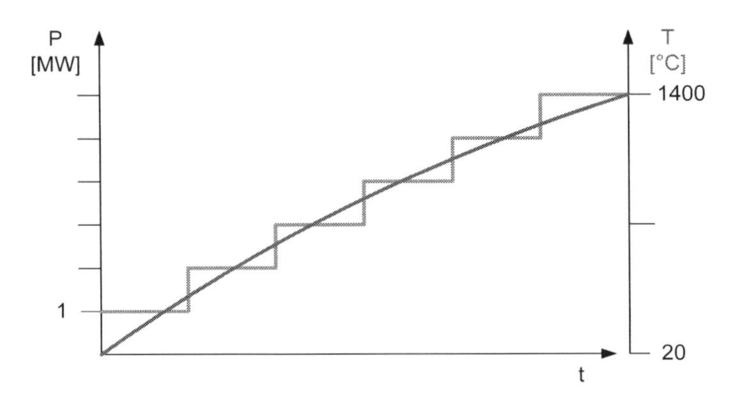

Abb. 2: Aufheizkurve (Anfahrbetrieb)

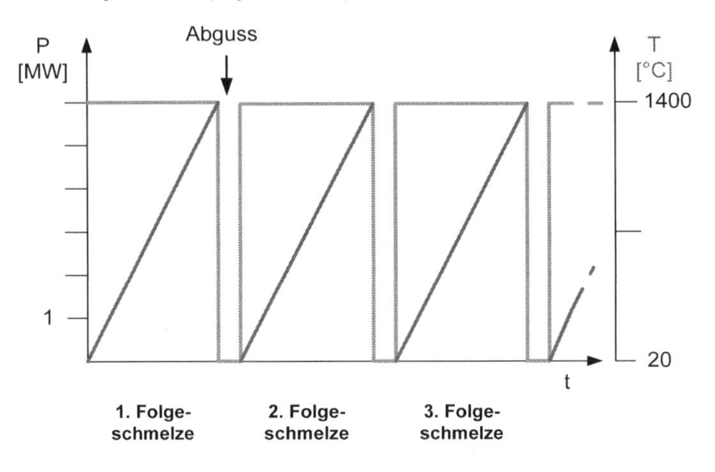

Abb. 3: Normalbetrieb

3 Versuchsreihen

3.1 Technisch Eignung der Anlage

Wie Realversuche im Probebetrieb mit jeweils 3-4 Kokillen pro Kampagne gezeigt haben, eignet sich die Anlage im Wesentlichen technisch für den vorgesehenen Betriebszweck.
Die Anbindung an das Mediennetz weist keine Mängel auf.
Die Hauptbaugruppen Brenner, Deckelverfahreinrichtung, Kippvorrichtung, Schieber und Kühlanlage arbeiten weitestgehend störungsfrei.
Mit Hilfe der Brennerstrahlanstellung konnte das Schmelzgut gezielt der Strahlung ausgesetzt werden, sodass eine Steigerung des Wirkungsgrades im Vergleich zu starrer Anstellung zu erwarten ist.
In mehreren vollständigen Schmelzzyklen konnte, unter Berücksichtigung der im Anfahrbetrieb verringerten Leistung, das Einhalten der geforderten Zykluszeit und die Annahme des feuerungstechnischen Wirkungsgrades des Schmelzofens bestätigt werden.
Beim Guss konnte das Gefäß hydraulisch geneigt und über den Linearschieber abgestochen werden.
Die visuelle Kontrolle der Feuerfestausmauerung während, sowie nach dem Versuch zeigt keine Beschädigungen oder deutliche Verschleißerscheinungen. Die beschriebene Auskleidung wird zur Weiternutzung für den Dauerbetrieb empfohlen.
Messsonden arbeiten fehlerfrei und konnten durch redundante bzw. temporär-redundante Kontrollmessungen (mobiler Messnehmer) bestätigt werden.
Die Steuerung und besonders die darin integrierten Sicherheitskreise arbeiten fehlerfrei. Die Bedienung zeigt im praktischen Betrieb keine wesentlichen Schwächen.
Die ständige Messung der CO-Konzentration an verschiedenen Stellen auf der Ofenbühne zeigte, dass diesbezüglich keine Gefährdung besteht.
Die kontinuierlich gemessenen Schadstoffkonzentrationen der emittierten Abgase (im Wesentlichen CO_x und NO_x) genügen den genehmigungsrechtlichen Anforderungen.[10] Im Dauerbetrieb unter Volllast und richtiger Lamba-Einstellung ist mit geringeren CO_x und NO_X-Konzentrationen zu rechnen. Sollte dies nicht ausreichen, bringt die Nachrüstungen einer Lambda-Regelung eine weitere Verbesserung bei der Einstellung der Ofenatmosphäre und damit der Verbrennungsreaktion und der Abgaszusammensetzung.

---

[10] Vgl. BImSchG: §44ff.

Andere Aspekte der Arbeitssicherheit sind nicht zu beanstanden. Die im Rahmen der Konformitätserklärung erstellte Gefährdungsanalyse bestätigt sich.
Die Temperaturnahme mittels Lanze erfolgt problemlos.
Proben konnten nicht genommen werden, da kein Flüssigeintrag in den Probenkörper erfolgte.
Bei der Beaufschlagung der Spülsteine mit Argon wurde keine Spülentwicklung festgestellt.
Die Schlackenverflüssigung ist nicht ausreichend und birgt die Gefahr der Verstopfung von Abstich und Lanzen.

3.2 Metallurgie der Versuchsschmelze

Zur Analyse der Veränderung der Metallurgie der Versuchsschmelze wurde vor dem Einsetzen der Erstkokille in den Tiefofen eine Materialprobe genommen, um so auch mögliche Reaktionen bei der Vorheizung mit in Betracht zu ziehen.
Während des Versuchs konnten keine Proben genommen werden, somit kann der tatsächliche Verlauf der chemischen Analyse während des Schmelzzyklus nicht dargestellt werden.
Es zeigt sich, dass es wie erwartet zu einem Abbrand von Kohlenstoff, Silizium und Mangan kommt, der durch geeignete Zugabe dieser Stoffe ausgeglichen werden muss.
Im Fall von Silizium und Mangan ist dies durch die Zulegierung von stückigen Feststoffen (Körnung 25 - 45 mm) durch die Arbeitstür möglich. Eine verlässliche Probennahme der chemischen Analyse des Schmelzbades ist jedoch zwingende Voraussetzung für die richtige Berechnung der Legierungsmenge.
Kohlenstoff kann nicht einfach stückig eingebracht werden, da es sofort zu Verbrennungsreaktionen in der Ofenatmosphäre und damit nicht nur zu einer Störung der Gasverbrennung, sondern auch zu unkontrollierter Reaktion mit der Schmelze kommen würde. Angedacht ist das Einblasen von Kohlenstaub über eine Keramiklanze direkt ins Schmelzbad.
Wie erwähnt ist eine Probennahme im letzten Drittel des Schmelzzyklus und entsprechende Berechnung der korrekten Legierungsmengen zwingend erforderlich. Im Dauerbetrieb kann ein heuristisches Modell zur näherungsweisen, einfach Ermittlung der zuzugebenden Legierungsmengen entwickelt werden, wenn Prozessparameter innerhalb einer Schmelzkampagne nicht verändert werden. Für den Anfahrbetrieb sollte jedoch immer eine Analyse gezogen werden.
Die Auflegierung von Phosphor und Schwefel ist nicht kritisch und muss nicht durch metallurgische Behandlungen ausgeglichen werden. Bei einem Maximalwert von 0,15% für Schwefel und Phosphor ist die Eisenqualität diesbezüglich nicht beeinträchtigt. Zudem kann auf den Phosphorgehalt nur sehr beschränkt Einfluss genommen werden; Verfahren zum Entschwefeln, wie etwa das Einbringen von Magnesium sind kostenintensiv und lohnen nicht im Verhältnis zur Neuer-

zeugung einer Eisenschmelze. Es kommt hierdurch zu einer begrenzten Rezyklierfähigkeit der Kokille. (ca. 7-10 Zyklen) Danach muss die Legierung durch Zusatz von Eisenschrott verdünnt werden.

3.3 Energieverbräuche und ökonomische Faktoren

Wird das Schmelzaggregat im Dauerbetrieb verwendet, sollten die Längen der Schmelzkampagnen maximiert werden, um Speicherverluste bei der Wiedererhitzung der Feuerfestauskleidung zu vermeiden.

Als wesentliche Energieträger werden Erdgas und Elektrizität eingesetzt, wobei die Feuerungsleistung mit Erdgas den größten Teil des Gesamtenergieverbrauches ausmacht.

Bei der kostenrechnerischen Bewertung der Anlage sollen nun die Kosten pro Tonne einer umzuschmelzenden Kokille ermittelt werden. Die Worst-Case-Annahme geht vom Einsatz der Maximalleistung über die volle Zyklenzeit aus; dies entspricht auch dem vorgesehenen Dauerbetrieb. Beim entsprechenden Anschluss- und Heizwerten von ergeben sich in 190 Minuten Schmelzzeit abrechnungsrelevante Verbräuche von:

$$Verbrauch_{Erdgas} = 570 \left[\frac{Nm^3}{h}\right] * \frac{190}{60}[h] * 10{,}53 \left[\frac{kWh}{Nm^3}\right] \cong 19[MWh]$$

$$Verbrauch_{Sauerstoff} = 1200 \left[\frac{Nm^3}{h}\right] * \frac{190}{60}[h] = 3800[Nm^3]$$

Die zum Vorheizen benötigte Energie wird mit der gefahrenen Leistung der Tiefofenbrenner (1 MW, Worst-Case 4 Tage) bewertet und entsprechend verteilt.

Der Verbrauch an Elektrizität wird am theoretischen Gesamtanschlusswert der Anlage bemessen. Hier kommt im Wesentlichen die Speisung der Hydraulikpumpe, der Kühlanlage, sowie die Hub- und Fahrantriebe des Deckelwagens zum Tragen. Der Anschlusswert wird nach den maximalen Einschaltzeiten der Einzelaggregate innerhalb des Schmelzzyklus bemessen, sodass die tatsächliche Belastung abgebildet wird.

Des Weiteren müssen Legierungs- und Schlackenverluste, sowie Personaleinsatz und Nebenanlagen bedacht werden.

Im Vergleich der Kosten pro Tonne via Schmelzofen zum Zukauf von flüssigem Roheisen zeigt sich, dass die Eigenerzeugung im Normalfall deutlich günstiger ist. Dabei unterstellt wird allerdings auch ein durchlaufender Betrieb ohne Anfahrschwierigkeiten.

Bei den unterstellten Tagespreisen, Länge des Schmelzzyklus und der Kampagne und mittlerer Kokillenmasse errechnet sich eine ungefähre minimale Ersparnis von:

$$1 - \frac{K_{Schmelzofen}}{K_{Zukauf}} \cong 36\%$$

Bei einer Steigerung der Kampagne auf bis zu 20 mögliche Zyklen (danach ist die Instandsetzung der Feuerfestauskleidung notwendig) besteht eine deutliche Kostendegression, was die prozentuale Ersparnis auf ca. 44% noch erhöht.

Trotzdem muss bei der überschlägigen Bewertung der Investition (beispielsweise mittels Kapitalwertmethode) zum Erreichen einer langfristigen Wirtschaftlichkeit eine ungewöhnlich lange Nutzungsdauer veranschlagt werden. Kostentreiber sind insbesondere Nebenanlagen, notwendige Infrastruktur und Genehmigungsverfahren für Anlagen der Flüssigphasenbehandlung.

4 Fazit und Zukunftsausblick

Es hat sich gezeigt, dass der Betrieb der vorgestellten Anlage, sowie der angedachten Eisengießerei (auch genehmigungstechnisch) realisierbar ist.

Die Anforderungen des Immissionsschutzes und weiterer Umweltschutzauflagen werden erfüllt.

Materialanalysen haben die metallurgische Eignung der Anlage bestätigt. Es kommt nicht zu übermäßigem Abbrand oder übermäßigen Nebenreaktionen. Der Verlust an Analyseelementen kann durch manuelles Nachlegieren bzw. Aufkohlen ausgeglichen werden.

Bei Betrachtung aller im Regelbetrieb zu berücksichtigenden Kosten lohnt sich der Einsatz des neuen Schmelzofens bei einer theoretischen Betriebskosteneinsparung von bis zu 44 % bei maximaler Kampagnenlänge.

Es muss jedoch bedacht werden, dass weitere Versuchsreihen notwendig sind, um eine ausreichende Prozesssicherheit unter den gewählten Annahmen zu erreichen. Weiterhin muss die Dauerfestigkeit der Anlage, insbesondere der Feuerfestauskleidung nachgewiesen werden, da eine Beschädigung zu erheblichen Zusatzkosten führen kann.

Die sichere Durchführbarkeit der Auflegierung der Schmelze über das Einblasen von Kohlenstaub muss untersucht werden.

Für den Dauerbetrieb müssen Arbeitspläne erstellt werden. Aspekte der Arbeitssicherheit sind diesbezüglich gegebenenfalls neu und abschließend zu bewerten.

Entscheidend für den Weiterbetrieb der Anlage sind die ökonomische Tragfähigkeit und der aus ihr generierte Nutzen. Die Kostenrechnung muss im Betrieb auf ihr Zutreffen überprüft und falls notwendig angepasst werden. Der langfristige Einsatz ist den Vergleichskosten gegenüberzustellen.

Bezieht man die Herstellungskosten des Schmelzofens mit ein, kann auf der Einsatz vergleichbarer Öfen auch in anderen Werken bewertet werden.

5 Literatur

[1] DIN 1343: Referenzzustand, Normalzustand, Normalvolumen; Begriffe, Werte.

[2] DIN 51857: Gasförmige Brennstoffe und sonstige Gase. Berechnung von Brennwert, Heizwert, Dichte, relativer Dichte und Wobbeindex von Gasen und Gasgemischen.

[3] DIN EN 746-2: Industrielle Thermoprozessanlagen.

[4] EG-Richtlinie 2006/42/EG: Maschinenrichtlinie.

[5] EG-Richtlinie 2006/95/EG: Niederspannungsrichtlinie.

[6] EG-Richtlinie 97/23/EG: Druckgeräterichtline.

[7] EG-Richtlinie 98/37/EG: Maschinenrichtlinie. (gültig bis 28. Dezember 2009)

[8] EN 982 (09/1996): Sicherheitstechnische Anforderungen an fluidtechnische Anlagen und deren Bauteile; Hydraulik.

[9] Gesetz über die Elektrizitäts- und Gasversorgung. (Energiewirtschaftsgesetz – EnWG)

[10] Gesetz zum Schutz vor schädlichen Umwelteinwirkungen durch Luftverunreinigungen, Geräusche, Erschütterungen und ähnliche Vorgänge. (Bundesimmissionsschutzgesetz – BImSchG)

[11] prEN 746-6: Besondere Sicherheitsanforderungen an Anlagen der Flüssigphasenbehandlung.

[12] Verordnung über Anlagen zum Umgang mit wassergefährdenden Stoffen und über Fachbetriebe. (Anlagenverordnung – VAwS)

RECYCLING UND WIEDEREINSATZ VON TITANKARBID DURCH ANWENDUNG EINES CHEMISCHEN AUFLÖSEVERFAHRENS

Dr. M. Kozariszczuk[1], K. de P. C. Titze[1], Dr. M. Werner[1], Dr. R. Wolters[1], Dr. A. van Bennekom[2], Dr. H. Hill[2]

[1] VDEh-Betriebsforschungsinstitut GmbH, Sohnstraße 65, Düsseldorf, e-mail: matthias.kozariszczuk@bfi.de

[2] Deutsche Edelstahlwerke GmbH, Oberschlesienstraße 16, Krefeld, e-mail: andre.bennekom@DEW-STAHL.com

Keywords: Recycling, Titankarbid, chemische Auflösung, Reststoffverwertung, Wiederverwendung von Hartmetallen

1 Einleitung

Die Rohstoffknappheit und die dadurch notwendige Schonung der Ressourcen erfordern die effiziente Nutzung von Rohstoffen, die Substitution und die Schließung von Stoffkreisläufen durch Recycling bzw. die Rückgewinnung metallischer Rohstoffe aus sekundären Quellen. Wolfram und Titan sind essenzielle Metalle in sehr vielfältigen Anwendungsbereichen, vor allem bei der Herstellung von Hartmetallen. Die verwendeten Karbide der Elemente Wolfram und Titan sind aufgrund der begrenzten Förderung und Verfügbarkeit limitiert, so dass neuartige Verfahrenskonzepte zur Ressourcenschonung erforderlich sind. Ein Lösungsansatz stellt dabei die Aufbereitung und das Recycling dieser Karbide dar, die in großen Mengen in Schneidstoffen (z.B. Hartmetall und Cermets), in verschleißbeständigen Metall-Matrix-Verbundwerkstoffen (MMC) und in Werkstoffen für Aufschweiß- und Spritzschichten enthalten sind.

Das VDEh-Betriebsforschungsinstitut GmbH (BFI) mit Sitz in Düsseldorf ist eines der europaweit führenden Institute für anwendungsnahe Forschung und Entwicklung für die Stahlherstellung und Metallverarbeitung. Die Abteilung Ressourcentechnologie Flüssige Medien beschäftigt sich unter anderem mit der Abtrennung und Rückgewinnung von Wertmetallen aus sauren Prozesslösungen, Spülwässern sowie Beizlösungen. Zusammen mit dem Edelstahlproduzenten Deutsche Edelstahlwerke – Bereich Sonderwerkstoffe (DEW, Krefeld) wurde ein Verfahren zur Rückgewinnung von Wertstoffen aus Abfällen der Hartmetallherstellung entwickelt und patentiert [1]. Dieses neuartige Recyclingverfahren für Abfallschrotte, die o.g. Hartmetalle enthalten, wird in diesem Beitrag vorgestellt.

2 Recyclingkonzepte für Hartmetalle

2.1 Stand der Technik

Ziel der Forschungsarbeiten der Partner DEW und BFI ist die Entwicklung und Erprobung eines Verfahrens zur Rückgewinnung von Metallkarbiden aus Reststoffen der Produktion oder zur Verfügung stehenden Schrotten – beispielsweise aus der Verarbeitung von Ferro-Titanit®. Die Rückgewinnung der Karbide erfolgt durch Auflösen der Bindemetalle z.B. mit Hilfe von Salzsäure in Kombination mit einem Oxidationsmittel. Das Verfahren wurde exemplarisch in Labor- und Demonstrationsversuchen am Beispiel des Ferro-Titanit® untersucht.
Aktuell gibt es speziell für Titan bzw. Titankarbid keine industrielles Verfahrenskonzept zur Wiederverwertung der Produktionsrückstände (Schrotte und Späne). Für z.B. Wolframkarbid sind zwar Aufbereitungsverfahren bekannt [2-8], die jedoch bezüglich Komplexität, Qualität der Regenerate, Energiebedarf und Kosten deutliche Nachteile aufweisen. Die Recyclingraten von Hartmetallen sind in Tabelle 1 dargestellt [2].

Tabelle 1: Recyclingraten von Hartmetallschrotten in den Vereinigten Staaten

Sorte	**Anteil in USA**	**Eigenschaften des Verfahrens**
Chemisches Recycling	35 %	Alle Bestandteile werden durch chemisch-hydrometallurgische Verfahren bis auf atomare Ebene aufgeschlossen, separiert und auf getrennten Prozessrouten zurückgewonnen.
Zink-Prozess	25 %	Die Hartmetallschrotte werden ohne Veränderung der chemischen Zusammensetzung durch physikalisch-metallurgische Verfahren in ihre Pulverbestandteile zerlegt. Eine Trennung der Verunreinigungen ist nicht möglich.
Diverse Verfahren	5 %	
Ohne Wiederverwertung	35 %	Entsorgung (für die Prozesskette verloren)

Da die Bandbreite an neuen Hartmetallsorten bzw. Legierungen immer größer wird und da Hartmetallschrotte oftmals nicht sortenrein vorliegen, stoßen die industriell verfügbaren Recyclingverfahren an ihre Grenzen. Aus Gründen der Wirtschaftlichkeit und der Ressourcenschonung sind alternative Recyclingkonzepte dringend erforderlich. Die Entwicklung hydrometallurgischer energieeffizienter Rückgewinnungskonzepte für Hartmetalle stellt einen Forschungsschwerpunkt der Abteilung Ressourcentechnologie Flüssige Medien im BFI dar, der nachfolgend beschrieben wird.

2.2 Werkstoffe

In Rahmen der Entwicklung des Recyclingverfahrens wurden exemplarisch Späne und Schrott-Stücke aus der Produktion und Verarbeitung von Ferro-Titanit® untersucht [9]. Ferro-Titanit® besteht aus einer Stahlmatrix, in die bis zu 45 Vol-% Titankarbid eingelagert werden kann, welches die Keramikkomponente des Cermets (Verbundwerkstoff aus keramischen Werkstoffen in einer metallischen Matrix) bildet. Als Matrix kommen je nach Anwendung kohlenstoffhaltige Stähle, Nickelmartensite oder Austenite zum Einsatz.

Für die Untersuchungen wurden Testkörper mit definierter Form und Größe und Späne aus 6 verschiedenen Ferro-Titanit®-Sorten ausgewählt (C-Spezial, WFN, S, Nikro 128, Nikro 143 und CroMoNi). Tabelle 2 beschreibt die Eigenschaften der untersuchten Ferro-Titantit®-Sorten.

Tabelle 2: Eigenschaften der untersuchten Ferro-Titanit®-Sorten

Sorte	**Hart-stoff-phase**	**Hauptbestandteile der Bindephase**					
	TiC in Gew.-%	**C** in Gew.-%	**Cr** in Gew.-%	**Mo** in Gew.-%	**Fe** in Gew.-%	**Ni** in Gew.-%	**Co** in Gew.-%
C-Spezial	33	0,65	3,00	3,00	60,35	-	-
WFN	33	0,75	13,50	3,00	49,75	-	-
S	32	0,50	19,50	2,00	46,00	-	-
Nikro 143	30	-	-	6,00	40,00	15,00	9,00
Nikro 128	30	-	13,50	5,00	38,50	4,00	9,00
CroMoNi	22	-	20,00	15,50	-	42,50	-

2.3 Rückgewinnungsprozess

Kernprozess der Recyclingtechnologie ist das chemische Auflösen der Bindemetalle aus der Hartmetallmatrix mittels mineralischer Säuren (z.B. Salzsäure) unter Verwendung von Additiven (z.B. eines Oxidationsmittels). Das Verfahren nutzt den aggressiven Charakter der Chlorid-Ionen auf die Beständigkeit der Hartmetalle, um einen selektiven Angriff der Bindemetalle (Co, Fe, Ni, Cr, Mo) zu erzielen [10-14]. Die Korrosion bewirkt im Allgemeinen eine Oberflächenverarmung der Bindephase, somit verbleibt an der Oberfläche nur ein Karbidskelet [15]. Infolge des inerten Charakters der TiC-Phase bzw. WC-Phase bleiben die Metallkarbide intakt, sodass nur die Bindephase chemisch umgesetzt wird. Die Auflösungsgeschwindigkeit des Verfahrens wird von den Betriebsparametern (Temperatur, Metallkonzentration, Säurekonzentration, Säurequalität, Verhältnis der Modifikationen von zwei- und dreiwertigem Eisen) sowie der Werkstoffzusammensetzung beeinflusst [14-16]. Nach dem Auflösen der Bindemetalle wird das partikuläre Metallkarbid von der Flüssigphase separiert und getrocknet. Hierzu liegen in der Forschungsstelle umfangreiche Erfahrungen vor [17-19]. Zur Auflösung des Bindemetalls wird aktuell Salzsäure vorgesehen, da diese unter wirtschaftlichen, umwelt- und arbeitssicherheitstechnischen Aspekten deutliche Vorteile gegenüber anderen anorganischen Säuren z.B. der Salpetersäure aufweist. Daneben weist Salzsäure in Kombination mit einem Oxidationsmittel ein sehr hohes Angriffspotential gegenüber dem Grundmaterial auf [7, 14, 20]. Die verbrauchte Salzsäure lässt sich mit Hilfe etablierter Aufbereitungsverfahren (z.B. Pyrohydrolyse) vollständig regenerieren und somit wieder in den Kreislauf zurückführen [14, 21-27]. Die hierfür notwendigen betrieblichen Aufbereitungsanlagen sind im Bereich der Stahlindustrie sowie in der Entsorgungsbranche kommerziell verfügbar.

Da sich die verwendeten Bindemetalle (Eisenlegierungen, Nickel, Kobalt) unterschiedlich gut auflösen lassen, sind in Abhängigkeit der Hartmetallmatrix geeignete Reaktorkonzepte, Säuresysteme sowie Prozessparameter zu bestimmen. In Versuchen unter Labor- und betrieblichen Randbedingungen wurde das innovative Verfahren zur ressourcenschonenden Rückgewinnung des refraktären metallischen Hartstoffes Titankarbid erstmals erprobt.

2.4 Laborversuche

Für die Laborversuche zur Rückgewinnung von Titankarbid wurde ein Glasreaktor mit der notwendigen Messtechnik ausgestattet. Zur Vermeidung der Sedimentation z.B. von Hartmetallspänen sowie zur Verbesserung des Stoffaustausches wurde ein Ankerrührer in dem temperierbaren Glasgefäß installiert. Der Laborreaktor ist in Abbildung 1 dargestellt.

Die Überwachung der Auflösung des Bindemetalls erfolgt über die Messung von Temperatur, Redoxpotential sowie den Anteil von nicht aufgelöstem Ferro-Titanit®. Um den Einfluss der Eisenmodifikationen auf die Auflösungsgeschwindigkeit zu untersuchen, wurde mittels eines Oxidationsmittels (H_2O_2) dreiwertiges Eisen in der Säure gezielt gebildet.

Die Laborversuche dienen der Vorgabe der folgenden Prozessparameter für Versuche unter betrieblichen Randbedingungen:

- Eingesetzte Säure: Salzsäure (frisch, angereichert mit Fe und gemischt);

- Vorgabe der Säurekonzentration: Typische Konzentrationsbereiche für das wässrige System HCl-Fe^{2+}/Fe^{3+} sowie für die Hauptlegierungsbestandteile;
- Anforderungen an die betriebliche Prozessführung: Sensoren für die Messung der physikalischen Größen Redoxpotential und Temperatur, Beständigkeit medienberührender Anlagenteile, Temperaturführung und Strömungsbedingungen sowie Reaktorbeschickung /Materialhandling.

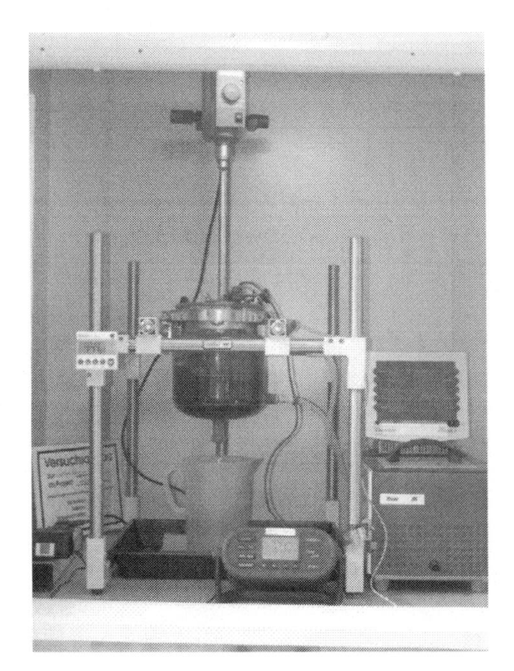

Abb. 1: Laborreaktor zur Titankarbid-Rückgewinnung

In den Laborversuchen wurden die maximale Auflösegeschwindigkeit unter Variation der eingesetzten Werkstoffe (s. Tabelle 2) sowie die Auswirkungen der Verfahrensbedingungen (Säurequalität, Säurekonzentration, Temperatur und das Verhältnis zwei- und dreiwertiges Eisen) ermittelt. Hierfür wurde eine Salzsäurekonzentration von ca. 180 - 200 g/L gewählt, die mit Ferro-Titanit®-Spänen im Masseverhältnis 10:1 eingesetzt wurde. Die Reaktionstemperatur wurde zwischen 20°C und 90°C variiert. Mit Hilfe von Wasserstoffperoxid (H_2O_2) wurde das Verhältnis der Eisenmodifikationen (Oxidation von $Fe^{2+} \rightarrow Fe^{3+}$) beeinflusst und so die Salzsäure zusätzlich „aktiviert“. Die Fe^{3+}-Konzentration wurde durch Bestimmung des Redoxpotentials überwacht (Sollwert Redoxpotential 440 mV bis 460 mV).

Abbildung 2 zeigt den Laborreaktor mit Ferro-Titanit®-S-Spänen zu Beginn und während der Auflösung mittels „aktivierter“ Salzsäure.

Abb. 2: Ferro-Titanit®-Späne im Reaktor zu Beginn und während der Auflösung mit Salzsäure

Das Bindemetall der untersuchten Ferro-Titanit®-Späne lässt sich mit Salzsäure unter Zugabe von H_2O_2 bei Temperaturen von 80 – 85°C gut auflösen. Die zur Auflösung erforderlichen Reaktionszeiten für frische und mit Eisen angereicherte Salzsäure sind in Abbildung 3 dargestellt. Durch die Anwesenheit von Fe^{3+}-Ionen verkürzt sich die Reaktionszeit bis zur vollständigen Auflösung der Späne in Abhängigkeit der Werkstoffsorte um bis zu 60 %.

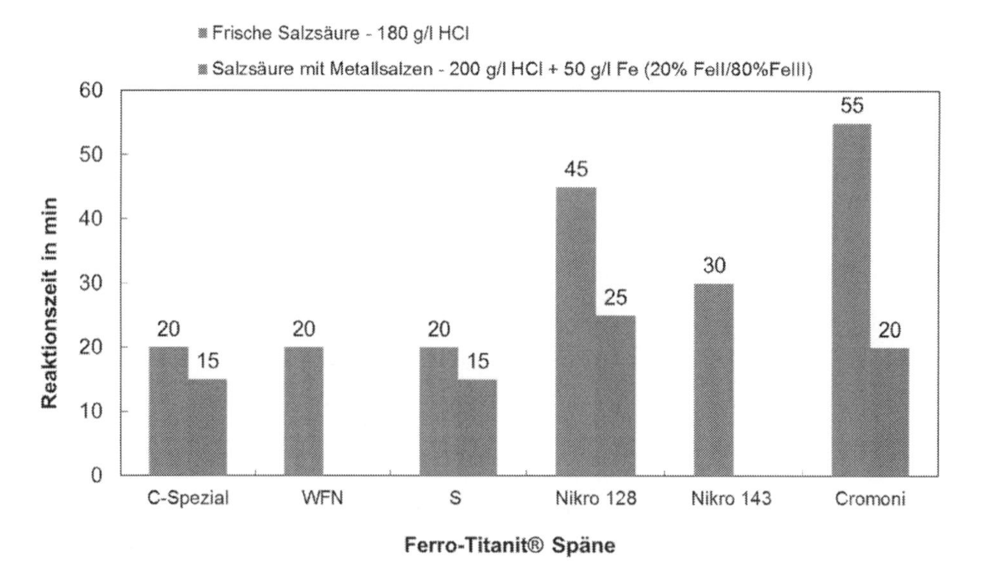

Abb. 3: Auflösungsversuche für 6 verschiedene Ferro-Titanit®-Späne-Sorten

Abbildung 4 zeigt die Einstellung des Redoxpotential-Sollwerts, der die Auflösungszeit in frischer und gebrauchter Salzsäure bei 85°C und 55°C beschreibt. Unter dem Gesichtspunkt der betrieblichen Realisierung lässt sich anhand des Redoxpotential-Sollwerts das Ende des Auflösungsprozesses messtechnisch ermitteln. Reine Späne lassen sich mit frischer Salzsäure unter Zugabe von Wasserstoffperoxid auch bei einer betrieblich relevanten Arbeitstemperatur von T < 55°C durch Erhöhen der Reaktionsdauer gut auflösen. Bei Verwendung gebrauchter Säure (Altsäure mit einem hohen Metallgehalt) wird eine längere Auflösungszeit der Späne beobachtet. Die Reaktionsdauer steigt von 20 min auf 120 min an.

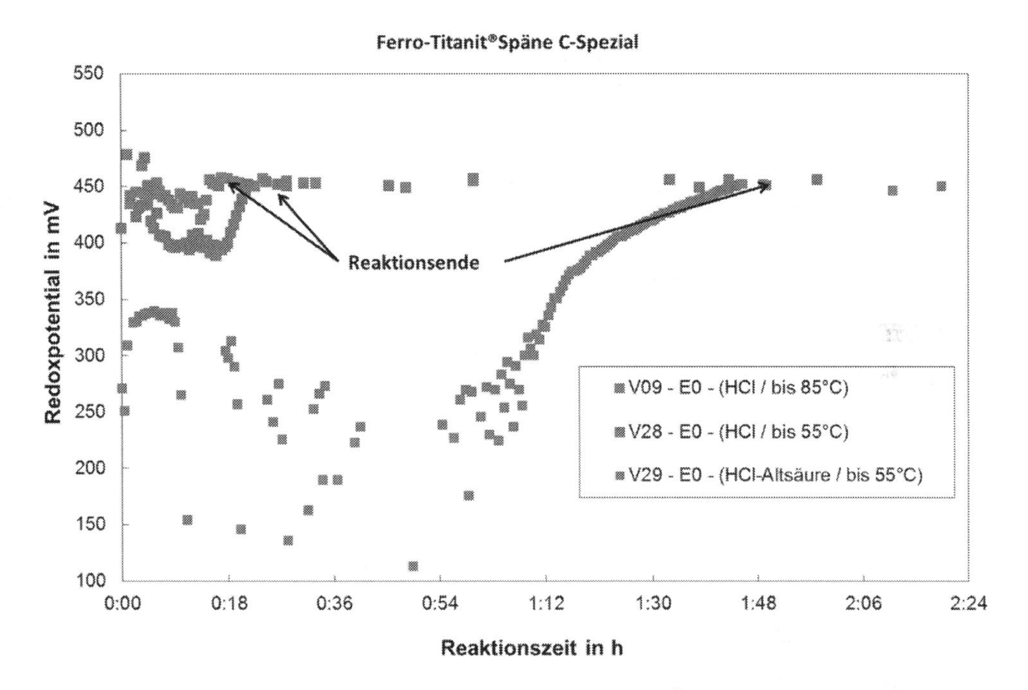

Abb. 4: Redoxpotentialmessung bei der Auflösung von Ferro-Titanit® C-Spezial - Spänen

Des Weiteren wurden Auflösungsversuche mit würfelförmigen Block-Testkörpern der Sorten C-Spezial und Nikro 143 mit einer Kantenlänge von ca. 2 cm durchgeführt. Die C-Spezial-Blöcke benötigen in frischer Salzsäurelösung eine deutlich längere Auflösungszeit (29 % Massenverlust nach ca. 60 h entsprechen einer Auflösungsgeschwindigkeit von 0,28 g/h) im Vergleich zu den Spänen (nach ca. 20 min vollständige Auflösung, d. h. hier liegt eine Auflösungsgeschwindigkeit von 300 g/h vor). Mit Hilfe eines Ultraschallbades konnte für die C-Spezial-Blöcke innerhalb von 5 h fast 90 % Massenverlust erreicht werden (dies entspricht einer Auflösungsgeschwindigkeit von 6,7 g/h). Beim Eintrag von Ultraschallschwingungen in Flüssigkeiten entsteht das Phänomen der Kavitation. Dies führt zu intensiven Bewegungen der Partikel gegeneinander bis hin zu heftigen Kollisionen. Durch die intensive Vermischung wird die Reaktionszeit verringert und die Auflösungsgeschwindigkeit steigt an [28].

Exemplarisch ist der Effekt des Einsatzes von Ultraschall bei der Auflösung von Testkörpern in Abbildung 5 dargestellt.

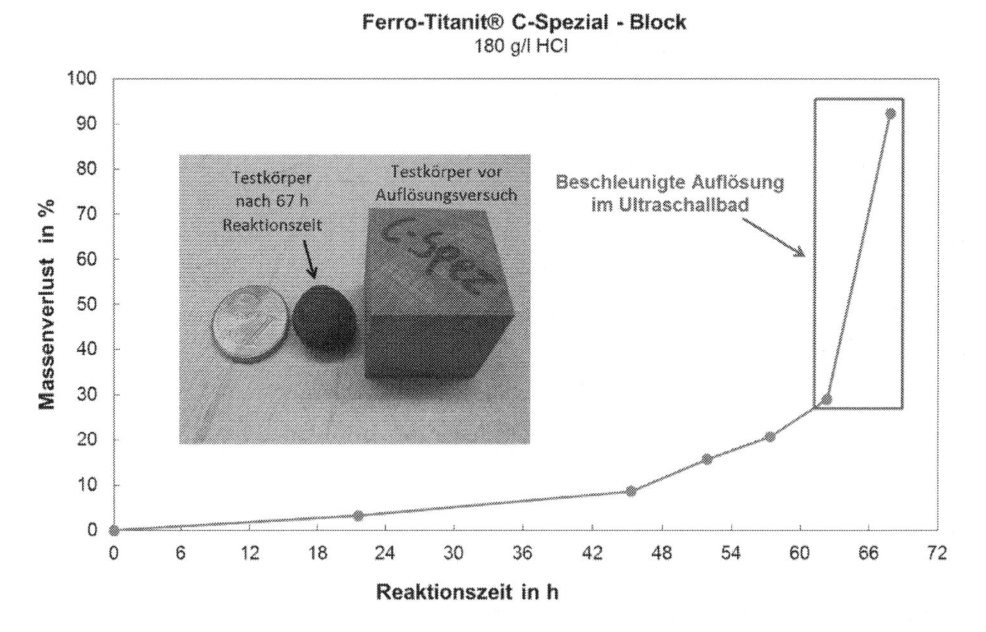

Abb. 5: Auflösungsversuche eines C-Spezial Blocks in Salzsäure mittels Ultraschaltechnik

3 Diskussion und Ausblick

Die Laborversuche zeigen, dass sich Ferro-Titanit® mit unterschiedlichen Säurequalitäten unter Zugabe von H_2O_2 bei Temperaturen von 55°C gut auflösen und das Titankarbid nahezu vollständig zurückgewinnen lässt. Mikroskopische Untersuchungen des zurückgewonnenen Titankarbids zeigen, dass der Hartstoff für den Wiedereinsatz (Rückführung des recycelten Titankarbids in die Produktion von Ferro-Titanit®) geeignet ist. Eine Steigerung der Auflösungsgeschwindigkeit lässt sich mit höheren Temperaturen sowie durch den Einsatz der Ultraschalltechnik erzielen.
Erste Ergebnisse aus Pilotversuchen liegen vor und bestätigen die im Labor ermittelten Ergebnisse. Abbildung 6 zeigt im Pilotmaßstab zurückgewonnenes Titankarbid.

Abb. 6: In Pilotversuchen zurückgewonnenes TiC

Auf Basis des grundlegenden Verständnisses des Recyclingvorgangs ist eine Übertragung des Verfahrensprinzips auf weitere strategisch wichtige Metalle sinnvoll, bspw. die Auflösung von kobalthaltigem Bindemetall zur Rückgewinnung von Wolframkarbid. Hierzu sind umfangreiche verfahrenstechnische Untersuchungen erforderlich, die insbesondere die Nutzung der Ultraschalltechnik zur Reaktionsverbesserung bei der Auflösung dieser chemisch äußerst stabilen Hartmetallmatrix beinhalten.

Die aktuellen Forschungsarbeiten zur Entwicklung und Erprobung eines Verfahrens zur Rückgewinnung des Wertstoffes Titankarbid aus Reststoffen der Produktion werden im Rahmen der BMBF-Förderinitiative MatRessource durchgeführt. Für die finanzielle Unterstützung des Vorhabens möchten wir uns vielmals bedanken.

4 Literatur

[1] Patent DE 10 2011 000 955 A9, Verfahren zur Rückgewinnung von Hartstoffpartikeln.

[2] T. Angerer et al., „Technologien zum Recycling von Hartmetallschrotten (Teil 1)“, World of Metallurgy – Erzmetall 64, No. 1, pp. 6-15, 2011.

[3] T. Angerer et al., „Technologien zum Recycling von Hartmetallschrotten (Teil 2)“, World of Metallurgy – Erzmetall 64, No. 2, pp. 62-70, 2011.

[4] T. Angerer et al., „Technologien zum Recycling von Hartmetallschrotten (Teil 3)“, World of Metallurgy – Erzmetall 64, No. 6, pp. 328-336, 2011.

[5] B. Zeiler, “Recycling von Hartmetallschrott“, Vortrag des Hagener PM-Symposiums, 1997.

[6] K. B. Shedd, "Tungsten Recycling in the United States in 200"0, Flow studies for recycling metal commodities in the United States, U.S. Geological Survey Circular 1196-R, 2011.

[7] Patent EP0106456A1 / US 4784688, Tungsten recovery.

[8] G. Gille, T. Säuberlich, B. Caspers, "Zukunftsweisende Entwicklung bei WC-Hartmetallen: Vorstoffe durch Recycling und Pulverdesign", Vortrag des Hagener PM-Symposium, 2012.

[9] „Ferro-Titanit® Pulvermetallurgische Hartstoffe", Firmenschrift, Deutsche Edelstahlwerke, Krefeld.

[10] D. zur Megede, E. Heitz, "Das Korrosionsverhalten von Hartmetallverbundwerkstoffen in chloridhaltigen wässrigen Lösungen", Werkstoffe und Korrosion, 37, pp. 207-214, 1986.

[11] E. Kny et al, "Korrosionresistente, hochverschleißfeste Hartmetalle", Werkstoffe und Korrosion, 37, pp. 230-235, 1986.

[12] W. J. Tomlinson, I. D. Molyneuex, "Corrosion, erosion-corrosion, and the flexural strength of WC-Co hardmetals", Journal of Materials Science, 26, pp. 1605-1608, 1991.

[13] F. Kellner, "Korrosionsverhalten und -mechanismen von Hartmetallen mit unterschiedlicher mikrostruktureller Längenskala", Dissertation, Erlangen, 2010.

[14] R. Rituper, "Beizen von Metallen", Eugen G. Leuze Verlag, Saulgau, 1993.

[15] „Das ist Hartmetall", Firmenschrift, Sandvik hard materials, Düsseldorf.

[16] H. Worch, W. Pompe, W. Schatt, „Werkstoffwissenschaft – Kapitel 8: Korrosion", Verlag Wiley VCH, 2011.

[17] R. Wolters, H.-W. Rösler, I. Bettermann, R. Thomas, A. Thiem, "Effizienztechnologie für die Kreislaufschließung von Metallen und Spülwasser in der Weißblechproduktion", Innovative Technologien für Ressourceneffizienz in rohstoffintensiven Produktions-prozessen, S. 224 – 235, Fraunhofer Verlag, 2013; ISBN-Nr. 978-3-8396-0596-7.

[18] M. Kozariscszuk, M. Hubrich, "Neues Verfahren zur Entfernung von Partikeln aus Kühlwasserkreisläufen mit Starkfeldmagneten", AiF-Schlussbericht 16156 N, BFI Düsseldorf, März 2012.

[19] R. Wolters, B. Wendler, R. Thomas, "Metal recovery from rinsing water of the tinplate production", Proceedings zum 14. Aachener Membrankolloquium, November 2012, Aachen, S. 418-425.

[20] Deutsches Patent DE 602 15 629 T2, "Verfahren zum Beizen von rostfreiem Stahl unter Verwendung von Wasserstoffperoxid".

[21] Endbericht 22/2006, "ZermegII : zero emission retrofitting method for existing galvanising plants".

[22] Patent EP1253112 B1, "Verfahren und Vorrichtung zur Gewinnung von Metalloxiden".

[23] H. Martens, "Recyclingtechnik- Fachbuch für Lehre und Praxis", Spektrum Akademischer Verlag

[24] L. Hartinger, "Taschenbuch der Abwasserbehandlung für die metallverarbeitende Industrie" – Band 2, Technik, Carl Hanser Verlag, 1977.

[25] "Salzsäure Regenerationsanlage", Firmenschrift, ArcelorMittal Eisenhüttenstadt.

[26] "Salzsäure-Regeneration", Firmenschrift, IAV Industrieabwasserverband Altena, Altena.

[27] "Sprühröstverfahren", Firmenschrift, DEPENDEQ-Industrial Plant Engineering, Wien.

[28] "Ultraschall beschleunigt Reaktionen", Firmenschrift, Hielscher Ultrasonics, Teltow.

BUBLON – EIN NEUARTIGES VERFAHREN ZUR ENERGIE-EFFIZIENTEN UND GESCHLOSSENZELLIGEN EXPANSION VULKANISCHER GLÄSER

K. Cirar[1], H. Flachberger[2], E. Brunnmair[3]

[1] Lehrstuhl für Aufbereitung und Veredlung, Montanuniversität Leoben, Franz-Josef-Straße 18, 8700 Leoben, e-mail: kristin.cirar@unileoben.ac.at

[2] Lehrstuhl für Aufbereitung und Veredlung, Montanuniversität Leoben, Franz-Josef-Straße 18, 8700 Leoben, e-mail: helmut.flachberger@unileoben.ac.at

[3] Bublon GmbH, Grazerstraße 19-25, 8200 Gleisdorf, e-mail: erwin.brunnmair@bublon.at

Keywords: Vulkanische Gläser, Perlit, Thermische Aufbereitung, Energieeffiziente Produktion, Nachhaltiger Baustoff

1 Einleitung

Perlit, ein saures, glasreiches vulkanisches Gestein, das gebundenes Wasser enthält, vergrößert unter Wärmezufuhr sein Volumen um ein Vielfaches. Die konventionelle Expansion von Perliten wird in vertikalen Schachtöfen durchgeführt, die mittels Erdgas befeuert werden. Die dabei entstehenden expandierten Perlitprodukte weisen gewöhnlich eine offenzellige Oberfläche, sowie einen hohen Staubanteil aufgrund des bei der Expansion auftretenden Zerberstens der Perlitpartikel auf. Die Wasseraufnahme dieser Produkte ist im weiteren Verlauf bei der Verarbeitung zu Endprodukten, wie Leichtputze oder Dämmplatten, sehr hoch. Diese und weitere Anwendungen, wie die Herstellung von Formteilen, favorisieren deshalb geschlossenzellige Oberflächen, die nicht zur Wasseraufnahme neigen. Im Rahmen eines Forschungsprojektes des Lehrstuhls für Aufbereitung und Veredlung der Montanuniversität Leoben und der Firma Binder+Co AG wurde im Rahmen der Dissertation der Erstautorin [1] an der Entwicklung eines neuartigen Verfahrens, des BUBLON-Verfahrens, zur Produktion geschlossenzellig expandierter vulkanischer Gläser gearbeitet. Das übergeordnete Ziel dieses Projektes war es, mineralische Expansionsprodukte zu erzeugen, die aufgrund ihrer geringen Wasseraufnahme keiner Hydrophobierung durch organische Coatingmittel bedürfen.

2 Stand der Technik in der Expansion von Perliten

Die herkömmlichen Verfahren zum Expandieren von Perlit sind im Wesentlichen thermische Verfahren in vertikalen, stationären Öfen, denen Brecher und Siebe zur Vorbereitung des Rohgutes in enge Kornklassen vorgeschalten sind. Die solcherart vorbereiteten Perlitfraktionen werden seitlich in die heiße Zone des Ofenraums, der entweder mit Gas oder Leichtöl beheizt wird, aufgegeben. Durch die rasche Erhitzung erweicht die Glasmasse und durch die Verdampfung des im vulkanischen Glas gebundenen Wassers kommt es zur Erhöhung des Volumens. Die expandierten Partikel werden nach oben hin abgesaugt und einem Zyklon zugeführt, während nicht expandierte Partikel am unteren Ende des Ofenraums ausgetragen werden [2].

2.1 Projekthintergrund

Bei der Expansion von Perlitrohsanden in konventionellen Expansionsanlagen bilden sich oftmals Risse und Öffnungen an der Oberfläche der expandierten Perlitpartikel, beziehungsweise kommt es bei einer Überexpansion der Perlitpartikel zum Zerbersten der expandierten Perlitpartikel. Ausschlaggebend für die offenzellige Expansion in konventionellen, gasbeheizten Schachtöfen sind einerseits der hohe Wärmeeintrag und andererseits die hohe Verweilzeit. Dadurch werden die Perlitpartikel bis zum Zerbersten expandiert, wodurch sich die offene Oberfläche und die Entstehung von Fragmenten aus expandierten Perliten ergeben. Die offene Oberfläche des dieserart expandierten Perlites verringert einerseits die Festigkeit beim Einsatz als Schüttung, da auf die Schüttung einwirkende Scherkräfte zu starkem Abrieb des expandierten Perlites führen können, andererseits wird dadurch auch die Wasseraufnahme erhöht. Abhängig von den Anforderungen der Kunden kann es deshalb notwendig sein, die offenporigen Oberflächen der expandierten Perlite mittels spezieller Beschichtungen zu modifizieren. Diese Beschichtungen dienen vor allem der Hydrophobierung der Oberfläche.
Die Forschungspartner stellten sich daher der Herausforderung, ein innovatives Verfahren für die Perlitindustrie zu entwickeln, das die Herstellung geschlossenzellig expandierter Perlitprodukte ermöglicht, die keiner Hydrophobierung der Oberfläche mittels diverser Coatingmittel bedürfen.

3 Das BUBLON-Verfahren

Das neu entwickelte BUBLON-Verfahren ermöglicht die Herstellung geschlossenzellig expandierter Produkte. Dies wird insbesondere durch eine, den auf Basis einer aufbereitungstechnischen Charakterisierung der Rohsande bestmöglich angepassten Rohsandaufbereitung und eine regulierbare Wärmezufuhr ermöglicht. Im Zuge des oben bereits erwähnten Forschungsprojektes wurde eine Technikumsanlage (siehe Abb. 1) am Standort der Firma Binder+Co nach dem BUBLON-Verfahren in Gleisdorf entwickelt, gebaut und in Betrieb genommen.

Abb. 1: BUBLON-Technikumsanlage in Gleisdorf

3.1 Verfahrensbeschreibung

Im Gegensatz zu den klassischen Herstellungsverfahren handelt es sich beim BUBLON-Verfahren um ein zweistufiges Verfahren, wobei die eigentliche Expansion in einem Schachtofen stattfindet, in dem das zu expandierende Gut von oben aufgegeben wird und diesen im freien Fall passiert. Grundsätzlich lässt sich das BUBLON-Verfahren in die Teilprozesse

- **Rohgutvorbereitung**, die die Trocknung und die mechanische Aufbereitung des Rohgutes umfasst und
- **Expansion**

unterteilen.

Abbildung 3 zeigt das Verfahrensfließbild der BUBLON-Technikumsanlage in Gleisdorf.

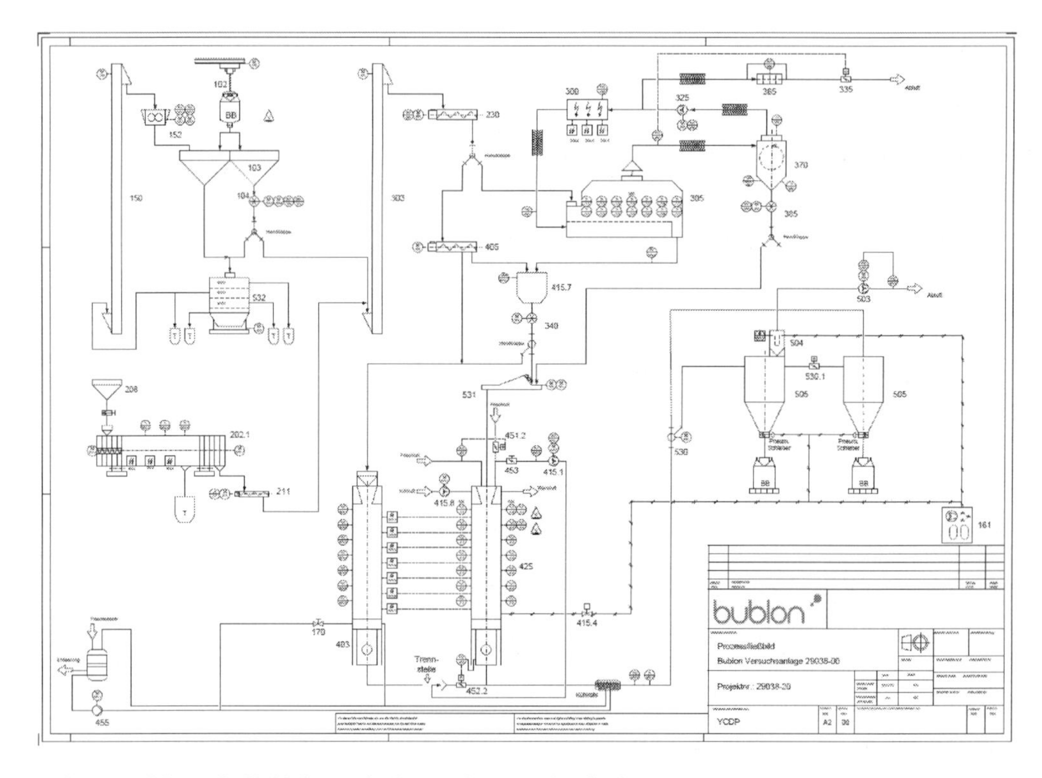

Abb. 3: Verfahrensfließbild der Technikumsanlage in Gleisdorf

In einem ersten Schritt gelangt der Perlitrohsand aus dem Aufgabebunker in eine Kreislaufzerkleinerung, bestehend aus einem Walzenbrecher und einem Taumelsieb. Dieser aufbereitungstechnische Prozessschritt garantiert eine enge Korngrößenverteilung, die für eine hohe Produktqualität unerlässlich ist. Über eine Zellenradschleuse, durch die der Aufgabe-Volumenstrom reguliert wird, und das darauffolgende Becherwerk gelangt der Perlitrohsand in die Fließbetttrocknung, die der Trocknung dient. Je nach Wassergehalt und Kornspektrum des Perlitrohsandes erfolgt diese im Fließbetttrockner bei verschiedenen Temperaturen. Der im Fließbett konditionierte Perlitrohsand wird über eine Vibrationsrinne in den Expansionsschacht aufgegeben. Die Temperaturen im elektrisch beheizten Schacht lassen sich je nach Aufgabegut und gewünschter Produktqualität regulieren. Zusätzlich können die Drücke am Schachtkopf und am Schachtausgang zur Beeinflussung der Verweilzeit eingestellt werden. Der im Schacht expandierte Perlit wird anschließend pneumatisch zu den Fertiggutsilos transportiert, wobei der Staubanteil durch einen Filter abgeschieden wird und der Filterstaub in einem getrennten Silo aufgefangen werden kann.

3.2 Geschlossenzellige Expansion durch gezielten Wärmeeintrag

Durch den gezielten Wärmeeintrag im Expansionsschacht gelingt es, geschlossenzellig expandierte Perlitprodukte zu erzeugen, die keine Konditionierer zur Hydrophobierung der Oberfläche benötigen, und über dies hinaus den Grad der Expansion zu beeinflussen. Während die Trocknung des Rohsandes im Fließbetttrockner energieoptimiert mit Erdgas oder optional elektrisch betrieben wird, erfolgt die Beheizung des Expansionsschachts ausschließlich elektrisch in sieben übereinander angeordneten Heizzonen. Jedes Segment verfügt zusätzlich über zwei Thermoelemente, die einerseits der Überwachung der Temperaturen und andererseits als Messgröße für die Steuerung der Heizelemente dienen. Dadurch ist eine sehr feinfühlige Temperaturregelung über die gesamte Höhe des Expansionsschachts möglich.

4 Gegenüberstellung des BUBLON-Verfahrens und des konventionellen Verfahrens zur Herstellung expandierter Perlite

Erste Versuche an der BUBLON-Technikumsanlage zeigten, dass durch die gezielte Wärmezufuhr nicht nur neuartige Produktqualitäten hergestellt werden können, sondern auch der Energieeintrag im Vergleich zu konventionellen Expansionsanlagen z.T. maßgeblich reduziert werden kann. In Tabelle 1 sind Anlagendaten der BUBLON-Anlage und konventioneller Anlagen einander vergleichend gegenübergestellt.

Tabelle 1: Vergleich der Anlagendaten

Anlagendaten	Einheit	Konventionelle Anlagen	BUBLON-Anlage
Rohsand-Aufgabemenge	kg/h	2.000	2.000
Anlagenabmessungen (L/B/H)	m	10/12/30	12/12/15
Elektrische Antriebsleistung	kW	75	75
Energieeintrag Expansion	kWh/100kg	80-160	35-60
Anlagensteuerung	-	Industrie-PC	SIMATIC S7

Je nach angestrebter Produktqualität kommt es zu einer mehr oder weniger hohen Senkung des spezifischen Energiebedarfes bei der Expansion mittels BUBLON-Anlage. Der durchschnittliche Energiebedarf zur Erzeugung eines Expansionsproduktes mit einer Schüttdichte von 80 g/l liegt bei etwa 53 kWh/100 kg, während zur Herstellung eines Produktes mit einer Schüttdichte von 350 g/l nur etwa 30 kWh/100 kg benötigt werden.

4.1 Vergleich der Expansionsprodukte

Zur Erzielung einer Differenzierung der durch dieses Verfahren gewonnenen neuartigen Produkte von konventionell expandierten Perlitprodukten wurde am Lehrstuhl für Aufbereitung und Veredlung eine Methode entwickelt, die auf eine Beurteilung der Geschlossenzelligkeit der hergestellten Perlitprodukte und der dadurch bedingten Wasseraufnahme abzielt. Die dabei erlangten Ergebnisse zeigten, dass sich das, durch das BUBLON-Verfahren gewonnene, Expansionsprodukt aufgrund seiner Geschlossenzelligkeit und der dadurch bedingten geringen Wasseraufnahme, wesentlich von konventionellen Expansionsprodukten unterscheidet.

4.1.1 Beurteilung der Geschlossenzelligkeit durch Bestimmung der Porosität

Die Bestimmung der geschlossenen Porosität ermöglicht eine Beurteilung der Geschlossenzelligkeit von expandierten Perlitprodukten und wird folgendermaßen ermittelt:

$$P = 1 - \frac{\rho_{Roh}}{\rho_{Rein}}$$

mit

P... *Porosität*

ρ_{Roh}... *Rohdichte*

ρ_{Rein}... *Reindichte*

Tabelle 2 stellt Werte der geschlossenen Porosität untersuchter expandierten Perlitprodukte, die mittels konventionellen Expansionsprozess erzeugt wurden, im Vergleich zum BUBLON-Produkt dar. Es zeigt sich sehr deutlich, dass der mittels BUBLON-Verfahren expandierte Perlit eine deutlich geschlossenere Oberfläche aufweist im Vergleich zu konventionell expandierten Perliten.

Tabelle 2: Werte der geschlossenen Porosität von verschiedenen expandierten Perlitprodukten

	Geschlossene Porosität, %							
Probe	Bublon	1	2	3	4	5	6	7
Geschlossene Porosität	81,39	53,37	55,49	68,53	67,73	47,21	34,63	60,53

4.1.2 Vergleich der expandierten Perlitprodukte mittels Stereomikroskopie

Eine zusätzliche Aussage zur Beurteilung der Oberflächenbeschaffenheit expandierter Perlitprodukte konnte durch die Betrachtung mittels Stereomikroskop gewonnen werden. Abbildung 2 zeigt die geschlossene Oberfläche des BUBLON-Produktes sowie, im Vergleich dazu, die Oberfläche eines konventionell expandierten Perlitproduktes. In dieser lassen sich einerseits größere Poren erkennen, andererseits ist die Gesamtstruktur des konventionell expandierten Perlites deutlich kompakter und nicht durchsichtig im Vergleich zum BUBLON-Produkt.

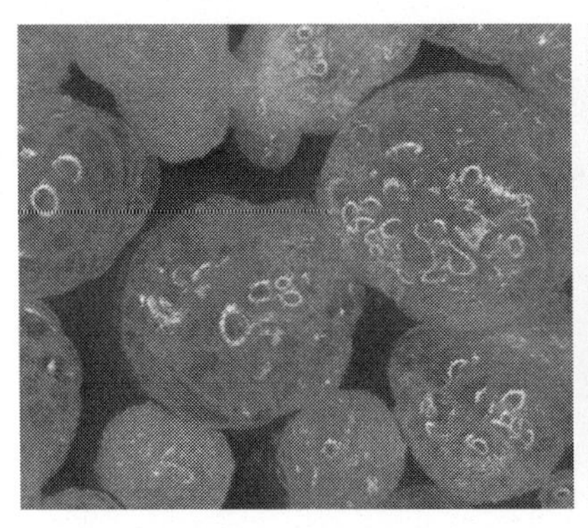

Abb. 2: Stereomikroskopische Aufnahmen der BUBLON-Produkt (links) und eines konventionell expandierten Perlites (rechts)

4.1.3 Vergleich der Wasseraufnahme

Zur Bestimmung der Wasseraufnahme, die indirekt auch zur Beurteilung der Geschlossenzelligkeit herangezogen werden kann und die ergänzend Aufschluss über die nachfolgenden Möglichkeiten einer Weiterverarbeitung zur Herstellung von Putzen, Mörteln und anderen Anwendungsprodukten gibt, wurde ein Prüfverfahren aus der Betontechnik für Leichtzuschläge herangezogen [3]. Tabelle 3 zeigt die ermittelte Sättigungswasseraufnahme in % der Ausgangsmasse. Die ermittelten Werte bestätigen ebenfalls die erhöhte Geschlossenzelligkeit des BUBLON-Produktes, das im Vergleich bis zu einem Viertel weniger Wasser aufnimmt als konventionell expandierte Perlite.

Tabelle 3: Wasseraufnahme der expandierten Perlitprodukte

	Wasseraufnahme, %							
Probe	Bublon	1	2	3	4	5	6	7
Wasseraufnahme	93,7	142,0	185,3	181,5	198,5	380,4	430,2	225,5

4.1.4 Vergleich weiterer Produktdaten

Des Weiteren wurden zur Beurteilung des BUBLON-Produktes typische Kennwerte beziehungsweise typische Produktmerkmale für expandierte Perlite ermittelt und miteinander verglichen. Die in Tabelle 4 dargestellten Ergebnisse zeigen sehr deutlich die Vorteile des neuartigen BUBLON-Verfahrens. Zum einen kann durch die gesteuerte Wärmezufuhr ein breiteres Produktspektrum erzeugt werden, während Parameter wie Wärmeleitfähigkeit und Brandverhalten denen konventionell expandierter Perlitprodukte entsprechen. Zum anderen ist es aufgrund dieser gesteuerten Expansion möglich, das Zerbersten des Perlites zu verhindern und eine geschlossenzellige Struktur zu erzeugen.

Tabelle 4: Vergleich der Produktdaten

Produktdaten	Einheit	Konventionelle Produkte	Bublon-Produkte
Oberflächenbeschaffenheit	-	porös	geschlossenzellig
Schüttdichte	g/l	40 - 120	80 - 400
Wärmeleitfähigkeit	W/mK	0,037 - 0,08	0,043 – 0,052
Brandverhalten	-	A1 unbrennbar	A1 unbrennbar

5 Diskussion

Die Entwicklung des BUBLON-Verfahrens ermöglicht die energieoptimierte Herstellung geschlossenzellig expandierter Perlitprodukte, wodurch in der weiteren Verarbeitung von einer Hydrophobierung der Oberflächen mittels spezieller nichtmineralischer Beschichtungen abgesehen werden kann. Zusätzlich kann durch die vollständige Umwandlung der elektrischen Energie in Wärme der eigentliche Expansionsvorgang nahezu emissionsfrei erfolgen. Ein weiterer Vorteil gegenüber herkömmlichen Technologien besteht darin, dass somit keine heißen und staubbeladenen Abgase entstehen. Die durchgeführten Untersuchungen und Berechnungen kommen eindeutig zum Ergebnis, dass es bei dem mit dem BUBLON-Verfahren erzeugten Expansionsprodukt zu wesentlich geschlosseneren Oberflächen als bei anderen, konventionell expandierten Perliten kommt. Die Betrachtung der geschlossenen Porosität dieser beiden zeigt, dass die Werte der konventionell expandierten Perlite deutlich unter jenen des BUBLON-Produktes liegen. Dies wird durch die Analyse der Wasseraufnahme bestärkt. Teilweise kommt es zu einer doppelt bis vierfach so hohen Wasseraufnahme im Vergleich zum mittels BUBLON-Verfahren expandierten Perlitprodukt.

6 Literatur

[1] Cirar, K.: Weiterentwicklung eines Verfahrens zur Herstellung geschlossenzellig expandierter Perlite zur Verbesserung der funktionellen Eigenschaften in neuartigen Produktanwendungen, Dissertation. Lehrstuhl für Aufbereitung und Veredlung der Montanuniversität Leoben, Leoben 2013

[2] Kogel et al.: Industrial Minerals & Rocks: Commodities Markets and Uses. Society for Mining, Metallurgy and Exploration. 7.Auflage. Colorado, 2006, S. 685-702

[3] Bundesverband Kraftwerksnebenprodukte e.V.: BVK - Betontechnische Merkblätter. Online - http://www.interverband.com/u-img/774/104_MB_Pruef.pdf, Stand: 26.08.2013, S. 2 ff

EFFIZIENTES ROHSTOFFRECYCLING? - BEURTEILUNG VON VERFAHRENSTECHNOLOGIEN ZUR VERWERTUNG VON LITHIUMBATTERIEN UND -AKKUMULATOREN

K. Würfel[1], S. Kross[2], U. Teipel[1]

[1] Technische Hochschule Nürnberg, Mechanische Verfahrenstechnik/Partikeltechnologie, Wassertorstraße 10, 90489 Nürnberg, e-mail: katrin.wuerfel@th-nuernberg.de

[2] Stiftung Gemeinsames Rücknahmesystem Batterien, Heidenkampsweg 44, 20097 Hamburg, e-mail: kross@grs-batterien.de

Keywords: Lithiumbatterien, Akkumulatoren, Verwertung, Rohstoffrückgewinnung, Recycling, Mechanische Aufbereitung, Pyrolyse, Pyrometallurgie, Hydrometallurgie

1 Einleitung

Die zunehmende Verwendung leistungsstarker mobiler Energiespeicher in Elektrogeräten und Fahrzeugen führt zu einem ständigen Zuwachs von primären und sekundären Lithiumbatterien in der Batterierücknahme.

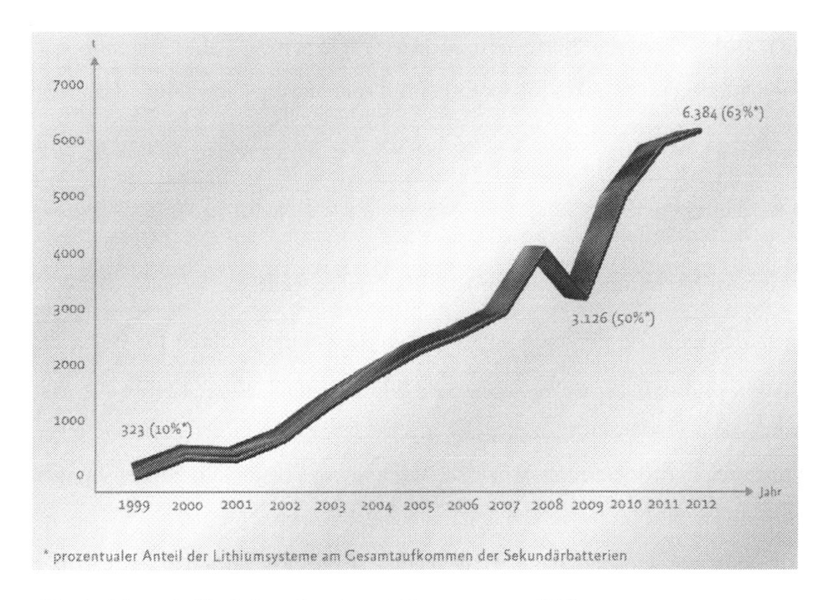

Abb. 1: Masse in Verkehr gebrachter Lithiumsysteme [10]

Im Rahmen der Produktverantwortung müssen zurückgenommene Altbatterien gemäß den gesetzlichen Vorgaben nach dem Stand der Technik behandelt und einer stofflichen Verwertung

zugeführt werden, soweit dies technisch möglich und wirtschaftlich zumutbar ist. Bei der Verwertung von Lithiumbatterien sind bestimmte Mindestanforderungen sowie eine gesetzlich festgelegte Quote von 50 % [11] für die zu erreichende Recyclingeffizienz zu erfüllen.
Eine zunehmende Stoffvielfalt bei den zu verwertenden Altbatterien, verbunden mit einem zunehmenden Rückgang des Anteils an hochwertigen Inhaltsstoffen, führen zu einer immer geringeren Wertschöpfung bei den vorhandenen Recyclingprozessen. Die derzeitigen Verwertungsprozesse für Altbatterien sind im Wesentlichen auf die selektive Behandlung einzelner Stoffsysteme und die Rückgewinnung bestimmter hochwertiger Materialien ausgerichtet. Der zunehmende Rückgang dieser hochwertigen Bestandteile hat zur Folge, dass die Erfüllung der gesetzlich vorgegebenen Recyclingeffizienz gefährdet ist.
Die bisher vorhandenen Technologien sind verglichen mit der gestellten Zielsetzung oft zu aufwändig und kostenintensiv. Viele vorhandene Verfahren zur Verwertung von Lithiumbatterien sind darauf ausgelegt, mit vergleichsweise hohem Aufwand nur hochwertige Inhaltsstoffe als Sekundärrohstoffe zurückzugewinnen, wobei die hierfür aufzubringenden Kosten oft nicht mehr in einem zu vertretenden Verhältnis zu dem erbrachten ökologischen und ökonomischen Nutzen stehen. Daher werden speziell im Hinblick auf die Verwertung von Lithiumbatterien wirtschaftlich und ökologisch sinnvolle Verwertungskapazitäten benötigt.
Im Rahmen der hier vorgestellten Untersuchung wurden verfügbare Verfahrenstechnologien sowohl einzeln als auch in kombinierter Form miteinander verglichen, auf ihre Eignung zur Verwertung von Lithiumbatterien und –akkumulatoren geprüft und nach ausgewählten Kriterien bewertet.

2 Vorgehensweise

2.1 Stand der Technik: Aufbereitungsverfahren zum Batterierecycling

Die bestehenden und von der Industrie derzeitig angewandten Recyclingverfahren für Batterien wurden in einer umfangreichen Literatur- und Internetrecherche bestimmt. Im Wesentlichen finden bei der Aufbereitung von Altbatterien Prozesse der mechanischen Verfahrenstechnik sowie die hydro-, pyrometallurgischen Aufbereitungsprozesse Anwendung. Zusätzlich zu den bereits genannten Verfahrenstechniken wird im Folgenden auch die Pyrolyse betrachtet.
Die mechanischen Grundoperationen sind nahezu Bestandteil jedes Recyclingverfahrens und dadurch von zentraler Bedeutung für die Aufbereitung von Altbatterien. Sie werden oft mit hydrometallurgischen bzw. pyrometallurgischen Prozessen kombiniert.
In einem ersten Verfahrensschritt werden die Batteriegehäuse mechanisch aufgeschlossen, dies kann manuell oder maschinell durch schlagende oder mahlende Apparaturen, wie z.B. Hammer-

oder Prallmühlen, erfolgen. Darauffolgend werden die Grob- und Feinfraktionen voneinander getrennt. Die Grobfraktion besteht aus den Batteriegehäusen (Kunststoff oder Metall) und wird von den aktiven Batteriebestandteilen (Feinfraktion) durch Sichtapparaturen, z.B. Siebtechnik oder Strömungsklassierer, abgetrennt. Die Feinfraktion besteht hauptsächlich aus den Elektrodenbestandteilen und wird als Schwarzmasse bezeichnet. Nach der Trennung kann eine weitere Zerkleinerung der Feinfraktion notwendig sein. Ein nachgeschalteter Wirbelstromsichter wiederum separiert die in dieser Fraktion verbleibenden Kunststoffbestandteile ab. Die Feinfraktion kann der metallurgischen Behandlung (pyrometallurgische Behandlung z.B. Lichtbogenofen, hydrometallurgischer Behandlung z.B. chemische Laugung) zugeführt werden.
In pyrometallurgischen Prozessen werden die Altbatterien in einem Ofen (Schachtofen, Hochofen) mit oder auch ohne Zuschlagstoffe (z.B. Koks, Kalkstein, Eisen) gegeben und dort eingeschmolzen. Der Koks dient hier als Energieträger, die weiteren Zusatzstoffe dienen der besseren Trennung von Schlacke und Schmelze. Je nach Batteriezusammensetzung bilden sich unterschiedliche Schlacken- und Schmelzenzusammensetzungen aus. Zur Erhöhung der Arbeitssicherheit und um den Umweltschutz sicherzustellen können pyrometallurgische Prozesse auch unter Vakuum durchgeführt werden.
Eine etwas kostenintensivere Möglichkeit eines Schmelzprozesses ist der Lichtbogenofen. Der maßgebende Vorteil von Lichtbogenöfen ist, dass Metalle gezielt in der Metalllegierung, Schlackenphase oder im Flugstaub angereichert werden können. Die Aufreinigung der Schlackenphase bzw. des Flugstaubs kann in weiteren Prozessen (z.B. chemisches Laugen) aufgereinigt werden.
Durch eine Behandlung der Altbatterien durch Pyrolyse, z.B. in einem Drehreaktor, können toxische Bestandteile der Batterien verdampft werden. Diese werden durch nachgeschaltete Kondensatoren abgeschieden. Des Weiteren werden hier die organischen Bestandteile zersetzt.
Hydrometallurgische Prozesse lösen durch den Einsatz bestimmter Säuren oder Laugen die gewünschten Metalle aus einer Mischung. Dafür müssen die Altbatterien vorher durch mechanische Operationen aufbereitet und/oder durch vorherige Pyrolyse behandelt worden sein. Dies ist notwendig um die Anoden- und Kathodenbestandteile freizulegen. Ein besseres Endergebnis wird allerdings durch vorliegen feinster Partikel erzeugt. Durch den Einsatz bestimmter Lösungsmittel gehen die Metallbestandteile in Lösung über. Nach Abtrennung der Lösung von den Festbestandteilen durch ein Absetzbecken kann durch eine nachgeschaltete Fällungsreaktion die gewünschten Metalle als Reinstoff aus der Lösung ausgefällt werden. Eine anschließende Filtration trennt die festen Fällungsprodukte aus der Lösung ab.

2.2 Ableitung von Verfahrenskombinationen und Bilanzierung

Aus den ermittelten Grundoperationen werden Verfahrenskombinationen als mögliche Beispielprozesse gebildet. Dies dient zur Ermittlung einer Grundlage, um den Energieaufwand und die daraus entstehenden Energiekosten abschätzen zu können. Außerdem sollen die zu erwartenden Massenströme der zu erhaltenen Sekundärrohstoffe abgebildet werden.

Als erste Variante wird eine mechanische Aufbereitung mit anschließender Hydrometallurgie betrachtet. Des Weiteren werden eine mechanische Aufbereitung und Pyrometallurgie jeweils mit und ohne vorherigen Pyrolyseschritt als Vergleichsprozesse verglichen. Als vierte Variante wird eine pyrometallurgische Aufbereitung mit anschließender mechanischen Aufbereitung und Hydrometallurgie betrachtet.

Zunächst werden für die Bilanzierung die Systemgrenzen der Grundoperationen dargestellt. Für den Bilanzraum der mechanischen Aufbereitung sind mehrere Verfahrensschritte notwendig. Zuerst erfolgt der Aufschluss der Batteriegehäuse durch eine Prallzerkleinerung. Nach der Entmantelung folgt die Abtrennung der Gehäuse durch Vibrationssiebung von den aktiven Materialien. Daraufhin werden die Aktivmaterialien durch einen weiteren Prallbrecher feinzerkleinert und mit Hilfe eines Klassierers (Windsichter) die Folienbestandteile von den übrigen Metallbestandteilen abgetrennt. Der Bilanzraum in Abbildung 2 ist mit allen ein- und ausgehenden Strömen dargestellt. Die Eingangsströme für die zu recycelnde Masse und die notwendige elektrische Leistung für die Aufbereitungsschritte sind als helle Felder dargestellt. Die Ausgangsströme für die abgetrennten Gehäusebestandteile, Eisenbestandteile, Aluminiumfolie und Lithium-, Kobaltströme sind mit weißer Schrift dargestellt.

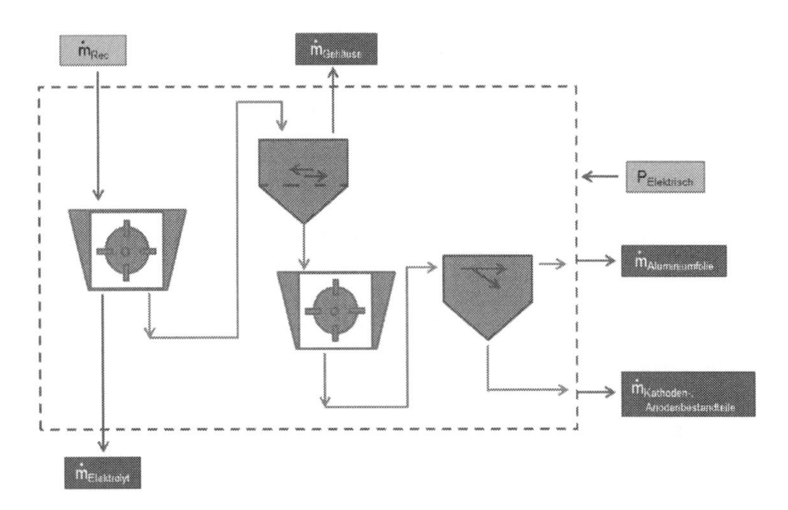

Abb. 2: Bilanzraum für die mechanische Aufbereitung mit den Komponenten: Prallzerkleinerung, Vibrationssieb, Prallfeinzerkleinerung, Windsichtung

Der Bilanzraum für die technische Pyrolyse von Batterieschrott ist in Abbildung 3 zu sehen und besteht aus einer Pyrolysetrommel, die mit einem Heizmantel umgeben ist. Die Trommelbeheizung erfolgt im Beispiel elektrisch, häufig wird hierfür allerdings auch das Pyrolysegas selbst verwendet.

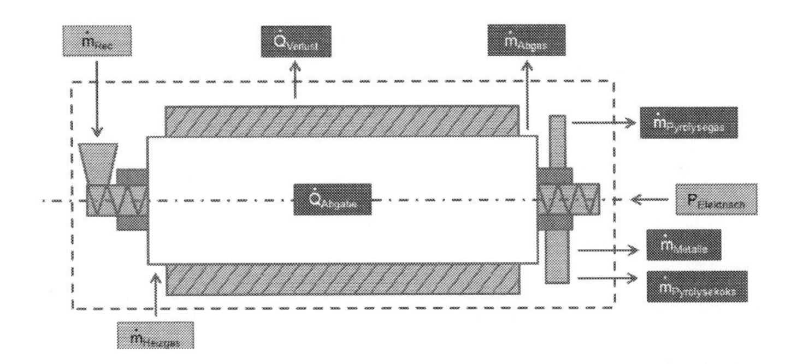

Abb. 3: Bilanzraum des Drehreaktors für die Pyrolyse

Die Eingangsströme sind der zu recycelnde Batteriemassen- und der Heizgasstrom bzw. die zugeführte elektrische Energie. Des Weiteren ist für den Betrieb elektrische Energie für die Rotation des Drehreaktors notwendig. Aus dem eingehenden Recyclingmassenstrom entstehen die Ausgangsströme Pyrolysegas, -koks und -metalle.

Die Metalle werden dem Verfahren nicht flüssig entnommen, da die Pyrolysetemperatur unterhalb ihrer Schmelztemperatur liegt. Die Pyrolyse erfolgt bei einer Temperatur von rund 450 °C für 6 Stunden bei einem Druck von 650 mbar. Die vakuumthermische Behandlung führt zu einer Gewichtsreduktion von rund 42 % [1]. Dem Prozess wird ein Pyrolysegas entnommen, dieses besteht aus dem Elektrolyten und den organischen Verbindungen.

Zur Bilanzierung des pyrometallurgischen Verfahrens wird ein Lichtbogenofen herangezogen. Bei diesem wird die für das Schmelzen notwendige Energie durch elektrische Lichtbögen zugeführt.

Die Eingangsströme des Ofens setzen sich aus der Recyclingmasse und dem entsprechenden elektrischen Energieeintrag zusammen. Als Ausgangsströme können der Schlackenabzug, der Schmelzenabstich und ein Abgasstrom definiert werden. Die Einschmelzung der zugeführten Bestandteile erfolgt bei einer Temperatur von 1550 °C [2]. Zu den bereits definierten Stoffströmen kommt ein Wärmestrom $\dot{Q}_{Abgabe}$. Dieser definiert die Wärme, welche für den Schmelzvorgang notwendig ist. Mit $\dot{Q}_{Verlust}$ wird die durch Wärmestrahlung an die Umgebung abgegebene Prozesswärme bezeichnet.

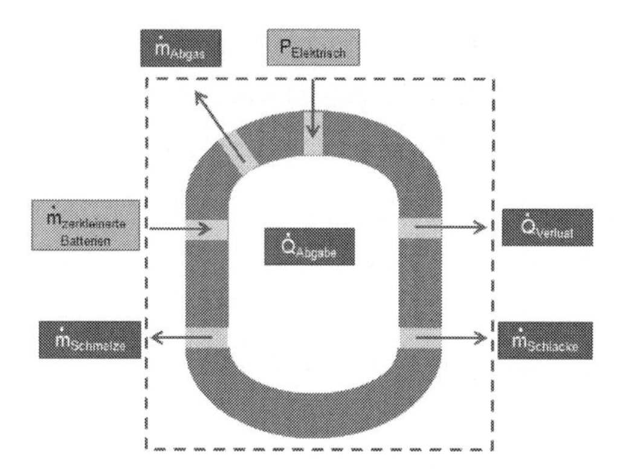

Abb. 4: Bilanzraum des elektrischen Lichtbogenofens

Die Systemgrenze in Abbildung 5 zeigt den Bilanzraum und die notwendigen Verfahrensschritte zur chemischen Laugung. Die vorher geschredderten Batterien werden in einem Reaktor für die Laugung mit Natriumhydroxid mit einem Liquid-/Solidverhältnis von 15:1 [3] auf eine Temperatur von 80 °C [4] erwärmt. Dabei werden die Lithium- und Kobaltbestandteile aus ihrer Verbindung gelöst und gehen in Lösung über. Nach der Lösung erfolgt die Trennung der verbleibenden festen Kunststoff- und Metallbestandteile durch ein Absetzbecken in eine Leicht- und eine Schwerfraktion. In einem zweiten Reaktor werden die in Lösung gegangenen Lithiumbestandteile durch das Fällungsmittel Na_2Co_3 [4] ausgefällt. Eine anschließende Filtration liefert die beiden Produkte $CoCO_3$ und Li_2CO_3.

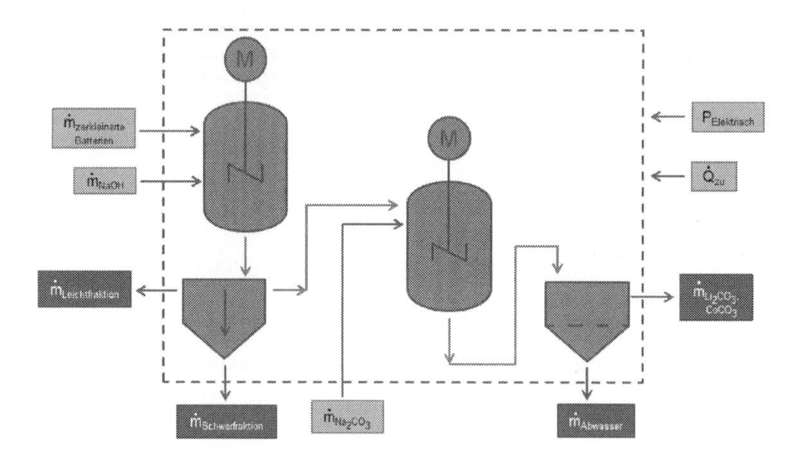

Abb. 5: Bilanzraum für einen hydrometallurgischen Lösungs- und Fällungsprozess: Laugungsreaktor, Sink-Schwimm-Trennung, Fällungsreaktor, Filtration

Nachfolgend werden die Systemgrenzen für die Verfahrenskombinationen dargestellt. Zunächst zeigt Abbildung 6 den Bilanzraum für einen hydrometallurgischen Prozess mit vorheriger mechanischer Aufbereitung.

Nach der Zerkleinerung der Altbatterien und Abtrennung der Gehäuse- und Elektrolytbestandteile durch die mechanische Aufbereitung erfolgt die chemische Laugung der zerkleinerten Aktivmaterialen. Anschließend werden die Laugenrückstände von der Lösung getrennt und diese in den Fällungsreaktor geleitet. Dort werden die gelösten Lithium- und Kobaltbestandteile zu Lithium- und Kobaltcarbonat ausgefällt und durch nachfolgende Fest-, Flüssigtrennung abgetrennt. Für die Eingangsströme kann die zu recycelnde Lithium-Ionen-Batteriemasse, die Natriumlauge, das Fällungsmittel und die für den Prozess notwendig Energie definieren werden. Als Ausgangsströme werden diesem Prozess Lithium- und Kobaltcarbonat, eine Mischung des flüssigen Elektrolyts, Aluminiumfolie und ein Massenstrom der Metall- und Kunststoffbestandteile entnommen. Weitere abgehende Ströme sind der Abwasserstrom mit den Laugen- und Fällungsrückständen.

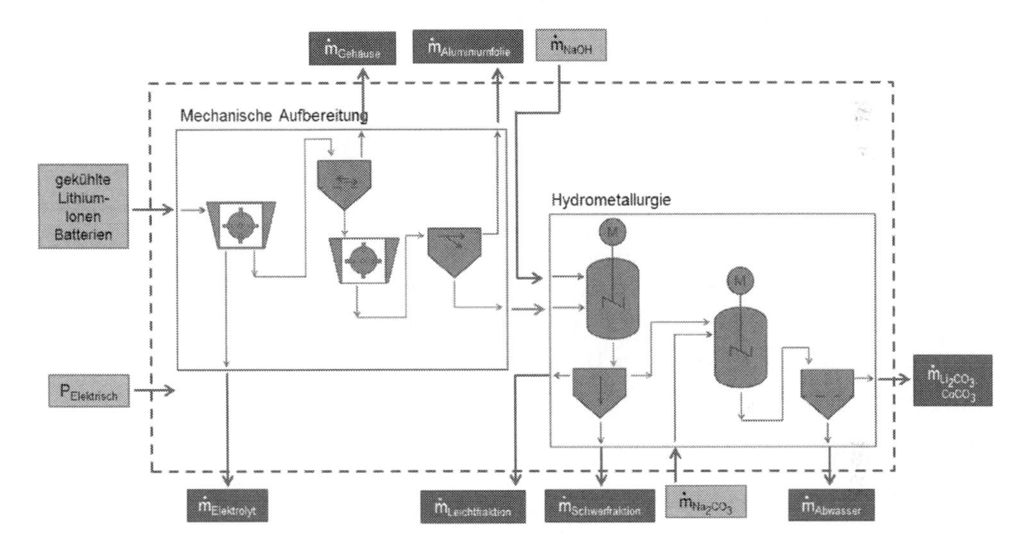

Abb. 6: Systemgrenze des hydrometallurgischen Verfahrens

Die beiden nachfolgenden Bilanzräume sind einmal mit und einmal ohne den Verfahrensschritt Pyrolyse dargestellt. Die für die Bilanzierung notwendige Systemgrenze des pyrometallurgischen Verfahrens mit Pyrolyse ist in Abbildung 7 mit allen ein- und ausgehenden Strömen zu erkennen.

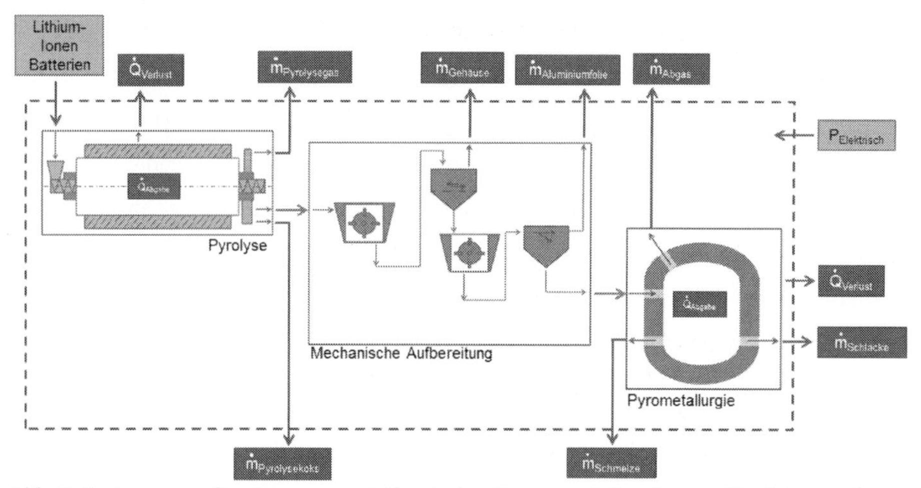

Abb. 7: Systemgrenze für einen pyrometallurgischen Prozess mit Pyrolyse und Lichtbogenofen

In der Pyrolyse werden die Kunststoffbestandteile reduziert und der Elektrolyt verdampft. Anschließend wird der Metallstrom in der mechanischen Aufbereitung zerkleinert und die Gehäusebestandteile und Aluminiumfolien abgetrennt. In dem Lichtbogenofen erfolgt die Behandlung der Aktivmaterialien.

Durch die Pyrolyse wird ein Abgasstrom aus dem Elektrolyten und der Kunststoffe abgegeben. Dem Prozess können nach der mechanischen Zerkleinerung die Gehäuseanteile und Aluminiumfolie als Stoffstrom entnommen werden. Des Weiteren wird nach der Lichtbogenofenbehandlung jeweils ein Schlacken-, Schmelzen- und ein Abgasstrom abgezogen. Durch die Pyrolyse und den Schmelzprozess wird Wärme an die Umgebung abgegeben, dieser Wärmestrom ist mit $\dot{Q}_{Verlust}$ bezeichnet. Die notwendige elektrische Leistung ist mit $P_{Elektrisch}$ definiert.

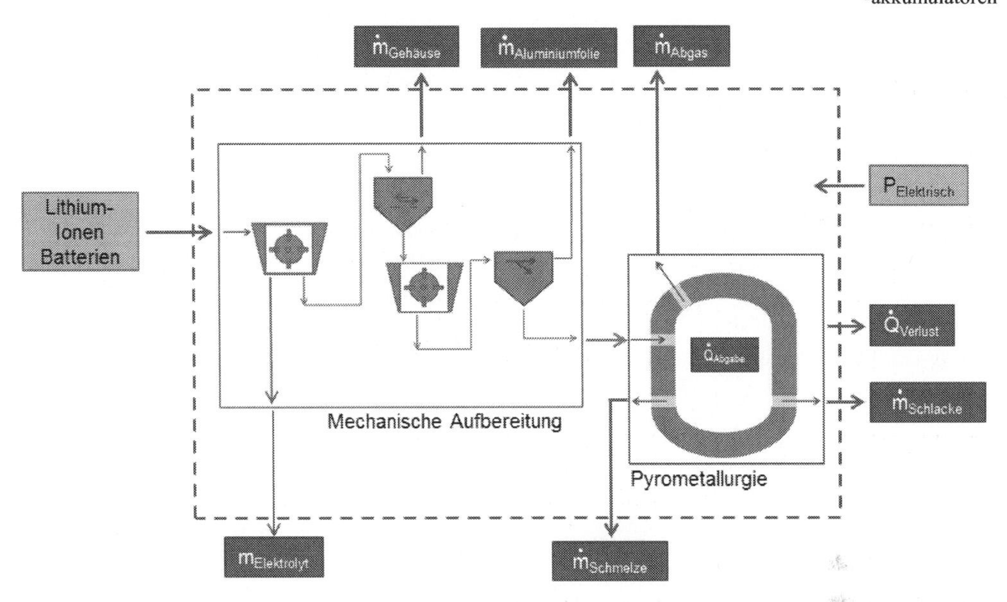

Abb. 8: Systemgrenze für einen pyrometallurgischen Prozess ohne Pyrolyse und Elektroofenverfahren

Durch den Aufschluss und die Zerkleinerung der Batterien können dem Prozess jeweils ein Massenstrom aus den flüssigen Elektrolytbestandteilen, Gehäusebestandteilen und Aluminiumfolien entnommen werden. In dem Schmelzofen werden somit nur noch die aktiven Anoden- und Kathodenbestandteile eingeschmolzen. Dem Ofen kann jeweils ein Schmelzen-, Schlacken- und Abgasstrom entnommen werden. Zusätzlich ist in der Abbildung die Abwärme des Lichtbogenofens mit $\dot{Q}_{Verlust}$ dargestellt. Die für die Verfahrensschritte notwendige elektrische Leistung ist mit $P_{Elektrisch}$ definiert.

Als vierte Variante wird nachfolgend in Abbildung 9 der Bilanzraum für pyrometallurgische Verfahren mit Hydrometallurgie dargestellt. Dieser setzt sich aus der pyrometallurgischen Behandlung und einer anschließenden mechanischen Aufbereitung des Schlackenstroms zusammen. Nach Zerkleinerung der Schlacke wird dieser der chemischen Laugung und Fällung zugeführt.

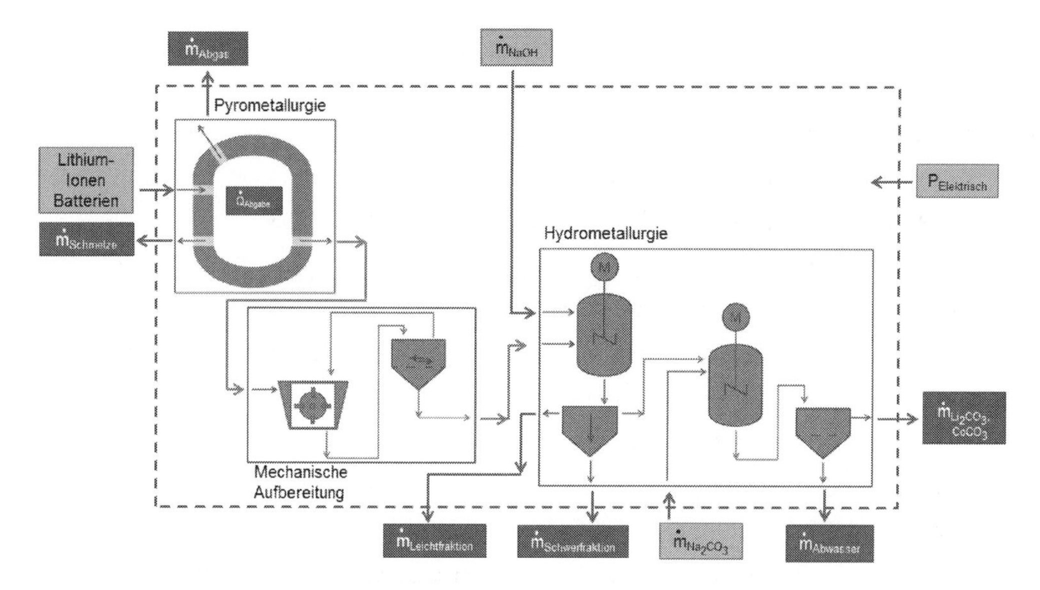

Abb. 9: Systemgrenze für pyrometallurgische Verfahren mit Hydrometallurgie

Als Eingangsströme können die Massenströme der Lithiumionenbatterien und die beiden Massenströme für die Laugung (NaOH) und Fällung (Na_2CO_3) definiert werden. Des Weiteren ist der für den Gesamtprozess notwendige elektrische Energieverbrauch mit $P_{Elektrisch}$ definiert. Die Ausgangsströme des Prozesses sind ein Schmelzenstrom und ein Abgasstrom aus der Pyrometallurgie. Aus der Hydrometallurgie werden eine Leichtfraktion, Schwerfraktion und ein Abwasserstrom mit den Laugungs-, Fällungsrückständen und die Fällungsprodukte abgeführt.

Nach Festlegung der Systemgrenzen müssen die Eingangsgrößen für die Bilanzierung festgelegt werden. Dafür ist zunächst die Ermittlung des Modellstoffstroms notwendig. Für diesen werden zur Ermittlung des entsprechenden Massenstroms die Erfolgskontrollen der Stiftung GRS Batterien [5] aus den Jahren 2002 bis 2012 herangezogen. Aus den Erfolgskontrollen können die Stückzahlen bzw. Massen der abgegebenen Primär- und Sekundärlithiumbatterien gezogen werden. Um einen entsprechenden Massenstrom zuordnen zu können wird anschließend das durchschnittliche Lebensalter für sekundäre und primäre Lithium-Batterien festgelegt.

Zur Bestimmung der mittleren Lebensdauer für Primär- und Sekundär-Lithium-Batterien werden Einflussfaktoren wie Hortungsverhalten, defekte Batterien und Kapazitätsabnahme nicht berücksichtigt. Diese Faktoren können durch die ab 2016 gesetzlich geltende Recyclingquote von 45 % berücksichtigt werden [5].

Die Recherchen führten zu einer durchschnittlichen Lebensdauer für Primärzellen von 7 bis 10 Jahren. Somit kann für diese Gruppe eine mittlere Nutzungsdauer von 9 Jahren angenommen werden. Nach Herstellerangaben erreichen Sekundär-Lithium-Batterien eine Lebensdauer von

5 bis 7 Jahren. Dies führt zu einer mittleren Nutzungsdauer von 6 Jahren [6] [7]. Für Primärzellen wird somit das Verkaufsjahr 2003 und für Sekundärzellen das Jahr 2007 angenommen.
Die entsprechenden Lithium-Batterie-Massen werden durch den Vergleich der von der Stiftung GRS Batterien durchgeführten Erfolgskontrollen ermittelt [5]. Entsprechend diesen Daten zeigt das festgelegte Jahr 2003 für Primärbatterien eine Masse von 26.737 Tonnen an. Unter Berücksichtigung der Recyclingquote von 45 % führt das zu einer Recyclingmasse von 12.032 Tonnen Primär-Lithium-Batterien. Die Sekundär-Batterie-Masse wird für das Jahr 2007 ermittelt, es ist eine in Verkehr gebrachte Masse von 7128 Tonnen angegeben. Mit Bezug auf die Recyclingquote führt das zu einer Recyclingmasse von 3208 Tonnen.
Zur Bestimmung des Stoffsystems wird auf zwei beispielhafte Batteriezusammensetzungen zurückgegriffen. Die genaue Zusammensetzung eines realen Massenstroms ist nicht ermittelbar, da sowohl für Primär- als auch für Sekundär-Lithium-Batterien eine Vielzahl von chemischen Verbindungskombinationen vorliegt. Aufgrund dessen wird jeweils auf ein primäres und ein sekundäres Lithiumbatteriesystem zurückgegriffen.
Für die Gruppe der Primär-Batterien wird als betrachtetes Zellensystem die weitverbreitete Lithiummangandioxid-Batterie mit einer durchschnittlichen Zusammensetzung betrachtet [8]. Durch den Bezug der ermittelten Massenströme für primäre Batterien auf die durchschnittliche Batteriezusammensetzung, ergeben sich die in der nachfolgenden Tabelle dargestellten Massen für den Berechnungszeitraum.

Tabelle 1: Für den Berechnungszeitraum ermittelte Massen von primären Lithium-Manganoxid-Batterien [8]

	Inhaltsstoffe	**Masse [t]**
Anode	Lithium-Metall	252,67
	Lithium-Trifluoromethan-Sulfonat	132,35
	Lithium-Perchlorat	132,35
Kathode	Mangandioxid	3753,98
	Kohlenstoff	252,67
	Teflon	252,67
Gehäuse	Edelstahl	4608,26
	Kunststoff	1708,54
Elektrolyt	Dimethoxyether	469,25
	Propylen Carbonat	469,25

Für die Gruppe der Sekundär-Batterien wird Lithium-Cobaltdioxid als betrachtetes Zellsystem dargestellt. Für dieses wird ebenso wie für Primärzellen, die durchschnittliche Zusammensetzung als Ansatz verwendet [8] und auf den entsprechenden Massenstrom für Sekundärbatterien bezogen.

Tabelle 2: Für den Berechnungszeitraum ermittelte Massen von sekundären Lithium-Cobaltoxid-Batterien [8]

	Inhaltsstoffe	Masse [t]
Anode	Kohlenstoff	779,54
Kathode	Lithiumcobaltdioxid	1090,72
Gehäuse	Kupferfolie	234,18
	Aluminiumfolie	234,18
Elektrolyt/	Polypropylen, PVDF	468,37
Separator	Polyvinylidenfluorid	250,22
	Aluminiumfolien für Abdeckung	157,19

Zur Abschätzung des Energieverbrauchs der Verfahren werden Beispielapparate von unterschiedlichen Herstellern für die entsprechenden Massenströme herangezogen. Zusätzlich werden für alle Verfahren durchschnittliche Werte für die Arbeitszeit pro Jahr und Tag angenommen. Für die Durchschnittsarbeitszeit pro Jahr lassen sich 250 Arbeitstage mit jeweils 8 Stunden Arbeitszeit veranschlagen. Des Weiteren werden Energiekosten für Großkunden aus dem Jahr 2012 von 0,12 €/kWh [9] als Berechnungsgrundlage verwendet.

3 Diskussion

Die durchgeführte Studie liefert deutliche Ergebnisse im Hinblick auf den Energieverbrauch der untersuchten Verfahrenstechnologien. Zudem lassen sich aus der Materialbilanz für die einzelnen Verfahren Rückschlüsse auf die zu erzielenden Trenneffizienzen der jeweiligen Prozessvarianten ziehen. Durch eine zusätzliche Bewertung weiterer relevanter Kriterien wie Toxizität und Emissionsverhalten bzw. Umweltbelastung ist es möglich, eine Aussage in Bezug auf die Eignung der Verfahren für die Verwertung von Lithiumbatterien zu treffen.

Auf der Basis der für die einzelnen Verfahren erstellten Materialbilanzen wurden unter bestimmten vereinfachten Bedingungen die Trenneffizienzen für die Grundoperationen abgeschätzt. Die Trenneffizienz wurde aus dem Verhältnis des Output-Massenstroms im Vergleich zum Gesamtinput-Massenstrom des jeweiligen Verfahrens berechnet. Hierbei sind diejenigen Stoffe als Verwertungsprodukte im Output-Massenstrom berücksichtigt worden, die entweder bereits in vorliegender Reinform als Sekundärrohstoff eingesetzt oder durch eine Weiterverarbeitung in einem nachgeschalteten Prozess zu einem vermarktungsfähigen Sekundärrohstoff umgewandelt werden können. Eine Quantifizierung der Trenneffizienz auf der Basis der zugrundeliegenden Daten ist nur eingeschränkt möglich und daher können die Ergebnisse nur für eine grobe Abschätzung herangezogen werden. Allerdings erlauben es die Werte, die Verfahren für eine qualitative Bewertung entsprechend der Größenordnung ihrer Trenneffizienzen gegeneinander abzustufen. Aus der Massenbilanz ergeben sich die in Tab. 3 dargestellten Werte für die Trenneffizienzen.

Tabelle 3: Trenneffizienzen der Grundoperationen

Verfahren	Input [t/d]	Output [t/d]	Trenneffizienz
Mechanische Aufbereitung	60,96	27,77	46 %
Pyrolyse	60,96	42,06	69 %
Pyrometallurgie	60,96	46,51	76 %
Hydrometallurgie	60,96	47,52	78 %

Klar ersichtlich ist demnach, dass die Hydrometallurgie die vergleichsweise höchste Trenneffizienz aufweist, die mechanische Aufbereitung hingegen den geringsten Wert erbringt. Diese Ergebnisse stehen im Verhältnis zu den entsprechenden Mengen eingebrachter Energie, die im folgenden Abschnitt diskutiert werden.

Mit Hilfe der Energiebilanzen ist der Energieverbrauch der einzelnen Grundverfahren sowie verschiedener Kombinationen aus diesen Grundverfahren ermittelt worden. Die Ergebnisse lassen einen deutlichen Unterschied zwischen mechanischen, pyrolytischen sowie pyrometallurgischen Aufbereitungsverfahren auf der einen und hydrometallurgischen Aufbereitungsverfahren auf der anderen Seite erkennen. Nach den durchgeführten Berechnungen ist für den Betrieb hydrometallurgischer Prozesse ein Energieaufwand von 9079 kWh/t notwendig, während die mechanische Aufbereitung einen Energieverbrauch von 24 kWh/t aufweist. Somit wird für den Betrieb des hydrometallurgischen Prozesses eine Energie benötigt, die mehr als das 300-fache des Energieverbrauchs für mechanische Aufbereitungsverfahren ausmacht. Auch verglichen mit pyrolytischen (221 kWh/t) und pyrometallurgischen Prozessen (635 kWh/t) beträgt der Energieaufwand der Hydrometallurgie ein Vielfaches: Im Vergleich zur Pyrolyse ist er 37mal so groß und gegenüber der Pyrometallurgie beträgt er das 13-fache.

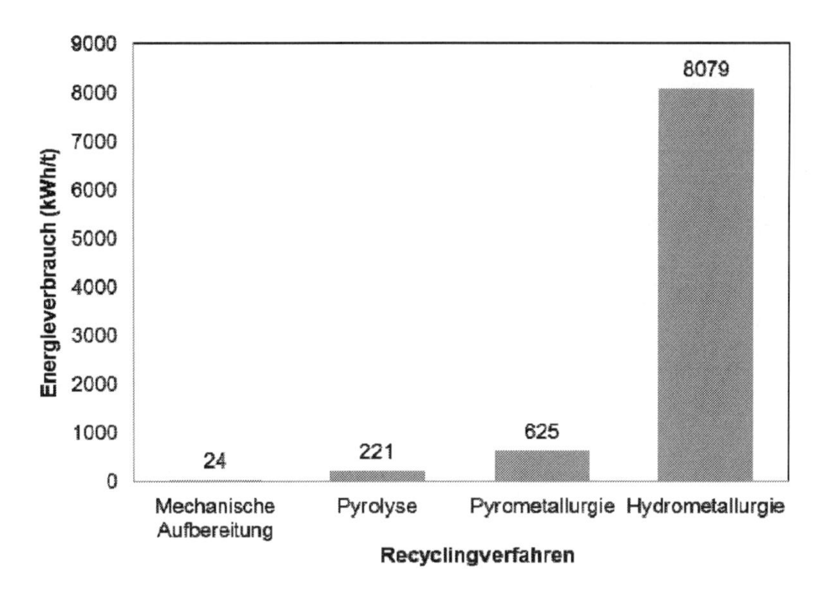

Abb. 10: Energieverbrauch der Grundoperationen

Der im Vergleich zu den anderen Grundoperationen sehr viel höhere Energieverbrauch der Hydrometallurgie zeigt sich konsequenterweise auch bei den kombinierten Verfahren. Entsprechend weisen all jene Verfahrenskombinationen, in denen ein hydrometallurgischer Prozess Anwendung findet, einen Energieverbrauch auf, der um ein Vielfaches höher liegt als der anderer Prozesskombinationen.

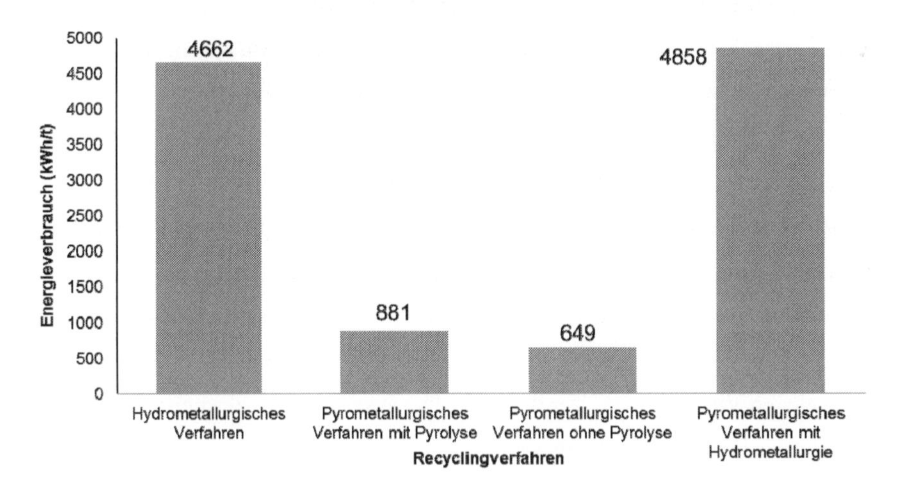

Abb. 11: Energieverbrauch der Verfahrenskombinationen

Die Menge der in den einzelnen Verfahren aufgebrachten Energie hat direkte Auswirkungen auf die Kosten des Verwertungsverfahrens. Folglich sind hydrometallurgische Verfahren bzw. Verfahren, in denen hydrometallurgische Prozesse angewendet werden, im Vergleich zu den anderen in diesem Rahmen betrachteten Technologien weitaus kostenintensiver, was sich in den zu entrichtenden Verwertungskosten niederschlägt. Aufwand bzw. Kosten müssen daher sorgfältig mit dem erbrachten Nutzen verglichen werden.

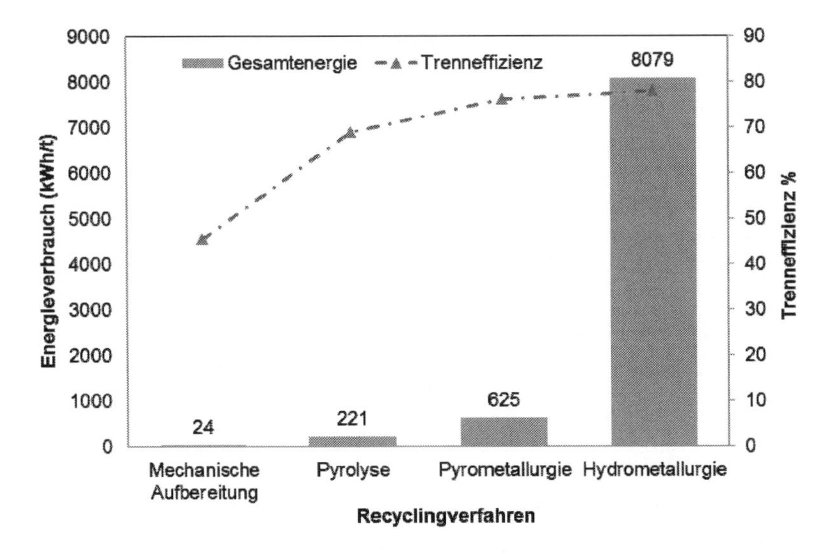

Abb. 12: Energieverbrauch und Trenneffizienz der Grundoperationen

Abbildung 4 zeigt das Verhältnis von Energieverbrauch (Aufwand) und Trenneffizienz (Nutzen) für die vier bewerteten Grundoperationen in einer Grafik. Die mechanische Aufbereitung als alleinstehender Verwertungsprozess weist den geringsten Energiebedarf auf, erbringt zugleich aber auch die niedrigste Trenneffizienz (46 %). Bei Betrachtung der Pyrolyse und der Pyrometallurgie ist festzustellen, dass bei Einbringung der neunfachen Energiemenge im Vergleich zur mechanischen Aufbereitung eine Erhöhung der Trenneffizienz von 46 % auf 69 % erreicht wird (+ 50 %). Mit einem 26-fachen Energieaufwand wird die Trenneffizienz auf 76 % erhöht (+ 65 %). Um eine geringfügige weitere Erhöhung der Trenneffizienz von 76 % auf 78 % (+ 3 %) zu erreichen, müsste von den ausgewählten Grundverfahren der hydrometallurgische Prozess angewendet werden. Dieser erfordert jedoch, wie bereits weiter oben dargestellt, die 13-fache Energiemenge im Vergleich zur Pyrometallurgie. Es ist somit ersichtlich, dass sich pyrolytische und pyrometallurgische Prozesse gut eignen, um mit einem vertretbar höheren Energieaufwand eine spürbare Verbesserung der Trenneffizienz zu erreichen. Die nur geringfügig bessere Trenneffizienz im Falle der Hydrometallurgie rechtfertigt hingegen nicht den notwendigen Einsatz unvergleichbar höherer Energiemengen.

Tabelle 4 stellt die wesentlichen Vor- und Nachteile der untersuchten Grundoperationen zusammenfassend dar.

Tabelle 4: Zusammenfassende Bewertung der Grundoperationen mit Vor- und Nachteilen

Verfahren	**Vorteile**	**Nachteile**
Mechanische Aufbereitung	+ gute Auftrennung bei kleinem Energieeinsatz + Gehäusebestandteile lassen sich sortenrein trennen und verkaufen + Massenstrom aus Kathoden- und Anodenmaterialien kann in Hydro- oder Pyrometallurgie weiterbehandelt werden + gute Kombinierbarkeit mit anderen Verfahren + aus energetischer Sicht kostengünstigstes Verfahren	- der aus flüssigen Elektrolyten bestehende Abfallstrom und dadurch entstehende Entsorgungskosten
	+ Elektrolyt wird zu Beginn verdampft + Kunststoffe werden reduziert + Metallstrom kann separiert werden + entstehendes Pyrolysegas kann zur Beheizung verwendet werden (Trommelbeheizung)	- aufwendige Abgasnachbehandlung durch teilweise sehr toxische Gase
Pyrometallurgie	+ Schmelzenstrom kann an Metallindustrie verkauft werden + Schlackenstrom kann als Baustoff eingesetzt werden + Elektrolyt wird verdampft und Kunststoffe verbrannt	- hoher Energiebedarf - hohe Energieverluste in Abgas und Umgebung - aufwendige Abgasnachbehandlung
Hydrometallurgie	+ hohe Reinheit der zu recycelnden Wertstoffe + „Closed-Loop" Prozess	- hoher Abwasserstrom - hoher Energieeinsatz zur Aufwärmung der Recyclingmasse - Zusatzkosten für Laugungs- und Fällungsmittel

Unter Berücksichtigung der erlangten Erkenntnisse für die Bewertungskriterien Energieverbrauch, Trenneffizienz, Toxizität und Emissionen/Umwelt wurden diese einzelnen Kategorien nach einem Punktesystem bewertet. Dabei wurde die jeweilige Bedeutung der einzelnen Kriterien in Bezug auf die Eignung der jeweiligen Verfahren für die Verwertung von Lithiumbatterien durch eine relative Gewichtung berücksichtigt. Die Ergebnisse sind in Tabelle 5 dargestellt. Da Energieverbrauch, Emissionen sowie die Rückgewinnung verwertbarer Metalle beim Batterierecycling den größten Beitrag zur Ökoeffizienz von Recyclingverfahren leisten [12]. sind insbesondere diese Kriterien bei der Bewertung berücksichtigt worden.

Tabelle 5: Bewertung der Grundoperationen nach Punktesystem

	Energieverbrauch (40 %)	**Trenneffizienz (25 %)**	**Toxizität (10 %)**	**Emissionen/Umwelt (25 %)**	**Gesamt (100 %)**
Mechanische Aufbereitung	+++	+/-	+/-	-	+
Pyrolyse	++	++	-	+/-	++
Pyrometallurgie	++	++	-	+/-	++
Hydrometallurgie	---	+++	--	--	-

Es zeigt sich, dass von den untersuchten Grundoperationen sowohl die Pyrolyse wie auch die Pyrometallurgie die gestellten Anforderungen am besten erfüllen. Diese Verfahren stellen einen Kompromiss zwischen Energiebedarf und geleisteter Trenneffizienz dar und ermöglichen somit eine Batterieverwertung, bei der Aufwand und Nutzen in einem gesunden ökonomisch-ökologischen Verhältnis zueinander stehen. Nachteilig wirkt sich bei diesen Verfahren die aufwendige Abgasnachbehandlung aus. Im Vergleich hierzu erhält die Hydrometallurgie trotz der hohen erzielten Trenneffizienz die schlechteste Gesamtbewertung. Der sehr hohe Energieaufwand sowie die entstehenden Zusatzkosten für Laugungs- und Fällungsmittel sind hierbei im Wesentlichen ausschlaggebend. Zudem wirkt sich der große Abwasserstrom negativ auf die Umweltverträglichkeit dieses Verfahrens aus.

Wegen der ebenfalls sehr positiven Eigenschaften der mechanischen Aufbereitung (z.B. gute Auftrennung bei geringem Energiebedarf, gute Kombinierbarkeit mit anderen Verfahren), bietet sich eine Kombination aus Pyrolyse mit vor- oder nachgeschalteter mechanischer Behandlung für die Verwertung von Lithiumaltbatterien ebenfalls gut an. So kann beispielsweise durch mechanische Vorbehandlung des Inputstroms ein Großteil der Kunststofffraktion, die während des pyrolytischen Prozesses verbrennen würde, zur separaten Verwertung abgetrennt werden. Ebenso können die bei der Pyrolyse entstehenden Inertmaterialien mechanisch weiterbehandelt und einer weiteren Aufbereitung zugeführt werden.

Es sei darauf hingewiesen, dass ein Prozess mit überstöchiometrischer Oxidation (Verbrennung) im Rahmen der durchgeführten Untersuchungen nicht betrachtet wurde. Da ein solches Verfahren jedoch technische und ökologische Vorteile gegenüber der Pyrolyse bieten kann, ist es empfehlenswert, diese Verfahrensvariante als Behandlungsprozess näher zu untersuchen.

Eine quantitative Bewertung der Trenneffizienz bei thermischen und pyrometallurgischen Verfahren sowie eine Untersuchung von physikalischen und chemischen Eigenschaften der entstehenden inerten Verbrennungsrückstände sind Gegenstand aktueller Untersuchungen.

4 Literatur

[1] Accurec Recycling GmbH, Verbundprojekt „Rückgewinnung der Rohstoffe aus Li-Ion Akkumulatoren“ Projekt bis 31.07.2007.

[2] Rinnhofer H., Ressourcen- und Energieefizienz in der Thermoprozesstechnik, Otto Junker, VDMA Maschinenbaukompetenz in NRW – Spitze in 2020, Neuss, 2010.

[3] Rong-Chi Wang, Yu-Chuan Lin, She-Huang Wu, A novel recovery process of metal values from the cathode active materials of the lithium-ion secondary batteries, Hydrometallurgy, 2009.

[4] Jianbo Wang, Mengjun Chen, Haiyan Chen, Ting Luo, Zhonghui Xu, Leaching study of spent Li-ion batteries, Procedia Environmental Sciences 16, 2012

[5] Stiftung GRS Batterien Gemeinsames Rücknahme System, Erfolgskontrollen 2002, 2003, 2004, 2005, 2006, 2007, 2008, 2009, 2010, 2011, 2012

[6] http://www.voltronic.de/index.php?option=com_content&view=article&id=45&Itemid=46&lang=en (17.04.13)

[7] http://www.saftbatteries.com/SAFT/UploadedFiles/PressOffice/2013/CP_06-13_de.pdf (17.04.13)

[8] Technische Universität Bergakademie Freiberg - Welt der Lithium-Batterien und Akkumulatoren

[9] http://www.unendlich-viel-energie.de/de/detailansicht/article/523/grafik-strompreis-in-deutschland-im-vergleich-2000-2012.html (14.06.2013)

[10] Stiftung GRS Batterien, 2013

[11] Bundesministerium der Justiz, Verordnung zur Durchführung des Batteriegesetzes vom 12. November 2009 (BGBl. I S. 3783)

[12] Meyhoff Frey, ERM Group Inc., "End-of-Life Evaluation of Portable Batteries", anlässlich EPBA Launch event, Brüssel, 19.09.2013

EINFLUSS DER ELEKTROMOBILITÄT AUF DIE RESSOURCENVERLAGERUNG IM LEBENSZYKLUS „AUTO“

A. Pehlken, S. Albach

Zentrum für Umwelt- und Nachhaltigkeitsforschung, Carl von Ossietzky Universität Oldenburg, Ammerländerheerstr. 114-118, 26129 Oldenburg, e-mail: alexandra.pehlken@uni-oldenburg.de

Keywords: Autorecycling, Ressourcen, Batterie, Lithium-Ion, kritische Metalle

1 Einleitung

Elektromobilität ist verbunden mit einem Wandel der Antriebstechnologie und daher auch unterschiedlichen Ressourcenbedarfen im Automobil der Zukunft. Da bislang nicht genügend Elektrofahrzeuge in der alltäglichen Nutzung im Einsatz sind, ist es schwierig das zukünftige Potential zum Ressourcenverbrauch, bzw. Ressourcenwiedergewinnung abzuschätzen. Außerdem ist festzustellen, dass der Materialeintrag von strategischen bzw. kritischen Metallen in der Autoproduktion im Vergleich zur Vergangenheit erheblich ansteigt. Elektrofahrzeuge und Hybridfahrzeuge bedingen aufgrund der Energiespeicher und der Antriebstechnologie neue End-of-Life Strategien. Zudem nähert sich die bislang bedeutendste Lebenszyklusphase der „Nutzung durch den Verbraucher“ an die Lebenszyklusphase „Produktion“ an. Der Verbraucher wird durch sein Fahrverhalten immer weniger Einfluss auf den gesamten Lebenszyklus nehmen. Im Gegensatz dazu werden in Zukunft mehr strategische Ressourcen im Automobil verlagert, die zum Teil in Konkurrenz zu anderen Technologien stehen. Mehr Augenmerk wird zukünftig auf die Produktion und das Recycling gelegt. Das Recycling wird zurzeit erschwert in der Vorhersage, da neue Recyclingverfahren noch entwickelt bzw. erprobt werden müssen. Viele Techniken sind noch nicht ausgereift, da bislang noch kein Markt für das Recycling von Elektro-, bzw. Hybridfahrzeugen vorhanden ist.

2 Stand der Technik

In den vergangenen Jahren erleben wir eine Wandlung der Automobiltechnik: weg vom herkömmlichen Verbrennungsmotor und hin zu alternativen Antrieben. In der breiten Öffentlichkeit sind diese Antriebstechnologien als „grüne“ Technologien bekannt, da sie augenscheinlich wenige Emissionen verursachen.

Allerdings ist es heutzutage eine große Herausforderung für Automobilhersteller ressourceneffizient zu produzieren. Rohstoffe sind am Rohstoffmarkt gleichen Schwankungen unterlegen wie

Aktien an der Aktienbörse. Um auch in Zukunft keine Engpässe für die Produktion zu unterliegen, werden in den Unternehmen Rohstoffstrategien aufgesetzt. Die neuen Antriebstechnologien bringen nun komplizierte Rohstoffbedarfe mit sich als ein Auto in den 1970er Jahren, das mehr oder weniger aus Stahl und Kunststoff bestand. Dazu gesellt sich auch, dass in Zukunft mehr strategische Ressourcen in der Automobilherstellung eingesetzt werden, bedingt durch die Verwendung spezieller Batterien oder den erhöhten Elektronikanteil im Auto.
Ein weiter Aspekt gesellt sich auch durch die zunehmende Rohstoffvielfalt im Auto immer komplizierter werdenden Recyclingtechnologien. Die vorgeschriebenen Recyclingquoten der „EU-ELV Directive" sehen im Jahr 2015 eine 95% Recyclingquote im Altauto vor, so dass neue Recyclingtechnologien entstehen werden müssen, die die neuen Antriebstechnologien einschließen.

2.1 Bestand Alternative Antriebe

Zu Beginn des Jahres 2012 hatten die alternativen Antriebe in Deutschland nur einen Anteil an dem gesamten Aufkommen an Antriebsarten (42.927.647 Autos) von knapp 1,4 % (584.253) [1], [2]. Innerhalb der alternativen Antriebsarten stellen die Flüssiggasfahrzeuge den größten Anteil dar, gefolgt von Erdgas und Hybrid. Ein verschwindend kleiner Anteil fällt derzeit noch auf die Elektrofahrzeuge, die weit unter einen Prozent am Gesamtfahrzeugaufkommen liegen. Die Abbildung 1 zeigt die Fahrzeugstatistik der alternativen Antriebe vom Stand Januar 2012 [2].

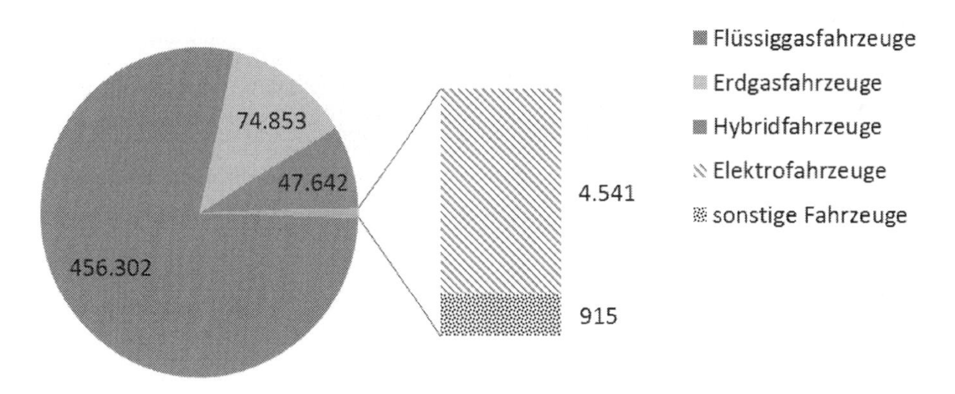

Abb. 1: Anteil alternative Fahrzeugantriebe (nach [1] und [2])

Bisherige Untersuchungen etablierter Forschungseinrichtungen haben sich bereits mit der Abschätzung der Technikentwicklung befasst und werden in diesem Fachartikel zitiert. Zum einen befasste sich das Arbeitspaket 7 des Forschungsvorhabens „OPTUM – Optimierung der Umweltentlastungspotenziale von Elektrofahrzeugen" mit der Ressourceneffizienz und den ressourcenpolitischen Aspekten des Systems Elektromobilität und zum anderen liefert der Trendbericht des Fraunhofer Institut für System und Innovationsforschung ISI eine Übersicht über die zukünftigen Schlüsseltechnologien für die Elektromobilität [3],[4]. Einig sind sich die Experten in einem Punkt alle: die Entwicklungen in der Elektromobilität sind unsicher exakt vorherzusagen. Gerade im Bereich der Batterietechnologie sind mehrere Faktoren ausschlaggebend und ebendies ist Gegenstand dieses Artikels.

Zu der bisherigen Antriebstechnik des herkömmlichen Verbrennungsmotors gesellen sich in Zukunft mehr und mehr alternative Antriebe. In dem Trendbericht vom Fraunhofer ISI [4] werden Prognosen zur Bestandsentwicklung miteinander verglichen und die angestrebte Zahl von 1 Million Elektrofahrzeuge in Deutschland im Jahr 2020 erscheint sehr optimistisch und Experten schätzen heutzutage eher eine niedrigere Zahl ab. Hybridfahrzeuge erhalten eine weitaus höhere optimistische Schätzung und werden eher zunehmen als die reinen batteriegetriebenen Elektrofahrzeuge. Dies kommt auch durch die höhere Akzeptanz des Nutzers für Hybridfahrzeuge im Vergleich mit batteriegetriebenen Elektrofahrzeugen.

2.2 Technologiewandel in der Elektromobilität

Die Antriebstechnologien werden sich in Zukunft wandeln und der herkömmliche Verbrennungsmotor bekommt mehr und mehr Konkurrenz. Dies wird Auswirkungen auf die Autoproduktion haben und auf das Autorecycling, da neue Komponenten auf dem Markt kommen. Nicht nur die Produktion wird sich daher verändern auch die Recyclingtechnologien müssen sich in Zukunft anpassen. Heute finden wir ein exzellentes Netzwerk in Deutschland zum Autorecycling vor und nahezu jedes Bauteil aus dem Auto kann der entsprechenden Recyclingtechnologie zugeführt werden. Somit sorgt ein Altauto zum Teil selbst dazu bei, dass Rohstoffe wieder zurückfließen. Im Sinne einer Kaskadennutzung können Bauteile entweder weiterverwendet oder werkstofflich recycelt werden und entlasten dadurch die Primärrohstoffgewinnung (siehe Abbildung 2). Mit jeder Nutzungsgeneration des Autos (Dauer in Deutschland etwa 12 Jahre) gelangen neue Rohstoffe in den Materialkreislauf: entweder als wiederverwendbare Bauteile oder als recycelter Rohstoff.

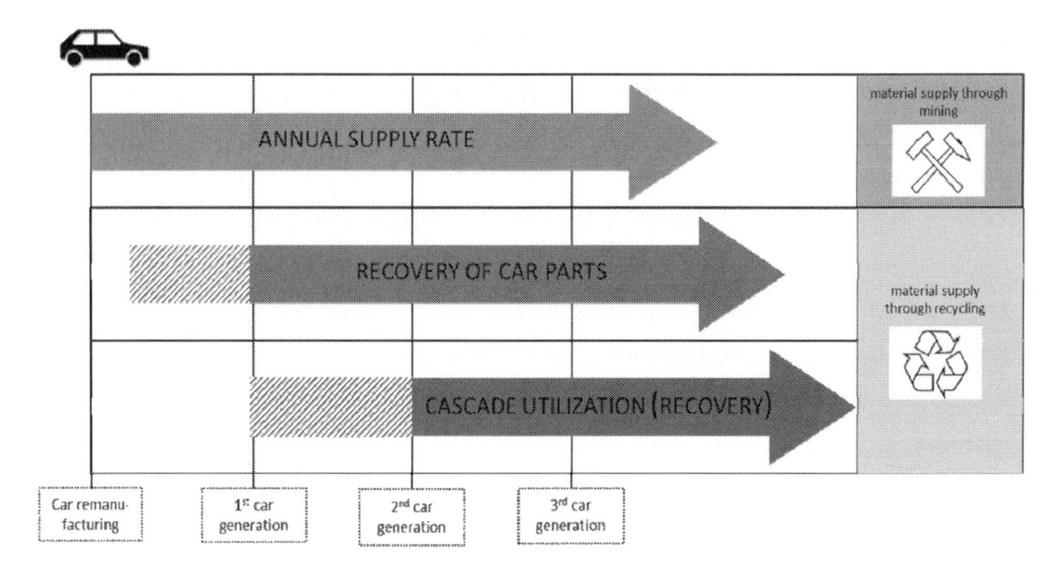

Abb. 2: Kaskadennutzung von Autoteilen aus Altautos

3 Untersuchung der Schlüsseltechnologien

Gegenstand der Untersuchungen in diesem Fachartikel sind die Unterscheidungen in die 3 Antriebstechnologien:

- Fahrzeug angetrieben mit herkömmlichen Verbrennungsmotor (internal combustion engine: ICE)
- Hybridfahrzeuge (Hybrid electric vehicle: HEV)
- Elektrofahrzeuge (Electric vehicle: EV)

Innerhalb der Hybridfahrzeuge kann auch noch in bis zu 6 Antriebstechnologien unterschieden werden, je nachdem welche Batterietechnologie in Kombination eingesetzt wird [5]. Dies wird hier jedoch nicht getrennt betrachtet.

3.1 Materialbedarf in der Elektromobilität

Beim Elektrofahrzeug werden einige klassische Bauteile des ICE-Fahrzeugs wegfallen, wie der Verbrennungsmotor selbst, das Getriebe, die Kupplung, die Tankanlage, die Abgasanlage (inkl. Katalysator!), der konventionelle Kühler und die Wasserpumpe [4]. Neuhinzukommende Komponenten werde hauptsächlich die Elektromaschine, die Batterie, sowie Batteriesystem und die Leistungselektronik betreffen [4]. Der dadurch wachsende Bedarf an Metallen ist in der OPTUM Studie schon ermittelt worden [3]. Der hohe Materialbedarf im Elektrofahrzeuge steht zudem in

Konkurrenz mit anderen Anwendungen (z.B. Windkraftanlagen). In der Elektromobilität können nach [3] folgende Elemente mit großer Priorität angegeben werden:

- **Neodym**
- **Praseodym**
- **Dysprosium**
- **Terbium**
- *Indium*
- **Gallium**
- *Germanium*
- *Gold*
- *Silber*
- *Kupfer*
- *Platin*
- *Palladium*
- *Ruthenium*
- **Lithium**
- **Kobalt**

Fett: Hoher Materialbedarf für die Elektromobilität
Kursiv: Geringer Materialbedarf für die Elektromobilität; Aber hohe Konkurrenz mit anderen Anwendungen (z.B. Indium auch in Photovoltaikanlagen)

In der nachfolgenden Abbildung 3 ist die aktuelle Relevanz der Metalle für die wesentlichen Komponenten (ausgenommen Batterie) der Elektromobilität dargestellt. Je nach Größe der dargestellten Kreise werden die prioritären Metalle entweder im Milligramm-, Gramm- oder gar im Kilogrammbereich in den einzelnen Komponenten eingesetzt. In schraffierter Darstellung sind die Größenordnungen der Metallmengen für Komponenten des konventionellen (ICE) Antriebsstrangs dargestellt.

Kein Eintrag ≙ Rohstoff nicht eingesetzt
• ≙ Einsatz im mg-Bereich je PKW
● ≙ Einsatz im g-Bereich je PKW
⬤ ≙ Einsatz im kg-Bereich je PKW

Schraffiert = Konventioneller Antriebsstrang

	Gold	Silber	Kupfer	Gallium	Indium	Germanium	Platin	Palladium	Ruthenium	Neodym	Praseodym	Dysprosium	Terbium
Elektro-Motor			⬤	•						●	●	●	●
Leistungselektronik	•	●	⬤	•	•	•		•					
Batterie / Kabel			⬤										
Brennstoffzellen-Komponenten (BZ-Systemmodul, -Stack, H2-Tank)			⬤	•			●			●	●	●	●
Standardverkabelung im Auto		● (schraffiert)	⬤ (schraffiert)										
Ladestation/säule inkl. Ladekabel		•	⬤	•	•	•							
Weitere Elektro-Anwendungen (Lenkung, Bremsen, Elektronik)			⬤ (schraffiert)										
ICE-Anwendungen (Katalysator, V-Motor, Licht-Maschine)			⬤ (schraffiert)				● (schraffiert)	● (schraffiert)					

Abb. 3: Übersicht der Komponenten und der Rohstoffbedarf ja Metall in 2010 [3]

Beim Elektromotor kann es erhebliche Schwankungen in den Materialbedarfen geben, je nachdem wie groß der Motor (kleine Ausführung (<50 kW) oder große Ausführung (>50 kW) möglich) ausgelegt ist. Favorisiert werden Elektromotoren mit Permanentmagneten des Typs Neodym-Eisen-Bor, mit einem durchschnittlichen Anteil von gut 30% Seltene Erden in der Legierung. Die Leistungselektronik dient der zentralen Steuerung der Elektroautos und steuert den Stromfluss von der Batterie zum Elektromotor, sowie den Stromfluss vom Rekuperator zur Batterie, als auch das Laden der Batterie mit Hilfe des Fremdstromes. Zukünftig werden: Galliumhalbleiter (GaN) für die Leistungselektronik eingesetzt, die traditionellen Metalle: schließen Palladium, Gold, Germanium und Indium ein [3].

Die OPTUM Studie kommt zu dem Schluss, dass vor allem im Bereich der Seltenen Erden (Dysprosium) ein Versorgungsengpass wahrscheinlich ist. Bei Gallium kann die Versorgung langfristig eng aussehen, während bei Indium und Germanium die Versorgung von den konkurrierenden Technologien abhängt und zum gegenwärtigen Zeitpunkt nicht abgeschätzt werden kann. Edelmetalle wie Silber, Gold, Palladium und Platin spielen in der Elektromobilität eine Rolle werden aber nicht als kritisch eingestuft [3].

3.2 Batterietechnologien

Aktuell werden in dem Fahrzeugsektor Nickel-Metallhybrid (NiMH) Batterien und Lithium Batterien eingesetzt. Während die Nickel-Metallhybrid Batterien in 95 % aller HEV zu finden sind, werden in den EV vorrangig die Lithium-Ion Batterien aber auch andere Batterien auf Lithium Basis (Lithium-Schwefel, Lithium-Eisenphosphat, Lithium–Ion Polymer, Lithium-Titanat) eingesetzt [5]. Vorteile der NiMH Batterien liegen vor allem auf der hohen Sicherheit gegenüber der Lithium Batterie. Andererseits sind die Lithium Batterien leistungsfähiger (höhere Energiedichte, höhere spezifische Energie) und bringen weniger Gewicht mit sich [6]. Allerdings gibt es bereits kritische Meinungen über den Kobaltbedarf in Zukunft, sollte sich die Lithium-Ion Batterie mit Kobalt-Anteil durchsetzen (Bestandteil der Kathode: $LiCoO_2$ [7]). Allerdings sind schon zahlreiche Forschungsentwicklungen erkennbar, die die Materialien der Kathode ersetzen, sodass in Zukunft auf Kobalt in größeren Mengen verzichtet werden kann.

Aber auch Lithium kann Versorgungsengpässe hervorrufen. Vikström et al [8] schätzen den Anteil von Lithium in einem EV auf 4 kg und bei Plug-in Hybridfahrzeugen auf 1,4 kg. Bei einem weltweiten Anstieg der alternativen Antriebe auf 100 Millionen Autos im Jahre 2050 werden die Lithium Reserven sehr bald aufgebraucht sein. Daher sind auch Batterietechnologien in der Entwicklung, die gänzlich ohne Lithium auskommen können (z.B. Zink-Luft) [6]. Keine der Technologien allerdings sind bisher in der Industriereife und daher muss zum derzeitigen Stand von der Standard Lithium-Ion Batterie mit Kobalt ausgegangen werden.

4 Diskussion

Eine Ressourcenverlagerung aufgrund der Elektromobilität wird im Auto definitiv stattfinden, wie es bereits durch verschiedene Studien etablierter Forschungseinrichtungen aufgezeigt wurde. Neue Recyclingtechnologien bzw. angepasste Recyclingkonzepte müssen aufgelegt werden um die Ressourcen im Kreislauf zu erhalten.

In Zukunft wird sich außerdem wahrscheinlich eine andere Batterietechnologie in Konkurrenz zu der aktuell im Elektroauto vorherrschenden Lithium-Ion Batterie durchsetzen. Welche Technologie sich allerdings durchsetzen wird ist noch ungewiss und daher sind auch die Vorhersagen mit großer Unsicherheit behaftet.

5 Literatur

[1] KBA – Kraftfahrzeugbundesamt (2011b) Fachartikel: Emissionen und Kraftstoffe, http://www.kbashop.de/csstore/KBA/pdf/Fachartikel_Emissionen_Kraftstoffe.pdf, Stand März 2011

[2] KBA – Kraftfahrzeugbundesamt, http://www.kba.de/cln_031/nn_1313060/SharedDocs/Publikationen/FZ/2012/fz13__2012__pdf,templateId=raw,property=publicationFile.pdf/fz13_2012_pdf.pdf, 2012

[3] M. Buchert, W. Jenseit, S. Dittrich, F. Hacker, E. Schüler-Hainsch, K. Ruhland, S. Knöfel, D. Goldmann, K. Rasenack, F. Treffer, „Ressourceneffizienz und ressourcenpolitische Aspekte des Systems Elektromobilität“, Arbeitspaket 7 des Forschungsvorhabens *OPTUM: Optimierung der Umweltentlastungspotenziale von Elektrofahrzeugen*, Abschlussbericht BMBF, 2011.

[4] A. Sauer, A. Thielmann, „Energiespeichermonitoring für die Elektromobilität (EMOTOR)“, Trendbericht BMBF, Förderkennzeichen 03X4616A, Fraunhofer ISI, Karlsruhe 2013

[5] S.F.Tie, C.W. Tan, „A review of energy sources and energy management system in electric vehicles”, *Renewable and Sustainable Energy Reviews 20* pp. 82-102, Elsevier 2013

[6] B.G. Pollet, I.Staffell, J.L.Shang, “Current status of hybrid, battery and fuel cell electric vehicles: From Electrochemistry to market prospects”, *Electrochemica Acta 84* pp. 235-249, Elsevier 2012

[7] C.M. Hayner, X. Zhao, H.H. Kung, “Materials for Rechargeable Lithium-Ion Batteries”, *Annual Review of Chemical and Biomolecular Engineering 3,* pp. 445-471, Annual Reviews 2012

[8] H. Vikström, S. Davidsson, M. Höök, “Lithium availability and future production outlooks”, *Applied Energy 110*, pp. 252-266, Elsevier 2013

PERMANENTMAGNETE IN DER FEINKORNAUFBEREITUNG VON ELEKTRO- UND ELEKTRONIKALTGERÄTEN

L. Westphal, Prof. Dr.-Ing. K. Kuchta, J. Hobohm

Abfallressourcenwirtschaft am Institut für Umwelttechnik und Energiewirtschaft, TU Hamburg, Harburger Schlossstraße 36, 21079 Hamburg, e-mail: luise.westphal@tuhh.de, kuchta@tuhh.de, julia.hobohm@tuhh.de

Keywords: Elektro- und Elektronikaltgeräte, WEEE, Recycling, Permanentmagnet, Neodym

1 Einleitung

In Deutschland werden rund 600,000 Mg Elektro(nik)altgeräte (EAG) über öffentliche Sammelstellen getrennt erfasst (ear 2013). Dieser Abfallstrom ist durch eine Vielzahl unterschiedlicher Geräte mit einer komplexen Materialzusammensetzung gekennzeichnet. Die Aufbereitung von EAGs umfasst im Wesentlichen das Zerkleinern, Klassieren und Sortieren in entsprechenden Aufbereitungsanlagen. Diese dienen einerseits der Abtrennung von Schad- und Störstoffe nach rechtlichen Vorgaben und andererseits der Separierung enthaltener Wertstoffe, um diese als Sekundärrohstoffe zurückgewinnen zu können. In Deutschland werden derzeit rund 300 zertifizierte Zerlegeinrichtungen zur Aufbereitung von EAGs betrieben (Destatis 2013). Hinsichtlich großstückiger und in hohen Anteilen eingesetzter Grundmetalle wie Eisen, Kupfer oder Aluminium sind die Recyclingwege weitestgehend erforscht und etabliert, sodass eine Kreislaufführung dieser Stoffe heute mit hohen Rückgewinnungsquoten möglich ist (Duwe 2009). Forschungsbedarf besteht jedoch noch für Metalle, welche in geringen Konzentrationen enthalten sind und nach heutigem Stand der Technik nicht zurück gewonnen werden können.

Dazu gehören die Seltenen Erden (SE) Neodym, Praseodym und Dysprosium, welche zur Produktion von hartmagnetischen Werkstoffen benötigt werden. Durch eine Legierung von Neodym-Eisen-Bor ($Nd_2Fe_{14}B$) werden die stärksten derzeit verfügbaren Permanentmagnete, mit Energiedichten zwischen 200 und 420 kJ/m³, gefertigt (Rodewald et al. 2004). Der Verbrauch der SE für die Produktion von Elektro- und Elektronikgeräten (EG) stellt einen wesentlichen Anteil an ihrem Gesamtverbrauch dar (Kuchta 2012). In kleinen leistungsstarken Elektrogeräten, wie z.B. Mobiltelefonen werden Permanentmagneten heute in großem Umfang zu Miniaturisierungszwecken eingesetzt, denn die hohe Energiedichte des Magneten ermöglicht kleinere Bauteile bzw. Geräte. Durch ihre speziellen Eigenschaften ermöglichen sie vielfältige Anwendungen und sind bis heute kaum substituierbar. Bereiche wie die Kommunikationstechnik, vielfältige Steuer und Regelverfahren, verschiedenartige Antriebe, die Messtechnik bis hin zur medizini-

schen Diagnostik sind ohne Magnetwerkstoffe kaum denkbar (Rodewald et al. 2004). Für die Zukunft wird ein weiter steigender Bedarf dieser Werkstoffe prognostiziert, welcher von der heutigen Produktion nicht mehr gedeckt werden kann (Kingsnorth 2012).
Bisher findet weder eine Erfassung, noch ein Recycling von Permanentmagneten aus EAGs statt. Permanentmagneten werden zwar massenhaft eingesetzt, durch die geringen Einsatzmengen wird eine manuelle Demontage und Entnahme der Magneten jedoch aufwendig, schwer umsetzbar und kaum wirtschaftlich. Eine Abtrennung des porösen, leicht korrodierbaren Magnetmaterials birgt technische Herausforderungen, da es in der mechanischen Aufbereitung stark verdünnt und in einer komplexen Materialmatrix vorliegt und durch Zerkleinerungsaggregate (z.B. Rotormühle) teilweise entmagnetisiert in die Staubfraktion übergeht oder an der Eisenfraktion anhaftet.
Im Rahmen einer Studie konnte der Neodym-Stofffluss in der Feinkornaufbereitung von EAGs an einer Praxisanlage nach dem heutigen Stand der Technik, ermittelt werden. Die Ergebnisse werden im Folgenden vorgestellt.

2 Materialien und Methoden

In Anlagen zur mechanischen Aufbereitung von Elektro(nik)altgeräten (EAG) werden Geräte der Sammelgruppe 3 (Informations- und Telekommunikationselektronik, Unterhaltungselektronik, z.B. Fernseher, Radios, Laptops) und der Sammelgruppe 5 (Haushaltkleingeräte, Sport- und Freizeitgeräte, Werkzeuge z.B. Staubsauer, Kaffeemaschinen, Rasenmäher) aufbereitet. Die übergreifende Zielesetzung ist, die komplexen Materialverbunde der EAGs aufzuschließen und durch trocken-mechanische Prozesse in wiederverwertbare Sekundärrohstoffe zu überführen. Die Vorzerkleinerung der EAGs in schnelllaufenden Hammer- oder Prallmühlen (sog. E-Schrott-Shreddern) dient dem Aufschluss der enthaltenen Wertstoffverbunde und der Erzeugung einer definierten Materialstückigkeit (Martens 2011, S. 17). Die vorzerkleinerten EAGs sind der Inputstrom für die weitere mechanische Aufbereitung, in denen das heterogene Materialgemisch in den nachgeschalteten Verfahrensstufen weiter aufgetrennt wird. Hierfür werden verschiedene Sortier- und Klassierungsverfahren genutzt, welche eine Materialtrennung aufgrund der physikalischen Eigenschaften ermöglichen.
In zwei Studien wurden jeweils die Grobkorn- und die Feinkornaufbereitung von EAGs getrennt betrachtet. Da hartmagnetische Werkstoffe in der Legierung Neodym-Eisen-Bor vorliegen, konnte durch die Bestimmung der Neodym-Konzentration in den Output-Strömen auf den Verbleib der hartmagnetischen Werkstoffe, in der mechanischen Aufbereitung von EAGs, geschlossen werden. In der Grobkornaufbereitung wurde durch einen Siebschritt bei 20 mm der Fein-

korn- vom Grobkornanteil getrennt und anschließend in eine Feinkornaufbereitung weiter in vermarktungsfähige Fraktionen separiert.

In der Studie „Herausforderungen in der mechanischen Aufbereitung im Hinblick auf die Rückgewinnung von kritischen Metallen“ von Hobohm und Kose (2013) wurde die Aufbereitung der Grobkornfraktion (>20 mm) untersucht. Die Ergebnisse für die Neodym-Konzentrationen, in den Endfraktionen, sind in Tabelle 1 zusammengefasst. Die höchste Neodym-Konzentration von 330 mg/kg wurde in der Feinkornfraktion festgestellt. Ausgehend von den Gewichtsanteilen der Endfraktionen befinden sich 45 Gew.-% des Neodyms in der Feinfraktion, 29 Gew.-% in der Eisenfraktion und 22 Gew.-% in der Buntmetallfraktion.

Tabelle 1: Neodym-Konzentration in den Output-Strömen der Grobkornaufbereitung (Hobohm und Kose 2013).

Eisen-Fraktion	Feinfraktion	Platinen (+Buntmetalle)	Aluminium-Fraktion	Buntmetall (+Platinen)	Kunststoff-Fraktion
Anteile der Endfraktionen in der Grobkornaufbereitung in Gew.- %					
35,00	17,50	0,75	6,75	17,50	20,00
Neodym-Konzentration in den Endfraktionen in mg/kg					
107	330	7	0	164	23
Neodym-Anteil in den Endfraktionen in Gew.-%					
29,1	44,9	0,04	0	22,3	3,6

In der Studie „Untersuchung des Feinkornanteils der mechanischen Aufbereitung von Elektro(nik)altgeräten“ von Westphal und Küfner (2013) wurden die Neodym-Konzentrationen in den Endfraktionen der Feinkornaufbereitung untersucht. Diese soll im Folgenden vorgestellt werden.

2.1 Vorgehensweise

Die Abtrennung der Feinkornfraktion erfolgte durch eine Siebstufe (20 mm), um den optimalen Korngrößenbereich für die nachgeschalteten Sortierverfahren herzustellen. Es wurde eine Probe der Feinkornfraktion von 130,3 kg aus der Endfraktion der Grobkornaufbereitung entnommen und durch verschiedene Trennverfahren in sieben Einzelfraktionen separiert. Die Aufbereitung der Feinfraktionen wurde in einer Praxisanlage zum Recycling von EAGs durchgeführt. In Abbildung 1 ist das Anlagenfließbild der Feinkornaufbereitung dargestellt.

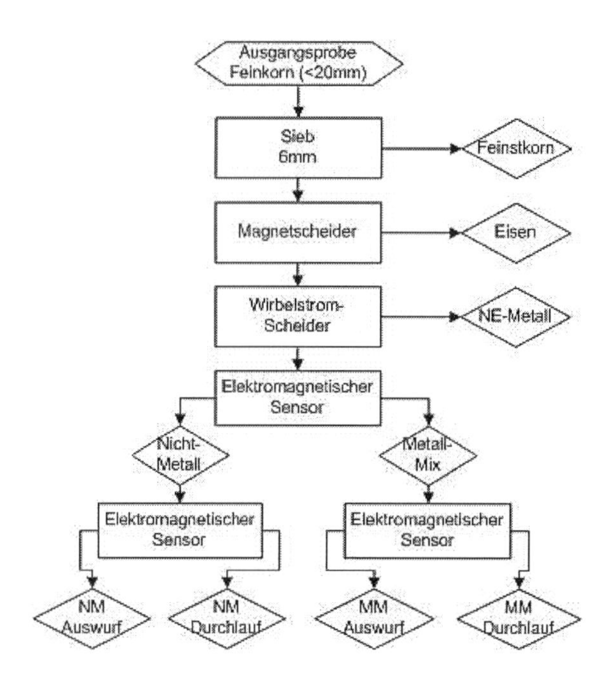

Abb. 1: Anlagenfließbild Feinkornaufbereitung (NM – Nicht Metall; MM – Metall Mix).

Die Ausgangsprobe wurde zuerst über ein Linearschwingsieb gefördert, welches eine Feinstfraktion mit einer Korngröße von d < 6 mm im Siebunterlauf abtrennte. Diese Feinstfraktion kann nach heutigem Stand der Technik in der Regel nicht stofflich verwertet werden.

Der Siebüberlauf wurde anschließend auf einen Magnetscheider gegeben, welcher eine Eisenfraktion abtrennte. Das Material, welches den Magnetscheider durchlief, wurde danach über einen Wirbelstromscheider geführt. In diesem wurde eine Nicht-Eisen (NE)-Fraktion abgetrennt.

Zurück bleibt eine Mischfraktion, welche aus Kunststoffen und Restanteilen an Buntmetallen, Platinen, Aluminium und Eisen besteht. Diese wird weiterhin durch sensorgestützte Sortierung in eine Nichtmetall (NM)-Fraktion und eine Metallmix (MM)-Fraktion getrennt. Dieser Sortierschritt wurde durch eine Leitfähigkeitsmessung über einen elektromagnetischen Sensor verbunden mit einer Farbzeilenkamera zur optischen Bildverarbeitung, durchgeführt, durch welchen Metallfraktionen aus Mischfraktionen gewonnen werden können. Die Mischfraktion wurde mit dem elektromagnetischen Sensor in einen *Durchlauf*[1] und *Auswurf*[2] bzw. eine NM-Fraktion und eine MM-Fraktion getrennt. Diese beiden Misch-Fraktionen wurden anschließend noch einmal getrennt aufgegeben. So wurde die NM-Fraktion des ersten Durchlaufs in NM-*Auswurf* und NM-

---

[1] Alle Bestandteile des Input-Materialstromes, die nicht aussortiert werden sollen, durchlaufen diesen unverändert und landen im sogenannten Durchlauf.

[2] Alle Bestandteile des Input-Materialstromes, die durch den Sensor erkannt werden, können durch Luftdüsen erfasst und in einem separaten Output-Materialstrom ausgeworfen werden. Dieser wird Durchlauf genannt.

Durchlauf getrennt. Aus der MM-Fraktion des ersten Durchlaufs wurden die Fraktionen MM-*Auswurf* und MM-*Durchlauf* gewonnen

3 Ergebnisse

Zur Analyse wurde eine Probe von 130,3 kg aus der Grobkornaufbereitung entnommen und durch eine anschließende Feinkornaufbereitung in sieben Endfraktionen getrennt (siehe Tab. 2). Um die Neodym-Gehalte in den Endfraktionen untersuchen zu können, wurden gemäß der (LAGA 2009), sieben Laborproben mit einem Probenvolumen von zwei Liter für eine angemessene Charakterisierung entnommen.

Tab. 1: Endfraktionen der Sortierung

Bezeichnung	Masse ($m_{Fraktion}$) in [kg]	Fraktionen-Anteil in [Gew%]	Neodym-Konzentration in [mg/kg]	Neodym-Anteil pro Fraktion in [%]
	Sieb			
Feinstkornfraktion	25,6	19,6	1170	63,3
	Magnet-Scheider			
Eisen-Fraktion	3,2	2,5	417	3,8
	Wirbelstrom-Scheider			
Nichteisen-Fraktion	6,0	4,6	585	5,3
	Sensorgestützte Sortierung			
Nicht-Metall Drop	70,5	54,1	0	0
Nicht-Metall Eject	3,9	3	0	0
Metall-Mix Drop	9,6	7,4	606	12,3
Metall-Mix Eject	11,5	8,8	634	15,4
Gesamt	**130,3**	**100**	**330**	**100**

Gemäß der (LAGA 2009) Gemäß der (LAGA 2009) Gemäß der (LAGA 2009)

Zur Vorbereitung der Proben für die chemische Analyse und Messung der Neodym-Konzentration mit einem Flammen-Atomabsorptionsspektrometer (F-AAS), wurden die Proben mittels wiederholter Vierteilung gemäß der LAGA (2009) soweit verjüngt, bis eine für die Analyse ausreichende Menge erreicht wurde. Zur Homogenisierung der Proben für den chemischen

Aufschluss wurden die aliquotierten Proben mit Hilfe einer Schneidmühle auf eine Korngröße von d = 0,2 mm feingemahlen.
Jede Fraktion wurde dreifach mit Königswasser (HNO_3:HNO = 3:1) aufgeschlossen. Zum Aufschluss wurde ca. 1 g gemahlene Probe in einen Mikrowellenbehälter eingewogen, Königswasser dazu pipettiert und einem Mikrowellenaufschluss unterzogen. Anschließend folgten eine Filtration und eine Verdünnung mit vollentsalztem Wasser zu 50 mL.
Die Ergebnisse der Analyse sind ebenfalls in Tabelle 1 dargestellt.

4 Diskussion

Neodym ist hauptsächlich als Legierung von Neodym-Eisen-Bor ($Nd_2Fe_{14}B$) in Form von hartmagnetischen Werkstoffen in den Fraktionen der mechanischen Aufbereitung von EAGs zu finden. Charakteristisch für hartmagnetische Werkstoffe ist das poröse Material, welches durch die Zerkleinerungskräfte im Shredder schnell zerbricht und teilweise entmagnetisiert wird. Anhand eines Praxisbeispiels wurden die Endfraktionen, der mechanischen Aufbereitung von EAGs, getrennt in Grob- und Feinkornaufbereitung, hinsichtlich ihrer Neodym-Konzentration, in zwei Studien untersucht. Nachdem in der Studie von Hobohm und Kose (2013) die Feinfraktion (<20 mm) mit rund 330 mg/kg die höchste Neodym-Konzentration in der Grobkornaufbereitung aufwies, wurde die Feinkornaufbereitung in einer zweiten Studie weithergehend untersucht.
Die Feinkornfraktion wurde in einer Feinkornaufbereitung nach Stand der Technik in sieben Fraktionen separiert. Der Anteil kleiner 6 mm wurde als Feinstfraktion durch einen Siebschritt abgetrennt und enthielt rund 63 Gew-% des Neodyms. Damit kann von einer Aufkonzentrierung der hartmagnetischen Werkstoffe in den Feinstfraktionen ausgegangen werden. In diesem Beispiel betrug die Konzentration 330 mg/kg in der Feinfraktion und 1170 mg/kg in der Feinstfraktion.
Auffällig ist, dass die Neodym-Konzentration in der Eisenfraktion mit rund 420 mg/kg in der Feinkornaufbereitung geringer ist, als in der NE-Fraktion sowie dem Metall-Mix mit einer Neodym-Konzentration von rund 600 mg/kg. In der Nicht-Metall-Fraktion, welche hauptsächlich aus Kunststoffen bestand, konnte hingegen kein Neodym gemessen werden.
In der Grobkornaufbereitung wurden 35 Gew-% des EAG-Inputs als eisenhaltige Werkstoffe mit der Eisenfraktion abgetrennt und damit 29,1 Gew-% des insgesamt vorhanden Neodyms. In der Feinfraktionen wurden durch den Magnetscheider nur noch 2,5 Gew-% des Inputs bzw. der Feinkornfraktion als Eisen abgetrennt.
Weiterhin gilt es zu prüfen ob die hartmagnetischen Neodym-Legierungen sich als feine Körner an anderen metallischen Materialien anhaften und mitgeführt werden.

Mit den Ergebnissen konnte die These für den Verbleib der hartmagnetischen Werkstoffe ($Nd_2Fe_{14}B$-Legierung) in den Feinkorn- und Eisenfraktionen bestätigt werden. Können die SE aus diesen Fraktionen über ihre magnetischen Eigenschaften angereichert werden, erscheint eine Rückgewinnung über nachgeschaltete metallurgische Prozesse realistisch.

5 Literatur

[1.] Destatis, Abfallentsorgung 2011. Hg. v. Statistisches Bundesamt (Destatis). Wiesbaden (Fachserie 19 Reihe 1), 2013. Zuletzt aktualisiert am 05.07.2011, zuletzt geprüft am 19.11.2013.

[2.] Duwe, Christian; Goldmann, Daniel, Stand der Forschung zur Aufbereitung von Shredder-Sanden. In: Karl J. Thomé-Kozmiensky und Daniel Goldmann (Hg.): Recycling und Rohstoffe, Bd. 5. Neuruppin: TK, S. 495–506., 2009

[3.] ear, Jahres-Statistik-Meldung. 2012. Hg. v. Stiftung Elektro-Altgeräte Register. Fürth, 2013. Online verfügbar unter http://www.stiftung-ear.de/service_und_aktuelles/kennzahlen/jahres_statistik_meldung, zuletzt geprüft am 19.11.2013.

[4.] Hobohm, Julia; Kose, Janke, Herausforderungen in der mechanischen Aufbereitung im Hinblick auf die Rückgewinnung von kritischen Metallen. Ein praxis Beispiel. Projektarbeit. Technische Universität Hamburg Harburg, Hamburg. Abfallressourcenwirtschaft am Institut für Umwelttechnik und Energiewirtschaft, 2013.

[5.] Kingsnorth, Dudley J., The global rare earth industry: a delicate balancing act. Industrial Minerals Company of Australia Pty Ltd (IMCA). Deutsche Rohstoffagentur (DERA). Berlin, 16.04 / 2012.

[6.] Kuchta, Kerstin, Elektroschrott - die Rohstoffreserve der Zukunft! In: Arnd I. Urban und Gerhard Halm (Hg.): Herausforderungen an eine neue Kreislaufwirtschaft. Kassel: Kassel Univ. Press (Schriftenreihe des Fachgebiets Abfalltechnik, 15), S. 63–77, 2012.

[7.] LAGA, Anforderung zur Entsorgung von Elektro- und Elektronik-Altgeräten. Mitteilung der Bund/Länder-Arbeitsgemeinschaft Abfall (LAGA) 31, 2009.

[8.] Martens, Hans, Recyclingtechnik. Fachbuch für Lehre und Praxis. Heidelberg: Springer; Spektrum, Akad. Verl., 2011.

[9.] Rodewald, Werner; Katter, Matthias; Reppel, Georg W., Fortschritte bei pulvermetallurgisch hergestellten Neodym-Eisen-Bor Magneten. Hg. v. Vacuumschmelze GmbH & Co. KG. Hanau, 2004.

[10.] Westphal, Luise; Küfner, Felix, Edelmetalle in den Fraktionen der mechanischen Aufbereitung von Elektro- und Elektronikaltgeräten. Untersuchung des Feinkornanteils. Projektarbeit. Technische Universität Hamburg Harburg, Hamburg. Abfallressourcenwirtschaft am Institut für Umwelttechnik und Energiewirtschaft, 2013.

DYNAMISCHE STOFFSTROMMODELLIERUNG VON INDUSTRIEMETALLEN AM BEISPIEL EINES GLOBALEN UND EUROPÄISCHEN KUPFERMODELLS

S. Glöser[1], M. Soulier[1], L. Tercero Espinoza[1], M. Faulstich[2], D. Goldmann[3]

[1] Fraunhofer ISI, Breslauerstr. 48, D-76139 Karlsruhe, E-mail: simon.gloeser@isi.fraunhofer.de

[2] CUTEC Institut an der TU Clausthal, D-38678 Clausthal-Zellerfeld

[3] Lehrstuhl für Rohstoffaufbereitung und Recycling der TU Clausthal, D-38678 Clausthal-Zellerfeld

Keywords: Kupferkreislauf, Kreislaufmodell, dynamische Stoffstrommodellierung, Recyclingquoten, anthropogene Lagerstätten

1 Einleitung

Vor dem Hintergrund eines stetig steigenden Ressourcenverbrauchs der Menschheit und die damit verbundene Umweltbelastung auf der einen Seite, aber auch die zunehmende Konkurrenz um den Rohstoffzugang auf der anderen Seite, gewinnen ganzheitliche Betrachtungen der im industriellen Produktionsprozess eingesetzten Materialen zunehmend an Bedeutung. Die oftmals unter dem Begriff „Industrial Ecology" zusammengefassten ganzheitlichen Ansätze tragen erheblich zur Transparenz der Ressourceneffizienz und zur Quantifizierung von Verbesserungspotenzialen in der Rohstoffnutzung bei, insbesondere bei Metallen die über ihren gesamten Lebenszyklus - –von der Rohstoffgewinnung, über die Verarbeitung bis hin zum Einsatz in Produkten und der anschließenden Beseitigung bzw. Wiederverwertung– in ihrer elementaren Form erhalten bleiben. Hauptergebnisse ganzheitlicher Materialflussanalysen sind u.a. Bestandsmengen aktuell verwendeten Materials, anthropogene Lagerstätten in Form von Deponien oder Halden, jährliche Stoffströme wie z.B. Verwendungsmengen in verschiedenen Industriesektoren, aber auch Produktions- und EoL-Abfallströme sowie deren Wiederverwendungsquoten.

Ein wichtiges Werkzeug der Industrial Ecology ist die Stoffstromanalyse, welche als eine spezielle Ausprägung der breiter gefassten Materialflussanalyse gesehen werden kann. Während bei Materialflussanalysen das betrachtete System, z.B. ein Unternehmen oder eine geographische Region, festgelegt ist und die darin vorkommenden Materialflüsse analysiert werden, konzentrieren sich Stoffstromanalysen auf eine bestimmte Substanz die über verschiedene Wertschöpfungsstufen hinweg verfolgt wird [1].

Im folgenden Beitrag wird ein in sich geschlossenes, dynamisches, globales Kupfermodell vorgestellt, das auf Produktionsdaten der vergangenen 100 Jahre basiert und in enger Zusammenarbeit mit dem internationalen Kupferverband (**I**nternational **C**opper **A**ssociation) entwickelt wurde. Schwerpunkt des Modells ist die Quantifizierung von Kupfer in globalen Abfallströmen sowie die Analyse der globalen Recyclingeffizienz von Kupfer. In einem weiteren Projektschritt wird das globale Modell in ein europäisches (EU27) Teilmodell und ein Modell für den Rest der Welt aufgeteilt, wobei beide Teilmodelle mit Handelsströmen in jeder Stufe der Wertschöpfungskette verbunden wurden. Somit soll eine separate Betrachtung des europäischen Kupferkreislaufes ermöglicht werden.

2 Methodische Grundlagen der Stoffstrommodellierung

2.1 Kategorisierung und Notwendigkeit/Vorteile dynamischer Stoffstrommodelle

Grundsätzlich ist die Unterteilung von Stoffstromanalysen in Modellform anhand verschiedener Kategorien möglich, z.B. wie in Abb. 1 dargestellt nach zeitlicher Betrachtung, geographischer Abdeckung oder Modellmethodik. Darüber hinaus wäre auch eine Datendimension denkbar, die zwischen einer Bottom-Up Aggregation von Rohstoffgehalten einzelner Anwendungen bzw. einer Top-Down Verteilung der Rohstoffproduktion auf einzelne Verwendungsbereiche unterscheidet [2].

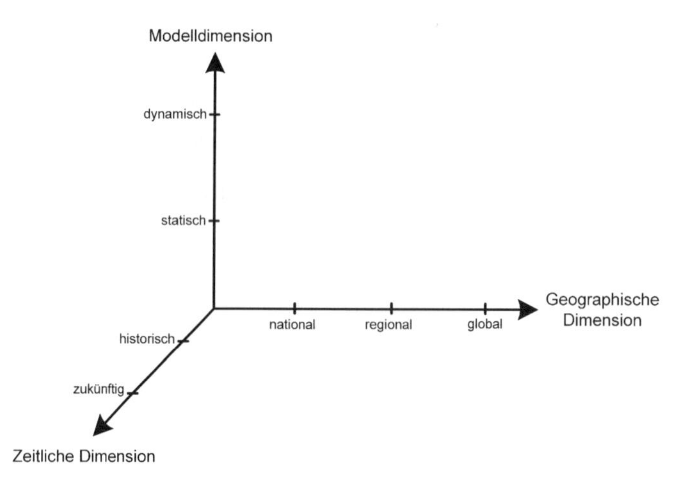

Abb. 1: Mögliche Kategorisierungen von Rohstoff-Kreislaufmodellen

Von besonderem Interesse ist die Kategorisierung nach Modellmethodik, d.h. die Unterscheidung zwischen statischer und dynamischer Vorgehensweise. Statische Modelle betrachten in der Regel die Stoffströme und Bestände eines Referenzjahres, während sich dynamische Modelle auf einen Zeitraum beziehen der in kleinere Zeitabschnitte – meist in Jahre – unterteilt wird. Dabei waren statische Modelle in der Literatur bisher deutlich überrepräsentiert (siehe Tabelle 1). Der

Grund dafür liegt im ungleich höheren Aufwand der Modellierung sowie am großen Umfang der benötigten Inputdaten bei dynamischen Ansätzen. Generell gilt, je besser die Datenlage umso eher ist ein dynamisches Modell in Betracht zu ziehen.

Tabelle 1: Kategorisierung existierender Kreislaufmodelle nach [3]

Modelldimension	Global	Regional	National	Summe
Statisch	47	105	791	**943**
Dynamisch	9	7	60	**76**
Summe	**56**	**112**	**851**	**1019**

Gegenüber statischen Modellen weist der dynamische Ansatz eine Reihe von Vorteilen auf: Da sämtliche Jahre innerhalb des betrachteten Zeitraums herangezogen und verglichen werden können sinkt die Wahrscheinlichkeit dass Einmaleffekte, die bei nur einem Referenzjahr eventuell unentdeckt bleiben, die Modellergebnisse verfälschen. Weiterhin ermöglichen dynamische Modelle zeitabhängige Entwicklungen wie z.B. Materialakkumulationen zu berechnen und zu beobachten, die mit einem statischen Modell so nicht erkennbar sind [4]. Vorteilhaft ist weiterhin dass die Massenbilanzen auch über die Zeit geschlossen sein müssen, wodurch Inkonsistenzen von Inputdaten oder Modellparametern eher erkannt werden. Dadurch können Unsicherheiten verringert und die Modellqualität gesteigert werden.

2.2 System Dynamics als Tool zur flexiblen Stoffstromanalyse und Kreislaumodellierung

Zur Modellierung von Stoffkreisläufen hat sich am Fraunhofer ISI der System Dynamics Ansatz bewährt. Hierbei handelt es sich um eine ursprünglich für volkswirtschaftliche Fragestellungen konzipierte Methode, die wiederum von der Regelungstechnik aus dem technischen Bereich beeinflusst wurde, und auf der Idee basiert einzelne Flüsse und Bestände eines Systems nicht separat zu betrachten sondern als Teil eines Gesamtsystems. Besondere Aufmerksamkeit wird dabei auf die Beziehungen zwischen den Elementen gelegt, die von gegenseitigen Abhängigkeiten, Beeinflussungen und Wechselwirkungen geprägt sind. Dies ist für die Modellierung von Stoffströmen von Vorteil da auch hier ein Gesamtsystem betrachtet wird, das sich aus einzelnen, in Wechselwirkung zueinander stehenden Elementen zusammensetzt. So lässt sich beispielsweise der Einsatz von Recyclingmaterial automatisch als Differenz zwischen Primärerzeugung und Halbzeugproduktion berechnen. Außerdem sind Modelle die mithilfe einer System Dynamics Software erstellt wurden sehr variabel und vielseitig erweiterbar, sodass ein modulares Vorgehen bei der Modellentwicklung möglich wird. Durch ihre graphische Oberfläche ermöglicht die

Software darüber hinaus eine intuitive Darstellung der Systemelemente und ihrer Zusammenhänge [5].

2.3 Modellstruktur und Inputdaten für das globale Kupfer-Modell

Das globale Kupfermodell basiert auf Produktionsdaten des vergangenen Jahrhunderts (1910-2011). Die wichtigsten Inputdaten sind dabei die globale Minenproduktion, die Raffinadeproduktion sowie die Halbzeugherstellung (vgl. Abb. 1). Weiterhin wird das Modell wie in Abb. 3 gezeigt, von einem Datensatz der International Copper Association (ICA) gespeist, der die Halbzeuge den jeweiligen Endanwendungen zuweist. Zusätzlich waren Annahmen über Produktionseffizienzen zur Abschätzung des Aufkommens von Produktions- bzw. Neuschrotten in den jeweiligen Verarbeitungsbereichen der Halbzeuge, sowie Annahmen zu Produkt-lebensdauern zur Simulation der obsoleten Materialflüsse nötig [6].

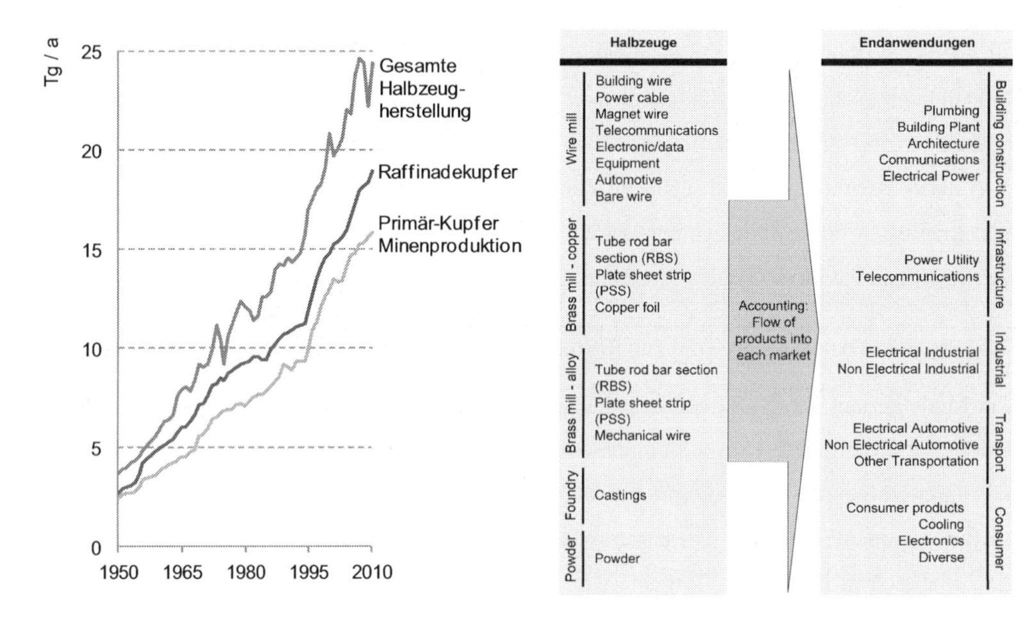

Abb. 2: Input globale Kupferströme *Abb. 3:Input ICA*

Im Gegensatz zu anderen Industriemetallen wie Aluminium oder Stahl hat der Kupferkreislauf die Besonderheit, dass die Schrotte zur Halbzeugherstellung sowohl direkt eingeschmolzen werden als auch nochmals den Raffinationsprozess bis hin zur Elektrolyse durchlaufen, um verunreinigte Schrotte zu hochreinen Kupferkathoden zu verarbeiten. Dabei werden die hochwertigen reinen Kupfer- und Legierungsschrotte zur Barren- und Halbzeugherstellung meist direkt wieder eingeschmolzen (wie bei Aluminium und Stahl), während die weniger reinen Schrotte insbesondere aus dem Elektronikbereich (teilweise zusammen mit Kupferkonzentraten Primärmaterial), teilweise separat in einer Prozessfolge aus Schachtofen, Konverter und Anodenofen zunächst zu Anodenmaterial verarbeitet werden, aus welchem anschließend elektrolytisch hochreines Kupfer gewonnen wird.

Abb. 4 zeigt die Struktur des globalen Kupfermodells, wie es in die Simulationssoftware ‚Vensim[1]' implementiert wurde. Die obsoleten Anwendungen werden nach Ablauf der Lebensdauer zunächst 6 verschiedenen Schrottarten zugeordnet, die dann mit unterschiedlichen technischen Effizienzen aufbereitet werden. Das Modell ist so konzipiert, dass sich zu jedem Zeitpunkt eine geschlossene Massenbilanz ergibt. Dies wird durch eine Anpassung der jährlichen Sammelquote für obsolete Produkte in Abhängigkeit der Produktionsmenge an Sekundärkupfer erreicht (vgl. Abschnitt 2.4).

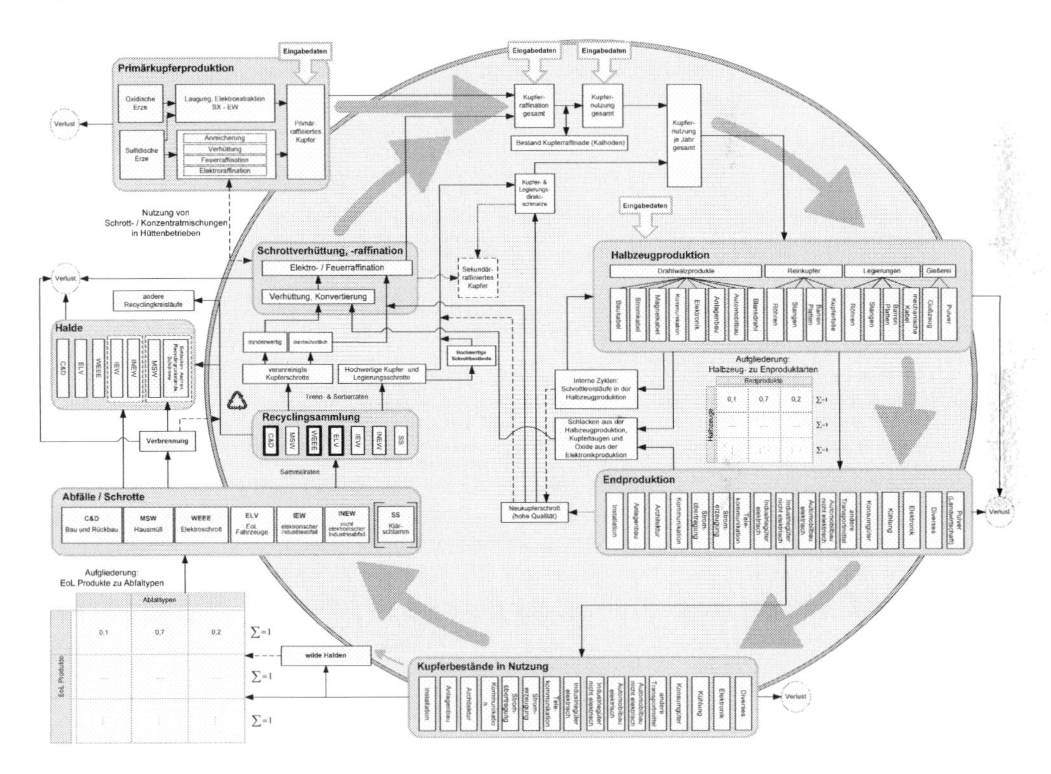

Abb. 4: Modellstruktur des globalen Kupfermodells

2.4 Modellierung mit Lebensdauerverteilungen und Berechnung der Sammelquote

Zentrales Element der dynamischen Kreislaufmodellierung ist die Simulation der Materialflüsse über die Produktlebensdauern. Die methodische Umsetzung der Simulation von Produktlebenszyklen für das Kupfermodell ist in Abb. 5 dargestellt. Da die Verfügbarkeit von Informationen

---

[1] Simulationssoftware von Ventana Systems Inc. zur systemdynamischen Modellierung, siehe www.vensim.com

über Lebensdauerverteilungen einzelner Anwendungen in der Literatur eher gering ist, wurden Gaußsche Normalverteilungen mit durchschnittlichen Lebensdauern aus der Literatur verwendet [6].

Wie bereits erwähnt, wird die Sammelquote (EoL CR) der unterschiedlichen Schrottarten zur Sicherung einer geschlossenen Massenbilanz als Funktion der jährlichen Produktionsdaten berechnet. Dieses Prinzip ist vereinfacht in Abb. 6 dargestellt. Das Modell unterscheidet 6 verschiedene Schrottarten, sowie die Möglichkeit des direkten Einschmelzens von Altschrotten oder den Weg durch die Raffination und Elektrolyse zu Kathodenkupfer, was die Berechnung der Sammelquoten umfangreicher gestaltet [5]. Das grundlegende Prinzip bleibt aber identisch zu Abb. 6.

Auch für das Europäische Teilmodell, welches zusätzlich Handelsströme in jeder Stufe der Wertschöpfung berücksichtigt, basiert auf den in Abb. 6 erläuterten Methoden.

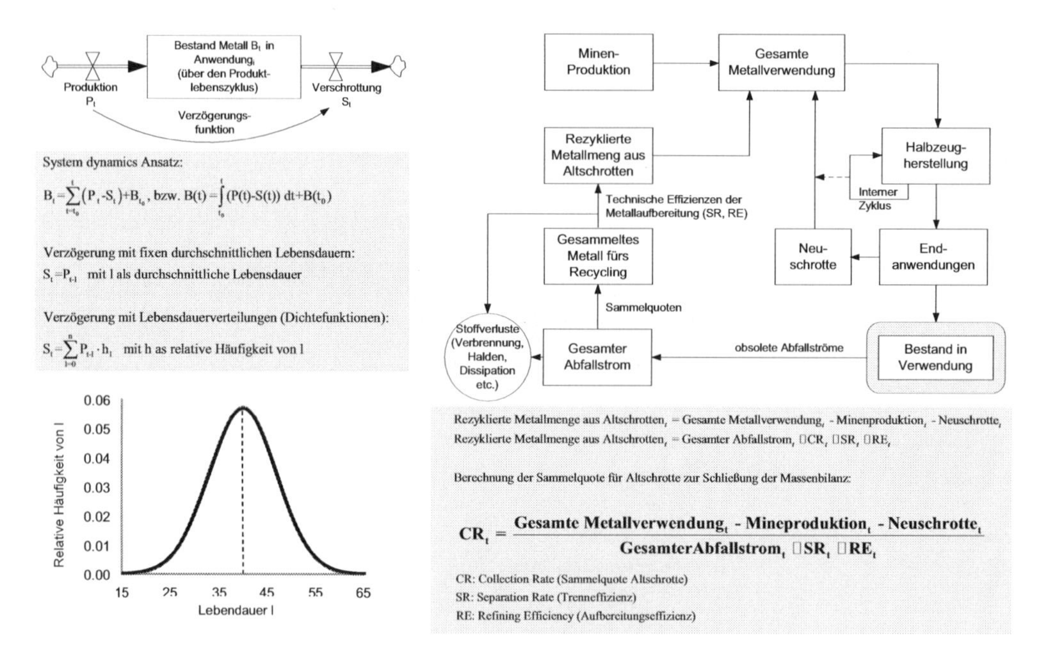

Abb. 5: Lebensdauer

Abb. 6: Berechnung der Sammelquote

2.5 Zerlegung des globalen Modells in ein europäisches Teilmodell und den Rest der Welt

Ausgehend vom globalen Kupferflussmodell soll nun ein regionales Modell auf EU 27 Ebene erstellt werden, das detailliertere Analysen erlaubt und bei der Identifizierung möglicher Effizienzverbesserungen hilft. Die grundlegende Struktur eines europäischen Modells entspricht im Wesentlichen der des globalen Falles, jedoch mit einem entscheidenden Unterschied: Auf jeder

Stufe der Wertschöpfungskette beeinflussen Im- und Exporte die Kupferflüsse (vgl. Abb. 7). Dies führt dazu, dass für verlässliche Simulationsergebnisse eine eingehende Beschäftigung mit Handelsdaten unabdingbar ist. Dafür wurde eine lokale Datenbank erstellt in welche die gesamten internationalen Handelsdaten aus der UN Comtrade Database eingelesen wurden. Im nächsten Schritt wurden dann aus der mehrere tausend Einträge langen Liste der UN Comtrade Handelscodes die rund 350 für Kupfer relevanten HS92 Codes identifiziert, wobei teilweise auf Literatur zurückgegriffen werden konnte [7]. Schließlich wurde in Zusammenarbeit mit Experten der International Copper Association und des International Wrought Copper Council für jeden Code ein entsprechender Kupfergehalt festgelegt.

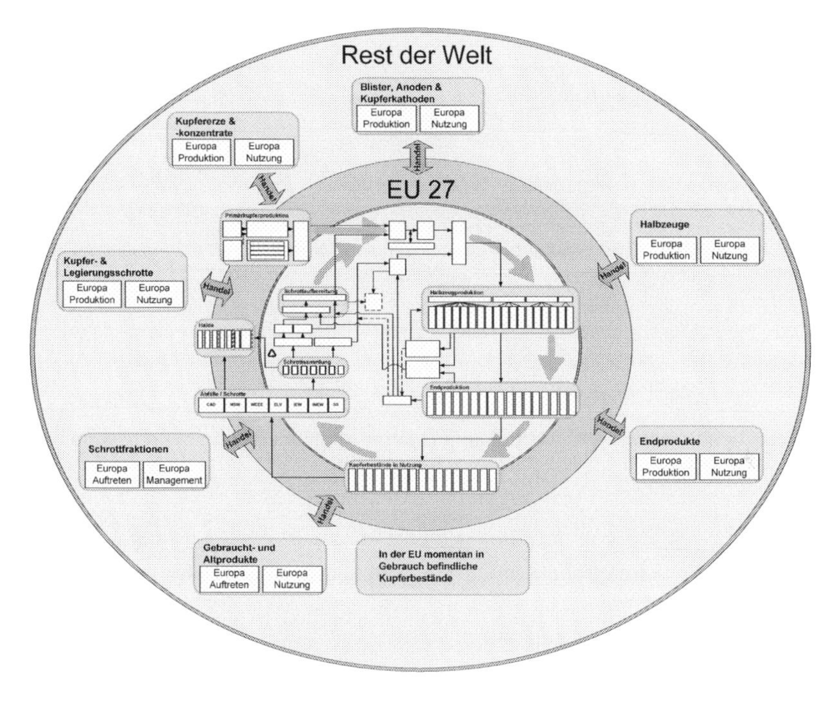

Abb. 7: Schematische Darstellung des europäischen Modells

Die Im- und Exporte von Kupfer in und aus der EU sind in Abb. 8 dargestellt. Deutlich erkennbar sind die hohen Importe an Konzentraten und Blister- bzw. Raffinadekupfer, wohingegen die Handelsbilanz der Schrotte seit einigen Jahren eine deutlich negative Tendenz aufweist.

Trotz der gleichen grundlegenden Struktur wie beim globalen Modell müssen aufgrund der Implementierung der Handelsdaten bei regionalen Modellen einige Änderungen vorgenommen werden. So können regionale Modelle erst ab 1990 simuliert werden, da es für die Jahre davor nur unzureichende Außenhandelsstatistiken gibt. Anders als im globalen Ansatz können sich die in Gebrauch befindlichen Kupferbestände durch diese Einschränkung nicht über die letzten 100

Jahre aufbauen. Daher muss für das Jahr 1990 ein Anfangswert für jede der 18 Endproduktkategorien angenommen werden. Diese Anfangswerte werden prozentual so aus dem globalen Modell abgeleitet, dass letztlich in Summe rund 90 Millionen Tonnen oder 180 kg pro Kopf zustande kommen und dieser Wert sich gut in bereits vorhandene Untersuchungen der Kupferbestände einfügt [8], [9].

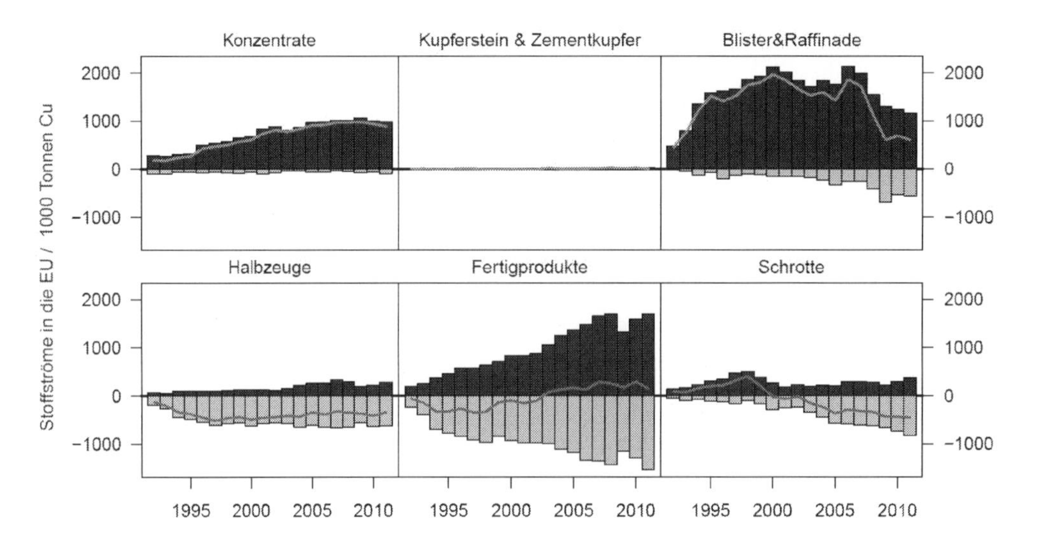

Abb. 8: Nettokupfergehalte im europäischen Außenhandel 1990-2011 nach Wertschöpfungsstufe

Im Hinblick auf Unsicherheiten bezüglich Außenhandelsdaten aber auch hinsichtlich weiteren Inputwerten wie z.B. Produktionsdaten oder Effizienzen bleibt festzuhalten, dass am Anfang der Wertschöpfungskette, d.h. von Konzentraten bis zu Halbzeugen, eine gute Datenlage besteht, wohingegen am Ende, speziell bei Endprodukten und Schrotten, mit einer relativ hohen Unsicherheit zu rechnen ist. Zur besseren Einschätzung dieser Unsicherheit ist daher die Durchführung einer Sensitivitätsanalyse geplant.

3 Modellergebnisse

Ziel des Kupfermodells ist in erster Linie das Schaffen eines besseren Verständnisses über den Materialgehalt in Abfallströmen sowie die Quantifizierung der Recyclingeffizienz von Kupfer. Die durchschnittliche Verwendungsdauer von Kupfer liegt bei ca. 25 Jahren. Wie in Abb. 9 dargestellt unterscheidet sich die Zusammensetzung des heutigen Schrottes aber erheblich von der Verwendungsstruktur von vor 25 Jahren. Dies ist einerseits auf eine stärkere Verwendung in kurzlebigen Produkten, insbesondere in Elektronikanwendungen, zurückzuführen und wird verstärkt durch die stetig gestiegene globale Nachfrage was zu einer Überrepräsentation kurzlebiger Produkte im gesamten Schrottaufkommen führt. So machen Elektronik und Konsumgüter ca.

25% der heutigen Kupferverwendung aus, sind aber für nahezu 40% des Kupfers in Abfallströmen verantwortlich (vgl. Abb. 9)

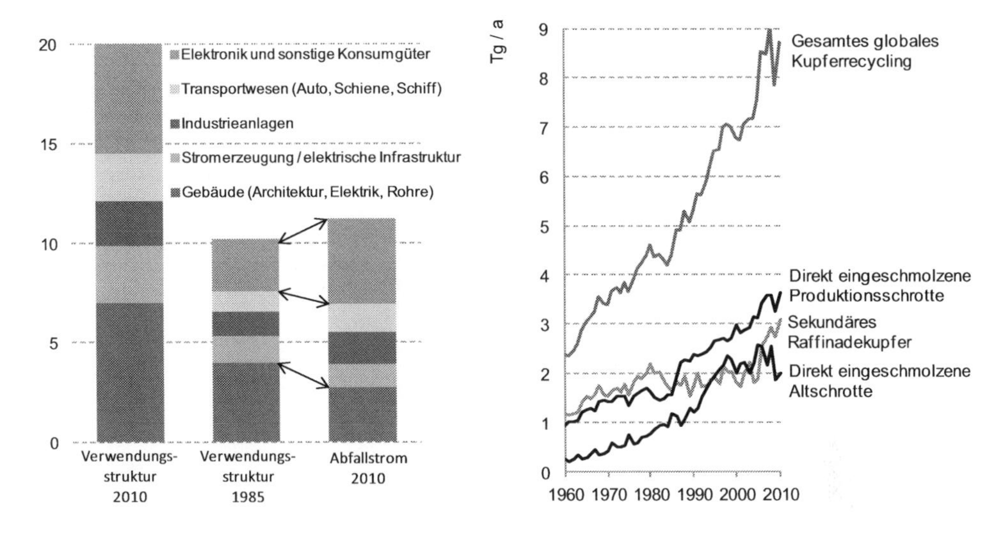

Abb. 9: Zusammensetzung Abfallstrom *Abb. 10: Ergebnisse Recycling*

Weiterhin zeigt das globale Modell, dass ein erheblicher Teil des für die Halbzeugherstellung direkt eingeschmolzenen hochwertigen Schrottes aus Produktionsschrotten besteht, der in erster Linie durch Stanzarbeiten, Fräsen, Bohren und Verschnitte entsteht und der nahezu vollständig an die Halbzeughersteller zurückgeführt wird, um dort mit sehr hoher Effizienz recycelt zu werden. Dies treibt zwar die Quote der Verwendung von Sekundärmaterial in der Produktion (RIR) nach oben, hat aber auf die Effizienz des Recyclings von Altschrotten keinerlei Einfluss. Genau hier besteht aber nach wie vor erhebliches Potenzial der Effizienzsteigerung. Daher ist es entscheidend, bei der Definition der Recycling Indikatoren alle Stoffströme eindeutig quantifizieren zu können und Produktionsschrotte von Altschrotten zu unterscheiden. Abb. 11 zeigt die globalen Stoffströme von Kupfer für das Jahr 2010.

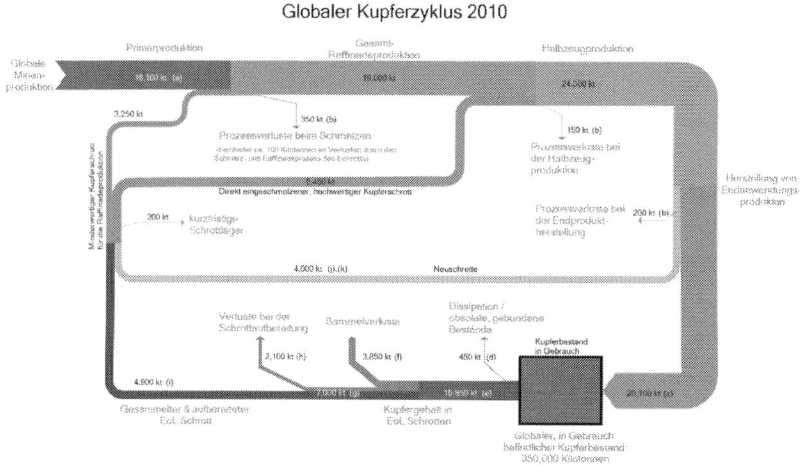

Abb. 11: Sankeydiagramm der globalen Kupferflüsse im Jahr 2010

Die Definition aller wichtigen Indikatoren zur Bewertung der Effizienz des Recyclings ist in Tabelle 2 gegeben.

Tabelle 2: Recyclingdefinitionen und deren Werte im Jahr 2010

Recyclingindikator	**Definition (nach Eurometaux [10])**	**Modellwert in 2010**
Recycling Input Rate	$RIR = \frac{i+j}{a+i+j}$	35%
EoL Recycling Input Rate	$EoL\ RIR = \frac{i}{a+i+j}$	18%
EoL Collection Rate	$EoL\ CR = \frac{g}{e}$	63%
EoL Processing Rate	$EoL\ PR = \frac{i}{g}$	68%
EoL Recycling Rate	$EoL\ RR = \frac{i}{e}$	43%
Overall Processing Rate	$Overall\ PR = \frac{i+k}{g+j}$	80%
Overall Recycling Efficiency Rate	$Overall\ RER = \frac{i+k}{e+j}$	60%
Old Scrap Ratio	$OSR = \frac{i}{i+k}$	53%

Durch die Anpassung der Sammelquote für Altschrotte nach dem in Abb. 6 beschriebenen Prinzip schwanken die jeweils berechneten Recyclingquoten über die Zeit (siehe Abb. 12).

Da die für die Modellierung des Kupferkreislaufes getroffenen Annahmen, insbesondere bezüglich der durchschnittlichen Lebensdauer der einzelnen Anwendungen sowie der Produktionseffizienz mit einer gewissen Unsicherheit behaftet sind, wurde eine Sensitivitätsanalyse durchgeführt.

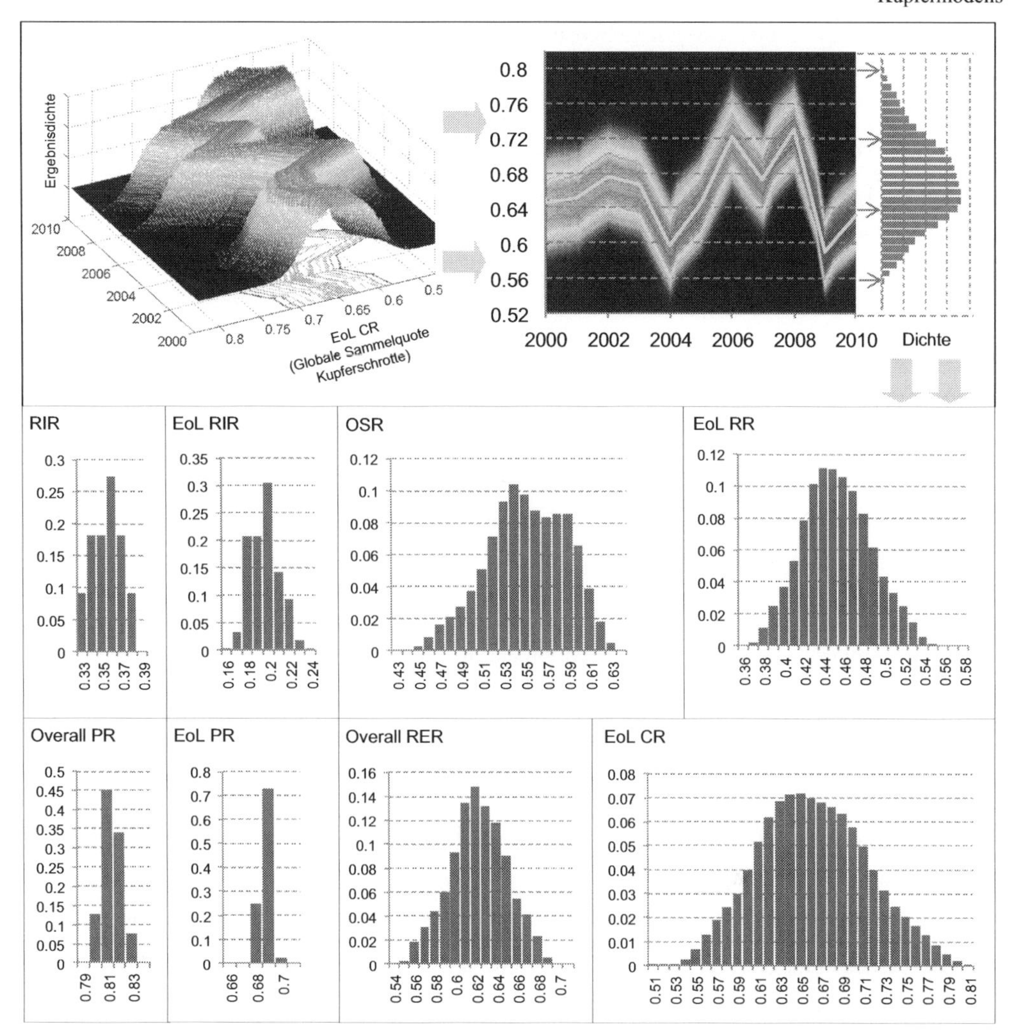

Abb. 12: Resultate der Sensitivitätsanalyse

Hierzu wurden die Erwartungswerte der Lebensdauerverteilungen (durchschnittliche Lebensdauern) in einem Bereich von ±15% und die Produktionseffizienzen in einem Bereich von ±10% variabel definiert, wobei in jedem Simulationslauf ein Wert in dem definierten Bereich stochastisch zugewiesen wurde. Durch eine iterative Wiederholung der Simulation und ein Auslesen der Daten wurden in 10^5 Simulationsläufen die Streuung der Ergebnisse festgehalten. Auf diese Weise wurde für die globalen Indikatoren, wie in Abb. 12 gezeigt, eine Dichtefunktion für jede Recyclingrate extrahiert, die sowohl zeitliche Schwankungen als auch Datenunsicherheiten berücksichtigt.

Tabelle 3 zeigt den Vergleich der wichtigsten durchschnittlichen globalen Recyclingquoten und den vorläufigen Quoten des Europamodells unter Berücksichtigung der Handelsströme. Allerdings steht für das Europamodell eine Sensitivitätsanalyse nach dem oben beschriebenen Prinzip noch aus.

Tabelle 3. Recyclingraten global und europäisch. Durchschnitt des Zeitraums 2001-2010

Recyclingindikator	Durchschnitt global	Durchschnitt Europa
RIR	35%	55%
EoL CR	66%	74%
EoL RR	45%	61%

4 Literaturverzeichnis

[1] *van der Voet E.*: 9. Substance flow analysis methodology. In: Ayres R. U., Ayres L. W.: A Handbook of industrial ecology. Edward Elgar Publishing Limited, Cheltenham 2002.

[2] *Pauliuk S., Wang T., Müller D. B.*: Steel all over the world: Estimating in-use stocks of iron for 200 countries. Resources, Conservation and Recycling 71, 22–30 (2013).

[3] *Chen W.-Q., Graedel T. E.*: Anthropogenic Cycles of the Elements: A Critical Review.

[4] *Matsuno Y., Hur T., Fthenakis V.*: Dynamic modeling of cadmium substance flow with zinc and steel demand in Japan. Resources, Conservation and Recycling 61, 83–90 (2012).

[5] *Glöser S., Soulier M., Tercero Espinoza, Luis A., Faulstich M.*: Using Dynamic Stock & Flow Models for Global and Regional Material and Substance Flow Analysis - An Example for Copper. In: System Dynamics Society: Conference Proceedings. The 31st International Conference of the System Dynamics Society July 21-25, 2013, Cambridge, MA 2013.

[6] *Glöser S., Soulier M., Tercero Espinoza, Luis A.*: Dynamic Analysis of Global Copper Flows. Global Stocks, Postconsumer Material Flows, Recycling Indicators, and Uncertainty Evaluation. Environmental Science & Technology, 6564–6572 (2013).

[7] *Wittmer D.*: Kupfer im regionalen Ressourcenhaushalt. Ein methodischer Beitrag zur Exploration urbaner Lagerstätten. vdf, Hochschulverlag AG an der ETH Zürich, Zürich 2006.

[8] *Bergbäck B., Johansson K., Mohlander U.*: Urban Metal Flows – A Case Study of Stockholm. Review and Conclusions. Water, Air, and Soil Pollution: Focus 1, 3–24 (2001).

[9] *Graedel T. E.*: Metal stocks in society. Scientific synthesis. United Nations Environment Programme, Nairobi, Kenya 2010.

[10] *Eurometaux*: Recycling Rates For Metals. http://www.eurometaux.org/DesktopModules/Bring2mind/DMX/Download.aspx?Command=Core_Download&EntryId=5200&PortalId=0&TabId=57.

PHOSPHORRÜCKGEWINNUNG MITTELS KRISTALLISATION - UMSETZUNG MIT KOMMUNALEM ABWASSER

A. Ehbrecht[1], S. Schönauer[2], T. Fuderer[2], R. Schuhmann[1,2]

[1] Kompetenzzentrum für Materialfeuchte, Karlsruher Institut für Technologie, Kaiserstr. 12, 76131 Karlsruhe

[2] Institut für Funktionelle Grenzflächen, Hermann-von-Helmholtz-Platz 1, 76344 Eggenstein-Leopoldshafen

Keywords: Phosphorrückgewinnung, Abwasser, Kristallisation, Pilotanlage, Calcium-Silicat-Hydrat

1 Einleitung und Ziel

Phosphor (P) ist ein endlicher Rohstoff und zudem als essentieller Nährstoff nicht substituierbar. Der einerseits steigende Bedarf an P v.a. für die Herstellung von Düngemittel und die zunehmende Verunreinigung der natürlichen P-Ressourcen [1] auf der anderen Seite verlangen nach einer praktikablen Technologie der P-Rückgewinnung. In der BMBF-/BMU-Förderinitiative „Kreislaufwirtschaft für Pflanzennährstoffe, insbesondere Phosphor" wurden unterschiedliche Methoden der P-Rückgewinnung aus Abwasser, aus Klärschlamm und aus Klärschlammaschen untersucht und bewertet. Im Rahmen dieser Förderinitiative wurde das am KIT patentierte P-RoC-Verfahren maßgeblich weiterentwickelt, in dem reale Abwasserteilströme untersucht wurden [2]. Das Verfahren konnte mit reproduzierbarer Effizienz der P-Elimination belegt werden [3].

Anhand der P-Elimination aus Abwasser-Teilströmen mittels P-RoC-Verfahren kann die Gesamtfracht an P einer kommunalen Kläranlage Schritt für Schritt reduziert werden. Dies ist betriebswirtschaftlich interessant für kommunale Kläranlagen, da der Klärschlamm in zunehmendem Maß u.a. in der Zementindustrie als Ersatzbrennstoff eingesetzt wird. Nach dem Stand der Technik wird auf Kläranlagen P durch Fällung mit Eisen- und/oder Aluminiumsalzen entfernt und somit im Klärschlamm deponiert. Hohe P-Konzentrationen wirken sich jedoch negativ auf die Qualität des Zementklinkers aus.

Aus diesem Grund ist die P-Reduktion in Klärschlamm Hintergrund und Ziel dieser Arbeit. Daneben steht die Implementierung der Technologie zur P-Rückgewinnung auf kommunalen Kläranlagen [4] und die Erzeugung eines Sekundärphosphates, das ohne weitere Aufbereitung als Düngemittel eingesetzt werden kann [5].

2 Materialien und Methoden

In dieser Arbeit wurde die P-Elimination aus dem Zentrat der Klärschlammentwässerung an der Kläranlage Neuburg a.d. Donau untersucht. Zur Untersuchung wurde ein bottom-up Ansatz der P-RoC-Technologie eingesetzt: Zunächst wurde das Abwasser auf abwassertypische Parameter hin untersucht (Charakterisierung). Anschließend wurden Kurzzeitversuche im Labormaßstab (5 Liter) durchgeführt, um Informationen zur Reaktionskinetik zu erhalten. Der nächste Schritt bestand in der Durchführung von Halbtechnik-Experimenten (80 Liter), um Aussagen zum Verhalten des Materials treffen zu können und die Effizienz der P-Elimination zu belegen. Aufbauend auf den Ergebnissen der Reaktionskinetik wurden die halbtechnischen Experimente wie folgt konzipiert.

Die Halbtechnikversuche wurden sowohl diskontinuierlich (HTV1) wie auch (semi-) kontinuierlich (HTV2) mit einem Gehalt von 5 Gew.-% Kristallisationsmaterial (Calcium-Silicat-Hydrat, CSH) und mit einer hydraulischen Retentionszeit (HRT) von 1.3 h betrieben (Tab. 1). Im diskontinuierlichen Betriebsmodus, wurde das Reaktionsvolumen von 80 L eine Stunde durch Rühren in Suspension gehalten. Nach einer Stunde Sedimentation wurde das überstehende Abwasser (60 L) abgelassen – zurück blieb ein Restvolumen von ca. 20 L.

Tabelle 1: Konfiguration der Halbtechnik-Experimente

Objekt	HTV1	HTV2
Betriebsmodus	diskontinuierlich	kontinuierlich
Prozessphasen	1 h Rühren 1 h Sedimentation, Ablauf und Wiederbefüllen	Permanentes Rühren bei kontinuierlichem Zu- und Ablauf
HRT [h]	1.3	1.3
Reaktionsvolumen [L]	80	80
Austauschvolumen	60 L / h	60 L/ h

Das Fließschema der Anlage mit diskontinuierlichem Betrieb ist in Abbildung 1 dargestellt. Der Zulauf wird aus dem Vorlagebehälter in den Rührreaktor gepumpt. Der Reaktorinhalt fließt zeitlich gesteuert über ein Magnetventil in freiem Gefälle in den Sedimentationsbehälter ab. Von dem wird der Ablauf über eine Zahnschwelle in den Speicherbehälter geleitet, in den eine Tauchwand zur Unterstützung der Sedimentation auch feinster Partikel eingebaut ist.

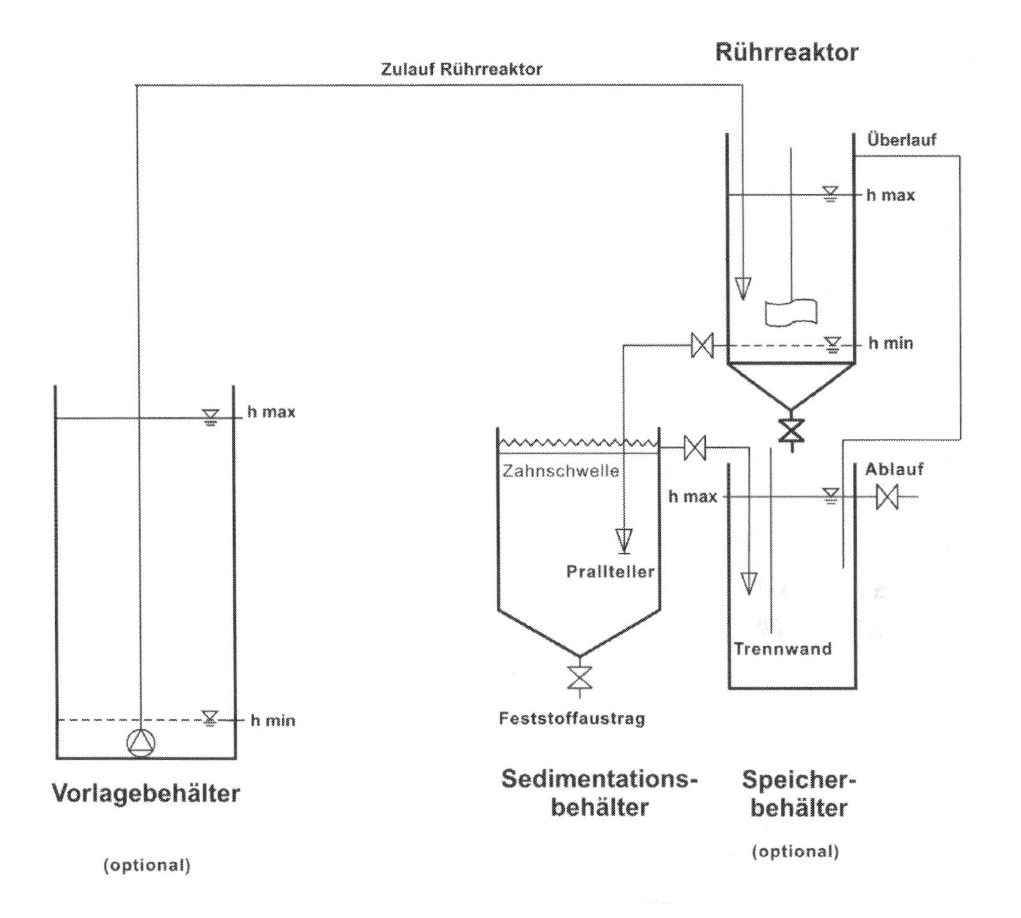

Abb. 1: Fließschema der Anlage in diskontinuierlichem Betrieb

Das Fließschema des kontinuierlichen Betriebsmodus ist in Abbildung 2 dargestellt. Im Unterschied zum diskontinuierlichen Betrieb, fließt der Ablauf kontinuierlich in den Sedimentationsbehälter ab. Der kontinuierliche Betrieb ermöglicht ein kleineres Anlagenvolumen und der Sedimentationsbehälter kann entfallen.

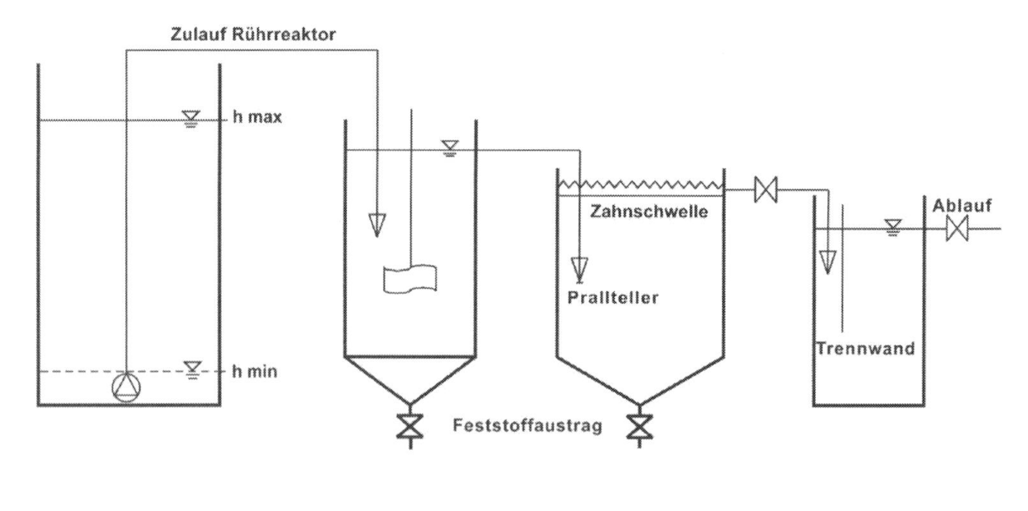

Abb. 2: Fließschema der Anlagenkonfiguration in kontinuierlichem Betrieb

Zusätzlich zum Vergleich der Effizienz der P-Elimination zwischen diskontinuierlichem und kontinuierlichem Betrieb, wurde die Übertragbarkeit der Ergebnisse vom Halbtechnikmaßstab in den Pilotmaßstab untersucht. Dazu wurden ein Halbtechnik-Experiment (HTV3) und ein Pilot-Experiment, beide in kontinuierlichem Betriebsmodus, durchgeführt. Die Pilotanlage fasst ein Reaktionsvolumen von ca. 0.8 m³ und weist somit im Vergleich zur Halbtechnikanlage ein 10-faches Reaktionsvolumen auf. In Tabelle 2. sind die Versuchsparameter der beiden Experimente dargestellt.

Tabelle 2: Konfiguration des Halbtechnik- und Pilot-Experiments

Objekt	**HTV3**	**PV1**
Betriebsmodus	kontinuierlich	kontinuierlich
HRT [h]	1.3	1.3
Gesamtzeitdauer [h]	153	147
Gesamtreaktionsvolumen [m³]	8.5	72

Dabei muss angemerkt werden, dass die sich Halbtechnik- und die Pilotanlage hinsichtlich der geometrischen Dimensionen deutlich unterscheiden: Der Reaktor der Halbtechnikanlage weist ein größeres Höhen:Durchmesser-Verhältnis als die Pilotanlage vor.

Zur Bestimmung der Effizienz der P-Elimination wurden die Konzentrationen an gelöstem Phosphat nach der Molybdänblaumethode (DIN EN ISO 6878) von Zu- und Ablauf bestimmt.

3 Ergebnisse und Diskussion

Der Vergleich der P-Elimination von HTV1 (diskontinuierlicher Betrieb) und HTV2 (kontinuierlicher Betrieb) ist in Abbildung 3 dargestellt. Sowohl für HTV 1 als auch für HTV2 zeigt die P-Elimination einen nahezu linearen Verlauf von 80% bzw. 90% auf 20%. Somit ist gezeigt, dass der Betriebsmodus bei kommunalem Abwasser keinen Einfluss auf die Effizienz des Verfahrens hat. In Konsequenz wird die kontinuierliche Betriebsweise aufgrund geringerer Anlagengröße, größerem zu behandelndem Abwasservolumen, nicht erforderlicher Sedimentationszeit und geringeren Investitionskosten als die geeignete Methode zur Behandlung von kommunalem Abwasser gewählt.

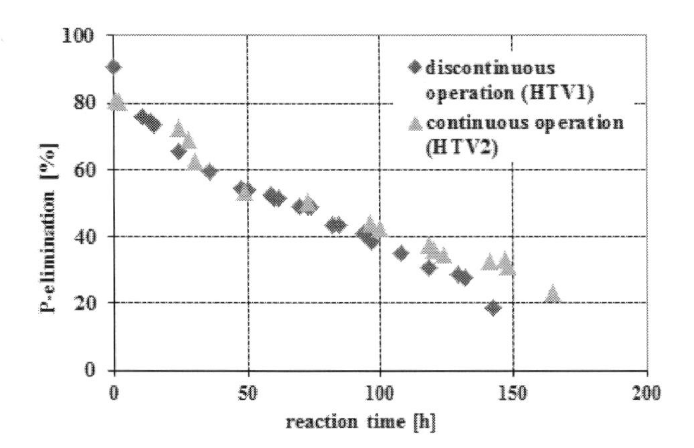

Abb. 3: Verlauf der P-Elimination der Halbtechnik-Experimente HTV1 und HTV2

Bei genauerer Betrachtung der o-P-Konzentrationen (Abb. 4) ist bei den Zuläufen zu HTV1 und HTV2 eine signifikante Abnahme zu verzeichnen. Das kann mit einer spontanen Kristallisationsreaktion aufgrund der Übersättigung und/oder mikrobielle Abbaureaktionen des alternden Zentrats im Vorlagebehälter begründet werden.

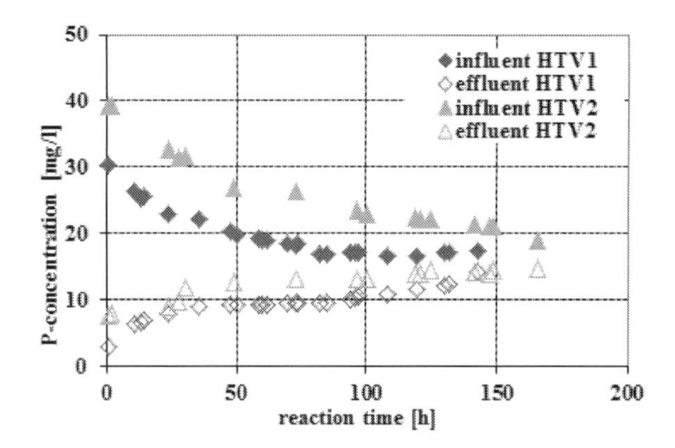

Abb. 4: Verlauf der o-P-Konzentration von Zu- und Abläufen der Halbtechnik-Experimente

Da die Differenz der o-P-Konzentration von Zu- und Ablauf in die Berechnung der P-Elimination eingeht, kann die absolute Effizienz der P-Elimination nicht berechnet werden. Aus diesem Grund wurde vor Ort auf der Kläranlage Neuburg a.d. Donau mit frischem Zentrat ein weiterer Halbtechnikversuch (HTV3) durchgeführt. Um die Übertragbarkeit der Ergebnisse zu prüfen, wurde parallel ein mit der Pilotanlage (PV1 – Scale-up um Faktor 10) konzipiertes Experiment durchgeführt.

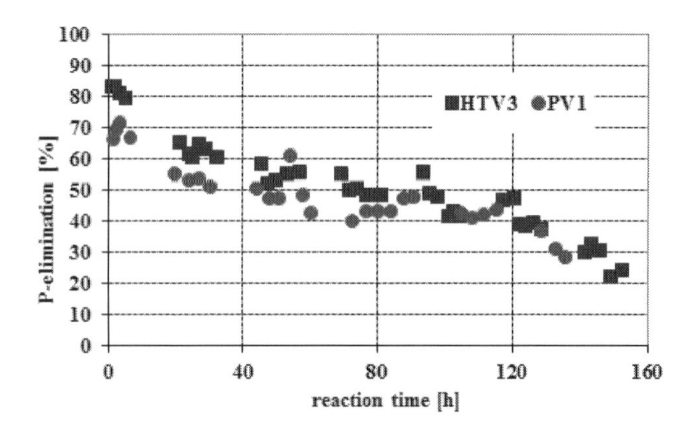

Abb. 5: Vergleich der P-Elimination des Halbtechnikversuches HTV3 und dem Pilotversuch PV1

Die P-Elimination der Versuche im Halbtechnikmaßstab bzw. im Pilotmaßstab (Abb. 5) ist vergleichbar: Binnen der ersten 40 h nimmt die P-Elimination von 80% bzw. 70% auf ca. 50% ab, hält dieses Niveau ca. 80 h und fällt dann innerhalb der nächsten 30 h bis auf ca. 20% ab. Die geringfügig höhere P-Elimination des Halbtechnik-Versuchs ist rechnerisch auf die höheren o-P-Konzentrationen im Zulauf und die dazu vergleichbaren o-P-Konzentrationen im Ablauf (Abb. 6) zurückzuführen.

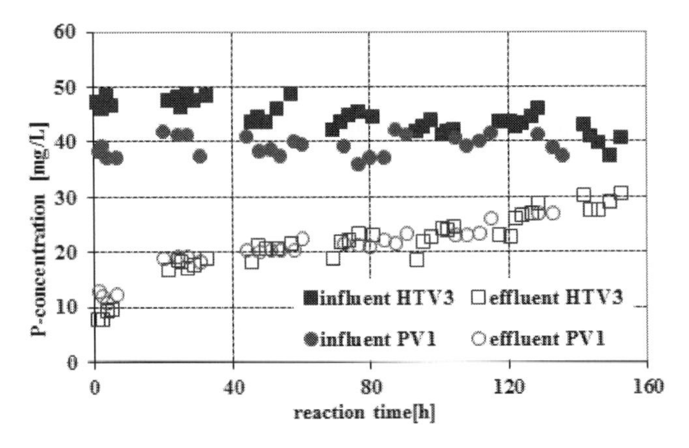

Abb. 6: Darstellung der o-P-Konzentrationen von Zu- und Ablauf von HTV3 und PV1

Somit kann die Übertragbarkeit der Ergebnisse vom Halbtechnikmaßstab auf den Pilotmaßstab belegt werden.

In einem nächsten Schritt wurde der Verbleib des Materials nach Abschluss der Experimente untersucht. Die Ergebnisse sind in Tabelle 3 dargestellt.

Tabelle 3: Vergleich der Materialmengen in den Anlagenkompartimenten von HTV3 und PV1

	HTV3	PV1
Ausgangsmenge [kg]	4.05	36.7
Anteil im Rührreaktor [%]	79	69
Anteil im Sedimentationsbehälter [%]	16	19
Anteil im Speicherbehälter [%]	0.6	0.4

Im Halbtechnik-Versuch verblieben 79% des Materials im Rührreaktor, im Vergleich dazu verblieben 69% des Materials im Pilot-Versuch im Reaktor. Der Anteil im Sedimentationsbehälter ist mit 16% bzw. 19% vergleichbar wie auch der vernachlässigbare Anteil im Speicherbehälter mit < 1%. Die mit 95% höhere Wiederfindungsrate im Halbtechnik-Versuch ist auf das günstigere Höhen:Durchmesser-Verhältnis der Anlage im Vergleich zur Pilotanlage zurückzuführen.

4 Zusammenfassung und Ausblick

Die Ergebnisse bestätigen die erfolgreiche Anwendung des Verfahrens hinsichtlich der P-Elimination und der P-Rückgewinnung von Zentratabwasser aus der Klärschlammentwässerung einer kommunalen Kläranlage. Aus wirtschaftlichen Gründen wird der kontinuierliche Anlagenbetrieb bevorzugt, da die P-Elimination im diskontinuierlichen und kontinuierlichen Betrieb bei ähnlichem Austauschvolumen vergleichbar ist. Die Prozessstabilität wurde anhand zahlreicher

Versuche unter gleichen Bedingungen erfolgreich validiert. Aufgrund der Materialverlagerung in den Sedimentationsbehälter kann auf diesen nicht verzichtet werden. Um die Verlagerung des Materials noch weiter zu minimieren, sollte die Anordnung und Ausgestaltung des Reaktors weiter optimiert werden – ebenso ist die Stabilität des Materials zu verbessern. Zur Identifizierung der optimalen hydraulischen Retentionszeit sollten immer mehrere Versuchsreihen in Vorfeld durchgeführt werden.

Grundsätzlich ist das technisch einfache P-RoC-Verfahren zur Rückgewinnung von Phosphat als Add-on-Verfahren auf kommunalen Kläranlagen gut geeignet. Neben der Elimination von Phosphat zur Vermeidung der Gewässereutrophierung wird anhand des P-RoC-Verfahrens als Mehrwert ein Sekundärphosphat generiert, das ohne weitere Aufbereitung regional als Düngemittel eingesetzt werden kann.

5 Literatur

[1] A. Ehbrecht, T. Fuderer, S. Schönauer, R. Schuhmann, „P-Recovery by Crystallization of Calcium Phosphates with a Pilot Plant in Batch Mode Technology“, *Water Science and Technology*, vol. 63-2, pp. 339–344, 2011.

[2] World Agriculture and Fertilizer Demand, Global Fertilizer Supply and Trade (WAFD and GFST), Summary Report of the 32nd IFA Enlarged Council Meeting, Buenos Aires, Argentina, 5-7th December 2006.

[3] A. Ehbrecht, D. Patzig, S. Schönauer, R. Schuhmann, „Rückgewinnung von Phosphor aus Abwasser – Kristallisation im Pilotmaßstab“, in GWA 228, (J. Pinnekamp, ed.), pp. 5/9 – 5/23, Aachen: 2011, ISSN 0342-6068.

[4] A. Ehbrecht, T. Fuderer, S. Schönauer, R. Schuhmann, „Phosphorrückgewinnung durch Kristallisation von verschiedenen Abwässern“, *Vortrag im Innovationsforum Wasserwirtschaft im Rahmen der IFAT Entsorga 2012* vom 7. bis 11. Mai 2012 in München.

[5] A. Ehbrecht, T. Fuderer, S. Schönauer, R. Schuhmann, „Identification and Quantitation of Phosphate mineral phases generated by CSH-seeded Crystallization from Sewage“, *Vortrag auf dem DGK 2011 Joint Meeting „Crystals, Minerals and Materials“* der Deutschen und Österreichischen Mineralogischen Gesellschaft vom 20. bis 24. September 2011 in Salzburg, Österreich.

PROZESSORIENTIERTER EINSATZ NEUARTIGER KATALYTISCH AKTIVER KUGELKOLLEKTOREN IN TIEFENFILTERN ZUR ELIMINIERUNG VON MANGAN IN DER WASSERAUFBEREITUNG

S. Hager[1], K. Glas[1], P.Rose[2], D.Rehmann[2]

[1] Lehrstuhl für Lebensmittelchemie und molekulare Sensorik, Technische Universität München, Lise-Meitner-Straße 34, 85354 Freising, e-mail: simon.hager@wzw.tum.de; k.glas@wzw.tum.de

[2] Institut für Lebensmitteltechnologie, Hochschule Weihenstephan-Triesdorf, Am Hofgarten 4, 85354 Freising, e-mail: peter.rose@hswt.de; dirk.rehmann@hswt.de

Keywords: Wasseraufbereitung, Filtration, Entmanganung, Mangan, Katalyse.

1 Einleitung

Die Entfernung von gelöstem Mangan aus manganhaltigen Grundwässern ist eine wichtige Aufgabe der Wasseraufbereitung. Durch Oxidation im Wasser gelöster Mn(II)-Ionen zu unlöslichen Mn(IV)-Verbindungen kann es in Rohrleitungen, Armaturen und Behältern zur Ausbildung von Inkrustationen kommen, die erhebliche technische und hygienische Probleme verursachen [1]. Der Gehalt an Mangan im Trinkwasser ist daher durch die aktuelle Trinkwasserverordnung auf 0,05 mg/l begrenzt [2]. In der Praxis erfolgt die Manganelimination mittels mikrobiell unterstützter Tiefenfiltration über granuläre Materialien wie Sande und Kiese [1]. Diese biologischen Verfahren nutzen das Wachstum sogenannter Manganbakterien im Bett eines Tiefenfilters, welche durch Bildung und Ablagerung partiell oxidierter Manganoxide (MnO_x) die Manganoxidation autokatalysieren. Es ist bekannt, dass diese teiloxidierten Manganverbindungen (MnO_x mit $1{,}3<x<1{,}5$) Halbleitereigenschaften besitzen, die den Elektronentransport zwischen gelösten Mangan(II)-Ionen und Sauerstoff begünstigen und so die Bildung weiterer partiell oxidierter Manganoxide autokatalysieren [3,4].

Ein wesentlicher Nachteil der biologisch unterstützten Entmanganung ist die lange Einarbeitungszeit der Filter. Diese ist durch das langsame Wachstum der Manganbakterien im Filterbett begründet und beträgt mehrere Wochen bis Monate [1]. Durch die Verwendung neuartiger, katalytisch aktiver Materialien soll die unergiebige Startphase erheblich verkürzt oder gänzlich vermieden werden. Um dieses Ziel zu erreichen, wurden im Rahmen des Forschungsvorhabens Kugelkollektoren -polierte und mattierte Glaskugeln- mit potenziell katalytisch aktiven Materialien beschichtet und im Laborversuch sowie im halbtechnischen Maßstab erprobt. Neben der verkürzten Einarbeitungszeit verspricht die Verwendung kugelförmiger Trägermaterialien gegenüber granulären Filtermitteln weitere Vorteile. Zu diesen zählen ein geringeres Setzungsverhalten des Filterbetts aufgrund einer gleichmäßigeren Oberfläche [5], ein größerer Nutzporenraum [6], eine erhöhte Material- und Abriebfestigkeit [7], eine gesteigerte Permeabilität des Filterbetts sowie geringere Spülgeschwindigkeiten im Rahmen einer Rückspülung des Filterbetts [8]. Aufgrund der beschriebenen Vorteile birgt die angestrebte Entwicklung daher deutliches Potential für Einsparungen bei Betriebs- und Rüstkosten der Aufbereitung.

Die Beschichtung der Trägermaterialien mit den katalytisch wirksamsten Pulvern wurde mittels verschiedener Verfahren von der Sigmund Lindner GmbH vorgenommen. Im Laborversuch wurden vom Lehrstuhl für Lebensmittelchemie und molekulare Sensorik der Technischen Universität München die Materialien weitergehend untersucht. Die Untersuchungen zur Eignung der Filtermaterialien im halbtechnischen Maßstab wurden am Institut für Lebensmitteltechnologie der Hochschule Weihenstephan-Triesdorf durchgeführt.

2 Materialien und Methoden

2.1 Materialien

2.1.1 Filter-/Trägermaterialien

Als Filtermaterialien kommen Glaskugeln der Siebfraktion 0,75 – 1,0 mm zum Einsatz. Die Beschichtung der Glaskugeln erfolgt auf zwei verschiedenen Wegen:

1. Durch Aufrauen der Kugeloberfläche mithilfe von Siliciumcarbid (SiC) in einer Trommel, anschließendes Waschen der Kugeln und wiederholte Trommelbehandlung mit mikropartikulären Metalloxiden. Angestrebtes Ziel hierbei ist es, eine Haftung des Metalloxidpulvers über Adhäsionskräfte zu erreichen.
2. Durch Trommeln der Glaskugeln mit einem Bindemittel (Silan). Ziel ist es hier, die Kugeloberfläche gleichmäßig zu benetzen. Bei beginnender Aushärtung des Silans wird Metalloxidpulver hinzugegeben und wiederholt getrommelt.

Als Vergleichsmaterial wird ein in der Entmanganungspraxis gängiges natürliches Manganerzgranulat (0,5 – 1,0 mm) mit einem Anteil von 78 Prozent an Manganoxiden (MnO_x-78) verwendet, welches, wie empfohlen, in einem Verhältnis von 5:1 mit herkömmlichen Filterquarzsand (0,4 – 0,8 mm) vermengt wird.

2.1.2 Beschichtungsmaterialien

Die katalytische Aktivität unterschiedlicher Metalloxide in Bezug auf die Manganoxidation in wässrigen Systemen wurde ausführlich beschrieben [4, 9-12]. Eine Auswahl unterschiedlicher vielversprechender Metalloxidverbindungen wurde vorgenommen und deren Verfügbarkeit am Markt geprüft. Vier verschiedene Metalloxide wurden beschafft. Darunter Mangan(II,III)-oxid und Eisen(II,III)-oxid sowie zwei natürliche Manganerzverbindungen mit unterschiedlichen Anteilen teiloxidierter Manganverbindungen. Die Anteile dieser teiloxidierten Verbindungen belaufen sich auf 78% und 80%. Diese Materialien werden nachfolgend als MnO_x-78 und MnO_x-80 bezeichnet.

2.1.3 Apparative Ausstattung

Um die katalytische Aktivität der beschichteten Glaskugeln im Labormaßstab bestimmen zu können, wurde ein Reaktorkonzept für heterogene Feststoffkatalysen realisiert. Der Ansatz beruht auf einem von Carberry entwickelten Verfahren [13]. Das Katalysatormaterial befindet sich dabei in geringer Schichtdicke in Drahtkörben, die an einer Rührerwelle angebracht sind. Durch die Rotationsbewegung des Rührers wird die Katalysatorschüttung durchströmt. Entgegen einer Festbettschüttung besitzt diese Anordnung den Vorteil, dass die Reaktionsbedingungen an jeder Stelle der Schüttung annähernd identisch sind. Der Reaktor wird im Wasserbad temperiert und die Sauererstoffkonzentration mittels Luftzufuhr eingestellt. Messtechnisch werden pH-Wert, Temperatur und Sauerstoffkonzentration kontinuierlich erfasst. Zur Ermittlung der Mangankonzentration werden kleine Probenvolumina abpipettiert und photometrisch gemessen.
Eine schematische Darstellung des Versuchsfilters im halbtechnischen Maßstab ist Abbildung 1 zu entnehmen. Bei der Filtrationsanlage handelt es sich um einen Multifilter, der mit vier Filtermodulen ausgestattet, parallel mit unterschiedlichen Filtermaterialien gefüllt und betrieben werden kann.

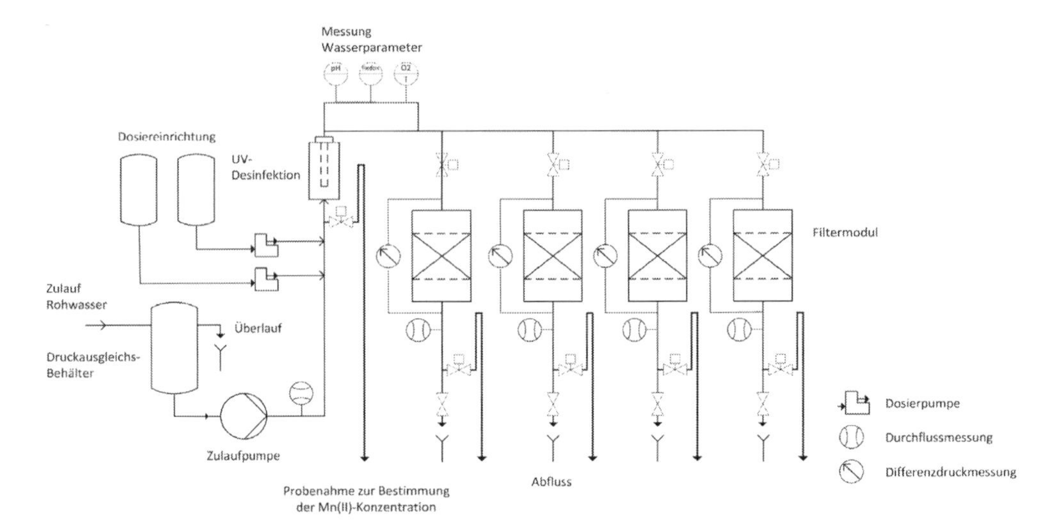

Abb. 1: Schematische Darstellung der Filtrationsanlage

2.2 Methoden

2.2.1 Versuche im Laborreaktor

Zur Durchführung wird der Reaktor mit 1 l gepufferter Mn(II)-Lösung befüllt. Temperatur, pH-Wert und Sauerstoffkonzentration werden auf konstante Werte eingestellt. Zum Versuchsbeginn wird der Rührer mit den beschichteten Glaskugeln in die Versuchslösung getaucht. In regelmäßigen Abständen wird die zeitliche Konzentrationsabnahme ermittelt. Bei ansonsten konstanten Bedingungen kann so die Reaktionsgeschwindigkeitskonstante der Manganoxidation ermittelt werden.

2.2.2 Versuche im Multifilter

Vor Versuchsbeginn werden die Filtermodule mit Glaskugeln der Siebfraktion 2,0-2,4 mm bis zu einer Höhe von 0,10 m befüllt, bevor in je zwei Module das gleiche zu untersuchende Filtermaterial bis zu einer Betthöhe von insgesamt 0,45 m eingebracht wird. Nachfolgend werden die Materialien gespült, um nicht haftendes Beschichtungspartikel von der Oberfläche abzuwaschen.

Im Rahmen der Filtrationsversuche wird die Versuchsanlage mit Rohwasser aus der Freisinger Trinkwasserleitung gespeist, das über eine Dosiereinrichtung mit Mangan beaufschlagt wird, um so eine definierte Ausgangskonzentration von 0,5 mg/l Mn(II) im Ausgangswasser einzustellen. Um mikrobiellen Eintrag möglicher manganoxidierender Mikroorganismen in die Filtermodule auszuschließen, erfolgt im Anschluss eine UV-Desinfektion, gefolgt von einer messtechnischen Erfassung der die Manganoxidation beeinflussenden Wasserparameter (pH-Wert, Redoxpotential, Sauerstoffgehalt und Temperatur). Anschließend läuft das manganhaltige Wasser gleichmäßig über die Filtermodule. Der Durchfluss über die Module wird mittels Regelventilen während des Versuchszeitraums konstant gehalten, die Beladung des Filterbetts über Differenzdruckmessung erfasst. Aus dem Zulauf der Anlage sowie aus den einzelnen Abläufen eines jeden Moduls wird zyklisch eine Probe entnommen deren Mangankonzentration anschließend photometrisch bestimmt wird.

Die Filtrationsversuche werden bis zu dem Zeitpunkt durchgeführt zu dem sich im Ablauf eines jeden Filtermoduls die gleiche Mangankonzentration wie im Zulauf einstellt. Nach Ablauf des Versuches werden die erfassten Daten ausgelesen und ausgewertet.

Untersucht wurden die in Kapitel 2.1.2 beschriebenen Metalloxide, die mittels der in 2.1.1 erläuterten Methoden auf die Glaskugeln aufgebracht wurden, sowie das in 2.1.1 beschriebene Vergleichsmaterial.

3 Ergebnisse

3.1 Versuche im Laborreaktor

In Abbildung 2 sind Versuchsergebnisse dargestellt, die jeweils bei einer Temperatur von 35 °C, Sauerstoffsättigung und einem pH-Wert von 8,5 generiert wurden. Es handelt sich um eine Auswahl gut funktionierender Katalysatoren die, soweit vorhanden, mit Beschichtungsverfahren 1 und 2 aufgebracht wurden.

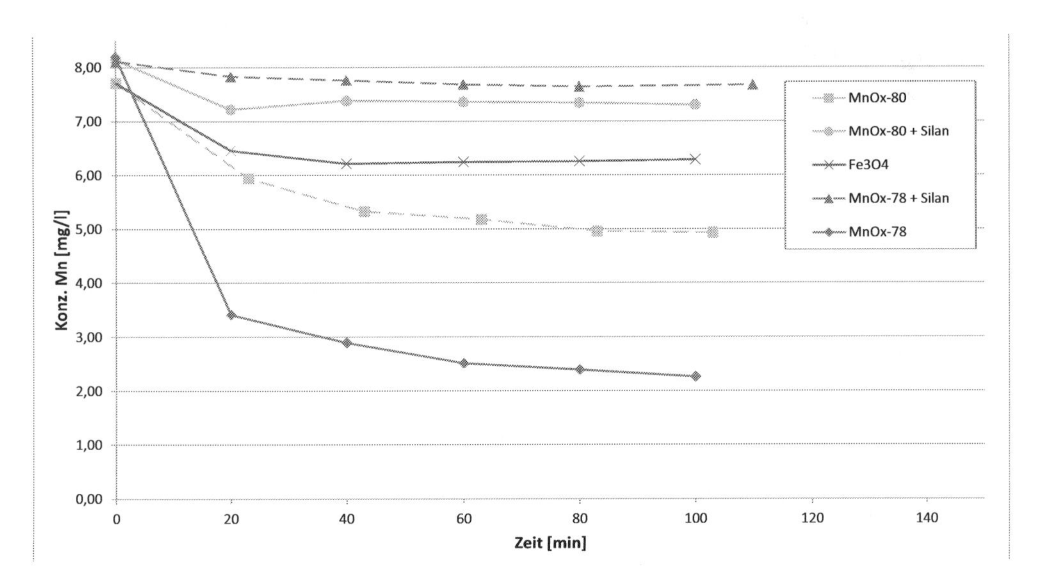

Abb. 2: Verlauf Mn^{2+}-Konzentration im Laborversuch unter Verwendung unterschiedlich beschichteter Kugelkollektoren. Versuchsbedingungen: sauerstoffgesättigt; pH=8,5; T=35 °C.

3.2 Versuche im Multifilter

Aufgrund einer weitgehend gleichbleibenden Rohwasserbeschaffenheit sowie aus Gründen der Übersichtlichkeit wird auf eine graphische Darstellung des Verlaufs der relevanten Wasserparameter über den Versuchszeitraum hinweg verzichtet. Einen Überblick über die Schwankungsbereiche von pH-Wert, Redoxpotential (E°), Sauerstoffkonzentration ($c(O_2)$) und Temperatur (T) gibt Tabelle 1.

Tabelle 1: Relevante Wasserparameter während der Versuchsdurchführung

pH-Wert	**E° [mV]**	**$c(O_2)$ [mg/l]**	**T [°C]**
7,2 – 7,4	165 – 200	7 - 10	11,5 – 14,5

Es werden an dieser Stelle nur die Ergebnisse der Versuche vorgestellt, die auf der Anwendung des katalytisch aktivsten Pulvers, des MnO_x-78 beruhen. Parallel wurden im Multifilter ebenfalls Kugelkollektoren getestet, die mittels der beschriebenen Verfahren mit Mangan(II,III)-oxid, Eisen(II,III)-oxid sowie MnO_x-80 beschichtet wurden. In der Anwendung dieser Filtermaterialien zeigte sich jedoch keinerlei katalytische Aktivität. Daher wird hier auf eine graphische Darstellung verzichtet.

Abbildung 2 verdeutlicht den Verlauf der Mangankonzentration im Ablauf zweier Filtermodule, die mit dem Vergleichsmaterial gefüllt wurden.

Die Ergebnisse der Kugelkollektor-Versuche mit MnO_x-78 als Beschichtungsmaterial sind in Abbildung 3 und 4 dargestellt. Abbildung 3 zeigt den Verlauf der Mangankonzentration im Ablauf zweier Module die mit MnOx-78 nach dem Verfahren 1 beschichtet wurden; Abbildung 4 zeigt selbiges für Kugeln, die nach dem Verfahren 2 beschichtet wurden.

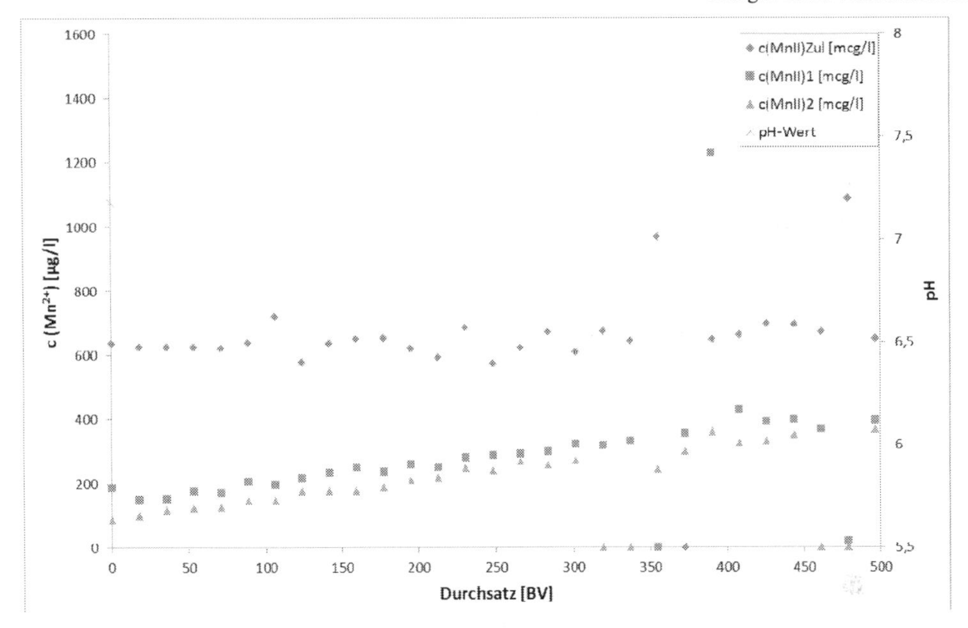

Abb. 3: Verlauf des pH-Wertes sowie der Mn^{2+}-Konzentration in Zulauf und Filtrat - Filtermaterial: Vergleichsmaterial Quarzsand & MnO_x-78-Granulat (Verhältnis 5:1)

Im Vergleichsversuch wird deutlich, dass es durch den Einsatz von MnO_x-78-Granulat keinerlei Einarbeitungsszeit bedarf. Bei einer Zulaufkonzentration von ca. 600 µg/l Mangan(II) über die Versuchsdauer hinweg wird die Mangankonzentration bei Beginn der Filtration auf ca. 100 µg/l Mangan(II) im Ablauf reduziert. Die Konzentration im Ablauf steigt anschließend kontinuierlich, bis sie nach einem Durchsatz von 500 Bettvolumina knapp 400 µg/l Mangan(II) im Ablauf beträgt.

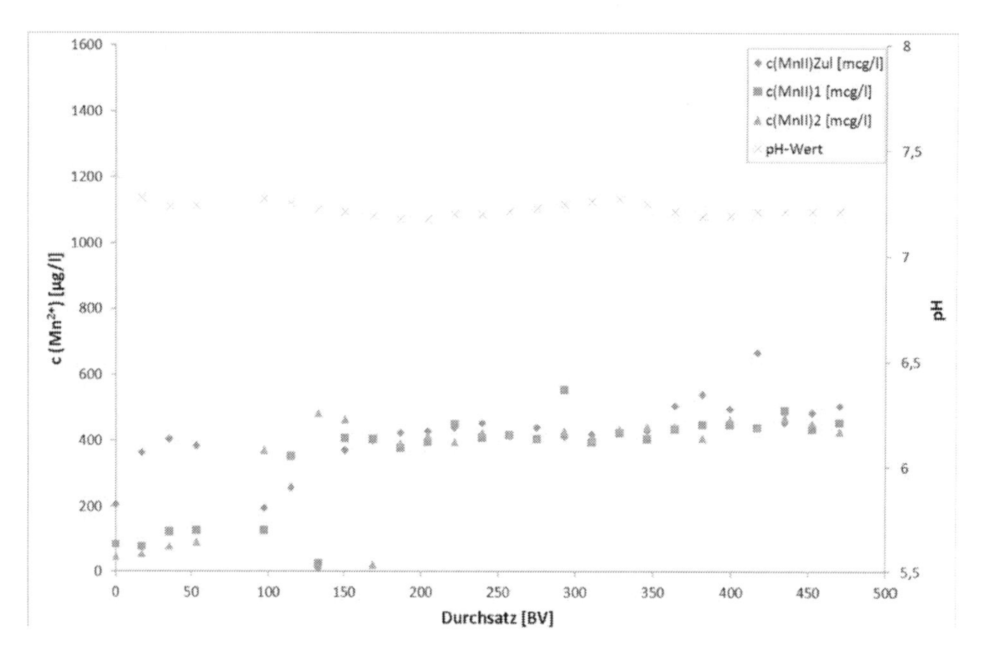

Abb. 4: Verlauf des pH-Wertes sowie der Mn^{2+}-Konzentration in Zulauf und Filtrat - Trägermaterial: aufgeraute Glaskugel - Beschichtungsmaterial: MnO_x-78

Der Filtrationsversuch mit den aufgerauten und adhäsiv beschichteten Kugeln (nach Verfahren 1) zeigt, dass anfänglich eine katalytische Aktivität der Kugelkollektoren gegeben ist. Dieser Effekt ist jedoch nach einem Durchsatz von rund 150 Bettvolumina nicht mehr nachweisbar.

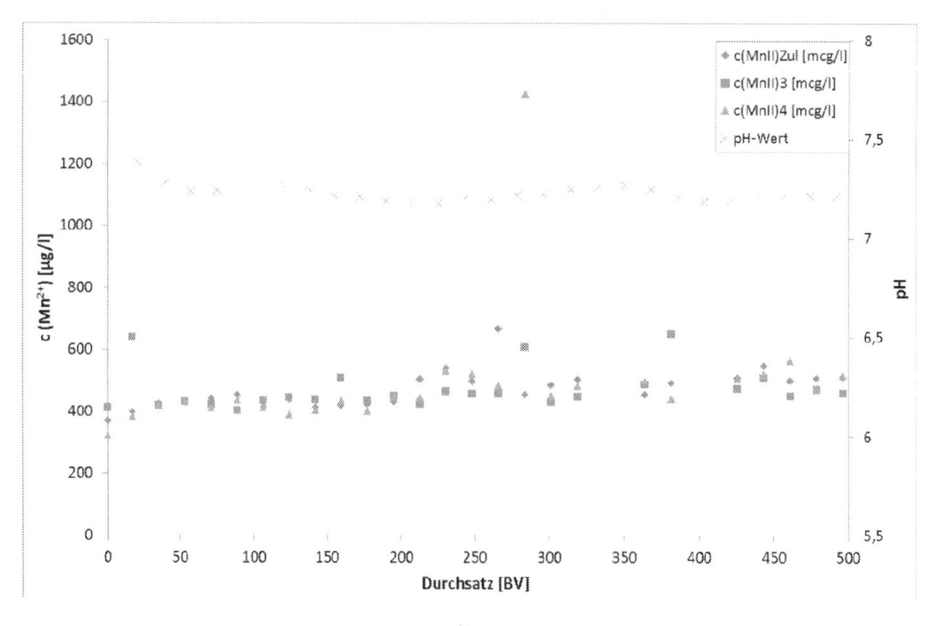

Abb. 5: Verlauf des pH-Wertes sowie der Mn^{2+}-Konzentration in Zulauf und Filtrat - Trägermaterial: polierte Glaskugel - Beschichtungsmaterial: MnO_x-78 – Bindemittel: Silan

Wird das MnO_x-78 mithilfe von Silan als Bindemittel aufgebracht (Verfahren 2), so ist keinerlei katalytische Aktivität der Kugelkollektoren zu beobachten. Die Mangankonzentration im Zulauf entspricht über die gesamte Versuchsdauer hinweg der Ablaufkonzentration der befüllten Module.

3.3 REM- und EDX-Analyse

In Abb. 6 sind Aufnahme mittels Rasterelektronenmikroskop (REM) zu sehen, genauer handelt es sich um Rückstreuelektronenbilder. Die untersuchten Kugeln wurden mit MnO_x-78 ohne Bindemittel beschichtet. Die Bilder zeigen typische Kugeloberflächen von ca. halbem Kugelradius. Links ist eine Kugel vor, rechts nach, einem Laborversuch zu sehen. In Kombination mit einer EDX-Analyse wurde bestätigt, dass es sich bei den hellen Stellen um Beschichtung bzw. während eines Versuchs gebildeter Manganoxidschicht handelt. Die dunklen Stellen zeigen die unbelegte Oberfläche der Glaskugel. Wie erwartet, konnte bei Betrachtung, dieser und weiterer Kugeln, eine stärkere Belegung der Glaskugel nach dem Versuchsdurchlauf festgestellt werden.

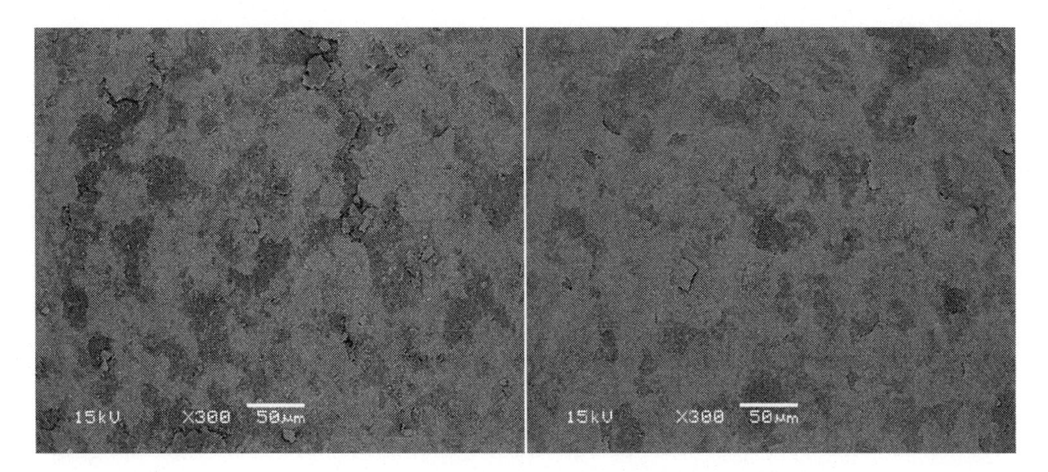

Abb. 6: REM-Aufnahmen typischer Kugeloberflächen mit MnO_x-78Beschichtung, ohne Bindemittel. Links: vor Kontakt mit Mn(II)-Lösung; Rechts: nach erfolgreichem Laborversuch. Dunkle Flächen zeigen die Oberfläche der Glaskugel, helle zeigen die Beschichtung, bzw. die gebildete Manganoxidschicht während des Versuchs.

In Abb. 7 ist die Oberfläche einer mit MnO_x-78 und Silan beschichteten Kugel zu erkennen. Die Kugel weist kaum helle, d.h. beschichtete Oberflächen, auf (wieder mit EDX bestätigt). Im Vergleich zu Abb. 6 (links) kann man erkennen, dass die Beschichtung mit Bindemittel zu einer schlechteren Beschichtung der Kugel geführt hat.

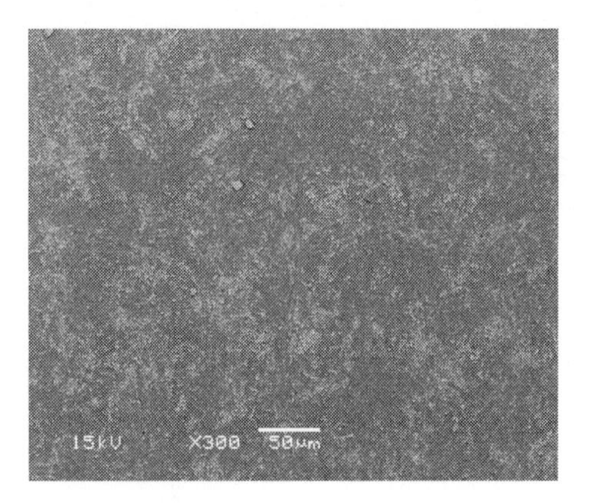

Abb. 7: REM-Aufnahme einer typischer Kugeloberfläche mit MnOx-78Beschichtung, mit Silan und ohne Versuchseinwirkungung.

4 Diskussion

Die Ergebnisse der Multifilter-Versuche verdeutlichen, dass bei den gegebenen Versuchsbedingungen lediglich die Kugelkollektoren katalytisch aktiv sind, die mit MnO_x-78 ohne die Verwendung von Bindemittel beschichtet wurden. Die Aktivität der Kugelkollektoren kommt jedoch auch bei diesem Filtermittel im Vergleich zum Vergleichsmaterial bereits nach kurzer Versuchsdauer zum Erliegen. Ein wesentlicher Grund für diese rasche Erschöpfung liegt vermutlich in dem Verlust der katalytischen Oberfläche des Materials begründet. Es konnte nämlich beobachtet werden, dass nach Einbringung der Filtermaterialien in die Module und anschließender Spülung beträchtliche Mengen des Pulvers gelöst und aus dem Filterbett ausgetragen wurden.

Die geringe bzw. gänzliche ausbleibende Aktivität der Kugelkollektoren, bei denen MnO_x-78 mithilfe des Bindemittels Silan aufgebracht wurde, lässt sich dadurch erklären, dass die Oberfläche der Kugeln viele unbeschichtete Stellen aufweist.

Im Falle der adhäsiven Kugelbeschichtung sind mögliche Stellgrößen die Vergrößerung der Oberfläche des Filtermaterials durch Wahl eines geringeren Kugeldurchmessers, die Erhöhung der Rauigkeit der Kugeln oder ein feinerer Ausmahlungsgrad des Pulvers. Weiterhin ließe sich die Verwendung eines anderen Trägermaterials, wie z.B. Keramik, diskutieren. Hier stehen allerdings die höheren Herstellungskosten von Keramikkugeln einer wirtschaftlichen Nutzung als Filtermittels entgegen.

Um eine katalytische Aktivität der Kugelkollektoren zu erreichen, die mithilfe des zweiten Verfahrens beschichtet wurden, ließe sich die Modifikation folgender Faktoren diskutieren: alternative Konditionierung der Kugeloberfläche, Ausmahlungsgrad des Pulvers, Reduktion oder Steigerung der Silanmege, Zugabezeitpunkt des Oxidpulvers, Vermengung des Bindemittels mit Lösemitteln und/oder Auswahl anderer Bindemittel.

Lassen sich auf beiderlei Wegen keine Erfolge erzielen, ist die Suche nach einer alternativen Beschichtungstechnologie notwendig. Hier gilt es zu beachten, dass die katalytische Aktivität des Beschichtungsmaterials durch das eigentliche Beschichtungsverfahren möglichst unbeeinträchtigt bleibt. Zudem muss das Verfahren wirtschaftlich bleiben, damit ein solches innovatives Filtermaterial am Markt bestehen kann und sich die Mehrkosten durch die Einsparung bei Betriebs- und Rüstkosten von Filtrationsanlagen in der Entmanganung auszahlen.

5 Literatur

[1] DVGW Arbeitsblatt W223-1: Enteisenung und Entmanganung, Deutsche Vereinigung des Gas- und Wasserfachs e.V.; Bonn, 2005.

[2] Verordnung über die Qualität von Wasser für den menschlichen Gebrauch (Trinkwasserverordnung – TrinkWV), Bundesministerium für Gesundheit, 2011.

[3] Groth, P.; Czekalla, C.: Enteisenung und Entmaganung; in: Jekel, Martin; Gimbel, Rolf; Ließfeld, Rainer (Hrsg.): Wasseraufbereitung – Grundlagen und Verfahren, DVGW, 2004.

[4] Graveland, A.; Heertjes, P. M.: Removal of Manganese from Groundwater by heterogenous autocatalytic Oxidation; Trans. Instn. Chem. Engrs., 53, 154-164, 1975.

[5] Ives K.J.: Testing of filter media; Aqua 39, S. 1444–151, 1990.

[6] Treskatis C., Tholen L., Klaus R.: Hydraulische Merkmale von Filterkies- und Glaskugelschüttungen im Brunnenbau. Ernergie/Wasser-Praxis, S. 2 – 11, 2011.

[7] Sigmund Lindner (Hrsg.): SiLibeads – Glaskugeln für Wasserfiltration und Trinkwassergewinnung. Produktdatenblatt. Version V7/2011, 2011.

[8] Markiel, W.; Wistuba, E.: Filtermaterial aus Glaskugeln – Eine Alternative zu Filtersanden – Teil 1. AB Archiv des Badewesens. Nr. 3, S. 164 – 171, 2011.

[9] Coughlin, RW; Matsui, I: Catalytic Oxidation of Aqueous Mn(II). Journal of Catalysis, 41, 108-123, 1976.

[10] Kessick, MA; Morgan JJ: Mechanism of Autoxidation of Manganese in Aqueous Solution. Environmental Science and Technology, 9, 2, 157-159, 1975.

[11] Hem, JD: Rates of Manganese Oxidation in Aqueous Systems. Geochimica et Cosmochimica Acta, 45, 1369-1374. 1981.

[12] Davies, SHR; Morgan, JJ: Manganese(II) Oxidation Kinetics at Metall Oxide Surfaces. Journal of Colloid and Interface Science, 129, 1, 63-77. 1989.

[13] Pereira, JR; Calderbank, PH: Mass transfer in the spinning catalyst basket reactor. Chemical Engineering Science, 30, 167-175, 1975.

BENETZUNGSVERHALTEN VON MINERALISCHEN SEKUNDÄRROHSTOFFEN

M. Hennig, U. Teipel

Technische Hochschule Nürnberg Georg Simon Ohm, Mechanische Verfahrenstechnik/Partikeltechnologie, Wassertorstraße 10, 90489 Nürnberg, E-mail: manuel.hennig@th-nuernberg.de

1 Einleitung

Im Rahmen eines BMBF Verbundprojektes wird die Aufbauagglomeration von mineralischen Sekundärrohstoffen im Granulierteller untersucht.

Für die Aufbaukörnung wird ein Granulierteller und als Bindemittel Wasser verwendet, welches mittels Zweistoffdüsen eingesprüht wird. Das Wasser benetzt hierbei die Primärpartikel und die noch unvollständig agglomerierten Granulate. Als mineralischer Sekundärrohstoff wird Mauerwerksbruch eingesetzt, welcher beim Abriss von Gebäuden anfällt. Im Folgenden werden die Benetzungseigenschaften des mineralischen Sekundärrohstoffes Mauerwerksbruch untersucht. Dazu werden die Grenzflächenspannungen detektiert, welche im Dreiphasensystem Wasser, Mauerwerksbruch und Umgebungsluft auftreten. Diese Grenzflächenspannungen bewirken, dass ein spezifischer Kontaktwinkel zwischen der Partikeloberfläche des Mauerwerksbruches und der Flüssigkeit Wasser auftritt. Der Kontaktwinkel hat erheblichen Einfluss auf die Benetzung der Primärpartikel und Wasser als Bindemittel. Die Benetzung der Primärpartikel hat gleichzeitig große Auswirkungen auf den Agglomerationsprozess im Granulierteller. Anhand von Analysen der Flüssigkeit-Feststoff-Wechselwirkung im Mikromaßstab kann durch Modellierung der Bindungsmechanismen auf die Agglomerationsvorgänge im Granulierteller geschlossen werden. Hierbei werden Flüssigkeitsbrücken modelliert, welche die einzelnen Primärpartikel im Agglomerat miteinander verbinden. Dadurch können Auswirkungen von Parameteränderungen beim Agglomerationsprozess, wie z.B. der Wasserzugabemenge, direkt anhand der Benetzung der einzelnen Primärpartikel betrachtet werden. Es ist das Ziel, Vorgänge bei der Agglomeration im Granulierteller aufgrund der Benetzungseigenschaften der Primärpartikel vorhersagen zu können.

2 Stand der Technik

2.1 Prinzip der Aufbauagglomeration

Bei der Aufbauagglomeration im Granulierteller werden die Primärpartikel oder unvollständig agglomerierte Granulate durch eine Rollbewegung in Relativbewegung zueinander gebracht. Es wird hier vom sogenannten „Schneeball-Prinzip" gesprochen, das heißt es findet eine stetige Anlagerung der Partikel statt. Gleichzeitig werden die entstandenen Agglomerate durch die Relativbewegungen wieder zerstört bzw. zerkleinert. Durch die stetige Keimbildungs- und Zerfallsprozess im Granulierteller werden nur die Agglomerate den Prozess verlassen, welche der Wirkung von zerkleinernden Kräften widerstehen. Dadurch ist eine hohe Festigkeit der Agglomerate gewährleistet. Zu beachten ist zudem, dass die Granulierparameter die keimbildenden Haftkräfte stärker begünstigen sollen als die zerkleinernden Trennkräfte. Dadurch werden mehr Agglomerate gebildet als zerstört. Der Agglomerationsprozess findet in diesem Zusammenhang kontinuierlich, unter ständiger Bildung von Agglomeraten statt. Die Vorgänge sind in Abbildung 1 dargestellt.

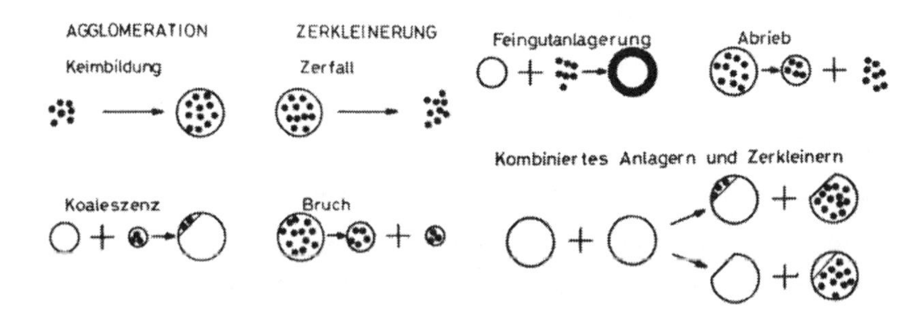

Abb. 1: Wechselwirkung zwischen Agglomeration und Zerkleinerung bei der Aufbauagglomeration [1]

Damit bei der Aufbauagglomeration die Keime entstehen und diese zu größeren Agglomeraten anwachsen können, müssen Haftkräfte zwischen den einzelnen Partikeln wirken. Im Granulierteller erfolgt hierbei zunächst eine Anlagerung der Primärpartikel. Das Bindemittel wird auf die Agglomerate gegeben und es entstehen durch die Kapillarität sogenannte Flüssigkeitsbrücken zwischen den einzelnen Partikeln. Auch kann Wasser aus der Umgebungsluft an den Partikeln kondensieren oder die Primärpartikel besitzen eine sehr hohe Grundfeuchtigkeit. Es entstehen dann sogenannte Adsorptionsschichten, welche sich wiederum durch weitere Flüssigkeitszugabe zu beweglichen Flüssigkeitsbrücken vergrößern können. Außerdem wirken weitere physikalische Anziehungskräfte, wie z.B. die van-der-Waals-Kräfte. Nach dem Agglomerationsvorgang im Granulierteller werden die Agglomerate getrocknet. Dabei verdampft das Bindemittel und auskristallisierte Feststoffe bilden Festkörperbrücken zwischen den Partikeln. Beim Agglomerationsvorgang werden keine aushärtenden Bindemittel verwendet. Aufgrund der sich bildenden Salzkristalle müssen diese Haftkräfte dennoch untersucht werden.

Versuchsaufbau (Agglomerierteller):

Der Granulierteller ist eine Apparatur zur Herstellung möglichst sphärischer Agglomerate. Der Aufbau eines Granuliertellers ist unkompliziert, in Abbildung 2 ist der im Projekt verwendete Apparat abgebildet.

Abb. 2: Versuchsaufbau Granulierteller

Der Granulierteller besteht aus einer Grundkonstruktion, in welcher der Antrieb und die Halterung des Tellers untergebracht sind. Der Teller selbst besteht aus Tellerboden und -rand und kann an der Halterung in seiner Neigung verändert werden. Im Teller angebracht sind mehrere Schaber, welche den Tellerboden von starken Verkrustungen schützen. Außerdem sind Dosiereinrichtungen für Bindemittel und Primärpartikel angebracht.

Bei der Agglomeration im Granulierteller können verschiedene Betriebsparameter eingestellt werden, welche direkten und indirekten Einfluss auf die Dispersitätseigenschaften der Agglomerate haben. Zu beachten ist, dass nach Heinze [2] folgende Eigenschaften nicht beeinflusst werden können:

- die Oberflächenspannung des Bindemittels,
- die Benetzbarkeit des Feststoffes,
- die Korngröße der Primärpartikel,
- die stoffliche Zusammensetzung.

Die Oberflächenspannung des Bindemittels und die Benetzbarkeit des Feststoffes werden zusammen - in dieser Arbeit - als Benetzungseigenschaften bezeichnet.

2.2 Benetzung und Kapillarität

Bei der Agglomeration von feindispersen Feststoffen mit einem flüssigen Bindemittel tritt ein Dreiphasensystem aus Flüssigkeit (l), Festkörper (s) und Gas (v) auf. Damit es zur Agglomeration kommen kann, muss die Flüssigkeit die Partikel benetzen.

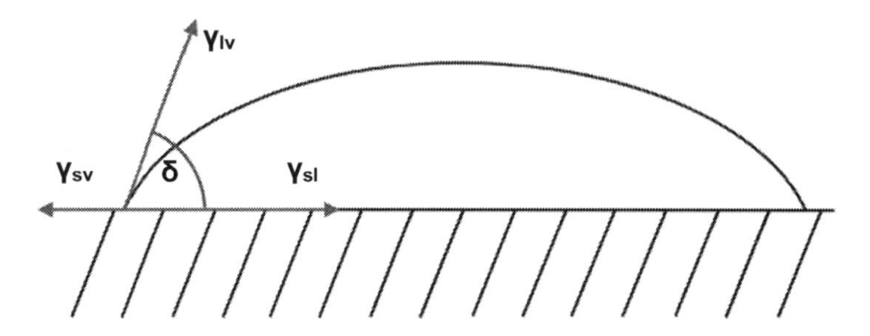

Abb. 3: Dreiphasenkontakt eines Flüssigkeitstropfens auf einer Festkörperoberfläche

Die einzelnen Komponenten γ_{sv}, γ_{lv} und γ_{sl} der Grenzflächenspannung können als Vektoren dargestellt werden. Daraus ergibt sich der Kontaktwinkel δ aus der sogenannten Youngschen Gleichung (Gl. 1):

$$\cos\delta = \frac{\gamma_{sv} - \gamma_{sl}}{\gamma_{lv}} \quad (1)$$

Die Grenzflächenspannung γ_{lv} wird auch oftmals als Oberflächenspannung der Flüssigkeit zur Gasphase bezeichnet und ist in der Literatur oftmals nur mit γ angegeben.
Die modifizierte Washburn-Methode ist ein Messverfahren zu Bestimmung des Kontaktwinkels δ von Flüssigkeiten auf Festkörperoberflächen. Die Besonderheit bei dieser Steighöhenmethode ist, dass Pulver, Pigmente und Granulate untersucht werden können.
Washburns Arbeit [3] aus dem Jahr 1921 basiert auf dem Gesetz von Hagen-Poiseuille.

$$\frac{dV}{dt} = \frac{\pi \cdot r^2 \cdot dh}{dt} = \frac{\pi \cdot r_k^{\ 4}}{8 \cdot \eta_l} \cdot \frac{\Delta p}{h} \quad (2)$$

Mit in (2) eingesetzter Höhe h und Druckdifferenz Δp kann der Volumenstrom dV/dt einer laminaren stationären Strömung in einer Kapillare berechnet werden. Die strömende Flüssigkeit muss hierbei ein homogenes Newtonsches Fluid sein. Die Variable r_k ist der Innenradius der Kapillare, η_l die dynamische Viskosität der Flüssigkeit, Δp die Druckdifferenz zwischen den Kapillarenden und h die Länge der Kapillare.

Für die Laplace-Gleichung (3) des Flüssigkeitsanstiegs in einer Kapillare gilt:

$$\Delta p = 2 \cdot \gamma_{lv} \cdot \cos\delta \cdot \frac{1}{r_k} \tag{3}$$

Aus Laplace-Gleichung und der Hagen-Poiseuille-Gesetz ergibt sich nach Integration:

$$h^2 = \frac{r_k \cdot \gamma_{lv} \cdot \cos\delta \cdot t}{2 \cdot \eta_l} \tag{4}$$

Zur Untersuchung von Partikelschüttungen wird der Orientierungsfaktor c und ein mittlerer Radius r_m eingeführt. Für die partikelspezifische Kenngröße κ gilt:

$$\kappa = c \cdot r_m \tag{5}$$

Es ergibt sich für die Steighöhe somit:

$$h^2 = \frac{\kappa \cdot \gamma_{lv} \cdot \cos\delta \cdot t}{2 \cdot \eta_l} \tag{6}$$

Die Höhe h der Flüssigkeitssäule kann mittels der Masse m_l, der Dichte ρ_l und der Grenzfläche A_k der Kapillare bestimmt werden,

$$h = \frac{m_l}{\rho_l \cdot A_k} \tag{7}$$

so dass für die Masse der Flüssigkeitssäule gilt:

$$m_l^2 = \frac{\rho_l^2 \cdot A_k^2 \cdot \kappa \cdot \gamma_{lv} \cdot \cos\delta}{2 \cdot \eta_l} \cdot t \tag{8}$$

Der Faktor $A_K^2 \cdot \kappa$ ist die Kapillaritätskonstante und für ein Partikelkollektiv konstant. Als modifizierte Washburn-Gleichung ergibt sich:

$$\frac{m_l^2}{t} = \left[A_k^2 \cdot \kappa\right] \cdot \left[\frac{\rho_l^2 \cdot \gamma_{lv}}{2 \cdot \eta_l}\right] \cdot \cos\delta \tag{9}$$

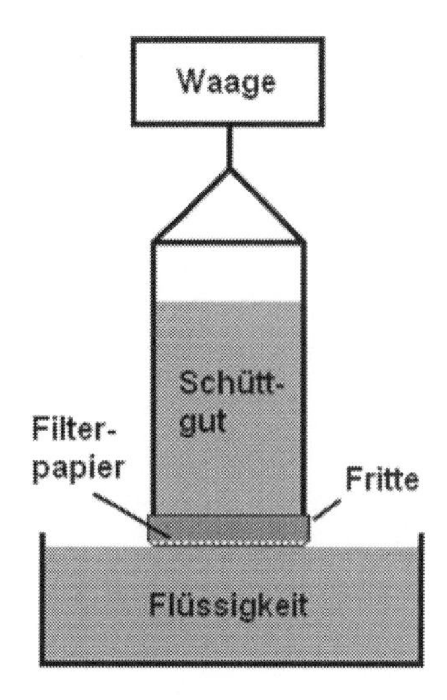

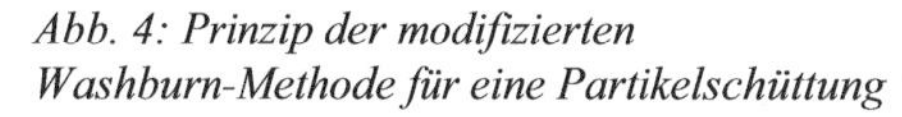
Abb. 4: Prinzip der modifizierten Washburn-Methode für eine Partikelschüttung

Abb. 5: Tensiometer K100C®; Fa. Krüss

In Abbildung 4 ist der prinzipielle Aufbau des Tensiometers dargestellt. In ein Glasröhrchen wird das Schüttgut mit fest eingestellten Faktor $A_K^2 \cdot \kappa$ gegeben. Das Glasröhrchen ist an der Unterseite mit einem flüssigkeitsdurchlässigen Filterpapier und einer Metallfritte verschlossen. Das Glasröhrchen wird an das Tensiometer angehängt. Unter dem Messröhrchen wird ein Glasbehältnis mit der zu benetzenden Flüssigkeit gestellt. Für einem Randwinkel zwischen Schüttgut und Flüssigkeit: $\delta < 90°$ wird die Flüssigkeit aufgrund der Kapillarwirkung in die Schüttung eingesaugt und die quadratische Massenzunahme über der Zeit gemessen.

Zur Ermittlung der Kapillaritätskonstanten $A_K^2 \cdot \kappa$ wird unter vollständig benetzende Flüssigkeit ($\delta = 0°$ bzw. $\cos(\delta) = 1$) die zu untersuchende Schüttung vermessen:

$$\left[A_k^2 \cdot \kappa\right] = \frac{m_l^2}{t} \cdot \left[\frac{\rho_l^2 \cdot \gamma_{lv}}{2 \cdot \eta_l}\right]^{-1} \qquad (10)$$

Mit einer weiteren Messung kann der Randwinkel δ mit der tatsächlich zu benetzende Flüssigkeit bestimmt werden. Es gilt:

$$\cos\delta = \frac{\dfrac{m_l^2}{t}}{\left[A_k^2 \cdot \kappa\right] \cdot \left[\dfrac{\rho_l^2 \cdot \gamma_{lv}}{2 \cdot \eta_l}\right]} \qquad (11)$$

In Abbildung 5 ist das in dieser Arbeit eingesetzte Tensiometer K100C® der Fa. Krüss abgebildet.

2.3 Material und Methoden

Als Material wird Mauerwerksbruch, bestehend aus Ziegel, Beton und anderen Gesteinskörnungen untersucht (siehe Tabelle 1).

Tabelle 1: Werkstoffliche Zusammensetzung von Mauerwerksbruch MW1

Material	Massenanteil
Ziegel	48 Gew-%
Beton und Gesteinskörnungen	40 Gew-%
sonstige mineralische Bestandteile *(z.B. Mörtel, Putz, Fliesen)*	10 Gew-%

Die genaue Bezeichnung ist MW1b, wobei die Zahl „1" die Sorte des Sekundärrohstoffes darstellt und der Buchstabe „b" die Charge.

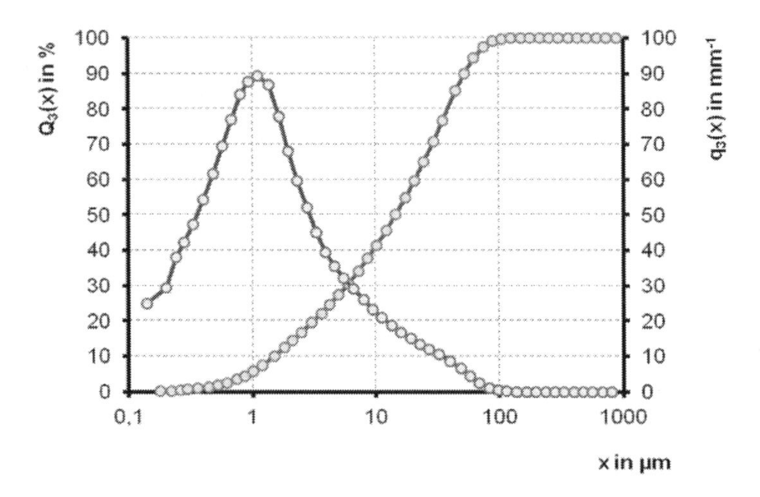

Abb. 6: Partikelgrößenverteilung Mauerwerksbruch MW1b

Die Partikelgrößenverteilungen wurden mit Hilfe eines Laserbeugers HELOS® der Fa. Sympatec gemessen. Der Bauschutt wurde in einer Kugelmühle zerkleinert und zeigt eine monomodale Partikelgrößenverteilung für Mauerwerksbruch MW1b, welche in Abbildung 6 zu eingefügt ist.

3 Messungen

3.1 Versuchssaufbau und -durchführung

Probenvorbereitung:

Für die Untersuchung wird ein Glasröhrchen SH0810 mit einem Innendurchmesser $d_{i,R}$ = 10 mm eingesetzt. Für die Höhe dieses Messröhrchens gilt: h_R = 50 mm. Ein solches Probengefäß ist in

Abbildung 7 dargestellt. Durch die Dimensionen des Probengefäßes sind für eine Messung nur wenige Mengen des Probenmaterials notwendig. Es wird im Folgenden von einer maximalen Probenmenge von ca. 2 g ausgegangen. Damit mehrere Kontaktwinkelmessungen für eine Probe mit gleichen physikalischen und chemischen Eigenschaften durchgeführt werden kann, ist eine Probenteilung nötig.

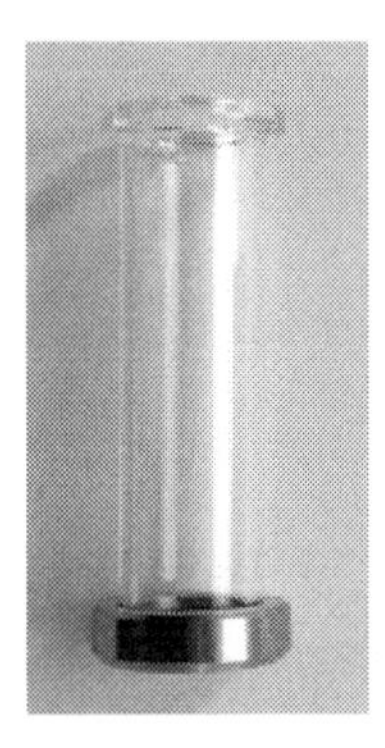

Abb. 7: Messröhrchen SH0810 zur Sorptionsmessung mittels Tensiometer K100C®

Sorptionsmessung:

Bei der Messung des Randwinkels mittels der Sorptionsmethode nach Washburn wird das Messröhrchen über ein Flüssigkeitsbehältnis gehängt, in welches das Glasröhrchen durch Hochfahren eingetaucht wird. Anschließend wird die Massenzunahme infolge der Flüssigkeitsadsorption in Abhängigkeit der Zeit vom Tensiometer registriert. Zunächst wird die Kapillaritätskonstante $A_K^2 \cdot \kappa$ wie in (10) bestimmt. Dazu wird eine vollständig benetzende Flüssigkeit (z.B. n-Hexan) verwendet. Als Ergebnis wird ein m^2-t-Diagramm erhalten. Im linearen Bereich des Graphen wird eine Regressionsgerade eingefügt. Anhand dieser Gerade wird die Steigung und somit die Kapillaritätskonstante, d.h. der pulverspezifische Faktor $A_K^2 \cdot \kappa$ in der Einheit cm^5 bestimmt.

Ist die Kapillaritätskonstante $A_K^2 \cdot \kappa$ bekannt, so wird mit der eigentlich zu untersuchenden Flüssigkeit gemessen und aus Steigung der Regressionsgeraden den Kontaktwinkel δ bestimmt.

3.2 Ergebnisse

Der Randwinkel wurde für Mauerwerksbruch MW1b und für Mauerwerksbruch MW1b mit 3 Gew.-% Siliciumcarbid SiC mit Wasser bestimmt. Für die Messung der Kapillaritätskonstanten von Mauerwerksbruch MW1b wurde n-Hexan als optimal benetzende Flüssigkeit mit dem Randwinkel $\delta = 0°$ ausgewählt. Der Kontaktwinkel δ wurde für Wasser bestimmt, welches auch als Bindemittel bei der Aufbauagglomeration verwendet wurde.

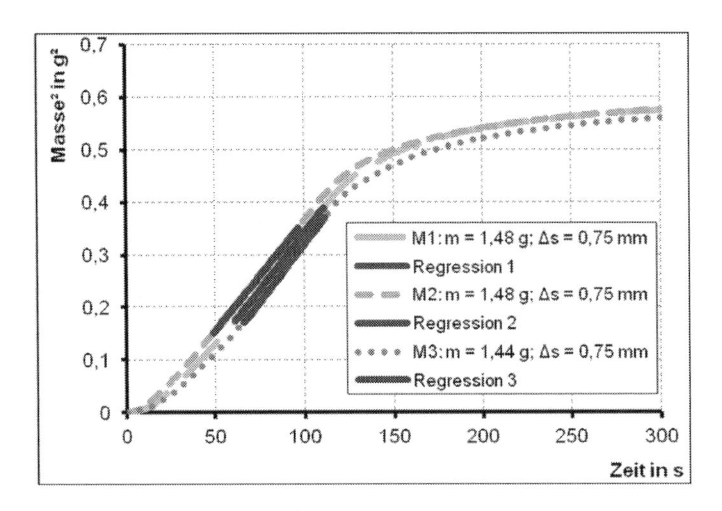

Abb. 8: m²-t-Diagramm; $A_K^2 \cdot \kappa$ von MW1b mit n-Hexan; $m_P \approx 1,5$ g; $\Delta s = 0,75$ mm; $n_{St} = 50$

Für die Kapillaritätskonstante $A_K^2 \cdot \kappa$ gilt:

Tabelle 3: $A_K^2 \cdot \kappa$ mit n-Hexan; $m_P \approx 1,5$ g; $\Delta s = 0,75$ mm; $n_{St} = 50$ (vgl. Abb. 8)

Messung Nr.	**$A_K^2 \cdot \kappa$ [cm⁵]**
1	$1,767 \cdot 10^{-6}$
2	$1,704 \cdot 10^{-6}$
3	$1,790 \cdot 10^{-6}$
Mittelwert	$1,754 \cdot 10^{-6}$

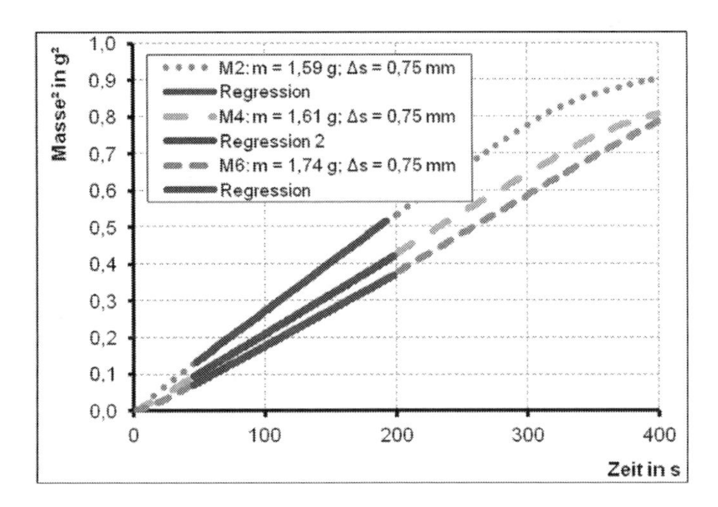

Abb. 9: m²-t-Diagramm; δ von MW1b mit Wasser; $m_P \approx 1,5$ g; $\Delta s = 0,75$ mm; $n_{St} = 50$

Aus der Steigung der jeweiligen Regressionsgeraden kann der Randwinkel δ ermittelt werden. Es gilt folgende Tabelle 4:

Tabelle 4: Randwinkel MW1b mit Wasser; $m_P \approx 1{,}5$ g; $\Delta s = 0{,}75$ mm; $n_{St} = 50$ (vgl. Abbildung 9)

Messung Nr.	**δ [°]**
2	77,91
4	80,21
6	80,81
Mittelwert	79,64

Im nächsten Schritt wird dem Grundmaterial MW1b, dem sogenannten Mauerwerksbruch fester stofflicher Zusammensetzung, ein Blähmittel hinzugegeben. Hierfür dienlich ist reines SiC, wobei der Anteil am Gesamtgemenge 3 Gew.-% beträgt. Zunächst wird wieder die Kapillaritätskonstante $A_K^2 \cdot \kappa$ bestimmt.

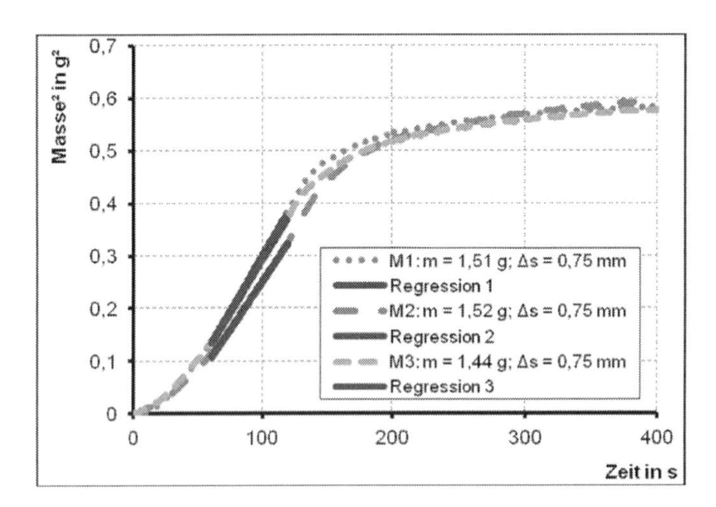

Abb. 10: m²-t-Diagramm; $A_K^2 \cdot \kappa$ von MW1b & SiC mit n-Hexan; $m_P \approx 1{,}5$ g; $\Delta s = 0{,}75$ mm; $n_{St} = 50$

Für die Kapillaritätskonstante $A_K^2 \cdot \kappa$ gilt:

Tabelle 5: $A_K^2 \cdot \kappa$ mit n-Hexan; $m_P \approx 1{,}5$ g; $\Delta s = 0{,}75$ mm; $n_{St} = 50$ (vgl. Abb. 10)

Messung Nr.	**$A_K^2 \cdot \kappa$ [cm⁵]**
1	$1{,}698 \cdot 10^{-6}$
2	$1{,}467 \cdot 10^{-6}$
3	$1{,}625 \cdot 10^{-6}$
Mittelwert	$1{,}596 \cdot 10^{-6}$

Nach der Bestimmung der Kapillaritätskonstanten $A_K^2 \cdot \kappa$ kann wiederum der Randwinkel δ gemessen werden. Die zugehörigen Graphen sind in Abbildung 11 eingefügt. Es ist bei Messung 2 und Messung 3 zu erkennen, dass die Schüttung in Glasröhrchen nach einer bestimmten Zeit t zusammenbricht. Dies wird am deutlichen Knick in den Kurven mit nachfolgend steilerem Verlauf erkennbar. Es bildet sich hierbei ein Hohlraum zwischen Schüttung und Glasröhrchen in dem die Flüssigkeit nach oben steigen kann ohne die Schüttung zu durchdringen. Für die Bestimmung der Regressionsgeraden wird dementsprechend der Kurvenverlauf vor dem Knick herangezogen.

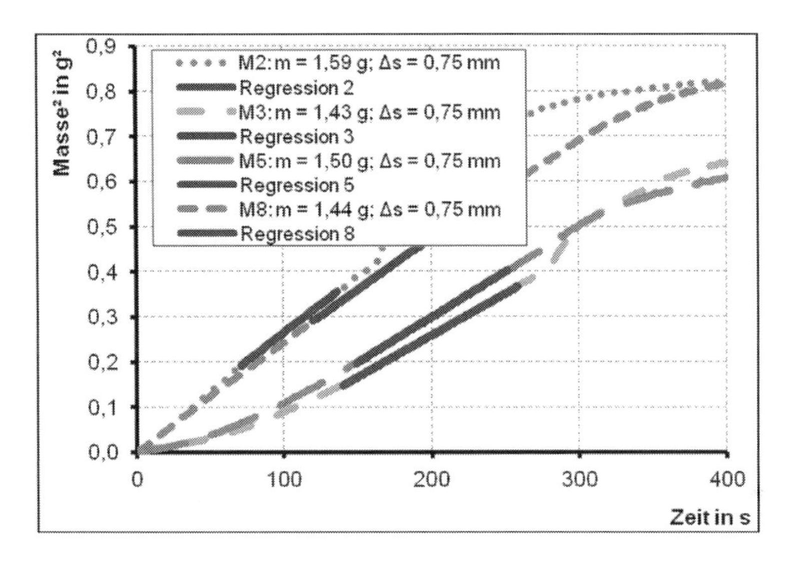

Abb. 11: m^2-t-Diagramm; δ von MW1b & SiC mit Wasser; $m_P \approx 1{,}5$ g; $\Delta s = 0{,}75$ mm; $n_{St} = 50$

Der Randwinkel kann nach Tabelle 6 aus den einzelnen Regressionsgeraden gemittelt werden. Es gilt:

Tabelle 6: Randwinkel MW1b & SiC mit Wasser; $m_P \approx 1{,}5$ g; $\Delta s = 0{,}75$ mm; $n_{St} = 50$ (vgl. Abbildung 11)

Messung Nr.	**δ [°]**
2	77,52
3	80,68
5	79,86
8	78,49
Mittelwert	79,14

Zusammenfassend werden die Randwinkel δ für Mauerwerksbruch MW1b und für das Gemenge Mauerwerksbruch und Siliciumcarbid gegenübergestellt.

Tabelle 7: Randwinkel δ bei konstantem m_P, Δs und n_{St} für MW1b und MW1b & SiC

Material	$A_K^2 \cdot \kappa$ [cm^5]	**δ [°]**
MW1b	$1{,}754 \cdot 10^{-6}$	79,15
MW1b mit 3 Gew.-% SiC	$1{,}596 \cdot 10^{-6}$	79,14

Es wird deutlich, dass durch die Zugabe von SiC keine Veränderung der Benetzungseigenschaften von Mauerwerksbruch auftritt. Für die nachfolgende Diskussion der Ergebnisse wird deshalb für Mauerwerksbruch durchgeführt.

4 Diskussion

Im Folgenden wird die Festigkeit σ der Agglomerate mittels des Randwinkels δ modelliert. Im ersten Schritt wird die Haftkraft F_{FB}, welche aufgrund der Flüssigkeitsbrücken auftritt, berechnet. Dazu wird Gleichung 12 angewandt.

$$F_{FB} = \gamma_{lv} \cdot \pi \cdot x \cdot \sin\beta \cdot \left[\sin(\beta + \delta) \cdot \frac{x}{4} \cdot \left(\frac{1}{R_1} - \frac{1}{R_2} \right) \cdot \sin\beta \right] \quad (12)$$

Für die Haftkraftkomponenten aus dem kapillaren Unterdruck F_K und aus der Randkraft F_R gilt:

$$F_K = p_k \cdot A_u = \gamma_{lv} \cdot \left(\frac{1}{R_1} - \frac{1}{R_2} \right) \cdot \frac{\pi}{4} \cdot x^2 \cdot \sin^2\beta \quad (13)$$

$$F_R = \gamma_{lv} \cdot \pi \cdot x \cdot \sin\beta \cdot \sin(\beta + \delta) \quad (14)$$

Die Variable β ist ein Maß für die Größe der Flüssigkeitsbrücke. Im Folgenden werden die Berechnungen für Mauerwerksbruch mit 3 Gew.-% SiC durchgeführt. Dies hat zwei Gründe. Zum einen wird dieses Material bei dem Projekt „Aufbaukörnungen" als Sekundärrohstoff verwendet. Zum anderen unterscheidet sich der Randwinkel zu reinem MW1b nur sehr geringfügig, sodass die Berechnungsergebnisse für beide Materialströme bis auf wenige Nachkommastellen identisch sind.

In Kapitel 4 wird, wenn nicht anders erwähnt, mit folgenden Parametern gerechnet:

- **Partikelgröße x = 20,2 µm** (mittlere Partikelgröße x_M, vgl. Abbildung 6);
- **Randwinkel δ = 79,1°;**
- **Feuchtigkeit X_m = 19,6 %;**
- **Porosität ε_A = 0,68.**

Die Zugfestigkeit Festigkeit $\sigma_{Z,FB}$ kann mittels der Haftkraft F_{FB} errechnet werden. Es gilt:

$$\sigma_{Z,FB} = \frac{1-\varepsilon_A}{\varepsilon_A} \cdot \frac{F_{FB}}{x^2} \qquad (15)$$

Dadurch lässt sich die Zugfestigkeit $\sigma_{Z,FB}$ der Grüngranulate berechnen und in nachfolgender Abbildung 12 ausgeben.

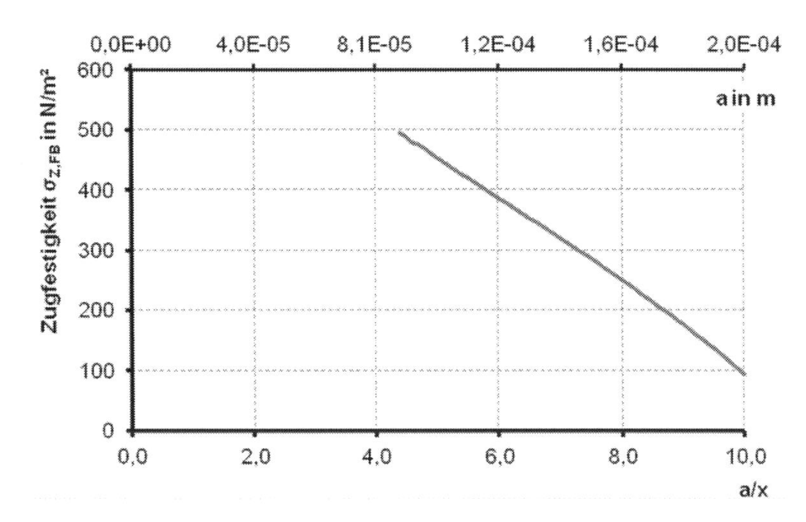

Abb. 12: Zugfestigkeit $\sigma_{Z,FB}$ über a/x bzw. a; δ = 79,14°; X_m = 19,6 %; ε_A = 0,68

Es gelten folgende Grenzen für die Zugfestigkeit $\sigma_{Z,FB}$:

94,4 N/m² $\sigma_{Z,FB} \leq$ 494 N/m², für 8,90 m · $10^{-5} \leq a \leq 2{,}02 \cdot 10^{-4}$ m.

Dies gilt für die feuchten Grüngranulate im Granulierteller. Zu beachten ist, dass diese noch einem Trocknungsvorgang unterliegen und dabei eine Festigkeitserhöhung durch Festkörperbrücken stattfinden. Untersucht werden soll nun, wie und in welchem Maße die Festigkeit der Grüngranulate durch Änderung des Randwinkels δ und der Feuchtigkeit X_m erhöht werden kann. Wichtigster Parameter hinsichtlich der Benetzung ist der Randwinkel δ, welcher mit $\delta \approx 80°$ hinreichend hoch ist. Eine hypothetische Halbierung des Randwinkels auf $\delta = 40°$ ergeben die Zusammenhänge im σ_Z-a-Diagramm (Abb. 13).

Die Feuchtigkeit X_m = 19,6 % und die Porosität ε_A = 0,68 bleiben konstant. Es wird deutlich, dass die Zugfestigkeit bei Vergrößerung der Abstände auf $a \geq 2{,}670 \cdot 10^{-5}$ m negative Werte annimmt. Das heißt, es kann keine Agglomeration stattfinden. Für kleinere Abstände ist die Zugfestigkeit höher als für Wasser mit δ = 79,14°. Das heißt es werden höhere Festigkeiten schon für kleine Abstände a erreicht. Durch Zugabe eines Tensids zum Bindemittel Wasser kann die Oberflächenspannung vermindert werden. Dadurch erniedrigt sich der Randwinkel δ.

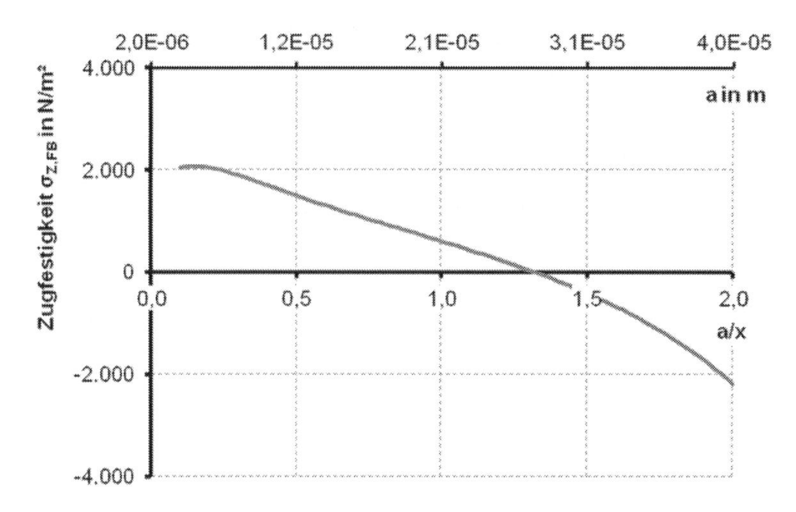

Abb. 13: Zugfestigkeit $\sigma_{Z,FB}$ über a/x bzw. a; $\delta = 40°$; $X_m = 19,6$ %; $\varepsilon_A = 0,68$

Des Weiteren wird untersucht, wie sich die Haftkraft F_{FB} und die Zugfestigkeit $\sigma_{Z,FB}$ ändert, wenn die Feuchtigkeit X_m auf $X_m = 13$ % erniedrigt wird. Der Randwinkel $\delta = 79,14°$ und die Porosität $\varepsilon_A = 0,68$ bleiben konstant. Für die Zugfestigkeit $\sigma_{Z,FB}$ gilt damit die Funktion Abbildung 14.

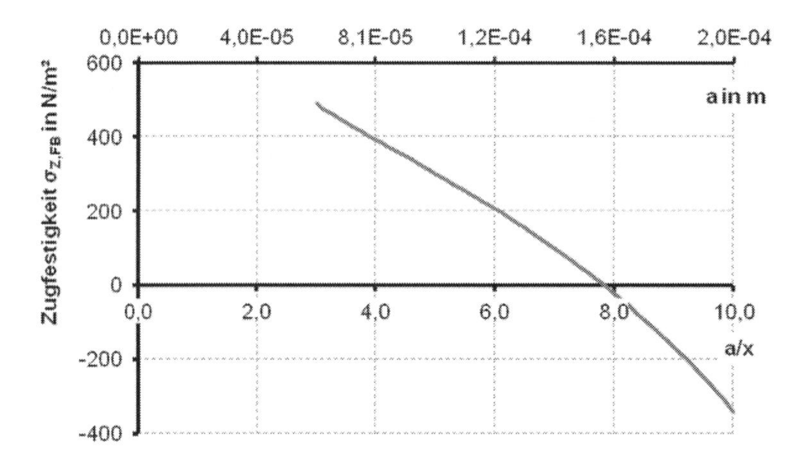

Abb. 14: Zugfestigkeit $\sigma_{Z,FB}$ über a/x bzw. a; $\delta = 79,14°$; $X_m = 13,0$ %; $\varepsilon_A = 0,68$

Die Haftkraft F_{FB} wirkt somit bei gleichen Parameter $\varepsilon_A = 0,68$ schon bei geringeren Abständen. Es gilt $a_{min} = 6,07 \cdot 10^{-5}$ m. Dementsprechend wirken schon für Abstande $a/x > 8$ abstoßende Kräfte. Daraus ergibt sich, dass bei geringer Feuchtigkeit die Primärpartikel geringere Abstände erreichen können, bevor die Flüssigkeitsbrücken sich auflösen. Bei Erhöhung der Feuchtigkeit bei gleichzeitiger Kontinuität des Abstandes a würde das Agglomerat in den Übergangsbereich

übergehen. Für größere Feuchtigkeit X_m können aber Partikel für größeren Abstand a eingefangen werden und die Zugfestigkeit $\sigma_{Z,FB}$ ist schon für weite Abstände größer.
Als Ergebnis dieser Arbeit lassen sich Vorhersagen über die Agglomerationsfähigkeit tätigen. Dazu ist die Analyse der Benetzungseigenschaften der Materialkombination Feststoff und Flüssigkeit notwendig. Für Mauerwerksbruch gilt, dass durch dem Randwinkel $\delta = 79{,}14°$ mit Wasser eine Benetzung mittels Zweistoffdüse im Granulierteller sehr schwierig ist. Durch Zugabe von Tensiden, welche den Randwinkel verkleinern, können bessere Agglomerationsergebnisse erzielt werden. Hierzu sind weiterführende Untersuchungen nötig.

5 Literatur

[1] Sastry, K. V.S. und Fürstenau, D. W., Agglomeration 77, *Am. Inst. Min., Petrol. Engs., Inc., 2 Bände.* 1977, pp. 381 - 402

[2] Heinze, G., *Handbuch der Agglomerationstechnik,*. Weinheim: Wiley-VCH Verlag, 2000

[3] Washburn, E., “The dynamics of capillary Flow”, *Phys. Review.* 17, 1921, No. 3, pp. 273-283

METALLRÜCKGEWINNUNG AUS HAUSMÜLLVERBRENNUNGSSCHLACKE

V. Enzner, K. Kuchta

Abfallressourcenwirtschaft am Institut für Umwelttechnik und Energiewirtschaft, Technische Universität Hamburg, Harburger Schloßstraße 36, 21079 Hamburg, E-mail: verena.enzner@tuhh.de

Hausmüllverbrennungsschlacke, Schlackeaufbereitung, Metallrückgewinnung

1 Einleitung

In Deutschland wurde im Jahr 2010 24 Mio. Mg Abfall thermisch verwertet [1]. Die daraus resultierende Schlacke beträgt ungefähr 35 % der Abfallmenge. Darin sind durchschnittlich 7 - 10 % Metall enthalten [2]. Das Hauptmetall hierbei ist Eisen, bei dem mit der konventionellen Schlackeaufbereitung eine Rückgewinnung von bis zu 96 % erreicht wird. Im Gegensatz dazu werden bei den NE-Metallen sehr unterschiedlich Rückgewinnungsquoten zwischen 11 - 75 % erzielt. Diese Fraktion besteht zu großen Teilen aus Aluminium, Kupfer und Zink. Daneben sind verschiedene Schwermetalle und zu geringen Konzentrationen auch Edelmetalle und seltene Erden enthalten.

Durch die zunehmende Verwendung seltener Metalle, beispielsweise in der Elektronik, steigt deren Nachfrage in den Industrienationen. Aber auch in den aufstrebenden Nationen wird - bedingt durch deren Entwicklung - zunehmend mehr nachgefragt. Die vorhandenen Ressourcenvorräte befinden sich in der Hand weniger Länder. Eines davon ist China, das immer wieder Bestrebungen zeigt, diese Ressourcen für die eigene Verwendung zurückzuhalten und die Ausfuhr zu limitieren. Vor diesem Hintergrund wird es zunehmend relevant, sekundäre Quellen zu nutzen. Ein zusätzlicher Grund sind die immensen Umweltauswirkungen, die mit dem Abbau verbunden sind.

Das Verbundvorhaben „Aufschluss, Trennung und Rückgewinnung von ressourcen-relevanten Metallen aus Rückständen thermischer Prozesse mit innovativen Verfahren (ATR)“ beschäftigt sich mit innovativen Technologien zur Rückgewinnung von Wertstoffen aus Aschen, Verbesserung von Stofftrennverfahren und der Aufbereitung von Sekundärrohstoffen für höherwertige Verwendungszwecke. Das Institut für Umwelttechnik und Energiewirtschaft (IUE) der TU Hamburg arbeitet im Auftrag der Stadtreinigung Hamburg an Recherchen zu Metallgehalten in Abfällen sowie der analytischen Begleitung der Stadtreinigungsaktivitäten. Die Aufbereitung der Hamburger Aschen soll mit einem Aggregat der Firma TARTECH für Rohschlacken, und bereits über verschiedene Zeiträume abgelagerten Schlacken erfolgen und insbesondere die Ausbeute von NE-Metallen steigern. Die Inbetriebnahme der innovativen Aufbereitung ist im Februar 2014 geplant und die weitergehende Aufbereitung soll ab Juni 2014 betrieben werden. Vor diesem Hintergrund werden im Folgenden die Ergebnisse der Hintergrund-Recherchen zu Schlackebehandlungsverfahren, -zusammensetzung und Analyseverfahren präsentiert.

2 Schlacke und Schlackeaufbereitung

2.1 Schlackezusammensetzung

Die Zusammensetzung der Rohschlacke ist im Wesentlichen abhängig von den eingesetzten Abfällen. Dabei variiert zum Beispiel die Zusammensetzung von Hausmüll aufgrund der Wohnstruktur, der Saison und anderer regionaler Einflüsse.

Da während der Verbrennung nahezu die komplette organische Substanz umgesetzt wird, verbleiben als Rückstände die Flugasche, Reste der Rauchgasreinigung sowie die Rostasche oder Rostschlacke (im Folgenden als Schlacken bezeichnet). Für deutsche Schlacken werden folgende Schwankungsbreiten in der Literatur angegeben: 1 - 5 % Unverbranntes, 7 - 10 % Metallschrott sowie 85 - 90 % (jeweils in Masseprozenten) mineralische Fraktion [2].

Aus chemischer Sicht besteht die Schlacke hauptsächlich aus Silikat-, Oxid- und Carbonatverbindungen. Auf Elementebene bedeutet dies: Silizium, Calcium, Eisen und Aluminium. Weitere Hauptbestandteile sind Natrium, Magnesium, Kalium, Phosphor, Schwefel, Chlor und Kohlenstoff. Im Spurenbereich sind auch die Elemente Barium, Strontium, Rubidium, Titan, Mangan, Fluor, Arsen, Blei, Cadmium, Chrom, Kupfer, Nickel, Quecksilber, Zinn und Zink vorhanden.

Einige Metalle sind in den Schlacken in rückgewinnungs-relevanten Größenordnungen vorhanden. Neben den Basismetallen Eisen, Kupfer oder Aluminium stehen heute vor allem die strategischen Metalle, z.B. Edelmetalle oder seltene Erden, im Fokus. So wurden zum Beispiel in der Schlacke der Amsterdamer Hausmüllverbrennung verschiedene Edelmetalle untersucht [3]. Dabei konnten in der Fraktion kleiner 2 mm eine Silberkonzentration von 2,1 g/Mg und eine Goldkonzentration von 0,11 g/Mg gemessen worden. In einer Schweizer Studie [4] wurde der Gehalt an Edelmetallen, seltene Erden und weiterer als kritisch eingestufter Metalle untersucht. Die Ergebnisse zeigen, dass relevante Mengen vorhanden sind, aber auch, dass die Bestimmung aufgrund der inhomogenen Verteilung der Metalle zu mitunter hohen relativen Standardabweichungen führen kann. So kann Gold z.B. in Form von „Nuggets“ vorliegen und damit eine repräsentative Probenahme erschweren. Bei der aktuellen jährlichen Inputmenge der Verbrennungsanlage und einer vollständigen Rückgewinnung könnten in dieser Anlage 1100 kg/a Silber, 81 kg/a Gold und 1500 kg/a Neodym zurückgewonnen werden [4].

Tabelle 1 zeigt verschiedene Ergebnisse zur Bestimmung der Metallkonzentrationen in Hausmüllverbrennungsschlacken. Um Vergleichbarkeit herzustellen, sind hier nur Konzentrationen aufgeführt, die sich auf die gesamte Schlacke beziehen und nicht auf einzelne Fraktionen. Für Edelmetalle und seltene Erden gibt es bisher nur wenige Messungen, welche oft sehr spezifisch für einzelne Fraktionen sind.

In der Zusammenstellung sind die aufgeführten Metallgehalte vor allem für die Basismetalle sehr unterschiedlich, d.h. die vorhandenen Werte weichen bis zum Faktor 15 voneinander ab. Dieses Bild verdeutlicht, dass bei Hausmüllschlacken keine konstanten Konzentrationen der Inhaltsstoffe vorliegen. Es handelt sich um ein stark veränderliches Gut, welches den oben beschriebenen Faktoren unterliegt. Die aufgeführten Edelmetalle und seltenen Erden zeigen das hohe Potenzial der Schlacke, welches in Zukunft erschlossen werden soll.

Tabelle 1: Metallgehalte in Schlacken aus verschiedenen Untersuchungen (Klein 2002, Shen 2003, Morf 2013)

Metall [mg/kg]	**Klein 2002 [5]**	**Shen 2003 [6]**	**Morf 2013 [4]**
Eisen (Fe)	40 000 – 230 000	27 000 – 150 000	32 000
Aluminium (Al)	12 000 – 180 000	47 000 – 72 000	17 000
Kupfer (Cu)	400 – 4 000	900 – 4 800	2 230
Zink (Zn)	3000 – 15 000	1 800 – 6 200	1 600
Silber (Ag)			5,3
Gold (Au)			0,4
Neodym (Nd)			7,26
Gadolinium (Gd)			0,75
Praseodym (Pr)			1,9
Yttrium (Y)			7,85

2.2 Abgelagerte Schlacken

Neben den kontinuierlich anfallenden Verbrennungsschlacken müssen auch historische Schlacken in Betracht gezogen werden. Ein Großteil der Schlacken wurde und wird als Baumaterial verwertet. Die darin vorhandenen Rohstoffe sind damit erst einmal festgelegt. Für die weitergehende Rückgewinnung von Metallen sind deshalb vor allem die abgelagerten Schlacken relevant [7]. Unter dem Aspekt des Ressourcenpotenzials sind verschiedene Faktoren zu berück-

sichtigen. Die historischen Schlacken weisen vermutlich ein höheres Metallpotential auf, da die Abscheidung in den letzten Jahres wesentlich intensiviert und technologisch verbessert wurde. So ist zum Beispiel die Abtrennung von nicht-magnetischen Metallen erst in den letzten Jahren flächendeckend umgesetzt worden. Das bedeutet, dass in älteren Schlacken höhere Metallgehalte vermutet werden können. Gleichzeitig haben sich auch die Trenn-Anforderungen an der Quelle, d.h. im Haushalt, verändert. Wesentliche Meilensteine in der Verringerung der Metallgehalte im Restmüll waren die Einführung des „gelben Sacks", die Getrenntsammlung von Elektro- und Elektronikaltgeräten und die in einigen Bundesländern umgesetzte Wertstofftonne.
Stehen jedoch die Edelmetalle und seltenen Erden im Fokus, so müssen vor allem die technischen Entwicklungen im Bereich der Elektro- und Elektronikgeräte berücksichtigt werden. Trotz des Trends zur Miniaturisierung und damit geringeren Mengen eines Stoffes in den Geräten gibt es insgesamt eine zunehmende Verwendung seltener Metalle wie strategischer Metalle und seltener Erden. Ein wesentlicher Punkt ist natürlich auch die gestiegene Verbreitung dieser Geräte. Im Gegensatz zu Elektrogroßgeräten wie Waschmaschinen, die eher selten in den Hausmüll geraten, finden sich Kleingeräte wie Mobiltelefone, Ladegeräte, USB-Sticks oder Taschenrechner vermehrt dort. Solche Fehlwürfe gelten als Hauptquelle für Edelmetalle und seltene Erden in Hausmüllverbrennungsschlacken.

2.3 Schlackeaufbereitung

Die konventionelle Schlackeaufbereitung beginnt in Deutschland mit dem Austrag aus dem Nassentschlacker. Nach einer Alterung von ca. drei Monaten erfolgt die Aufteilung in verschiedene Korngrößen und Materialfraktionen. Innerhalb dieses Aufteilungsprozesses werden verschiedene Magnetabscheider, Windsichter und Wirbelstromabscheider eingesetzt. Gegebenenfalls werden zusätzlich Zerkleinerungsaggregate genutzt.
Abb. 1 zeigt beispielhaft die Schlackeaufbereitung in Stapelfeld bei Hamburg. Um eine erhöhte Abscheidung der NE-Metalle bei gleichzeitig höherer Qualität sowie eine weitergehenden Klassierung der mineralischen Schlackeprodukte zu erreichen, kann die konventionelle Schlackeaufbereitung ergänzt oder alternative, innovative Behandlungsverfahren entwickelt und genutzt werden. Ein zusätzlicher innovativer Prozessschritt ist zum Beispiel der Hydrobandabscheider. Der Trockenentschlacker als alternativer Prozessschritt weißt eine bessere Qualität als die nasse Variante auf. Durch die den geringeren Wassergehalt kommt es zu keiner Verklumpung mit der mineralischen Fraktion und Schwermetalle können trockenmechanisch abgetrennt werden [2, 9]. Alternative Behandlungsverfahren könnten z.B. das ATZ-

Eisenbadreaktorverfahren, das RCP (Recycled Clean Products)-Verfahren oder das INASHCO-Verfahren darstellen.

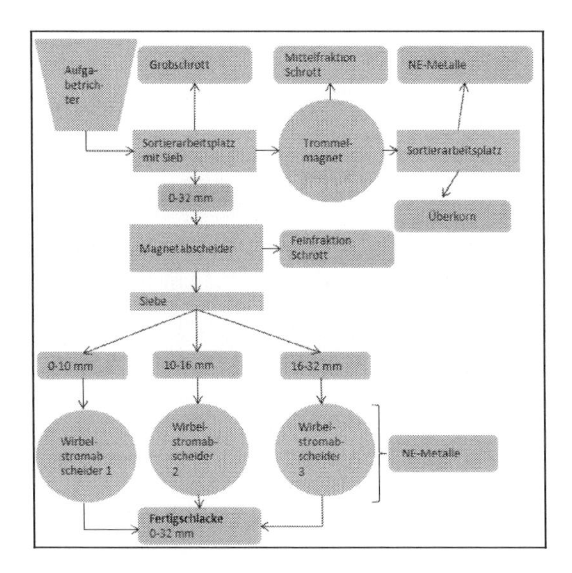

Abb. 1: Schlackeaufbereitung in Stapelfeld (Harder (verändert) nach Eon Hanse [8])

2.4 Orientierende Untersuchungen

Im Rahmen des ATR-Projekts wurden verschiedene orientierende Untersuchungen mit Schlacken aus Hamburg durchgeführt. Hauptaugenmerk im ersten Schritt war das grundsätzliche Potenzial sowie das erforderliche Analysespektrum. Zu diesem Zweck wurden Screening-Untersuchungen zum Metallgehalt durchgeführt. Für diese Voruntersuchung kamen folgende Analysemethoden zum Einsatz: Direkte Schlackefeststoffmessung mittels Röntgenfluoreszenzanalyse-Handgerät (im Folgenden RFA genannt), Schmelzaufschlüsse durch optische Emissionsspektrometrie mittels induktiv gekoppelten Plasma („inductively coupled plasma optical emission spectrometry" – ICP-OES) gemessen sowie mit der Atomabsorptionsspektrometrie (AAS) gemessene Säureaufschlüsse aus Schlacke.

Die RFA-Messungen erfolgten an verschiedenen Korngrößenfraktionen der Schlackeaufbereitung Hamburger Schlacken jeweils vor und nach der Metallabscheidung. Zusätzlich konnten Proben aus einer Schlackedeponie in Schleswig-Holstein und aus einer Deponie bei Berlin untersucht werden.

Das Screening ergab für die frischen Schlacken folgendes Metallspektrum: Eisen, Kupfer, Zink, Blei, Wolfram, Zirkonium, Molybdän und Kobald. Erste Untersuchungen der Fraktion 18 - 32 mm weisen auch Hafnium, Tantal und Rhenium nach. Diese Ergebnisse müssen in den weiteren Untersuchungen verifiziert werden.

Die folgende Abb. 2 zeigt Eindrücke von einer Schlackedeponie aus Schleswig-Holstein, wo aus verschiedenen Bereichen und verschiedenen Fraktionen Proben entnommen wurden.

Abb. 2: Schlackedeponie in Schleswig-Holstein

Diese Proben wurden getrocknet, verascht und mit Lithium-Tetraborat geschmolzen. Aus den Schmelzaufschlüssen wurden vier Proben gewonnen und mittels ICP-OES gemessen. Die Mittelwerte zeigt Tabelle 2. Auffällig dabei ist vor allem der hohe Neodym-Gehalt. Auch wenn die Zuordnung der Proben zum Herkunftsbereich bzw. einer MVA schwierig ist, können diese Ergebnisse als ein Indiz für relevante Neodym-Konzentrationen in Hausmüllverbrennungsschlacken gewertet werden.

Tabelle 2: Ergebnisse Schmelzaufschluss abgelagerte Schlacke-Deponie (Mittelwerte)

Metall [mg/kg]	Kupfer (Cu)	Eisen (Fe)	Gold (Au)	Silber (Ag)	Neodym (Nd)
	6490	157000	<250	<250	441

In einer Studie des IUE der Technischen Universität Hamburg wurden vier verschiedene Proben aus einer Hamburger Verbrennungsanlage untersucht [10]. Dabei wurden diese mittels Säureaufschluss vorbereitet und der Gehalt von Silber, Gold, Platin und Palladium mit Hilfe der AAS bestimmt. Die Ergebnisse sind in Tabelle 3 aufgeführt. Trotz relativ hoher Standardabweichungen weisen die Ergebnisse auf relevante Konzentrationen der Edelmetalle Gold, Platin und Silber hin.

Tabelle 3: Edelmetallgehalte in einer Hamburger Schlacke (Kücüker et al. 2013 [10])

Metall [mg/kg]	Gold (Au)	Platin (Pt)	Silber (Ag)	Palladium (Pd)
	3,79 ± 11,48	2,04 ± 3,02	167,03 ± 69,03	n.n.

3 Diskussion

Auf Basis der orientierenden Untersuchungen und der Ergebnisse der Literaturrecherche kann von einen erheblichen Potenzial für die Metallrückgewinnung ausgegangen werden. Der Stand der Technik erreicht Rückgewinnungsquoten bei Nichteisenmetallen von 11 - 75 %. Deren Verbesserung sollte Gegenstand zukünftiger Bemühungen sein.

Edelmetalle und seltene Erden sind häufig in sehr niedrigen Konzentrationen vorhanden. Aufgrund der anfallenden Schlackemengen handelt es sich dabei oft um hohe Absolutwerte. Wie oben bereits beschrieben, fallen bei der Schweizer Verbrennungsanlage Hinwil mit der umgesetzten Schlackemenge beispielweise 81 kg Gold auf ein Jahr hochgerechnet an. Zudem werden die Vorräte für Gold und andere Metalle immer geringer und abbauwürdige Konzentrationen an Erzen unterbieten die Konzentrationen in der Schlacke bereits heute. Zusätzlich gilt es, die Abbaubedingungen zu beachten. Neben den relevanten Umweltbelastungen, die beim Abbau und dem Herauslösen der Metalle aus den Erzen auftreten, findet der Abbau dieser Vorkommen unter Umständen in politisch instabilen Regionen und unter inakzeptablen sozialen Bedingungen statt.

Das IUE der TU Hamburg hat neben den Basismetallen Eisen, Aluminium, Kupfer und Zink auch die Edelmetalle Gold, Silber und Platin sowie die seltenen Erden Neodym, Tantal, Hafnium und Rhenium nachgewiesen. Vor diesem Hintergrund sollte die Rückgewinnung dieser Metalle weitergehend untersucht und geeignete Verfahren entwickelt werden. Zusätzlich sollten auch Ergebnisse der Literaturrecherche für das erforderliche Analysespektrum herangezogen werden. Nach der Studie von Morf 2013 [4] wären dies die seltenen Erden Dysprosium, Praseodym und Yttrium. Des Weiteren müssen zusätzliche Schlackeproben bei optimierter Probenvorbereitung im Sinne eines Elementscreenings untersucht werden. Mit Hilfe dieser Ergebnisse kann das Analysespektrum gegebenenfalls noch erweitert werden.

Dieses soll sowohl für die analytische Begleitung des Projekts ATR sowie für weitere Schlacken angewendet werden. Mit den Ergebnissen erfolgt neben der Beurteilung der Abscheideeffizienz der Aufbereitung auch eine Abschätzung der Konzentrationen der Edelmetalle und seltenen Erden sowie die Konzeption und Bewertung einer weitergehenden Aufbereitung.

4 Literatur

[1] Statistisches Bundesamt (2012): Umwelt: Abfallentsorgung - Abfallmengen nach Verwertungs- und Beseitigungsverfahren 2010. Wiesbaden. Online verfügbar unter https://www.destatis.de/DE/ZahlenFakten/GesamtwirtschaftUmwelt/Umwelt/Umweltstatistische Erhebungen/Abfallwirtschaft/Tabellen/Beseitigung_Verwertung_AE.pdf?__blob=publication, File, zuletzt aktualisiert am 19.10.2012, zuletzt geprüft am 14.10.2013.

[2] Alwast, Holger; Riemann, Axel (2010): Verbesserung der umweltrelevanten Qualitäten von Schlacken aus Abfallverbrennungsanlagen. UBA-FB 001409. 50/2010. Hg. v. UBA. Dessau-Roßlau.

[3] Muchova, Lenka; Bakker, Erwin; Rem, Peter (2009): Precious Metals in Municipal Solid Waste Incineration Bottom Ash. In: *Water Air Soil Pollut: Focus* 9 (1-2), S. 107–116.

[4] Morf, Leo S.; Gloor, Rolf; Haag, Olaf; Haupt, Melanie; Skutan, Stefan; Di Lorenzo, Fabian; Böni, Daniel (2013): Precious metals and rare earth elements in municipal solid waste – Sources and fate in a Swiss incineration plant. In: Waste Management 33 (3), S. 634–644.

[5] Klein, Ralf (2002): Wasser-, Stoff- und Energiebilanz von Deponien aus Müllverbrennungsschlacken. Dissertation TU München. Institut für Wasserchemie und Chemische Balneologie.

[6] Shen, Huiting; Forssberg, E. (2003): An overview of recovery of metals from slags. In: *Waste Management* 23, S. 933–949.

[7] Kuchta (2012): Rückgewinnung von Metallen aus Schlackedeponien und potentielle Verwertungswege. In: Deponietechnik 2012. R. Stegmann; G. Rettenberger; K. Fricke, K. Kuchta, K-U. Heyer. Deponietechnik 31.1.-1.2.2012.

[8] Harder, Arend (2013): Bilanzierung und Bewertung verschiedener Schlackeaufbereitungsschritte spezifisch für Hamburger Abfälle. Projektarbeit. Technische Universität Hamburg-Harburg, Hamburg.

[9] Mocker, Mario; Löh, Ingrid; Stenzel, Fabian; Deng, Peipei (2010): Verbrennungsrückstände - Herkunft und neue Nutzungsstrategien. In: Bernd Bilitewski, Martin Faulstich und A. Urban (Hg.): 15. Fachtagung Thermische Abfallbehandlung. 15. Fachtagung Thermische Abfallbehandlung. Dresden, 9. - 10. März. TU Dresden; TU München; Universität Kassel, S. 217–237.

[10] Kücüker, Mehmet Ali; Westphal, Luise; Kuchta, Kerstin (2013): Bottom Ash from municipal solid waste incineration. In: IWWG International Waste Working Group (Hg.): Sardinia_2013. Cossu, Pinjing He, Kjeldsen, Matsufuji, Reinhart und Stegmann. 14th International Waste Management and Landfill Symposium, 30.9.2013 - 4.10.2013, S. 372.

GEWINNUNG MIKROFIBRILLIERTER CELLULOSE (MFC) DURCH MECHANISCHEN AUFSCHLUSS

A. Köster[1], U. Förter-Barth[1], M. Herrmann[1], R. Schweppe[1], U. Teipel[1, 2]

[1] Fraunhofer-Institut für Chemische Technologie ICT, Joseph-von-Fraunhofer-Str. 7, 76327 Pfinztal, e-mail: alexander.koester@ict.fraunhofer.de

[2] Technische Hochschule Nürnberg Georg-Simon-Ohm, Mechanische Verfahrenstechnik/Partikeltechnik, Wassertorstraße 10, 90489 Nürnberg

Keywords: Zellulose, Mikrofasern, Nanofasern, mechanischer Aufschluss

1 Einleitung

Cellulose Nanofibrillen (NFC) mit Durchmessern von weniger als 100 nm und Längen im Bereich von einigen µm sind hochfest und bilden mit organischen als auch anorganischen Polymeren physikalisch-chemische Bindungen aus, weshalb sie sich als Verstärkungsfaser für Verbundwerkstoffe anbieten. Solche Fibrillen besitzen interessante Materialeigenschaften, wie z.B. Zugfestigkeiten im Bereich von Aluminium. Ihre gewichtsbezogene Festigkeit ist etwa 8-mal so groß wie die von Edelstahl. Durch den Einsatz NFC verstärkter Verbundwerkstoffe können Materialien mit Formsteifigkeiten im Bereich von Kevlar erreicht werden [7, 8, 9]. Cellulose-Nanofasern lassen sich somit als stabile, reaktive und biologisch abbaubare Ausgangsstoffe für Kompositematerialien nutzen (z.B. für Leichtbauwerkstoffe, als Membran- oder Filtermaterialien oder für Verpackungsmaterialien [1, 4, 6]). Diese Bio-Nano-Materialien eignen sich dann u.A. als Materialien für medizinische Anwendungen da sie als Träger für körpereigene Zellen fungieren können [2, 3]. Das Eigenschaftsprofil der Cellulose hängt also in hohem Maß von der inneren Struktur und Gestalt ab. Daher muss dieses für die verschiedenen Einsatzbereiche variiert werden. Dazu wird in dieser Arbeit ein zweistufiges mechanisches Verfahren vorgestellt, um Cellulosevliese in nanoskalige Fibrillen aufzuschließen.

2 Materialien und Methoden

2.1 Materialien

Die Struktur der Primärfasern lässt sich, wie in Abbildung 1 dargestellt, als Faserbündel von Mikro- und Nanofasern beschreiben, wobei je nach Ursprung der Cellulose noch verschiedene Mengen an amorphen Bereichen aus Hemicellulose eingelagert sind.

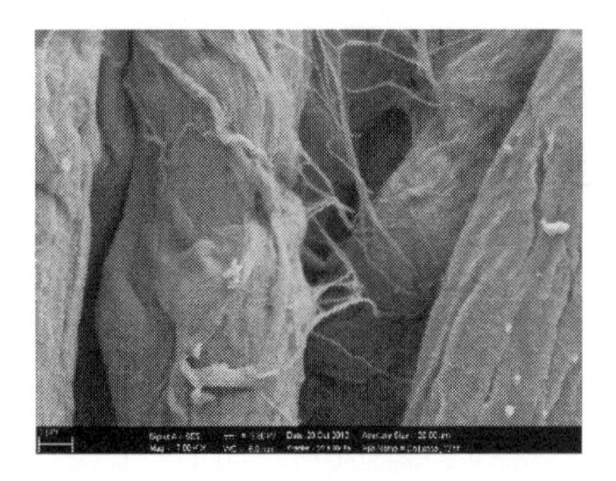
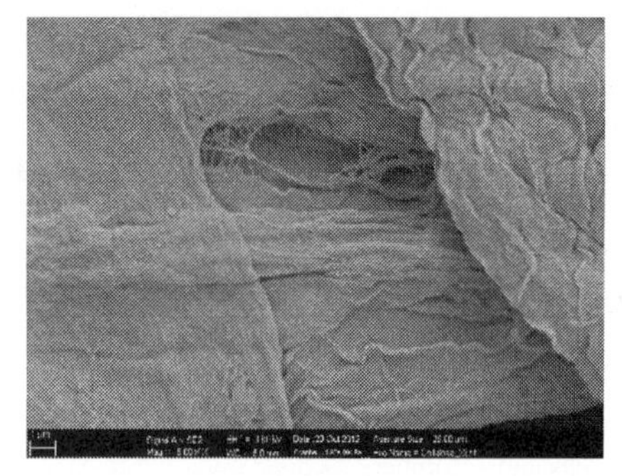

Abb. 1: Primärfaserstruktur

Als Ausgangsmaterial sind Celluloseproben auf Weichholzbasis von der Firma Domsjö Fabriker AB Schweden zur Verfügung gestellt worden (siehe Abb. 2).

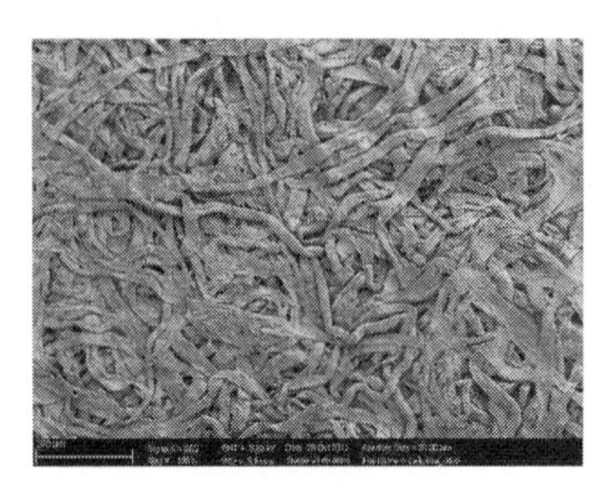
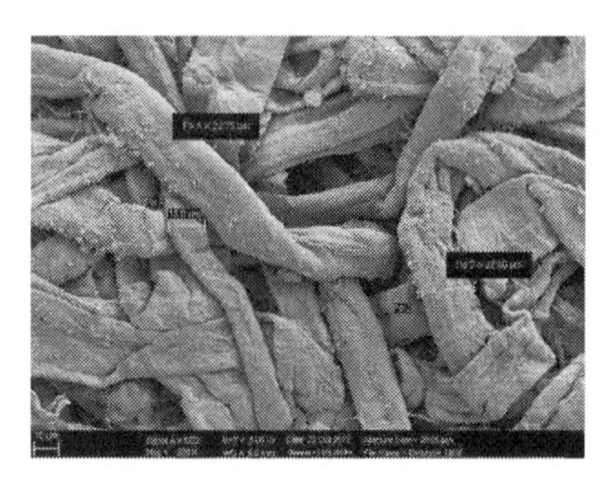

Abb. 2: Ausgangsmaterial

Zur Vereinzelung der Cellulose Einzelfasern wird eine Anlage bestehend aus einer Rührwerkskugelmühle einem temperierbaren Vorlagebehälter und einer Schlauchpumpe entsprechend Abbildung 3 eingesetzt. Dazu muss eine förderfähige Suspension hergestellt werden, die außerdem einen Aufschluss des Cellulose-Vlieses in Primärfasern gewährleisten soll. Als Dispersionsmittel ist aus der Literatur Natronlauge bekannt. Aus Versuchen ergeben sich die optimale NaOH Konzentration der Lauge zu 2 Mol/L und ein Massenverhältnis Dispersionsmittel zu Dispergens von 500:1. Die Rührwerkskugelmühle mit einem Mahlraumvolumen von 0,3 L wird mit Yttrium stabilisierten Zirkoniumoxidmahlkugeln des Durchmessers 0,70 bis 0,90 mm, einem Mahlkörperfüllungsgrad von 0,7 sowie einer Rotordrehzahl von 3000 min^{-1} kontinuierlich betrieben. Zum Abscheiden des Produktes wird eine wasserstrahlpumpenbetriebene Nutsche mit Filtereinsätzen der Porenweiten 16- 40 μm sowie 40- 100 μm eingesetzt.

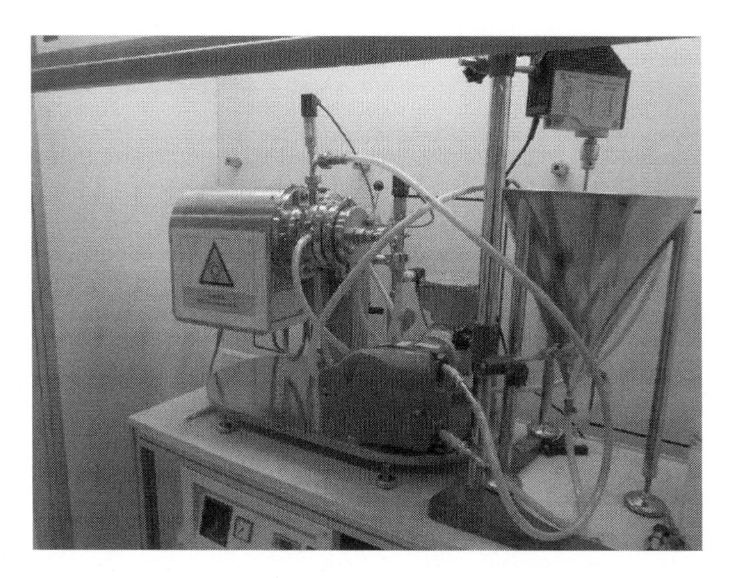

Abb. 3: Versuchsanlage (Rührwerkskugelmühle, Vorlagebehälter und Schlauchpumpe)

Das gesamte Verfahren sollte in zwei Verfahrensschritten erfolgen. Erstens die Vereinzelung der Primärfasern und zweitens die Herstellung von dispersen Nanocellulose Bausteinen. Eine Abscheidung der amorphen Bestandteile, die das Rohmaterial je nach Zusammensetzung aufweist, wird angestrebt.

2.2 Methoden

Zur Identifizierung eines geeigneten mechanischen Verfahrens zur Gewinnung von Nanocellulose sind im Folgenden verschiedene Apparate auf Ihre Eignung untersucht worden [5].

2.2.1 Homogenisierung / Mikrofluidisation

Die suspendierten Cellulosefasern werden einer Scherströmung ausgesetzt und je nach apparativer Umsetzung anschließend durch Umlenken der Strömung mit hohen Spannungen beaufschlagt.

Die hohen Strömungsgeschwindigkeiten bedingen einen hohen Druckabfall im System und damit hohe Energiekosten. Durch die geringen Rohrdurchmesser des Apparates besteht ein hohes Verstopfungsrisiko, welches nur durch eine mechanische Vorzerkleinerung in Grenzen zu halten ist. Durch homogene und definierte Beanspruchungszustände lassen sich Produkte mit enger Partikelgrößenverteilung herstellen. Zudem ist ein Up-Scaling gut möglich.

2.2.2 Disintegrator

Die hohen erreichbaren Scherspannungen werden durch zwei Rotoren oder einer Rotor- Stator-Kombination mit ineinander greifenden Geometrien auf das Mahlgut aufgebracht.

Durch die Beanspruchung des Mahlgutes ausschließlich durch Scherung wird die Faserlänge des Ausgangsmaterials kaum beeinträchtigt.

2.2.3 Rührwerks- / Ringspaltkugelmühle

Durch die Anlagenparameter Rotordrehzahl, Mahlgut- sowie Mahlkörperfüllungsgrad als auch Mahlkörpergröße ist eine große Variation des Beanspruchungszustandes möglich. Eine hohe Rotordrehzahl führt bei niedrigem Verhältnis von Mahlkörper- zu Mahlgutfüllungsgrad zu einer Mahlgutbeanspruchung mit hohen Normalspannungen durch Prallbeanspruchung und bei hohem Mahlkörper- zu Mahlgutfüllungsgrad zu hohen Scherspannungen durch Reibung.

Ein kontinuierlicher Betrieb ist mit solchen Anlagen möglich.

Aufgrund der möglichen Variation des Beanspruchungsintensität und der vergleichsweise hohen Toleranz der Anlage gegenüber Verstopfung ist eine Rührwerkskugelmühle ausgewählt worden.

3 Diskussion

Ein Aufschluss der Primärstruktur in Nanofasern konnte, wie in Abbildung 3 zu sehen, mittels Dispergierung in Natronlauge und anschließender Behandlung in einer Rührwerkskugelmühle erreicht werden.

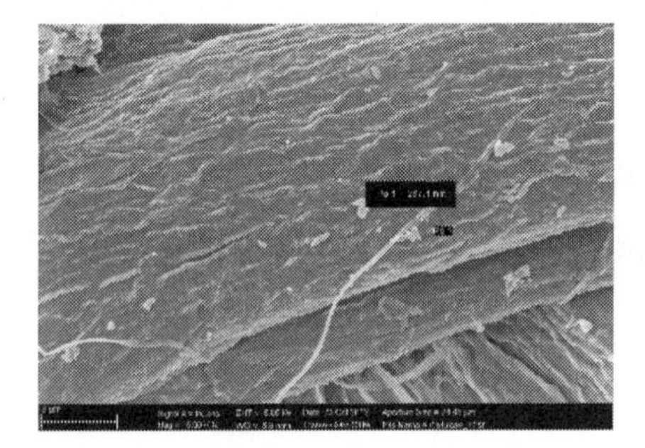

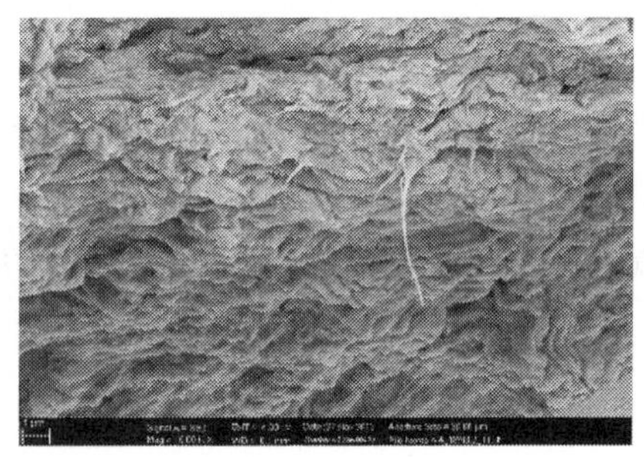

Abb. 4: Vor (links) und nach der Behandlung

Die flachen Primärfasern mit Querschnitten im Bereich von 100 μm^2 (20 μm x 5 μm) und einer Länge von mehreren Millimetern (siehe Abb. 2) werden durch die Behandlungsschritte in Nanofasern mit Durchmessern von einigen Nanometern bis etwa 30 nm (siehe Abb. 4) aufgeschlossen. Die Faserlänge scheint weitgehend erhalten geblieben zu sein (siehe Abb. 4). Die abgeschiedenen Fasern bilden eine vliesartige, verformbare, lockere Struktur. Die glatte Ebene in Abbildung 5 entstand durch Streichen mit einem Spatel.

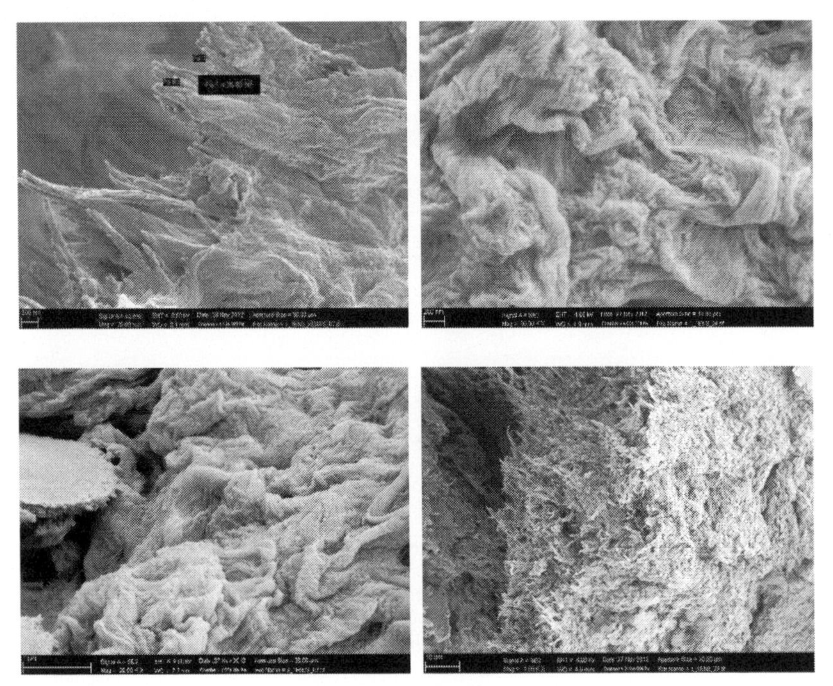

Abb. 5: Nanofasern – Verformbare, lockere Struktur

3.1 Kristallstruktur und Kristallitgröße

Abbildung 6 zeigt ein Röntgenbeugungsdiagramm des verwendeten Ausgangsmaterials und einer ultrafeinen Referenzprobe aus dem Fraunhofer ICT. Die Maxima der Reflexe bei 22,5° sowie bei 15° stammen von Cellulose Phase Iα. Abbildung 6 zeigt, dass es sich bei dem verwendeten Celluloserohmaterial um reine Cellulose handelt – es erscheinen keine zusätzlichen Reflexe oder Halos im Vergleich zum Beugungsmuster der Referenz. In Abbildung 7 ist das Beugungsdiagramm der durch den Zerkleinerungsprozess hergestellten Nanocellulose dargestellt. Auffällig ist, dass der Reflex bei 15° deutlich weniger ausgeprägt ist aber das Maximum bei 22,5° einen Hinweis auf kristalline Nanocellulose darstellt. Des Weiteren zeigt sich gegenüber der in Abbildung 6 dargestellten Makrocellulose ein verändertes Beugungsbild auf der 2-Theta Skala für größere Winkel. Die stark ausgeprägten Schultern sowie die Reflexe bei 28, 30 und 32 und 35° zeigen eine deutlich veränderte Struktur der Nanocellulose gegenüber dem Rohmaterial. Diese Reflexe weisen auf weitere mögliche Phasen der Nanocellulose hin. Nicht ganz ausgeschlossen werden kann das Vorhandensein von kristallinem Natriumhydrogencarbonat in dem System Nanocellulose, was auf eine Verunreinigung bei der Verarbeitung hindeuten würde. Peakprofilanalysen ergaben Kristallitgrößen von 4,0 nm für die Nanocellulose sowie 4,9 nm für das Ausgangsmaterial.

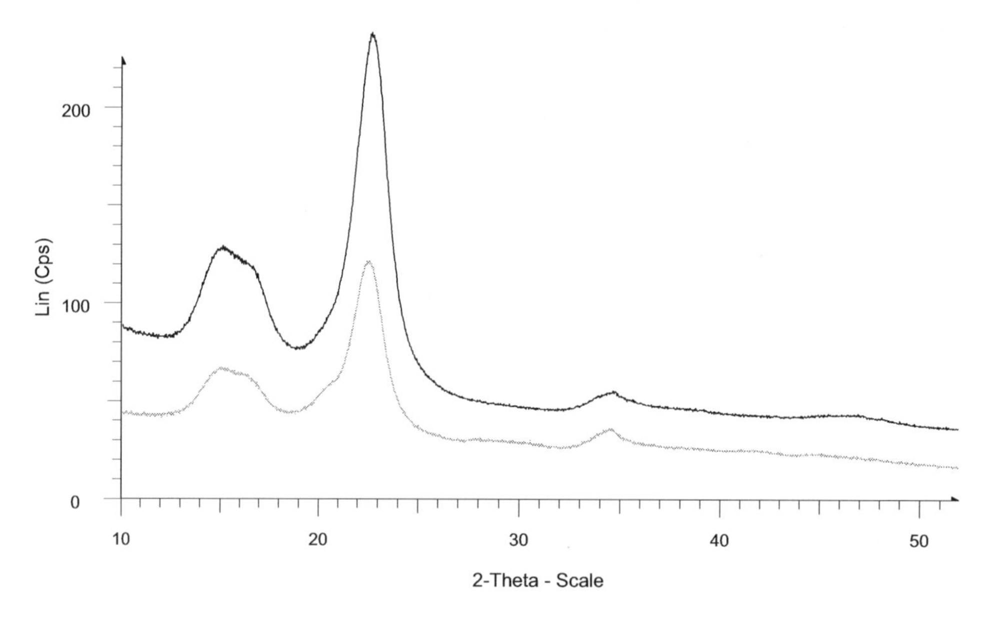

Abb. 6: Beugungsdiagramm Rohmaterial (schwarz) und Referenzmessung (grau)

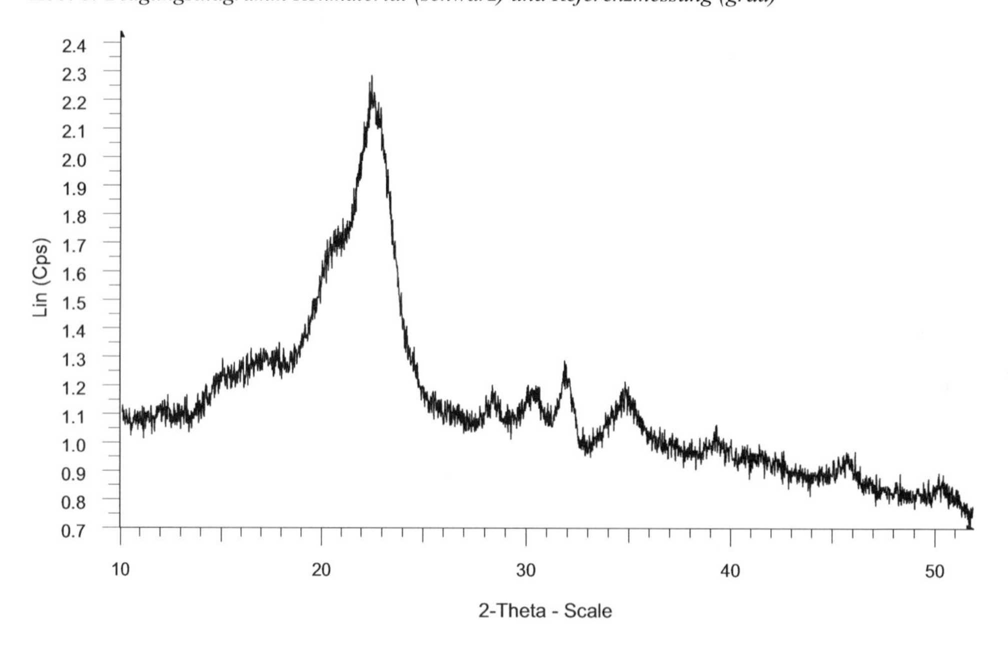

Abb. 7: Beugungsdiagramm Nanocellulose

4 Zusammenfassung

Durch eine zweistufige Behandlung von Cellulose-Rohmaterial konnten Nanofasern mit Durchmessern im Bereich von einigen nm bis einigen 10 nm gewonnen werden.

Um die Cellulosefasern dem Aufschluss in der Zerkleinerungsstufe zugänglich zu machen, wurden diese durch einen Dispergierschritt zuerst vereinzelt. Dabei wurde als optimales Dispersionsmittel Natronlauge bei einer Konzentration von 2 Mol/l identifiziert. Um die mikro- und nanoskalige Faserstruktur aufzuschließen, jedoch die Faserlänge weitestgehend zu erhalten, wurde eine Rührwerkskugelmühle mit hohem Mahlgutfüllungsgrad genutzt. Dadurch konnten Normalspannungen, die in erster Linie die Faserlänge beeinträchtigen, weitestgehend vermieden werden und der Spannungstensor zugunsten der Scherspannungen, die den Faserstruktur Aufschluss bewirken, beeinflusst werden.

5 Literatur

[1] C. Aulin, M. Gällstedt, T.Lindström: Oxygen and oil barrier properties of microfibrillated cellulose films and coatings. Cellulose 17 (2010), 559–574

[2] J. R. Capadona et al: Bio-inspired mechanically-dynamic polymer nanocomposites for intracortical microelectrode substrates. 214th ECS Meeting 2008/10/14

[3] M. Ioelovich et al.: Nano-Cellulose as Promising Biocarrier. Advanced Materials Research 47-50 (2008), 1286-1289

[4] W. Thielemans et al: Permselective nanostructured membranes based on cellulose nanowhiskers. Green Chemistry 11 (2009), 531–537

[5] K. L. Spence et al: A comparative study of energy consumption and physical properties of microfibrillated cellulose produced by different processing methods. Cellulose 18 (2011), 1097–1111

[6] M. Minelli et al: Investigation of mass transport properties of microfibrillated cellulose (MFC) films. Journal of Membrane Science 358 (2010), 67–75

[7] L. Petersson et al: Dispersion and Properties of Cellulose Nanowhiskers and Layered Silicates in Cellulose Acetate Butyrate Nanocomposites. Journal of Applied Polymer Science 112 (2009), 2001–2009

[8] H. Sehaqui et al: Wood cellulose biocomposites with fibrous structures at micro- and nanoscale. Composites Science and Technology 71 (2011), 382–387

[9] I. Siro: D. Plackett: Microfibrillated cellulose and new nanocomposite materials: a review. Cellulose 17 (2010), 459–494

MATERIALEFFIZIENZ-METHODENMATRIX - EIN INNOVATIVES TOOL ZUR STEIGERUNG DER MATERIALEFFIZIENZ IN PRODUZIERENDEN UNTERNEHMEN

S. Freiberger

Universität Bayreuth, Fraunhofer-Projektgruppe Prozessinnovation, Universitätsstraße 30, 95440 Bayreuth, e-mail: stefan.freiberger@uni-bayreuth.de

Keywords: Materialeffizienz, Methoden, Potentialanalyse, Produktion

1 Einleitung

Der Materialverbrauch hat im verarbeitenden Gewerbe in Deutschland einen Anteil von 45% am Bruttoproduktionswert (Personalkostenanteil lediglich 19%). Laut dem Wirtschaftsministerium liegt in der Materialeffizienzsteigerung in produzierenden Unternehmen ein Potential von 100 Milliarden Euro pro Jahr. Der erste und wesentliche Schritt zur Steigerung der Materialeffizienz ist die Aufdeckung der vorhandenen Materialeffizienzpotentiale in den Unternehmen. Um in den verschiedenen Branchen, Fertigungstypen und Wertschöpfungsstufen möglichst effizient und umfassend die Materialeffizienzpotentiale im Unternehmen aufzudecken ist es hilfreich geeignete Methoden, Tools und Lösungsansätze anzuwenden. Die Materialeffizienz-Methodenmatrix stellt bei dieser Herausforderung ein benutzerfreundliches Tool zur Verfügung.

Abb. 1: Durchführung einer Materialeffizienz-Potentialanalyse in einer zerspanenden Produktion

2 Auswahlkriterien innerhalb der Materialeffizienz-Methodenmatrix

Die Materialeffizienz-Methodenmatrix soll ein online und offline nutzbares Tool, welches für eine auszuwählende Branche (Metallverarbeitung, Kunststoffverarbeitung sowie Verpackung und Papier) eines auszuwählenden Fertigungstyps (Einzelteilproduktion, Kleinserienproduktion sowie Großserienproduktion) und einer auszuwählenden Wertschöpfungsstufe

- Vertrieb
- Entwicklung und Konstruktion
- Einkauf
- Produktionsplanung und Steuerung
- Produktionslogistik
- Verarbeitungsprozesse
- Montage
- Verpackung und Versand
- Reparatur und Wartung
- Recycling

geeignete Methoden, effiziente Tools, praktische Lösungsansätze, wichtige Kennzahlensysteme, Hinweise auf auftretende Hindernisse, nützliche externe Informationsquellen, Best Practice Beispiele und Methodenbeschreibungen übersichtlich dargestellt.

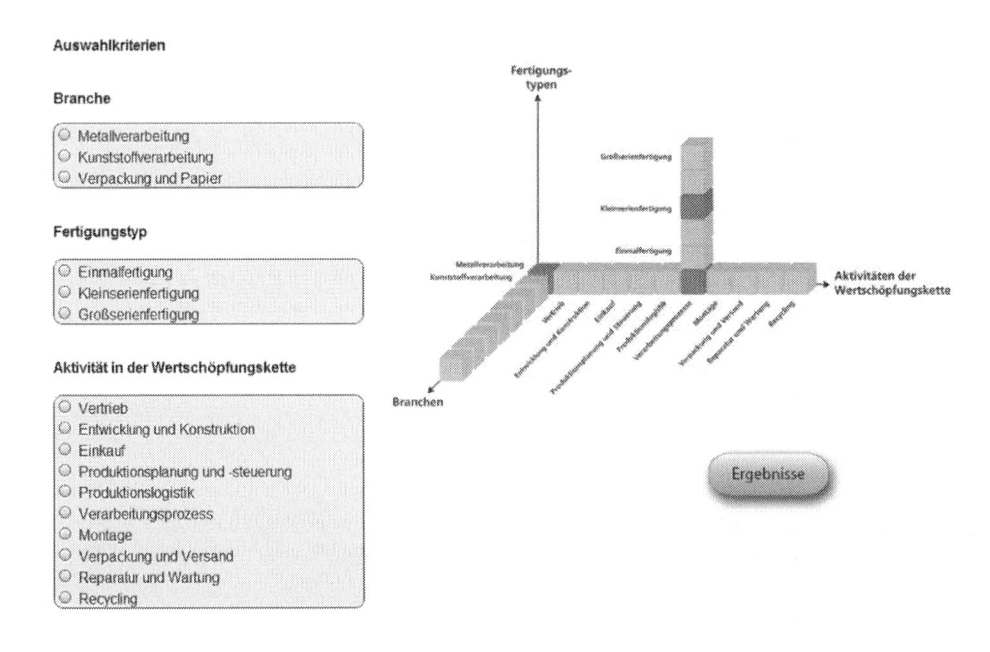

Abb. 2: Auswahlkriterien innerhalb der Methodenmatrix zur Selektion eines „Methodenwürfels“

3 Entwicklung der Materialeffizienz-Methodenmatrix

Die Deutsche Materialeffizienzagentur hat 115 Sachberichte zu Potentialanalysen in den drei Branchen von Beratern ausgesucht und diese zur Integration in die Methodenmatrix zur Verfügung gestellt. Die 115 Berichte wurden im Wesentlichen nach der Branche, der vorhandenen Wertschöpfungsstufe, den eingesetzten Fertigungsverfahren, den vorhandenen Fertigungstyp, den eingesetzten Materialien/Rohstoffen/Hilfsstoffen, den eingesetzten Methoden und den verwendeten Lösungsansätzen analysiert und über die kritischen Erfolgsfaktoren bewertet. Die aus den Berichten und eigenen Erfahrungen abgeleiteten Methoden wurden über folgende Erfolgsfaktoren bewertet:

- Effektivität der Methode (Angemessenheit für die Nutzung)
- Effizienz/Skalierbarkeit der Methode (Personeller Aufwand)
- Vorleistungen des Unternehmens
- Qualifikationsanforderung an den Berater,

damit der Berater möglichst effizient die für den Berater und das Unternehmen am besten geeignete Methode aus dem Methodenwürfel auswählen kann.

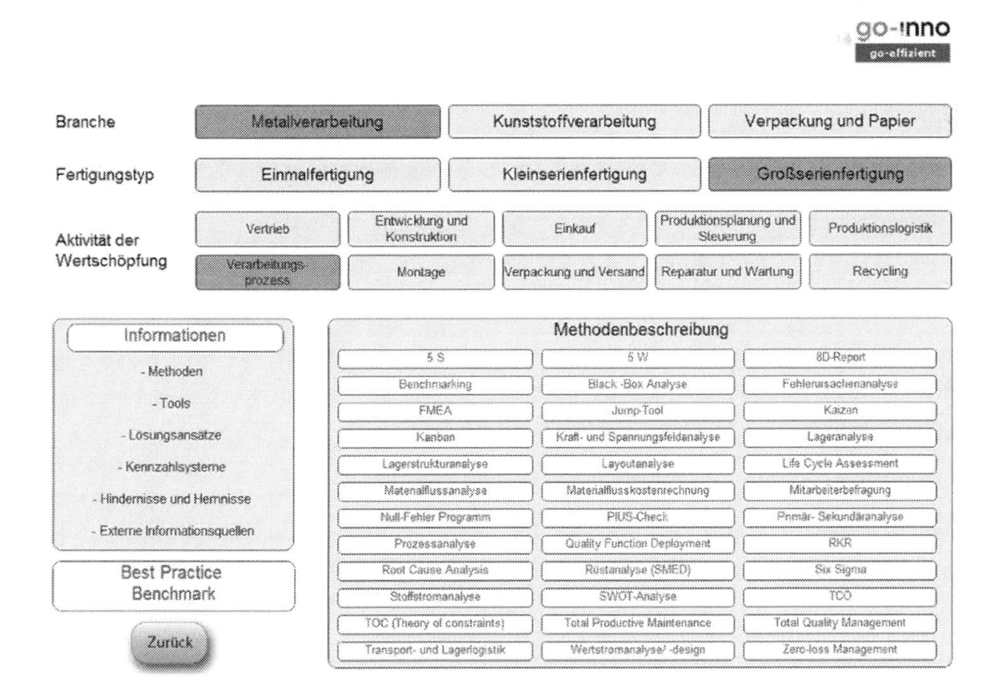

Abb. 3: Übersichtliche Darstellung der Ergebnisse innerhalb eines Methodenwürfel

Aus dieser Bewertung wurden die 36 am besten geeigneten Sachberichte und zusätzlich 30 Sachberichte der Universität Bayreuth / Fraunhofer-Projektgruppe Prozessinnovation ausgewählt, deren Input vollständig in die Methodenmatrix eingeflossen ist. Alle für die Methodenmatrix relevanten Informationen (inkl. Methoden, Tools, Lösungsansätze, Kennzahlensysteme, Hindernisse und Hemmnisse sowie externe Informationsquellen) wurden in die Methodenmatrix integriert und den einzelnen Fertigungstypen, Wertschöpfungsstufen und Branchen zugeordnet. Die erkannten Methodenlücken wurden über die Integration weiterer in der praktischen Anwendung bekannten Methoden in der Methodenmatrix geschlossen.
Zusätzlich zu den 66 Sachberichten wurden zahlreiche Expertenworkshops durchgeführt. Mit den Informationen der Experten wurde die Methodenmatrix ergänzt und bisherige Eintragungen validiert. Die Methodenmatrix enthält 51 Methoden, 40 Tools, 299 Lösungsansätze, 30 Hindernisse und Hemmnisse, 38 Kennzahlen und 135 Externe Informationsquellen.
Jede einzelne Methode wird zusätzlich übersichtlich auf einer DIN-A4 Seite beschrieben, damit sich der Berater schnell in die Methode einlesen und einarbeiten kann.

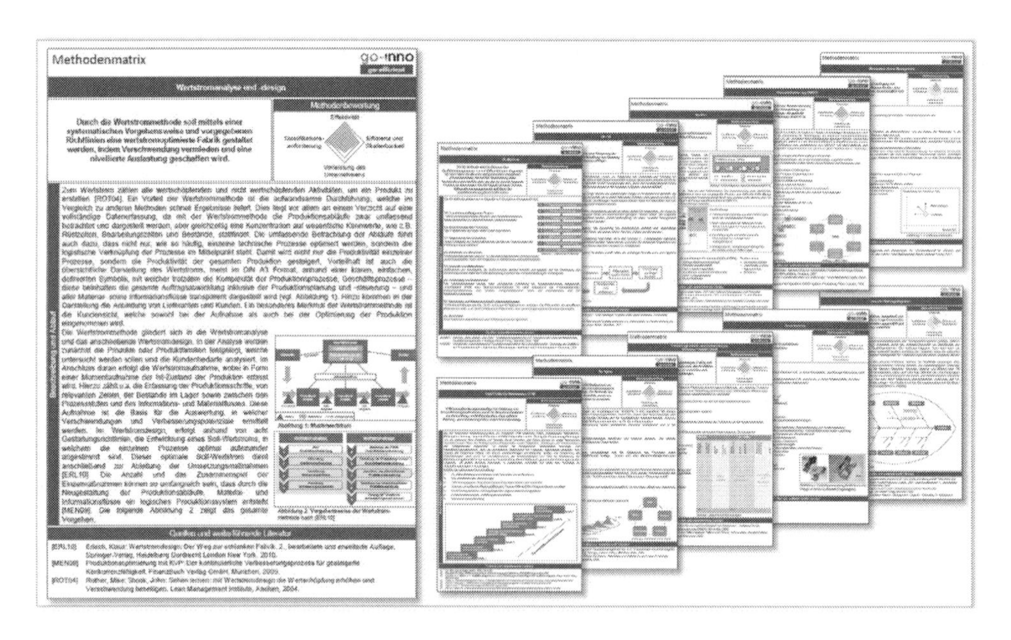

Abb. 4: Darstellung einzelner Methodenbeschreibungen in der Methodenmatrix.

Für jeden der 90 Methodenwürfel sind unter Informationen alle Methoden, Tools, Lösungsansätze, Kennzahlensysteme, Hindernisse und Hemmnisse sowie externe Informationsquellen in einem strukturierten und ausdruckbaren PDF hinterlegt.

Die Methodenmatrix wurde einerseits als Onlineversion programmiert, welche in gängigen Webbrowsern (Internet-Explorer, Mozilla Firefox, Google Chrome) verwendet werden kann und alle Methodenwürfel enthält. Über diese Onlineversion kann auch die Offlineversion für Windows, welche mit Adobe Air programmiert wurde, heruntergeladen werden. Für die Offline-version wurden vier Varianten erstellt. Die Gesamtvariante enthält alle Methodenwürfel und die drei branchenspezifischen Varianten enthalten nur die Methodenwürfel der jeweiligen Branche. Die Materialeffizienz-Methodenmatrix ist unter www.methodenmatrix.de kostenfrei verfügbar.

Abb. 5: Startseite der Materialeffizienz-Methodenmatrix.

4 Anwendung der Materialeffizienz-Methodenmatrix

In drei Dutzend Materialeffizienzprojekten der Universität Bayreuth / Fraunhofer-Projektgruppe Prozessinnovation wurden mit Hilfe der Methoden aus der Methodenmatrix in produzierenden Unternehmen Materialeinsparungen zwischen 0,5% und 10% (Durchschnitt 2,5%) aufgedeckt, wodurch sich ein wirtschaftliches Potential von 15.000 Euro/Jahr bis fast 3.000.000 Euro/Jahr (Durchschnitt 150.000 Euro) nachweisen und umsetzen lässt.

Die Ergebnisse aus der Materialeffizienz-Potentialanalyse veranlassen die meisten Unternehmen die Potentiale möglichst zeitnah entweder intern oder mit externer Unterstützung zu heben. In der sogenannten Vertiefungsberatung werden detaillierte – meist technische – Maßnahmen und Umsetzungsstrategien zur Optimierung einzelner Prozesse (z.B. Verschnitt-Optimierung an

Stanz- oder Schneidemaschinen), Verbesserung gesamter Produktionsabläufe und Produktionslayouts (z.B. Einführung von Qualitätskontrollen zur sofortigen Fehlererkennung), Strukturierung von Einkaufsprozessen (z.B. Variantenreduktion zur Verringerung von Restmaterialien im Lager) oder Optimierung von Transport- und Lagerungsprozessen (z.B. Vermeidung von Materialbeschädigungen durch sachgerechte Transportbehälter und Lagerstrategien) ausgearbeitet und in den Unternehmen umgesetzt.

Ein Großteil der ausgearbeiteten Maßnahmen zur Steigerung der Materialeffizienz kann in den Unternehmen mit überschaubaren Investitionskosten umgesetzt werden. Der Return on Invest für die Beratung sowie für die notwendigen Investitionen liegt in den meisten Fällen bei weniger als einem Jahr. Die Nutzung der Inhalte der Materialeffizienz-Methodenmatrix für Projekte zur Steigerung der Materialeffizienz ist somit für Unternehmen eine gute Möglichkeit, ihre Wettbewerbsfähigkeit und Wirtschaftlichkeit signifikant und nachhaltig steigern.

GESAMTWIRTSCHAFTLICHE REBOUND-EFFEKTE IM RAHMEN VON EFFIZIENZSTEIGERUNGEN BEI NICHT-ENERGETISCHEN ROHSTOFFEN

M. Pfaff und C. Sartorius

Fraunhofer-Institut für System- und Innovationsforschung ISI, Breslauer Str. 48, 76139 Karlsruhe, e-mail: matthias.pfaff@isi.fraunhofer.de, christian.sartorius@isi.fraunhofer.de

Keywords: Rohstoffeffizienz, Effizienzsteigerung, nicht-energetisch, Rebound-Effekt, gesamtwirtschaftlich

1 Einleitung

In einer Welt, in der Ressourcen nicht nur knapper werden, sondern ihre Förderung immer aufwändiger und kostspieliger wird, spielt die Steigerung der Effizienz der Rohstoffnutzung eine zunehmend wichtige Rolle. Zusätzliche positive Auswirkungen haben die entsprechenden Einsparungen gegebenenfalls auch auf die Kritikalität der Versorgung, wenn damit vorhandene Versorgungsengpässe zumindest nachfrageseitig gelockert werden können. Im Gegensatz zum Minderverbrauch im Sinne einer Suffizienzstrategie besteht der besondere Reiz von Effizienzsteigerungsstrategien schließlich auch darin, dass sie alleine mit technischen Mitteln, ohne direkte bzw. grundlegende Beeinflussung menschlichen Verhaltens und des Wirtschaftssystems als Ganzem umgesetzt werden können.

Allerdings muss in diesem Zusammenhang auch festgestellt werden, dass sich die technisch erreichbaren Effizienzsteigerungen in den meisten Fällen nur zum Teil in entsprechende Einsparungen umsetzen lassen. Dieses Phänomen wird als Rebound-Effekt bezeichnet und ist in allgemeiner Form wie folgt definiert (adaptiert von [1]):

$$Rebound = 1 - \frac{Tatsächliche\ Einsparung}{Potenzielle\ Einsparung},$$

wobei die potenzielle Einsparung das technisch Mögliche darstellt, das in der Realität jedoch von der tatsächlichen Einsparung nicht erreicht wird.

Es lassen sich entsprechend seiner Ursachen drei grundlegende Typen des Rebound-Effekts unterscheiden (vgl. z.B. [2]): direkt, indirekt und gesamtwirtschaftlich. Der direkte Rebound-Effekt zielt auf die verstärkte Inanspruchnahme (z.B. aufgrund sinkender Preise) derjenigen Güter oder Prozesse ab, für die zuvor eine Effizienzsteigerung erreicht werden konnte. Führt die Einsparung bei der Nutzung eines Gutes z.B. über den Budgeteffekt zu einer gesteigerten Inanspruchnahme anderer Güter, dann handelt es sich um einen indirekten Rebound-Effekt. Im Gegensatz zum direkten und indirekten Rebound-Effekt beziehen sich die gesamtwirtschaftlichen Rebound-Effekte auf makroökonomische Aggregate wie die Nachfrage ganzer Wirtschaftszweige und ihre Wirkungen ziehen sich durch die gesamte Volkswirtschaft. Letzterer ist Gegenstand der vorliegenden Untersuchung.

Die überwiegende Zahl von Untersuchungen des Rebound-Effektes beschäftigte sich bisher nachfrageseitig und aus einer Mikro-Perspektive direkt oder indirekt (z.B. über die Inanspruchnahme von Transportleistungen) mit Energieressourcen (z.B. [3-5]), was insofern verständlich ist, als Energie ein relativ homogenes Gut von universeller und grundlegender Bedeutung darstellt und die Energieträger auch im Kontext des Klimaschutzes von entscheidender Bedeutung sind. Andererseits zeigt ein Blick in die Produktionsstatistik [6], dass der Anteil der Energiekosten mit ungefähr zwei Prozent relativ niedrig, die Kosten materieller Produktionsinputs hingegen mit bis zu 40 Prozent von besonders großer Bedeutung sind. Umso wichtiger erscheint es, hinsichtlich dieser nicht-energetischen Rohstoffe auf gesamtwirtschaftlicher Ebene nicht nur die Effizienzsteigerungspotenziale auszuloten, sondern auch das Ausmaß entsprechender Rebound-Effekte abzuschätzen.

Genau mit dem letztgenannten Effekt werden wir uns im vorliegenden Beitrag beschäftigen. Wir werden dazu auf konkrete Daten zur Steigerung der Rohstoffeffizienz rohstoffintensiver Industrieprozesse aus einem vom BMBF geförderten Forschungsprojekt zurückgreifen und mittels Input-Output-Analyse die gesamtwirtschaftlichen Wirkungen berechnen. Insbesondere wird anhand zweier verschiedener Ansätze der mögliche gesamtwirtschaftliche Rebound der Rohstoffeffizienzsteigerungen bestimmt. Die Ergebnisse beider Ansätze werden anschließend diskutiert und mit den Ergebnissen anderer Rebound-Untersuchungen verglichen.

2 Materialien und Methoden

2.1 Materialien

Zwei grundlegend verschiedene Datenquellen werden für die Untersuchung des gesamtwirtschaftlichen Rebound-Effektes verwendet. Einerseits kommt eine Input-Output-Matrix aus der Volkswirtschaftlichen Gesamtrechnung des Statistischen Bundesamtes zum Einsatz, die die gegenseitigen Lieferbeziehungen von 71 Sektoren der deutschen Wirtschaft im Jahr 2007 darstellt. Diese Matrix ist nicht die aktuellste verfügbare, aber sie repräsentiert das letzte Jahr vor der Wirtschaftskrise und ist daher als die repräsentativste für die deutsche Wirtschaft anzusehen. Mit Hilfe dieser Matrix werden die gesamtwirtschaftlichen Wirkungen modelliert (siehe "Methoden"), die, ausgehend vom Impuls der Steigerung der Rohstoffeffizienz, die gesamtwirtschaftlichen Rebound-Effekte herbeiführen.

Um die Rohstoffeinsparungen abzubilden, die von der Effizienzsteigerung ausgehen und die die Rebound-Effekte verursachen, wird andererseits ein Bottom-up-Ansatz verwendet, in dem Daten zum Rohstoffeinsatz aus 16 vom BMBF geförderten Forschungsprojekten zum Einsatz kommen. Diese Forschungsvorhaben waren Bestandteil der Fördermaßnahme r^2 "Innovative Technologien für Ressourceneffizienz – rohstoffintensive Produktionsprozesse". Jeder Datensatz enthält detaillierte Daten zu den im jeweiligen Projekt durch die Umsetzung bestimmter verfahrenstechnischer Innovationen erreichten Veränderungen der Materialflüsse sowohl in physischen als auch in monetären Einheiten. Ebenfalls enthalten sind Daten zu den erforderlichen Investitionen und ihren jeweiligen Abschreibungsdauern (i.d.R. 15 Jahre), die zusammen mit einem angenommenen Zinssatz von 6 Prozent die Berechnung der jährlichen Kapitalkosten (Annuitäten) erlauben. Diese Daten, die i.d.R. eine einzelne Anlage repräsentieren, wurden daraufhin auf Basis von Angaben der Anlagenbetreiber und anderer Experten auf die mögliche Gesamtkapazität hochskaliert, die in Deutschland insgesamt unter den gegebenen Bedingungen betrieben werden könnte [7]. Tabelle 1 zeigt eine Aufstellung der innovativen Technikansätze, die in den Projekten die Steigerung der Rohstoffeffizienz herbeiführten. Aus Gründen der Vertraulichkeit gegenüber den betroffenen Unternehmen wurden die Technikansätze für diese Veröffentlichung zu Clustern zusammengefasst und die zugehörigen Daten entsprechend aggregiert.

Tabelle 1: Ausgewertete Ansätze zur Steigerung der Rohstoffeffizienz und ihre Bündelung zu Clustern

Cluster	Technische Ansätze
Metallerzeugung	• Optimierte Ressourcennutzung in der Konverterstahlerzeugung • Vermeidung von Metallverlusten in metallurgischen Schlacken • Ressourceneffizienz mit dem Bandgießverfahren bei HSD-Stählen • Optimierte Prozessführung zur effizienten Stahlerzeugung im Konverterprozess • Effizientere Stahlerzeugung im Lichtbogenofen durch optimiertes Wärmemanagement und kontinuierliche dynamische Prozessführung • Ressourceneffiziente Formgebungsverfahren für Titan und hochwarmfeste Legierungen
Metallrecycling	• Rückgewinnung feinkörniger NE-Metallphasen aus Shredder-Sanden • Autotherme Metallrückgewinnung aus WEEE-Schrott durch energieoptimierte zero-waste Metallurgie • Gewinnung von Metallen und mineralischen Produkten aus deponierten Reststoffen der Mansfelder Halden • Bessere Ressourcennutzung und Senkung des Primärenergieverbrauchs in der Bleimetallurgie • Entzinkung von Stahlschrotten
Keramikindustrie/ Innovative Baustoffe	• Herstellung hochwertiger Aufbaukörnungen aus sekundären Rohstoffen auf der Basis von heterogenen Bau- und Abbruchabfällen • Entwicklung einer ressourceneffizienten Trocknungstechnologie für keramische Produkte • Celitement
Chemische Industrie/ Beschichtungsprozesse	• Effizienzsteigerung bei der Chlor-Herstellung • Ressourcenschonende Technologie zur Kreislaufschließung von Metallen und Spülwasser in der Weißblechproduktion

2.2 Methoden

Ausgangspunkt für die Ermittlung des Rebound-Effektes sind die mit dem Einsatz der effizienzsteigernden Technologien verbundenen Einsparungen und teilweise auch Mehraufwendungen aller betroffenen Einzelrohstoffe [7]. Zur Berechnung des eigentlichen Rebound-Effektes werden diesen Senkungen des Rohstoffaufwandes – die bei unveränderter Bereitstellung der produzierten Güter der Effizienzsteigerung entsprechen – die Wiederanstiege der Rohstoffinanspruchnahme gegenüber gestellt, die durch ebendiese Einsparungen verursacht werden. Dabei werden zwei alternative methodische Ansätze angewendet, die in Abbildung 1 schematisch dargestellt sind.

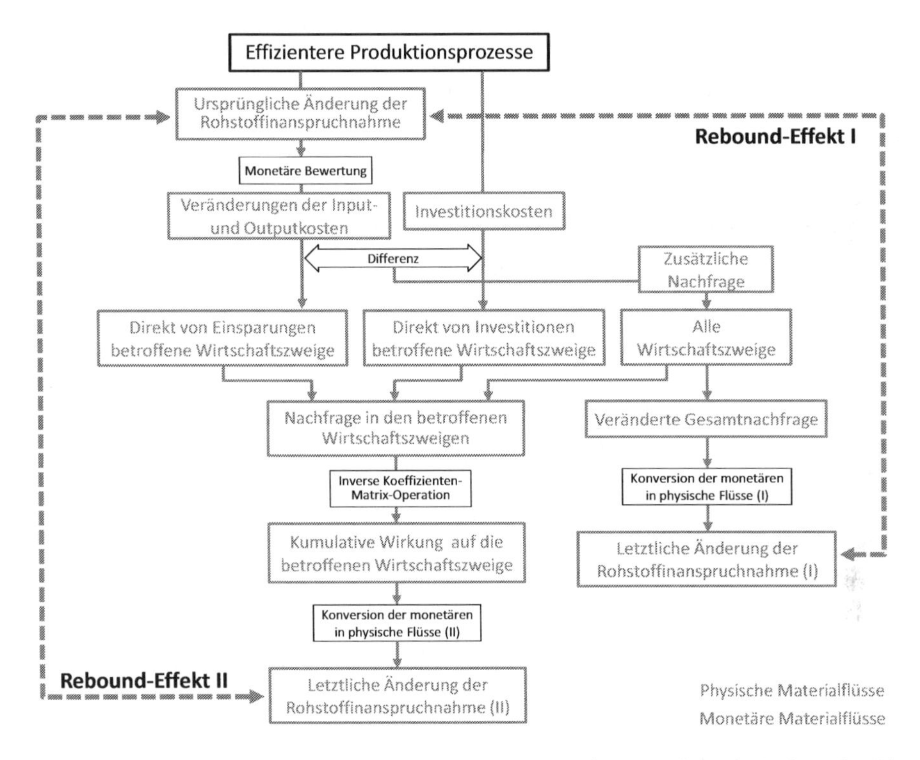

Abb. 1: Schematische Darstellung der Vorgehensweise bei der Ermittlung der Rebound-Effekte

Die einfachere Vorgehensweise (Rebound-Effekt I) gründet auf der Feststellung, dass die Effizienzsteigerung auch unter Berücksichtigung der dazu erforderlichen Investitionen in allen Clustern zu finanziellen Einsparungen (= negative Differenzkosten) seitens der sie durchführenden Unternehmen führt, und auf der Annahme, dass diese Einsparungen ihrerseits nachfragewirksam werden. Dies kann entsprechend der volkswirtschaftlichen Kreislaufmechanik dadurch geschehen, dass seitens des Unternehmens zusätzliche Investitionen getätigt, Überschüsse an die Anteilseigner ausgeschüttet oder der Belegschaft höhere Löhne gezahlt werden. In jedem Fall führt dies zu einem Anstieg der Gesamtnachfrage, der mit einem Anstieg der Rohstoffinanspruchnahme verbunden ist. Um diese zusätzliche Rohstoffinanspruchnahme zu beziffern, wird außerdem die Annahme getroffen, dass sie hinsichtlich ihrer materiellen Zusammensetzung und der relativen Bedeutung der verschiedenen Wirtschaftszweige die gleiche Zusammensetzung aufweist wie die Gesamtnachfrage insgesamt. Ihre Berechnung erfolgt also entsprechend der Gleichung

$$\Delta R_N = \frac{R_{ges} \cdot \Delta N}{N_{ges}},$$

wobei ΔR_N die nachfragebedingte, zusätzliche Rohstoffinanspruchnahme, R_{ges} die gesamte Rohstoffinanspruchnahme der Volkswirtschaft, ΔN die durch die Einsparungen verursachte Veränderung (Anstieg) der Nachfrage und N_{ges} die Gesamtnachfrage in der Volkswirtschaft bezeichnet.

Es ist offensichtlich, dass ΔR_N alle Rohstoffe umfasst, die in der Volkswirtschaft Verwendung finden.

Im Rahmen von rohstoffpolitischen Fragestellungen kann es hingegen von Interesse sein, den Wiederanstieg der Inanspruchnahme genau derjenigen Rohstoffe zu beziffern, die im Zuge der Effizienzsteigerung eingespart wurden. In diesem Fall muss ein anderer, komplizierterer Ansatz (Rebound-Effekt II) gewählt werden. Auch hier besteht der erste Schritt darin, die Veränderungen der Nachfrage zu ermitteln. Dabei wird aber nicht nur die auf die eingesparten Differenzkosten zurückzuführende zusätzliche Nachfrage berücksichtigt, sondern auch die Nachfrageänderungen, die auf die Materialeinsparungen und die Investitionen zurückzuführen sind. Der aggregierte Nachfrageimpuls wird zunächst auf alle 71 Sektoren der deutschen Wirtschaft entsprechend ihrer Anteile an der Endnachfrage aufgeteilt. Durch die gegenseitige Verflechtung der Wirtschaftszweige im Rahmen ihrer gegenseitigen Lieferbeziehungen pflanzen sich diese Impulse in der Folge in der gesamten Wirtschaft fort und kumulieren zu einer Summe aus 71 Gesamteffekten, die letztlich auch die Ursache für die endgültige Rohstoffinanspruchnahme darstellen. Zur Bestimmung dieser kumulativen Wirkung wird die aus der Input-Output-Analyse bekannte Multiplikation des Nachfragevektors mit der inversen Koeffizientenmatrix (Inverse Koeffizienten-Matrix-Operation) durchgeführt. Folglich werden die Nachfrageänderungen nur innerhalb der Wirtschaftszweige aggregiert, bleiben aber nach Wirtschaftszweigen differenziert. Hierbei wird zusätzlich der Veränderung in der Verflechtung der Wirtschaftszweige Rechnung getragen, die durch die deutschlandweit hochskalierte Effizienzsteigerung entstanden ist. Dies erfolgt über eine Anpassung der inversen Koeffizienten an die neuen Inputbedarfe der betroffenen Sektoren. Schließlich müssen diese monetären Wirkungen wieder in die Stoffflüsse derjenigen Rohstoffe übersetzt werden, die durch Anwendung der (in Tabelle 1 dargestellten) effizienteren Produktionsprozesse eingespart wurden. Dies geschieht auf der Grundlage der Veränderungen der Nachfrage in den Wirtschaftszweigen, die die Rohstoffe bereitstellen, und mit Hilfe der Rohstoffpreise, die schon für die monetäre Bewertung der veränderten Rohstoffinanspruchnahme im ersten Schritt zum Einsatz kamen.

Im letzten Schritt werden die Rebound-Effekte (I und II) dadurch bestimmt, dass die Zunahme der Rohstoffinanspruchnahme nach Einführung der effizienzsteigernden Prozessinnovationen zur ursprünglichen Reduktion ins Verhältnis gesetzt wird.

3 Ergebnisse

Ausgangspunkt für die Ermittlung jedes Rebound-Effektes ist die Berechnung der durch die Effizienzsteigerung unmittelbar hervorgerufenen Materialeinsparungen, zu der der zusätzliche Ressourcenaufwand, der (indirekt) durch die Steigerung der Effizienz hervorgerufen wurde, ins Verhältnis zu setzen ist. Diese Einsparungen betragen für die Gesamtheit aller in Tabelle 1 aufgeführten Prozesse und bezogen auf den gesamten kumulativen Rohstoffaufwand der Rohstoffinanspruchnahme der deutschen Wirtschaft im Jahr 2007 3,4 % [8].

Die zusätzliche Nachfrage, die aufgrund der (in allen Clustern und insgesamt) negativen Differenzkosten aus dem Einsatz der in Tabelle 1 aufgelisteten rohstoffeffizienten Produktionsprozesse resultiert, beträgt im Untersuchungsjahr 2007 3,35 Mrd. €. Bezogen auf die Gesamtnachfrage im gleichen Jahr in Höhe von 3154 Mrd. € entspricht dies einem Anstieg von 0,106 %. Da von der Annahme ausgegangen wurde, dass die Anteile der verschiedenen Wirtschaftszweige an diesem Nachfrageanstieg die gleichen sind wie bei der Gesamtnachfrage und die Struktur der Nachfrage nach Rohstoffen ebenfalls unverändert ist, impliziert dies einen Anstieg der Rohstoffinanspruchnahme um ebenfalls 0,106 %. Der Rebound-Effekt I, der diesen Anstieg zur ursprünglichen Einsparung in Relation setzt, beträgt folglich (0,106/3,4=) 3,1%. Dieser Wert bezieht sich auf die gesamte Volkswirtschaft und ihre gesamte Rohstoffverwendung und kann in dieser Form nicht nach Wirtschaftszweigen oder Art der Rohstoffe differenziert werden. Um eine solche Differenzierung vorzunehmen, wird der Rebound-Effekt II ermittelt.

Zur Berechnung des Rebound-Effektes II wird ebenfalls angenommen, dass sich die Summe der negativen Differenzkosten in Höhe von 3,35 Mrd. € in einem gesamtwirtschaftlichen Impuls niederschlägt. Wie in Abschnitt 2.2 beschrieben, wird jedoch wird jedoch nur die Mehrnachfrage derjenigen Rohstoffe erfasst, die im Zuge der Effizienzsteigerung eingespart wurden. Wird diese Mehrnachfrage (in physikalischen Einheiten) zu der ursprünglichen Einsparung ins Verhältnis gesetzt, so lassen sich gesamtwirtschaftliche Rebound-Effekte für einzelne Rohstoffe ausweisen. Wie in Abbildung 2 zu sehen ist, beträgt der Rebound-Effekt im niedrigsten Fall (Steine und Erden) ca. 2 %, im höchsten Fall (Stahl) ca. 10,5 %. Die Unterschiede in den Werten erklären sich einerseits durch die unterschiedliche wirtschaftliche Bedeutung der Rohstoffe bzw. der Sektoren, die diese Rohstoffe bereitstellen. Andererseits werden die Rohstoffeinsparungen in einem technologiespezifischen Kontext betrachtet, wobei Rohstoffeinsparung und finanzieller Impuls nicht in einem direkten proportionalen Verhältnis zueinander stehen. Vielmehr spielen Investitionskosten und Materialinputs, parallele Einsparungen anderer Rohstoffe und die Vermarktung produktionsbedingt neu entstandener Outputs eine Rolle. Dieser komplexe Zusammenhang zwischen Rebound-Effekt und strukturellen Rahmenbedingungen der Effizienzsteigerung lässt sich am Beispiel der beiden oben genannten Extreme illustrieren. Der relativ hohe Rebound-Effekt für Stahl kommt dadurch zustande, dass dieser für die deutsche Volkswirtschaft eine hohe wirtschaftliche Relevanz besitzt (gemessen am Anteil an der Endnachfrage) und zu einem großen

Teil als Materialinput für Effizienz-Investitionen dient. Steine und Erden haben hingegen in dieser Hinsicht konträre Eigenschaften, indem sie eine relativ geringe wirtschaftliche Relevanz besitzen und selbst nur in geringem Umfang (z. B. als ein Teil der Bauinvestitionen) als Input für effizienzsteigernde Investitionen dienen. Zudem fallen in den hier untersuchten Projekten zur Steigerung der Materialeffizienz von Steinen und Erden hohe Investitionskosten an, die in einem geringeren finanziellen Impuls resultieren. Es ergibt sich also ein verhältnismäßig kleiner gesamtwirtschaftlicher Impuls und dementsprechend eine geringe Mehrnachfrage nach Steinen und Erden.

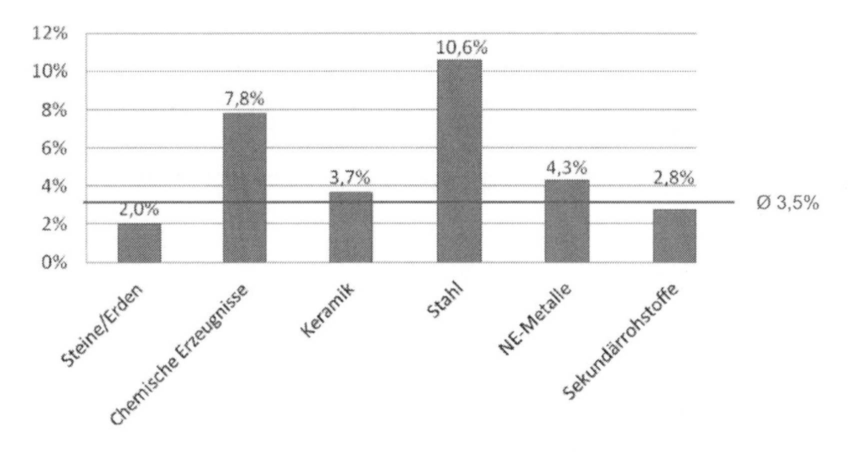

Abb. 2: Höhe der rohstoffspezifischen Rebound-Effekte, nach erzeugenden Wirtschaftszweigen

Um Vergleichbarkeit zwischen den beiden Berechnungsmethoden herzustellen, wird entsprechend der Massenanteile ein gewichteter Mittelwert aus den Rebound-Effekten der hier betrachteten Rohstoffe gebildet. Dieser liegt bei 3,5 %, also leicht höher als die im vorangegangenen Teil ermittelte zusätzliche gesamtwirtschaftliche Rohstoffinanspruchnahme. Das ähnliche Ergebnis erlaubt die Schlussfolgerung, dass die erste Berechnungsmethode eine einfache Möglichkeit darstellt, den gesamtwirtschaftlichen Rebound-Effekt einer Effizienzsteigerungsmaßnahme für einen repräsentativen Mix aus Rohstoffen realistisch abzuschätzen. Liegt der Fokus hingegen auf der Ermittlung des Rebound-Effekts für spezifische Rohstoffe, so muss die zweite Berechnungsmethode herangezogen werden.

4 Diskussion

Verglichen mit Rebound-Effekten, die von anderen Autoren (z.B. [2, 9]) mit Werten zwischen 5 % und 30 % ermittelt wurden, sind die hier ermittelten Rebound-Effekte gering. Es ist dabei allerdings darauf hinzuweisen, dass Letztere nur die gesamtwirtschaftlichen und allenfalls einen (auf Budgetrestriktionen zurückzuführenden) Teil der indirekten Rebound-Effekte umfassen. Direkte Rebound-Effekte sind dagegen nicht enthalten, da die häufig zugrundeliegenden Preisveränderungen nicht Gegenstand der vorliegenden Untersuchung waren und mit dem verwendeten methodischen Instrumentarium auch nicht untersucht werden konnten. Zudem unterscheidet sich die vorliegende Arbeit von vorangegangenen in der Hinsicht, dass nicht von einer globalen Effizienzsteigerung und einer damit einher gehenden globalen Preisänderung ausgegangen wird, sondern von technologiespezifischen Effizienzsteigerungen, die potenziell nur marginale Preisänderungen auslösen. Aus Untersuchungen der Energieeffizienz ist jedoch bekannt, dass der direkte Rebound-Effekt in industriellen Verwendungen deutlich niedriger ist als im Bereich der Endverbraucher. Während für Letztere Effekte von bis zu mehr als 60 % ermittelt wurden, liegen die Effekte in der Industrie im Bereich zwischen 0 und 20 % [2]. Der Median beträgt rund 10 % und erscheint geeignet, die hier ermittelten Werte von 3,1 % bzw. 3,5 % für den gesamtwirtschaftlichen Rebound-Effekte I bzw. II zu ergänzen. Damit liegt auch die Kombination (d.h. Summe) der genannten Rebound-Effekte in einem Bereich, der weit davon entfernt ist, die Einsparbemühungen obsolet erscheinen zu lassen. Meyer et al. [10, 11] sind bislang die Einzigen, die versucht haben, den Rebound-Effekt von Maßnahmen zur Steigerung der Materialeffizienz zu bestimmen. Sie gelangen aber vor allem in ihrer früheren Veröffentlichung [10] zu sehr hohen Rebound-Effekten, die insbesondere darauf zurückzuführen sind, dass durch den Effizienzanstieg und die damit einher gehenden Investitionen auch die Produktivität der Wirtschaft und damit das Wachstum steigt, wodurch wiederum der Rohstoffverbrauch wächst. Dabei erweist es sich als besonders problematisch, dass der Wachstumseffekt immer größer wird, wogegen die effizienzbedingten Einsparungen einen Einmal-Effekt darstellen und sich nicht im gleichen Umfang ausweiten. Zu diesem Problemkreis kann die vorliegende Arbeit aber keinen Beitrag leisten, weil es sich insbesondere bei der Input-Output-Analyse um eine komparativ statische Methode handelt, die keinerlei Wachstumseffekte abbildet.

Der vorliegende Ansatz zeichnet sich allerdings dadurch aus, dass nicht nur die erste Stufe des Rohstoffaufwandes betrachtet, sondern über die Verflechtung der Wirtschaftszweige die komplette Vorleistungskette betrachtet wird. Er kann somit zwischen den ökonomischen und den industriell-ökologischen Ansätzen in der Rebound-Literatur eingeordnet werden (vgl. [1, 12, 13]). Der Fokus liegt auf der Produktionsseite, welche in bisherigen Veröffentlichungen zu Rebound-Effekten größtenteils vernachlässigt wurde, aber für eine differenzierte Betrachtung von Effizienzstrategien essenziell ist. Die hier untersuchten Rebound-Effekte sind technologiespezifisch und können somit als Entscheidungshilfe für die Implementierung einzelner Effizienztechnologien dienen. Ebenso kann mit Hilfe der hier angewendeten Methode der potenzielle Beitrag einzelner Technologien zur im Rahmen der deutschen Nachhaltigkeitsstrategie angestrebten Verbesserung der Rohstoffproduktivität besser bewertet werden. Zu diesem Zweck können Ergebnisse auf technologischer Ebene disaggregiert ermittelt und ausgegeben werden, was im Rahmen des vorliegenden Beitrages jedoch aus Gründen Vertraulichkeit nur eingeschränkt möglich ist. Die hier dargestellten Rebound-Effekte geben Aufschluss darüber, welche Rohstoffe im Kontext der erprobten Effizienztechnologien potenziell anfälliger für Rebound-Effekte sind. Gleichzeitig ermöglichen die ermittelten Gesamtwerte eine Entwarnung hinsichtlich der Befürchtung, dass Effizienzsteigerungen keinen oder nur einen sehr begrenzten Beitrag zur Absicherung der Rohstoffversorgung leisten können.

5 Danksagung

Die Autoren danken Dr. Katrin Ostertag für hilfreiche Kommentare und Diskussionen. Sie danken außerdem dem Bundesministerium für Bildung und Forschung für die Förderung des Verbundvorhabens r^2, in dessen Begleitvorhaben die Daten ermittelt und berechnet wurden, die Grundlage dieser Veröffentlichung sind.

6 Literatur

[1] B. A. Thomas und I. L. Azevedo, “Estimating direct and indirect rebound effects for U.S. households with input–output analysis Part 1: Theoretical framework”, *Ecological Economics* 86, pp. 199-210, 2013.

[2] D. Maxwell und L. McAndrew, *Adressing the rebound effect.* Final report to European Commission DG ENV framework contract ENV.G.4/FRA/2008/0112, 2011

[3] C. T. Jones, "Another look at U.S. passenger vehicle use and the ‘rebound’ effect from improved fuel efficiency", *The Energy Journal* 14(4), pp. 99-110, 1993.

[4] J. Nässén und J. Holmberg, "Quantifying the rebound effects of energy efficiency improvements and energy conserving behaviour in Sweden", *Energy Efficiency* 2 (3), pp. 221-231, 2009.

[5] S. Sorrell, *The Rebound Effect: an assessment of the evidence for economy-wide energy savings from improved energy efficiency.* London: UK Energy Research Centre, 2007.

[6] Statistisches Bundesamt (Hg.), *Produzierendes Gewerbe. Kostenstruktur der Unternehmen des Verarbeitenden Gewerbes sowie des Bergbaus und der Gweinnung von Steinen und Erden*, Fachserie 4, Reihe 4.3, Wiesbaden: Statistisches Bundesamt, 2013

[7] S. Albrecht, E. Bollhöfer, P. Brandstetter, M. Fröhling, K. Mattes, K. Ostertag, J. Peuckert, R. Seitz, F. Trippe und J. Woidasky, "Ressourceneffizienzpotenziale von Innovationen in rohstoffnahen Produktionsprozessen", *Chemie Ingenieur Technik* 84 (10), pp. 1651-1665, 2012.

[8] K. Ostertag, F. Marscheider-Weidemann, J. Niederste-Holleberg, P. Paitz, C. Sartorius, R. Walz, B. Moller, R. Seitz, J. Woidasky, C. Stier, S. Albrecht, C.P. Brandstetter, M. Fröhling, F. Trippe, J. Müller, W.A. Mayer, M. Faulstich, "Ergebnisse der r^2-Begleitforschung: Potenziale von Innovationen in rohstoffintensiven Produktionsprozessen", in *Innovative Technologien für Ressourceneffizienz in rohstoffintensiven Produktionsprozessen,* (J. Woidasky, K. Ostertag und C. Stier, Hg.), ch. 5.2, pp. 356-390, Stuttgart: Fraunhofer Verlag, 2013.

[9] H. D. Saunders, *Historical Evidence for Energy Consumption Rebound in 30 US Sectors and a Toolkit for Rebound Analysts.* Oakland (CA): Breakthrough Institute, 2010.

[10] B. Meyer, M. Distelkamp und M. I. Wolter, "Material efficiency and economic-environmental sustainability. Results of simulations for Germany with the model PANTA RHEI", *Ecological Economics* 63(1), pp. 192-200, 2007

[11] B. Meyer, M. Meyer, M. Distelkamp, "Modeling green growth and resource efficiency: new results", *Mineral Economics* 24, pp. 145-154, 2012

[12] J. C. J. M. van den Bergh, "Energy conservation more effective with rebound policy", *Environmental Resource Economics* 48, pp. 43–58, 2011

[13] T. Barker, A. Dagoumas und J. Rubin, "The macroeconomic rebound effect and the world economy", *Energy Efficiency* 2 (4), pp. 411–427, 2009

CHEMISCHE BEHANDLUNG VON KRAFTWERKSASCHEN MIT ÜBERKRITISCHEM CO_2 ZUM RECYCLING STRATEGISCH WICHTIGER METALLE

B. Brett[1], D. Schrader[2], K. Räuchle[1], G. Heide[2], M. Bertau[1]

[1] Institut für Technische Chemie, TU Bergakademie Freiberg, Leipzigerstraße 29, 09596 Freiberg, tu-freiberg.de/tch

[2] Institut für Mineralogie, TU Bergakademie Freiberg, Brennhausgasse 14, 09596 Freiberg, http://tu-freiberg.de/fakult3/min/

Keywords: Kraftwerksaschen, überkritisches CO_2, Recycling, strategische Metalle, sekundäre Rohstoffe

1 Einleitung

Aufgrund der Verknappung natürlicher Ressourcen müssen sich insbesondere rohstoffarme Industrienationen, wie Deutschland, zunehmend auf eine intelligentere und effektivere Nutzung sekundärer Rohstoffe stützen. Nur auf diese Weise kann langfristig die Versorgungssicherheit strategisch wichtiger Metalle gewährleistet werden.

Allein in Deutschland fielen 2012 bis zu 18 Mio. Tonnen Kraftwerksaschen an, die nicht unerhebliche Mengen an Schwer-, Edel- und Spurenmetallen wie auch Seltene Erden enthalten.[1] Bisher wurden die in Braunkohlekraftwerken anfallenden Aschemengen hauptsächlich im Tagebau zur Gestaltung von Folgelandschaften sowie zur Verfüllung von Hohlräumen verwendet. Aktuell wird dagegen die Rückgewinnung von darin enthaltenen Wertstoffen zunehmend attraktiver.

Eine Problematik beim Recycling von Aschen ist, dass diese zum Teil in Mineralsäuren unlösliche Bestandteile wie Alumosilikate aufweisen. Ein innovativer Lösungsansatz ist der Aufschluss dieser Aschekomponenten mit überkritischem CO_2 unter hydrothermalen Bedingungen. Dabei werden vor allem silikatisch gebundene Bestandteile über eine künstliche Verwitterung in mineralsäurelösliche Verbindungen überführt. Daran angeschlossen ist es möglich die Wertmetalle zu isolieren und einer erneuten Verwertung zuzuführen.

2 Materialien und Methoden

2.1 Ausgangsaschen

Vom Projektpartner, der Vattenfall Europe Mining AG, wurden zwei Braunkohlekraftwerksaschen unterschiedlicher Herkunft zur Verfügung gestellt. Zum einen handelt es sich um eine bereits abgebundene Kesselasche (Asche 1) und zum anderen um eine nicht abgebundene Filterasche (Asche 2). Im Wesentlichen unterscheiden sich die Aschen hinsichtlich der Elementgehalte (Tabelle 1) sowie der Phasenzusammensetzung (Tabelle 2).

Tabelle 1: Elementgehalte der Ausgangsaschen (XRD)

Element	**Anteil [Gew.-%]**		**Element**	**Anteil [ppm]**	
	Asche 1	Asche 2		Asche 1	Asche 2
Si	20,3	11,5	P	1420	2000
Ca	11,8	12,8	Ce	97	152
Fe	11,3	1,5	Cr	87	170
Al	6,1	6,6	Zr	54	290
S	3,1	2,8	Nd	41	63
Mg	2,9	2,0	Y	40	39
Ti	0,4	0,8	Ga	23	40
			Nb	17	93

Tabelle 2: Phasenzusammensetzung der Ausgangsaschen (XRD)

Phase	**Anteil [%]**		**Phase**	**Anteil [%]**	
	Asche 1	Asche 2		Asche 1	Asche 2
Amorpher Anteil	55,1	71,6	Calcit		8,2
Quarz	9,2	2,8	Calciumoxid		0,5
Cristobalit		0,3	Portlandit		0,4
Anorthit	1,7	2,2	Magnetit	5,3	
Gehlenit	2,7		Hämatit	2,2	1,8
Mullit		2,0	Brownmillerit	10,0	
Anhydrit	0,4	7,9	Rutil		0,2
Gips	5,0		Anatas		1,1
Ettringit	5,8	0,9	Periklas	2,6	

2.2 Methoden

Die Behandlung von Aschen mit überkritischen CO_2 (*sc*-CO_2) unter hydrothermalen Bedingungen entspricht der Nachahmung einer natürlichen Verwitterung. Im Idealfall werden auf diese Weise unlösliche Metallsilicate oder schwerlösliche Carbonate in ihre löslichen Carbonate bzw. Hydrogencarbonate überführt. Letztere lassen sich durch Versetzen mit Mineralsäuren in Lösung bringen, aus der dann die eigentliche Metallgewinnung erfolgen kann. Als Beispiel sei die Verwitterung von Kalifeldspat aufgeführt, welcher unter anderem Kalium als Wertstoff für den Einsatz in der Düngemittelindustrie enthält. Der ebenfalls aus dieser Reaktion hervorgehende und in

Säuren unlösliche Kaolinit ($Al_2Si_2O_5(OH)_4$) kann beispielsweise der Papierindustrie zugeführt werden, so dass eine vollständige Verwertung des Ausgangsmaterials möglich ist.

$$2\,KAlSi_3O_{8(s)} + 2\,CO_{2(aq)} + 3\,H_2O \rightarrow 2\,K^+ + 2\,HCO_3^- + 4\,SiO_{2(s)} + Al_2Si_2O_5(OH)_{4(s)}$$

Die Verwendung von überkritischen CO_2 als Lösungs- und Aufschlussmittel ist aufgrund der geringen Investitionskosten sowie der leicht realisierbaren Temperaturen und Drücke besonders attraktiv. Des Weiteren weist überkritisches CO_2 die Viskosität von Gasen auf, während gleichzeitig die Dichte ähnlich der von Flüssigkeiten ist. Eine höhere Dichte bedingt wiederum eine Verbesserung der Lösungsmitteleigenschaften. Die Löslichkeit von Calciumcarbonat kann beispielsweise bei Anwesenheit von gelöstem CO_2 um mehr als das Hundertfache gesteigert werden.[2] Dieser Effekt beruht auf der Bildung vom leicht löslichen Calciumhydrogencarbonat und findet sich bei der Verwitterung von Kalkgestein wieder. Anhand von Versuchen mit Wollastonit ($CaSiO_3$) wurde bereits gezeigt, dass die Carbonatisierung im Wesentlichen an der Oberfläche stattfindet.[3] Da allerdings im Rahmen des Projektes eine verglasende Akkumulation der Fremdkonstituenten an der Oberfläche angestrebt wird, stellt dies im weiteren Forschungsverlauf voraussichtlich kein Problem dar.

Die Aufschlussexperimente wurden in einem temperierbaren Autoklaven (Abb. 1) mit Rührvorrichtung durchgeführt.

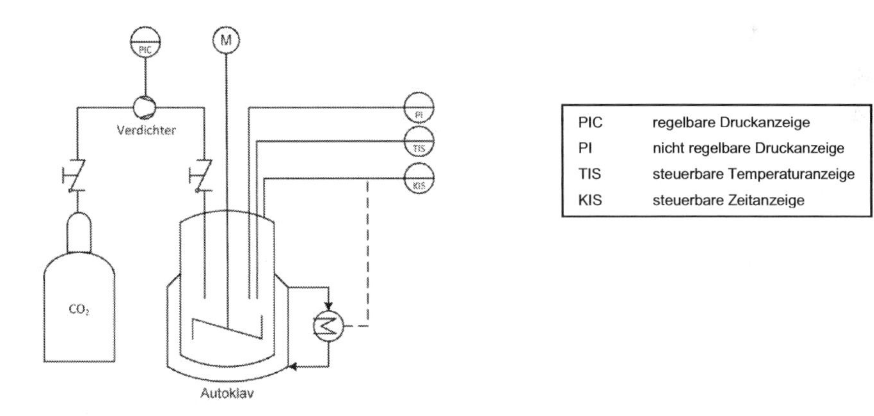

Abb. 1: schematischer Aufbau der Versuchsanlage

Die Aufschlussbedingungen orientieren sich an den Bedingungen für überkritisches CO_2 (Abb. 2) wobei die Prozessparameter hinsichtlich des Druckes (100 … 150 bar), der Temperatur (100 … 150 °C) und der Versuchsdauer (12 … 48 h) variiert bzw. optimiert wurden. Im Anschluss wurde die wässrige Phase abgetrennt und der Rückstand nach Trocknung mit verd. Salzsäure (31 %) gelaugt.

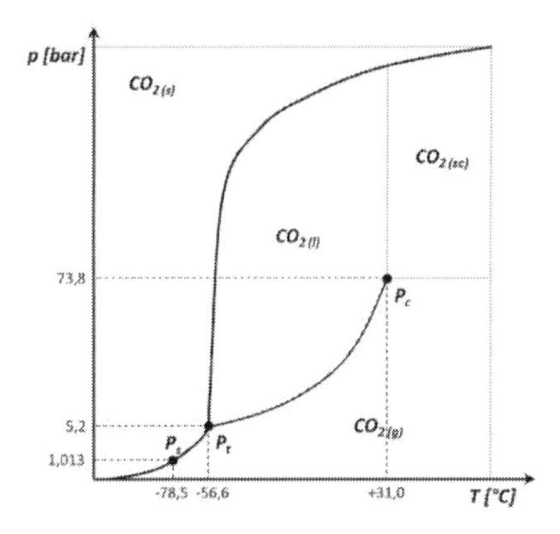

Abb. 2: Phasendiagramm vom Kohlendioxid

3 Ergebnisse

Erste Untersuchungen im Labormaßstab haben gezeigt, dass mit Hilfe der CO_2-Behandlung vor allem silikatisch bzw. sulfatisch gebundene Bestandteile der Asche 1 carbonatisiert werden können (Abb. 3). Dies bezieht sich insbesondere auf die Aschekomponenten Gehlenit ($Ca_2Al[AlSiO_7]$), Ettringit ($Ca_6Al_2[(OH)_{12}(SO_4)_3] \cdot 26\,H_2O$), Gips und Brownmillerit ($Ca_2(Al,Fe)_2O_5$). Infolgedessen nimmt der Anteil an Quarz zu, während oxidische Bestandteile, wie Magnetit (Fe_3O_4) oder Hämatit (Fe_2O_3), mit Ausnahme vom Periklas (MgO) nur minimalen Veränderungen unterlegen sind.

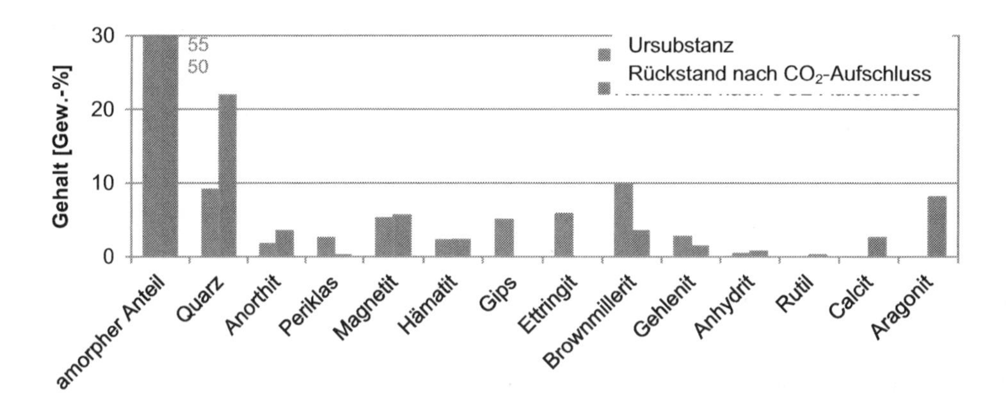

Abb. 3: Phasenanalyse der Asche 1 vor bzw. nach CO_2-Aufschluss (XRD)

Anorthit ($CaAl_2Si_2O_8$) ist, entgegen unserer Erwartung, keine Reaktion mit dem überkritischen CO_2 eingegangen. Dies gestaltet sich für den weiteren Verlauf der Untersuchungen nicht weiter problematisch, da mit Anorthit ein in Salzsäure lösliches Mineral vorliegt. Weiterhin konnte die Entstehung des Calciumcarbonats in Form von Calcit und Aragonit nachgewiesen werden. Das

Fehlen von Magnesiumcarbonat im Phasendiagramm lässt darauf schließen, dass Magnesium zum großen Teil als Magnesiumhydrogencarbonat bereits in Lösung überführt wurde.
Infolge der Carbonatisierung konnte durch anschließendes Laugen mit verdünnter Salzsäure insbesondere für Eisen (ca. 40 %) und Aluminium (ca. 30 %), aber auch für Calcium (ca. 25 %) eine erhebliche Steigerung der Löslichkeit gegenüber einer Laugung ohne vorherigen CO_2-Aufschluss (schwarze Linie in Abbildung 4) erzielt werden.

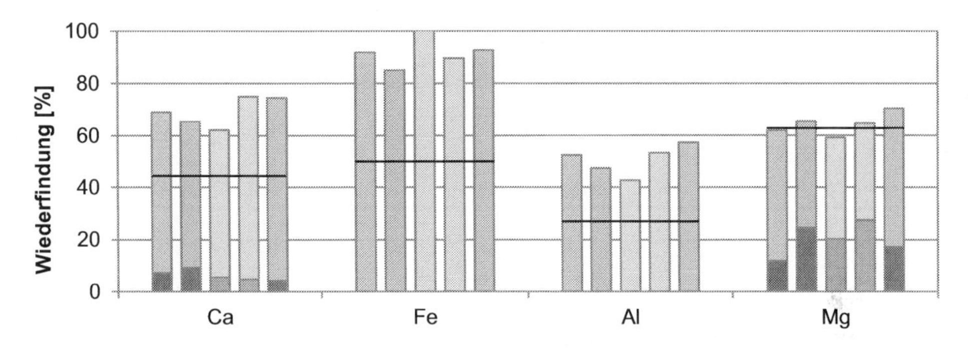

CO_2-Aufschluss (150 bar, 150 °C, 24 h) und anschließende Laugung mit HCl_{aq}

CO_2-Aufschluss (150 bar, 100 °C, 24 h, V1) und anschließende Laugung mit HCl_{aq}

CO_2-Aufschluss (150 bar, 100 °C, 24 h, V2) und anschließende Laugung mit HCl_{aq}

CO_2-Aufschluss (150 bar, 100 °C, 48 h) und anschließende Laugung mit HCl_{aq}

CO_2-Aufschluss (100 bar, 100 °C, 24 h) und anschließende Laugung mit HCl_{aq}

Abb. 4: CO_2-Aufschluss der Asche 1 und anschließende Laugung mit verd. HCl_{aq}

Die Löslichkeitssteigerung kann mitunter auf die Bildung von Eisen(II)-, Eisen(III)- und Aluminiumcarbonat zurückgeführt werden. Die dreiwertigen Carbonate sind jedoch instabil und zersetzen sich daher unter Bildung der Hydroxide und Freisetzung von CO_2.

$$Fe^{3+}/Al^{3+} + CO_2 \rightarrow Fe_2/Al_2(CO_3)_3 + H_2O \rightarrow Fe/Al(OH)_3 + 3\ CO_2$$

Da sowohl die Carbonate als auch die daraus resultierenden Hydroxide mittels Röntgendiffraktometrie nicht nachgewiesen werden konnten, befinden sie sich aller Wahrscheinlichkeit nach im amorphen Anteil der Asche. Dies bedarf einer eingehenden Untersuchung im zukünftigen Forschungsverlauf. Unter Zuhilfenahme einer verdünnten Mineralsäure war es nun möglich Eisen und Aluminium aus den wasserunlöslichen Carbonaten bzw. Hydroxiden herauszulösen.
Die Phasenanalyse der Asche 2 (Abb. 5) zeigt, dass es durchaus von Vorteil sein kann, den CO_2-Aufschluss mit nicht abgebundenen Aschen durchzuführen. So haben erste Versuche im Labormaßstab gezeigt, dass in diesem Fall ebenfalls mit Hilfe der CO_2-Behandlung vor allem oxidische bzw. sulfatisch gebundene Aschebestandteile carbonatisiert werden. Dies bezieht sich

insbesondere auf die Aschekomponenten Anatas (TiO_2), Calciumoxid, Cristobalit (SiO_2), Hämatit, Ettringit und Anhydrit. Infolgedessen nimmt sowohl der Anteil an Quarz als auch der des Calcits und Mullits ($Al_{4+2x}Si_{2-2x}O_{10-x}$) zu. Weiterhin hat sich mit Tunisit ($NaCa_2Al_4(CO_3)_4(OH)_8Cl$) eine neue Phase gebildet, welche allerdings in Säuren sehr gut löslich ist.

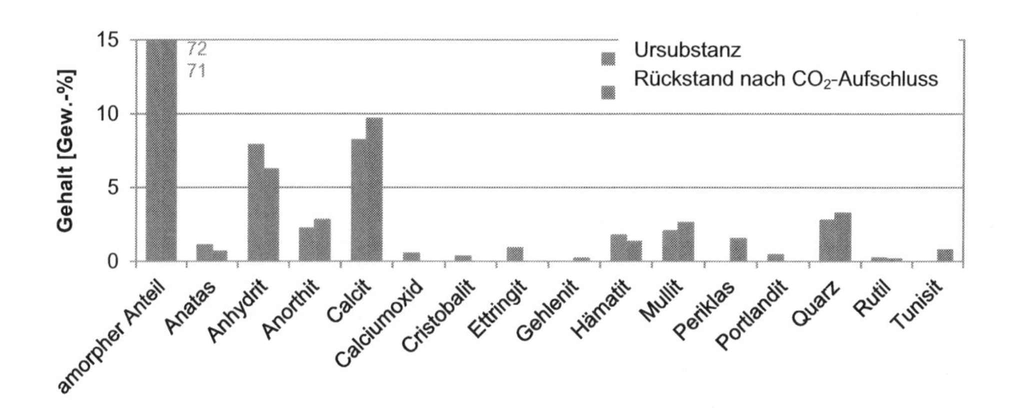

Abb. 5: Phasenanalyse der Asche 2 vor bzw. nach CO_2-Aufschluss (XRD)

4 Zusammenfassung

Die ersten Untersuchungen haben gezeigt, dass mit Hilfe von überkritischen CO_2 unlösliche Silikate, Oxide und Sulfate in mineralsäurelösliche Carbonate bzw. Hydrogencarbonate überführt werden konnten. Außerdem hat sich herausgestellt, dass die Herkunft der behandelten Aschen hauptsächlich einen Einfluss auf die Phasenzusammensetzung ausübt und weniger auf die Effektivität des CO_2-Aufschlusses.

Literatur

[1] Bundesverband Braunkohle (DEBRIV), *Braunkohle in Deutschland 2013 – Profil eines Industriezweiges*, Köln, 2013.

[2] R. H. Borgwardt, „Sintering of nascent calcium oxide“, *Chemical Engineering Science,* vol. 61, pp. 53-60. 1989.

[3] W. J. J. Huijgen, G.-J. Witkamp und R. N. J. Comans, „Mechanism of aqueous wollastonite carbonation as a possible CO2 sequestration process”, *Chemical Engineering Science*, vol. 61, pp. 4242-4251, 2006.

REIBENERGIEVERTEILUNGEN VON MAHLKUGELKONTAKTEN

Alexander Köster[1], Matthias Scherge[2], Ulrich Teipel[1, 3]

[1] Fraunhofer Institut für Chemische Technologie ICT, Umwelt Engineering, Joseph-von-Fraunhofer-Straße 7, 76327 Pfinztal, e-mail: alexander.koester@ict.fraunhofer.de, Phone +49 (0) 721 4640-897

[2] Fraunhofer Institut für Werkstoffmechanik IWM, Tribologie, Wöhlerstr. 1, 79108 Freiburg

[3] Technische Hochschule Nürnberg Georg-Simon-Ohm, Mechanische Verfahrenstechnik/Partikeltechnik, Wassertorstraße 10, 90489 Nürnberg

Keywords: Zerkleinerung, Kugelmühle, Energieübertragung, Energieeffizienz, Reibung

1 Einleitung

Die Effizienz des Zerkleinerungsprozesses hinsichtlich der Produktqualität und des Energieeinsatzes ist entscheidend von der Kenntnis der Energieübertragungsmechanismen abhängig. Dabei soll eine hohe Produktqualität, in der Regel gekennzeichnet durch die möglichst gute Übereinstimmung der gewünschten und erzielten Partikelgrößenverteilung und –morphologie, unter minimalem Energieeinsatz erreicht werden.

In einer Kugelmühle treten die beiden Grundmechanismen Reibung und Stoß auf, wobei der Einfluss der Anlagenparameter auf den Beanspruchungszustand der Mühlenfüllung bisher nicht im Einzelnen geklärt ist. Dies ist vor allem in der nicht hinreichend abbildbaren Kinematik der Mühlenfüllung begründet [1]. Damit ist die Energie des Stoßes nur über Näherungen darstellbar. Eine weiter Möglichkeit, die integrale stationäre Energiebilanz des Zerkleinerungsprozesses in einer Kugelmühle (Gleichung 1) zu schließen, ist der Zugang über den Reibmechanismus. Mit den Messgrößen elektrische Leistung und Leerlaufleistung kann dann auf die Stoßleistung geschlossen werden. Deshalb soll in dieser Arbeit Grundlegendes zu den Prinzipien des Reibvorgangs in der Kugelmühle dargestellt werden. Dazu sind die Reibkontakte in einer Kugelmühle mithilfe zweier Grundmodelle abgebildet und tribologisch untersucht worden. Weiter konnte ein Ansatz formuliert werden, mit dem der Zusammenhang zwischen den tribologischen Daten und der Energie bzw. Energiedichte der Reibung hergestellt werden kann.

$$\textit{Elektrische Leistung} = \textit{Leerlaufleistung} + \textit{Stoßleistung} + \textit{Reibleistung} \qquad (1)$$

2 Materialien und Methoden

2.1 Materialien

Die beiden in der Kugelmühle auftretenden Reibkontakte sind die zwischen Mahlkörpern und zwischen Mahlkörpern und der Mühlenwand. Da die Bewegungsmuster der Mühlenfüllung in weiten Bereichen nur von der Trommeldrehzahl und nicht vom Mahlgutfüllungsgrad abhängen [2] kann für diese grundlegende Betrachtung auf die Modelle Kugel-Kugel und Kugel-Ebene zurückgegriffen werden. Um dem gemischten Reibungszustand in der Kugelmühle bestehend aus Gleit-, Roll- und Haftreibung gerecht zu werden, ist das in Abbildung 2 dargestellte System bestehend aus 2 lose übereinander angeordneten Reihen Mahlkugeln, die über eine Sensorkugel beansprucht werden, gewählt worden. Der Reibkontakt zwischen zwei nebeneinander angeordneten Mahlkugeln und der Sensorkugel kommt in einer Kugelmühle gleichberechtigt mit dem hier dargestellten vor [2], wird aber wegen qualitativ gleichen Ergebnissen an dieser Stelle nicht vertieft. Die für einen Reibkontakt charakteristische Größe ist der Reibungskoeffizient μ, der das Verhältnis zwischen Tangential- F_T und Normalkraft F_N in der Reibebene darstellt.

$$\mu = F_T F_N^{-1} \tag{2}$$

Auf Grundlage der oben genannten Reibmodelle ist der Einfluss des Kugel- bzw. Mühlenpanzerungsmaterials als auch der des Kugeldurchmessers auf den Verlauf des Reibungskoeffizienten untersucht worden. Als Mahlkörper- bzw. Mühlenpanzerungsmaterialien wurden Sinter-Korund (α-Al_2O_3)(R_a = 0,15 μm), Siliciumcarbid (SiC) (R_a = 0,01 μm) sowie Edelstahl mit der Werkstoffnummer 1.4401 (R_a = 0,34 μm) untersucht. Die Durchmesser der Kugeln betragen 3 bzw. 6 mm und die der Scheiben (Stärke 0,5 mm) 50 mm.

2.2 Methoden

Experimentell lassen sich faseroptisch Auslenkungen des in Abbildung 1 dargestellten Federsystems messen. Damit können über die Federkonstanten horizontale und normale Kräfte im Koordinatensystem dargestellt werde.

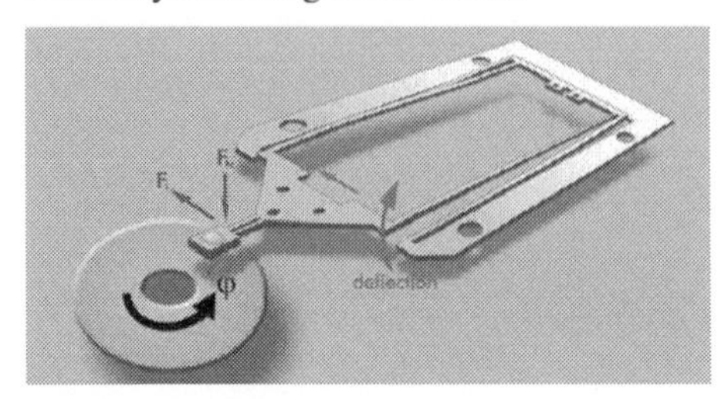

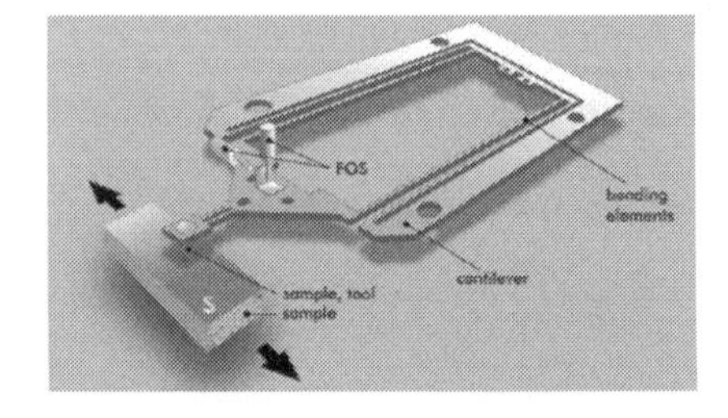

Abb. 1: Sensorsystem

Damit können über die Federkonstanten horizontale und normale Kräfte im Gerätekoordinatensystem dargestellt werden.

Die Darstellung der Reibungskoeffizienten als auch der Reibenergien erfolgt in Abhängigkeit einer normierten Kugelkontaktstrecke, die in Abb. 2 dargestellt ist und dort der Bogenlänge des schwarzen Bereiches der Oberfläche der Kugel in Kontakt mit der ebenfalls schwarzen Sensorkugel entspricht. Die Sensorkugel ist an dem Federsystem aus Abbildung 1 als „sample toll" befestigt. Die Berücksichtigung der tangentialen Reibebene wird mithilfe einer Kräftetransformation auf Basis einer gleichbleibenden resultierenden Kraft realisiert. Dabei werden die Kräfte F_x und F_y aus dem Gerätekoordinatensystem, die aus der mit Hilfe der Faseroptischen Sensoren (FOS) bestimmten Auslenkung und den Federkonstanten des Cantilevers ermittelt werden, unter Bildung ihrer Resultierenden R in die normale und tangentiale Kraftkomponente in der dargestellten Tangentialebene mit der identischen Resultierenden F_R transformiert (siehe Abb. 3).

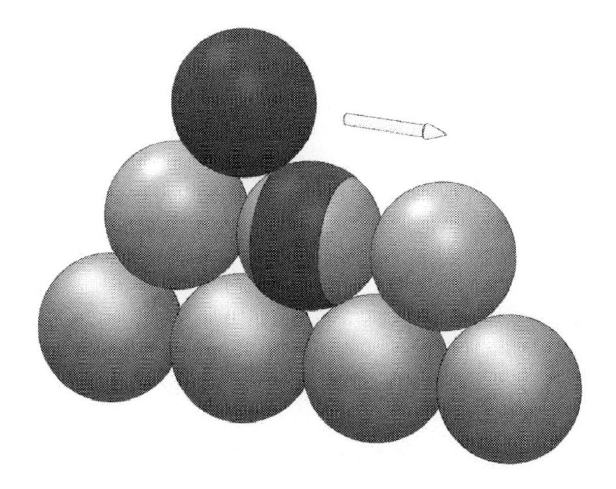

Abb. 2: Kugel-Kugel Modell: zwei Lagen Mahlkugeln und Sensorkugel

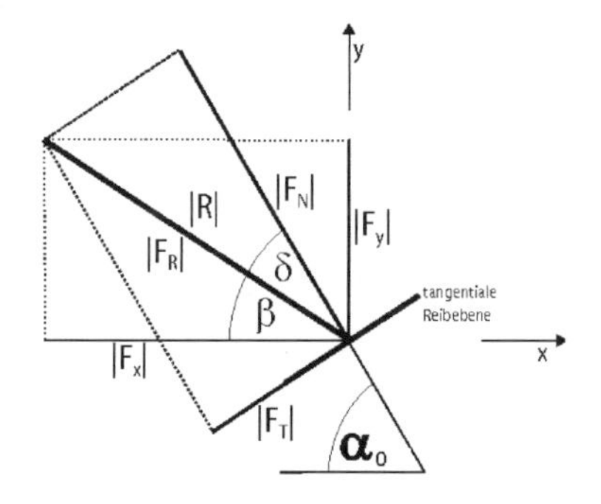

Abb. 3: Kräftetransformation in die tangentiale Reibebene

Damit ergibt sich für jeden Messwert nach Gleichung (3) ein charakteristischer Winkel α in Abhängigkeit des Startwinkels α_0 und der Position n im Kontaktstreckenintervall. Unberücksichtigt bleiben dabei Beschleunigungen im Reibkontakt innerhalb einer Kontaktstreckenhälfte; es wird jeweils eine konstant mittlere Geschwindigkeit angenommen. Die Intervallgrenzen bilden die lokalen Normalkraftminima. Zur Einteilung in Anstiegs- sowie Abstiegszone wird weiter der Kugelscheitel, gekennzeichnet durch ein lokales Normalkraftmaximum herangezogen.

Mithilfe des so ermittelten Kontaktwinkels α sowie der Kräfte aus dem Gerätekoordinatensystem können nach den Gleichungen (4) und (5) die Normal- und Tangentialkräfte in der Reibebene bestimmt werden. Die je Kugelkontaktstrecke auftretende Reibenergie wird mithilfe der Summe der Einzelenergien je Messdatenpunkt nach Gleichung (6) approximiert.

$$\alpha = \alpha_0 + n\left(\frac{\pi - 2\alpha_0}{\sum n}\right) \quad n \in \{0, 1, 2, ..., m\} \tag{3}$$

$$F_N = \left(F_y^2 + F_x^2\right)^{0,5} \cdot \cos\left(\alpha - \arctan\left(F_y F_x^{-1}\right)\right) \tag{4}$$

$$F_T = \left(F_y^2 + F_x^2\right)^{0,5} \cdot \sin\left(\alpha - \arctan\left(F_y F_x^{-1}\right)\right) \tag{5}$$

$$F_{Reib} = \int_x \mu(x)\overline{F}_N(x)d\overline{x} \approx \sum_{n=1}^{m}\left(\mu\overline{F}_{N,n} \cdot \Delta\overline{x}_n\right) \tag{6}$$

Die Reibenergiedichte kann nun mithilfe der Hertz'schen Theorie für den Kontakt zweier Kugeln nach Gleichung (7) berechnet werden, wobei A_K die Hertz'sche Kontaktfläche darstellt [3]. Die reale Kontaktfläche findet aufgrund der hohen Oberflächengüte der Proben keine Berücksichtigung.

$$e_{Reib} = \frac{E_{Reib}}{A_K} \tag{7}$$

3 Diskussion

Die Verläufe der Reibungskoeffizienten als Funktion der normierten Kugelkontaktstrecke zeigen für den Fall des Kugel-Kugel Reibkontaktes periodisches Verhalten.

Eine Periode entspricht einer Kugelkontaktstrecke (siehe Abb. 4). Durch Normierung (siehe Abb. 2) werden zwei charakteristische Zonen je Periode sichtbar. Es zeigt sich, dass diese Zonen den beiden Kontaktstreckenhälften entsprechen – der Anstiegs- und Abstiegszone. In Abb. 4 ist die Anstiegszone durch einen in erster Nährung konstanten Reibungskoeffizienten von 0,4 gekennzeichnet. Der Übergang in die Abstiegszone zeichnet sich durch einen betragsmäßig sehr großen Gradienten aus. Der mittlere Reibungskoeffizient in der Abstiegszone ergibt sich zu 0,13. Die Reibgeschwindigkeiten verstehen sich als Durchschnittsgeschwindigkeiten und sind technisch bedingt.

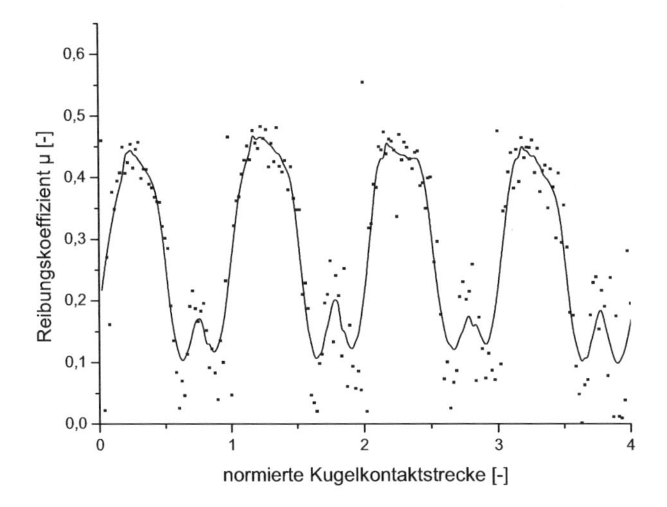

Abb. 4: Korundkugelkontakt, Kugeldurchmesser d_K=3 mm, Normalkraft F_N=45 mN, Relativgeschwindigkeit u_{Reib}=3,14 cms^{-1}

3.1 Einfluss des Kugeldurchmessers

Es zeigt sich, dass mit einer Abnahme des Kugeldurchmessers eine Zunahme des Potentials im Reibungskoeffizientenverlauf zwischen An- und Abstiegszone und eine deutliche Steigerung der Flankensteilheit am Kugelscheitel und in der Senke zwischen zwei Kugeln verbunden ist (siehe Abb. 5).

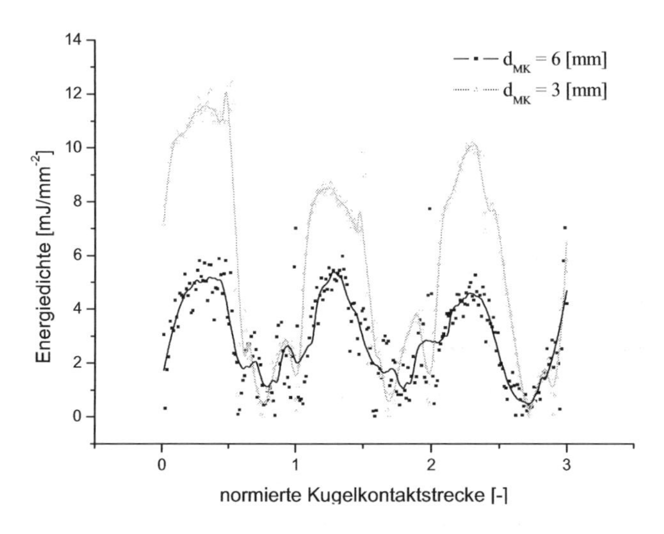

Abb. 5: Korundkugelkontakt des Durchmessers 3 mm (grau) und 6 mm (schwarz)

Für den ebenen Fall (d ⟶ ∞) (Abb. 6) ergibt sich ein konstanter Reibenergieverlauf (Abb. 5). Damit zeichnet sich eine Abhängigkeit zwischen Kugeldurchmesser und Reibenergie bzw. – dichte entsprechend Gleichung (8) ab.

$$E \propto f(d^{-n}) \; E = \{E_{Reib}, e_{Reib}\} \; n \in N \quad (8)$$

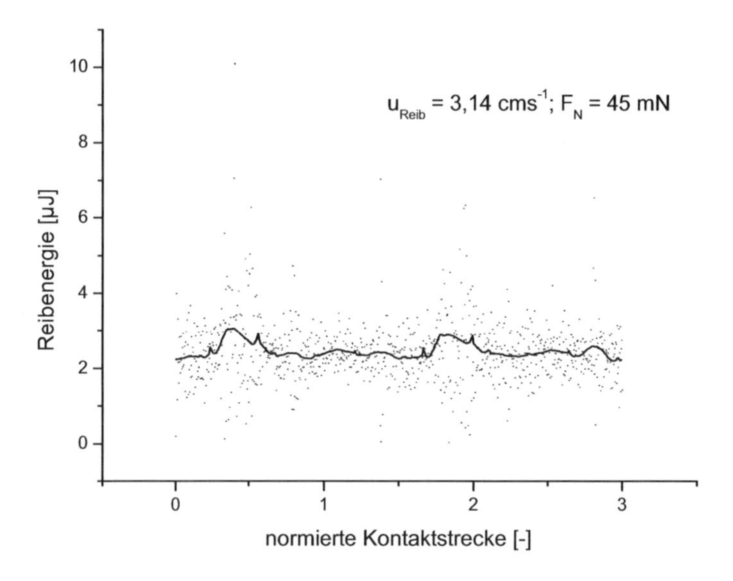

Abb. 6: Reibkontakt Korundkugel (d=6 mm) vs. Korundebene (d ⟶ ∞)

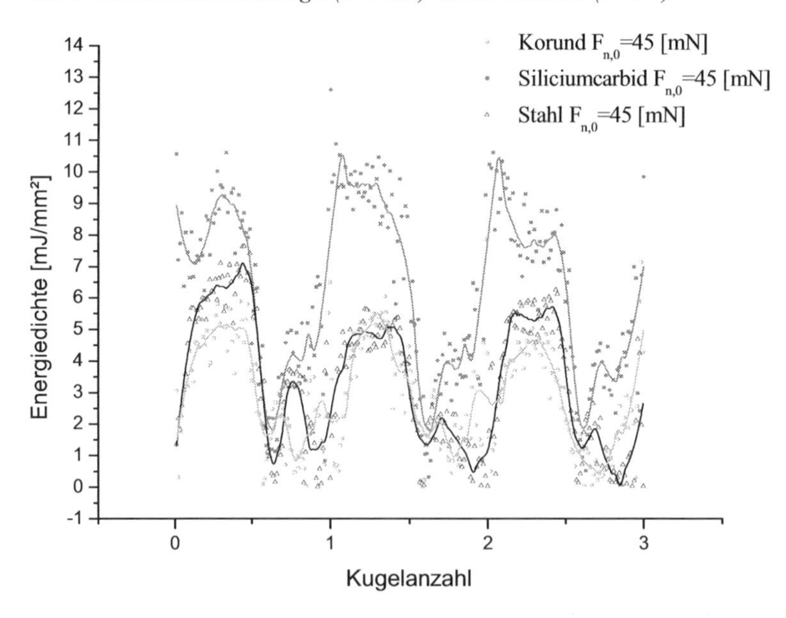

Abb. 7: Einfluss intrinsischer Effekte auf die Reibenergiedichte(Kugeldurchmesser d_K = 6 mm, Relativgeschwindigkeit u_{Reib} = 1,57 cms^{-1})

3.2 Einfluss des Materials

Unter gleichen Versuchsbedingungen zeigt sich für Siliciumcarbid (Nichtoxidkeramik) ein gegenüber Sinter-Korund (Oxidkeramik) erhöhter Reibenergieverlauf (Abb. 7). Die Vermutung, dass ionische Wechselwirkungen die Ursache dafür sind, muss noch näher untersucht werden. Die Verwendung von Edelstahl führt zu Reibenergieverläufen, die etwas über denen von Sinter-Korund liegen.

Der Vergleich von Reibkontakten zweier Materialien mit dem Reibkontakt der Materialkombination führt zu einem Ergebnis, welches sich besonders gut in Abb. 8 widergespiegelt. Werden die gemessenen Reibkontakte der Einzelmaterialien Stahl und Sinter-Korund durch Mittelwertbildung der Reibungskoeffizienten überlagert (schwarzer Graph), so ist eine sehr gute Übereinstimmung mit dem Realverhalten der Materialkombination (dunkelgrauer Graph) zu erzielen.

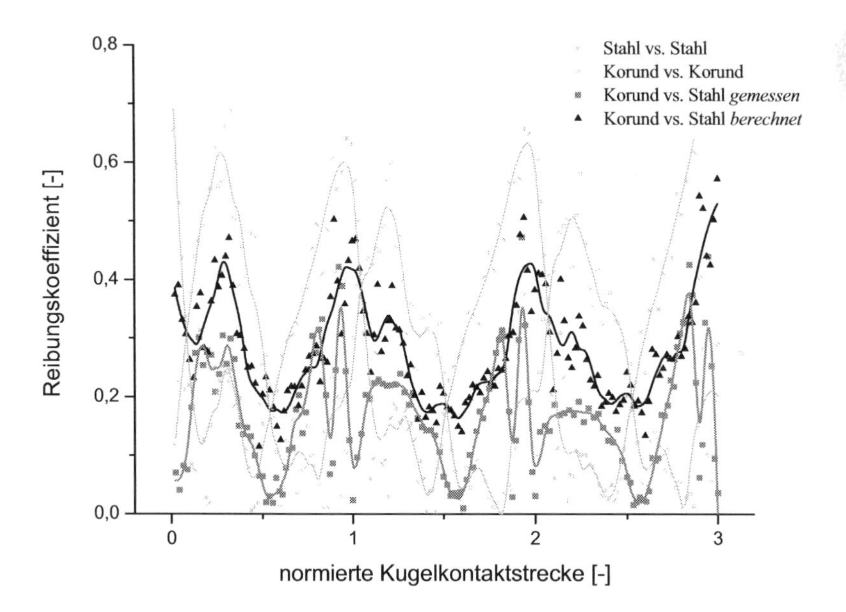

Abb. 8: Mittelwertbildung der Verläufe der Einzelmaterialien erzeugt gute Approximation des Materialkombinationsverlaufs, Normalkraft F_N=45 mN, Relativgeschwindigkeit u_{Reib}=3,14 cms^{-1}, Kugeldurchmesser d_K=3 mm

4 Zusammenfassung und Ausblick

Mit den Methoden der Mikrotribologie konnten die Zusammenhänge zwischen der Reibenergie und den Einflussgrößen Kugeldurchmesser und Mahlkörpermaterial aufgezeigt werden. Basierend auf den Modellsystemen Kugel-Kugel und Kugel-Ebene wurde ein Übergang der Reibenergieverläufe von Sprung- über Wellenform hin zu einem konstanten Verlauf in Abhängigkeit des Mahlkörperdurchmessers herausgestellt.

Hinsichtlich des Mahlkörpermaterialeinflusses zeigten sich für eine Nichtoxidkeramik im Vergleich zu einer Oxidkeramik und Stahl deutlich erhöhte Reibenergien. Intrinsische Effekte, die zu diesem Verhalten führen, müssen noch aufgeklärt werden. Ebenso muss die Gültigkeit der Annahme, dass sich Reibkontakte zweier unterschiedlicher Materialien durch die Überlagerung der Einzelmaterial-Reibkontakte approximieren lassen noch weiter untersucht werden.
Nach abschließender Klärung dieser Aspekte sollte der Einfluss von Zerkleinerungsgut und dessen Eigenschaften auf die gefundenen Zusammenhänge untersucht werden, um dann das Augenmerk auf die Formulierung mathematischer Modellansätze für die gefundenen Zusammenhänge und deren Übertragbarkeit auf den Prozess in der Kugelmühle zu legen.

5 Literatur

[1] Horst Langemann, „Kinetik der Hartzerkleinerung, Teil 3: Die Kinematik der Mahlvorgange in der Fallkugelmühle“, *Chemie-Ing.-Tech.* 34. Jahrg. 1962 / Nr. 9

[2] H.-U. Both, „Mahlkörperbewegung in der Kugelmühle“, *Chemie-Ing.-Techn.* 39. Jahrg. 1967, Heft 5/6

[3] V. L. Popov, *Kontaktmechanik und Reibung*, Springer-Verlag Berlin Heidelberg, 2009

PHYTOMINING VON GERMANIUM – BIOAKKUMULATION UND GEWINNUNG VON GERMANIUM AUS BIOMASSE VON PFLANZEN

O. Wiche[1], U. Heinemann[2], N. Schreiter[3], I. Aubel[3], S. Tesch[2], M. Fuhrland[4], M. Bertau[3], H. Heilmeier[1]

[1] Institut für Biowissenschaften, AG Biologie/Ökologie, TU Bergakademie Freiberg, Leipziger Str. 29, Freiberg, e-mail: oliver.wiche@ioez.tu-freiberg.de

[2] Institut für Analytische Chemie, TU Bergakademie Freiberg, Leipziger Str. 29, Freiberg, e-mail: ute.heinemann@ioez.tu-freiberg.de

[3] Institut für Technische Chemie, TU Bergakademie Freiberg, Leipziger Str. 29, Freiberg, e-mail: norbert.schreiter@chemie.tu-freiberg.de

[4] SAXEED, TU Bergakademie Freiberg, Akademie Str. 6, Freiberg, e-mail: matthias.fuhrland@saxeed.net

Keywords: Germanium, Phytomining, Phytoextraktion, Metallkonzentrierung, ETV-ICP OES

Abstract

Germanium ist in nur sehr geringen Konzentrationen in der Erdkruste verbreitet, weshalb eine wirtschaftliche bergmännische Gewinnung häufig nicht möglich ist. Andererseits ist Germanium in der Natur ähnlich weit verbreitet wie Silizium, jedoch mit einer deutlich geringeren Häufigkeit. Im landwirtschaftlichen Kreislauf kommt es zur Akkumulation von im Boden verfügbaren Metallen wie Germanium in den Anbaupflanzen. Im Rahmen des r³-Projektes PhytoGerm – Germaniumgewinnung aus Biomasse werden die besten Akkumulenten von Germanium identifiziert und Möglichkeiten zur Intensivierung der Aufnahme in verschiedene Energiepflanzen erforscht.

Die verfolgten Ansätze bedienen sich dabei der Beeinflussung der Rhizosphäre durch diverse Bodenadditiva, Optimierung von Kultivierungsbedingungen sowie gezielten Eingriffen in den Pflanzenstoffwechsel. Dadurch konnte die Germaniumaufnahme in die Biomasse einiger Energiepflanzen bislang um bis zu 80 % gesteigert werden.

Zum Verständnis des Aufnahmeprozesses sowie im Hinblick auf eine anschließende Germaniumgewinnung aus der Biomasse ist die Kenntnis von beteiligten Prozessen an der Wurzel-Spross-Translokation von Germanium und möglicher Germanium-Spezies als Speicherformen in den oberirdischen Pflanzenteilen von großer Bedeutung. Untersuchungen von Pflanzenmaterial mittels elektrothermischer Verdampfung - optische Emissionsspektroskopie legten den Schluss nahe, dass Germanium in leicht zugänglicher Form und als unterschiedliche Spezies in den Pflanzen vorkommt.

Das Ziel der darauf aufbauenden Verfahrensentwicklung zur Germaniumgewinnung ist es, das im Erntegut akkumulierte Germanium u.a. aus den Gärresten der Biogasproduktion zu extrahieren. Nach der Vegetation werden die mit Germanium angereicherten Pflanzen in den Biogasprozess eingeführt. Der Fokus liegt auf dem Abbau der organischen Pflanzenstruktur, wo das Germanium freigelegt wird. Als Stoffwechselprodukt der Bakterienkultur entsteht dazu Emission neutrales Biogas, was zur Strom- und Wärmekraftkopplung bereits seit vielen Jahren weite Anwendung findet. Durch den Gasaustrag kommt eine Massenreduzierung im Fermenter hinzu, die ohne menschlichen Eingriff bereits eine Konzentrierung des Wertstoffes schafft. Die anfallenden Reststoffe werden nach mechanischer Separation zur selektiven Germaniumkonzentrierung aufgearbeitet. In ersten Versuchen konnte Germanium aus wässrigen Lösungen auf extraktivem Wege mehr als 5-fach konzentriert und gleichzeitig Begleitelemente wie Eisen und Aluminium selektiv abgetrennt werden.

In einem zweiten Verfahrensweg soll durch Vorbehandlung der Biomasse eine Wertstoffabtrennung bereits im Vorfeld des Biogasprozesses erfolgen. Verbunden mit einer Steigerung der anschließenden Biogasausbeute wird das Germanium im Vorfeld ausgelaugt. Versuche der chemischen Laugung zeigten eine Überführung von Germanium in die wässrige Phase. Das Restsubstrat wies eine erhöhte Verzuckerungsrate auf und lässt auf eine Qualitätsverbesserung des Biogasprozesses hoffen. Beide Verfahren bieten ein hohes Potenzial Biomasse auf biologischem Wege abzubauen und Germanium als Wertstoff selektiv abzutrennen.

In Deutschland werden derzeit 20 Mio. Hektar landwirtschaftlich genutzt, 10 Mio. Hektar sind Waldfläche. Unabhängig davon, ob die Gewinnung über Gülle, Gärreste oder Verbrennungsrückstände erfolgt, wäre mit einer Nutzung von nur 1% der mit 5 t/ha geernteten deutschen Biomasse (Futtermittel, Holzpellets, Stroh, Energiepflanzen etc.) und einem durchschnittlichen Akkumulationsgrad von 20 ppm im Erntegut bereits ein jährliches Potential von 30 t Germanium erschließbar. 2009 wurden weltweit nur 140 t Germanium produziert. Durch die Germaniumgewinnung aus Biomasse im Rahmen von Phytomining könnte somit bis zu 21 % der weltweiten Germaniumproduktion abgedeckt werden.

PRETREATMENT OF BIOGENIC RAW MATERIALS

M. A. Chairopoulou[1], M. Eisenlauer[1], U. Teipel[1, 2], R. Schweppe[2]

[1]Technische Hochschule Nürnberg, Georg-Simon-Ohm, Wassertorstraße 10, 90489, e-mail: makrina.chairopoulou@th-nuernberg.de, eisenlauermo34439@th-nuernberg.de, Ulrich.teipel@th-nuernberg.de

[2]Fraunhofer-Institute for Chemical Technology ICT, Pfinztal, e-mail: rainer.schweppe@ict.fraunhofer.de

Keywords: Biogenic raw materials, Comminution

1 Introduction

Biogenic raw materials, in particular wood, wood wastes and agricultural residues, have attracted scientific attention the last years. Independence of fossil fuels, the use of sustainable resources in industries and balanced CO_2 emissions are only some of the reasons that make the use of biogenic raw materials seem so appealing. Apart from the pulp industry and the usage of wood biomass for paper production attempts have been made to gain basic chemicals from wood and transform them into various products. Lignin is for example an aromatic polymer, together with cellulose and hemicellulose it is one of the three basic compounds that can be found mainly in trees and plants. Depending on the isolation method and the origination of the plant lignin can be found in various structures. New applications for the use of sulfur-free lignin are presented in [1, 2]. Among the proposed utilizations it was shown that steam explosion lignin can be used in the production of polyurethanes while other possible uses can be also as substitute for phenolic powder resins, and in epoxy resins. Biomass is not only viewed as a source for energy production but also as a source for the production of chemicals. However, industrial-scale processes and technologies that could decrease the use of fossil fuels require new and efficient mechanical processes such as comminution, classification and preparation. Although, the above mentioned processes are already widely used there are still some problems and limitations that have to be overcome to maximize the yield of each components use.

References in the literature about particle size reduction of biogenic raw materials are scarce. A more extensive knowledge about grinding of biogenic raw materials would lead to new and better processes in their implementation, better equipment selection for each type of material and possibilities to decrease operating costs. Comminuted biogenic raw materials with identical physical properties – particle-size distribution, shape, moisture content and density - will lead to better reproducible and comparable results within the development of new applications for the conversation of biogenic materials to basic chemicals.

This work embodies the comminution of three different biogenic raw materials into powders with identical physical properties.

2 Materials and Methods

2.1 Materials

Three types of wood were selected to represent the various forest species in the experimental part, namely common spruce (picea abies), wheat straw (titricum avestivum) and common oak (quercus penduculate). The structure of the samples is represented in Figure 1. It can be seen that the structure of common spruce (a) is more porous than that of common oak (b).

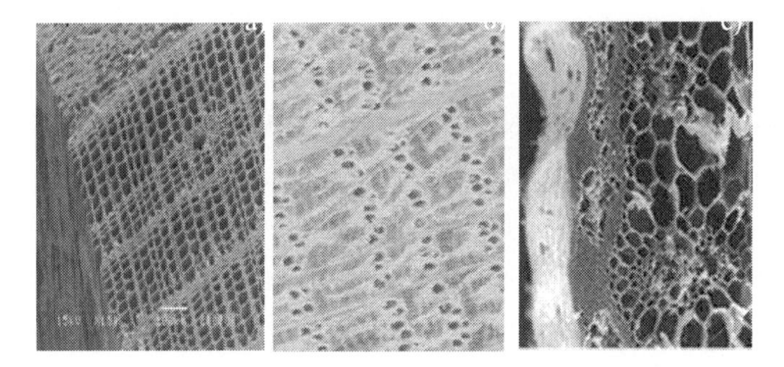

Figure 1: 150 fold-magnification of common spruce obtained by SEM (a), 150 fold-magnification of common oak obtained by microscope (b), 150 fold-magnification of wheat straw (c) [3]

The biogenic raw materials used in this study were chosen for their great abundance, their low costs and their availability. Common spruce belongs to the main tree species on the northern hemisphere and is used for forestry purposes. Wheat straw accrues mainly as a by-product of the grain production and is therefore a cost-effective alternative to wood. Common oak was used due to the shorter fiber length compared to the other two materials.

2.2 Methods

2.2.1 Cutting mill (Retsch, type 2000)

Cutting and shearing forces are here responsible for the size reduction process. The samples are comminuted between the moving blades and the stationary cutting bars. A cutting mill is preferably used for comminution of soft, medium-hard, elastic and fibrous materials.

Figure 2: Cutting mill [3]

2.2.2 Planetary ball mill (Fritsch, Pulverisette 7 premium line)

Planetary ball mills are used to increase the fineness of samples. It is a high energy pulverization procedure and therefore the grinding times are short. The dominant forces during the grinding procedure here are friction and impact stress and their interaction that results in a high dynamic energy. Appropriate materials for a planetary ball mill are soft, hard, brittle as well as fibrous materials that can be comminuted both in a dry or wet environment.

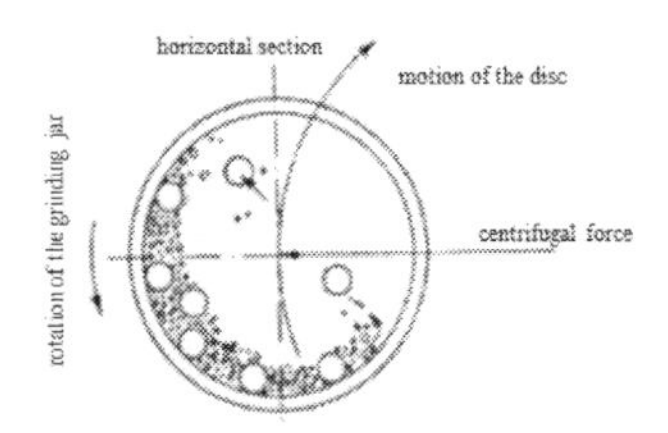

Figure 3: Schematic representation of the grinding jar of a planetary ball mill [3]

2.3 Comminution Process

Regardless the field of application today's processes require mostly pretreated biogenic raw materials. Comminution is a process of size reduction. The basic goal of comminution is to form new surfaces, which automatically means to increase the surface area of a material, change the particles shape, size and to generate a specific particle size distribution.

Common spruce and common oak samples were chopped with a circular saw into 1 cm^3 cubes, while the wheat straw was cut into rods of 3 cm length. The moisture content of each material was set at 3.5 % and was kept at this value throughout the experimental part. In the following step, 1 kg of each material was comminuted in four cycles in the cutting mill. In each cycle the sieve was changed. The sieves possessed a mesh size of 2 mm, 1 mm, 0.75 mm and 0.25 mm respectively.

The comminuted biomass was further pulverized using a planetary micro mill to increase the fineness. During this process the grinding bowl consisted of 30 ml powder with 30 zirconia grinding balls (Diameter: 10 mm). The rotational speed was set at 750 min^{-1} and all the samples were pulverized three times for 5 min. In this step the temperature raised in the zirconia grinding bowl and therefore between each grinding cycle a 10 min break to cool down the sample was necessary.

To achieve an identical particle-size distribution a sieve shaker was engaged. In the sieve analysis three sieves were used with mesh sizes of 125 µm, 90 µm and 45 µm. In order to increase the efficiency of the sieving process and to reduce the sieving time 10 sieving aids were used on the 90 µm and 20 on the 45 µm sieve. The sieving aids consisted of rubber with a diameter of 16 mm and a weight of 2.6 g. For each sieving process a sample of 100 g was added in the first sieve and the sieving time was set at 60 min with an amplitude of 1.5 mm.

3 Results

After the comminution process the particle-size distributions of the samples were measured with a laser diffraction device (Helos KR, Sympatec). Figure 4 embodies the particle size distribution of the three different comminuted biogenic materials.

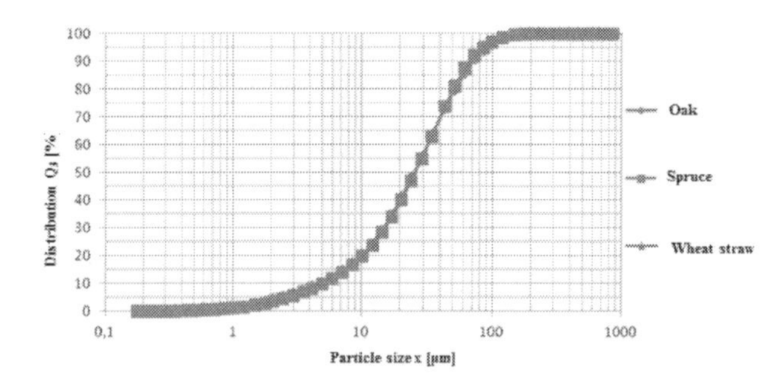

Figure 4: Distribution curves of the samples [3]

In addition to the curves represented in Figure 4 the values $x_{10,3}$, $x_{50,3}$ and $x_{90,3}$ are given in Table 1 for a better comparison of the results.

Table 1: $x_{10,3}$, $x_{50,3}$ and $x_{90,3}$ values for each sample [3]

Material	$X_{10,3}$ [µm]	$X_{50,3}$ [µm]	$X_{90,3}$ [µm]
Common oak	5.06	25.96	71.47
Common spruce	5.25	26.45	68.87
Wheat straw	4.98	26.19	69.73

Figure 4 and Table 1 show that the three comminuted biogenic materials exhibit identical particle-size distributions. Apart from that and in order to be able to characterize the shape of the particles microscope images were taken for all three materials. The microscope images are shown in Figure 5.

Figure 5: 400 fold-magnification of common spruce (a), 400 fold-magnification of oak (b), 400 fold-magnification of wheat straw (c) [3]

As can be observed in Figure 5 all three materials are consisted of rod-shape particles. The particles of wheat straw and common spruce are frayed in their ends while the particles of oak are rounder in their ends [3].

Moreover, the density of the materials was measured with a Multivolume Pycnometer 1305 (Micromeritics). After the comminution of the materials they all exhibited an identical particle size distribution and relative density. Table 2 shows the measured density for each material with residual moisture content of 3.5%.

Table 2: Relative density of the materials [3]

Material	Density [g/cm^3]
Common oak	1.3924
Common spruce	1.3981
Wheat straw	1.3971

4 Discussion and Conclusion

This study focused on the examination of two different comminution processes and their effect towards the wood samples. All samples were comminuted with the exact same method and under the same experimental parameters. Altogether the investigation showed that different types of biogenic raw materials can be comminuted with little effort into powders with identical particle-size distributions, particle shapes and relative density.

Materials with identical physical properties enable a more accurate comparison between different applications and processes of the biomechanical treatment of biogenic raw materials. Furthermore, the use of identical feedstock can enhance the reproducibility of these processes.

5 References

[1] J. Lora und G. Glaser, „Recent Industrial Applications of Lignin – A Sustainable Alternative to Nonrenewable Materials“ *Journal of Polymers and the Enviroment*, vol. 10, pp. 39-48, 2002.

[2] C. Bonini und M. D’Auria, „Polyurethanes and Polyesters from Lignin“, *Journal of Applied Polymer Science*, vol. 98, pp. 1451–1456, 2005.

[3] M. Eisenlauer, „Rheologische Eigenschaften von biogenen Rohstoffen“, Master Arbeit, Fakultät Verfahrenstechnik, Technische Hoschule Nürnberg Georg Simon Ohm, 2013.

ERKENNUNG UND ERSCHLIESSUNG VON ROHSTOFFPOTENZIALEN AUS DEM HOCHBAU MITTELS EINES MOBILEN SYSTEMS - RESOURCEAPP

Christian Stier[1], Prof. Dr.-Ing. Jörg Woidasky[1], Ansilla Bayha[1], Prof. Dr. André Stork[2], Neyir Sevilmis[2], Matthias Bein[2], Prof. Dr. Frank Schultmann[3], Rebekka Volk[3], Julian Stengel[3]

[1] Fraunhofer-Institut für Chemische Technologie ICT, Joseph-von-Fraunhofer-Straße 7, 76327 Pfinztal, e-mail: christian.stier@ict.fraunhofer.de

[2] Fraunhofer-Institut für Graphische Datenverarbeitung IGD, Fraunhoferstr. 5, 64283 Darmstadt

[3] Karlsruher Institut für Technologie KIT, Institut für Industriebetriebslehre und Industrielle Produktion IIP, Hertzstr. 16, 76187 Karlsruhe

Keywords: Rückbau, Rohstoffinventar von Gebäuden, Gebäudetypologie, ResourceApp, 3D-Rekonstruktion, Objekterkennung

1 Einleitung

Die größte Menge des in Deutschland anfallenden Abfallstroms stammt aus Bauabfällen. So fielen in den vergangenen Jahren (2006-2008) jeweils rund 200 Mio. t mineralische Bauabfälle zur Entsorgung an. Ungefähr ein Viertel davon (50,5 Mio. t) hat seinen Ursprung im Bauschutt. Der Rest verteilt sich auf Bodenaushub (128,3 Mio. t) und Straßenaufbruch (19,7 Mio. t [Faulstich 2011]). Angesichts der Endlichkeit mineralischer Ressourcen und steigender Rohstoffpreise aufgrund von Verknappung auf dem Markt und Spekulation erfordert eine Strategie zur Sicherung der Ressourcenversorgung einen Überblick über vorhandene Ressourcenpotenziale auch in anthropogenen Lagerstätten. In Deutschland stellt insbesondere der Gebäude- und Infrastrukturbestand eine Senke für Metalle und Industriematerialien dar [Deilmann 2010]. Die demographische Entwicklung, der strukturelle Wandel und energetische Erfordernisse führen zu einer steigenden Um- und Abbaurate dieser anthropogenen Lagerstätten, so dass die Bedeutung recycelter Metalle und Industriematerialien kontinuierlich ansteigt [Maas 2010]. Voraussetzung für ein hochwertiges Recycling sind Kenntnisse über Mengen, Anfall, Reinheit, Qualität, Kosten für die Bergung und die fachgerechte Wiedergewinnung [Brunner 2009] sowie über mögliche Schadstoffe und Gefährdungen. Hinzu kommt der starke Raumbezug der Recyclingwirtschaft, der eine Verknüpfung von Ressourcenlagerstätten mit geographischen Angaben erfordert.

2 Stand der Technik beim Gebäuderückbau

Bei einem konventionellen Abriss steht die schnelle und kostengünstige Beseitigung des Gebäudes im Vordergrund, ohne Rücksicht auf möglicherweise rezyklierbare Materialien. Das führt häufig zu einer Mischung von verschiedenen Baustoffen und zum Teil zu einer Kontamination mit Schadstoffen von bislang unbelasteten Materialien aus dem Abbruchprozess. Dieser Aspekt gewinnt insbesondere mit Blick auf die sich verschärfenden Anforderungen für den Einsatz von Recycling-Baustoffen (ErsatzbaustoffV in Vorbereitung) erheblich an Relevanz. Zwar können Stoffe wie Metall, Glas, Holz, Mineralien und Kunststoff aus Abrissmaterialien auch durch Sortierverfahren in Recyclinganlagen wiedergewonnen werden, aber die beste Voraussetzung für die Produktion von mono-fraktionellen Materialströmen ist die selektive Demontage des Gebäudes. Ein ökologisch und ökonomisch effizienter Rückbauplan ist Voraus-setzung für die Minimierung von Umweltauswirkungen und Deponierungskosten [Schultmann 2005]. Um ein hochwertiges Recycling sicherzustellen, müssen bereits beim Rückbau Vorkehrungen zur späteren Verwertbarkeit getroffen werden [Schultmann 1998].
In Gebäuden sind Eisenmetalle z.B. in Rohren aus Gusseisen und Blei, Armierungen/Betonstahl, Stahlträgern und Heizkörpern enthalten. Nichteisenmetalle wie Kupfer, Aluminium und Zink kommen zudem in der Verkabelung, Trinkwasserrohren, Tür- und Fensterbeschlägen, in Leichtbaukonstruktionen, technischen Anlagen (z.B. Lüftungsrohre) und bei Dachrinnen vor. Das Einschmelzen von Eisenmetall und NE-Metall-Schrott wird seit langem praktiziert (Einsatz in der Sekundärmetallurgie) und führt zu einer erheblichen Reduzierung des Energiebedarfs [Nießen 1997]. Beim mineralischen Abbruchmaterial fallen Beton, Mauersteine (Kalksandstein, Ziegel, Porenbeton, Leichtbeton), Fliesen, Keramik, Gips und Schlacke an, die sich z.T. stark in der Recyclingfähigkeit und den Recyclingvoraussetzungen unterscheiden. Eine Voraussetzung ist z.B. die Einhaltung von Grenzwerten bei Fremdstoffen, der Zementgehalt oder die Korngröße. Für Recyclingbeton müssen z.B. Frostwiderstand und Chloridanteile nachgewiesen werden [DIN 4226]. Selbst für hochwertige Fraktionen wie Betonbruch stehen derzeit zumeist Downcycling-Optionen wie der Einsatz als Füllmaterial im Straßenbau zur Verfügung, so dass gleichermaßen Bedarf nach der Herstellung hochwertiger Stoffströme aus dem Abriss und der Entwicklung hochwertiger Verwertungsoptionen besteht.

3 Handlungsbedarfe

Unsicherheiten in der Kenntnis über den Rohstoffgehalt von Abbruch-Immobilien führen zu Risiken sowohl für den Immobilieneigentümer, der keine Klarheit über den Rohstoffgehalt seiner

Immobilie hat, als auch für den Rückbauunternehmer, dem belastbare Kalkulationsgrundlagen fehlen. Detaillierte Rückbaugutachten werden unter großem Aufwand nur für mutmaßlich schadstoffbelastete Objekte oder von wenigen institutionellen Immobilieneigentümern gefordert und sind keinesfalls die Regel in der Branche. Die üblichen Objektbegehungen und Abschätzungen durch erfahrene Mitarbeiter sind stark fehlerbehaftet, da sie unter Zeitdruck und ohne detaillierte Kenntnisse des Wertstoffgehaltes von Gebäuden erfolgen. Auch bei erfahrenen Mitarbeitern von Rückbauunternehmen sind Fehlschätzungen von 30 bis 50 % des Metallgehalts an der Tagesordnung, in Einzelfällen können sie 90 % erreichen. Für die Effizienz und Wirtschaftlichkeit der Rückbauten ist jedoch der Metallgehalt der zentrale Parameter, der aber bei sehr großen oder Sonderobjekten wie z.B. Umspannwerken oft unklar ist und nur durch tagelange, detaillierte und arbeitsintensive Untersuchungskampagnen (visuelle und magnetische Prüfung, Entschichtung, Beprobung und Verwiegung) annähernd abgeschätzt werden kann. Für sehr große Objekte wie z.B. Krankenhäuser oder Einkaufzentren ist dies mit vertretbarem Aufwand nicht leistbar.

4 Ressourceneffizienzpotenziale

Die Bauwirtschaft liegt mit über 20 % des abiotischen Ressourcenverbrauchs in Deutschland [Hirth 2007] an zweiter Stelle aller Branchen. Allein in Wohnbauten existiert derzeit ein Materiallager von etwa 11 Mrd. t [Deilmann 2010]. Hinzu kommen die noch nicht erfassten weiteren Gebäudearten (Büro-, Industrie-, Gewerbebauten, Ingenieurbauwerke). Die Hauptmasse des Lagers in Wohnbauten machen mit 10,5 Mrd. t die mineralischen Anteile aus. Metallische Werkstoffe sind v.a. Stahl (ca. 103 Mio. t, etwa 1 % der Gesamtmasse) und Kupfer (ca. 2,6 Mio. t). Daneben sind Aluminium und Zink massenrelevante Metalle im Baubereich. Derzeit wird für Stahl ein Abgang aus Wohngebäuden von 350.000 t/a prognostiziert, für Kupfer von 13.000 t/a aus allen Gebäudetypen. Belastbare statistische Werte sind hier kaum verfügbar. Aus anderen Branchen werden als Ergebnis von Ressourceneffizienz-Projekten [Kristof 2011] Effizienzsteigerungen von stets mindestens 10 % angegeben.

Die Anzahl der Rückbauprojekte, bei denen das Rohstoffinventar veröffentlicht wurde, ist gering. Die Auswertung ausgewählter Projekte lässt auf einen Anteil von Metallen am gesamten Abbruchmaterial zwischen 0,5 und 5 % schließen. Auf Grund der beträchtlichen Stoffströme im Abrissbereich stellt dieser vergleichsweise geringe Anteil mengenmäßig ein erhebliches Rohstoffvorkommen dar. Bei Gebäuden jüngeren Baualters ist auf Grund der gestiegenen Anzahl elektrischer Verbraucher mit einem Anstieg der Verkabelung (Kupfer) [Erdmann 2004] zu rechnen. Außerdem kommt in Leichtbau- und Fassadenkonstruktionen verstärkt Aluminium zum Einsatz. Daneben werden Abgänge aus dem Baubereich aufgrund zunehmender Funktionalitäten von Bauwerken (Beispiele sind Glasbeschichtungen z.B. mit ITO/Indium-Zinn-Oxid; PV-Anlagen; Wärmedämmsysteme aus Mineralwolle, PS, PUR) komplexer und hinsichtlich ihrer Verwertbarkeit anspruchsvoller, so dass mit den heutigen Methoden der Erfassung und Verwertung den zukünftigen Herausforderungen nicht mehr adäquat ressourceneffizient begegnet werden kann.

5 Forschungsansatz

5.1 Projektziele

Im aktuellen Forschungsvorhaben „ResourceApp" wird die Erfassung und Erschließung von Ressourceneffizienzpotenzialen im Baubereich verfolgt. Es dient dem Lückenschluss zwischen den abstrakt-modellbasierten Mengenprognosen für Wertstoffe aus dem Baubereich (beispielhaft [Deilmann 2010]) und den praktischen, weder reproduzierbaren noch datenmäßig verfügbaren Feldergebnissen von Abbruchvorhaben. Die zugrundeliegende Vision ist eine Kombination aus Hard- und Software, mit der der Anwender bei einer Begehung von Rückbauobjekten mit möglichst wenigen Zusatzinformationen eine belastbare Aussage über den Rohstoffgehalt und auch potenziell zu erwartende Schadstoffe eines Gebäudes treffen kann. Mit Hilfe der zu entwickelnden Methoden soll es künftig möglich sein, vorhandene Rohstoffe zu quantifizieren, durch eine modellgestützte Rückbauplanung effizienter zu erschließen und gezielt in den Stoffkreislauf zurückzuführen.

5.2 Vorgehensweise

Die Umsetzung erfolgt durch eine an eine Hardware angebundene Softwareentwicklung, welche beispielsweise geometrische Strukturen und Bauteile wie Wände, Decken, Fenster, Türen, Steckdosen oder Heizkörper erkennt, durch Verknüpfung mit Datenbanken und Normen auf verdeckte Bauteile, wie z.B. Leitungen, schließt und die Rohstoffmassen des Gebäudes errechnet. Konkret könnte dies am Ende des Vorhabens so aussehen, dass der Nutzer der „ResourceApp" durch ein abzubrechendes Gebäude geht, während der Begehung eine Aufnahme des Innenraums macht und anschließend eine Auflistung aller im Gebäude vorhandenen Materialien, mitsamt ihrer Massen angezeigt bekommt. Verknüpft mit tagesaktuellen Rohstoff- bzw. Materialpreisen, ließe sich dann eine Aussage über den monetären Wert der Materialien eines Gebäudes machen. Um dieser noch weit entfernt scheinenden Vision Schritt für Schritt näher zu kommen, werden zunächst eine stoffbezogene Gebäudetypologie erstellt und relevante Bauinformationen aufbereitet. Parallel erfolgen das Testen und die Auswahl möglicher Hardwarekomponenten sowie die Softwareentwicklung zur Erfassung von Gebäudegeometrien in Form von bildbasierter Erken-

nung und 3D-Rekonstruktion. In einem nächsten Schritt werden Bauinformationen und Gebäudegeometrien kombiniert, und mit einer Rückbauplanung verknüpft.
Geplant ist, die Komplexität der Gebäude sukzessive zu erhöhen, beginnend mit einem einzelnen Raum, mit wenigen Installationen über ein Stockwerk eines Wohnhauses hin zu einem ganzen Gebäude.

5.3 Stand der Forschung

Bereits im ersten halben Jahr des auf zunächst zwei Jahre angelegten Forschungsvorhabens konnten erste Aufnahmen in einer Fertigbau-Garage gemacht werden. Diese einfache Kubatur soll als Referenzobjekt über die ganze Projektlaufzeit dienen, um so die steigende Leistungsfähigkeit der „ResourceApp“ nachzuweisen.

Abb. 1: Fertigbau-Garage mit einfacher Kubatur als Referenzobjekt bei der Aufnahme (links) und als 3D-Rekonstruktion (rechts).

Bei diesen Messungen kam das sogenannte Structured Light Verfahren zum Einsatz. Hierbei wird in Echtzeit mittels einer Kombination aus RGB- und Tiefenkamera die 3D-Geometrie des Raums aufgenommen und mittels Software ausgewertet.

5.4 Nächste Schritte

Im weiteren Projektverlauf wird die 3D-Rekonstruktion weiter verbessert, zudem wird die Bilderkennung weiterentwickelt. Durch eine Kombination der Bilderkennung und einer parallel zu entwickelnden Datenbank mit Bauteilstücklisten und semantischen Informationen aus Normen und der Literatur sollen letztlich Aussagen über die Gebäudebestandteile getroffen werden können.

Auch Dienstleistungsansätze, sowie Möglichkeiten zur Übertragung des ResourceApp-Ansatzes auf andere Produkte und Branchen, z.B. Nicht-Wohngebäude, Infrastrukturen oder Verkehrsmittel sollen geprüft werden.

5.5 Projektkonsortium

Besonders und herausfordernd zugleich ist sicherlich das Aufeinandertreffen grundverschiedener Themenbereiche aus denen die beteiligten Partner kommen. Während das Fraunhofer-Institut für Chemische Technologie ICT in diesem Projekt seine Kompetenzen im Bereich Kreislaufwirtschaft und Ressourceneffizienz einbringt, deckt das Fraunhofer-Institut für Graphische Datenverarbeitung IGD mit der Bilderkennung und grafischen Datenverarbeitung das nötige Fachwissen der Informatik ab. Neben den beiden Fraunhofer-Instituten ist das Institut für Industriebetriebslehre und Industrielle Produktion IIP des Karlsruher Instituts für Technologie KIT Teil des Projektkonsortiums. Das IIP hat viel Erfahrung zur operativen Rückbauplanung und Kreislaufwirtschaft im Baubereich und ist in diesem Projekt u.a. für die Methodenentwicklung zur Integration in der Software verantwortlich.

Das Projekt wird durch eine Praxisverifikation der beteiligten Praxispartner begleitet, um die Bedürfnisse der späteren Anwender schon bei der Entwicklung zu berücksichtigen. Zwei Abbruchunternehmen mit Schwerpunkt Sanierung (COSAWA Sanierung GmbH, Peine) bzw. Rückbau (Werner Otto GmbH, Hameln), sowie einem Umwelt-Beratungsbüro (Arke, Hessisch Oldendorf) können die im kleinen Maßstab gezeigten Erfolge auf echten Baustellen auf ihre Praxistauglichkeit überprüfen.

6 Danksagung

Das Verbundforschungsvorhaben „ResourceApp“ wird seit April 2013 im Rahmen des BMBF-Rahmenprogramms FONA unter der Fördermaßnahme r³ - Innovative Technologien für Ressourceneffizienz - Strategische Metalle und Mineralien gefördert. Die Autoren danken dem BMBF und der Projektträgerschaft PTJ (Außenstelle Berlin).

Weitere Informationen zur BMBF-Fördermaßnahme r³ finden sich im Internet unter http://www.r3-innovation.de/

7 Literatur

Brunner, P. H. (2009): Quo vadis Baurestmassen? Nachhaltige Bewirtschaftung von Baurestmassen – ein Beitrag zur Ressourcenschonung. Proceedings "Nachhaltige Nutzung von Baurestmassen – Ein Beitrag zur Ressourcenschonung und Umweltverträglichkeit im Bauwesen", 13. November, Wien. http://publik.tuwien.ac.at/files/PubDat_187072.pdf.

Deilmann, C. (2010): Ermittlung von Ressourcenschonungspotenzialen bei der Verwertung von Bauabfällen und Erarbeitung von Empfehlungen zu deren Nutzung. Umweltbundesamt. http://www.uba.de/uba-info-medien/4040.html.

DIN 4226-100.

Erdmann, L. et al. (2004): Nachhaltige Bestandsbewirtschaftung nicht erneuerbarer knapper Ressourcen. Werkstattbericht Nr. 68 des Instituts für Zukunftsstudien und Technologiebewertung. S. 28.

Faulstich, M. (2011): Entwicklung der Abfallwirtschaft zur Ressourcen-wirtschaft in Recycling Almanach, S. 36.

Hirth, T.; Woidasky, J.; Eyerer, P. (Hrsg.) (2007): Nachhaltige rohstoffnahe Produktion. Fraunhofer IRB Verlag. Stuttgart.

Kristof, K. (2011): Ressourceneffizienz als zentrale Antwort auf die Ressourcenfrage. In: Teipel, U. (Hrsg.): Rohstoffeffizienz und Rohstoffinnovation. Bd. 2. Fraunhofer Verlag, Stuttgart.

Maas, A. (2010): Bestandsersatz als Variante der energetischen Sanierung. BV Baustoffe – Steine und Erden e.V. http://www.bvbaustoffe.de/root/img/pool/downloads/studie-bestandsersatz.pdf.

Nießen, R.; Koch, E. (1997): Verwertung von Bauabfällen, in: Koch/Schneider (Hrsg.): Flächenrecycling durch kontrollierten Rückbau. Springer Verlag. Berlin.

Schultmann, F. (1998): Kreislaufführung von Baustoffen - Stofffflussbasiertes Projektmanagement für die operative Demontage- und Recyclingplanung von Gebäuden. Diss., E. Schmidt Verlag, Berlin

Schultmann, F. (2005): Deconstruction in Germany, in: Deconstruction and Materials Reuse – an International Overview, Int. Council for Research and Innovation in Building Construction (CIB) Publication 300, Final Report of Task Group 39 on Deconstruction.

LEBENSMITTELRESTSTOFFE ALS ENERGIELIEFERANT - EINFLUSS DER ZERKLEINERUNG AUF DEN BIOGASERTRAG VON BIERTREBERN

B. Haeffner, P. Först, K. Sommer

Lehrstuhl für Verfahrenstechnik disperser Systeme, TU-München-Weihenstephan, Maximus-von-Imhof-Forum 2, Freising, e-mail: b.haeffner@tum.de

Keywords: Biogasherstellung, Lebensmittelreststoffe, Reststoffverwertung, Fermentation, Zerkleinerung

1 Einleitung

In der Lebensmittel- und Getränkeindustrie fallen oftmals große Mengen an biogenen Reststoffen (geschätzt laut Fachverband Biogas 56,98 Mio. t FM) an, welche neben einer Verwendung als Zusatzfutter im Mastbetrieb zunehmend auch zur Nutzung als Energielieferant herangezogen werden. Das Ziel des Forschungsvorhabens (AIF 16620N) ist es, ein Verfahrenskonzept zu entwickeln, welches den Betreibern eine bestmögliche Energieausnutzung ihrer Reststoffe gewährleistet. Gleichzeitig wird durch die „Non-Food"- Biomasse die Agrarflächenkonkurrenz von Lebensmitteln und Bioenergiepflanzen entkoppelt [1, 2]. Die Abfallprodukte bestehen meist aus Fetten, Stärke, Eiweißen und anderen energiereichen Verbindungen wie Lignocellulose. Zur Energiebereitstellung kommt entweder eine Verbrennung oder eine Vergärung zu methanhaltigem Biogas infrage. Die leicht verderblichen Reststoffe weisen einen hohen Wasseranteil auf, was für eine direkte thermische Verwertung unvorteilhaft ist. In der Landwirtschaft ist die Nassfermentation weit verbreitet. Der derzeitige einstufige Fermentationsprozess ist durch hohe Verweilzeiten, relativ großen technischen Aufwand und eine geringe Gasausbeute geprägt. Die Stellschrauben des Gesamtprozesses sind die Zerkleinerung des Substrates und die Fermentation. Durch die Zerkleinerung wird die Ligninstruktur zerstört und die Bioverfügbarkeit erhöht. Die Balance zwischen dem Energieeintrag bei der Zerkleinerung und der gewonnenen Energie (Biogas) bei der Fermentation sind für die Wirtschaftlichkeit des Gesamtprozesses wichtig [3]. Energieeinsparung bei der Zerkleinerung ist ein Ziel, welches durch optimale Betriebsparameter der Mühle erreicht werden soll. Eine weitere Fragestellung ist, wie weit zerkleinert werden muss. Hierfür werden in Labor-Fermentern Trebersuspensionen mit unterschiedlichen Partikelgrößen im Batch-Verfahren fermentiert. Mit den dort erlangten Daten, wie z.B. erreichte Partikelgröße,

Energieeintrag, Abbaugeschwindigkeit sowie Abbaugrad, können Rückschlüsse auf die Effizienz des Fermentationsprozesses erforscht werden.

2 Materialien und Methoden

2.1 Rohstoff Biertreber

Biertreber ist ein Nebenprodukt des Brauprozesses und dient als Substrat für die Fermentationsversuche. In Deutschland fallen jährlich ca. 2 Millionen Tonnen Nasstreber an [4]. Der Treber kann aufgrund seiner Inhaltsstoffe (Abb. 1) in zwei Substratkategorien, schwer und leicht abbaubar, eingeteilt werden [5]. Die schwer abbaubaren Substrate haben einen hohen Anteil an Strukturmaterialien (Zellulose, Lignin). Diese Matrix erschwert es den Mikroorganismen, die Nährstoffe abzubauen, was eine langsame Hydrolyse zur Folge hat. Infolgedessen ist die Hydrolyse der Feststoffe als geschwindigkeitsbestimmender Schritt anzusehen, welcher einen primären Einfluss auf den Gesamtprozess hat [6].

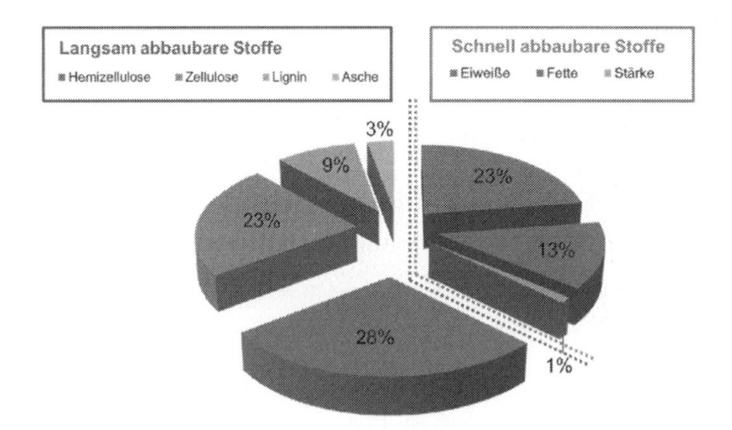

Abb. 1: Durchschnittliche Zusammensetzung der Trockenmasse von Biertrebers [7, 8]

2.2 Zerkleinerung – Physikalische Vorbehandlung

Die Verfahrenstechnik der Trebervergärung zu Biogas kann in drei Abschnitte eingeteilt werden: Aufbereitung des Substrates, eigentlicher Gärprozess und Nachbehandlung. In der anaeroben Fermentation von organischen Materialien ist eine Vorbehandlung wichtig, um die durch die Ligninstruktur geschützten Wertstoffe frei zu legen und somit die Bioverfügbarkeit zu erhöhen. Im Bereich der Vorbehandlung gibt es verschiedene Verfahren, wie z.B. Wärme/Dampf-Implosion, Ultraschall, Hochdruck oder die mechanische Zerkleinerung [9]. Die Zerkleinerung zählt zu den Grundoperationen der mechanischen Verfahrenstechnik. Im Bereich der Zerkleinerung von organischen Substraten liegen Erfahrungen aus der Landwirtschaft, der Lebensmittelindustrie, der Faser- und Zellstoffverwertung sowie der Abfallwirtschaft vor [10]. Eine Substrataufbereitung durch Zerkleinerung ist erforderlich, um die Hydrolyse zu optimieren und den Aufschluss durch die Erhöhung der spezifischen Oberfläche zu verbessern. Durch die Zerkleinerung wird die Ligninstruktur (Abb. 2) zerstört und die Bioverfügbarkeit erhöht, was sich auf die Verweilzeit in der Hydrolysestufe positiv auswirken kann [11].

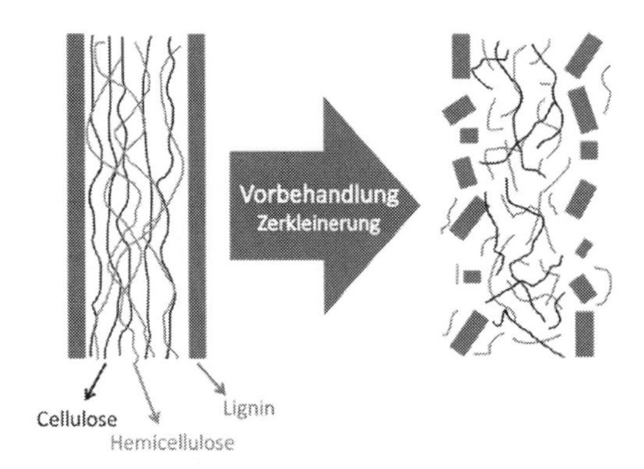

Abb. 2: Schematische Darstellung der Vorbehandlung von Treber nach Mosier [12]

Die Zerkleinerungsversuche wurden mit einer Labor-Rührwerkskugelmühle LabStar (**Fehler! Verweisquelle konnte nicht gefunden werden.**) der Firma Netzsch durchgeführt. Bei den Versuchsreihen wurden verschiedene Stellparameter der Mühle, wie z.B. Rotorumfangsgeschwindigkeit und Kugelgrößen variiert. Während der Zerkleinerung wurde der Energieeintrag aufgezeichnet, bei jedem Durchlauf eine Probe gezogen und mittels Laserbeugung (Helos, Firma Sympatec) die Partikelgrößenverteilung bestimmt.

Abb. 3: Labor-Rührwerkskugelmühle LabStar

2.3 Fermentation

Die Fermentation wird im Batch-Verfahren nach der Norm VDI 4630 durchgeführt. Die Substrate können hinsichtlich ihrer Eignung zur Vergärung und ihrer relevanten stoffspezifischen Eigenschaften charakterisiert werden [13]. Anhand dieser Fakten können durch den entstandenen Gasertrag und der gemessenen Gaszusammensetzung Rückschlüsse auf den Einfluss der Vorbehandlungsmethoden gezogen werden. Die Anlage besteht aus drei 7 l Reaktoren, welche durch ein Wasserbad auf 38 °C temperiert werden. Des Weiteren werden die Parameter Temperatur, pH-Wert und Gasvolumen (MilligasCounter) inline gemessen. Einen Überblick vom Aufbau der Anlage mit den entsprechenden Messapparaturen gibt Abb. 3.

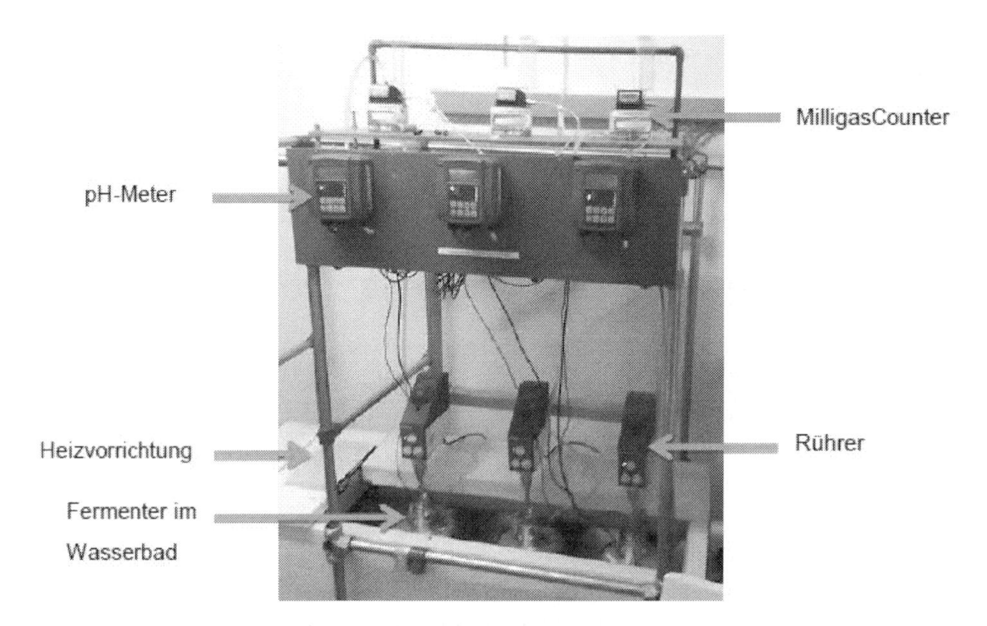

Abb. 3: 7 l Reaktoranlage

3 Ergebnisse und Diskussion

3.1 Zerkleinerung

Bei der Zerkleinerung steht der Energieeintrag im Vordergrund, der wiederum von den Mühlenparametern und den Substrateigenschaften abhängig ist. In den durchgeführten Versuchsreihen wurde jeweils eine Trebercharge von 5 kg mit einer Anfangspartikelgröße von ca. $x_{50,3} \approx 120$ µm mit unterschiedlichen Rotordrehzahlen und Mahlkugelgrößen zerkleinert. Die Mahlkugeln waren aus Zirkonoxid und der Mahlraumfüllgrad der Mühle betrug jeweils 80 %. Die Ergebnisse der Versuchsreihen sind in Abb. 4 dargestellt. Hier ist zu erkennen, dass die kleineren Mahlkugeln (1450 µm) im ersten Drittel die beste Zerkleinerungsarbeit leisten, was unter anderem auf die höhere Beanspruchungshäufigkeit zurückzuführen ist.

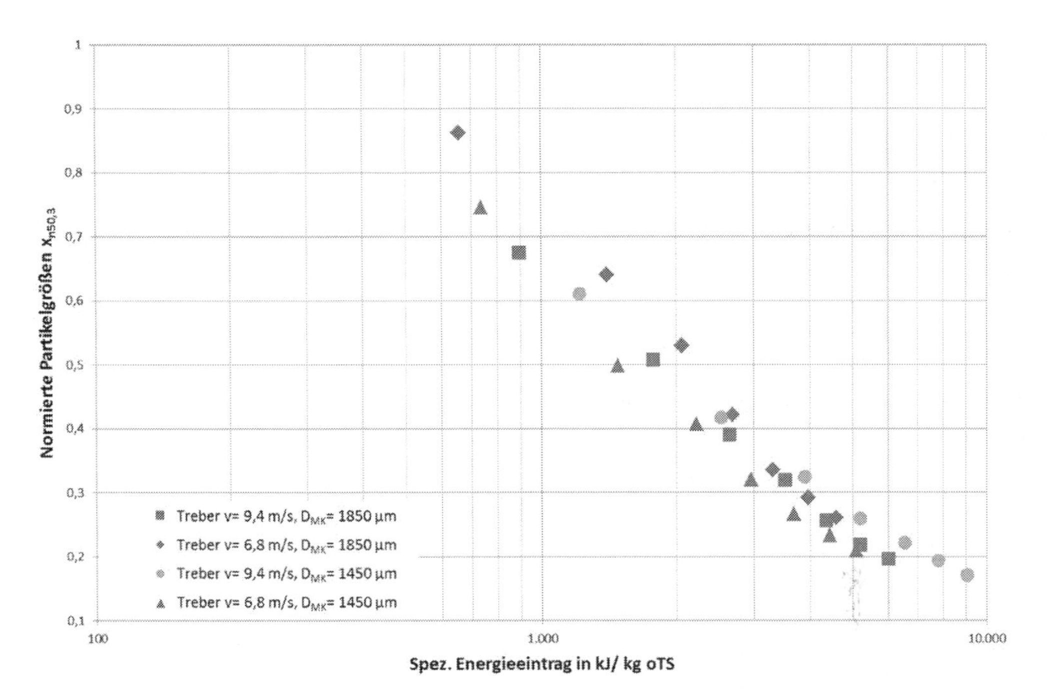

Abb. 4: Auswirkungen der Mühlenparameter auf den spez. Energieeintrag

3.2 Fermentation

Bei den Fermentationsversuchen wurden zwei Trebersuspensionen mit gleichem Trockensubstanzgehalt (TS), aber mit zwei unterschiedlichen Partikelgrößenverteilungen ($x_{50,3}$ = 66 µm; $x_{50,3}$ = 630 µm) fermentiert. Im Diagramm ist zu erkennen, dass bei den feinen Partikeln zu Beginn eine stärkere Versäuerung, trotz gleichem TS-Gehalt stattfindet. Dies führt zu einer Enzymhemmung und damit zu einer kurzzeitigen Hemmung der Gasproduktion. Die zügige Versäuerung zu Beginn lässt auf einen beschleunigten Abbau durch Hydrolysebakterien schließen, der sich aus der besseren Bioverfügbarkeit der feinvermahlenen Treber-Suspension ergibt. Durch den verstärkten pH-Abfall kommt es zu einer Enzymhemmung der Methanbakterien, deren Optimum oberhalb von einem pH-Wert von 7 liegt. Ab dem 8. Versuchstag hat sich der pH-Wert erholt und die Methanogenese kann unter ihren optimalen Betriebsbedingungen die gebildeten Fettsäuren abbauen. Ab dem 9. Versuchstag ist ein durchschnittlicher Gasmehrertrag von 4 % gegenüber den groben Partikeln zu erkennen.

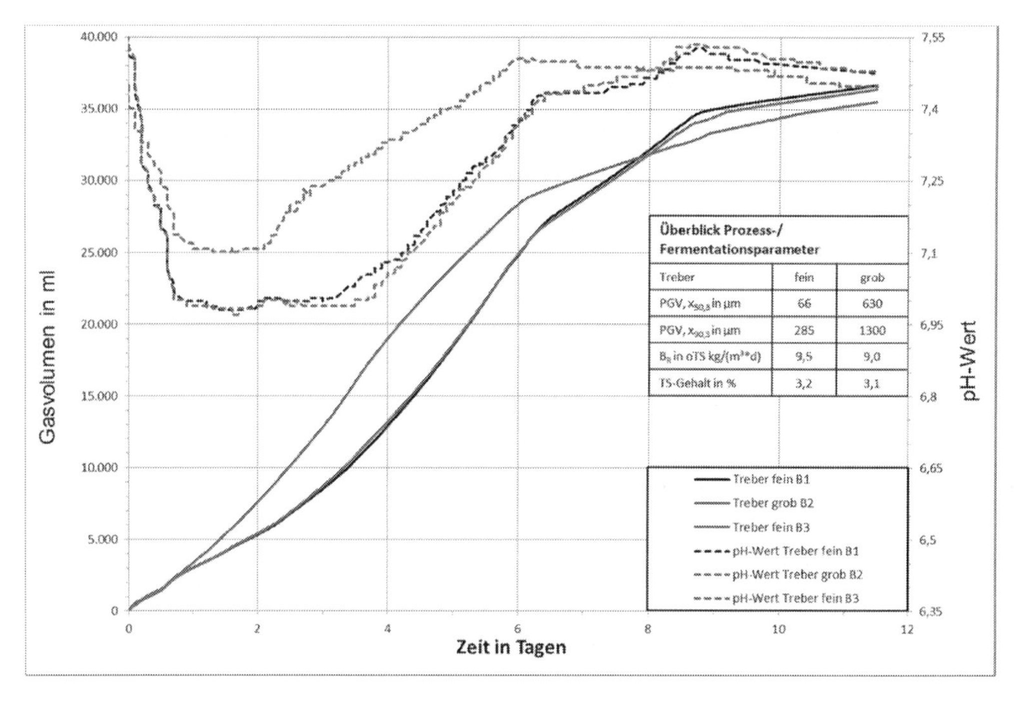

Abb. 5: Gaserträge von feinen und groben Trebersuspensionen

4 Zusammenfassung und Ausblick

Durch die Zerkleinerung ist ein positiver Einfluss auf den Gasertrag zu erkennen. Um diese Erkenntnisse weiter zu untermauern, müssen die Hydrolysestufe und die Methanstufe separat betrachtet und an ihr jeweiliges Optimum gebracht werden. Durch die Separierung der Stufen können die optimalen Betriebsparameter bezogen auf die Partikelgröße erforscht werden.

5 Literatur

[1] acatech - Deutsche Akademi der Technikwissenschaften, *Biotechnologische Energieumwandlung in Deutschland: Stand, Kontext, Perspektiven*, Springer, Berlin **2012**.

[2] C. Hemsdörfer, *Nationaler Implementierungsplan: SusChem-D*, 2nd ed., Frankfurt **2012**.

[3] J. Voigt et al., *Brauwelt, 2009 (Nr. 46)*, 1384.

[4] T. Herfellner, *Anaerobe Hydrolyse und Methanisierung fester, flüssiger und pastöser organischer Produktionsrückstände aus Brauereien* **2011**.

[5] L. Palmowski, J. Müller, J. Schwedes, *Chem.-Ing.-Tech* **2000**, *72 (5)*, 483.

[6] C. F. Seyfried, *Geschwindigkeitsbestimmende Schritte beim anaeroben Abbau von organischen Verbindungen in Abwässern.: 3. Arbeitsbericht des ATV-Fachausschusses 7.5*, Korrespondenz Abwasser 41 **1994, S. 101 - 107**.

[7] M. Möller, Chemisch-physikalischer Aufschluss von Biertreber als Vorbehandlung zur anaeroben Fermentation zu Biogas, *Diss.*, TU-München **1992**.

[8] U. Behmel, Mehrstufige Methanisierung von Brauereireststoffen, *Diss.*, TU-München **1993**.

[9] W. Edelmann, *Vergärung von häuslichen Abfällen und Industrieabwässern: Neue Technologien zur umweltgerechten Aufbereitung organischer Rohstoffe*, Bundesamt für Konjunkturfragen, Bern **1993**.

[10] R. C. Mundhenke, *Einfluß der Zerkleinerung auf die Bioverfügbarkeit von organischen Substraten*, 1st ed., Cuvillier Verlag, Göttingen **2002**.

[11] B. Haeffner, C. Nied, J. Voigt, K. Sommer, *Chemie Ingenieur Technik* **2010**, *82 (Nr. 8)*, 1261.

[12] H. Sahm, G. Antranikian, K.-P. Stahmann, R. Takors, *Industrielle Mikrobiologie*, 1st ed., Springer Berlin Heidelberg, Berlin, Heidelberg **2013**.

[13] Verein Deutscher Ingenieure, *Vergärung organischer Stoffe: Substratcharakterisierung, Probenahme, Stoffdatenerhebung, Gärversuch*, Beuth, Berlin **2006**, *4630 (4630).*

NUTZUNGSPOTENTIALE VON ALTHOLZ ZUR HERSTELLUNG VON PLATTFORMCHEMIKALIEN IN BIORAFFINERIEN

G. Hora[1], P. Meinlschmidt[1], R. Briesemeister[2]

[1] Fraunhofer Institut für Holzforschung WKI, Bienroder Weg 54e, 38108 Braunschweig, e-mail: guido.hora@wki.fraunhofer.de; peter.meinlschmidt@wki.fraunhofer.de.

[2] Technische Universität Clausthal-Zellerfeld, Adolph-Roemer-Straße 2a, 38678 Clausthal-Zellerfeld, e-mail: robert.briesemeister@tu-clausthal.de

Keywords: Altholzsortierung, Rohstoffpotentiale, Sekundärrohstoffe, Ressourcenoptimierung, Bioraffinerie

1 Einleitung

Die stoffliche Nutzung von Altholz (Kapazitätsschätzung in Westeuropa > 50 Mio. t/a), ohne sekundäre Energieprodukte (Pellets, Recycling-Holz, Treibstoff, etc.), ist derzeit in vielen europäischen Ländern fast ausschließlich auf die Holzwerkstoffindustrie beschränkt. Der bedeutendste Nutzungsstrom für Altholz liegt weiterhin in der nicht-stofflichen Verwertung durch Primär- und Sekundärverbrennung. Auf Grundlage einer prognostizierten dramatischen Verknappung von Lignocellulose bis 2020 ist absehbar, dass zukünftig ein höherer stofflicher Materialeinsatz aus recyceltem Altholz erforderlich sein wird, z.B. durch Kaskadennutzung, um der steigenden Marktnachfrage nach lignocellulosehaltiger Biomasse nachzukommen [1-6]. Nach jüngsten Studien von STAR-COLIBRI "Joint European Bioraffinerie Vision 2030", werden Lignocellulose-Bioraffinerien zur Verarbeitung unterschiedlichster Biomasse in den nächsten 20 Jahren in Europa verstärkt geschaffen werden müssen, um u.a. auch Beiträge zur Energiewende und dem Gesellschaftswandel hin zu einer Bioökonomie in Europa mitzutragen. Als Rohstoff dienen momentan maßgeblich trockene Rückstände aus der Land- und Forstwirtschaft (z.B. Stroh, Schalen/Rinden und Spreu), Holz, holzartige Biomasse und organische Abfälle (z.B. Altpapier, Rückstände aus dem Altpapier Zellstoffaufschluss und Lignin). Um auch hier den stetig steigenden Bedarf nachhaltig decken zu können, müssen künftig zusätzliche Biomasse-Typen als Ausgangsstoff für lignocellulosebasierte Bioraffinerien erschlossen werden. Ein hohes bisher aber wenig beachtetes und daher kaum erforschtes Rohstoffpotenzial für Lignocellulose-Bioraffinerien zur Herstellung diverser Primär- und Folgeprodukte u.a. zur Gewinnung von Plattformchemikalien, ließe sich durch den Einsatz von recyceltem Altholz nutzbar machen.

2 Stoffliche Nutzung von Altholz

2.1 Altholzkaskade

Die steigende Nachfrage nach qualitativ hochwertigem Frischholz sowie der wachsende Markt für Holzbrennstoffe führen derzeit zu einem Anstieg des Holzeinschlags in fast allen Teilen Europas. Trotzdem befriedigen diese Mengen die aktuelle Nachfrage nur in beschränktem Maße. Nachhaltig verfügbare Holzressourcen werden in Deutschland den vorhergesagten Bedarf zur stofflichen und energetischen Nutzung in Zukunft keineswegs komplett decken können. Daher werden die Verfügbarkeit von und die Versorgung mit „Industrierestholz“ (z.B. Rückstände aus Säge- und Sperrholzfabriken) und „Gebrauchtholz” (z.B. Paletten, Verpackungen, alte Möbel, Abbruchholz) für die europäische Holzwerkstoff-, aber auch für die Papierindustrie, immer wichtiger.

Die stoffliche Nutzung des Altholzes (Anfall ca. 6 bis 10 Mio. t/a) findet in Deutschland derzeit fast ausschließlich in der Holzwerkstoffindustrie zur Herstellung von Spanplatten statt. Hierbei hat sich der in Form von Recyclingholz genutzte Anteil von nunmehr ca. 30% in den letzten Jahren nur leicht geändert, während vergleichbare Länder wie z.B. Italien ihren Anteil bis auf 90% gesteigert haben. Der Grund für die Stagnation liegt einerseits in den Beschränkungen der Altholzverordnung, die ohne weitere Sortierung nur naturbelassenes oder mechanisch bearbeitetes Altholz (A I) wie z.B. Verpackungen und Paletten für die stoffliche Nutzung vorsieht. Schwerer zu sortierende Fraktionen des Altholzes (A II – A IV) werden hingegen gerne direkt der thermischen Verwertung zugeführt. Infolgedessen werden etwa 80% des Altholzes in Deutschland mehr oder weniger unsortiert verbrannt. Für diesen sehr niedrigen stofflichen Nutzungsanteil an Altholz gibt es zudem ökonomische und technologische Gründe. Insbesondere mangelt es den deutschen Holzrecyclingbetrieben auch an ökonomisch interessanten Alternativen. Daher ist es notwendig, weitere wirtschaftlich attraktive Nutzungspotentiale zu identifizieren und/oder zu erarbeiten und exemplarisch industriell zu implementieren. Die Kaskadennutzung ist dabei ein mitentscheidender und wichtiger Ansatz, der immer stärker von öffentlichen, politischen und industriellen Entscheidungsträgern eingefordert und somit auch vom Kreislaufwirtschaftsgesetz (KrWG) vorgesehen wird.

2.2 Konventionelle Sortierung und Kategorisierung von Altholz

Um die Altholzverordnung in der täglichen Praxis für Sortierbetriebe leichter handhabbar zu machen, hat der Bundesverband der Altholzaufbereiter und -verwerter e.V. eine Broschüre her-

ausgebracht, mit der, anhand vieler Bilder und Beispiele, eine visuelle Einteilung verschiedener Althölzer in die entsprechenden Altholzkategorien AI – AIV möglich ist [7].
Für Reste, die aus Betrieben der Holzbe- und -verarbeitung stammen, wie z.B. Sägespäne und Holzschwarten, oder auch der Verschnitt aus der Holzwerkstoffindustrie, ist in der Regel keine Sortierung notwendig. Hier muss möglicherweise nur eine Zerkleinerung der Materialien für eine Neuproduktion erfolgen. Bei Material, das seinem Ursprung nach ein Verpackungsholz war, wie z.B. Paletten, Transport- und Obstkisten, wird davon ausgegangen, dass es sich um naturbelassenes oder lediglich mechanisch bearbeitetes Altholz handelt, das bei seiner Verwendung nicht mehr als unerheblich mit holzfremden Stoffen verunreinigt wurde und damit der Altholzkategorie AI zugeordnet wird. Bei diesem Altholz werden vor der Weiterverarbeitung die folgenden Schritte durchgeführt:

- Vorzerkleinern
- manuelles Klauben der großen Fremdkörper
- Stahl und Nichteisenmetallentfernung
- ggf. Zerkleinern zu Hackschnitzeln oder Spänen
- Aussieben von feinsten Staub- und Mineralfraktionen

Alle Hölzer, bei denen es sich augenscheinlich nicht um Industrierest- oder Verpackungsholz handelt, gehören in die Altholzkategorie AII – AIV und sind somit erst nach einer gelungenen Kategorisierung und anschließenden Sortierung ggf. für die Holzwerkstoffindustrie zu verwenden.

2.3 Innovative Sortiertechniken beim Altholzrecycling zur Kaskadennutzung

2.3.1 Nahinfrarot (NIR)-Spektroskopie

Die NIR-Spektroskopie wird derzeit bereits in der Sortiertechnik eingesetzt, um insbesondere verschiedene Kunststoffe oder Papiere voneinander zu unterscheiden. Wenn zukünftig Partikel beispielsweise für die stoffliche Altholzverwertung sortiert werden sollen, ist NIR-Spectral Imaging ebenfalls ein möglicherweise geeignetes Detektionsverfahren. Die Abbildung 1 zeigt links ein Gemisch aus reinem Massivholz und Spanplatten sowie mit HPL beschichtete Spanplatten und einige Kunststoffteilchen als Verunreinigung. Die Abbildung 1 (Mitte) zeigt das korrespondierende Score-Plot für zwei Hauptkomponenten. In Abbildung 1 (rechts) sind die Pixel wiederum entsprechend ihrer Lage im Komponentenraum klassifiziert und damit die HPL Beschichtungen (grün) und Kunststoff (blau) erkannt worden, so dass sie als Störstoffe aussortiert werden können.

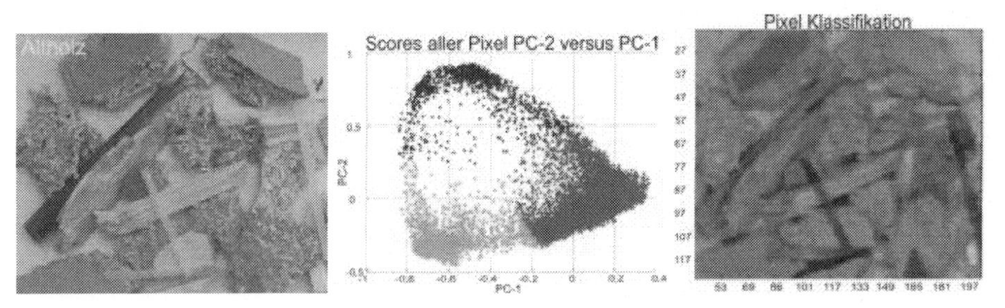

© Fraunhofer WKI

Abb. 1: Foto des Untersuchungsmaterials mit reinem Massivholz, Spanplatten sowie mit HPL beschichtete Spanplatten und Kunststoffteilchen als Verunreinigung (links). Die NIR Hauptkomponentenanalyse ist in der Mitte und die farbliche Markierung der Fremdkörper (rechts) zu sehen.)

2.3.2 Ionen-Mobilitäts-Spektrometrie (IMS)

Während mit der NIR Spektroskopie bereits viele Kontaminationen detektiert und von reinem Holz unterschieden werden können, lassen sich mit dieser Methode aber weder anorganische noch organische Holzschutzmittel (wie es die Altholzverordnung fordert) nach dem heutigen Stand erkennen. Im Falle der letzteren scheint IMS eine vielversprechende Detektionsmethode zu sein.

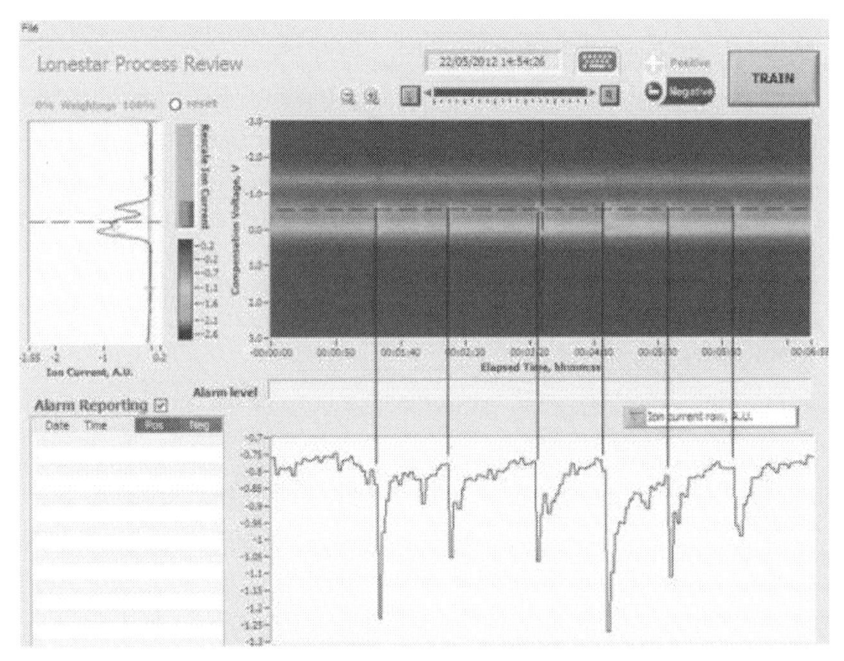

©Schuman Analytics und Fraunhofer WKI

Abb. 2: FAIMS-Chromatogramm im negativen Modus. Jeder negative Peak wurde durch das aus der Probe ausströmende Gas verursacht.

Die Vorteile der FAIMS Technologie (High-Field Asymmetric Waveform Ion Mobility Spectrometry) sind die hohe Empfindlichkeit (ppb) in Verbindung mit einer sehr hohen Dynamik, die diese Methode für eine Onlinetechnik in vielerlei Prozessen einsetzbar macht. Für die Untersuchungen im Labor wurden die Altholz-Probekörper auf das Förderband gelegt und die Oberfläche mit einem Heizstrahler erwärmt. Die ausströmenden Gase wurden abgesaugt, im FAIMS analysiert und deren Online-Ergebnisse graphisch dargestellt (Abb. 2).
Durch Anwendung dieser Methode konnte eine Unterscheidung zwischen verschiedenen Holzsorten wie auch die Erkennung verschiedenster Holzschutzmittel realisiert werden.

2.3.3 Röntgenfluoreszenzanalyse (RFA)

Während der größte Teil der am Altholz anhaftenden Fremdkörper mit Hilfe der NIR Spektroskopie detektiert werden kann, ist die IMS Technologie in der Lage die Kontamination der in das Holz eingedrungenen organischen Holzschutzmittel zu analysieren. Nach der Altholzverordnung verbleibt nun noch die Erkennung wichtiger Schwermetalle und chemischer Elemente wie Arsen, Blei, Cadmium, Chrom, Kupfer, Quecksilber, Chlor und Fluor.
Erste orientierende Untersuchungen mit einem Handheld RFA Gerät an Proben von alten Holzfenstern haben gezeigt, dass die Unterscheidung, ob z.B. eine Bleiweißfarbe oder eine moderne mit Titandioxyd versehene Farbe benutzt wurde (Abb. 3, links) ebenso einfach möglich ist, wie die Detektion eines anorganischen Holzschutzmittels (Abb. 3, rechts). Auch eine Erkennung von chlorhaltigen Holzschutzmitteln, wie etwa PCP, und chlorhaltigen Beschichtungen, also PVC, scheint möglich zu sein [8, 9].

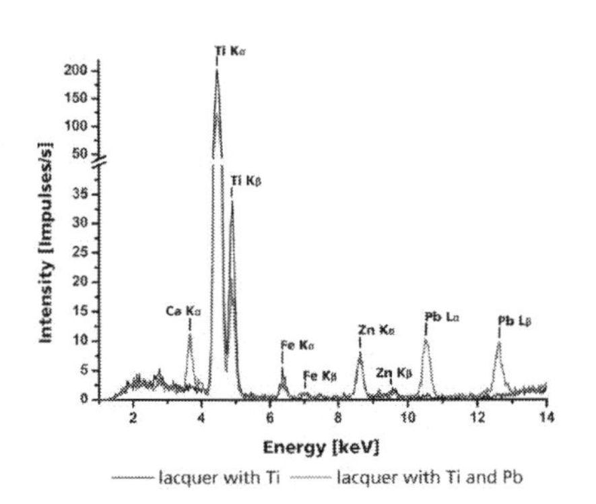

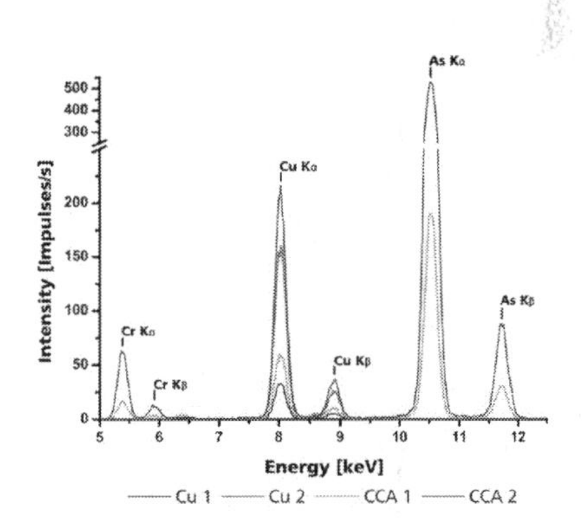

© Fraunhofer WKI

Abb. 3: Data Plot der Ergebnisse einer RFA Untersuchung an zwei alten Holzfenstern (links) und einer CCA behandelten Holzprobe (rechts).

2.4 Vereinfachte Stoffstromanalyse für ein Holzrecyclingunternehmen

Die derzeitigen Stoffströme bei einem Holzrecyclingunternehmen in Deutschland wurden an einem repräsentativen Fallbeispiel analysiert und sind in der folgenden Grafik (Abb. 4) illustriert. Die Wertschöpfung bei der Aufarbeitung von recyceltem Altholz erniedrigt sich nahezu proportional zum Verunreinigungsgrad von Altholz, d.h. die höchste Wertschöpfung wird bei den A I Qualitäten erreicht.

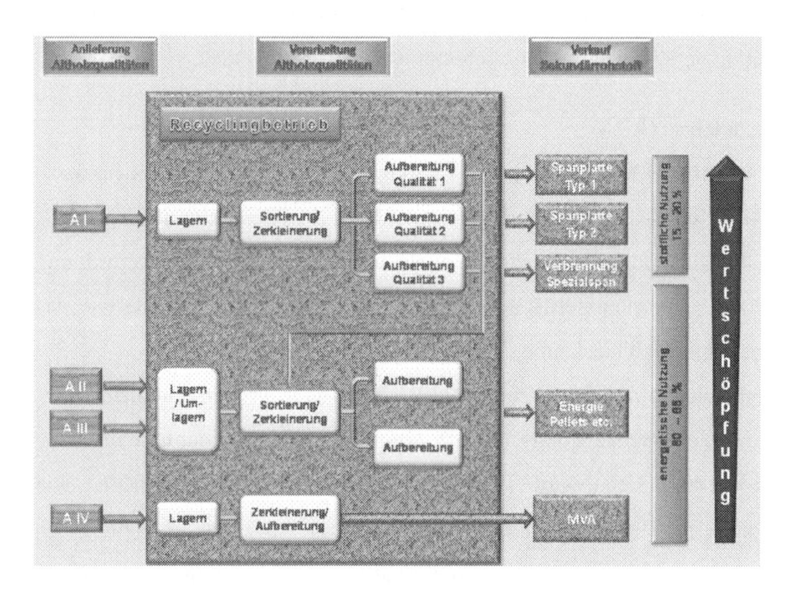

Abb. 4: Exemplarische Darstellung der Stoffströme bei einem Holzrecyclingbetrieb zwischen Anlieferung und Verkauf als Sekundärrohstoff

3 Potentiale für eine stoffliche Nutzung von Altholz in Bioraffinerien

3.1 Gesellschaftlicher Trend zur Bioökonomie erfordert die Erschließung alternativer Rohstoffpotentiale

Integrierte Konzepte, welche die stoffliche und energetische Nutzung von Biomasse im Sinne einer optimalen nachhaltigen Rohstoffnutzung intelligent kombinieren, wie z. B. Nutzungskaskaden in Bioraffinerien, entsprechen den derzeitigen Leitgedanken und Aktionsplänen der europäischen Kommission und der Bundesregierung hin zu einer wirtschaftsstarken **bioökonomischen Gesellschaft**. Gemäß dem **Aktionsplan der Bundesregierung** zur stofflichen Nutzung nachwachsender Rohstoffe müssen für den Ausbau der stofflichen Nutzung nachwachsender Rohstoffe in Deutschland qualitativ und quantitativ **ausreichende Rohstoffmengen** wettbewerbsfähig verfügbar sein. Der Bereitstellung und Nutzung nachhaltig produzierter Rohstoffe aus heimischer Erzeugung kommt eine besondere Bedeutung zu. Zur **Sicherung der Rohstoff-**

basis sind die Steigerung von Erträgen und die Erschließung alternativer Biomassen von erhöhter Dringlichkeit [10]. Die Nutzbarmachung von **recyceltem Altholz als weitere Rohstoffquelle** wird dabei neben anderen Maßnahmen gefordert, um den **steigenden Bedarf** an Lignocellulose (LC)-Biomasse **langfristig zu sichern**.

3.2 Lignocellulose-Bioraffinieren als zusätzlicher Nutzungspfad für recyceltes Altholz

Die Produktion von biobasierten Produkten und Biotreibstoffen findet beispielsweise in Lignocellulose (LC)-Bioraffinerien statt. Zur Herstellung wird LC-haltige Biomasse benötigt, dessen Bedarf langfristig und europaweit seine Verfügbarkeit übersteigt. Die Nutzbarmachung von Biomasse aus Abfall- und Recyclingströmen durch Entwicklung von geeigneten Produktionstechnologien, um daraus Biokraftstoffe und Biomaterialien herstellen zu können, sind wichtige Meilensteile hin zu einer nachhaltigen biobasierten Wirtschaft in unserer Gesellschaft. Ein Mehrprodukt Lignocellulose-Bioraffinerie-Konzept auf Basis von recycelten Altholz, welches die biochemische Produktion von Bioethanol mit der Gewinnung von Lignin und Hemicellulose kombiniert, bietet eine deutlich verbesserte Profitabilität im Vergleich zu den derzeitigen Prozessen zur Gewinnung von Biotreibstoffen, beispielswiese aus frischen Agrarbiomassen, und fördern somit die Investitionsbereitschaft in diese Technologien (Abb. 5).

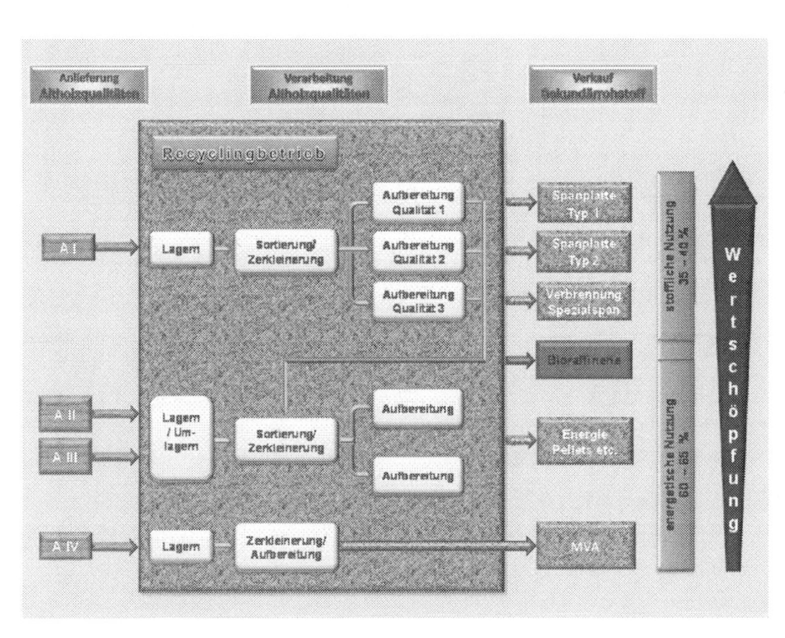

Abb. 5: Gewinnung eines zusätzlichen Stoffstroms bei einem Holzrecyclingbetrieb durch Nutzbarmachung von Altholz für Bioraffinerieprozesse und Erhöhung des Anteils der stofflichen Nutzung und des Wertschöpfungspotentials (vgl. Abb. 4)

3.3 Erste Produkte und resultierende Fraktionen nach Aufschluss von Altholz mit dem Organosolv-Verfahren

An einer aus dem Altholzrecycling entnommenen Kiefernholzpalette der Kategorie A I wurden Cellulose-, Hemicellulose- und Lignin-Fraktionen nach dem Organosolv-Verfahren, welches am Fraunhofer ICT eingesetzt wurde, extrahiert (Abb. 7). Dazu wurden Hackschnitzel in den Fraktionen „unzerkleinert“ und „<2 mm zerkleinert“ dem Organosolv-Aufschlussverfahren zugeführt (Abb. 6). Aus den unzerkleinerten Cellulose-Fraktionen, an der noch größere Lignin Reste anhafteten, wurden Spanplatten im Mischverhältnis 50% Cellulosefraktion: 50% frisches Fichtenholz am Fraunhofer WKI hergestellt. Die Spanplatten hatten eine Rohdichte von ca. 650 kg/m³ und wurden mit 12% UF Festharz K 350 der Firma BASF verleimt (siehe Abb. 7). Die mechanischen und hygrischen Platteneigenschaften entsprachen denen einer 100% Fichten – Frischholzplatte (Abb. 8).

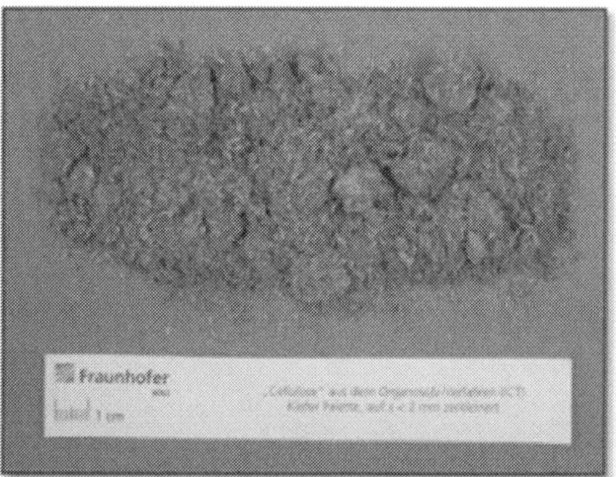

Abb. 6: „Unzerkleinerte“ (links) und „<2mm zerkleinerte“ Cellulose-Fraktionen nach dem Organosolv-Aufschluss (Methode: Fraunhofer ICT) einer recycelten A I Kiefernaltholzpalette

Abb. 7: Spanplatte aus einem Mix 50%-Cellulose Fraktion einer A I Kiefernholzpalette und 50% frisches Fichtenholz (links), Hemicellulose (Mitte) aus frischem und recyceltem Kiefernholz, Lignin (rechts) jeweils als Haupt- und Nebenprodukte aus dem Organosolv-Aufschluss

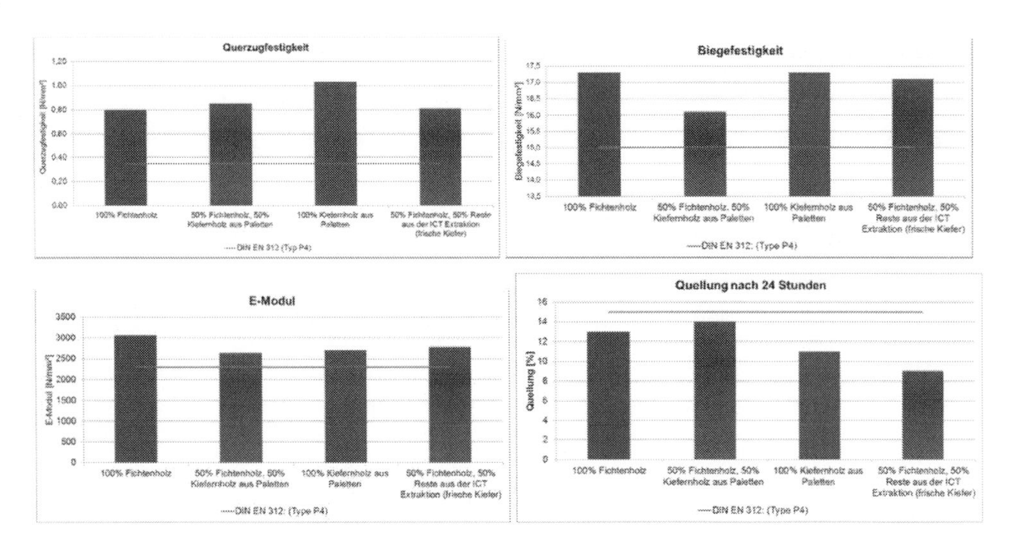

Abb. 8: Mechanische und hygrische Kennwerte von frischem Fichtenholz und recyceltem Kiefernholz

Am Fraunhofer ICT wurden vergleichend an A I Altholz aus Kiefernpaletten und Kiefernfrischholz ebenfalls die Lignine, die Monozucker und die niedermolekularen Säuren analysiert. Die dabei angewandten Methoden entsprachen den jeweils gültigen NREL Standards (u.a. 42619-Determination of Extractives in Biomass). Die Ergebnisse sind im Rahmen der Messunsicherheiten und der Heterogenität in der chemischen Zusammensetzung von Massivholz für beide Probechargen vergleichbar (Tabelle 1).

Tabelle 1: Bestimmung der Anteile von unlöslichen und löslichen Ligninen, Glucose, Xylose, Mannose, Humin Säure, 5-HMF und Fufural an zwei Chargen Kiefernfrisch- und Kiefernpalettenholz

Probe	Lignin unlös. [%]	Lignin lösl. [%]	Glukose [%]	Xylose [%]	Mannose [%]	Hac [%]	5-HMF [%]	Fufural [%]
Natur I	30,98	3,54	42,13	6,21	-	1,46	0,33	0,3
Palette I	30,34	2,88	44,73	6,32	-	1,48	0,34	0,32
Natur II	29,05	3,92	45,85	7,02	12,17	1,54	0,3	0,29
Palette II	29,32	3,85	43,5	7,11	12,26	1,61	0,26	0,28

3.4 Abfallende als Definition eines Sekundärrohstoffes

Als alternative LC-Rohstoffquelle für Bioraffinerieprozesse ist somit grundsätzlich denkbar, recyceltes Altholz stofflich zu nutzen. Dazu muss jedoch ein **neuartiger Sekundärrohstoff** aus dem **Altholzrecycling** technisch so gewonnen und deklariert werden, dass sich dieser problemlos für die weitere Verarbeitung in einem LC-Bioraffinierprozess beispielsweise zur Herstellung von Bio-Ethanol oder anderen Bio-Chemikalien eignet. Bei der Aufbereitung von Altholz in Recyclingbetrieben der verschiedenen Kategorien A I bis A IV entstehen bereits Sekundär- oder Zwischenprodukte mit spezifischen Eigenschaften und Qualitätsmerkmalen. Sie dienen als Ausgangsstoffe für die weitere Nutzung vorrangig zur Energiegewinnung (Pellets, Treibstoff, Direktverbrennung u.a.) und zur stofflichen Nutzung in Spanplatten.

Im §5 des aktuellen KrWG ist definiert: Die **Abfalleigenschaft** eines Stoffes oder Gegenstandes endet, wenn dieser ein Verwertungsverfahren durchlaufen hat und so beschaffen ist, dass er üblicherweise für bestimmte Zwecke verwendet wird, ein Markt für ihn oder eine Nachfrage nach ihm besteht, er alle für seine jeweilige Zweckbestimmung geltenden technischen Anforderungen sowie alle Rechtsvorschriften und anwendbaren Normen für Erzeugnisse erfüllt sowie seine Verwendung insgesamt nicht zu schädlichen Auswirkungen auf Mensch oder Umwelt führt. Abfallrechtliche Grundvoraussetzung für eine Rückführung von recyceltem Altholz in die Kreislaufwirtschaft ist es somit, dass dieses gemäß aktueller Gesetzgebung seinen Status als Abfallstoff verliert. Im §4 des KrWG ist auch bestimmt, dass Nebenprodukte unter Einhaltung vorgeschriebener **abfallrechtlicher Auflagen** nicht unter den Abfallbegriff fallen. Erst dadurch könnte ein neues Produkt aus dem Recycling als **Wertstoff oder Sekundärrohstoff** klassifiziert und in den Wertstoffkreislauf zur weiteren Verarbeitung, beispielsweise in einer Bioraffinerie rückgeführt werden.

4 Chancen und weitere Forschungsansätze

4.1 Optimierte Altholzsortierung für eine Zuführung in eine Bioraffinerie

Besonders eine mögliche Kontamination mit anorganischen Holzschutzmitteln oder bleiweißhaltigen Farbanstrichen ist im Hinblick auf eine Altholzverwertung in LC-Bioraffinerien als sehr kritisch anzusehen, da die enthaltenen Elemente wie Kupfer, Chrom, Arsen oder Blei in die End- und Nebenprodukte gelangen würden.

Die Röntgenfluoreszenzanalyse eignet sich sehr gut zur Detektion dieser Elemente. Versuche am Fraunhofer WKI konnten zeigen, dass die Konzentrationen, welche aus Holzschutzbehandlungen oder Farbanstrichen resultieren, keine Probleme bei der Detektion bereiten, da sie weitaus höher als die Bestimmungsgrenzen sind. Dies gilt sowohl für das Labortischgerät als auch für die handgehaltenen Analysatoren, welche auf ihre Tauglichkeit hin untersucht wurden.

Weiterhin konnten erste Tests mit einem sensorbasierten Sortierer durchgeführt werden, welcher normalerweise mittels Röntgenfluoreszenz Kupfer in Stahlschrott detektiert. Mit kupferhaltigen

Holzschutzmitteln behandelte Hölzer konnten hier erfolgreich erkannt und mittels Druckluftdüsen von sauberen Hölzern getrennt werden.

Abbildung 9, links zeigt die Messung mittels handgehaltenem Analysator, in Abbildung 9, rechts ist ein Vergleich von Intensitätsspektren zu sehen. Hier wird deutlich, dass selbst verschiedene anorganische Holzschutzmittelbehandlungen gut voneinander zu unterscheiden sind.

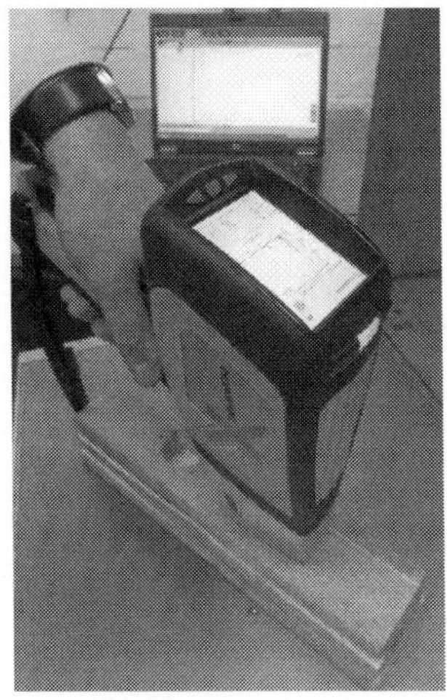

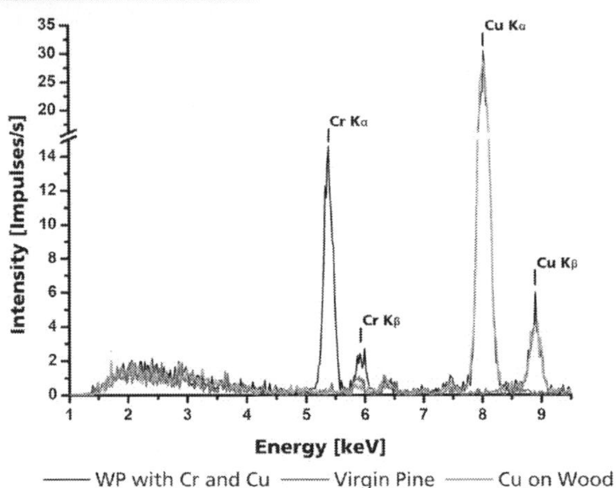

Abb. 9 (links): Messung an einer Fensterkantel mittels handgehaltenem Analysator; Abb. 9 (rechts): relevanter Bereich der Intensitätsspektren von Messungen an frischem Holz, Holz imprägniert mit Kupfersulfat und Holz behandelt mit einem chrom- und kupferhaltigem Holzschutzmittel (WP: Wood preservative)

Lediglich eine quantitative Analyse ist derzeit noch nicht zuverlässig möglich, da dies die Existenz von Holzstandards zur Kalibrierung der RFA-Geräte voraussetzt. In einer Versuchsreihe konnte jedoch gezeigt werden, dass dies prinzipiell möglich ist. Bei einem Vergleich zwischen einer konventionellen Analysemethode (Massenspektrometrie mit induktiv gekoppeltem Plasma

- IPC-MS) und den Ergebnissen eines handgehaltenen Analysators konnte eine sehr gute lineare Korrelation festgestellt werden. Hierfür wurde Kiefernsplintholz mit unterschiedlichen Kupferkonzentrationen kontaminiert (Abb. 10, links) und mit beiden Analysemethoden untersucht. Die Korrelation ist in Abbildung 10, rechts dargestellt [11].

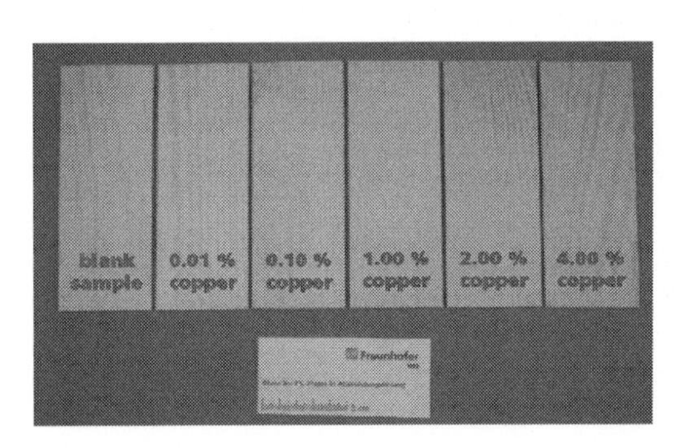

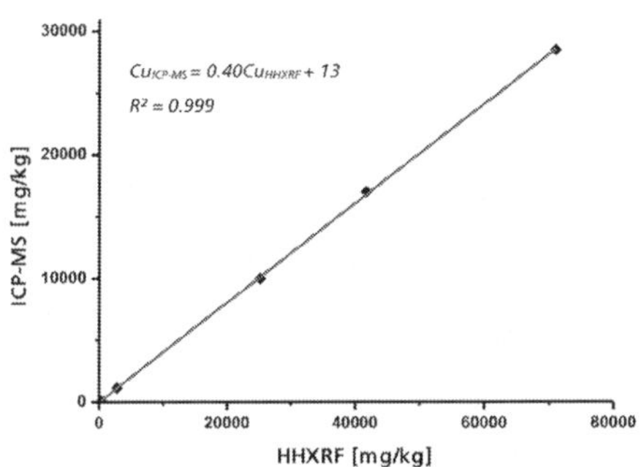

Abb. 10 (links): Kiefernsplintholz mit unterschiedlichen Kupferkonzentrationen (die Prozentangaben beziehen sich auf die Kupferkonzentration in der Anwendungslösung); Abb. 10 (rechts): Korrelation zwischen Messergebnissen der Analysemethoden ICP-MS (Inductively Coupled Plasma Mass Spectrometry) und HHXRF (Handheld X-ray Fluorescence)

Da gezeigt werden konnte, dass sowohl die Detektion als auch die Abtrennung von sauberem Holz erfolgreich durchführbar ist, sollte eine Altholzsortierung zur Verbesserung der Holzqualität und Ausschleusung von Schadstoffen mit der RFA-Technologie prinzipiell optimierbar sein.

4.2 Qualitätsstufen und Aufarbeitung

Die Menge und Qualität der Mischungen aus Holzabfällen ist von verschiedenen Faktoren abhängig. Eines der wichtigsten Kennzeichen dafür sind die teilweise starken Unterschiede und Schwankungen bezüglich der Zusammensetzung der Holzabfälle in den Abfallströmen an verschiedenen Standorten und zu verschiedenen Zeitpunkten während des Jahres. Weiterhin sind die Art der Störstoffe und Verunreinigungen insbesondere bei den A II und A III Sortiergraden häufig unbekannt, was nur durch zusätzliche Analytik bzw. Trenntechnik geklärt werden kann. Für die direkte energetische Verwertung spielen - bei geeigneter Filtertechnik - diese Unregelmäßigkeiten noch eine eher untergeordnete Rolle, wohingegen eine direkte stoffliche Verwertung ohne weitere Sortierschritte und Materialklassifikation und –spezifikation des Altholzes nicht möglich ist. Die unterschiedlichen Mischungen von recyceltem Abfallholz erfordern verschiedene Vorbehandlungsschritte und Aufarbeitungsprozesse. Beispielsweise müssen bei Harthölzern, wie u.a. Meranti andere Vorbehandlungs- und Aufarbeitungsprozesse ausgewählt werden als bei Weichhölzern, wie u.a. Kiefer oder Fichte. Zusätzlich ist dabei zu beachten, dass die Anwesenheit spezifischer Verunreinigungen (z.B. Klebstoffkomponenten, Biozide, Oberflächenbeschichtungsmaterialien) bestimmte Vorbehandlungsschritte oder –prozesse verlangsamen oder sogar inhibieren. Daher ist eine umfassende chemische Charakterisierung und Erfassung von Mischungen aus recycelten Holzabfällen bei den Recyclingbetrieben eine essentielle Aufgabe, bevor geeignete Sortier- und Aufarbeitungsmethoden identifiziert werden können.

4.3 Wirtschaftliche Rahmenbedingungen

Das Marktpotential von recyceltem Altholz in Europa liegt bei ca. 50 Mio. t pro Jahr. Mit gemäß den deutschen und britischen Marktverhältnissen hochgerechneten jeweils 10 Mio. t für A I und A IV Qualitäten und 30 Mio. t für die A II und A III Qualitäten liegt der geschätzte mittlere Jahresumsatz bei ca. 2,2 Mrd. € pro Jahr [12]. Der höchste Umsatz wird mit den A I Qualitäten erzielt (siehe Abb. 11).

Derzeit hängt der Umsatz von recycelten Holzabfällen, die sich als Sekundärrohstoff deklarieren lassen, hauptsächlich von deren Qualität und damit mit den erforderlich Sortier- und Klassifizierungsarbeiten ab, um die vom jeweiligen Endabnehmer zu erwartende Materialqualität zu erfüllen. Die Preise von Altholz ändern sich in unregelmäßigen Abständen und überwiegend saisonal moderat aber überwiegend selten, u.a. weil es recht aufwendig für die Recyclingbetriebe ist konstant zu überprüfen, ob ihre Preise im Einklang mit aktuellen Nachfrage- und Angebotsbedingungen stehen. Es könnte sich allerdings für Holzentsorgungsbetriebe wirtschaftlich lohnen, in einem weiteren Umfeld das Altholz einzukaufen, da erhebliche Preisunterschiede für höherwertige A I Qualitäten und minderwertige A IV Qualitäten bezüglich der Kosten und Erträge bestehen (Abb. 12). Klassische Holzrecyclingbetriebe in Deutschland kommen zunehmend in wirtschaftliche Schwierigkeiten, wenn sich eine höhere Nachfrage nach besseren recycelten Altholzqualitäten bei gleichzeitiger rückläufiger Angebotslage, wie es häufig in den Wintermonaten in Mitteleuropa zu beobachten ist, einstellt. Aus jüngsten Trends ist eine stetig steigende Nachfrage nach recyceltem Altholz aus der Holzwerkstoffindustrie zu erkennen, wobei zunehmend minderwertige A II Qualitäten nachgefragt werden. Der akzeptierte Einkaufspreis der Holzwerkstoffindustrie richtet sich dabei nach dem derzeitigen Marktpreis, von ca. 40-50 €/t. Insbesondere für die europäischen Holzrecyclingbetriebe wird es daher immer wichtiger werden, eine bessere Trennung zwischen den verschiedenen Qualitätsstufen von recyceltem Altholz zu realisieren, um den Wert der jeweiligen Abfallströme zu maximieren. Dazu ist es aber notwendig, neue Nutzungspfade für recyceltes Altholz zu identifizieren und wirtschaftlich zu erschließen. Die Verwertung als Lignocellulose-Sekundärrohstoffe in Bioraffinerieprozessen zur Herstellung von Bio-Treibstoffen und Bio-Chemikalien stellt dabei eine langfristig ökonomisch sehr vielversprechende Alternative dar.

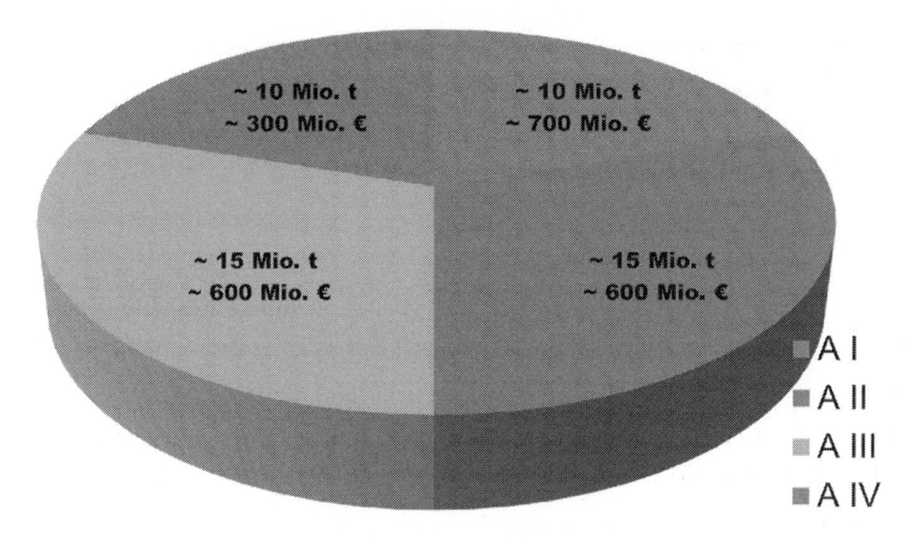

Abb. 11: Geschätzte Mengen und Marktwerte von Altholz in Europa gemäß deutschen Sortier- bzw. Qualitätskriterien A I bis A IV

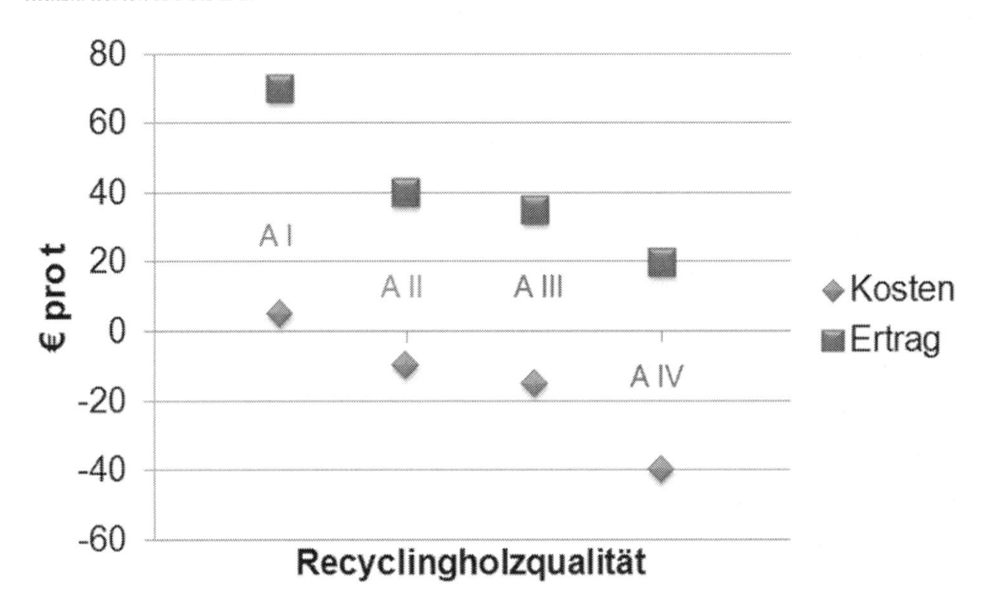

Abb. 12: Kosten und Erträge von Altholz der Qualitäten A I bis A IV in Deutschland als Jahresmittelwerte

Sollten ergänzende Sortier- und Aufreinigungsmaßnahmen für eine Weiterverarbeitung in einer Lignocellulose-Bioraffinerie notwendig werden, so verursachen diese zusätzliche Kosten u.a. bei der Sortierung, der Lagerung und dem Transport, die erfasst und bewertet werden müssen. Zur Kostenabschätzung ist es erforderlich, sowohl die investionsabhängigen als auch die betriebsmittelverbrauchsabhängigen Kostenarten, die Personalkosten, sonstige Kosten und Erlöse zu betrachten, um so zu einer aussagekräftigen Kostenabschätzung zu kommen.

4.4 Technische und administrative Hürden

Um alle derzeitigen Altholzkategorien auf die Bedürfnisse einer Lignocellulose-Bioraffinerie anzupassen, sind spezifische Anforderungen an die Auswahl, die Sortierung und an die Materialaufreinigung notwendig bzw. sinnvoll. Momentan passen sich die Altholzrecyclingbetriebe den Marktbedürfnissen an und entwickeln die jeweiligen recycelten Endprodukte für die stoffliche oder energetische Nutzung den Kundenwünschen gemäß entsprechend weiter. So gibt es bereits diverse spezielle Lose für Kunden aus der Spanplatten- und Holzwerkstoffindustrie für deren weitere stoffliche und/oder energetische Nutzung und oder Chargen zur Herstellung von Brennstoffpellets mit optimierten Wirkungsgraden und geringen Verunreinigungen.

Gemäß den Vorgaben des KrWG muss geklärt sein, mit welchen technischen Maßnahmen sich ein ***Sekundärrohstoff*** für LC-Bioraffinerien aus recyceltem Altholz gewinnen lässt, so dass dieser die rechtsverbindlichen Kriterien uneingeschränkt erfüllt. Hierbei sind insbesondere die wesentlichen Rahmenbedingungen bei der Annahme, Lagerung, Verarbeitung und Auslieferung zu berücksichtigen. In Österreich regelt beispielsweise die neue Verordnung des Bundesministers für Land- und Forstwirtschaft, Umwelt und Wasserwirtschaft über das Recycling von Altholz in der Holzwerkstoffindustrie (RecyclingholzV) das Abfallende für Altholz bei der Übergabe an die Holzwerkstoffindustrie, wenn bestimmte qualitative Bedingungen eingehalten werden. Dazu gehört vor allem, dass beim Abfallerzeuger bereits eine Trennung am Anfallsort und eine getrennte Lagerung erfolgen. Vermischungen von Altholz sind unter der Voraussetzung zulässig, dass ein Beurteilungsnachweis für jede einzelne Fraktion vorliegt bzw. eine Aufbereitung erfolgt. Für die Holzwerkstoffindustrie sehen die VO Eingangskontrollen sowie bestimmte Aufzeichnungsvorgaben und Meldeverpflichtungen vor. Für bestimmte Altholzarten (z.B. chemisch behandelte oder halogenhaltige) bestehen in der VO festgelegte Recyclingverbote. Im Rahmen einer derzeit angestrebten europäischen Harmonisierung der Altholzverordnungen ist langfristig denkbar, dass die „schärferen" österreichischen Vorgaben zukünftig auch auf Altholzrecyclingbetriebe in Deutschland zukommen könnten. Insbesondere ist derzeit nicht geklärt, wie die abfallrechtlichen Vorgaben beim Altholzrecycling und der Aufarbeitung von Altholz zu Wertstoffen in Deutschland technisch umzusetzen sind, um Altholzfraktionen als Sekundärrohstoff für eine LC-Bioraffinerie aufzuarbeiten. Hierzu ist ein Dialog mit einschlägigen staatlichen und kommunalen Behörden und Fachgremien nötig, um die erforderlichen abfallrahmenrechtlichen Anforderungen für eine lokale betriebliche und behördliche Implementierung zu erhalten, zu bewerten und erste konzeptionelle Umsetzungsschritte zu erarbeiten.

Da die noch relativ junge Holzrecyclingindustrie in Europa sich zu einem schnell wachsenden Wirtschaftszweig entwickelt hat, sind dessen ökologische Auswirkungen bisher weniger untersucht worden. Geprägt sind die Unternehmen von einer eher traditionellen und konservativen Geschäftskultur, die unterschiedliche Reifegrade in den verschiedenen europäischen Ländern aufweisen. Die Erstellung entsprechender Ökobilanzierungen für die Trenn-, Sortier- und Aufarbeitungsprozesse im Rahmen einer LCA Analyse wird zukünftig auch für Holzrecyclingbetriebe an Bedeutung gewinnen. Neben der Sicherung der Wettbewerbsfähigkeit lassen sich damit beispielsweise die aktuellen Prozesse gemäß den gültigen umweltpolitischen Regelwerken und Richtlinien bewerten und optimieren. Dadurch wird eine solide Basis für neue Geschäftsentscheidungen geschaffen, die zu neuen ökologisch und ökonomisch vorteilhaften Verwertungsströmen von recyceltem Altholz führen kann.

5 Zusammenfassung und Ausblick

Die vorläufigen Untersuchungen zur sensorgestützten Sortierung von Fremdkörpern und Holzschutzmitteln mit modernen Detektionstechniken wie der Nah-Infrarot-Spektroskopie, Ionen-Mobilitäts-Spektrometrie (IMS) und der Röntgenfluoreszenzanalyse (RFA) stellen geeignete Verfahren dar, um Kontaminationen, organische und anorganische Holzschutzmittel und Schwermetalle zu detektieren. Durch geeignete Kombination dieser Verfahren erscheint es realistisch - auch unter den in Deutschland vorgegebenen rechtlichen Rahmenbedingungen - die Menge des stofflich genutzten Altholzes von derzeit ca. 20% auf deutlich mehr als 50% zu erhöhen und damit ähnliche Verwertungsquoten wie in anderen Ländern Europas zu erzielen.
Neben einer optimierten Sortiertechnik zur Detektion und Beseitigung von Fremdstoffen und Verunreinigungen in Altholz für die verlässliche stoffliche Nutzung wird die Erschließung neuartiger Nutzungspfade von recyceltem Altholz zur Verbreitung und Erhöhung der Ressourcennutzung in Kaskaden auch gesellschaftspolitisch gefordert. Die Nutzbarmachung von recyceltem Altholz für den Einsatz in Lignocellulose-Bioraffinerien zur Gewinnung von chemischen Grundstoffen, u.a. zur Herstellung von Bio-Treibstoffen und Bio-Kunststoffen, stellt hierbei einen der für die Zukunft auch unter wirtschaftlichen Gesichtspunkten interessantesten Ansätze dar. Eine grundsätzliche Machbarkeit zum chemischen Aufschluss von Altholz der Kategorie A I konnte im Rahmen von orientierenden Voruntersuchungen nachgewiesen werden. Die daraus hergestellten Neben- und Endprodukte entsprachen im Rahmen anzunehmender Toleranzen den technischen Anforderungen. Zur technischen Anpassung der unterschiedlichen Altholzkategorien für dessen sicheren und zuverlässigen Einsatz in einer Lignocellulose-Bioraffinerie fehlen bislang die genauen spezifischen Anforderungen, u.a. an die Auswahlkriterien, die Sortierung und an die Materialaufreinigung. Zudem ist noch ungeklärt, wie die abfallrechtlichen Vorgaben des KrWG beim Altholzrecycling und der Aufarbeitung von Altholz zu Wertstoffen in Deutschland tech-

nisch umzusetzen sind, um Altholzfraktionen als Sekundärrohstoff für eine LC-Bioraffinerie aufzuarbeiten.

6 Literatur

[1] FAO, "Global Forest Resources Assessment 2005", *FAO Forestry Paper 147*, Rome, 2006

[2] U. Mantau, „Holzrohstoffbilanz Deutschland, Entwicklungen und Szenarien des Holzaufkommens und der Holzverwendung 1987 bis 2015", 65 S., Hamburg, 2012

[3] U. Mantau, H. Weimar, T. Kloock, „Standorte der Holzwirtschaft - Holzrohstoffmonitoring. Altholz im Entsorgungsmarkt – Aufkommens- und Vertriebsstruktur 2010". *Abschlussbericht.* Universität Hamburg, Zentrum Holzwirtschaft, Arbeitsbereich Ökonomie der Holz- und Forstwirtschaft. Hamburg, 2012

[4] IZT – Institut für Zukunftsstudien und Technologiebewertung: „Stoffliche oder energetische Nutzung? Nutzungskonkurrenz um die Ressource Holz", 2007

[5] L. Schmidt, „Anhörung zur Waldstrategie", Bundesverband der deutschen Sägeindustrie, http://www.bshd.eu/downloads/dynamisch/1666/pra776sentation_anho776rung_ws2020.pdf , *Deutscher Bundestag*, Ausschuss für Ernährung, Landwirtschaft und Verbraucherschutz, Berlin, 08. Februar 2012

[6] S. Gärtner et al., "Gesamtökologische Bewertung der Kaskadennutzung von Holz", *Ifeu*, Heidelberg, 2013

[7] Leitfaden der Altholzverwertung, „Empfehlungen zur umwelt- und sachgerechten Sammlung, Aufbereitung und Verwertung von Holzabfällen". *Bundesverband der Altholzaufbereiter und -verwerter*, Berlin, 2009.

[8] P. Meinlschmidt, D. Berthold, R. Briesemeister, „Neue Wege der Sortierung und Wiederverwertung von Altholz", *Recycling und Rohstoffe,* Bd.6, Neuruppin: TK, ISBN: 978-3-935317-97-9, S.153-176, 2013

[9] P. Meinlschmidt, D. Berthold, D, R. Briesemeister, „Mehrfach nutzen", *ReSource*, Nr.1, ISSN:1868-9531, S.20-28, 2013

[10] *Roadmap Bioraffinerien*, „Im Rahmen der Aktionspläne der Bundesregierung zur stofflichen und energetischen Nutzung nachwachsender Rohstoffen", Bundesministerium für Ernährung, Landwirtschaft und Verbraucherschutz (BMELV) und andere Bundesministerien, Berlin, Mai 2012

[11] R. Briesemeister, "Analyzing the suitability of X-ray fluorescence (XRF) devices for detecting foreign material in recovered wood", *Diplomarbeit*, Technische Universität Clausthal-Zellerfeld, Oktober 2013

[12] G. Hora, „Altholz als Rohstoffquelle für Bioprodukte?“, http://www.wki.fraunhofer.de/de/events/webinar_17.html, *17. Webinar des Fraunhofer WKI*, 22. Oktober 2013

Deutsche und internationale Rechtsnormen

[R1] Verordnung über Anforderungen an die Verwertung und Beseitigung von Altholz (Altholzverordnung – AltholzV) vom 15. August 2002 / Aktuelle Fassung: 24. Februar 2012

[R2] Richtlinie 2008/98/EG des Europäischen Parlaments und des Rates vom 19. November 2008 über Abfälle und zur Aufhebung bestimmter Richtlinien

[R3] Gesetz zur Förderung der Kreislaufwirtschaft und Sicherung der umweltverträglichen Bewirtschaftung von Abfällen (Kreislaufwirtschaftsgesetz - KrWG) vom 24. Februar 2012

[R4] Recycling von Altholz in der Holzwerkstoffindustrie (RecyclingholzV), Österreich vom 15. Mai 2012

MIKROBIOLOGISCHE BEHANDLUNG VON PAPIERKAOLINEN ZUR ERHÖHUNG DES WEISSGRADES

K. Emmerich[1], K. Petrick[1], R. Schuhmann[1], R. Diedel[2]

[1] Kompetenzzentrum für Materialfeuchte (CMM) und Institut für Funktionelle Grenzflächen (IFG), Karlsruher Institut für Technologie (KIT), Karlsruhe, H.-v.-Helmholtz Platz 1, 76344 Eggenstein-Leopoldshafen, e-mail: katja.emmerich@kit.edu

[2] Forschungsinstitut für Anorganische Werkstoffe- Glas/Keramik- GmbH (FGK), Heinrich-Meister-Str. 2, 56203 Höhr-Grenzhausen, e-mail: ralf.diedel@fgk-keramik.de

Keywords: Tone, Mineralische Rohstoffe, Papierindustrie, Rohstoffbewertungssystem, ART

1 Einleitung

Tonrohstoffe sind bedeutende einheimische Rohstoffe, die direkt oder mittelbar alle Bereiche des täglichen Lebens beeinflussen und eine wesentliche Grundlage der deutschen Volkswirtschaft bilden. Tonrohstoffe sind nur eingeschränkt recyclierbar und aufgrund des Mengenbedarfs sowie ihrer spezifischen Eigenschaften nur in sehr geringem Maße substituierbar.
Bei der Produktion von Kaolinen nimmt Deutschland den ersten Platz in Europa und den zweiten Platz in der Welt ein. Der größte Anteil von Kaolinen hoher Güte wird dabei in der Papierproduktion mit strengen Spezifikationen bzgl. des Weißgrades eingesetzt [1]. Natürliche Kaoline enthalten jedoch häufig färbende Komponenten, die den Weißgrad und damit den ökonomischen Wert reduzieren.
Derzeit verfügbare physikalische und chemische Verfahren zur Kaolinaufbereitung, wie Magnetseparation und chemische Bleiche, sind energie- und kostenintensiv sowie umweltbelastend [2]. Zudem sind die Verfahren nicht ausreichend flexibel an die Eigenschaften des Rohmaterials anpassbar, da kein quantitativer Zusammenhang zwischen dem gängigen Parameter des in der industriellen Rohstoffcharakterisierung erfassten Fe-Gehaltes eines Kaolins und der erzielbaren Weißgraderhöhung besteht. Dies liegt in der fehlenden Kenntnis der rohstoffspezifischen Bindungsart des Eisens begründet.
Im Rahmen eines BMBF geförderten Projektes (BioTon), dessen Ergebnisse [3] hier vorgestellt werden sollen, haben wir sowohl ein mikrobiologisches Bleichverfahren entwickelt als auch dessen Effizienz rohstoffspezifisch auf der Basis einer konsistenten mineralogischen Materialcharakterisierung bewerten können. Dieser einmalige Ansatz mündete zum einem in den Aufbau eines neuen, allgemein gültigen Rohstoffbewertungssystems für Tonrohstoffe und zum anderen

in der Gründung einer nationalen Plattform, der Allianz Rohstoffforschung Ton (ART). Ziel von ART ist die gezielte Erforschung der Materialeigenschaften von Tonen und darauf basierend die Weiterentwicklung zukunftsträchtiger Technologien zur nachhaltigen Nutzung von Tonrohstoffen im Verbund von Forschung, Industrie und Verbänden.

2 Materialien und Methoden

2.1 Materialien

Es wurden drei technisch aufbereitete Kaoline K1-3 mit einer Korngröße < 25 µm aus verschiedenen Bereichen der Kaolingrube in Hirschau-Schnaittenbach (Bayern, D) untersucht. Die technische Aufbereitung umfasste Nasssiebung, Hydrozyklonierung sowie Magnetscheidung mit anschließender Trocknung in der Filterpresse und nachfolgender sanfter Aufmahlung des Filterkuchens. Die mikrobiologische Bleiche wurde durch Behandlung mit *Shewanella putrefaciens* erreicht, da diese Mikroorganismen sowohl oxydisch- als auch silicatisch-gebundenes Eisen reduzieren können.

2.2 Methoden

Die materialspezifischen Eigenschaften wurden durch die Kombination verschiedener, insbesondere mineralogischer Verfahren (Tab. 1) bestimmt. Eine ausführliche Beschreibung der Durchführung findet sich in Petrick et al. [4].

Tabelle 1: Materialparameter

Methode	Parameter	Eigenschaft
ISO 2470	Weißgrad R457	Summenparameter
Röntgenbeugung Pulver und Rietveld	Quantitativer Phasenbestand	Phasenspezifisch
Röntgenbeugung Textur und SYBILLA	Zusammensetzung von Wechsellagerungsmineralen und relative Anteile der Tonminerale	Phasenspezifisch
Röntgenfluoreszenzanalyse	Chemische Zusammensetzung und Eisengehalt	Summenparameter
Mößbauerspektroskopie	Wertigkeit und Bindungsumgebung des Eisens	Semi-Phasenspezifisch

Neben den in Tabelle 1 aufgeführten Methoden wurden weitere Methoden (z.B. Thermische Analyse und Bestimmung der Kationenaustauschkapazität) zur Verifizierung der erhaltenen Ergebnisse angewendet [4].

Es wurden sowohl das Gesamtmaterial als auch Kornfraktionen (>20 µm, 2-20 µm, 0.6-2 µm, 0.2-0.6 µm und <0.2 µm) der Kaoline untersucht. Die Fraktionierung erfolgte ohne Dispergierhilfsmittel, um einen zusätzlichen Eintrag von mikrobiologischen Nährstoffen zu vermeiden und eine prozessrelevante Dispergierung nachzustellen.

3 Ergebnisse

3.1 Summenparameter des Gesamtmaterials und der Kornfraktionen

Es bestand kein direkter Zusammenhang zwischen dem Eisengehalt der Proben und ihrem Weißgrad sowie in der mikrobiellen Bleichbarkeit (Tab. 2).

Tabelle 2: Eisengehalt und Weißgrad

Parameter	K1	K3	K2
Fe_2O_3 [%]	1,46	0,95	0,78
Weißgrad R457 [%]	68,2	67,9	76,5
Weißgraderhöhung Δ [%]	3,9	8,7	2,7

Dem gegenüber zeigte die Korngrößenfraktionierung eine lagerstättenspezifische Anreicherung der färbenden Komponenten in der Mittel- und Feinsttonfraktion (Abb. 1) für alle drei Kaoline.

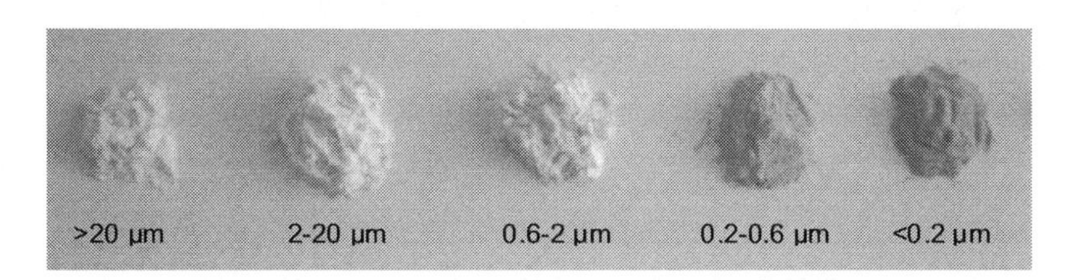

Abb. 1: Farbänderungen mit abnehmender Korngröße (exemplarisch K1)

3.2 Phasenspezifische Materialparameter

Der Phasenbestand der Kaoline wurde erwartungsgemäß durch den Kaolinit dominiert, wobei der K1 deutlich höhere Anteile an feinkörnigem Quarz und Feldspat enthielt (Tab. 3). Zudem enthielt der K1 mehr Illit/Smectit-Wechsellagerungen als die beiden Proben K3 und K2. Die I/S-WL im K1 war durch einen etwas höheren Smectitgehalt charakterisiert und wurde demzufolge als R1 I(0.8)/S Wechsellagerung identifiziert, während die beiden Proben K3 und K2 eine R3

I(0.9)/S Wechsellagerung enthielten. In allen Proben wurden Titanoxide, Crandallit sowie Fe-(Hydr-)oxide mit Gehalten < 1% nachgewiesen. Die Mößbauerspektroskopie ergab deutlich höhere Anteile von oxidisch-gebundenem Eisen für die Probe K2 im Vergleich zu den beiden anderen Kaolinen (Tab. 3).

Tabelle 3: Phasenbestand und Verhältnis des silicatisch- zu oxydisch-gebundenen Eisens

Phase	**K1**	**K3**	**K2**
Kaolinit [%]	61	76	81
Illit [%]	8	12	8
Illit/Smectit-Wechsellagerung [%]	7	1	1
K-Feldspate [%]	10	6	6
Quarz [%]	11	4	2
$Fe_{silic.}/Fe_{oxid.}$	7	17	250

Während die mikrobiologische Bleiche bei der Probe K2 durch die Reduktion und Abnahme des silicatisch-gebundenen Eisens dominiert wurde, wurde die Weißgraderhöhung bei der Probe K3 durch die Entfernung des oxydisch-gebundenen Eisens erzielt. Demgegenüber blieb das Verhältnis von silicatisch- zu oxydisch-gebundenem Eisen in der Probe K1 nahezu konstant.

4 Diskussion

Zur Rohstoffcharakterisierung muss grundsätzlich zwischen den intrinsischen (phasenspezifischen) Rohstoffmerkmalen und denjenigen Merkmalen unterschieden werden, die die Verarbeitungseigenschaften der Rohstoffe oder die Eigenschaften der Endprodukte repräsentieren. Im Rahmen des Projektes wurde gezeigt, dass Summenparameter wie der Weißgrad von Kaolinen und dessen Erhöhung durch Bleiche rohstoffspezifisch sind und sogar innerhalb einer Lagerstätte gravierend variieren. Eine Korrelation von Summenparametern mit Produkteigenschaften und zur Steuerung von Prozessen ist nur bedingt geeignet und kann zu unbefriedigenden Resultaten führen.

Dies ist von Bedeutung, da bei den Merkmalen für die Verarbeitungseigenschaften und für die Qualität der Endprodukte eine Überlappung von Rohstoff- und Prozessmerkmalen stattfindet, aus denen selten direkte Ursachen für Änderungen im Verfahrensablauf und bei den Produkten ableitbar sind [3]. Dementsprechend müssen geeignete Auf- und Verarbeitungsprozesse auch materialspezifisch entwickelt bzw. optimiert werden, um bestmögliche Ergebnisse erzielen zu können.

Eine vollständige Rohstoffcharakterisierung ist zunächst zeit- und kostenintensiv, ermöglicht aber in modular aufgebauten Rohstoffbewertungssystemen die Identifizierung von relevanten phasenspezifischen Parametern für die Prozesssteuerung und Qualitätssicherung, so dass der analytische Aufwand in der industriellen Produktion anschließend wirtschaftlich gestaltet werden kann.

Im BioTon-Projekt konnte nur eine geringe Anzahl von Rohstoffen untersucht werden. Zum vollständigen Verständnis der Bleichfähigkeit von Kaolinen aufgrund von lagerstättenspezifischen intrinsischen Rohstoffparametern sind noch umfassende Charakterisierungen von Kaolinen unterschiedlicher Herkunft notwendig. Zudem kann das modulare Rohstoffbewertungssystem auf keramische und anderen Anwendungen von Tonrohstoffen übertragen werden [3].

Das breite Interesse aus der Praxis an diesem einmaligen Ansatz führte zur Gründung einer nationalen Plattform, der Allianz Rohstoffforschung Ton (ART). Ziel von ART ist die gezielte Erforschung der Materialeigenschaften von Tonen und darauf basierend die Weiterentwicklung zukunftsträchtiger Technologien zur nachhaltigen Nutzung von Tonrohstoffen im Verbund von Forschung, Industrie und Verbänden.

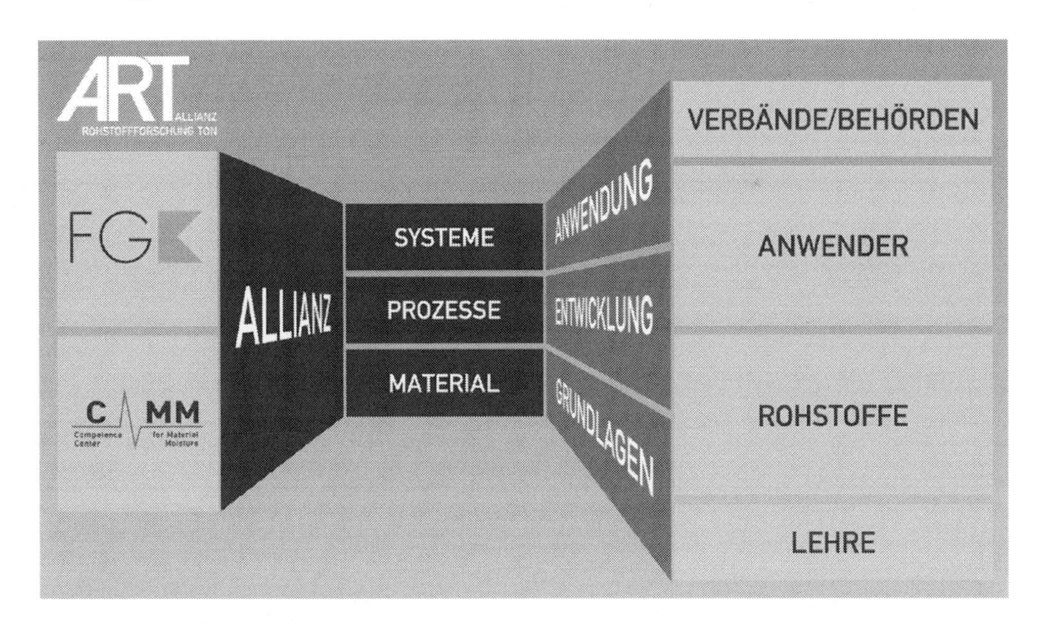

5 Danksagung

Die Arbeiten im Rahmen des BioTon-Projektes wurden durch das BMBF unter dem Kennzeichen 01FR0626B gefördert. Wir danken allen am BioTon-Projekt beteiligten Partnern (D. Beyer und A. Zehnsdorf vom Helmholtzzentrum für Umweltforschung (UFZ) in Leipzig und S. Huber von den Amberger Kaolinwerken (AKW) Eduard Kick GmbH & Co. KG in Hirschau) für die konstruktive Zusammenarbeit. Außerdem danken wir U. Wagner (TU München) für die Mößbauerspektroskopischen Messungen, N. Groschopf (Universität Mainz) für die Röntgenfluoreszenzanalysen sowie D. McCarty (Chevron Energy Technology Company, Houston) für die Überlassung der SYBILLA Software.

6 Literatur

[1] Harvey, C. C. and Lagaly, G. (2006) Clays in industry: Conventional applications. In: Bergaya, F., Theng, B. K. G., and Lagaly, G. (Eds.), Handbook of Clay Science. Elsevier, Oxford Amsterdam, pp. 501-540.

[2] Mandal, S. K. and Banerjee, P. C. (2004) Iron leaching from China clay with oxalic acid: effect of different physico-chemical parameters. International Journal of Mineral Processing, 74, 263-270.

[3] Schlussbericht zum BMBF-Verbundvorhaben (01FR0626B) BioTon „Entwicklung neuer Aufbereitungstechnologien für tonmineralische Rohstoffe durch gezielte Nutzung und Steuerung mikrobiologischer Reaktionen“ (2011)

[4] Petrick, K., Beyer, D., Zehnsdorf, A., Huber, S., Krolla-Siedenstein, P., Wagner, F., Schuhmann, R. and Emmerich, K. Microbial-induced brightness enhancement of kaolins: effects of microbiological treatment with *Shewanella putrefaciens* on mineralogy. Applied Clay Sciences, *in review*.

RESSOURCENRELEVANTE ERFASSUNG VON EAG – AM BEISPIEL DER LEUCHTSTOFFRÖHREN

J. Hobohm, K. Kuchta

Institut für Umwelttechnik und Energiewirtschaft, TUHH, Harburger Schlossstr. 36, Hamburg, email: Julia.Hobohm@tuhh.de, kuchta@tuhh.de

Keywords: Seltene Erden, EAG, WEEE, Leuchtstoffe, Erfassung

1 Einleitung

Mit der zunehmenden Bedeutung von Mikroelektronik in der heutigen Gesellschaft spielen auch die Elemente der seltenen Erden (SE) eine immer wichtigere Rolle. Die Gruppe der SE fasst 17 Metalle aufgrund ihrer chemischen Eigenschaften zusammen. Dank ihrer einzigartigen physikalischen Eigenschaften finden sie auf vielen Feldern Verwendung, wie u.a. in Elektromotoren, Windradgeneratoren und Festplatten. Auf Grundlage dessen rechnet man mit einer stetigen Zunahme des Bedarfs an seltenen Erden. In diesem Beitrag liegt der Fokus auf der ressourcenrelevanten Erfassung von Lampen und Hintergrundbeleuchtungen von Liquid Cristal (LC) - Displays zur Anreicherung und weiteren Aufbereitung der SE Yttrium, Lanthan und Europium.
Yttrium kann zu 36,9 % in dem Erz Bastnäsit nachgewiesen werden [1]. Die Gewinnung der SE Yttrium, Lanthan und Europium ist aufgrund der chemischen Ähnlichkeit eine verfahrenstechnische Herausforderung [2]. Vorkommen des Erzes Bastnäsit finden sich in Australien, den USA, Kasachstan, Grönland und der Volksrepublik China. Der Abbau erfolgt aktuell hauptsächlich in der Volksrepublik China.
Die Gewinnung seltener Erden hat starke Umweltbelastungen zur Folge. Die Trägererze kommen oft mit Uran oder Thorium (zwischen 4-12%) vor, welche sich als radioaktiver Abfall anreichern. Um die seltenen Erden von den Trägermedien zu trennen, werden zudem mehrstufige Oxidationsverfahren angewandt, bei denen Chemikalien wie z.B. Schwefelsäure angewendet werden und weitere umweltrelevante Abfälle anfallen. Vor diesem Hintergrund sind strenge Auflagen in Bezug auf die Entsorgung erforderlich [3].
Genau diese Bedingungen sind es, welche die Produktionskosten in Ländern außerhalb Chinas in die Höhe treiben und die Akzeptanz der anwohnenden Bevölkerung reduziert. Dank niedriger Umweltstandards, Produktions- und Personalkosten konnte sich China seit 2007 mit 95% der Weltproduktion an seltenen Erden und 97% der Weltproduktion an Seltenerdoxiden quasi eine

Monopolstellung erarbeiten. Dabei besitzt China nur schätzungsweise 50% der weltweiten Reserven.

Um sich aus dieser Abhängigkeit zu lösen und die Umweltbelastungen der Produktion insgesamt zu reduzieren, müssen alternative Ressourcen wie Elektro- und Elektronikaltgeräte nutzbar gemacht werden. Der Fokus zur Rückgewinnung der SE Yttrium, Lanthan und Europium liegt in diesem Sinne auf Beleuchtungen.

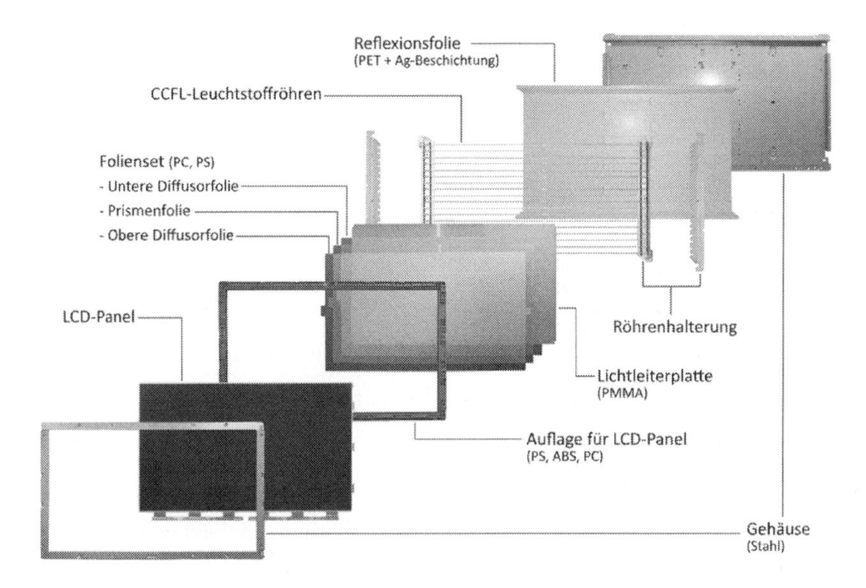

Abb. 1: Aufbau eines LC-Fernsehgerätes (eigene Darstellung)

In Abbildung 1 ist der Aufbau eines LC-basierten Fernsehgerätes dargestellt. Neben Bauteilen wie dem Gehäuse, verschiedenen Kunststoffarten und dem LCD-Panel werden CCFL (englisch: Cold-cathode fluoreszents tubes) Leuchtstoffröhren als Hintergrundbeleuchtung eingesetzt.

Es wird deutlich, dass die Masse an Altgeräten mit LC-Displays in der EU enorm steigen wird. Von aktuell rund 200 000 Mg wird bis 2018 mit einem Anstieg um das Dreifache auf knapp 600 000 Mg gerechnet. Es ist außerdem erkennbar, dass für diesen Anstieg fast ausschließlich Fernsehgeräte verantwortlich sind. So wird davon ausgegangen, dass die Masse an TV-Altgeräten stetig steigt und 2018 einen Anteil von etwa 60 % erreicht, während die Masse an Monitoren und Laptops näherungsweise konstant bleibt [4].

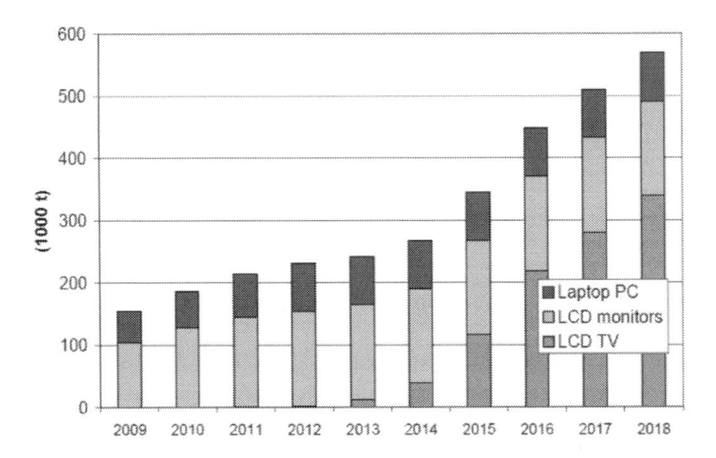

Abb. 2: Prognose der Masse an Altgeräten mit LC-Displays in der EU-25 (in 1000 t) [4]

Diese Entwicklung und das Potenzial der SE - wie Yttrium, Lanthan und Europium - machen ein effizientes und innovatives Erfassungs- und Recycling-Konzept erforderlich.

Bisher liegt der Fokus in der Sammlung von Elektroaltgeräten nach ElektroG (Gesetz über das Inverkehrbringen, die Rücknahme und die umweltverträgliche Entsorgung von Elektro- und Elektronikgeräten) und nach RoHS (Richtlinie 2002/95/EG) auf der Schadstoffentfrachtung. So werden Fernsehgeräte und Datensichtgeräte zusammen mit der Informations- und Telekommunikationstechnik in der Sammelgruppe (SG) 3 erfasst. Diese werden beim Recycler sondiert und getrennt aufbereitet. Hierbei werden die Leuchtstoffröhren manuell demontiert und in die Verwertung gegeben.

Eine weitere Sammelgruppe, in der SE-haltige und nicht SE-haltige Leuchtstoffröhren erfasst sind, ist die SG 4. Durch diese Art der Erfassung kommt es zu einer quasi Verdünnung von SE in der SG. Vor diesem Hintergrund ist die Art der Sammlung der grundlegende Schritt für das Recycling und muss als erste Stufe der möglichen Aufkonzentrierung verstanden werden.

Nach der Erfassung findet das Altlampen-Recycling über mögliche vier Verfahren statt:

1. Zentrifugal-Separationsverfahren
2. Kapp-Trenn-Verfahren
3. Glasbruchwaschverfahren
4. Shredderverfahren

Aus wirtschaftlichen und verfahrenstechnischen Gründen repräsentiert die Aufbereitung der Leuchtstoffröhren mittels Shredderverfahren (siehe Abb. 3) den aktuellen Stand der Technik.

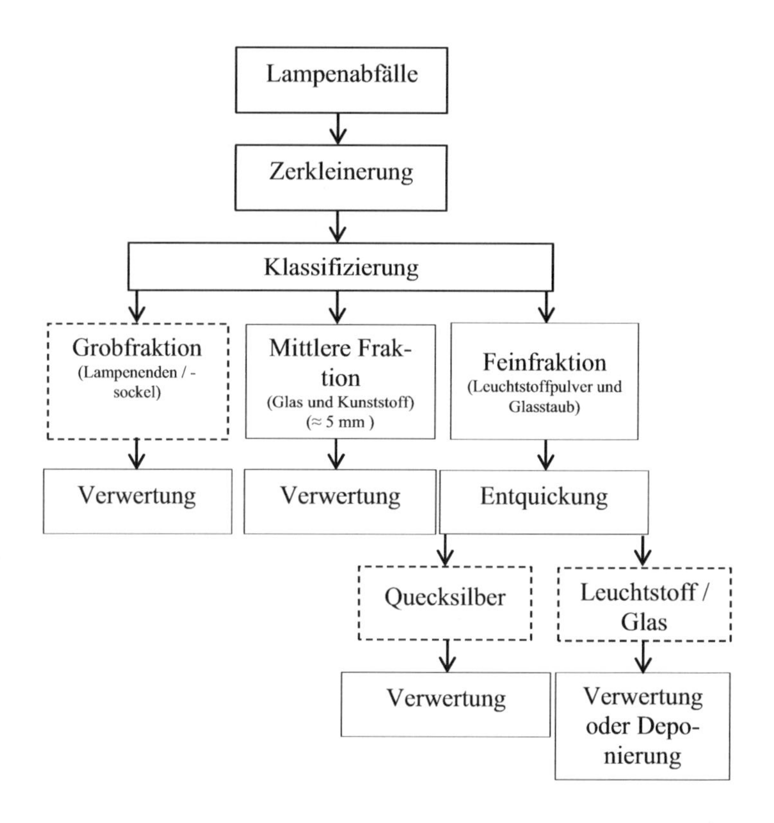

Abb. 3: Fließbild des Shredderverfahrens (nach [5])

Die zu recycelnden Leuchtstoffröhren werden geshreddert. In der nachgeschalteten Siebung werden drei Fraktionen gebildet. Die Grobfraktion und die mittlere Fraktionen bestehen größtenteils aus Metallteilen wie den Lampenenden, bzw. aus Glas und Kunststoff. Diese Fraktionen werden weiterverwertet. Die Metallteile in industrieller oder thermischer Verwertung, die Mischglasscherben können in der Produktion von qualitätsarmen Gläsern oder als Zuschlagstoff zum Einsatz kommen. Durch Destillationsverfahren wird das Quecksilber vom Leuchtstoff getrennt und kann so wiedergewonnen und industriell eingesetzt werden. Das Leuchtstoffpulver wird wiederverwendet oder in Spezialdeponien verbracht [7]. Im Vergleich zu dem Kapp-Trenn-Verfahren wird ein Verlust von 60% der Leuchtstoffe verzeichnet [6].
Auf dieser Basis muss ein Erfassungssystem im Hinblick auf die Ressourcenrelevanz und eine anschließende angepasste mechanische Aufbereitung entwickelt werden.

2 Materialien und Methoden

In diesem Abschnitt soll die Konzeption eines angepassten Sammel- und Aufbereitungssystem beschrieben werden.

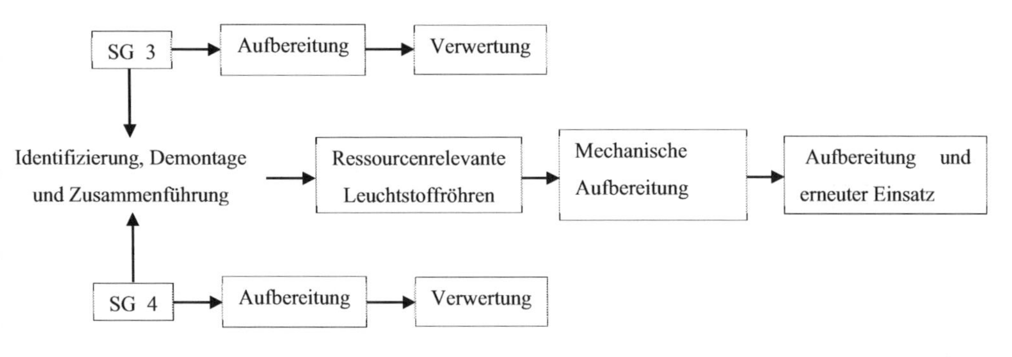

Abb. 4: Vereinfachte Darstellung des angepassten Erfassung *und Aufbereitung [eigene Darstellung]*

Um eine Kreislaufführung der SE zu sichern, umfasst das Konzept alle Prozessschritte (siehe Abb. 4) von der Bestimmung der ressourcenrelevanten Leuchtstoffe aus Bildschirmen und Deckenbeleuchtungen bis zur effizienten Aufbereitung der Leuchtstoffe bzw. Abtrennung der SE.

2.1 Methoden

Im ersten Schritt wurden die SE-haltigen und damit ressourcenrelevanten Leuchtstoffe in der Erfassung identifiziert. Dabei zeigte sich, dass Yttrium als Wirtsgitter mit einer durchschnittlichen Konzentration von 14% vor Lanthan und Europium vertreten ist [7].

Tabelle 1: SE-Gehalt von CCFL-Röhren aus Fernsehgeräten

SE	Gewichtsanteil [mg/mg]	Durchschnittliche Gew.-% im Pulver
Yttrium	0,05 – 0,5	14
Lanthan	0,01 – 0,1	3,5
Europium	0,001 – 0,02	1

Hierbei war zwischen Herstellern und Herstellungsjahr kein systematischer Zusammenhang feststellbar.

Neben den Hintergrundbeleuchtungen lassen sich weitere ressourcenrelevante Leuchtstoffe im Bereich der SG 4 in Form von Niederdruck-Entladungslampen identifizieren. Diese SE-haltigen Lampen müssen getrennt erfasst und im Zuge dessen Potenziale durch Mengenerhebungen festgestellt werden. Im Anschluss sollen die manuell demontierte Hintergrundbeleuchtung und die Niederdruck-Entladungslampen zusammen in eine effiziente mechanische Aufbereitung geführt werden. Ein weiterer Schritt im Rahmen des Konzeptes ist die Trennung der Leuchtstoffe von Glas, Metallen und weiteren Störstoffen. Mögliche Aufbereitungstechnologien sind hier die Flotation, Hochdruckverfahren oder weitere Verfahren aus der Bodenreinigung.

Die Effizienz des Erfassungs-und anschließenden Aufbereitungskonzepts kann indirekt über die Qualität der Leuchtstoffe im Output kontrolliert werden.

3 Zusammenfassung

Die getrennte Erfassung von Geräten mit SE-haltigen Leuchtoffen in Form von Fernsehgeräten und Niederdruck-Entladungslampen verhindert zum Einen die Verdünnung der SE Yttrium, Lanthan und Europium und zum Anderen wird die mechanische Aufbereitung der SG 3 ohne Bildschirme verfahrenstechnisch erleichtert. Eine Zusammenführung der ressourcenrelevanten Leuchtstoffe aus den Displays und der SG 4 sichert im Input der mechanischen Aufbereitung eine höhere Qualität und gleichzeitig geringere Verluste der SE. Die Entwicklung der mechanischen Aufbereitung birgt Potenzial im Hinblick auf die Gewinnung eines SE-Konzentrats [7], welches keine Anteile von Störstoffen wie Glas aufweist. Es muss belegt werden ob mit der Entwicklung eines angepassten Erfassungssystems und anschließenden Aufbereitung in Richtung einer Kreislaufführung der SE Yttrium, Lanthan und Europium gewirkt werden kann. Gleichzeit kann man so größtenteils eine eigene Versorgung der Metalle sichern.

Literatur

[1] L. Erdmann und S. Behrendt, „Kritische Rohstoffe für Deutschland," Berlin, 2011.

[2] S. Schorn, „Monazit," 2011. [Online]. Available: http://www.mineralienatlas.de/lexikon/index.php/MineralData?mineral=Monazit. [Zugriff am 17 11 2011].

[3] C. Gupta und N. Krishnamurthy, „Extractive Metallurgy of Rare Earths," *CRC Press,* 2005.

[4] S. Salhofer, S. Spitzbart und K. Maurer, „Recycling of LCD Screens in Europe - State of the Art and Challenges," *Glocalized Solutions for Sustainiblity in Amnufacturing,* pp. 454-458, 2011.

[5] Lightcycle Retourlogistik und Service GmbH, „www.lightcycle.de," [Online]. [Zugriff am 10 12 2013].

[6] J. Hobohm und K. Kuchta, „Recycling von Leuchtstoffen aus Elektroaltgeräten," in *VDI - Fachkonferenz*, Dortmund.

[7] Hobohm, Julia und K. Kuchta, „Recover Potential of Rare Earth Metals in Displays," in *Symposium of Urban Mining, Bergamo*, Bargamo, Italy.

RÜCKGEWINNUNG KRITISCHER METALLE AUS ELEKTRO- UND ELEKTRONIKALTGERÄTEN DURCH GEZIELTE ANREICHERUNG WERTHALTIGER STOFFSTRÖME IM MECHANISCHEN AUFBEREITUNGSPROZESS

J. Geiping

Fachhochschule Münster, Labor für Abfallwirtschaft, Siedlungswasserwirtschaft und Umweltchemie, Corrensstraße 25, 48149, e-mail: j.geiping@fh-muenster.de

Keywords:* *Elektro- und Elektronikaltgeräte, EAG, Metalle, mechanische Aufbereitung, Rohstoffe

1 Einleitung

Der ständige und sichere Zugang zu Rohstoffen sowie der Wunsch nach Preisstabilität an den Rohstoffmärkten hat eine Diskussion um die Begriffe „Ressourceneffizienz" und „Recycling" ausgelöst. Besonders Elektro- und Elektronikaltgeräte, kurz EAG, werden aufgrund ihres hohen Gehaltes an hochfunktionalen Elementen als wichtige Sekundärrohstoffquelle erkannt. Das Recycling von EAG ist unabdingbar, um die o.g. Ziele zu erfüllen, doch unterschiedliche Aspekte erschweren eine effiziente Nutzung dieses Stoffstroms. Betrachtet man die gesamte Lebenszykluskette von EAG, d. h. vom Hersteller über den Verbraucher, der Sammlung und letztendlich dem eigentlichen Rückgewinnungsprozess, erfordert das Recycling angepasste und abgestimmte Vorgehensweisen. Unter anderem hängt dies mit der vorhandenen Schadstoffbelastung, der Komplexität der Geräte, der kurzen Innovations- und Nutzungsdauer sowie der hohen Dissipation der Elemente zusammen.
Im Rahmen des Promotionsvorhabens steht die mechanische Aufbereitung im Fokus. Ziel ist, durch die Entwicklung optimierter Aufbereitungstechnik werthaltige Fraktionen effizienter zurückzugewinnen. Um Stoffströme gezielt an- bzw. abzureichern, müssen die vorhandenen Inputqualitäten und die Verwertungsoptionen berücksichtigt werden.

2 Materialien und Methoden

Mit Blick auf eine optimale und effiziente Rückgewinnung der werthaltigen Fraktionen in der mechanischen Aufbereitungsstufe ist die Konfektionierung und Sortierung zu untersuchen. Dabei sind sowohl die Inputbeschaffenheit, die eingesetzten Aufbereitungsverfahren und die nachfolgenden, kostenintensiven chemischen oder thermischen Rückgewinnungsverfahren zu berücksichtigen. Diese Vorgehensweise erfordert eine enge Zusammenarbeit und Abstimmung mit den beteiligten Akteuren entlang der Kette. Insbesondere Anlagenhersteller, Aufbereiter, Verwerter, Metallurgen und Chemikern.

2.1 Methode

Bilanzierungen ermöglichen die Identifizierung optimierungsbedürftiger Stoffströme und Behandlungsschritte. Zudem sind Mengen –und Elementbilanzen erforderlich, um die Rückgewinnung ausgewählter Metalle systematisch zu untersuchen. Aus diesem Grund dient diese Methodik als Grundlage für das weitere Vorhaben.

Die Bilanzierung von Erstbehandlungsanlagen bringt verschiedene Herausforderungen mit sich. Dazu zählen die Probenahme, die Probenaufbereitung und Analytik, Nachweisgrenzen und die Elementbestimmung in großstückigen Komponenten sowie die Interpretation der Ergebnisse. Für Edelmetalle und Kupfer liegen solche Stoffflussbilanzen vor (siehe [1]) allerdings für die von der UNEP [2] als kritisch eingestuften Elemente wie z. B. Indium und Neodym fehlen einheitliche Ansätze.

Die in der nachfolgend vorgestellten Bilanzierung gewonnen Erkenntnisse sollen mit dazu beitragen, einheitliche Vorgehensweisen zu entwickeln und es sollen Rückschlüsse für folgende Bilanzen gezogen werden.

2.1.1 Anlagenbeschreibung

In der betrachteten Anlage werden alle in WEEE aufgeführten Gerätekategorien außer Lampen aufbereitet. Die Anlage verfügt über zwei umfangreiche manuelle Vorsortierungsstufen, die durch einen Zerkleinerungsschritt getrennt sind. Durch diese Schritte werden komplette Geräte oder Bauteile mit erfahrungsgemäß hohen Wertstoffgehalten sowie Komponenten mit erfahrungsgemäß hohen Schadstoffgehalten abgetrennt und einer speziellen Aufbereitung zugeführt. Durch den anschließenden zweiten Zerkleinerungsschritt wird das Material für die weitere Aufbereitung vorbereitet. Das Material besitzt nach dieser Zerkleinerungsstufe eine Korngröße < 20 mm. In den sich anschließenden Aufbereitungsschritten werden durch verschiedene Sichterstufen, Metallabscheider und Klassierungsaggregaten, NE- und Fe-Metalle, eine Shredderleichtfraktion, Kunststoffe und geshredderte Leiterkarten abgetrennt.

2.1.2 Vorgehensweise Bilanzierung

Für die Bilanzierung wurde ein Mix aus SG3 und SG5 Material untersucht. Im ersten Schritt wurden ca. 40 Mg des Materials sowohl mengenmäßig als auch gerätespezifisch erfasst und sortiert. Diese Vorgehensweise ermöglicht die Ermittlung der Effizienz des Aufbereitungsprozesses und eine Beurteilung dessen Qualität, in Abhängigkeit der Charakteristiken des Inputmaterials. Für die eigentliche Bilanzierung im Anschluss an eine Inputsortierung wurden zu den bereits ca. 40 Mg sortiertem Material weitere 40 Mg zugegeben. Die Bilanzierung fand über eine Dauer von 18 Stunden statt. Während der Bilanzierung wurden alle Outputströme sowie ausgewählte Zwischenströme kontinuierlich (in Anlehnung a die LAGA PN 98 [2]) beprobt. Nach Abschluss der Bilanzierung wurden alle Outputströme mengenmäßig erfasst. Insgesamt wurden 11 Outputfraktionen, 6 Zwischenfraktionen und 3 Filterstäube beprobt.

2.2 Untersuchungsumfang

Der Untersuchungsumfang dieser ersten Kampagne umfasst die Auswertung der Inputsortierung und Mengenbilanz sowie die Untersuchung der behandelten Proben. Die Proben wurden mittels Schüttdichtebestimmung, Siebanalyse, optischer Qualitativer Bewertung und einer Sortieranalyse charakterisiert. Auf Basis vorliegender Ergebnisse aus anderen Projekten wurde die Relevanz der gewonnenen Fraktionen für die Rückgewinnung kritischer Metalle abgeschätzt und somit die Priorität für die weiteren Untersuchungen festgelegt.

3 Diskussion

Nach Auswertung der ersten Untersuchungen, rein auf Basis der Sortieranalysen, liegt der Fokus zum derzeitigen Vorhabensstand nicht auf den Fraktionen Fe-Metalle, Buntmetalle und Kunststoff. Es scheint kein Bedarf für eine Weiterentwicklung der Trenntechnik zu bestehen. In den Bereichen Metall- und Kunststoffabtrennung ist die Anlagentechnik bereits sehr weit fortgeschritten. Die Reinheiten in den Fraktionen Fe-Metalle und Kunststoffe liegen über 90 % und laut der qualitativen Bewertung liegen offensichtlich kaum Anhaftungen vor. Da allerdings zum jetzigen Zeitpunkt noch keine Elementbestimmung in diesen Fraktionen stattgefunden hat und beide Fraktionen massenmäßig sehr relevant sind, ist dies nur als vorzeitiges Ergebnis zu werten. Ein Potential zur Erhöhung der Wertschöpfung und Abreicherung von Schadstoffen ist aber in der Fraktion „geshredderte Leiterkarten“ und der „Shredderleichtfraktion“ zu erkennen. In beiden Fraktionen liegt ein deutlich heterogeneres Stoffgemisch vor als in den zuvor genannten. Durch Untersuchungen im Technikumsmaßstab soll die Reinheit der Fraktionen durch zusätzliche Trennschritte erhöht werden. Ein erster Ansatz ist der Einbau einer zusätzlichen Sichterstufe mittels Wirbelstromtechnik. Versuche werden dazu im Labor für Strömungstechnik und Strömungssimulation der FH Münster durchgeführt.

Nach Abschluss der Charakterisierung und Elemetanalyse der Proben werden weitere Kampagnen und Untersuchungen aufgebaut und mit den beteiligten Akteuren abgestimmt.

4 Literatur

[1] P. Chancerel, *Substance flow analysis of the recycling of small waste electrical and electronic equipment*, Dissertation, Berlin 2010.

[2] M. Reuter, et al., Metal Recycling – *Opportunities, Limits, Infrastructure* , UNEP, International Resource Panel, 2013

[3] N. N., LAGA PN 98- *Richtlinie für das Vorgehen bei physikalischen, chemischen und biologischen Untersuchungen im Zusammenhang mit der Verwertung/Beseitigung von Abfällen*, Stand: Dezember 2001

ROHSTOFFVERFÜGBARKEIT FÜR EIN ZUKÜNFTIGES MOBILITÄTS- UND ENERGIESYSTEM - WAS KÖNNEN UNTERSUCHUNGEN DER ROHSTOFFKREISLÄUFE BEITRAGEN?

S. Ziemann[1], D.B. Mueller[2], A. Grunwald[1], L. Schebek[3], M. Weil[1,4]

[1]Institut für Technikfolgenabschätzung und Systemanalyse (ITAS), Karlsruhe Institut für Technologie (KIT), Postfach 3640, 76021 Karlsruhe, e-mail: saskia.ziemann@kit.edu

[2]Department of Hydraulic and Environmental Engineering, Norwegian University of Science and Technology (NTNU), NO-7491 Trondheim, Norway

[3]Fachgebiet Stoffstrommanagement und Ressourcenwirtschaft, Technische Universität Darmstadt (TUD), Franziska-Braun-Straße 7, 64287 Darmstadt

[4]Helmholtz Institute Ulm für Elektrochemische Energiespeicher (HIU), Albert-Einstein-Allee 11, 89081 Ulm, e-mail: marcel.weil@kit.edu

Keywords:* *Energiesystem, Elektrochemische Energiespeicher, metallische Rohstoffe, Rohstoffkreislauf, dynamische Stoffstrommodellierung

1 Einleitung

Aufgrund der politisch beschlossenen Transformation des Energiesystems in Deutschland "Energiewende" ergibt sich durch den damit zusammenhängenden geplanten raschen Ausbau erneuerbarer Energieträger ein steigender Bedarf an innovativen Energiespeichersystemen zur Sicherstellung einer verlässlichen Energieversorgung. Außerdem gibt es in vielen europäischen Ländern politische Vorgaben, um Elektromobilität als erdölunabhängige und emissionsarme Transporttechnologie weiter zu fördern [1]. Daraus resultiert ebenfalls ein erhöhter Bedarf an Energiespeichern für die verschiedenen Typen von Elektrofahrzeugen.

Elektrochemische Energiespeicher (EES) können als flexible Speichersysteme sowohl in mobilen als auch in stationären Anwendungen eingesetzt werden, und somit einen wichtigen Beitrag zur Stabilisierung des elektrischen Energienetzes leisten. Durch den Einsatz von EES in beiden Systemen können zum ersten Mal die bislang getrennten Energie- und Mobilitätssysteme zunehmend miteinander verschmelzen.

Allerdings ist durch den erhöhten Bedarf an EES auch mit einer stark steigenden Nachfrage nach den enthaltenen metallischen Rohstoffen zu rechnen. Ein erhöhter Verbrauch von metallischen Rohstoffen in einer solchen Schlüsseltechnologie kann mit erheblichen Auswirkungen auf die

Produktion und die Reserven dieser Rohstoffe verbunden sein. Dadurch ergeben sich Fragen nach einer ausreichenden Verfügbarkeit insbesondere im Zusammenhang mit der steigenden Aufmerksamkeit für die Kritikalität von Rohstoffen. Da viele Industrieländer wie Deutschland auf eine gesicherte Rohstoffversorgung für viele Schlüsseltechnologien angewiesen ist, muss bereits frühzeitig der Handlungsbedarf bezüglich Rohstoffsicherung und Ressourcenschonung ermittelt werden. Die möglichst detaillierte Untersuchung der Rohstoffkreisläufe der betreffenden Metalle mittels statischer und dynamischer Stoffstromanalysen kann dazu einen wichtigen Beitrag leisten.

Lithium-Ionen Batterien (LIB) wird ein großes Potenzial in mobilen Anwendungen prognostiziert und darüber hinaus Perspektiven im stationären Bereich. Da für alle LIB Lithium essentieller Bestandteil ist, wurde zunächst eine umfangreiche Analyse des Metalls Lithium durchgeführt [2-4]. Eine solche Untersuchung erfolgt im Wesentlichen in mehreren aufeinanderfolgenden Schritten. Der erste Schritt besteht aus einer statischen Stoffstromanalyse für das entsprechende Metall basierend auf verfügbaren Daten aus Literatur und Statistik, um die globalen Rohstoffkreisläufe abzubilden und zu untersuchen. Darauf aufbauend kann das entwickelte Grundmodell um dynamische Modellierungen und Szenarienanalysen für bestimmte Prozesse entlang des Lebenszyklus erweitert werden, um die potentielle Entwicklung der Nachfrage und des Verbrauchs der Reserven zu untersuchen. Diese dynamische Stoffstromanalyse ermöglicht somit, Wechselwirkungen zwischen erhöhter Nachfrage durch Schlüsseltechnologien und der Verfügbarkeit von metallischen Rohstoffen genauer zu betrachten. Daraus lassen sich Handlungsempfehlungen zur nachhaltigen Verbesserung von Stoffstrommanagement und Ressourceneffizienz ableiten.

Neben Lithium sind in LIB weitere essentielle Metalle enthalten, deren ausreichende Verfügbarkeit für diese Schlüsseltechnologie ebenfalls untersucht werden sollte. Ziel ist es dabei, das an Lithium entwickelte Modell entsprechend für die anderen EES-relevanten Metalle anzuwenden. Dazu muss geprüft werden, inwiefern dieses Modell auf andere Metalle übertragbar ist und welche Einschränkungen es generell und im Einzelfall gibt.

2 Methodische Vorgehensweise

2.1 Metalle in Elektrochemischen Energiespeichern

Die verschiedenen Typen von EES unterscheiden sich hinsichtlich Energie- und Leistungsdichte, Lebensdauer, Sicherheit und ihren jeweiligen Einsatzgebieten. Da sie jeweils verschiedenen Anforderungen gerecht werden müssen, ist die metallische Zusammensetzungen der jeweiligen EES teilweise recht unterschiedlich (vgl. Tabelle 1). Allein in den angegebenen lithiumbasierten Batterien werden bereits mehr als zehn verschiedene metallische Rohstoffe eingesetzt. Dabei handelt es sich im Wesentlichen um Hauptelemente in den verschiedenen Batteriebestandteilen wie z.B. Aktivmaterialien, Separator, Elektrolyt, Stromabnehmer und Batteriegehäuse. Allerdings können insbesondere in den Aktivmaterialien zusätzlich noch bestimmte Mengen an Dotierungselementen enthalten sein.

Tabelle 1: Verschiedene Batterietypen und dafür benötigte Metalle (Datenquellen [5, 6, 7])

Batterietechnologie	Al	Cd	Co	Cr	Cu	Fe	Pb	Li	Mg	Mn	Ni	REE	Ti	V	Zn	Zr	Sb	Sn
Nickel-Cadmium-Batterie	■	■	■	■		■				■	■				■			
Nickel-Metallhydrid-Batterie	■		■	■		■				■	■	■		■	■	■		
Blei-Säure-Akku						■	■										■	■
Lithium-Eisen-Phosphat-Akku	■				■	■		■			■	■						
Lithium-Metalloxid-Akku	■		■		■			■		■	■							
Lithium-Nickel-Mangan-Cobalt-Akku	■		■		■			■		■	■							
Lithium-Nickel-Cobalt-Aluminium-Akku	■		■		■			■			■							
Lithiumtitanat-Akku	■				■			■			■		■					
Lithium-Schwefel-Akku	■				■			■			■							
Vanadium-Redox-Fow-Batterie				■										■				
Nickel-Zink-Akku											■				■			
Hybrid-Flow-Batterien												■			■			
Metall-Luft-Batterien	■							■	■						■			

2.2 Auswahl der Metalle

In den verschiedenen EES werden insgesamt mehr als 20 verschiedene Metalle für die Herstellung der Aktivmaterialien verwendet (Tabelle 1). Hinzu kommen noch einmal ungefähr 15 unterschiedliche Metalle, die als Dotierstoffe in verschiedenen Kathodenmaterialien eingesetzt werden können. Um eine begründete Auswahl aufgrund der Bedeutung einzelner Materialien zu treffen, wird eine Expertenbefragung des Helmholtz-Instituts Ulm für Elektrochemische Energiespeicher (HIU) herangezogen [8]. Die dadurch wiedergegebene Erfahrung der Batterieforscher ermöglicht einen Einblick in die Hauptrichtung der zukünftigen Batterieentwicklung. Aufgrund der großen Perspektiven von lithiumbasierten Systemen in mobilen Anwendungen war die Befragung zunächst auf diese Systeme konzentriert. Aus den Ergebnissen der Befragung lässt sich erkennen, wie sich laut Einschätzung der Experten die Bedeutung verschiedener Batteriematerialien innerhalb der nächsten 20 Jahre entwickeln wird – für Kathodenmaterialien, Dotierstoffe und Anodenmaterialien. Die Bedeutung der bisher verbreiteten wichtigen Kathodenmaterialien wird zurückgehen, weil zunehmend neue oder verbesserte Materialien mit höherer Leistungsfähigkeit oder besserer Kapazität und Sicherheit entwickelt werden [6]. Dies trifft vor allem auf die verschiedenen Lithium-Metalloxid-Batterien zu, während für Lithium-Eisen-Phosphat-Batterien der Bedeutungsverlust etwas geringer ausfällt aufgrund ihrer guten Stabilität und verschiedenen Möglichkeiten zur Leistungsverbesserung. Das vielversprechendste Material für LIB bis 2030 wird Lithium-Schwefel sein, es zeigt den größten Bedeutungszuwachs. Die Signifikanz von 5V-Kathoden, Kompositmaterialien und Lithium-Luft-Batterien wird ebenfalls zunehmen [6, 8]. Die Gruppe der 5V-Kathoden lässt sich im Wesentlichen unterteilen in Spinell-Oxide wie $LiNiMnO_4$, inverse Spinelle wie $LiMVO_4$ (M=Ni/Co), Olivine wie $LiMPO_4$ (M=Ni/Co) und Fluorophosphate wie $LiCoVO_2$ [9]. Eines der Hauptelemente dieser Kathoden ist Mangan, welches außerdem in den ebenfalls wichtiger werdenden Kompositelektroden enthalten sein kann [9, 10]. Daher wird neben Lithium zunächst als weiteres Kathodenmaterial Mangan näher untersucht.

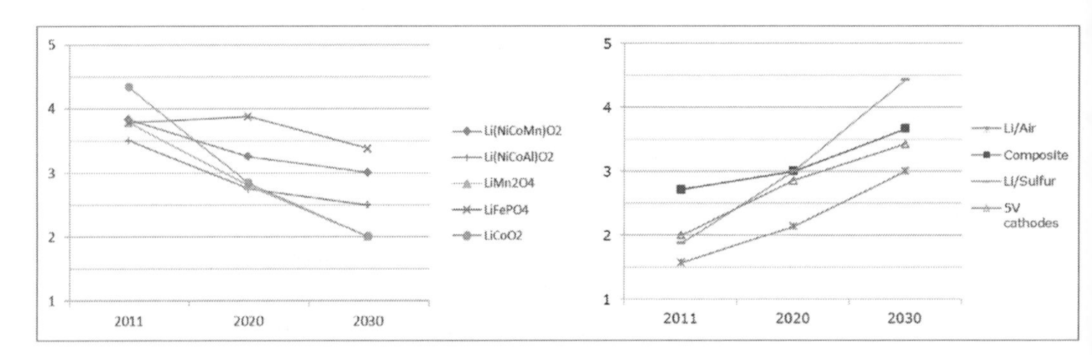

Abb. 1: Bedeutung verschiedener Kathodenmaterialien

Für die Anodenmaterialien ergibt sich Folgendes: Das bisher am weitesten verbreitete Material Graphit wird laut Einschätzung der Experten rasch an Bedeutung verlieren [8]. Dagegen wird die Relevanz von Silizium-Anoden stark zunehmen, ebenso für Graphen und einige Metalllegierungen. Die Bedeutung von Titanat-Anoden, die in LIB Vorteile aufweisen hinsichtlich Sicherheit, Zyklenfestigkeit, ausgezeichneter Leistung auch bei niedrigen Temperaturen, wird bis 2020 weiter zunehmen, danach aber wohl deutlich zurückgehen. Aufgrund des prognostizierten Bedeutungszuwachses und den Perspektiven für Titanat-Anoden im stationären Bereich soll als Hauptbestandteil der Anoden von LIB zunächst Titan näher untersucht werden.

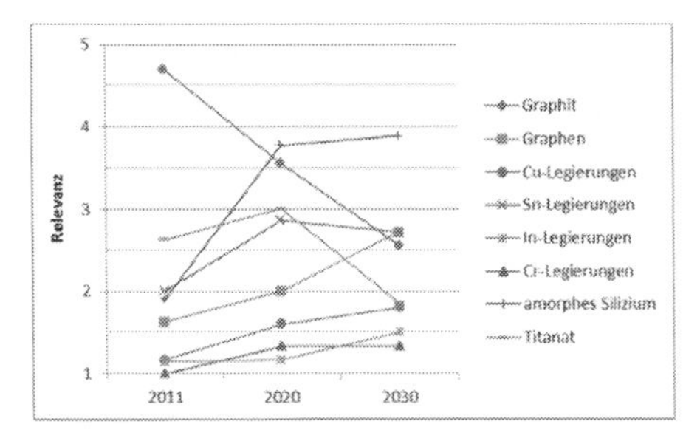

Abb. 2: Bedeutung verschiedener Kathodenmaterialien

Es gibt Hinweise in der Literatur, dass Dotierungsmetalle eine große Rolle bei einigen bereits verwendeten Kathodenmaterialien spielen, um die Leistungsfähigkeit der Batteriematerialien weiter zu verbessern [8]. Auch für zukünftig bedeutende Aktivmaterialien wie z.B. Lithium-Schwefel können Dotierungsmetalle eine wichtige Rolle spielen. Insgesamt wird ein breites Spektrum an Dotierstoffen verwendet (vgl. Tabelle 2). Die Bandbreite der Dotierungsmenge kann sich dabei im Bereich von 0,001% bis zu 5% bewegen [11].

Tabelle 2: Übersicht bedeutender Dotierstoffe für verschiedene Kathodenmaterialien

Kathode	Wichtige Dotierstoffe	Referenzen
Lithium-Mangan-Spinell	Co, Cr, Mg, Ni, REE	[8]
Lithium-Metalloxid	Co, Y, Ni, La, Mn, Ti	[8]
Lithium-Mangan-Nickel	Ru, Cr, Al, Fe, Ti, Co, Zn	[9, 12]
Lithium-Schwefel	Al, Si, Ti, MgNi, V, Cu, Co, Fe	[13]

Einen interessanten Fall stellt in diesem Zusammenhang Ruthenium dar, weil es bislang das einzige Edelmetall unter den Dotierstoffen ist. Außerdem wird es auch in anderen Schlüsseltechnologien wie der Photovoltaik zunehmend eingesetzt [14, 15]. Aus diesen Gründen wird zuerst Ruthenium als Dotierstoff für LIB genauer untersucht.

3 Untersuchung der Metalle

3.1 Statische Stoffstromanalyse

3.1.1 Mangan

Die Produktion von Mangan ist stark regional konzentriert: China, Australien und Südafrika sind zusammen für ungefähr 60% der globalen Manganproduktion verantwortlich [16].

Im Jahr 2009 wurden 10,8 Mio. t Mangan aus Manganmineralien gewonnen [17]. Der Großteil (94%) wurde dabei in die Manganlegierungen Ferromangan und Silikomangan umgewandelt, während nur ein geringer Anteil von 6% zur Herstellung von elektrolytischem Manganmetall (EMM) und elektrolytischem Mangandioxid (EMD) verwendet wird [18]. 90% der Manganlegierungen werden in der Stahlproduktion verwendet, nur lediglich 10% können für Gießerei und Schweißen eingesetzt werden [19]. EMM mit einem Mangananteil von 0,324 Mio. t im Jahr 2009 wird für Spezialstähle, in Aluminium- und Kupferlegierungen eingesetzt [18]. EMD ebenfalls mit 0.324 Mio. t wird verwendet in Batterien, Chemikalien, Düngemitteln und Tierfutter [18, 19]. Von allen manganhaltigen Produkten werden bisher nur Aluminiumlegierungen recycelt. Selbst das im Stahlschrott enthaltene Mangan geht weitgehend verloren, weil es bei der Dekarbonisierung in der Stahlherstellung entfernt wird und wieder neu zugesetzt werden muss [20].

3.1.2 Titan

Titandioxid wird hauptsächlich aus den beiden Mineralien Ilmenit (90%) und Rutil (10%) in mehr als 15 verschiedenen Ländern gewonnen. Hauptproduzentenländer sind Australien mit 20% und Südafrika mit 18% der globalen Produktion [21].

Im Jahr 2011 wurden 7,1 Mio. t Titanmineralkonzentrate produziert, während der Bedarf an Titandioxid lediglich 6,5 Mio. t betrug [16, 22]. Von diesen 6,5 Mio. t wurden 80% für Pigmente in Farben, Lackierungen, Papier und Plastik verwendet, 8% für Druckfarben, Fasern, Gummi, Kosmetik und Lebensmittel sowie die verbleibenden 12% in der Produktion von Titan, Glas und Glaskeramik, elektrischen Keramiken, Katalysatoren, elektrischen Leitern und Chemikalien [23]. Titanmetall wird bereits in geringen Mengen recycelt [21]. Die meisten Anwendungen von Titandioxid sind hingegen dissipativ und erlauben kein Recycling [24].

3.1.2 Ruthenium

Ruthenium kann nur zusammen mit den anderen Platingruppenmetallen (PGM) gewonnen werden und ist damit direkt abhängig von der Förderung der wirtschaftlich wichtigeren Metalle Platin und Palladium [25]. Größtes Produktionsland für PGM ist Südafrika. In Russland und Kanada sind PGM Nebenprodukt der Nickelgewinnung [26].

Die Jahresproduktion von Ruthenium wurde im Jahr 2010 auf ungefähr 30 t geschätzt [25] und der Verbrauch lag bei 29 t [27]. Davon wurden 72% in elektrischen Anwendungen vorwiegend für die Festplattenherstellung eingesetzt, 24% in der chemischen und elektrochemischen Industrie für die Chlorproduktion und als Katalysator sowie weitere 4% für andere Nutzungen wie Pigmente, Legierungen, Supraleiter und Solarenergietechnik [25, 27]. Ruthenium wird in der Festplattenindustrie zunehmend recycelt [28]. Über Recyclingmöglichkeiten in anderen Anwendungen gibt es bisher keine genaueren Informationen.

3.2 Dynamische Stoffstromanalyse

Um mittels einer dynamischen Stoffstromanalyse den zukünftigen Bedarf dieser Metalle für Batterien in Elektrofahrzeugen zu ermitteln, sind folgende Daten zum Metallgehalt erforderlich: die Konzentration des jeweiligen Metalls in den Batteriematerialien sowie die Kapazität der Batterien in den Elektrofahrzeugen. Daraus ergibt sich der Metallgehalt in den verschiedenen Typen der Elektrofahrzeuge (EV): Brennstoffzellenfahrzeuge (FCV), Hybridfahrzeuge (HEV), Plug-In Hybridfahrzeuge (PHEV) und rein elektrisch betriebene Fahrzeuge (FEV) (vgl. Tabelle 3). Des Weiteren werden Daten zu den prognostizierten Marktanteilen von Elektroautos innerhalb der betrachteten Zeitspanne bis 2050 benötigt. Hierfür werden die Daten des BlueMap-Szenarios der IEA verwendet [29]. Die Berechnung erfolgt dann mittels des entwickelten dynamischen Stoffstrommodells für die zukünftige Nachfrage nach Lithium für LIB in Elektroautos und den darin verwendeten Daten und Abschätzungen [2]. Mit diesem Modell kann der potentielle Bedarf an Mangan, Titan und Ruthenium in unterschiedlichen Batteriematerialien für die zukünftige Anwendung in EV-Batterien bis 2050 ermittelt werden.

Tabelle 3: Übersicht des Metallgehalts in den betrachteten Batteriematerialien und Elektrofahrzeugen (Datenquellen: [12, 30, 31, 32])

Metalle	Batteriematerialien	Konzentration [kg/kWh]	Gehalt EV [kg]		
			FCV/HEV (1,5 kWh)	PHEV (12 kWh)	FEV (25 kWh)
Mn	$LiNi_{0,5}Mn_{1,5}O_4$	1,12	1,68	13,44	28
Ti	LFP/LTO	1,90	2,85	22,8	47,5
Ru	$LiNi_{0,48}Ru_{0,01}Mn_{1,5}O_4$	0,0085	0,01	0,10	0,21

4 Darstellung der Ergebnisse

Die im Folgenden beschriebenen Ergebnisse geben den potentiellen Bedarf der jeweiligen Metalle für einen hohen globalen Marktanteil von Elektrofahrzeugen (Bluemap-Daten der IEA [29]) in einem sogenannten Basisszenario wieder. Dieses Basisszenario geht dabei von einer durchschnittlichen Entwicklung des Bevölkerungswachstums und des Motorisierungsgrades aus und rechnet mit einer Fahrzeuglebensdauer von 15 Jahren sowie einer Batterielebensdauer von 10 Jahren (vgl. [2]).

4.1 Mangan

Der kumulierte Bedarf an Mangan für manganhaltige LIB in allen Typen von Elektrofahrzeugen bis zum Jahr 2050 würde unter den gewählten Annahmen 66 Mio. t betragen (vgl. Abb. 3) – verglichen mit 630 Mio. t derzeit bekannter Reserven [21] wären das ungefähr 10% der Reserven. Im Vergleich zur Produktion von 10,8 Mio. t im Jahr 2009 wäre das eine Erhöhung um das Sechsfache. Derzeit wird Mangan jedoch hauptsächlich für Stahllegierungen verwendet und nur 0,3 Mio. t in anderen Anwendungen wie z.B. Batterien eingesetzt. Diese Menge könnte sich aber bei einer entsprechenden Marktdurchdringung von Elektrofahrzeugen und dem überwiegenden Einsatz von manganhaltigen Batteriematerialien bis zum Jahr 2050 signifikant erhöhen auf das 220-fache.

Allein vom Manganverbrauch in Batterien lässt sich folglich keine Erschöpfung der Reserven erwarten. Allerdings wird weltweit ein weiterhin steigender Stahlbedarf erwartet und damit auch der Verbrauch an Mangan im Hauptanwendungsbereich weiterhin zunehmen. Hinzu kommt, dass Mangan bisher weder im Stahl noch als Metall an sich in größerem Umfang recycelt wird [18]. Insofern könnte von einem signifikant höheren Manganbedarf für die Batterieherstellung zukünftig doch ein entsprechender Druck auf die verfügbaren Reserven ausgehen.

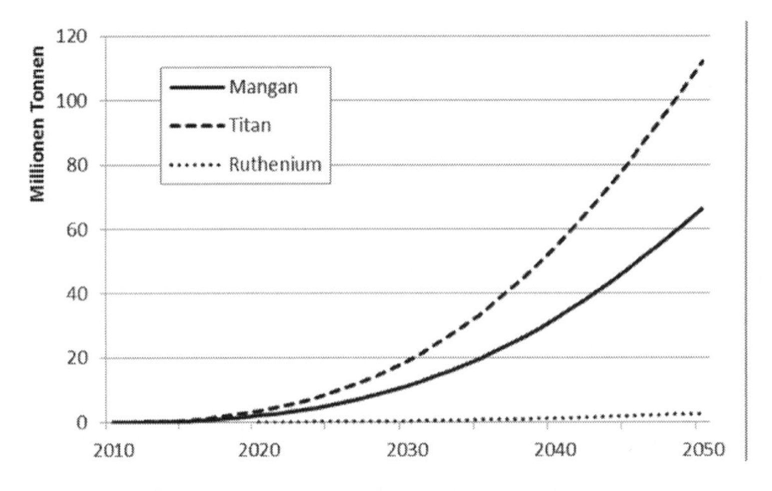

Abb. 3: Kumulierter potentieller Metallbedarf für EV-Batterien bis 2050

4.2 Titan

Bei vorwiegender Anwendung von Titanat als Anodenmaterial von LIB würde der kumulierte Bedarf an Titan in den Traktionsbatterien von Elektrofahrzeugen bis zum Jahr 2050 ungefähr 112 Mio. t betragen (Abb. 3). Die weltweit bekannten Reserven von Ilmenit und Rutil betragen 700 Mio. t TiO_2 [21], woraus sich ein Titangehalt von ungefähr 420 Mio. t ergibt. Der errechnete

Titanbedarf für Elektroautos entspräche somit ungefähr 27% der globalen bekannten Reserven. Verglichen mit der aktuellen Produktion von 4,2 Mio. t Titan (7,1 Mio. t TiO_2) im Jahr 2011 wäre dies ein Anstieg um das 26-fache. Bislang sind Batterien noch kein spezifisches Anwendungsgebiet für Titan, könnten aber zukünftig ein zusätzlicher bedeutender Nachfragesektor werden. Allerdings ist anzunehmen, dass der Verbrauch auch weiterhin sehr stark von der Verwendung als Pigment in unterschiedlichen Produkten dominiert wird.

4.3 Ruthenium

Durch den Einsatz von Ruthenium als Dotierungsmetall (mit 1%) in LIB für alle Typen von Elektrofahrzeugen könnte die Nachfrage nach diesem Metall bereits innerhalb von drei Jahren nach seiner potentiellen Markteinführung im Jahr 2020 die bislang bekannten Reserven und Ressourcen übertreffen. Die insgesamt bis zum Jahr 2050 benötigte Menge würde dann rund 480.000 t betragen und somit sowohl die verfügbaren Reserven von 6300 t als auch die Ressourcen von 11.300 t [26] bei weitem übersteigen. Die derzeit bekannten Ressourcen könnten gerade mal zwei Prozent des potentiellen Gesamtbedarfes an Ruthenium für Traktionsbatterien bis 2050 decken. Die Verwendung von Ruthenium-dotierten Aktivmaterialien (mit 1% Ru) könnte auf Grund der geringen Reserven maximal für folgende Zahlen von Elektrofahrzeugen ausreichen: entweder knapp 500 Mio. FCV bzw. HEV oder 62 Mio. PHEV oder 30 Mio. FEV – dann wären die gesamten bislang bekannten Reserven erschöpft.

5 Diskussion

Die Metalle Mangan und Titan haben andere Hauptverwendungsgebiete und nur ein sehr geringer Teil der jährlichen Rohstoffproduktion wird für die Herstellung von Batterien eingesetzt. Selbst bei einer starken Marktdurchdringung von mangan- oder titanhaltigen Batterien in Elektrofahrzeugen würden bis 2050 maximal 10-27% der derzeit bekannten Reserven verbraucht. Da auch zukünftig Mangan hauptsächlich in der Stahlproduktion und Titan primär als Pigment in der Herstellung von Farben, Lacken, Kunststoffen, Textilien und Papier verwendet wird, müsste ein zusätzlicher erhöhter Bedarf an diesen Metallen für EV-Batterien nahezu vollständig durch eine entsprechende Produktionssteigerung gedeckt werden. Wie die Entwicklungen der letzten Jahre vermuten lassen, wird sowohl die globale Stahlproduktion als auch der Einsatz von TiO_2 als Pigment weiterhin zunehmen und somit die zukünftige Nachfrage nach Mangan und Titan ebenfalls durch die Hauptnutzungssektoren dominiert. Eine leichte Erhöhung der Nachfrage in den wesentlichen Anwendungsgebieten hätte deshalb einen stärkeren Einfluss auf die Verfügbarkeit als eine starke Nachfragesteigerung im Batteriesektor. Um die Auswirkungen des Einsatzes von Mangan und Titan in EV-Batterien auf den zukünftigen Verbrauch der Reserven genauer bewerten zu können, sind detaillierte Untersuchungen der Entwicklung der primären Nutzungssektoren dieser beiden Metalle erforderlich. Mit der hier angewendeten dynamischen Stoffstromanalyse wurde ausschließlich die potentielle Nachfrage aus EV-Batterien abgebildet, die allerdings mit hoher Wahrscheinlichkeit nur einen Teil des Verbrauchs der Reserven ausmachen werden, wie die Ergebnisse zeigten.

Anders verhält sich dies im Falle von Ruthenium, weil dort aufgrund der momentan geringen Produktion und der bisher geringen Nachfrage in wenigen Anwendungsbereichen (31 t pro Jahr) der Einsatz in EV-Batterien einen signifikanten Einfluss auf Produktion und Reserven haben würde. Die Ergebnisse der dynamischen Stoffstromanalyse zeigen, dass die Verwendung von Batteriematerialien mit einer einprozentigen Ruthenium-Dotierung bei einer starken Marktdurchdringung von Elektrofahrzeugen aufgrund der begrenzten Reserven praktisch nicht umsetzbar wäre. Ein Dotierungsmetall wie Ruthenium ist zwar in deutlich geringeren Mengen in den EV-Batterien enthalten aber auch deutlich geringer verfügbar im Vergleich zu den Metallen Titan und Mangan, welche signifikant höhere Reserven vorweisen können. Demzufolge würde der Verbrauch der Rutheniumreserven allein durch die Nutzung in Traktionsbatterien deutlich schneller erfolgen als bei Mangan und Titan, ohne dass andere stationäre Anwendungen in Betracht gezogen würden.

In diesem Zusammenhang ist jedoch anzumerken, dass für die Modellierung des potentiellen Bedarfs der Metalle für zukünftige EV-Batterien vereinfacht vom Einsatz nur eines bestimmten Batterietyps mit seiner charakteristischen Materialzusammensetzung für alle Typen von Elektrofahrzeugen ausgegangen wurde. Es ist jedoch zu erwarten, dass in HEV zukünftig andere LIB als Traktionsbatterien verbaut werden als in FEV, weil die jeweiligen Anforderungen z.B. hinsichtlich der Reichweite oder der Zyklenfestigkeit verschieden sind. Um den zukünftigen Metallbedarf realistischer abschätzen zu können, sind zusätzliche Daten oder begründete Annahmen zur Marktdurchdringung der verschiedenen LIB mit ihren jeweiligen Aktivmaterialien in den verschiedenen Typen von Elektrofahrzeugen notwendig [33].

Es lässt sich dennoch festhalten, dass das Modell grundsätzlich auf andere Metalle in LIB übertragen werden kann. Der potentielle Bedarf an diesen Metallen für Traktionsbatterien in zukünftigen Elektrofahrzeugen kann damit über einen bestimmten Zeitraum in Szenarien ermittelt werden. Entscheidend ist hierbei die Verfügbarkeit von Daten zur Materialzusammensetzung in den EV-Batterien, um den erforderlichen Gehalt der Metalle in den jeweiligen Fahrzeugtypen zu berechnen. Insbesondere bei Batteriematerialien, die sich noch in der Entwicklung befinden und erst innerhalb des Modellierungszeitraums Marktreife erreichen könnten, muss oftmals auf theoretische Werte zurückgegriffen werden, was die Belastbarkeit der Ergebnisse reduziert. Da bei Mangan und Titan die zukünftige Nachfrage durch die Hauptanwendungsgebiete weiterhin dominiert wird, lassen sich die Auswirkungen des potentiellen Rohstoffbedarfs für EV-Batterien auf die derzeit bekannten Reserven dieser beiden Metalle nur bedingt einschätzen.

Großen Einfluss auf die Übertragbarkeit des Modells hat die Verfügbarkeit der für die Modellierung benötigten Daten. Zwar sind für alle untersuchten Metalle Daten zu Produktion, Nachfrage und Reserven verfügbar, aber in teilweise sehr unterschiedlichem Detaillierungsgrad. Sowohl bei Titan als auch bei Ruthenium werden die Reservendaten nicht spezifisch für das jeweilige Metall angegeben, sondern bei Titan nur für die für die Rohstoffgewinnung wichtigsten Mineralien und bei Ruthenium lediglich für alle PGM zusammen. Darüber hinaus ist bei Titan und Ruthenium die Aufteilung auf die jeweiligen Nutzungssektoren wenig detailliert angegeben und dadurch der Einsatz dieser Metalle in der Herstellung von Batterien schwierig zu ermitteln. Lediglich bei Mangan kann der Verbrauch für Batterien ungefähr abgeschätzt werden. Hinzu kommt, dass Daten und Informationen zum Recycling bei allen drei untersuchten Metallen kaum vorhanden sind. Demzufolge konnte auch der mögliche Beitrag eines Recyclings zur Verlängerung der Reichweite der Reserven nicht untersucht werden.

6 Literatur

[1] ENT (ERA-NET Transport), *Electric Road Transport Policies in Europe till 2015*, opportunities, experiences and recommendations, Cologne, 2011

[2] S. Ziemann, D.B. Mueller, A. Grunwald, M. Muhl, L. Schebek, M. Weil, „The impact of electric mobility on future lithium demand and supply", Manuskript in Vorbereitung, 2014.

[3] M. Weil und S. Ziemann, „Recycling of traction batteries as a challenge and chance for future lithium availability", in Lithium-Ion Batteries: Advances and Applications, (G. Pistoia, ed.), ch. 22, pp. 509–551, Amsterdam, Oxford: Elsevier, 2014.

[4] S. Ziemann, M. Weil, L. Schebek, „Tracing the fate of lithium - the development of a material flow model", *Resources Conservation and Recycling*, 63, pp. 26-34, 2012.

[5] B. Droste-Franke, B.P. Paal, C. Rehtanz, D.U. Sauer, J.-P. Schneider, M. Schreurs, T. Ziesemer, *Balancing Renewable Electricity. Energy Storage, Demand Side Management and Network Extension from an Interdisciplinary Perspective,* Berlin: Springer, 2012.

[6] B. Simon, S. Ziemann, M. Weil, „Criticality of metals for electrochemical energy storage systems - Towards a technology specific indicator", 7th International Seminar on Society & Materials (SAM7), 04/2013.

[7] D. Oertel, *Energiespeicher – Stand und Perspektiven*, Sachstandsbericht zum Monitoring "Nachhaltige Energieversorgung", Arbeitsbericht Nr. 12, Büro für Technikfolgen-Abschätzung beim Deutschen Bundestag, 2008.

[8] B. Simon, Survey on the future relevance of battery materials, unveröffentliches Manuskript, Helmholtz-Institut Ulm (HIU), 2011.

[9] C.M. Julien and A. Mauger, „Review of 5-V electrodes for Li-ion batteries: status and trends," *Ionics,* vol. 19-7, pp. 951–988, 2013.

[10] ANL, Manganese Oxide Composite Electrodes for Lithium Batteries (ANL04-076), Argonne National Laboratories: http://web.anl.gov/techtransfer/pdf/fact_sheets/manganese_oxide_electrodes.pdf (12.12.2013).

[11] H. Ehrenberg, *Persönliche Mitteilung,* Karlsruhe: Karlsruher Institut für Technologie, 2012.

[12] P. Jakes, H. Wang, Y. Feng, L. Li, K. Nikolowski, H. Ehrenberg, R.-A. Eichel, „$LiNi_{0.5}Mn_{1.5}O_{4-\delta}$ cathode materials for high-power battery applications with enhanced rate capability – effect of non-stoichiometry and aliovalent RuO_2-doping", unveröffentlichtes Manuskript, Karlsruher Institut für Technologie, 2012.

[13] S. S. Zhang, „Liquid electrolyte lithium/sulfur battery: Fundamental chemistry, problems, and solutions", J. Power Sources, vol. 231, pp. 153–162, 2013.

[14] KIT, „Farbstoff produziert Strom aus Sonnenlicht", Angebot: 533, Karlsruher Institut für Technologie: http://techtransfer.ima.kit.edu/ResearchToBusiness/index.php?option=com_content&view=article&id=533&Itemid=&lang=de (10.12.2013).

[15] K. Nazeeruddin, E. Baranoff, M. Grätzel, „Dye-sensitized solar cells: A brief overview" *Solar Energy*, vol. 85-6, pp. 1172–1178, 2011.

[16] C. Reichl, M. Schatz, G. Zsak, *World Mining Data – Welt-Bergbau-Daten*, vol. 28, (BMWFJ, ed.), Wien, 2013.

[17] USGS, *Mineral Commodity Summaries*. Reston, VA, USA: U.S. Department of the Interior, Geological Survey, 2011.

[18] S. Ziemann, A. Grunwald, L. Schebek, D. b. Müller, and M. Weil, „The future of mobility and its critical raw materials," *Rev. Métallurgie*, vol. 110-01, pp. 47–54, 2013.

[19] A. Gandhi, *Manganese,* Ideas 1st Information Services Pvt. Ltd., 2010: http://www.ideasfirst.in (02.04.12).

[20] USGS, *Flow Studies for recycling metal commodities in the United States*, Circular 1196–A–M.Reston: United States Geological Survey, 2004.

[21] USGS, *Mineral Commodity Summaries*. Reston, VA, USA: U.S. Department of the Interior, Geological Survey, 2013.

[22] Iluka, *Titanium Market,* Iluka Resources Limited: http://www.iluka.com/investors-media/company-industry-information/supply-demand (12.12.2013).

[23] Ceresana, *Market Study: Titanium Dioxide,* Ceresana: http://www.ceresana.com/en/market-studies/chemicals/titanium-dioxide/ceresana-market-study-titanium-dioxide.html (12.12.2013).

[24] D. Wittmer, M. Scharp, S. Bringezu, M. Ritthoff, M. Erren, C. Lauwigi, J. Giegrich, Umweltrelevante metallische Rohstoffe, In: Metallische Rohstoffe, weltweite Wiedergewinnung von PGM und Materialien für Infrastrukturen. Abschlussbericht des Arbeitspakets 2 des Projekts Materialeffizienz und Ressourcenschonung (MaRess). Wuppertal: Wuppertal Institut für Klima, Umwelt, Energie, 2011.

[25] T. Bell, Metal Profile: Ruthenium, About.com Metals: http://metals.about.com/od/properties /a/Metal-Profile-Ruthenium.htm (03.12.2013).

[26] I. Råde, Requirement and Availability of Scarce Metals for Fuel-Cell and Battery Electric Vehicles, Dissertation, Chalmers Reproservice: Göteborg, Sweden, 2001.

[27] JM, *Ruthenium Demand 2005 to 2013*, Johnson Matthey: http://www.platinum.matthey.com/media/816564/ru_05_to_13.pdf (05.12.2013).

[28] JM, PGM Summary, Johnson Matthey: http://www.platinum.matthey.com/publications/ pgm-market-reviews (29.11.2013).

[29] IEA, *Energy Technology Transitions for Industry – Strategies for the Next Industrial Revolution,* International Energy Agency, Paris: OECD/IEA, 2009.

[30] M. Weil, S. Ziemann, B. Zimmermann, „New materials and components for future batteries - A resource perspective", Fachmesse World of energy solutions: Battery & storage - materials and components, Stuttgart, 10/2013.

[31] C. Bauer, „Ökobilanz von Lithium-Ionen Batterien", Paul Scherrer Institut, Labor für Energiesystem-Analysen (LEA), Villingen, Switzerland, 2010.

[32] L. Gaines and P. Nelson, „Lithium-Ion Batteries: Possible Materials Issues", Argonne National Laboratory, Argonne: Illinois, 2009.

[33] B. Simon, S. Ziemann, M. Weil, *Analysis and first assessment of metal resources for the production of traction batteries*, 2nd International Conference on Materials for Energy, Karlsruhe, 05/2013.

RÜCKGEWINNUNG VON SELTENEN ERDEN AUS MAGNETABFÄLLEN – EINE ÜBERSICHT ÜBER DERZEITIGE RECYCLINGVERFAHREN

Patrick J. Masset[1], Ingrid Löh[2], Mickael Méry[3]

[1] Fraunhofer UMSICHT, Institutsteil Sulzbach-Rosenberg, An der Maxhütte 1, 92237 Sulzbach-Rosenberg, e-mail: patrick.masset@umsicht.fraunhofer.de

[2] Fraunhofer UMSICHT, Institutsteil Sulzbach-Rosenberg; An der Maxhütte 1; 92237 Sulzbach-Rosenberg; e-mail: ingrid.loeh@umsicht.fraunhofer.de

[3] Fraunhofer UMSICHT, Institutsteil Sulzbach-Rosenberg; An der Maxhütte 1; 92237 Sulzbach-Rosenberg; e-mail: mickael.mery@umsicht.fraunhofer.de

Keywords: Seltene Erden, Recycling, Elektronikabfälle, Magnete

1 Einleitung

Seltene Erden (SE) werden immer wichtiger für derzeitige sowie zukünftige Industrieprodukte, zum Beispiel Computer, LCD-Bildschirme und Laser, aber auch für die sogenannten „grünen Technologien" wie Windkraftanlagen, Elektroautos und -fahrräder. Auf Grund stark volatiler Märkte, den geopolitischen Herausforderungen der Rohstoffversorgung und -gewinnung mit den zum Teil hohen Umweltbelastungen [1] sowie der Monopolstellung einiger weniger Länder, werden weltweit Anstrengungen unternommen, um neue Recyclingverfahren zu entwickeln und sich dadurch von der Abhängigkeit zu lösen sowie die Umwelt zu schonen. Nach der Studie der Europäischen Union [2] und des US Department of Energy [3] zählen die Seltenen Erden zu den kritischsten Rohstoffgruppen. Trotz umfangreicher Forschungsaktivitäten auf diesem Gebiet werden derzeit nur ca. 1 % der Seltenen Erden recycelt [4]. Mit bestimmend für die wirtschaftliche Umsetzbarkeit dieser Verfahren sind der Preis und die Verfügbarkeit der Seltenen Erden auf dem Weltmarkt.

2 Recyclingverfahren

Schwerpunktmäßig werden hier die Verfahren zum Recyceln von Seltenen Erden aus Permanentmagneten betrachtet. Diese Fraktion ließe sich durch geeignete Sammel- und Aufbereitungssysteme weitgehend sortenrein trennen. Hochleistungsmagnete bestehen zu 37 Gew.-% ($SmCo_5$-Magnete) bzw. zu 30 Gew.-% ($Nd_2Fe_{14}B$-Magnete, teilweise mit anderen Seltenen Erden wie Dysprosium) aus Seltenen Erd-Metallen, vornehmlich Neodym und Samarium, aber auch aus den schweren Seltenen Erden mit besonders kritischer Versorgungslage wie Praseodym, Dysprosium und Terbium.

In den letzten Jahren befassten sich mehrere Forschungsgruppen und Industriekonsortien sowohl in Europa aber noch mehr in Japan und China mit der Entwicklung derartiger Prozesse, wie hydrometallurgische und pyrometallurgische Rückgewinnungsverfahren sowie die Gasphasen-Extraktionsmethode. Diese Verfahren zielten meist auf die Rückgewinnung von Seltenen Erden aus Produktionsabfällen. Erst in jüngerer Zeit ging es auch um Abfallfraktionen aus der Elektroschrott-wiederverwertung. Kaum ein Recyclingverfahren wird jedoch derzeit kommerziell umgesetzt, vor allem für Stoffströme aus dem WEEE-Recycling [5]. Die meisten sind nur im Labormaßstab oder in Pilotanlagen realisiert.

Je nach Ausgangsmaterial für den Recycling-Prozess wird unterschieden in Preconsumer- und Post-consumer-Recycling, d.h. je nachdem, welche Abfallströme verwendet werden:

- Preconsumer:
  Darunter versteht man Abfallströme, die bei der Herstellung der Magnete anfallen:
  - Produktionsabfälle (Schleifstäube, Bruchmagnete aus der Fertigung), die meist vor Ort recycelt werden. So fallen nach Zhong et al. bei der Produktion der SE-Magnete 20 % – 30 % als Abfall an [5].
- Postconsumer:
  Darunter versteht man die Abfallströme, die nach deren Verwendung anfallen, z.B.:
  - Kleinmagnete aus Altgeräten wie z. B. Haushaltsartikel, Spielzeuge, Lautsprecher, Mobiltelefone und Festplatten (HDD) in PC, wobei im Jahre 2011 allein in HDD 6.000 bis 12.000 Tonnen NdFeB-Magnete verbaut wurden (nach Walton and Williams aus [4])
  - Kleinmagnete in Autos (Motoren, Schalter)
  - Große Magnete (z. B. aus Windkraftanlagen, Hybrid- und Elektroautos, Elektrofahrräder)

Je nachdem, welcher Abfallstrom zur Verfügung steht, muss der Recycling Prozess darauf abgestimmt und optimiert werden.

2.1 Hydrometallurgischer Prozess

Bei diesem Verfahren, das auch bei der originären Gewinnung von Seltenen Erden aus den Rohstoffen verwendet wird, werden die SE-haltigen Abfälle (meist saubere Magnete oder Stäube aus der Produktion) in starken mineralischen Säuren gelöst und die Seltenen Erden als Sulfate, Oxalate oder Fluoride abgeschieden. Während bei den SmCo-Magneten mit dieser Methode vergleichsweise einfach das Samarium abgetrennt werden kann - auf diese Weise wurde in der 90-ger Jahren Samarium wirtschaftlich zurückgewonnen [4, 6] - gestaltet sich das Abtrennen der Seltenen Erden aus NdFeB-Magnetabfällen durch deren Schutzbeschichtung (Ni-Legierung) und eine Zulegierung weiterer SE-Metalle (Dy, Te, Pr) komplexer [4, 7]. Nach Taneka et al. kann durch Einsatz von Ultraschall dieser Prozess verkürzt werden [4].

Ein anderes Verfahren geht über hydrothermale Behandlung, bei der gebrauchte NdFeB-Magnete bei 110°C, bis zu 15atm und 6h in einer Lösung von Salzsäure und Oxalsäure behandelt werden. Dadurch gehen mehr als 99 % des Nd als $Nd_2(C_2O_4)_4 * xH_2O$ mit einer Reinheit von größer 99,8 % in Lösung [8].

Ionische Flüssigkeiten (ionic liquids) sind organische Salze, die sich bei moderaten Temperaturen in flüssigem Zustand befinden. Sie zeichnen sich darin aus, dass sie vollständig aus Ionen bestehen und dadurch einen niedrigen Dampfdruck besitzen. Der Vorteil besteht in der sehr guten Lösungsfähigkeit und elektrischen Leitfähigkeit. Dies kann auch zur Extraktion von SE-Metallen ausgenutzt werden. Mit Optimierung der ionischen Flüssigkeiten, des Extraktionsmittels und Verwendung von flüssigen Membranen lassen sich sehr gute Wiedergewinnungsraten für Seltene Erden erzielen und den Chemikalienverbrauch reduzieren [9]. Da hierfür die Seltenen Erden erst in Lösung gebracht werden müssen, eignet sich dieses Verfahren jedoch eher für Stäube oder Laugenlösungen von Magnetabfällen.

Die Vorteile dieser hydrometallurgischen Verfahren sind, dass sie für nahezu alle Magnetzusammensetzungen und sowohl für oxidische als auch nicht oxidische Verbindungen anwendbar sind. Außerdem greifen sie weitgehend auf die gleichen Prozessschritte zurück wie bei der SE-Rohstoffgewinnung.

Nachteilig wirkt sich hingegen aus, dass sie viele Prozessschritte benötigen (Lösung durch Säure, Ausfällung, Kalzinieren der Fällung), bis neues Magnetmaterial erhalten wird. Auch der hohe Verbrauch an Chemikalien, die zum Großteil nicht wiederverwendet werden können, und die dabei entstehende große Menge an verschmutztem Abwasser ist kritisch zu sehen.

2.2 Pyrometallurgischer Prozesse

Pyrometallurgische Prozesse, d.h. Prozesse bei hohen Temperaturen, haben im Gegensatz zu den hydrometallurgischen Verfahren den Vorteil, dass sie weniger Chemikalien und Verfahrensschritte benötigen.

2.2.1 Elektroschlackenraffination

Bei diesem Verfahren werden möglichst reine, stückige Magnetabfälle entweder als Arbeitselektrode oder direkt in einem Schmelzbad aufgeschmolzen. Störstoffe (wie C, H, N, O) und metallische

Verunreinigungen (z.B. Na, Li, Al) werden mit einem reaktiven Flussmittel, meist Chloride oder Fluoride, entfernt [4, 7].
Dieses Verfahren ist nur für Hersteller sinnvoll, da als Ausgangsmaterial möglichst reine und große Abfallmagnete verwendet werden sollten, d.h. keine Späne oder Schredderrückstände. Außerdem führt es nicht zur Separation der Seltenen Erden von den Übergangsmetallen und es fallen größere Mengen an festen Abfallstoffen an [4].

2.2.2 Flüssigmetall-Extraktion

Diese Methode wurde entwickelt, um die Nachteile der obigen Verfahren zu überwinden. Es ermöglicht den Einsatz von vielfältigen Abfallmaterialien, umgeht die Verbindungsbildung und man erhält gleich Metalle in großer Reinheit als Endprodukte.
Hierbei werden die Seltenen Erd-Legierungen durch eine Flüssig-Flüssig-Extraktion mit anderen Metallen (Mg, Zn, Ag) oder Legierungen (Zn-Pb) selektiv gelöst [4, 7]. Die Grundlage hierfür lieferten Bayanov et al., die in den 1960er Jahren die Verteilungskoeffizienten der Seltenen Erden in verschiedenen Schmelzen ermittelten [4]. Bei dem Verfahren von Xu zur Rückgewinnung von Nd aus NdFeB-Magneten (aus Produktionsabfällen) wird zuerst anhaftendes Schmieröl mit organischen Lösungsmitteln entfernt und anschließend der geschredderte Neodym-Magnet in flüssigem Magnesium bei ca. 800 °C gelöst [10]. Neodym ist hierbei zu 65 At.-% im Magnesium löslich [11], während Eisen nur in Spuren (0,035 At.-% bei 800 °C) gelöst wird [12]. Anschließend wird das flüssige Metall vom festen Eisenborid separiert und das Nd über Vakuumdestillation vom Magnesium getrennt. Japanische Forscher entwickelten dieses Verfahren weiter zu einem kontinuierlichen Prozess und erhalten ein Recyclingprodukt mit einer Reinheit von 98 % Nd [13, 14].
Bei diesem Prozess fallen zwar weniger Abfälle an, die Rückgewinnungsquote beträgt sogar bis zu 99 %, das „Lösungsmittel“ Magnesium kann recycelt werden und man erhält die Seltenen Erden schon gleich in der metallischen Form, doch ist dieses Verfahren nicht für oxidierte Magneteabfälle anwendbar und erweist sich außerdem als vergleichsweise teuer, energieintensiv und sicherheitstechnisch bedenklich (vor allem bei Verwendung von Magnesiumschmelzen).

2.2.3 Glasschlacken-Methode

Bei dieser Methode gehen die Seltenen Erden der Abfallstoffe (Nd und Dy aus NdFeB- oder Sm aus SmCo-Magneten) in einem geschmolzenen Flussmittel (z.B. Boroxid) selektiv aus den anderen Legierungsbestandteilen in Lösung und bilden eine glasartige unterkühlte Flüssigkeit, aus der anschließend die Seltenen Erden mittels Schwefelsäure gelöst und als Sulfat oder Hydroxid extrahiert werden. Zurück bleibt α-Fe und Fe_2B Phasen mit einem Nd-Anteil von weniger als 0.01 Gew.-% [15, 16].

Über ein ähnliches Verfahren berichten Takeda et al.. Dabei werden NdFeB Magnete über Röstprozesse in Oxide überführt, diese in LiF-SEF_3 Fluoride durch Bildung von Oxifluoriden gelöst [4]. Die so gelösten Oxide können dann über Salzschmelzelektrolyse (siehe 2.3) in Metalle überführt werden.
Dieses Verfahren erzeugt jedoch große Mengen an festem Abfall. Außerdem findet hierbei keine ökonomische Trennung von Boroxid und Neodym statt [4, 17].

2.2.4 Direktes Schmelzen

Dieses Verfahren erfordert einige Vorbehandlungsschritte, denn Magnetabfälle enthalten meist zu hohe Kohlenstoff- und Sauerstoff-Anteile, welche die Güte des Endprodukts deutlich mindern würden. Deshalb muss die Fraktion erst durch Erhitzen entcarbonisiert [18] und anschließend unter Wasserstoffatmosphäre erhitzt werden, um das Eisenoxid zu reduzieren. Anschließend werden die Seltenen Erden mittels metallischen Calciums reduziert [19]. Die Reinheit des so gewonnenen Metalls mit weniger als 0,001 Gew.-% Kohlenstoff und weniger als 0,1 Gew.-% Sauerstoff ist sehr hoch.
Bei dem Schmelzspinnverfahren von Itoh et al. können Recyclingabfälle aus der Herstellungskette oder End-of Life-Magnete aus Altgeräten, auch mit noch vorhandener Ni-Schutzschicht wiederverwertet werden. Das so gewonnene Produkt mit einem Ni-Anteil von ca. 3 Gew.-% zeigt ähnlich gute magnetische Eigenschaften wie das ursprüngliche Material [20].
Vorteil der Verfahren ist es, dass direkt eine Vorlegierung erzeugt wird. Als Nachteil erweist es sich, dass es nicht, wie bei der Flüssigmetall-Extraktion, zum Recyceln von Oxid-Magneten angewendet werden kann [4].
Allgemein lässt sich positiv über die Pyrometallurgischen Verfahren sagen, dass sie für alle Magnetzusammensetzungen anwendbar sind, keine Abwässer erzeugen und sie mit weniger Prozessschritten auskommt. Nachteilig wirkt sich der hohe Energieverbrauch aus [4].

2.3 Elektromechanischer Prozess zum SE-Recycling mittels geschmolzener Salze

Seltenen Erden können auch durch elektrochemische Verfahren in geschmolzenen Salzen wiedergewonnen werden. Dieser Prozess ist schon aus dem nuklearen Bereich bekannt und wird dort zur Wiederaufbereitung von Brennelementen und somit zur Separierung von radioaktiven Zerfallsprodukten verwendet [21].

2.3.1 Stand der Forschung zur Gewinnung von seltenen Erden durch elektrochemische Verfahren in geschmolzenen Salzen für den Nuklearbereich

Mehrere Studien zeigen die Gewinnung von elementarem Neodym durch Chloride oder Chlorid-Fluorid Salze. Meistens erfolgt dabei die Reduktion in zwei Teilschritten:

$Nd^{3+} + e- \rightarrow Nd^{2+}$

$Nd^{2+} + 2e- \rightarrow Nd^{0}$

Wu et al. [22] verwenden einen reduktiven Prozess, bei dem $NdCl_3$ zum Nd^0 in nur einem Schritt mit einer Arbeitselektrode aus Gold in Chlorid Salz erforderlich ist.

In 2004 haben Hamel et al. [23] die Neodym-Reduktion in verschiedenen Fluorid-Salzen (LiF, LiF-NaF, LiF-KF und LiF-CaF_2) mit inerter Elektrode aus Molybdän untersucht. Nur zwei dieser Salze (LiF und LiF-CaF_2) konnten für die Reduktion von Neodym genutzt werden, weil Natrium und Kalium vor Neodym reduziert werden (siehe Abb. 1 und 2, Tabelle 1). Dadurch würde sich eine Mischlegierung bilden und in Folge davon die Salzkonzentration ändern.

Tabelle 1: Potentialreduktion von Kationen aus verschiedenen Salzen [23]

	LiF-CaF_2	**LiF**	**LiF-NaF**	**LiF-KF**	**NdF_3**
Molar Prozent	77-23	100	60-40	50-50	
Schmelzpunkt (°C)	760	846	652	492	
Reduktionspotential des am wenigsten stabilen Kations des Lösungsmittels und Nd (V vs. ref F2/F-)	Li^+ -5,33	Li^+ -5,31	Na^+ -4,88	K^+ -4,81	Nd^{3+} -4,98

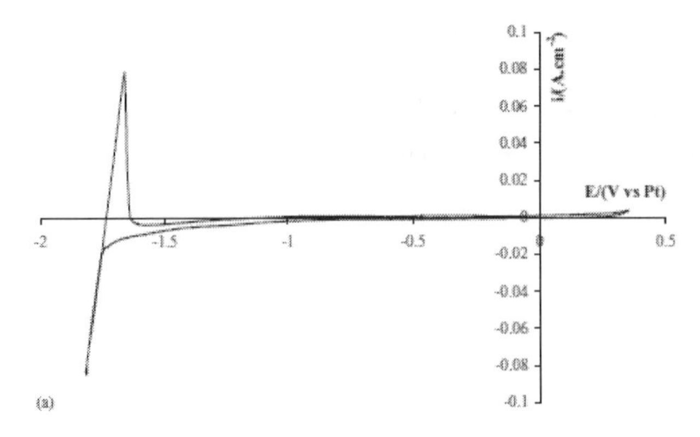

Abb. 1: Cyclovoltammogramm von LiF-NaF-NdF_3 (1.5 Gew.-%), Mischung bei T = 680 °C; Arbeitselektrode: Mo (Oberfläche = 0.41 cm^2); Gegenelektrode: Graphit; Referenzelektrode: Pt; Scanrate = 0.1V s^{-1} [23]

$LiF-CaF_2$ eignet sich dabei noch besser als LiF wegen seines niedrigen Schmelzpunkts (weniger Energieverbrauch) und einem breiteren Potentialfenster.

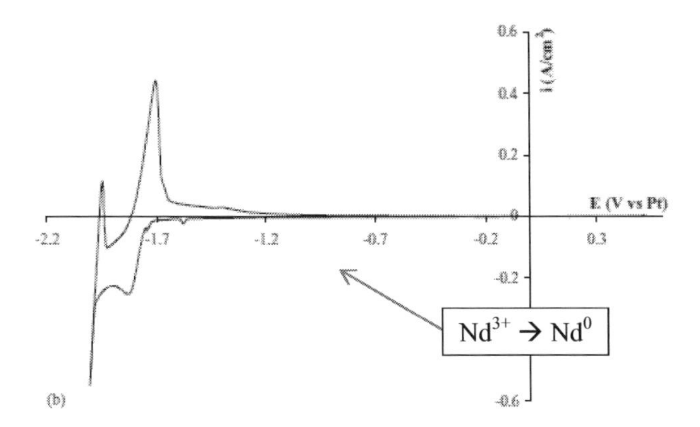

Abb. 2: Cyclovoltammogramm von $LiF-CaF_2-NdF_3$ (2.4 Gew.-%), Mischung bei T = 810 °C; Arbeitselektrode: Mo (Oberfläche = 0.41 cm^2); Gegenelektrode: Graphit; Referenzelektrode: Pt; Scanrate = 0.1V s^{-1} [23]

2.3.2 Co-Ablagerung mit Aluminium

Gibilaro et al. [24] haben die gemeinsame Reduktion von Neodym und Aluminium an einer Wolfram-Elektrode in Fluorid Salzen ($LiF-CaF_2$ 79-21 Mol-%) durchgeführt.

Die Ablagerung von Al und Nd erfolgt bei einem Potential (E_p= -1,49V Vs. Pt) zwischen dem Reaktionspotential von Nd^{3+} zu Nd^0 (E_p= -1,88 V Vs. Pt) und Al^{3+} zu Al^0 (E_p= -1,33 V Vs. Pt). Bis 95 % des gesamten Neodyms können so unter Bildung von verschiedenen AlNd-Legierungen ($AlNd_2$, $AlNd_3$, Al_3Nd, $Al_{11}Nd_3$) abgeschieden werden.

2.3.3 Extraktion von seltenen Erden mittels reaktiver Arbeitselektrode

Eine andere Möglichkeit zur Extraktion von Seltenen Erden ist die Anwendung einer reaktiven Elektrode aus Metall [25, 26], an der Neodym reduziert wird und sich eine Legierung Nd-Metall bildet. Mehrere Materialien können als Arbeitselektrode verwendet werden, wie zum Beispiel Co, Cu oder Ni [27, 28]. Diese Methode erlaubt die Reduktion von den Seltenen Erden bei einem niedrigen Potential. Man redet hierbei von einem Depolarisierungseffekt. Deswegen wird das Potential für die Reduktion des Lösungsmittels (Salze) nicht unterschritten. Das Potential wird von mehreren hundert mV in den anodischen Bereich verschoben.

Der andere Vorteil ist die Geschwindigkeit der Reduktion, die mit einer reaktiven Elektrode (Cu, Ni,…) viel schneller ist als mit einer inerten Elektrode (Mo, W,…).

2.4 Elektrische Reduktion

Dieses Verfahren wird bei der Rohstoffgewinnung von Seltenen Erden und anderen Elementen (z.B. Indium) verwendet. Dabei werden die Seltenen Erden in den Abfällen mittels elektrischer Reduktion und P507 Extraktion (einem organischen Lösungsmittel) von den anderen Stoffen gelöst. Zhang et al. zeigten, dass man dadurch 96,1 % der Seltenen Erden zurückgewinnen kann und dadurch ca. 650 €/t einspart [5].

2.5 Gasphasen-Extraktionsmethode

Analog des Verfahrens zur Separation und Gewinnung von Übergangsmetallen wie V, Ta, Nb, Mo, Ni und Co aus Stahlschrott entwickelten Adachi et al. einen ähnlichen Prozess, um Seltene Erden zu separieren. Dabei werden auch hier durch Chlorierung (mit Cl_2 in einer N_2-Atmosphäre) oder Carbochlorierung (mit Cl_2 und CO im N_2-Strom) die SE-Elemente in volatile Chloride umgewandelt, die unterschiedlich flüchtig sind. Dies erweist sich jedoch als wesentlich komplizierter, da die SE-Chloride weniger volatil sind als die der Übergangsmetalle und sich dadurch schlechter von anderen weniger flüchtigen Chloriden wie Erdalkalichloride trennen lassen [4]. Man benötigt hierfür deutlich höhere Temperaturen und längere Verweilzeiten. Hilfreich ist hierbei die Komplexbildungen mit anderen Chloriden wie $AlCl_3$ und/oder KCl, welche selbst den Dampfdruck der SE-Chloride signifikant erhöhen [29]. So können die Seltenen Erden in den Chloriden angereichert werden und selektiv durch unterschiedliche Taupunkte auf den ableitenden Rohrwandungen an unterschiedlichen Stellen abgeschieden werden.
Eine interessante Weiterentwicklung stellen Uda und Hirasawa vor, bei der eine SE-Extraktion aus sauerstoffkontaminiertem Magnetschrott durch selektive Chlorierung mittels $FeCl_2$ erfolgt, bei der das entstehende Chlorgas im geschlossenen Kreislauf geführt und somit nicht verbraucht wird [30].

2.6 Laufendes Forschungsvorhaben

Im Rahmen des Forschungsvorhabens MORE [31] wird derzeit ein Recyclingkonzept für Magnete in der Automobil-Industrie entwickelt. Ziel des vom Bundesministerium für Bildung und Forschung geförderten Verbundforschungsprojektes MORE ist die Entwicklung einer industriell umsetzbaren **ganzheitlichen Lösung** zur Wiederverwendung und -verwertung von Komponenten und Materialien aus Elektromotoren von Elektro- und Hybridfahrzeugen. Der Schwerpunkt der Entwicklungsarbeiten ist die Wiedergewinnung der in Hochleistungsmagnetmaterialien verwendeten Seltenen Erden-Metalle [31].

3 Patentsituation

Einige Patente wurden in den letzten Jahrzehnten zu diesem Thema angemeldet, die sich jedoch zum Großteil auf das Recyceln von Produktionsabfällen beschränken.

Im Patent der Iowa University von 1995 werden SE-Magnetabfälle mittels Erdalkalie-Metalle in flüssigem Metall gelöst und anschließend über Sublimation oder Destillation von den anderen Komponenten separiert [32].

Ein weiteres Patent aus dem Jahr 1995 löst Neodym haltige Abfälle (Schlämme und Stäube) aus der Magnetherstellung über Säureaufschluss (HF, Essigsäure und Sulfamat (eine org. Sulfonsäure)) wodurch ein NdF_3 mit weniger als 3 % Feuchtigkeit entsteht und 95 % des enthaltenen Neodyms recycelt werden kann. Bei diesem Verfahren werden die Säurekomponenten im Kreislauf gehalten und man bekommt bei deutlich weniger Arbeitsplatz- und Umweltbelastung als in der Rohstoffproduktion ein sehr reines NdF_3 [33].

Eine ähnliche Abfallfraktion (Schlämme und Stäube) ist Ausgangsmaterial für das US-Patent aus dem Jahr 2005 von Hirota und Minowa, in dem fein aufgemahlene Fraktionen zusammen mit Flussmitteln wie Alkali-, Erdalkali-Metalle oder SE-Metall-Halogeniden in die Magnet-Schmelze eingebracht werden. Diese Flussmittel wirken reduzierend und minimieren somit die Entstehung von aufschwimmender Schlacke, die den Tiegel angreifen würde. Durch Zumischung von NdF_3 kann der Nd-Anteil erhöht und optimiert werden. Es können hierbei bis zu 50 % Recyclingmaterial ohne Verlust an Ausbeute eingebracht werden [34, 35].

Ein Recyclingverfahren der Firma Santoku für SE-Verbindungen wie Oxide, Fluoride oder Metalle allgemein ist in einem US-Patent aus dem Jahre 1998 beschrieben, bei dem die Abfallfraktion hydrogenisiert wird, um sie zu verspröden und zu pulverisieren. Anschließend wird das so gewonnene Pulver bei hohen Temperaturen oxidiert, dann die SE-Elemente selektiv in Säure aufgelöst, abgetrennt und ausgefällt. Auf diese Weise können bis zu 95 % des enthaltenen Neodyms als Fluorid oder Oxid wiedergewonnen werden [36].

Die Firma Santoku hat sich auch ein Verfahren zum Recyceln von Co-haltigen SE-Eisen-Magnetabfällen patentieren lassen. Hierbei werden die Produktionsabfälle in Salpetersäure bei einem genauen pH-Wert und ca. 50 °C gelöst. Es entsteht unlöslicher Eisenrückstand und lösliches SE- und Co-Nitrat, welches abgefiltert und durch Fluoridierung der SE-Komponenten von dem Co-haltigen Nitrat abgetrennt wird [37].

Ein Patent der Vacuumschmelze Hanau aus dem Jahr 1999 nutzt auch die Versprödung von Magnetmaterial durch die Einwirkung einer Gaskomponente, um es besser von den anderen Komponenten (Verbundkörper) abtrennen zu können. Das wiedergewonnene Material wird der Magnetproduktion zugeführt.

Das Wiederverwerten von kunststoffgebundenen Magneten ist Inhalt von zwei Patenten der Firma Matsushita Electric Industrial Co., Ltd. Aus den Jahren 2001 und 2003, bei denen neues Material mit bis zu 50 % Recyclinganteil gemischt wird. Die Güte der so gewonnenen Magnete nimmt jedoch bei zu hohem Recyclinganteil (ab 20 %) ab [38, 39].

Über die Herstellung von mikrostrukturierten SE-Magneten aus recyceltem Material handelt ein Japanisches Patent aus dem Jahre 2007. Dabei werden Magnete als Produktionsabfälle aufgemahlen und unter Zugabe von 1 – 10 Gew.-% SE-Fluoriden bei 500 °C – 1100 °C unter Vakuum oder Inertgas thermisch behandelt [40]. Sie erhalten Magnete mit passenden magnetischen Eigenschaften, d.h. guter Koerzivität.

Eine Methode der Salzschmelzextraktion wurde 2011 von Okabe patentiert. Hierbei werden SE-Legierungsabfälle in Halogensalzen (z. B. $MgCl_2$ oder $ZnCl_2$) gelöst. Die Eisen-Bor-Fraktion verbleibt in der Schmelze, während die SE als flüchtige Chloride verdampft und durch unterschiedliche Kondensationspunkte separat abgeschieden werden [41].

Im Patent WO 2012072989A1 von 2012 werden Seltene Erden aus SE-Magneten mittels Wasserstoff reduziert und versprödet, sodass SE-Magnetstaub entsteht, der von anderen Magnetteilen abgesondert werden kann [42].

Ein japanisches Patent von 2012 befasst sich mit dem Recycling von SE-Magneten aus Kompressoren, wie sie z.B. in Klimaanlagen und Kühlschränken verwendet werden, und E-Motoren. Durch Entmagnetisierung der Magnete und anschließender gezielter Separierung von Magnet, Eisenkern, Pumpe und Stator im anfallenden E-Schrott können die verschiedenen Fraktionen getrennt recycelt werden [43].

4 Ausblick

Derzeit kommerziell genutzte, bzw. geplante Verfahren beziehen sich weitgehend auf Preconsumer-Fraktionen, d. h. auf Produktionsabfälle, bei denen die Stoffströme verlässlich und gleichbleibender Qualität sind.

Das Recyceln schon mal eingebauter und verwendeter Magnete, die dissipativ in einer großen Menge an Elektroschrott verteilt sind, erweist sich als deutlich schwieriger.

Folgende geplante Verfahren verwenden Postconsumer-Fraktionen:

- Hitachi, Japan, [44] entwickelte ein Verfahren, das SE-Magnete aus Altgeräten (HDD und Kompressoren) maschinell separiert, anschließend entmagnetisiert und so bis zu 60 Mg/a an Seltenen Erden oder 10 % des SE-Bedarfs bei Hitachi einsparen will. Die Anlage sollte 2013 in Betrieb gehen, dies scheint sich aber zu verzögern.
- Rhodia (La Rochelle), Frankreich, [45] kündigte 2011 an, dass es ein Recycling Projekt für Hochleistungsmagnete aus Windenergieanlagen, E-Cars und Festplatten, bei dem Nd, Dy, Pr

und Tb zurückgewonnen werden sollen, startet, um baldmöglichst diese Elemente zurückgewinnen zu können. Auch hier wurde noch nicht von einer Inbetriebnahme berichtet.

- Shin-Etsu Chemical Co. Ltd, Japan, kündigte 2011 und 2012 [46, 47] auf seiner Homepage an, dass sie ein Recyclingverfahren für Produktionsabfälle, Automobilmagnete und Klimageräten implementieren wollen. Es ist aber noch keine Inbetriebnahme erfolgt.

Die Vermutung liegt nahe, dass der starke Preisverfall in den letzten Jahren (Abb. 3) diese Anstrengungen haben unwirtschaftlich werden lassen.

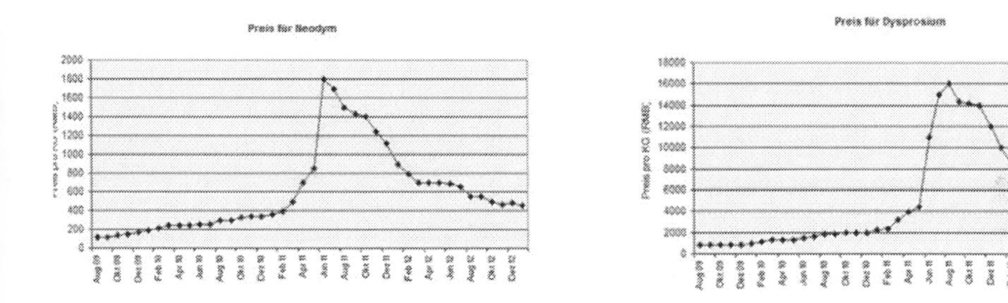

Abb. 3: Entwicklung der Rohstoffpreise für Neodym und Dysprosium [48]

Entscheidend für die Implementierung solcher Recyclingverfahren wird zum einen die Entwicklung der Handelspreise für Seltene Erden, zum anderen die Vorsortierung und Anreicherung der SE-Magnete aus den Elektroschrott-Chargen sein. So ist nicht nur eine möglichst reine Fraktion an SE-Magneten notwendig, auch die Mischung der beiden Typen SmCo- und NdFeB-Magnete birgt Schwierigkeiten, da sich die Elemente Nd und Sm nur sehr aufwändig trennen lassen und Verunreinigungen der Neodym-haltigen Charge mit Samarium den Wert dieser Recyclingfraktion stark senkt.

Neben Preis und Verfügbarkeit der Seltenen Erden wird somit die Akzeptanz von Recyclingverfahren stark davon abhängen, inwieweit das Wiederverwertungsverfahren zusätzlich umweltfreundlich ist und zudem ein gesamtes Verfahrenskonzept durchdacht und entwickelt wurde, d. h. auch der Ablauf der Demontage, eine optimierte Sortiertechnik und Vorbehandlung sowie der eigentliche Recyclingprozess mit einem Endprodukt wie es von der weiterverarbeitenden Industrie benötigt wird.

Außerdem wird in Zukunft die Anzahl der SE-Magnete in Festplatten durch den vermehrten Einsatz der SSD (solid state drive)-Technik wieder abnehmen.

5 Zusammenfassung

Bestrebungen, Seltene Erden aus Magnetabfällen zu recyceln gibt es schon länger und wurden durch die zunehmende Verwendung von leistungsstarken Dauermagneten auf SE-Basis in zukunftsträchtigen Produkten wie Windenergie, Computerfestplatten, Elektromotoren für die Automobilindustrie sowie dem daraus resultierenden rasanten Anstieg der Rohstoffpreisen im Jahre 2011 stark forciert. Mittlerweile hat sich zwar die Lage entspannt, aber die Märkte zeigen, dass sich dies schnell ändern kann.

Verschiedenartige Verfahren wurden in der Vergangenheit entwickelt. Die Prozesse beruhen auf den Methoden der Hydrometallurgie, der Pyrometallurgie, wie Elektroschlackenraffination, Flüssigmetallextraktion, Glasschlackenmethode, direktes Schmelzen und Schmelzspinnen, Salzschmelzelektrolyse, Gasphasen-Extraktionsmethode und Elektrische Reduktion. Auch eine Vielzahl von Patenten wurde auf diesem Gebiet angemeldet.

Trotz dieser umfangreichen Forschungsaktivitäten und Verfahrensentwicklungen mit Rückgewinnungsraten von mehr als 95 % werden derzeit nur ca. 1 % der Seltenen Erden recycelt. Dies bezieht sich auf Preconsumer-Fraktionen. Für End-of-Life-Magnete gibt es noch kein kommerziell etabliertes Verfahren. Dies hängt in erster Linie an aufwändigen, uneinheitlichen und ineffektiven Sammelsystemen und Sortiertechniken, technischen Problemen und mangelnden Anreizen.

Neben Preis und Verfügbarkeit der Seltenen Erden wird somit in der Zukunft die Implementierung von Recyclingverfahren stark davon abhängen, inwieweit das Wiederverwertungsverfahren die gesamte Verfahrenstechnik abdeckt, d.h. auch Demontage, Sortiertechnik, Vorbehandlung und der eigentliche Recyclingprozess und zusätzlich umweltfreundlich ist.

6 References

[1] NDR, Pressemitteilung des Norddeutschen Rundfunks, http://www.ndr.de/unternehhmen/presse/pressemitteillungen/pressemeldungndr8137.html (2013, Nov. 19).

[2] European Commisson - Enterprise and Industry, Bericht, “Critical raw materials for the EU”, 2010.

[3] U. S. Department of Energy, Bericht, “Critical Materials Strategy”, Dec. 2011.

[4] K. Binnemans, P. T. Jones, B. Blanpain, T. van Gerven, Y. Yang, A. Walton, and M. Buchert, “Recycling of rare earths: a critical review”, Journal of Cleaner Production, vol. 51, pp. 1–22, 2013.

[5] Studie des Öko-Instituts, “Study on Rare Earths and their Recycling”, Darmstadt, 2011.

[6] C. Bounds, Symposium on Metals and Materials Waste Reduction, Recovery and Remediation at the 1994 Materials Week Meeting, "The recycle of sintered magnet swarf", The Minerals, Metals & Materials Society, Warrendale, Pennsylvania, pp. 173-186, 1994.

[7] T.W. Ellis, F.A. Schmidt, L.L. Jones, Symposium on Metals and Materials Waste Reduction, Recovery and Remediation at the 1994 Materials Week Meeting, "Methods and opportunities in the recycling of rare earth based materials", The Minerals, Metals & Materials Society, Warrendale, Pennsylvania, pp. 199-206, 1994.

[8] T. Itakura, R. Sasai, and H. Itoh, "Resource recovery from Nd–Fe–B sintered magnet by hydrothermal treatment", J. Alloys Compd., vol. 408-412, pp. 1382–1385, 2006.

[9] Y. Baba, F. Kubota, N. Kamiya, M. Goto, "Recent advances in extraction and separation of rare-earth metals using ionic liquids". J. Chem. Eng. Jpn, vol. 44, no.10, pp. 679–685, 2011.

[10] Y. Xu, "Liquid Metal Extraction of Nd from NdFeB Magnet Scrap", Master Thesis, Ames Laboratory, Iowa State University, Ames, Iowa, 1999.

[11] H. Okamoto, "Mg-Nd". J Phs Eqil and Diff., vol. 28, no. 4, pp. 405, 2007.

[12] A. A. Nayeb-Hashemi, J.B. Clark, "The Fe–Mg (Iron-Magnesium) system", Bulletin of Alloy Phase Diagrams, vol. 6, no. 3, pp. 235–238, 1985.

[13] T. H. Okabe, O. Takeda, K. Fukuda, Y. Umetsu, "Direct Extraction and Recovery of Neodymium Metal from Magnet Scrap", Mater. Trans., vol. 44, pp. 798–801, 2003.

[14] O. Takeda, T. H. Okabe, and Y. Umetsu, "Recovery of neodymium from a mixture of magnet scrap and other scrap", J. Alloys Compd., vol. 408-412, pp. 387–390, 2006.

[15] T. Saito, H. Sato, S. Ozawa, J. Yu, and T. Motegi, "The extraction of Nd from waste Nd–Fe–B alloys by the glass slag method", J. Alloys Compd., vol. 353, no. 1-2, pp. 189–193, 2003.

[16] T. Saito, H. Sato, S. Ozawa,T. Motegi, "The Extraction of Sm from Sm–Co alloys by the Glass Slag Method", Mater. Trans., vol. 44, no. 4, pp. 637–640, 2003.

[17] F. Meyer, "Recycling von Neodym aus NdFeB-Magneten in Elektroaltgeräten", B.S. Thesis, IUE, Hamburg Univ., 2012.

[18] K. Asabe, A. Sagushi, W. Takahashi, R. Suzuki, K. Ono, "Recycling of Rare Earth Magnet Scraps: Part i Carbon Removal by High Temperature Oxidation", Mater. Trans., vol. 42, no. 12, pp. 2487–2491, 2001.

[19] A. Saguchi, K. Asabe, T. Fukuda, W. Takahashi, and R. Suzuki, "Recycling of rare earth magnet scraps: Carbon and oxygen removal from Nd magnet scraps", J. Alloys Compd., vol. 408-412, pp. 1377–1381, 2006.

[20] M. Itoh, M. Masuda, S. Suzuki, and K.-i. Machida, "Recycling of rare earth sintered magnets as isotropic bonded magnets by melt-spinning", J. Alloys Compd., vol. 374, no. 1-2, pp. 393–396, 2004.

[21] P. Masset, R. J. Konings, R. Malmbeck, J. Serp, and J.-P. Glatz, "Thermochemical properties of lanthanides (Ln=La,Nd) and actinides (An=U,Np,Pu,Am) in the molten LiCl–KCl eutectic", J. Nucl. Mater., vol. 344, no. 1-3, pp. 173–179, 2005.

[22] I. Wu, H. Zhu, Y. Sato, T. Yamamura , K. Sugimoto, "The mechanism of the dissolution of Nd and the electrode reaction in eutectic LiCl-KCl, $NdCl_3$ melts", The Electrochem. Soc. Proc. Series, Pennington, NJ, pp. 504–513, 1994.

[23] C. Hamel, P. Chamelot, and P. Taxil, "Neodymium(III) cathodic processes in molten fluorides", Electrochimica Acta, vol. 49, no. 25, pp. 4467–4476, 2004.

[24] M. Gibilaro, L. Massot, P. Chamelot, and P. Taxil, "Study of neodymium extraction in molten fluorides by electrochemical co-reduction with aluminium", J. Nucl. Mater., vol. 382, no. 1, pp. 39–45, 2008.

[25] P. Taxil, L. Massot, C. Nourry, M. Gibilaro, P. Chamelot, and L. Cassayre, "Lanthanides extraction processes in molten fluoride media: Application to nuclear spent fuel reprocessing", J. Fluorine Chem., vol. 130, no. 1, pp. 94–101, 2009.

[26] P. Taxil, P. Chamelot, L. Massot, C. Hamel, "Electrodeposition of alloys or compounds in molten salts and applications", Journal of Mining Metallurgy B, vol. 39, no. (1-2), pp. 177–200, 2003.

[27] T. Kubota, T. Iida, T. Nohira, and Y. Ito, "Formation and phase control of Co–Gd alloy films by molten salt electrochemical process", J. Alloys Compd., vol. 379, no. 1-2, pp. 256–261, 2004.

[28] L. Massot, P. Chamelot, and P. Taxil, "Cathodic behaviour of samarium(III) in LiF–CaF_2 media on molybdenum and nickel electrodes", Electrochim. Acta, vol. 50, no. 28, pp. 5510–5517, 2005.

[29] J. Jiang, T. Ozaki, K. Machida, and G. Adachi, "Separation and recovery of rare earths via a dry chemical vapour transport based on halide gaseous complexes", J. Alloys Compd., vol. 260, pp. 222–235, 1997.

[30] T. Uda, "Recovery of Rare Earths from Magnet Sludge by FeCl2", Mater. Trans., vol. 43, no. 1, pp. 55–62, 2002.

[31] Siemens, "Elektromotoren recyceln: Neue Quelle für Rohstoffe", Available: http://www.siemens.com/innovation/de/news/2011/inno_1137_2.htm, (2013, Nov. 23).

[32] T.W. Ellis, F.A. Schmidt, "Recycling of rare earth metals from rare earth-transition metal alloy Scrap by liquid metal extraction", U.S. Patent 5 437 709, Aug. 1, 1995.

[33] B. Greenberg, "Neodymium recovery Process", U.S. Patent 5 429 724, Jul. 4, 1995.

[34] K. Hirota, T. Minowa, "Remelting of rare earth magnet scrap and/or sludge, magnet-forming alloy, and sintered rare earth magnet", U.S. Patent 6 960 240 B2, Nov. 1, 2005.

[35] K. Hirota, T. Minowa, "Remelting of rare earth magnet scrap and/or sludge, magnet-forming alloy, and sintered rare earth magnet", U.S. Patent 2003/0106615 A1, Jun. 12, 2003.

[36] A. Asada, "Method for recovering reusable rare earth compounds", U.S. Patent 5 728 355, Mar. 17, 1998.

[37] K. Yamamoto, "Method of recovering reusable elements from rare earth iron alloy scrap containing cobalt", EP 0 790 321 A1, Aug. 28, 1997.

[38] Y. Yoshikazu, Y. Fumitoshi, "Method of recovering and recycling magnetic powder from rare earth bond magnet", U.S. Patent 6 533 837 B1, Mar. 18, 2003.

[39] T. Terada, N. Nara-shi, H. Onishi, O. Hirakata-shi, Y. Yamagata, O. Katano-shi, F. Yamashita, N. Ikoma-shi, "Verfahren zur Herstellung eines wiederverwendeten Pulvers für die Benutzung in einem Verbundmagnet und Verfahren zur Wiederverwendung eines Verbundmagneten", EP Patent 1 096 517 A2, May 11, 2006.

[40] A. S. Kim, S. Namkung, and D. H. Kim, "Method of preparing microstructured powder for bonded magnets having high coercivity and magnet powder prepared by the same", U.S. Patent 7 163 591 B2, Jan. 16, 2007.

[41] T.H. Okabe, S. Shirayama, "Method and apparatus for recovery of rare earth element", U.S. Patent 2011/0023660 A1, Feb. 3 2011.

[42] A. William, "Magnet recycling", W.O. Patent 2012/072989 A1, Jun. 7, 2012.

[43] S. Tomoaki, T. Nobuo, N. Takeshi, H. Yuzo, "Compressor recycling method and electric motor recycling method", WO Patent 2012/073690 A1, Jun. 7, 2012

[44] Hitachi Ltd, "Hitachi Develops Recycling Technologies for Rare Earth Metals", available: http://www.hitachi.com/New/cnews/101206.pdf (2013, Dec. 16).

[45] Rhodia, "Rhodia to recycle rare earths from magnets", available: http://www.rhodia.com/en/news_center/news_releases/Recycle_rare_earths_031011.tcm (2013, Nov. 22).

[46] Shin-Etsu Chemical Co, Ltd, "Shin-Etsu announces price increase for rare earth magnets: Press Release", available: http://www.shinetsu.co.jp/en/news/archive.php?id=280 (2013, Dec. 03).

[47] Shin-Etsu Chemical Co, Ltd, “Shin-Etsu Chemical to set up a base in China to manufacture magnet alloys for rare earth magnets”, Press Release, available: http://www.shinetsu.co.jp/en/news/archive.php?id=305 (2013, Dec. 03).

[48] Magnets4you: Hintergründe zu den aktuellen Preissteigerungen der Neodym-Magnete, available: http://www.magnet-shop.net/Aktuelle-Preisentwicklung:_:340.html, (2013, Dec. 11)

ALT-HANDY-RECYCLING - EINE NEUE ROHSTOFFQUELLE

U. Teipel[1], S. Wolf[1], H. Köpnick[2], O. Bischlager[2], C. Daehn[3]

[1] Technische Hochschule Nürnberg, Mechanische Verfahrenstechnik, Wassertorstr. 10, 90489 Nürnberg, ulrich.teipel@th-nuernberg.de

[2] Bayerisches Staatsministerium für Umwelt, München

[3] Bayerisches Landesamt für Umwelt, Augsburg

Keywords: Handys, Inhaltstoffe, Recyclingverfahren, sekundäre Rohstoffquelle

1 Einleitung

Mit „Handy clever entsorgen" wurde in Bayern vom April – Juni 2012 eine umfassende Althandy-Sammelaktion durchgeführt. Ziel dieser freiwilligen Sammelaktion war, die geringen Recyclingzahlen von Handys deutlich zu erhöhen, die Defizite in der Entsorgungskette zu erkennen und zu überwinden und maßgeblich zur Bewusstseinsbildung und Sensibilisierung dieser Thematik beizutragen. An der vom Bayerischen Staatsministerium für Umwelt initiierten freiwilligen Sammelaktion beteiligten sich rund 2.500 zumeist öffentliche Sammelstellen. Insgesamt wurden rund 70.000 Handys gesammelt, von denen 8% wieder vermarktet und 92% pyrometallurgisch recycelt wurden. Die Handys waren durchschnittlich 100 g schwer, hatten einem Marktwert von 12,85 € (Re-Use) und ein Alter von durchschnittlich knapp 9 Jahren. Räumlich haben sich die Beteiligung, die Anzahl der gesammelten Handys und deren Vermarktbarkeit sowie deren Lebensspanne als gleichverteilt und flächendeckend erwiesen [1]. Im Rahmen dieses Beitrags werden die Recyclingtechnologien, die Probenvorbereitung der 70.000 Handys für die Zuführung zum Recyclingprozess, der ausgewählte Recyclingprozess und insbesondere die Inhaltstoffe von Handys vorgestellt und diskutiert.

2 Handys als sekundäre Rohstoffquelle

Um die Funktionsvielfalt von modernen Mobiltelefonen bzw. Handys zu ermöglichen sind eine Vielzahl verschiedener Werk- und Wertstoffe erforderlich. Ein Handy beinhaltet z.B. Bauteile aus Glas, Kunststoff, Keramik, Metallen und Edelmetallen. Des Weiteren ist zur Energiespeicherung ein Akkumulator eingebaut. Das Kernstück eines Handys ist u.a. eine Leiterplatte. Diese stellen einen unverzichtbaren Bestandteil aller elektronischen Baugruppen dar.

Abb. 1: Bestandteile eines Handys [2]

Zur Produktion von Mobiltelefonen können sowohl Primär- aber selbstverständlich auch Sekundärrohstoffe eingesetzt werden. Insbesondere die Metalle können sehr gut recycelt werden und somit als Sekundärrohstoffe wieder verwendet werden.

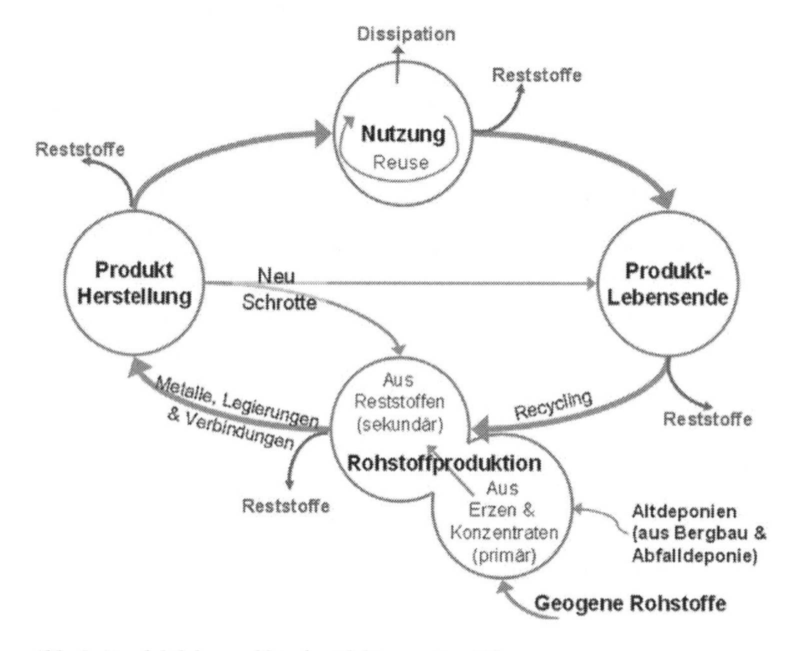

Abb. 2: Produktlebenszyklus des Elektrogerätes [6]

Abbildung 2 zeigt den typischen Produktlebenszyklus eines elektronischen Gerätes (z.B. eines Handys). Um ein erfolgreiches gesamtheitliches Recyclingsystem umzusetzen, sollten die Metallverluste über alle Stufen des Lebenszykluses minimiert werden. Ebenfalls sollte das Auftreten von Restströmen reduziert und unvermeidbare Restströme erfasst werden, um diese in das Recyclingsystem mit einzubinden. Metallausbeuten können durch technisch hochwertige Verfahren optimiert werden. Werden diese Voraussetzungen erfüllt, ist eine Rohstoffsicherung durch Sekundärrohstoffe möglich. Da in Deutschland mit Ausnahme von geringen Mengen Silber keine Edelmetalle als Primärrohstoffe gewonnen werden, resultiert das Angebot dieser Materialien aus den Recyclingaktivitäten (Altschrottaufkommen, Elektronikgeräten, Katalysatoren und Handys, Computern) [3-5].

In einer modernen Industriegesellschaft sollte am Ende eines Produktlebenszyklus ein strukturierter Recyclingprozess zum Einsatz kommen. Dieser Recyclinggesamtprozess besteht Idealerweise aus Sammelsystemen, spezifischen Sortierverfahren, Aufbereitungsverfahren, Identifizierungsmethoden, mechanischen, chemischen und/oder thermischen Trenn- und Konzentrationsverfahren.

Mobiltelefone sind im Grunde in ihrer Zusammensetzung ähnlich wie andere elektronische Geräte, wie beispielsweise Computer, Notebooks, Tablets ö.ä.. Die Leiterplatte beinhaltet den Mikroprozessor, den digitalen Signalprozessor, Read-Only-Speicher und Flash-Speicher-Chips und ist mit einem kleinem Mikrofon und einem kleinem Lautsprecher verbunden. Der Bildschirm besteht aus Glas und einer Flüssigkristall-Anzeige (LCD). Die Batterie besteht meist aus Nickel-Cadmium-, Nickel-Metallhydrid- oder Lithium-Ionen-Polymer. Das Gehäuse ist aus Kunststoff und wird teilweise mit Metall beschichtet.

Näherungsweise kann man sagen, dass Handys aus Kunststoff (40%), aus 18% NE-Metallen, 16% Fasern, 10% eisenhaltigen Metallen, 8% Glas und 8% sonstigen Bestandteilen bestehen [7]. Eine typische Zusammensetzung eines Handys zeigt die folgende Abbildung.

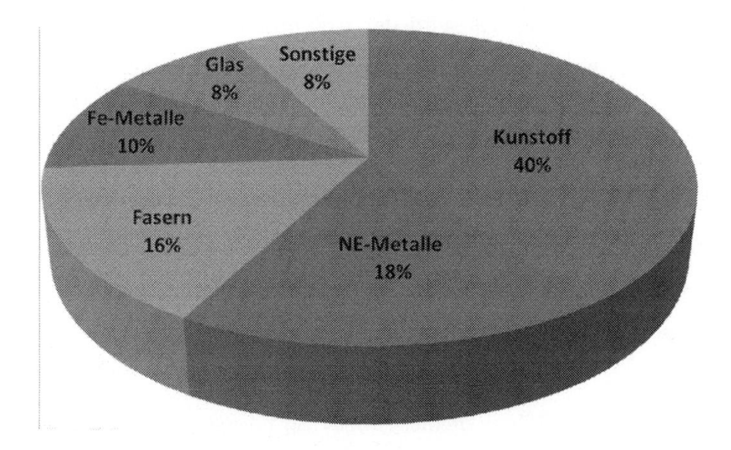

Abb. 3: Grundsätzliche Zusammensetzung eines Handy's

Die beschriebene Vielfalt der vorhandenen Materialien zeigt, dass die Aufbereitung von elektronischen Bauteilen und Geräten nur mittels komplexer Verfahren durchgeführt werden kann. Zurzeit wird sich in vielen Fällen auf die Rückgewinnung von Metallen beschränkt. Es eignen sich je nach Anwendungsgebiet und gewünschten Sekundärrohstoffen, Verfahren wie die Pyrolyse,

Schmelzverfahren, Hydrometallurgische Prozesse oder auch Vorgeschaltete Mechanische Verfahren. Teilweise wird dem Prozess eine Gerätezerlegung und/oder Sortierung vorgeschaltet.

3 Mögliche Recyclingverfahren

Folgenden Verfahren eignen sich allgemein zur Aufbereitung von Elektro- und Elektronikschrott. Diese Prozesse sind grundsätzlich auch für das Recycling von Handys geeignet.

3.1 Mechanische Aufbereitung

Ziel einer mechanischen Aufbereitung ist es, in einem ersten Schritt die Verbindungen in dem Komponentenverbund aufzuheben, um dann die einzelnen Rohstoffe separieren zu können. Eine Trennung der Leiterplatten oder elektrischen Bauteile in ihre Bestandteile kann z.B. durch mechanische Aufbereitung z.B. mittels der Kryozerkleinerung durchgeführt werden. Das Aufgabegut wird mit Hilfe von mechanischer Zerkleinerungsenergie gebrochen und in Fragmente mit geringer Größe geteilt und teilweise in Komponenten aufgeschlossen. Je nach eingebrachter Energie und Mühlentyp werden unterschiedliche Ergebnisse erzielt.
Die mechanische Aufbereitung unterteilt sich in zwei Teilbereiche, die Zerkleinerung (Vorschneiden, Mahlen) und die Trenntechnik. Abbildung 4 zeigt einen typischen Ablauf der mechanischen Aufbereitung. Die Vorzerkleinerung wird mittels Shredder- oder Schneideanlagen durchgeführt. Das Material wird auf einen Durchmesser von 10 bis 20 mm zerkleinert. Das Prinzip der beiden Anlagen ist ähnlich, das Aufgabegut wird durch Prallzerkleinerung und/oder Schneidwerkzeuge solange beansprucht, bis es durch ein eingebautes Sieb mit definierter Maschenweite austritt. Als zweiter Schritt wird zur Separation des Eisenanteils ein Magnetabscheider eingesetzt. Ferromagnetische Metalle, vor allem Eisen, können so einfach von dem Gesamtaufgabegut getrennt werden. Das restliche Material wird nun auf eine Größe von weniger als 1 mm zerkleinert. Für das Trennen und Klassieren des Mahlgutes stehen verschiedene Verfahren, wie die Windsichtung, die Siebklassierung, die Rüttelseparation, die Wirbelstromabscheidung und die elektrostatische Separation, zur Verfügung. Jeder dieser Trennprozesse hat bestimmte Vorteile.
Bei der Sichtung können die Partikel auf Grund ihrer Dichte, Größe oder Form separiert werden, was besonders für die Trennung von Kunststoffen und Metallen gut geeignet ist. Die Siebklassierung ermöglicht eine Trennung in verschiedene Fraktionen, das Schwingsieb eignet sich für eine massenspezifische Trennung der Partikeln. Bei der Wirbelstromabscheidung können elektrisch leitende und nichtleitende Materialien getrennt werden. Die elektrostatische Separation basiert auf unterschiedlichen elektrischen Eigenschaften der Materialien, zum Beispiel leitende und

nichtleitende Komponenten. Als Ergebnis der Trennung entstehen zwei Fraktionen, die Mischmetallfraktion und die Leichtfraktion. In der Mischmetallfraktion befinden sich verschiedene Metalle, in der Leichtfraktion sammeln sich die restlichen Bestandteile, vor allem Kunststoffe. Der Hauptvorteil der mechanischen Trennung liegt in der ökologischen und ökonomischen Relevanz. Es werden keine Schlämme oder belastete Flüssigkeiten erzeugt. Des Weiteren wird in der Regel keine Wärmeenergie benutzt und kein Abgas erzeugt. Eine mechanische Trennanlage wird i.d.R. mit einer Entstaubungsanlage (z.B. Schwerkraft-entstauber, Fliehkraftentstauber (Zyklone), Elektroentstauber, Filtrationsentstauber) ausgestattet.

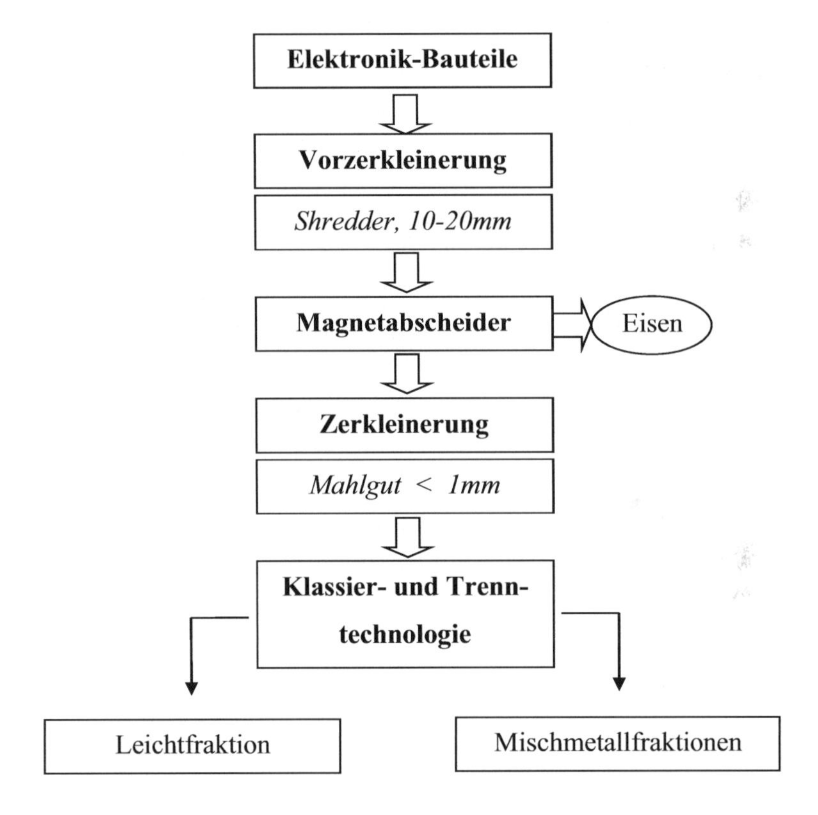

Abb. 4: Prinzip der mechanischen Aufbereitung

3.2 Chemische und Thermische Aufbereitung

Im Unterschied zu mechanischen Trennung, kommt es bei den chemischen Trennverfahren zu einer Umwandlung der Stoffe. Die interessantesten Verfahren sind die Elektrolyse, die Pyrolyse und die Hydrometallurgischen Verfahren.

Bei dem Pyrolyseprozess werden die Materialien auf Temperaturen zwischen 500°C und 1000°C in sauerstofffreier Atmosphäre erhitzt. Kunststoff zersetzt sich ohne dass die Metalle oxidieren. Es entstehen Pyrolyseöle, -gase und feste Rückstände. In den festen Rückständen befinden sich

die wertvollen Metalle, die durch mechanische Zerkleinerung und Trennung oder Schmelzen des Rückstands gewonnen werden können.
Die Hydrometallurgischen Prozesse sind nasschemische Verfahren bei denen die Sekundärrohstoffe in Lösung gebracht werden. Für dieses Verfahren sind drei wesentliche Schritte nötig. Um eine möglichst große Fläche für die Reaktion zur Verfügung zu stellen, erfolgt in einem ersten Schritt eine mechanische Zerkleinerung. Die zerkleinerten Handys werden in ein Ätzbad gegeben, in dem die verschiedenen Metalle in Lösung gehen. Die Edelmetalle werden durch spezielle Lösemittel gelöst und zurück bleibt ein Rückstand aus Kunststoff, Keramik und Glasfaser, der mittels Filtration von der Lösung separiert wird. In einem weiteren Schritt werden die Metalle durch Fällung, Extraktion oder Kristallisation von der Lösung getrennt.
Bei dem Einsatz von Schmelzverfahren wird in einem ersten Schritt eine Grobzerkleinerung durchgeführt. Nach der Grobzerkleinerung durch Shredder- oder Schneideanlagen wird das Material direkt in die Schmelze gefördert. Es können alle Edelmetalle, Kupfer, Selen, Tellur, Nickel, Blei, Zinn und Quecksilber recycelt werden. Liegt das Interesse auf der Rückgewinnung von Kupfer, dann kann nach der Vorzerkleinerung dem Handymaterial Kupferschrott oder Kupfererz zugemischt werden. Diese Prozesse eignen sich insbesondere für die Rückgewinnung der Edelmetalle.

4 Handyinhaltstoffe

Die bei der Sammelaktion des Bayerischen Staatsministeriums für Umwelt gesammelten 70.000 Handys wurden zu 92 % dem Recycling übergeben [8]. Diese rund 64.000 Handys wurden in der Recyclinganlage der Firma Umicore in Hoboken (Belgien) verarbeitet. Die Firma Umicore betreibt in Hoboken eine Edelmetallrückgewinnungsanlage [9, 10], die auch für das Recycling von Handys eingesetzt werden kann. In einem ersten Prozessschritt wurden die Handys zerkleinert und dann folgte ein pneumatischer Transport des Pulvers zu einer Sammelstelle. Von dort aus wurde das „Handypulver“ dem Schmelzprozess zugeführt. Die Akkumulatoren und Batterien wurden vor dem Recyclingprozess entfernt. Der Prozess der Firma Umicore ist ein Prozess zum primären Recycling von Edel- und Sondermetallen, der auf der Kupfer-, Blei-, Nickel-Metallurgie basiert und als Kernstück einen Schmelzreaktor besitzt. Ein spezieller Anlagenteil dient zur Erzeugung von Schwefelsäure aus dem anfallenden Schwefeldioxid. Ein weiterer wichtiger Prozessteil dient zur Gewinnung von Kupfer bzw. zur Trennung von Kupfer und den Edelmetallen (Kupfer-Leaching). In verschiedenen Prozessteilschritten werden die Edelmetalle Silber (Ag), Gold (Au), Platin (Pt), Palladium (Pd), Rhodium (Rh), Ruthenium (Ru) und Iridium (Ir) gewonnen.

Abb. 5: Angelieferte Handysammlung und Transport

Die Abbildungen 6 und 7 zeigen Rasterelektronenmikroskopische Aufnahmen (REM) der Handypartikel nach der Zerkleinerung.

Abb. 6: Rasterelektronenmikroskopische Aufnahme der Handypartikel

Abb. 7: Rasterelektronenmikroskopische Aufnahme der Handypartikel, Einzelpartikel

Hier wird die Inhomogenität der zerkleinerten Fraktionen deutlich. Neben einigen groben Partikeln liegt auch ein nicht unerheblicher Feingutanteil vor. Diese Bilder weisen auch auf eine deutliche Inhomogenität der lokalen chemischen Zusammensetzung hin. Kleine Sekundärpartikel haften an groben Partikeln und schließen sich zu Clustern zusammen.

Von diesen zerkleinerten Handypulverfraktionen wurden repräsentative Proben genommen und charakterisiert. Bei der Firma Umicore wurde eine Analyse der in den Handys enthalten chemischen Substanzen durchgeführt. Hierzu wurden in einem ersten Schritt zur Probenpräparation bzw. Elimination des organischen Anteils die Proben vor der chemischen Analyse einem Glühprozess unterzogen. Der Glühverlust (organischer Anteil) beträgt 48,36 wt.%.. Es verbleibt ein Handyglührückstand von 51,64 wt.%. Es ergab sich folgende Zusammensetzung der zerkleinerten Handys:

Lot Ref	172579		
Net Dry weight	4690,9	kg	
Ag	1.375,0	ppm	non-ferrous metals recycled as metals or compounds
Au	300,5	ppm	
Pd	65,6	ppm	
Pb	0,2012	%	
Cu	11,5450	%	
Bi	0,0000	%	
Ni	1,8570	%	
As	0,0000	%	
Sb	0,0685	%	
Sn	0,8495	%	
Te	0,0000	%	
In	<300	ppm	
Zn	0,1529	%	elements transferred into inert depleted slag that is used as priduct (dykes, concrete aggregate)
Fe	10,5200	%	
Al2O3	3,2650	%	
CaO	1,7940	%	
SiO2	11,0900	%	
MgO	1,1010	%	
BaO	0,5129	%	
TiO2	0,6435	%	
CeO2	0,7855	%	
Be	0,0034	%	
Mn	0,0710	%	
Cd	0,0000	%	
WO3	0,8171	%	
MoO3	0,3513	%	
ZrO3	0,0000	%	
Co	0,0987	%	
Organics / LOI (Lost of Ignition)	48,3600	%	organics are used as a reducing agent and as a sustitute of coke in our smelt process

Abb. 8: Chemische Analyse der Handyinhaltstsoffe der Firma Umicore

Auffällig ist die Präsens von Kobalt (Co) und der hohe Anteil an Eisen (Fe). Da in der Regel die Akkumulatoren Kobalt enthalten und einen hohen Anteil an Eisen aufweisen, ist davon auszugehen, dass sich in den untersuchten Handys teilweise noch Akkumulatoren und Batterien befanden.

Eine chemische Analyse zur Charakterisierung der Elementzusammensetzung mit lokaler Auflösung kann durch die Energiedispersive Röntgenspektroskopie (EDX) erfolgen. Wenn ein Elektron des Elektronenstrahls im Atom der Probe ein kernnahes Elektron aus seiner Position schlägt wird diese Lücke sofort von einem energiereicheren Elektron aus einem höheren Orbital aufgefüllt. Die Energiedifferenz wird in Form eines Röntgenquants frei. Die dadurch entstandene Röntgenstrahlung ist charakteristisch für den Übergang und das Atom, also das Element. Mit dieser Methode kann lokal die Zusammensetzung der Probe gemessen werden.

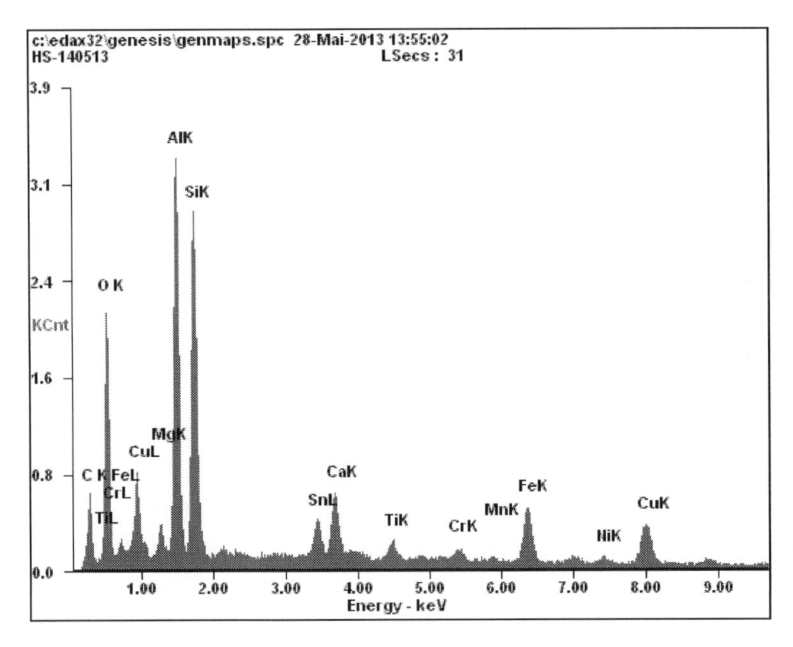

Elemente	wt-%
C	09,62
O	27,16
Mg	01,40
Al	17,14
Si	14,90
Sn	05,36
Ca	02,49
Ti	01,23
Cr	01,08
Mn	00,18
Fe	07,35
Ni	01,04
Cu	11,06

Abb. 9: EDX Analyse der Handypartikel

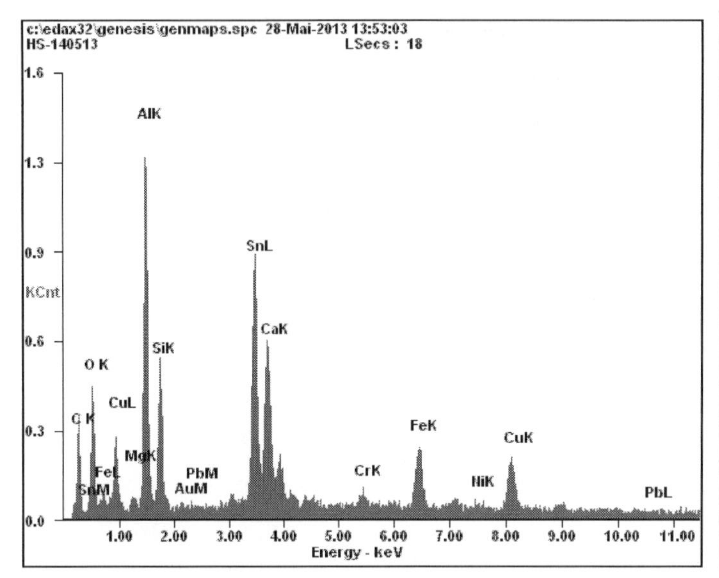

ELEMENTE	WT-%
C	08,16
O	17,23
Mg	00,61
Al	15,15
Si	05,44
Sn	29,92
Ca	02,99
Cr	01,15
Fe	07,20
Ni	00,63
Cu	10,17
Pb	01,36

Abb. 10: EDX Analyse der Handypartikel

Die EDX-Analysen zeigen einen signifikanten Unterschied der chemischen Zusammensetzung bei lokaler Auflösung. Alle Analysen zeigen hohe Anteile an Aluminium, Eisen und Kupfer. Beispielhaft zeigt sich in Abbildung 9 außerdem ein hoher Sauerstoff- und Siliziumanteil. Hingegen zeigt die Analyse in Abbildung 10 einen hohen Anteil an Zinn. Dies zeigt eindeutig, dass die zerkleinerten Fraktionen der Handys in ihrer chemischen Zusammensetzung deutlich inhomogene Elementverteilungen aufweisen. Es zeigt sich aber, dass die Ergebnisse der EDX Analyse im Mittel mit den nasschemisch ermittelten Ergebnissen der Firma Umicore übereinstimmen.

Von dem Bayerischen Landesamt für Umwelt in Augsburg wurden dankenswerterweise Analysen zum Elementscreening mittels energiedispersiver RFA (*Messgerät* Spectro Xepos) durchgeführt. Die Analysenergebnisse sind in Abbildung 11 zusammengefasst.

Des Weiteren wurden vom Bayerischen Landesamt für Umwelt folgende Elementanalysen mittels ICP-MS nach DIN 17294 (*Messgerät* Agilent 7500) durchgeführt. Die Analysenergebnisse des in Königswasser gelösten Handypulvers sind in Abbildungen 12 und 13 dargestellt.

Probennr.		LOT 172579
Parameter	Einheit	1
Ag	mg/kg	**3277**
Al	mg/kg	**204000**
As	mg/kg	178
Ba	mg/kg	5624
Br	mg/kg	158
Ca	mg/kg	24250
Cl	mg/kg	62
Cr	mg/kg	19160
Cu	mg/kg	**199800**
Fe	mg/kg	**145800**
K	mg/kg	398
Mg	mg/kg	13010
Mn	mg/kg	2692
Mo	mg/kg	334
Na	mg/kg	10820
Ni	mg/kg	24430
P	mg/kg	1029
Pb	mg/kg	2697
S	mg/kg	2581
Sb	mg/kg	769
Si	mg/kg	**141300**
Sn	mg/kg	12530
Sr	mg/kg	1325
Ta	mg/kg	3490
Te	mg/kg	56
Ti	mg/kg	8638
V	mg/kg	201
W	mg/kg	5074
Y	mg/kg	38
Zn	mg/kg	3928
Zr	mg/kg	518

Abb. 11: Chemische Analyse der Handyinhaltstsoffe (energiedispersiver RFA)

Probennr.		LOT 172579
Parameter	Einheit	1
Ag	mg/kg	**2464**
Al	mg/kg	**183687**
As	mg/kg	174
Ba	mg/kg	3865
Be	mg/kg	28,6
Bi	mg/kg	88,6
Ca	mg/kg	10375
Cd	mg/kg	0,897
Ce	mg/kg	41,3
Co	mg/kg	1170

Cr	mg/kg	9232
Cs	mg/kg	0,379
Cu	mg/kg	**189013**
Fe	mg/kg	**160128**
K	mg/kg	< 3000
La	mg/kg	178
Li	mg/kg	52,1
Mg	mg/kg	3404
Mn	mg/kg	1412
Mo	mg/kg	277
Na	mg/kg	< 3000
Nb	mg/kg	2,85
Ni	mg/kg	**30372**
Pb	mg/kg	2640
Rb	mg/kg	< 1.5
Sb	mg/kg	831
Sc	mg/kg	0,462
Se	mg/kg	19,0
Sn	mg/kg	12529
Sr	mg/kg	649
Ti	mg/kg	2550
Tl	mg/kg	< .6
U	mg/kg	0,263
V	mg/kg	70,8
W	mg/kg	1711
Y	mg/kg	15,8
Zn	mg/kg	1706
Zr	mg/kg	103

Abb. 12: Chemische Analyse der Handyinhaltstsoffe (ICP-MS)

Probennr.		LOT 172579
Parameter	Einheit	1
Au	mg/kg	**319**
Er	mg/kg	2,43
Eu	mg/kg	0,657
Gd	mg/kg	19,2
Nd	mg/kg	2277
Pr	mg/kg	328
Pt	mg/kg	4,23
Sm	mg/kg	62,0

Abb. 13: Chemische Analyse der Handyinhaltstsoffe (ICP-MS)

Bei diesen Analyseergebnissen zeigt sich, dass die Proben einen Goldanteil von ca. 0,032 % aufweisen und somit der Goldanteil bei allen Messungen nahezu identisch ist. Der Anteil an Silber ist mit 3277 ppm deutlich höher als er bei den Analysen der Firma Umicore gemessen wurde. Hierbei muss berücksichtigt werden, dass die oben aufgezeigte lokale Inhomogenität zu anderen

Messergebnissen führen kann und dass nur Stichproben des Handypulvers von den 65000 zerkleinerten Handys untersucht werden konnten. Auffällig ist weiterhin, dass bei diesen Analysen ein Aluminiumanteil von ca. 20 % detektiert wurde, dies stimmt im Größenbereich mit den lokalen EDX Messungen überein. Hier ist zu beachten, dass hier elementares Aluminium analysiert wurde, dass Aluminium in dieser Prozesskette aber i. d. R. als Al_2O_3 vorliegt, was z. B. in den Analysen der Firma Umicore zu ca. 3 bis 4 % gemessen wurde. Die gleiche Situation ergibt sich bei der Analyse von Silizium und SiO_2. Hier wurden lokal (EDX) und in den obigen Analyse bis zu 14 wt.%-Si detektiert. Eine weitere EDX Analyse zeigt z. B. nur 5 wt. % elementares Silizium und als SiO_2 wurden ca. 11% gefunden.

Zusammenfassend ist zu bemerken, dass die Bayerische Handysammelaktion einen großen Erfolg darstellt. Das die gesammelten Handys erfolgreich recycelt werden konnten und das die Handys der Bayerischen Sammelaktion einen Goldanteil von ca. 0,032 % aufweisen.

Der Anteil an Silber bewegt sich ja nach Pulverprobe zwischen 0,15 bis 0,3 %. Die Handys besitzen einen Kupferanteil von ca. 12 % und es konnten Eisenanteile zwischen 7 und 15 % detektiert werden.

5 Danksagung

Die Autoren bedanken sich sehr bei der Firma Umicore, besonders bei Herrn Dr. Christian Hagelüken und Herrn Steven Art für die Unterstützung in diesem Projekt und insbesondere für die Analysenergebnisse der Inhaltsstoffe der Handys.

6 Literatur

[1] O. Gantner, J. Grimm, P. Hutner, A. Lubberger, *Wissenschaftliche Begleitung der Althandy-Sammelaktion „Handy clever entsorgen“*, Teil 1, Bericht, Augsburg, 2013

[2] http://www.blogberry.de/blackberry-bold/wie-sieht-ein-blackberry-bold-von-innen-aus/

[3] DERA Rohstoffinformationen, *Deutschland-Rohstoffsituation 2011*; Bundesanstalt für Geowissenschaften, Hannover, Dezember 2012, 39 -46, ISBN 978-3-943566-03-1

[4] Metal Recycling Opportunities, Limits, Infrastructure, International Resource Panel, United Nation, UNEP, April 2013, ISBN 978-92-807-3267-2

[5] P. Chancerel, C.E:M. Meskers, C. Hagelüken, S. Rotter: *Assessment of precious metal flows during preprocessing of waste electrical and electronic equipment*, Journal of Industrial Ecology13 (2009) 5, 791-810

[6] Recycling Rates of Metals - A Status Report, International Resource Panel, United Nation, UNEP, May 2011, ISBN 978-92-807-31613

[7] O. Osibanjo, I. C. Nnorom: *Material flows of mobile phones and accessories in Nigeria: Environmental implications and sound end-of-life management options*, Environmental Impact Assessment Review (2008) 28, 198-213

[8] U. Teipel, S. Wolf, *Wissenschaftliche Begleitung der Althandy- Sammelaktion „Handy clever entsorgen“*, Teil 2, Bericht, Nürnberg, 2013

[9] C. Hagelücken, *Recycling of Electronic Scrap at Umicore's Integrated Metals Smelter and Refiner, World of Metallurgy - ERZMETALE 59* (2006)

[10] C. Hagelüken, C.E.M: Meskers; *Recycling of Technology Metals- A Holistic System Approach*, in K. Hieronymi, R. Kahhat, E. Williams, E-Waste Management- Froam Waste to Resource, Routlegde Taylor&Francis Group, London, 49-77

PHOSPHORSTRATEGIE FÜR BAYERN – GRUNDLAGEN UND HANDLUNGSEMPFEHLUNGEN

M. Mocker[1], F. Stenzel[1], R. Jung[1], S. Wiesgickl[1], M. Franke[1], M. Faulstich[2]

[1] Fraunhofer UMSICHT, Institutsteil Sulzbach-Rosenberg, An der Maxhütte 1, 92237 Sulzbach-Rosenberg, e-mail: mario.mocker@umsicht.fraunhofer.de

[2] CUTEC Institut, TU Clausthal, Leibnizstraße 21, 38678 Clausthal-Zellerfeld, e-mail: martin.faulstich@tu-clausthal.de

Keywords: Phosphor, Recycling, Klärschlamm, Modellszenarien, Handlungsfelder

1 Einleitung

Phosphor stellt einen für Flora und Fauna lebensnotwendigen Rohstoff dar, der in diesen essenziellen Anwendungen nicht substituierbar ist. Neben der Nutzung als Pflanzendünger wird er deshalb auch als Zusatz in Nahrungs- und Futtermitteln benötigt. Etwa 8 % des globalen Phosphorendverbrauchs werden derzeit in anderen industriellen Bereichen eingesetzt, beispielsweise in Reinigungs- und Waschmitteln, Pharmazeutika, Gusslegierungen oder zur Oberflächenbehandlung [1]. Selbst für die dringend benötigten Energiespeicher ist Phosphor interessant, da sich mit Lithium-Eisen-Phosphat-Verbindungen in Hochleistungsakkumulatoren das ebenfalls nur begrenzt verfügbare Kobalt substituieren lässt.

Prinzipiell wird das Element Phosphor bei der Verwendung nicht vernichtet. Durch die menschlichen Einflüsse kommt es jedoch zu einer Verteilung in unterschiedliche natürliche Prozesse. Die aus der Abwasserwirtschaft noch in Gewässer eingetragenen Phosphormengen gelangen über Transport- und Sedimentationsvorgänge in geologische Kreisläufe mit langen Umlaufzeiten und sind somit für Jahrmillionen gebunden [2]. Um dem damit verbundenen Rohstoffverlust zu begegnen, sind nicht vermeidbare Abfälle daher in erster Linie wiederzuverwenden oder zu verwerten. Die vermeintlich naheliegende direkte Klärschlammverwertung durch landwirtschaftliche Ausbringung sollte allerdings aus Gründen des vorbeugenden Verbraucher-, Boden- und Gewässerschutzes nicht praktiziert werden, da Klärschlamm neben Pflanzennährstoffen auch Schadstoffe enthält.

Etabliert, wenn auch nicht gänzlich unproblematisch, ist die Kreislaufführung von Wirtschaftsdüngern, die derzeit den größten Anteil des Phosphoreintrags in die deutsche Landwirtschaft stellen. Der darüber hinausgehende Phosphorbedarf wird momentan vor allem mit Mineraldüngern gedeckt. Deren natürliche Vorräte sind jedoch begrenzt, was nicht erst seit starken Preisanstiegen im Jahr 2008 offensichtlich wurde. Durch die Eröffnung neuer Minen bis 2011 wurden die vorhandenen Kapazitätsengpässe ausgeglichen, was sich wiederum positiv auf die Preisentwicklung auswirkte [3]. Die Nachfrage an Rohphosphat und die begrenzt verfügbaren und schwer zugänglichen Reserven werden aber auch zukünftig einen Anstieg der Rohphosphatpreise und den daraus produzierten Düngemitteln bewirken. Aus diesem Grunde wurden und werden zahlreiche Verfahren zur Rückgewinnung von Phosphor aus Abwasser oder Klärschlamm vorgeschlagen. Bayern wäre als wichtiger Standort der Agrarwirtschaft in besonderem Maße von einer weiteren Verknappung bzw. Verteuerung von Phosphor betroffen. Das Bayerische Staatsministerium für Umwelt und Verbraucherschutz (StMUV) möchte deshalb aktiv in die Steuerung phosphorhaltiger Stoffströme eingreifen und eine ökonomische und ökologische Aufbereitung dieser Stoffströme zu Sekundärdünger zukünftig etablieren. Die nötigen Voraussetzung und Entscheidungsgrundlagen für eine nachhaltige Rückgewinnung von Phosphor wurden im Zuge dieser Strategie in einer Initialstudie, die von Fraunhofer UMSICHT, Institutsteil Sulzbach-Rosenberg, maßgeblich mitgestaltet wurde, geschaffen [4]. Die Studie „Phosphorstrategie für Bayern – Erarbeitung von Entscheidungsgrundlagen und Empfehlungen“ wurde bereits im März 2012 veröffentlicht.

2 Verbrauch und Verfügbarkeit von Phosphatdüngern

Der Verbrauch mineralischer Düngemittel in Deutschland und Bayern wurde seit den neunziger Jahren deutlich reduziert, wobei in den letzten Jahren, bis auf einen konjunktur- und preisbedingten Einbruch im Wirtschaftsjahr 2008/2009, keine weitere Abnahme mehr erkennbar ist. Im Bilanzzeitraum 2012/2013 wurden in Deutschland rund 124.181 Mg P und in Bayern ca. 17.398 Mg P als Dünger eingesetzt [5]. Für Europa weist die Statistik des Jahres 2013 einen Düngereinsatz von etwa 1,03 Mio. Mg Phosphor für 2011 aus [6]. Während dieser Bedarfsverlauf für die meisten Industrieländer charakteristisch ist, steigt der Düngemittelbedarf in Entwicklungsländern kontinuierlich weiter an, so dass der globale Verbrauch an Phosphordüngern mit ca. 17,8 Mio. Mg P im Jahr 2011 nahezu dem Maximum seit Beginn der statistischen Aufzeichnungen entspricht [7].

Eine auf Reserven bezogene statische Reichweite von phosphorhaltigem Gestein lässt sich derzeit mit ca. 319 Jahren abschätzen [8], wobei sich dieser Wert unter der optimistischen Annahme eines gleichbleibenden Verbrauchs errechnet. Die heute bekannten Reserven verteilen sich zu über 91 % auf die Länder Marokko, Irak, China, Algerien, Syrien, Südafrika und Jordanien. Dabei handelt es sich überwiegend um Sedimente, die zunehmend mit Schwermetallen belastet sind. Dementsprechend werden in handelsüblichen Düngemitteln mittlere Konzentrationen von bis zu 98 mg/kg Uran und 25 mg/kg Cadmium angenommen [9]. Leicht zugängliche und schadstoffarme Vorräte könnten deswegen schon in etwa 50 Jahren erschöpft sein [10]. Schätzungen prognostizieren ein Fördermaximum (Peak-Phosphor) im Jahr 2033 [11]. Es wird erwartet, dass die jährliche Fördermenge im Anschluss an den Phosphor-Peak trotz steigender Nachfrage aufgrund erhöhter Schwermetallkonzentrationen und höherer Energiekosten bei der Aufbereitung der Erze sinken wird [11].

3 Phosphorflüsse in Bayern

3.1 Phosphoreinsatz

Die Hauptanwendung der importierten Phosphorprodukte in Bayern liegt im Einsatz von Mineraldüngern in der Landwirtschaft. Im Wirtschaftsjahr 2012/13 wurden mineralische Düngemittel mit einem Phosphorgehalt von 17.398 Mg P abgesetzt [5]. Wesentlich höhere Phosphormengen werden jährlich mit Wirtschaftsdüngern (Gülle, Jauche und Stallmist) eingesetzt. Der Phosphoreintrag durch die Ausbringung von Wirtschaftsdüngern auf landwirtschaftliche Nutzflächen beläuft sich dabei auf mehr als 50 % der in Bayern eingesetzten Phosphorfracht Diese etablierte Art der Kreislaufführung von Phosphor und anderen Pflanzendüngern ist zwar nicht gänzlich unproblematisch, hat jedoch große Bedeutung für die Nährstoffbilanzen in Ackerbau und Viehzucht. Zusätzlich werden jährlich teilweise nicht unbeträchtliche Mengen phosphorhaltiger Chemikalien für industrielle Anwendungen importiert. Der Input in die bayerische Industrie beträgt etwa 9.872 Mg P [12, eigene Berechnungen]. Phosphorsäure und Polyphosphorsäure werden als Ausgangsstoffe für die Erzeugung von Reinigungs- und Waschmitteln, sowie in der Ernährungs- und Futtermittelindustrie benötigt. Des Weiteren wurden geringere Mengen phosphorhaltiger Chemikalien nach Bayern importiert, die hauptsächlich als chemische Grundstoffe für Pharmazeutika, Weichmacher, Flammschutzmittel, Chlorierungsmittel, Betonlöser, Rostumwandler oder als Bestandteil von Gusslegierungen benötigt werden. Der Anteil des Phosphorbedarfs für industrielle Anwendungen an der Gesamtnachfrage liegt mit ca. 34 % deutlich über der globalen Durchschnittsquote von 18 % [12]. Ein möglicher Grund hierfür ist der in Bayern traditionell starke Nutztiersektor. Der jährliche zu deckende Bedarf von Phosphor in Futtermittelzusätzen beträgt schätzungsweise 5.700 Mg/a und stellt mit ca. 58 % die Nutzungskategorie mit dem größten Phosphorbedarf innerhalb der industriellen Anwendung dar [12].
Der gesamte Phosphoreinsatz in Bayern lässt sich aus den verschiedenen statistischen Angaben somit auf 72.900 Mg/a abschätzen.

3.2 Phosphorpotenziale

Im Rahmen der Erarbeitung einer nachhaltigen bayerischen Phosphorstrategie wurde bei der Betrachtung phosphorhaltiger Stoffströme der Fokus auf die Identifikation unerschlossener Potenziale für eine Phosphorrückgewinnung gelegt. In diesem Zusammenhang wurden insbesondere folgende Stoffströme eingehend bewertet

- Stoffströme der kommunalen Abwasserbehandlung
- Tierische Nebenprodukte
- Rückstände aus der Biomasseverbrennung
- Rückstände aus der Lebensmittelproduktion

Das größte Potenzial zur Phosphorrückgewinnung bieten die Abwasserwirtschaft und die darin entstehenden Abfälle (Abwasser, Klärschlamm, Faulschlamm, Klärschlammasche). Durch konsequente Umstellung der Klärschlammentsorgung auf Monoverbrennung könnte dies am weitesten erschlossen werden. Einen ähnlich geeigneten Stoffstrom stellen tierische Nebenprodukte dar. Die für eine Phosphorrückgewinnung in Frage kommenden Kategorien sind Tiermehle der Kategorie 1 mit 3,1 % P und in begrenztem Maße Fleischknochenmehle der Kategorie 3 mit 6,1 % P [13]. Bei einer realistischen Phosphorausbeute von 80 % ergibt sich ein Rückgewinnungspotenzial von insgesamt maximal 4.284 Mg P für Tiermehl der Kategorie 1 und 3. Aufgrund des hohen Phosphorgehalts würde sich eine thermische Behandlung in Monoverbrennungsanlagen mit anschließender Phosphorrückgewinnung aus den Aschen anbieten. Im Vergleich mit Klärschlamm ist das Phosphorrückgewinnungspotenzial von Biomasseaschen und Nebenprodukten aus der Lebensmittelproduktion begrenzt, aber in Einzelfällen dennoch interessant. Somit ließen sich theoretisch durch eine konsequente Kreislaufführung von Phosphor größenordnungsmäßig 60 bis 80 % der in Bayern im Wirtschaftsjahr 2012/13 eingesetzten Phosphordünger ersetzen [13, eigene Berechnungen].

4 Phosphorrückgewinnung

4.1 Verfahrensübersicht

Die geschilderte Verknappung der natürlichen Phosphorvorkommen führte zu vielfältigen Entwicklungsaktivitäten im Bereich der Phosphorrückgewinnung insbesondere aus den Stoffströmen der Abwasserbehandlung. Aus dem 2010 in Deutschland registrierten Klärschlammaufkommen von 1,89 Mio. Mg Trockensubstanz [14] errechnet sich unter der Annahme eines mittleren Phosphoranteils von ca. 2,4 % [15] ein theoretisches Rückgewinnungspotenzial von 45.000 Mg P/a, was derzeit etwa 36 % des Jahresbedarfs an mineralischen Phosphordüngern entspricht. Geeignete Ausgangsstoffe zur Phosphorrückgewinnung im Abwasserreinigungsprozess umfassen im Wesentlichen die folgenden Medienströme [16]:

- Wässrige Phasen (Kläranlagenablauf und Prozesswässer der Schlammbehandlung)
- Entwässerter Klärschlamm
- Klärschlammasche aus der Monoverbrennung

Abbildung 1 enthält eine nach dieser Einteilung gegliederte Zusammenstellung derzeit bekannter Verfahren zur Phosphorrückgewinnung. Angesichts der zahlreichen Entwicklungen auf diesem Gebiet erhebt die hier wiedergegebene Aufzählung dabei keinerlei Anspruch auf Vollständigkeit.

Abwasser & Prozesswässer

Kristallisation / Fällung
- Phostrip
- DHV-Crystalactor®
- Ostara PEARL®
- Unikata Phosnix®
- Nishihara
- Kurita Festbettreaktor
- Ebara
- MAP Kristallisation Treviso
- CSIR Wirbelschichtreaktor
- REPHOS®
- P-RoC
- PRISA-Verfahren
- Sydney Waterboard Reaktor

Ionenaustausch
- REM NUT®
- PHOSIEDI

Sonder- und Kombiverfahren
- RECYPHOS
- Magnetseparator

Klärschlamm

Kristallisation
- AirPrex MAP-Verfahren
- PECO-Verfahren (biol.)
- FIX Phos

Säureaufschluss
- Stuttgarter Verfahren
- Seaborne-Verfahren
- Kemira KEMICOND®

Hydrothermaler Aufschluss
- PHOXNAN LOPROX
- Kemira KREPRO®
- Aqua Reci
- Cambi-Prozess

Thermischer Aufschluss
- Mephrec
- ATZ-Eisenbadreaktor

Klärschlammasche

Nasschemischer Aufschluss
- PASCH/RÜPA
- SEPHOS
- SESAL (Weiterentwicklung von SEPHOS)
- BioCon
- Eberhard-Verfahren
- RecoPhos (Jävenitz)

Thermischer Aufschluss
- SUSAN
- Mephrec
- ATZ-Eisenbadreaktor
- RecoPhos (Leoben)

Elektrokinese
- EPHOS

Bioleaching
- Inocre

Abb.1: Phosphorrückgewinnungsverfahren im Bereich der Abwasserbehandlung

Bei den Entwicklungen liegt das Augenmerk in der Regel auf einem oder mehreren der folgenden Aspekte:

- Reduzierung der Schwermetalle
- Zerstörung der organischen Schadstoffe
- Sicherstellung oder Verbesserung der Pflanzenverfügbarkeit

Zur Rückgewinnung von Phosphor aus der wässrigen Phase werden z.B. Fällungs- und Kristallisationsverfahren eingesetzt. Während die konventionellen Fällungsverfahren mit einem hohen

Schlammanfall verbunden sind, wird bei den Kristallisationsverfahren die gezielte Bildung definierter Phosphorverbindungen induziert. Dabei wird meist aus Nebenstromwasser der Phosphor über unterschiedliche Verfahrensschritte (Verschiebung des pH-Werts, Änderung des Redoxgleichgewichtes, Temperaturänderung) zuerst in Lösung und anschließend, z.B. durch Zugabe von Impfkristallen, zum Auskristallisieren gebracht.
Die Fällungs- und Kristallisationsverfahren sind vielfach weit entwickelt und wurden teilweise, wie das Phostrip-Verfahren, in mehreren Anlagen großtechnisch umgesetzt. Darüber hinaus bedienen sich zahlreiche im F&E- oder Pilotstadium stehende Technologien dieser Trennprinzipien. Allerdings ist das auf die Zulauffracht bezogene Phosphorrückgewinnungs-potenzial auf Werte unter 50 % begrenzt. Eine ähnliche Beschränkung der Effizienz gilt auch für die meisten alternativen Verfahren aus den wässrigen Stoffströmen.
Zur Separation von Phosphor aus Klärschlamm wurden ebenfalls zahlreiche technische Möglichkeiten erarbeitet. Modellhafte Bilanzierungen zeigen, dass die Phosphorrückgewinnung aus Klärschlamm mit rund 85 % der Zulauffracht ein wesentlich größeres Rückgewinnungspotenzial als die Rückgewinnung aus dem Abwasserpfad oder den Prozesswässern bietet [17]. Die Verfahren nutzen entweder Kristallisationsvorgänge leicht löslicher Phosphorverbindungen (häufig aus der biologischen Phosphorelimination) oder arbeiten mit einem klassischen Säureaufschluss zur selektiven Rücklösung von Phosphorverbindungen aus den Fällprodukten. Eine Verbesserung des Aufschlusses und eine biologische Inertisierung lassen sich durch thermische Hydrolyse erreichen.
Trotz der vielfältigen Reinigungsschritte bei der Phosphorrückgewinnung aus Abwasser und Klärschlamm gewährleistet nur die Integration von thermischen Behandlungsschritten eine sichere Zerstörung organischer Schadstoffe. Den Vorteil hoher Temperaturen kombiniert mit der Ausnutzung des Heizwertes von Klärschlamm machen sich sowohl das Mephrec-Verfahren als auch der ATZ-Eisenbadreaktor zu Nutze. Bedingung für eine effiziente Energieausnutzung ist jedoch eine vorhergehende Klärschlammtrocknung, idealerweise mit ansonsten ungenutzter Abwärme.
Naturgemäß findet auch die Mono- und Mitverbrennung von Klärschlamm bei ausreichend hohen Temperaturen statt, um eine Zersetzung organischer Bestandteile zu gewährleisten. Allerdings weisen nur die Aschen aus der Klärschlammmonoverbrennung ausreichende Phosphorkonzentrationen für eine Rückgewinnung auf, die im Bereich natürlicher Phosphorerze liegen können. Eine ebenfalls mögliche Aufkonzentrierung von Schwermetallen bei der Verbrennung sowie die mangelnde Pflanzenverfügbarkeit sprechen jedoch gegen die direkte Ausbringung von Klärschlammaschen als Düngemittel. Deswegen werden auch diese Rückstände weiteren Be-

handlungsschritten unterworfen. Bei nasschemischen Prozessen lässt sich der Phosphor durch verschiedene Eluationsverfahren gewinnen, wobei die Säurebehandlung mit mehr als 90 % die größte Rücklösequote aufweist, allerdings werden auch zusätzlich Schwermetalle mobilisiert [18]. Zu deren Abtrennung wurden sowohl Ionentausch- als auch selektive Fällungsverfahren vorgeschlagen. Nachteilig sind dabei der hohe Chemikalienbedarf und damit hohe Betriebskosten. Das so genannte Bioleaching, welches auch aus der Erzlaugung bekannt ist, könnte hier Vorteile bieten. Bei den aufgelisteten thermischen Aufschlussverfahren ist der hohe Energiebedarf zum Erreichen der Reaktionstemperaturen zwischen 1.000 °C (SUSAN) und über 2.000 °C (Mephrec) zu beachten. Wie erwähnt, kommt bei metallurgischen Verfahren auch getrockneter Klärschlamm als Energieträger in Frage. Sonderverfahren wie die Elektrokinese konnten im derzeitigen Entwicklungsstand noch keine spezifischen Vorteile gegenüber anderen Verfahrensalternativen nachweisen.

4.2 Verfahrensbewertung

Wie die Aufstellung in Abbildung 1 zeigt, wurde mittlerweile eine Vielzahl an Verfahren zur Phosphorrückgewinnung entwickelt. Dabei ist festzustellen, dass die nasschemischen Verfahren zur Rückgewinnung von Phosphor bzw. Phosphorverbindungen im Entwicklungsstand weiter fortgeschritten sind als die thermischen Rückgewinnungsverfahren, obwohl die theoretisch mögliche Rückgewinnungsquote bei letzteren deutlich höher liegt als beim P-Recycling aus wässrigen Phasen

Für eine modellhafte Bewertung wurden aus den zahlreichen Möglichkeiten der Phosphorrückgewinnung sechs für Bayern relevante und erfolgversprechende Beispielszenarien gebildet, die zumindest langfristig mit guten Erfolgsaussichten umsetzbar sind. Dabei wurde Rücksicht auf Projekte genommen, die sich derzeit in Bayern in der Vorbereitungs- bzw. Planungsphase befinden bzw. die bereits andernorts im Pilotmaßstab oder darüber hinaus realisiert wurden. Im Einzelnen handelt es sich um je ein Kristallisationsverfahren aus den Stoffgruppen Abwasser und Prozesswasser (Szenario 4-1) sowie Klärschlamm (Szenario 4-2), je ein Säureaufschlussverfahren aus den Stoffgruppen Klärschlamm (Szenario 4-3) und Klärschlammasche (Szenario 1), sowie je ein thermisches Aufschlussverfahren aus den Stoffgruppen Klärschlamm (Szenario 2) und Klärschlammasche (Szenario 3).

Die Verfahren wurden jeweils einem der folgenden Anwendungsfälle zugeordnet:

- Phosphorrückgewinnung in ländlichen Regionen
- Phosphorrückgewinnung in (groß)städtischen Regionen
- Phosphorrückgewinnung in Ballungsräumen

- Phosphorrückgewinnung und Mitverbrennung von Klärschlamm in einem Zementwerk

Besondere Beachtung fand bei der Entscheidung zwischen verschiedenen Verfahrensalternativen eine Bewertung der Treibhausgasemission (THG) der gesamtheitlichen Phosphorrückgewinnung.

In Abbildung 2 sind die Ergebnisse der THG-Bewertung wiedergegeben. Dabei wurden die spezifischen Emissionen als CO_2-Äquivalente je kg Phosphor ausgewiesen und relativ zu den Emissionen der Bereitstellung eines Phosphordüngers aus natürlichen Phosphaterzen dargestellt.

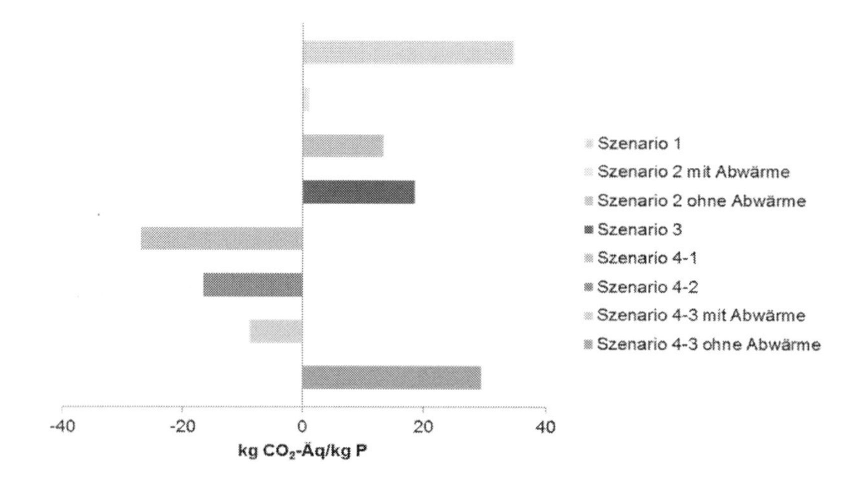

Abb. 2: Vergleichende Darstellung der THG-Betrachtung sämtlicher Szenarien

Bei der Bewertung der Ergebnisse ist zunächst festzuhalten, dass die Szenarien 1 bis 3 ein höheres Rückgewinnungspotenzial als die Szenarien 4-1 und 4-2 erschließen. Die vermeintlich geringere Klimabelastung wird dadurch wieder relativiert. Außerdem sind die letztgenannten Szenarien auf Kläranlagen mit einer vermehrten biologischen Phosphorelimination (Bio-P) angewiesen. Der Umstellung auf diese in Bayern kaum verbreitete Verfahrenstechnik stehen unter anderem Schwierigkeiten beim Einhalten strengerer Phosphorgrenzwerte im Kläranlagenablauf entgegen.

Ein hoher Chemikalien- oder Energieverbrauch wirkt sich erwartungsgemäß negativ auf die THG-Emissionen aus (Szenario 1 und 4-3). Besonders hohe CO_2-Gutschrifen ergeben sich bei der Schmelzvergasung von Klärschlamm (Szenario 2), da eine Stromerzeugung aus dem dabei entstehenden Gas hohe Substitutionseffekte gegenüber dem derzeitigen Strommix bewirkt. Thermische Verfahren haben dann Vorteile, wenn Abwärme aus anderen Prozessen zur Klärschlammtrocknung verwendet wird. Falls diese Abwärme ansonsten ungenutzt bliebe, kann sie bezüglich des Treibhausgaspotenzials als klimaneutral angesehen werden. Hierfür bieten sich Klärschlammtrocknungsanlagen in Verbindung mit Müllverbrennungsanlagen, Kraftwerken,

Zementwerken oder Biogasanlagen an. Getrockneter Klärschlamm besitzt einen Heizwert in der Größenordnung von Braunkohle und kann somit fossile Energieträger, beispielsweise in Zementwerken, substituieren. In diesem Fall ist jedoch eine vorherige Phosphorrückgewinnung aus Abwasser oder Klärschlamm unabdingbar, um Stoff- und Energiekreisläufe nachhaltig zu schließen. Das hierfür favorisierte Szenario 4-3 (Säureaufschluss von Klärschlamm) erreicht zwar eine etwas geringere Rückgewinnungsquote als die Szenarien 1 bis 3. In der Gesamtschau von Klima- und Ressourceneffizienz ergeben sich dennoch einige interessante Regionen um die Zementwerke, wo Klärschlammaufkommen, Abwärmequelle und Brennstoffbedarf eine sinnvolle Überschneidung aufweisen.

5 Handlungsfelder

In der Initialstudie zur Phosphorstrategie für Bayern werden verschiedenste Handlungsempfehlungen aufgezeigt, die als Grundlage für eine zukünftige Phosphorrückgewinnung und für ein nachhaltiges Phosphormanagement im Freistaat Bayern dienen sollen [4]. In diese Vorschläge flossen auch die Ergebnisse des Berichts "Bewertung von Handlungsoptionen zur nachhaltigen Nutzung sekundärer Phosphorreserven" ein, der von einem Ad-hoc Arbeitskreis der LAGA im Januar 2012 veröffentlicht wurde [19]. Im Einzelnen wurden die folgenden übergeordneten Handlungsfelder identifiziert:

- Technische Maßnahmen
- Politische Maßnahmen
- Flankierende Maßnahmen

Bezogen auf eine erfolgreiche Umsetzung des Phosphorrecyclings müssen schrittweise politische und wirtschaftliche Steuerinstrumente eingeführt werden, die eine Rückgewinnung bis zum Zeitpunkt der eigenständigen Wirtschaftlichkeit der Verfahren unterstützen und ermöglichen. Dabei ist es unumgänglich, dass einzelne Instrumente kombiniert werden, um so die Effizienz und Nachhaltigkeit des Phosphorrecyclings sicherzustellen. Für eine mittelfristige Initiierung der Rückgewinnung ist die Etablierung eines Rückgewinnungsgebots mit sukzessiver Anpassung einer Recyclingquote an den Stand der Technik vorstellbar. Da allerdings noch keine Verwertung der Sekundärphosphate als Düngemittel garantiert ist, müssen zusätzliche Anreize für die Abnahme der Rezyklate geschaffen werden. Diesbezügliche Möglichkeiten wären ein Zertifikatsmodell für die Verwendung der Rezyklate, eine Abnahmepflicht verbunden mit einer garantierten Produktvergütung oder eine Beimischungspflicht als strenge marktregulative Maßnahme. Flankierend wirkt ein Verbot der Mitverbrennung von Klärschlamm ohne vorherige Rückgewinnung des Phosphors, welches das Rückgewinnungspotenzial in Bayern deutlich erhöhen würde. Vor dem Hintergrund langfristig eine effiziente Recyclingstruktur zu schaffen arbeitet das Bundesumweltministerium (BMU) an einem Entwurf für eine zukünftige „Phosphorrecyclingverordnung" (AbfPhosV), die u.a. ein Mitverbrennungsverbot von Klärschlämmen, deren Phosphorgehalt einen festgelegten Wert übersteigt, vorsieht. In Übereinstimmung mit der Bund/Länder-Arbeitsgemeinschaft Abfall (LAGA) plant das BMU ein Nährstoffrückgewinnungsgebot ab einem Phosphorgehalt von mindestens 12 Gramm je Kilogramm Trockenmasse (TM) einzuführen. Umgerechnet auf Phosphate würde der Grenzwert zufolge bei 30 Gramm pro Kilogramm Klärschlamm-TM liegen [20]. Abweichend hiervon gilt für Klärschlämme, die in Monoverbrennungsanlagen verwertet werden – unabhängig vom Phosphorgehalt –, dass die erzeugten Aschen unmittelbar zur Herstellung von Phosphordüngemitteln zu verwenden oder zu lagern sind, bis eine rohstoffliche Nutzung der Klärschlammaschen zu einem späteren Zeitpunkt erfolgen kann [21]. Als Unterstützung der bayerischen Phosphorstrategie dienen weitere flankierende Maßnahmen von denen die Anregung eines Fachdialogs zwischen den vielfältigen Akteuren an herausgehobener Stelle steht, und so die Stakeholder ihre Meinung zu Umsetzbarkeit, Lenkungswirkung und Akzeptanz einzelner Maßnahmen einbringen.

6 Fazit

Die Potenzialbetrachtung ergab, dass die Stoffströme Abwasserwirtschaft und tierische Nebenprodukte das größte Recyclingpotenzial für Phosphor beinhalten. Eine Aufsummierung der Einzelpotenziale zeigte, dass ca. 60 bis 80 % des 2012 in Bayern abgesetzten Mineraldüngers über Sekundärphosphate substituiert werden könnten.

Die größten Anstrengungen hinsichtlich einer künftigen Phosphorrückgewinnung werden derzeit im Bereich der kommunalen Abwasserwirtschaft unternommen. So gibt derzeit eine Vielzahl an Verfahrensentwicklungen, die eine Rückgewinnung von Phosphor aus Überstands- und Prozesswässern, Klärschlamm oder Klärschlammaschen ermöglichen sollen.

Im Rahmen der Initialstudie wurden für Bayern zielführende Rückgewinnungsverfahren modellhaft betrachtet und einer eingehenden Bewertung unterzogen. Für eine langfristige, effiziente, gesamtbayerische Klärschlammentsorgung mit anschließender Phosphorrückgewinnung sollte demnach eine Kombination eines Säureaufschlussverfahren aus Klärschlammasche (Szenario 1) sowie je ein thermisches Aufschlussverfahren aus den Stoffgruppen Klärschlamm (Szenario 2) und Klärschlammasche (Szenario 3) geprüft werden. Eine zeitnahe Umsetzung einer Rückgewinnung kann an geeigneten Standorten mit einem Säureaufschlussverfahren aus Klärschlamm (Szenario 4-3) erfolgen, wodurch eine kurzfristige Initiierung des Phosphorrecyclings in Bayern ermöglicht wird. Des Weiteren ist es empfehlenswert, neben konkreten Formulierungen von Zielsetzungen zur P-Rückgewinnung, politische Instrumente wie ein Rückgewinnungsgebot/ -quote oder Investitionsförderungen für Sekundärphosphate zu nutzen, um eine effiziente Phosphorrückgewinnung im Freistaat zu fördern und einen Absatzmarkt für Düngemittel aus sekundären Quellen zu garantieren. Flankierende Maßnahmen können zusätzlich zur besseren Darstellung der vorhanden Phosphormengen und -ströme und zur Steigerung des Rückgewinnungspotenzials dienen.

7 Danksagung

Die Initialstudie „Phosphorstrategie für Bayern – Erarbeitung von Entscheidungsgrundlagen und Empfehlungen“ wurde vom Bayrischen Staatsministerium für Umwelt und Verbraucherschutz finanziert.

Verweis:

Auszüge dieses Tagungsbeitrages sind so bereits in *Müll und Abfall*, Ausgabe 10/2012, pp. 536-545, erschienen.

8 Literatur

[1] J.J., Schröder, D., Cordell, D., A.L., Smit, A., Rosemarin, „Sustainable Use of Phosphorus”, EU Tender ENV.B.1/ETU/2009/0025, Plant Research International, part of Wageningen UR, Wageningen, 2010.

[2] J., Pinnekamp, „Phosphorrückgewinnung – Erkenntnisstand und Forschungs-zielsetzungen“, in DWA Deutsche Vereinigung für Wasserwirtschaft, Abwasser und Abfall e.V., 4. Klärschlammtage 04. bis 06.04.2005, Würzburg.

[3] IndexMundi, „Rock Phosphate Monthly Price - Euro per Metric Ton, http://www.indexmundi.com/commodities/?commodity=rock-phosphate, Zugriff 10.12.2013.

[4] M., Franke, M., Mocker, M., Kozlik, I., Löh, R., Jung. S., Wiesgickl, „Initialstudie Phosphorstrategie für Bayern – Erarbeitung von Entscheidungsgrundlagen und Empfehlungen , im Auftrag des Bayerischen Staatsministerium für Umwelt und Verbraucherschutz, Sulzbach-Rosenberg 2012.

[5] Statistisches Bundesamt Produzierendes Gewerbe, Düngemittelversorgung Wirtschaftsjahr 2012/2013, Fachserie 4 Reihe 8.2, Wiesbaden 2013.

[6] Eurostat, „Allgemeine und Regionalstatistiken – Landwirtschaft – Agrarumweltindikatoren – Geschätzte Verbrauch von handelsüblichen Düngern“, Code: tag00091, epp.eurostat.ec.europa.eu, Zugriff 29.05.2012.

[7] International Fertilizer Industry Association (IFA), „Statistics – IFADATA”, http://www.fertilizer.org, Zugriff 09.12.2013.

[8] U.S. Geological Survey, „Mineral commodity summaries 2013” http://minerals.usgs.gov/minerals/pubs/mcs/2013/mcs2013.pdf

[9] S., Kratz, F., Godlinski, E., Schnug, „Heavy Metal Loads to Agricultural Soils in Germany from the Application of Commercial Phosphorus Fertilizers and Their Contribution to Background Concentration in Soils”, in: B., Merkel, M., Schipek (Hrsg.): The New Uranium Mining Boom, Springer Berlin Heidelberg (Springer Geology) 2012, pp. 755-762.

[10] N., Gilbert, „The Disappearing Nutrient, Nature”, 2009 (Vol. 461), pp. 716-718.

[11] D., Cordell, J.O., Drangert, S., White, „The story of phosphorus: Global food security and food for thought”, Global Environmental Change 19, 2009, pp. 292-305.

[12] P., Herr, M., Mocker, M., Faulstich, M., Mayer, „Aschen als Rohstoff für die Düngemittelindustrie“, Wasser und Abfall, Ausgabe 06/2013, pp.41 - 46, Springer Vieweg 2013.

[13] K., Gethke, K., H., Herbst, D., Montag, J., Pinnekamp, „Potenziale des Phosphorrecyclings aus Klärschlamm und phosphathaltigen Abfallströmen in Deutschland“, in: KA-Abwasser, Abfall, 52 (2005), Nr. 19, pp. 1114-1119, 2005.

[14] Statistisches Bundesamt, „Klärschlammentsorgung aus der biologischen Abwasserbehandlung 2009“, www.destatis.de/, Zugriff 29.05.2012.

[15] A., Durth, C., Schaum, A., Meda, „Ergebnisse der DWA-Klärschlammerhebung 2003“, in Deutsche Vereinigung für Wasserwirtschaft Abwasser und Abfall (Hrsg.): Tagungsband zur DWA-Bundes- und Landesverbandstagung, 21. bis 22.09.2005, Hennef, 2005, pp. 349-383.

[16] J., Pinnekamp, D., Montag, K., Gethke, H., Herbst, „Rückgewinnung eines schadstofffreien, mineralischen Kombinationsdüngers „Magnesiumammoniumphosphat – MAP“ aus Abwasser und Klärschlamm“, UBA-Texte 25/07, Dessau-Roßlau, 2007.

[17] Arbeitsbericht der ATV-DVWK-Arbeitsgruppe AK-1.1, „Phosphorrückgewinnung“ in KA – Abwasser, Abfall 2003 (50), pp. 805-814.

[18] L. Hermann, „Rückgewinnung von Phosphor aus der Abwasserreinigung, eine Bestandsaufnahme“, Umwelt-Wissen Nr. 0929, Bundesamt für Umwelt, Bern 2009.

[19] Bund/Länder-Arbeitsgemeinschaft Abfall (LAGA),“ Bewertung von Handlungsoptionen zur nachhaltigen Nutzung sekundärer Phosphorreserven“, 2012.

[20] EUWID Wasser und Abwasser, „Novelle der Klärschlammverordnung: Kein neuer Entwurf mehr in diesem Jahr“, Ausgabe 47/2013, 19.11.2013, pp.10.

[21] H., Wendenburg, „Eckpunkte für rechtliche Rahmenbedingungen zum Recycling von Phosphor aus Abwasser und Klärschlamm“, Informationsveranstaltung des BMU und UBA, Phosphorrückgewinnung - Aktueller Stand von Technologien - Einsatzmöglichkeiten und Kosten, 9. Oktober 2013, Bonn.

ESSENZ - PROJEKT: ENTWICKLUNG EINER METHODE ZUR BEWERTUNG VON RESSOURCENEFFIZIENZ AUF PRODUKTEBENE

V. Bach, L. Schneider, M. Berger, M. Finkbeiner

Fachgebiet Sustainable Engineering, TU Berlin, Straße des 17. Juni 135, 10623 Berlin, e-mail: vanessa.bach@tu-berlin.de

Keywords: Ressourceneffizienz, Nachhaltigkeit, Ökobilanz, Ressourcenknappheit, Kritikalität

1 Einleitung

Der gestiegene Rohstoffbedarf der letzten Jahre, die besondere Rolle der Seltenen Erden als auch die vermehrte Auseinandersetzung mit vorherrschenden Konsum- und Produktionsmustern hat dazu geführt, dass der Begriff Ressourceneffizienz zur Zeit vielfältig diskutiert wird. Sowohl auf europäischer als auch auf deutscher Ebene ist Ressourceneffizienz seit langem ein Bestandteil der Nachhaltigkeitsstrategie [1]. Der effiziente Umgang mit Ressourcen und eine Verringerung der Umweltbelastungen werden als eine wesentliche Aufgabe einer nachhaltigen Entwicklung angesehen. Maßnahmen zur Reduzierung des Ressourceneinsatzes und der Umweltbelastungen sind deshalb wesentlicher Bestandteil nationaler und internationaler Politik. Das ein grundlegendes Konzept zur Steigerung von Ressourceneffizienz als auch eine Methode zur Messung und Bewertung entsprechender Maßnahmen von Nöten ist, wird sowohl von Unternehmen als auch öffentlichen Einrichtungen und der Politik gestützt. Allerdings ist bisher noch nicht abschließend geklärt, was genau Ressourceneffizienz eigentlich bedeutet und wie sie konkret gemessen werden kann.

2 Definition Ressourceneffizienz

Im allgemeinen Sinn werden unter Ressourcen verschiedenste Mittel verstanden, die es ermöglichen, eine Handlung auszuüben bzw. einen Vorgang ablaufen zu lassen. Darunter können Geldmittel, Mitarbeiter, Umweltmedien aber auch Materialien fallen [2]. Nach Lindeijer et al. [3] ist eine Ressource ein Teil der Natur, dessen Gewinnung und Verarbeitung ökonomische für den Menschen von Interesse ist. Darunter werden sowohl abiotischen als auch biotischen Ressourcen [4] gefasst. Der Begriff *Reserve* bezeichnet die Menge der abiotischen und biotischen Ressourcen, die momentan technisch und wirtschaftlich abgebaut werden können [5].

Ressourceneffizienz ist grundsätzlich als Verhältnis aus einer erbrachten Leistung und dem dafür benötigten Ressourceneinsatz definiert (siehe Gleichung 1).

$$Ressourceneffizienz = \frac{\text{Leistung}}{\text{Ressourceneinsatz}} \quad (1)$$

Unter Ressourceneinsatz können demnach sowohl verwendete Rohstoffe als auch der Einsatz von Personal- oder Geldmittel oder die Verschmutzung der Natur fallen. Überwiegend wird unter Ressourcen allerdings abiotische und biotische Rohstoffe verstanden [5].
In der „Thematische Strategie für eine nachhaltige Nutzung natürlicher Ressourcen" der Europäischen Union (EU) [7] wurde 2005 erstmals der Begriffe Ressource auch auf die natürlichen Ressourcen wie Wasser und Land ausgeweitet. Neben dem Einsatz von Rohstoffen sollen auch Umweltmedien wie Luft, Wasser, Boden ebenso wie physikalischer Raum und strömende Ressourcen wie Wind- und Sonnenenergie berücksichtigt werden (siehe Gleichung 2) [6].

$$\text{Ressourceneffizienz} = \frac{\text{Leistung}}{\text{Ressourceneinsatz+Umweltwirkung+Flächenverbrauch}} \quad (2)$$

Jede der Dimensionen kann mit vielen verschiedenen Indikatoren gemessen werden, daher ergeben sich zahlreiche Kombinationsmöglichkeiten zur Quantifizierung von Ressourceneffizienz (siehe Abb. 1). Zwischen den Dimensionen können Synergien, aber auch Zielkonflikte bestehen.

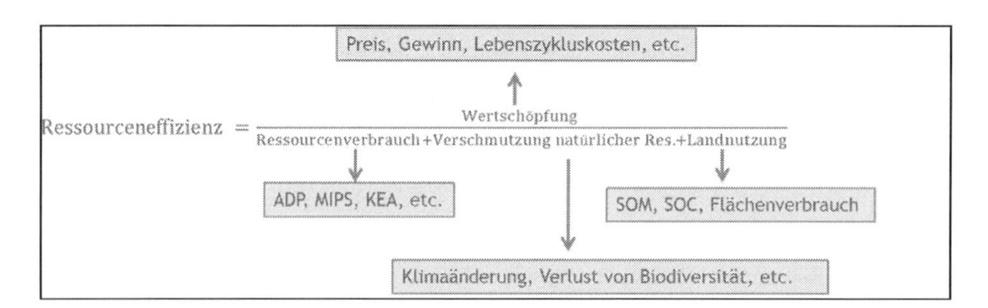

Abb. 1: Dimensionen und mögliche Indikatoren zur Bewertung von Ressourceneffizienz

Bei der Bewertung der Ressourceneffizienz mit eindimensionalen Indikatoren hängen die Ergebnisse der Berechnungen sehr stark von der Wahl der Indikatoren ab. Ein großer ökonomischer Wert kann dann einen hohen Ressourceneinsatz oder starke Umweltbelastungen ausgleichen, was dazu führt, dass „ressourceneffizient" nicht immer umweltverträglich bzw. nachhaltig bedeutet. Um dies zu vermeiden, müssen Methoden entwickelt werden, die solche Effekte ausschließen.

3 Ebenen der Ressourceneffizienz-Bewertung

Wichtige Aspekte bei der Beurteilung der Ressourceneffizienz sind Vulnerabilität, Verfügbarkeit der eingesetzten Ressourcen und Umweltbeeinträchtigungen (siehe Abb. 2). Unter Vulnerabilität wird die Sensibilität gegenüber Materialknappheit auf Unternehmens- und Länderebene verstanden. Die Verfügbarkeit drückt die Vorrätigkeit und Zugänglichkeit eines Rohstoffes aus, die durch materialspezifische Bedingungen (geologisch, sozio-ökonomisch) verknappt sein kann. Kritikalität entsteht durch Knappheit eines Materials und Abhängigkeit des Unternehmens oder des Landes von diesem Material.

Die Bewertung der Ressourceneffizienz kann auf verschiedenen Ebenen stattfinden:

- Macro-Level: Bewertung von Kritikalität und Umweltbeeinträchtigung auf Länderebene
- Meso-Level: Bewertung von Kritikalität und Umweltbeeinträchtigung auf Umternehmensebene
- Micro-Level: Bewertung von Verfügbarkeit und Umweltbeeinträchtigung auf Produktebene

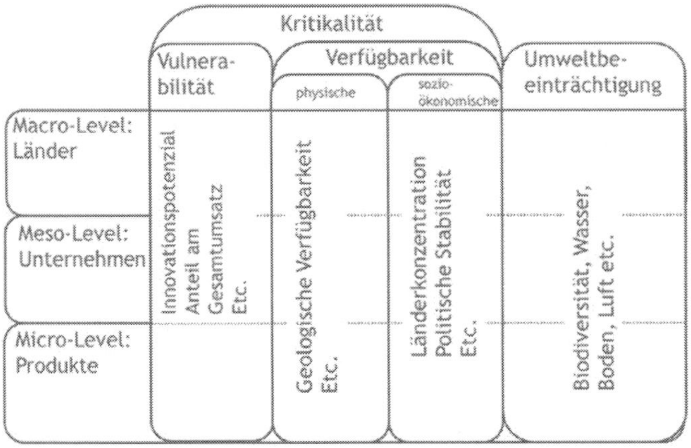

Abb. 2: Kritikalitäts- und Umweltbewertung auf den verschiedenen Ebenen (eigene Abbildung)

Die Aspekte der Verfügbarkeit und der Umweltbeeinträchtigung sind ähnlich auf den verschiedenen Ebenen, allerdings sind deren Messung und die eingesetzten Indikatoren sehr unterschiedlich. Dies lässt sich gut am Beispiel des Verlustes von Biodiversität demonstrieren: Für ein Land ist die Biodiversität innerhalb der Ländergrenzen von Bedeutung, für ein Unternehmen, die Regionen, die durch unternehmensspezifische Standorte beeinträchtigt werden und für Produkte alle beeinflussten Regionen über den gesamten Lebensweg. Demnach wird in allen drei Fällen, der Verlust von Biodiversität bewerten, allerdings mit drei unterschiedlichen Indikatorsets.

Studien zur Messung von Ressourceneffizienz auf Länderebene bewertet zumeist die Rohstoffkritikalität von Ressourcen, nur vereinzelt werden auch Umweltauswirkungen betrachtet [7], [8], [9], [10], [11]. Methoden zur Bewertung auf Unternehmensebene werden überwiegend von den Unternehmen selber entwickelt und durchgeführt, daher unterscheiden sich Vorgehen und Indikatoren teils stark voneinander [12], [13], [14]. Zu den wichtigsten Methoden zur Bewertung von Ressourceneffizienz auf Produktebene zählen Abiotic Depletion Potential (ADP) [15], [16], Anthropogenic Stock Extended Abiotic Depletion Potential (AADP) [17] und Economic Resource Scarcity Potential (ESP) [18]. Auch die sich in der Entwicklung befindende Richtlinie des VDIs betrachtet das Produktlevel [19]. Indikatoren der Länder- und Unternehmensebene sind für die Bewertung der Ressourceneffizienz auf Produktebene nur bedingt übertragbar, da es auf Produktebene auf eine detailliertere Unterscheidung einzelner Materialien und spezifischer Nutzungen ankommt.

4 ESSENZ-Methode

Trotz der oben erwähnten Vorarbeiten, ist eine nachhaltige Betrachtung von Ressourceneffizienz bisher noch schwierig. Bisher werden in vielen Studien vor allem massebezogene Indikatoren verwendet. Daher wird im Rahmen des BMBF geförderten Projektes ESSENZ (Integrierte Methode zur ganzheitlichen Berechnung/Messung von Ressourceneffizienz) eine Methode zur Messung von Ressourceneffizienz auf Produktebene mithilfe eines Konsortiums aus den Industriepartnern Siemens, Evonik, Daimler, ThyssenKrupp, Deutsches Kupferinstitut und Knauer entwickelt, die alle drei Ebenen der Nachhaltigkeit berücksichtigt, wissenschaftlich Konsistenz als auch praktisch anwendbar ist. Die ESSENZ-Methode wird zur Verwendung innerhalb von Ökobilanzen [20] entwickelt und der gesamte Lebensweg eines Produktes wird berücksichtigt.

Innerhalb des ESSENZ-Projektes wird die Ressourcendefinition der EU verwendet und somit neben Verfügbarkeitsaspekten auch die Verschmutzung der natürlichen Ressourcen und Landnutzung betrachtet. Um alle drei Ebenen der Nachhaltigkeit abzubilden, erfolgt die Erweiterung der Definition um die Dimension „soziale Auswirkungen“, die sowohl Aspekte wie Kinderarbeit und Gleichberechtigung berücksichtigt als auch gesundheitliche Folge durch Emissionen (siehe Abb. 3).

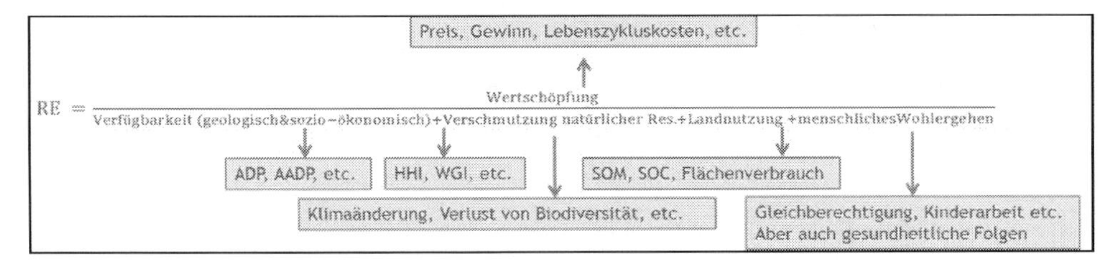

Abb. 3: Dimensionen und mögliche Indikatoren von Ressourceneffizienz

Für alle berücksichtigten Dimensionen wurden Indikatoren zur Messung und Bewertung identifiziert. Der Ressourcenverbrauch wird über die geologische und sozio-ökonomische Verfügbarkeit bewertet. Dabei sollen mögliche Störungen entlang der Versorgungsketten, die zu einer Verknappung von Ressourcen führen können, erfasst und bewertet werden. Ausgedrückt wird dies über das potenzielle Risiko, dass entlang der Vorketten Engpässe auftreten wodurch eine Bereitstellung der Ressourcen nicht gewährleistet werden kann. Die Sicherung der Versorgung ist ein wichtiger Aspekt im Sinne einer nachhaltigen Entwicklung [18], [21] und spiegelt die ökonomische Säule der Nachhaltigkeit wieder.

Die geologische Verfügbarkeit gibt an, wie lange eine *Reserve* noch zum Abbau zur Verfügung steht. Berechnet wird sie über die statische Reichweite der *Reserven*, welche über das *Reserven*-Produktionsverhältnis (Verfügbarkeitshorizont) abgebildet wird. Dabei wird die *Reservenverfügbarkeit* dem Abbau der *Reserve* gegenübergestellt. Neben der geologischen Verfügbarkeit wird auch die anthropogene Verfügbarkeit mithilfe des AADP-Indikators [17] beurteilt. Der AADP-Indikator bewertet die Ansammlung von Ressourcen in anthropogenen „Reserven“, und bewertet somit die „physische“ Verfügbarkeit von Ressourcen über die rein geologische Verfügbarkeit hinaus.

Mithilfe von verschiedenen sozio-ökonomischen Indikatoren werden innerhalb des Projektes strukturelle Gegebenheiten des Marktes und Gesellschaftsstrukturen beschrieben und bewertet, die zu einer Einschränkung der Ressourcenverfügbarkeit beitragen können. Basierend auf Datenverfügbarkeit und Anwendbarkeit wurden bisher 11 Aspekte mit entsprechenden Indikatoren zur Beschreibung der sozio-ökonomischen Verfügbarkeit identifiziert (siehe Tabelle 1).

Tabelle 1: Sozio-ökonomische Aspekte und Indikatoren

Aspekt	Indikator
Konzentration der *Reserven* und der Produktion (Abbau)	Herfindahl–Hirschman Index (HHI)[1] [22], [23]
Unternehmenskonzentration	HHI [22], [23]
Realisierbarkeit von Rohstoffabbau	*Policy Potential Index* [24]
Nachfragewachstum	Gekoppelter Indikator aus erwartetem und vergangenem Wachstum angelehnt an [18]
Koppelproduktion	Prozentualer Anteil des Nebenproduktes angelehnt an [18] und [8]
Einsatz von Sekundärmaterial	Sekundärmaterialanteil angelehnt an [18]
Handelshemmnisse	Prozentualer Anteil an der Weltproduktion, der Handelshemmnissen unterliegt, angelehnt an [18]
Politische Stabilität	Gleichgewichteter Indikator aus den sechs *World Governance Indicators* (WGI) [25]
Preisvolatilität/-trend	*Value-at-Risk*-Indikator [26]
Extremnaturereignisse	Am Fachgebiet Sustainable Engineering (TU Berlin) entwickelter Indikator zur Bewertung des Verlusts von biotischen Ressourcen und Material aufgrund von Extremnaturereignissen

Umweltverschmutzungen nehmen sowohl global als auch regional und lokal immer mehr zu und führen zu schwerwiegenden Auswirkungen wie Klimawandel [27] oder Verlust von Biodiversität [28]. Daher besteht das Ziel die Ressource Umwelt zu schützen, indem die Verschmutzung verringert wird. Für die Bewertung der Auswirkungen auf die Umwelt wurden folgende fünf Wirkungskategorien festgelegt:

- Klimawandel, Bewertung mit IPCC-Methode [27]
- Eutrophierung
- Versauerung

[1] Der HHI wurde von den Ökonomen A. O. Hirschmann im Jahre 1945 und O. C. Herfindahl im Jahre 1950 entwickelt. Hirschmann veröffentlichte den damaligen Hirschmann-Index in seinem Buch: National power and the structure of foreign trade (Berkeley:University of California Press, 1945). Herfindahl erklärt den erweiterten Index in seiner unveröffentlichten Doktorarbeit (Concentration in the US Steel industry, Colombia University, 1950). [22]

- Abbau der Ozonschicht, Bewertung mit WMO-Methode [29]
- Smog/Photochemische Oxidantienbildung

Die Kategorien Eutrophierung, Versauerung und Smog werden derzeit innerhalb des Projektes mit der CML-Methode [16] bewertet, jedoch wird auch die ReCiPe-Methode [30] auf ihre Anwendbarkeit hin überprüft. Obwohl die Kategorien Landnutzung und Verlust von Biodiversität als besonders wichtig identifiziert wurden, können sie aufgrund der aktuellen Datenlage nicht abgebildet werden. Methoden zur Bewertung der Landnutzung erfordern viele detaillierte Informationen entlang aller Stufen der Versorgungskette, die nicht zur Verfügung stehen und auch nicht von den Unternehmen und Anwendern erhoben werden können. Zudem weisen auch die Methoden zur Bewertung von Landnutzung selber noch viele Grenzen auf [31]. Ähnliches gilt für Biodiversität: sowohl die fehlenden Inventardaten als auch die geringe Reife der Methoden erschweren eine Bewertung innerhalb der Ökobilanz [32].
Die dritte Säule der Nachhaltigkeit betrachtet die sozialen Aspekte oder auch das „menschliche Wohlergehen". Dabei werden sowohl Aspekte wie Kinderarbeit und Gleichberechtigung, als auch gesundheitliche Folgen, die zu einer Verminderung der menschlichen Gesundheit beitragen, berücksichtigt [33]. Hierbei wird besonders auf Aspekte eingegangen, die gesellschaftlich nicht akzeptiert sind und somit den Zugang zu Ressourcen einschränken können. Da die zur Verfügung stehenden Methoden zur Bewertung der menschlichen Gesundheit einen sehr hohen Datenaufwand erfordern [34], [35], der nur in bestimmten Sektoren umgesetzt werden kann, wird der Aspekt Beeinträchtigung der menschlichen Gesundheit zurzeit nicht in ESSENZ abgebildet. Zur Bewertung der Arbeitsbedingungen, Gleichberechtigung und anderer sozialer Aspekte wird am Fachgebiete Sustainable Engineering ein Ansatz entwickelt, bei dem Daten aus der *Social Hotspot Database* [36], [37] für die Produktion von Ressource verwendet werden (siehe Abb. 4) und über eine länderspezifische Gewichtung der weltweiten Produktionsanteile ein aggregierter Indikator für abiotische Ressourcen berechnet wird. Dieser Indikator hat nicht den Anspruch eine umfassende Bewertung der sozialen Aspekte zu gewährleisten, sondern ist mehr als Richtungswert zu verstehen, der gewährleisten soll, dass die ESSENZ-Methode in sich den Nachhaltigkeitsanspruch erfüllt. Eine komplette Bewertung der sozialen Aspekte entlang des Lebensweges ist auf Grund von Datenmangel zurzeit nicht möglich.

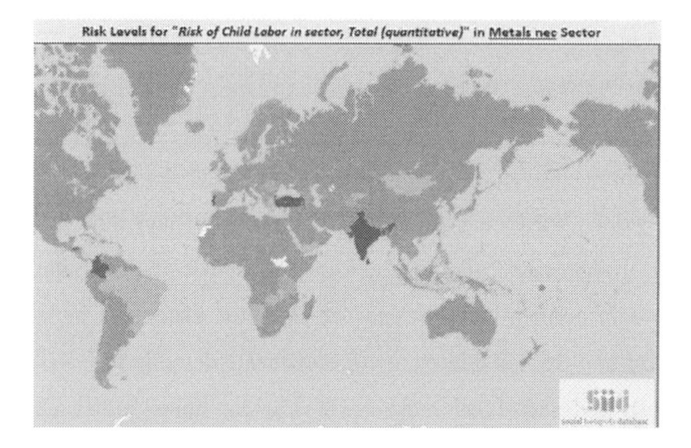

Abb. 4: Risiko von Kinderarbeit für den Metall-Sektor [36]

Zur Bewertung der Leistung wird die funktionelle Einheit angelehnt an die ISO 14045 [38] verwendet. Die Funktionelle Einheit bezieht sich immer auf die Produkteinheit. Es wurde davon abgesehen einen ökonomischen Wert zu verwenden, da sich dieser je nach Perspektive und auch über die Zeit stark ändern kann: Für ein Unternehmen ist der erzielte Gewinn die entscheidende Größe, für den Kunden, der eine Kaufentscheidung treffen möchte, der Preis und für politische Entscheidungen spielen womöglich Steuerabgaben als auch Arbeitsplätze eine entscheidende Rolle. Somit ist es innerhalb des ESSENZ-Ansatzes dem Anwender selber überlassen, ob und welche ökonomische Größe er zusätzlich zur funktionellen Einheit verwenden möchte.

In der ESSENZ-Methode werden derzeit insgesamt 5 Umweltindikatoren, 2 geologische Indikatoren, 11 sozio-ökonomische Indikatoren und 1 sozialer Indikator verwendet.

Da ein einzelner Wert noch wenig Aussagekraft hat, muss eine Quantifizierung erfolgen, die es erlaubt in der Interpretationsphase sinnvolle Entscheidungen treffen zu können. Um zu entscheiden, ob eine Länderkonzentration von 0,3 für ein Material bereits kritisch ist, muss ein Bezug geschaffen werden. Dieser Bezug erfolgt über eine Normierung mit einem Zielwert mithilfe des *Distance-to-target*-Ansatzes [38] (angelehnt an die Vorgehensweise der ESP-Methode [18]) (siehe Gleichung 3). Der *Distance-to-target*-Ansatz garantiert, dass die Spreizung der Ergebnisse groß genug ist, sodass die verwendete Menge der Materialien das Ergebnis nicht alleinig bestimmt.

$$X = \left(\frac{aktueller\ Wert}{Zielwert}\right)^2 \qquad (3)$$

Die Zielwerte sind für einige der Indikatoren von den Methodenentwicklern vorgegeben [24]. Um fehlende Zielwerte zu bestimmen, wird mit Hilfe eines vom Fachgebiet Sustainable Engineering (TU Berlin) entwickelten Fragebogen eine gezielte Stakeholder-Befragung durchgeführt zur Abfragung von unkritischen Schwellenwerten. Ergebnisse liegen derzeit noch nicht vor.

5 Fazit & Ausblick

Die ESSENZ-Methode bewertet Ressourceneffizienz auf Produktebene unter Berücksichtigung aller drei Säulen der Nachhaltigkeit. Die bereits erwähnten Grenzen der Methode umfassen die Bewertung der Umweltauswirkungen Landnutzung und Verlust von Biodiversität, wichtiger sozialer Aspekte über den gesamten Lebensweg und innerhalb von Stakeholdergruppen (wie in der *Social*-LCA angestrebt [39]) ebenso wie Auswirkungen auf die menschliche Gesundheit. Obwohl bereits elf sozio-ökonomischen Indikatoren berücksichtigt werden, gibt es dennoch wichtige Aspekte wie Substituierbarkeit, die aufgrund von Datenmangel oder hohem Grad an Komplexität nicht berücksichtigt werden können. Zudem ist die Aussage eines jeden Indikators nur innerhalb der vorgegebenen Grenzen möglich. Die WGI können beispielsweise Entwicklungen und Tendenzen in der politischen Stabilität eines Landes aufzeigen, liefern aber keine gute Grundlage um Umbrüche in zuvor stabilen Gesellschaften vorherzusagen.
Die innerhalb des Projektes durchgeführte Stakeholder-Befragung enthält auch Fragen, um eine Gewichtung der verschiedenen Indikatoren zu erarbeiten. Eine Gewichtung könnte die Kommunikation der derzeit 19 ESSENZ-Indikatoren erleichtern da durch sie die Komplexität wesentlich reduziert wird. Andererseits ist ein gewichteter Indikator nur bedingt aussagekräftig und lässt keine Interpretation von sich verändernden Werten zu. Daher werden innerhalb des ESSENZ-Projektes sowohl das Indikatorenset als auch ein gewichteter Indikator bereitgestellt.
In einem nächsten Schritt wird die entwickelte Methode in Fallstudien bei den Projektpartnern Evonik, Daimler, ThyssenKrupp, Deutsches Kupferinstitut, Knauer und Siemens auf Aussagekraft und Anwendbarkeit getestet. Basierend auf den erzielten Ergebnissen wird dann evaluiert, ob eine Anpassung der Indikatoren notwendig ist.

6 Literatur

[1] Die Bundesregierung, "Perspektiven für Deutschland - Unsere Strategie für eine nachhaltige Entwicklung," 2002.

[2] S. Ruprecht and A. Hauser, "Steuerung der natürlichen Ressourcen - Instrumente und Institutionen - Arbeitspapier." Eidgenössisches Departement für Umwelt, Verkehr, Energie und Kommunikation UVEK, Bundesamt für Umwelt BAFU Abteilung Klima, Ökonomie, Umweltbeobachtung, 2010.

[3] E. W. Lindeijer, R. Müller-Wenk, and B. Steen, *Life Cycle Impact Assessment: Striving towards best practice, Chapter 2 Impact assessment of resources and land use*. 2002.

[4] Umweltbundesamt, "Abiotische Rohstoffe," *Ressourcenschonung in Produktion und Konsum*, 2013. [Online]. Available: http://www.umweltbundesamt.de/themen/abfall-ressourcen/ressourcenschonung-in-produktion-konsum/abiotische-rohstoffe.

[5] M. Berger and M. Finkbeiner, "Methoden zur Messung der Ressourceneffizienz," in *Recycling und Rohstoffe, Band 1*, 2008.

[6] Europäische Kommission, "MITTEILUNG DER KOMMISSION AN DEN RAT, DAS EUROPÄISCHE PARLAMENT, DEN EUROPÄISCHEN WIRTSCHAFTS- UND SOZIALAUSSCHUSS UND DEN AUSSCHUSS DER REGIONEN Thematische Strategie für eine nachhaltige Nutzung natürlicher Ressourcen (670)." 2005.

[7] B. Science Communication Unit, University of the West of England, "Science for Environment Policy,IN-DEPTH REPORT, Resource Efficiency Indicators," 2012.

[8] IZT, L. Erdmann, S. Behrendt, and M. Feil, "Kritische Rohstoffe für Deutschland „Identifikation aus Sicht deutscher Unternehmen wirtschaftlich bedeutsamer mineralischer Rohstoffe, deren Versorgungslage sich mittel- bis langfristig als kritisch erweisen könnte“," no. September, 2011.

[9] P. Buchholz, D. Huy, and H. Sievers, "DERA Rohstoffinformationen 10 DERA-Rohstoffliste 2012 Angebotskonzentration bei Metallen und Industriemineralen – Potenzielle Preis- und Lieferrisiken," 2012.

[10] European Commission, "Critical raw materials for the EU," 2010.

[11] T. E. Graedel, R. Barr, C. Chandler, T. Chase, J. Choi, L. Christoffersen, E. Friedlander, C. Henly, C. Jun, N. T. Nassar, D. Schechner, S. Warren, M.-Y. Yang, and C. Zhu, "Methodology of metal criticality determination.," *Environ. Sci. Technol.*, vol. 46, no. 2, pp. 1063–70, Jan. 2012.

[12] Institut der deutschen Wirtschaft Köln, "Projekt des IW Köln zur betrieblichen Ressourceneffizienz," *gefördert von Bundesministerium für Umwelt, Naturschutz und Reaktorsicherheit*, 2012. [Online]. Available: http://www.bdi.eu/images_content/KlimaUndUmwelt/IW-Studie_Homepage_BDI.pdf.

[13] Stiftung Deutscher Nachhaltigkeitspreis e.V., "Sonderpreis Ressourceneffizienz," 2013. [Online]. Available: http://www.nachhaltigkeitspreis.de/1337-0-Sonderpreis-Ressourceneffizienz.html.

[14] Fraunhofer-Institut für Arbeitswirtschaft und Organisation IAO, "Relevanz der Ressourceneffizienz für Unternehmen des produzierenden Gewerbes," 2010.

[15] L. van Oers, A. de Konig, J. B. Guinée, and G. Huppes, "Abiotic resource depletion in LCA Abiotic resource depletion in LCA Improving characterisation factors for abiotic ressource depletion as recommended in the new Dutch LCA Handbook," 2002.

[16] J. B. Guinée, M. Gorrée, R. Heijungs, G. Huppes, R. Kleijn, A. de Koning, L. van Oers, A. W. Sleeswijk, S. Suh, H. A. U. de Haes, H. de Bruijn, R. van Duin, and M. A. J. Huijbregts, "Handbook on life cycle assessment. Operational guide to the ISO standards. I: LCA in perspective. IIa: Guide. IIb: Operational annex. III: Scientific background," 2001.

[17] L. Schneider, M. Berger, and M. Finkbeiner, "The anthropogenic stock extended abiotic depletion potential (AADP) as a new parameterisation to model the depletion of abiotic resources," *Int. J. Life Cycle Assess.*, vol. 16, no. 9, pp. 929–936, Jun. 2011.

[18] L. Schneider, M. Berger, E. Schüler-Hainsch, S. Knöfel, K. Ruhland, J. Mosig, V. Bach, and M. Finkbeiner, "The economic resource scarcity potential (ESP) for evaluating resource use based on life cycle assessment," *Int. J. Life Cycle Assess.*, Nov. 2013.

[19] VDI Verein Deutscher Ingenieure e.V., "Fachbereich Ressourcenmanagement," 2012. [Online]. Available: http://www.vdi.de/technik/fachthemen/energie-und-umwelt/fachbereiche/ressourcenmanagement/themen/richtlinienwerk-zur-ressourceneffizienz-zre/.

[20] International Organization for Standardization, "ISO 14044: Umweltmanagement – Ökobilanz -Anforderungen und Anleitungen." 2006.

[21] United Nations, "Report of the World Commission on Environment and Development - Our Common Future," 1987.

[22] S. A. Rhoades, "The Herfindahl-Hirschman index," *Fed. Reserv. Bull.*, 1993.

[23] P. von der Lippe, *Deskriptive Statistik*. Gustav Fischer Verlag, 1993.

[24] M. Cervantes, F. McMahon, and A. Wilson, "Survey of Mining Companies: 2012/2013," 2013.

[25] The World Bank Group, "The Worldwide Governance Indicators," 2013. [Online]. Available: http://info.worldbank.org/governance/wgi/index.aspx#home.

[26] J. Fricke, *Value-at-Risk Ansätze zur Abschätzung von Marktrisiken*. DUV Deutscher Universitäts-Verlag, 2006.

[27] Intergovernmental Panel on Climate Change, "IPCC Climate Change Fourth Assessment Report: Climate Change," *IPCC Climate Change Fourth Assessment Report: Climate Change*, 2007. [Online]. Available: http://www.ipcc.ch/ipccreports/assessments-reports.htm.

[28] V. Schmitt, "Warum ist Biodiversität so wertvoll?," 2012. [Online]. Available: http://umweltinstitut.org/fragen--antworten/biodiversitaet/verlust-der-biodiversitat-813.html.

[29] World Meteorological Organization, “Scientific Assessment of Ozone Depletion : 2010 Global Ozone Research and Monitoring Project—Report No. 52,” 2010.

[30] M. Goedkoop, R. Heijungs, M. Huijbregts, A. De Schryver, J. Struijs, and R. van Zelm, “ReCiPe 2008 A life cycle impact assessment method which comprises harmonised category indicators at the midpoint and the endpoint level Report I: Characterisation,” 2009.

[31] T. Mattila, T. Helin, and R. Antikainen, “Land use indicators in life cycle assessment,” *Int. J. Life Cycle Assess.*, vol. 17, no. 3, pp. 277–286, Dec. 2011.

[32] M. Curran, L. de Baan, A. M. De Schryver, R. Van Zelm, S. Hellweg, T. Koellner, G. Sonnemann, and M. a J. Huijbregts, “Toward meaningful end points of biodiversity in life cycle assessment.,” *Environ. Sci. Technol.*, vol. 45, no. 1, pp. 70–9, Jan. 2011.

[33] B. Weidema, “The Integration of Economic and Social Aspects in Life Cycle Impact Assessment,” *Int. J. Life Cycle Assess.*, vol. 11, pp. 89–96, 2006.

[34] R. K. Rosenbaum, M. a. J. Huijbregts, A. D. Henderson, M. Margni, T. E. McKone, D. Meent, M. Z. Hauschild, S. Shaked, D. S. Li, L. S. Gold, and O. Jolliet, “USEtox human exposure and toxicity factors for comparative assessment of toxic emissions in life cycle analysis: sensitivity to key chemical properties,” *Int. J. Life Cycle Assess.*, vol. 16, no. 8, pp. 710–727, Jul. 2011.

[35] R. K. Rosenbaum, T. M. Bachmann, O. Jolliet, R. Juraske, A. Koehler, and M. Z. Hauschild, “USEtox — the UNEP-SETAC toxicity model : recommended characterisation factors for human toxicity and freshwater ecotoxicity in life cycle impact assessment,” *Int. J. LCA*, vol. 13, pp. 532–546, 2008.

[36] C. B. Norris, G. Norris, and D. Aulisio, “Social Hotspots Database,” 2013. [Online]. Available: http://socialhotspot.org/.

[37] C. Benoit-Norris, D. A. Cavan, and G. Norris, “Identifying Social Impacts in Product Supply Chains:Overview and Application of the Social Hotspot Database,” *Sustainability*, vol. 4, no. 12, pp. 1946–1965, Aug. 2012.

[38] R. Frischknecht, R. Steiner, and N. Jungbluth, “Methode der ökologischen Knappheit – Ökofaktoren 2006 Methode für die Wirkungsabschätzung in Ökobilanzen,” 2006.

[39] United Nations Environment Programme, *GUIDELINES FOR SOCIAL LIFE CYCLE ASSESSMENT OF PRODUCTS*. 2009.

AUTOMATISIERTE DEMONTAGE VON LITHIUM-IONEN-BATTERIEN – EIN WICHTIGER BEITRAG ZUR ROHSTOFF-RÜCKGEWINNUNG

N. Natkunarajah

Lehrstuhl für Fertigungsautomatisierung, Institut für Produktionstechnik, Universität Siegen, Paul-Bonatz-Str. 9-11, Siegen, E-Mail: nirugaa.natkunarajah@uni-siegen.de

Keywords: Lithium-Ionen-Batterien, Recycling, Lebenszyklus, Automatisierte Demontage, Demontagedatenbank

Kurzfassung

Lithium-Ionen-Batterien beinhalten wertvolle Komponenten und Materialien, die durch ein effizientes Recycling wiedergewonnen werden sollten. Aktuelle Recyclingverfahren betrachten nur die Materialverwertung der einzelnen Batteriezelle, wobei aktuell die Demontage des kompletten Batteriepacks manuell oder durch Schredder durchgeführt wird. In diesem Beitrag wird das Recycling der kompletten Batterie vom Batteriepack bis hin zu den einzelnen Komponenten der Zelle betrachtet. Dazu wird der Lebenszyklus der Lithium-Ionen-Batterien aus Elektrofahrzeugen von der Herstellung bis zum Recycling analysiert. Im Bereich des Recyclings wird speziell auf die Demontage eingegangen. Die einzelnen Demontageschritte werden hinsichtlich der Automatisierbarkeit bewertet und die nächsten Schritte zur automatisierten Demontage von Lithium-Ionen-Batterien definiert.

Abstract

Lithium-ion-batteries comprise valuable components and material to be recovered by efficient recycling. Current recycling processes focus on the material reutilization of the battery cells. In these processes the disassembly is executed manually or by shredder. In this paper the recycling of the complete battery from battery pack to the single components of the battery cell. Therefore the lifecycle of the lithium-ion-batteries out of electric cars is analyzed from production to recycling. In the field of recycling, the disassembly is discussed in detail. The steps of disassembly are evaluated referring the ability of automation and the next steps towards the automated disassembly of lithium-ion-batteries are given.

1 Einleitung

Das Wirtschaften in geschlossenen Kreisläufen ist von wesentlicher Bedeutung für eine nachhaltige Produktion bzw. einen umweltbewussten Konsum. Vor allem für rohstoffarme Länder, wie z.B. Deutschland, ist ein effizientes Recycling nicht nur aus ökonomischer, sondern auch aus geostrategischer Sicht sinnvoll. Dabei liegt die Herausforderung darin, die natürlichen Ressourcen zu schonen und gleichzeitig den aktuellen Lebensstandard zu halten oder sogar zu erhöhen. Kurze Innovations- und Produktlebenszyklen, überteuerte Ersatzteile, fehlende Reparaturmöglichkeiten und verschlechterte Kompatibilität von neuen Teilen mit alten Produkten erhöhen die Abfallmengen. Elektronikprodukte beinhalten viele wertvolle Rohstoffe, wodurch das Recycling dieser Produkte besonders attraktiv ist.

Aus Lithium-Ionen-Batterien können beispielsweise die wertvollen Materialien Aluminium, Kupfer, Mangan, Nickel, Kobalt und Lithium wiedergewonnen werden. Für ein effizientes Recycling müssen mit den steigenden Stückzahlen von Elektrofahrzeugen folglich auch der Lithium-Ionen-Batterien bestimmte Demontageschritte automatisiert werden. Heute wird die Demontage bzw. die Zerlegung der Lithium-Ionen-Batterie aus Elektrofahrzeugen manuell durchgeführt. Diese Tätigkeiten sind in Industrieländern kosten- und zeitintensiv.

Das Ziel dieser Veröffentlichung ist die Demontageschritte einer Lithium-Ionen-Batterie aufzudecken und diese hinsichtlich der Automatisierbarkeit zu analysieren. Hierzu werden in Kapitel 2 der Aufbau und die Varianten von Lithium-Ionen-Batterien untersucht. In Kapitel 3 werden der Lebenszyklus einer Lithium-Ionen-Batterie aus Elektrofahrzeugen und mögliche Recyclingformen dargestellt. Anschließend werden in Kapitel 4 die aktuell auf dem Markt befindlichen großtechnischen Recyclingverfahren beschrieben und bewertet. In Kapitel 5 werden die einzelnen Demontageschritte analysiert, die effizienteste Recyclingform bestimmt und hinsichtlich der Notwendigkeit und des Potentials zur automatisierten Demontage untersucht. Hierauf basierend werden erste Realisierungsansätze zur Automatisierung aufgezeigt.

2 Lithium-Ionen-Batterien aus Elektrofahrzeugen

2.1 Aufbau einer Lithium-Ionen-Batterie

Der Aufbau einzelner Batterien, wie sie in Fahrzeugen eingesetzt werden, ist komplex (s. Abb. 1). Die Zusammensetzung zu einer funktionstüchtigen Batterie wird mit drei Stufen definiert: eine Batteriezelle (s. Abb. 1a) ist die kleinste Einheit in der Batterie, ein Modul (s. Abb. 1b) besteht aus mehreren Zellen und das Pack (s. Abb. 1c) ist eine nutzbare Einheit aus mehreren Modulen. Neben den Batteriezellen kann ein Batteriemodul unter anderem ein Modul-Management-

System, Spannelemente und Kühlelemente beinhalten. Ein Batteriepack beinhaltet weitere elektronische Komponenten, wie z.B. das Batterie-Management-System oder Spannungssensoren.

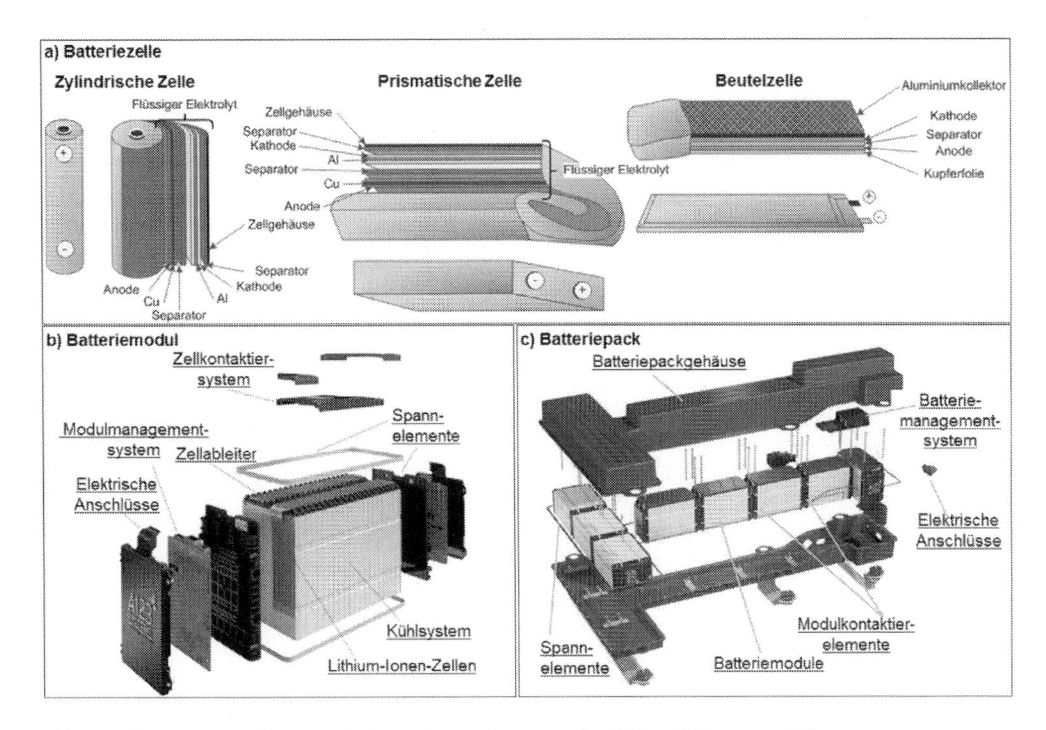

Abb. 1: Allgemeiner Aufbau von Lithium-Ionen-Batterien für Elektrofahrzeugen [1]

Im Laufe der Jahre haben sich drei verschiedene Zellformen durchgesetzt: zylindrische Zellen, prismatische Zellen und Beutelzellen. Die Beutelzelle wurde speziell für den Einsatz der Elektromobilität entwickelt. Sie besitzt kein festes Gehäuse und ist dadurch im Vergleich zu den anderen Zellformen leichter, flexibler und die entstehende Wärme kann besser abgeleitet werden. Allerdings ist die Formstabilität gering. Aktuell werden in den Lithium-Ionen-Batterien der Elektrofahrzeuge alle drei Zellformen verbaut.

Eine Batteriezelle besteht generell aus vier Hauptkomponenten: Kathode (positive Elektrode), Anode (negative Elektrode), Elektrolyt und Separator (Trennmembran). Weitere Komponenten sind Ableiter (Stromsammler), Elektrodenadditive und das Zellgehäuse [2]. In der Herstellung werden die Komponenten der Zelle automatisch geschichtet und anschließend verpresst. In Tabelle 1 sind die Zellhauptkomponenten mit ihren Masseanteilen und den einsetzbaren Materialien gelistet [2, 3].

Es sind verschiedene Kombinationen der einzelnen Komponenten möglich, aktuell werden hauptsächlich Lithium-Kobaltoxid-Kathoden ($LiCoO_2$) und Graphitanoden verbaut. Aufgrund von schlechten umwelttechnischen Eigenschaften dieser Bauart werden zurzeit neue Materialien erforscht [3]. Hier ist der Lithium-Luft-Akkumulator zu nennen, welcher sich in einem fortgeschrittenen, aber noch nicht marktreifen Stadium befindet [4]. Weitere Forschungen werden im Bereich der Lithium-Schwefel-Akkumulatoren betrieben [5].

Tabelle 1: Massenanteile und Materialien der Zellhauptkomponenten [2, 3]

Komponente	Kathode	Anode	Elektrolyt	Separator
Massenanteil in %	46	18	15	2
Verwendete Materialien	$LiNiO_2$ $LiNi_{1-x}Co_xO_2$ $LiNi_{0,85}Co_{0,1}Al_{0,05}O_2$ $LiNi_{0,33}Co_{0,33}Mn_{0,33}O_2$ $LiMn_2O_4$ $LiFePO_4$ $LiCoO_2$	Graphit $Li_4Ti_5O_{12}$ SnO_2	$LiPF_6$ $LiBF_4$ PVDF PVDF-HFP Li_3PO_4N	aus mikroporöse Polymeren basierend auf semikristallinen Polyolefinen aus Keramik

2.2 Varianten der Lithium-Ionen-Batterie

Durch die fehlende Normung und den nach Fahrzeugen unterschiedlichen Anforderungen an die Batterien ergeben sich viele Varianten, die in der Demontage betrachtet werden müssen. Die Einflussgrößen, die bei der Entstehung der Varianten eine Rolle spielen, sind zusammenfassend in Abb. 2 dargestellt.

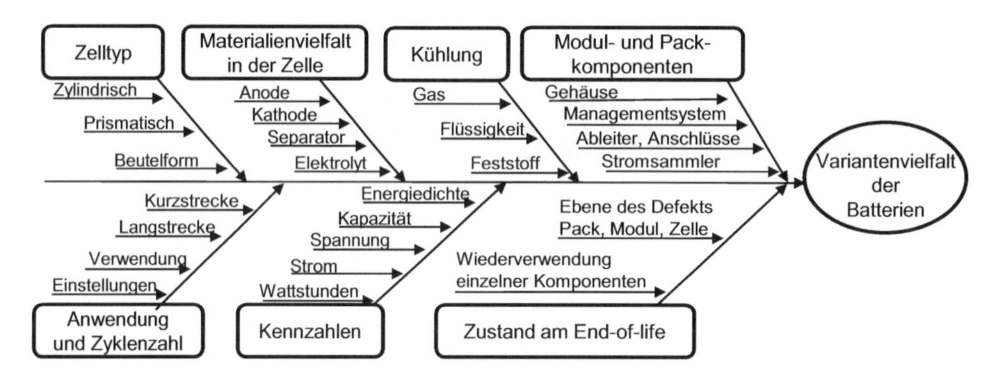

Abb. 2: Einflussfaktoren bei der Variantenentstehung von Lithium-Ionen-Batterien [1]

Durch die stetige Weiterentwicklung der Batteriesysteme, wie bspw. im Design oder bei Materialien (s. Kap. 2.1), existiert bis jetzt keine Standardisierung auf dem Gebiet der Lithium-Ionen-Batterien für Elektrofahrzeuge. Mit der Einführung eines Standards würde die automatisierte Demontage vereinfacht werden.

3 Lebenszyklus einer Lithium-Ionen-Batterie

Der Lebenszyklus einer Lithium-Ionen-Batterie ist durch die in folgender Abbildung (Abb. 3) gezeigten Phasen gekennzeichnet, welche im Folgenden näher beschrieben werden.

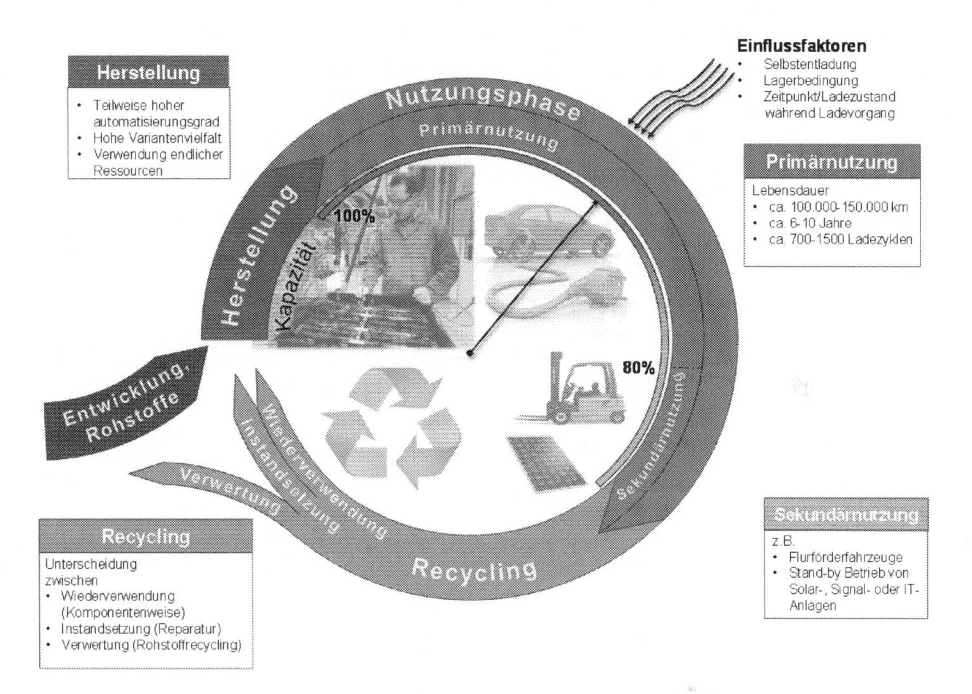

Abb. 3: Lebenszyklus einer Lithium-Ionen Batterie

3.1 Herstellung

Das Lithium-Ionen-Batteriepack wird individuell auf das einzelne Fahrzeug zugeschnitten. Deshalb werden die Batteriepacks von Fahrzeugherstellern selbst montiert. Die Batteriemodule werden entweder von Fahrzeugherstellern selbst hergestellt (Volkswagen) oder durch Joint-Venture (JV) mit etablierten Batterieherstellern (z.B. ACCUMotive: JV zwischen Daimler und Evonik) zugeliefert. Die Batteriezellen kommen in der Regel von Zulieferunternehmen. Die Produktionsprozesse bei der Herstellung von großen Lithium-Ionen-Batterien werden bereits automatisiert durchgeführt.

3.2 Primärnutzung

Dies ist die Nutzungsphase der Batterie in einem Elektrofahrzeug, wobei verschiedene Faktoren Einfluss auf die Lebensdauer nehmen. Den Einfluss einige dieser Faktoren auf die Alterung sind im Folgenden zusammenfassend dargestellt.

Mit zunehmender Zellspannung altert die Batterie schneller. Ein weiterer Parameter ist die Lager- bzw. Betriebstemperatur. Zu tiefe Temperaturen erhöhen die Viskosität des Elektrolyts, welche die chemischen Prozesse verlangsamt. Die Leistung wird dadurch herabgesetzt. Dahingegen beschleunigen hohe Temperaturen die Alterung. Außerdem ist es empfehlenswert, die Batterie "flach" zu entladen. Das bedeutet, dass sie nicht komplett entladen wird, sondern ab einer Restkapazität von ca. 30 % wieder aufgeladen wird. Des Weiteren nimmt ebenso der Lade- bzw. Entladestrom signifikanten Einfluss auf die Lebensdauer [6]. Durch die physikalisch unumgängliche Selbstentladung verliert die Batterie im Schnitt bis zu 3% pro Monat ihrer Ladung bei Zimmertemperatur [7].

Abhängig von diesen Faktoren und je nach Hersteller entspricht die Lebensdauer eines Akkus einer Fahrstrecke von 100.000-150.000 km, einer Einsatzdauer von 6-10 Jahre oder 700-1500 Ladezyklen, um Größenordnungen zu nennen. Verständlicherweise hängen diese Angaben miteinander zusammen, so dass eine einheitliche Aussage über die genaue Lebensdauer unmöglich ist.

3.3 Sekundärnutzung

Wenn die Nennkapazität der Batterie auf ca. 80% sinkt, dann ist diese für den Gebrauch im Elektrofahrzeug nicht mehr ausreichend und muss ersetzt werden. Da jedoch die Batterie zu diesem Zeitpunkt noch gebrauchsfähig ist, bietet sich ihre Wieder- bzw. Weiterverwendung (s. Abschnitt Recycling) für eine Sekundärnutzung an. Derzeit ist eine unmittelbare Weiternutzung der Batteriepacks- bzw. ihrer Komponenten nicht gegeben. Allerdings existieren bereits erste Ansätze die Batterienutzung als stationäre Speicher oder in der mobilen Anwendung einzusetzen. Beispiele sind in Tabelle 2 genannt.

Tabelle 2: Sekundärnutzung der Lithium-Ionen-Batterien [8-11]

Stationäre Speicher	Mobile Anwendung
• Speicherung von Energie aus regenerativen Quellen	• Flurförderfahrzeuge
• Stationärer Energiespeicher für den Hausgebrauch	• Reinigungsmaschinen
• Verwaltung von Netzlasten	• Bau- und Landmaschinen
• Verwendung als Notstromaggregat	• Wohnmobile
• Stand-by Betrieb	

Als ein konkretes Beispiel wird hier die Weiternutzung der Lithium-Ionen-Batterien aus Nissan Leaf angeführt. Der Automobilhersteller *Nissan* nutzt in Kooperation mit dem Energieunternehmen *4R Energy Company* vier aussortierte Lithium-Ionen Batterien zur Energiespeicherung von Solarstrom. Es sollen pro Jahr bis zu 1800 Elektrofahrzeuge mit diesem Solarstrom geladen werden [12].

3.4 Recycling

Ist eine Batterie nicht mehr verwendbar oder defekt, gibt es die Möglichkeit, diese

- produkt- oder komponentenweise wieder bzw. weiterzuverwenden,
- instandzusetzen oder
- einzelne Materialien zu verwerten.

Die Verwendung, Instandsetzung und Verwertung werden nach VDI 2343 auch Formen des Recyclings genannt [13]. Unter Wiederverwendung versteht man, dass bereits gebrauchte Batterien für denselben Zweck zumindest teilweise erneut verwendet werden. Somit können zum Beispiel einzelne intakte Zellen oder ganze Module in neue Batteriepacks von Elektrofahrzeugen verbaut werden. Bei der Weiterverwendung werden die Komponenten zweckfremd genutzt. Im Falle eines Defektes kann diese entweder instandgesetzt und verwendet oder verwertet werden. Unter Verwertung wird die Wiedergewinnung der Materialien durch das Materialrecycling verstanden. Um die effektivste Recyclingform zu bestimmen, muss der Zustand der Komponenten überprüft werden.

Folgende Materialien werden zurzeit verwertet [14]: Aluminium, Edelstahl, Kobalt- Mangan- und Nickelsulfat, Kunststoffe, Kupfer und Lithiumhydroxid. Um die verschiedenen Materialien zurückzugewinnen, werden bei aktuellen Verfahren (s. Kap. 4.2) die Batteriezellen geschreddert und anschließend chemisch so aufgearbeitet, dass die einzelnen Stoffe herausgefiltert werden können.

4 Recycling von Lithium-Ionen-Batterien

4.1 Notwendigkeit des Recyclings von Lithium-Ionen-Batterien

Für das Recycling von Lithium-Ionen-Batterien gibt es mehrere Gründe. Zum einen, um sich von den politisch instabilen Förderländern, welche die Rohstoffe für Batteriematerialien zuliefern, unabhängig zu machen und zum anderen aus Gründen des Umweltschutzes und der Nachhaltigkeit. 70 % des weltweiten Lithiumvorkommens werden von Argentinien, Bolivien und Chile gestellt, die bei knapper werdenden Rohstoffen einen hohen Druck auf den Markt ausüben können [15].

Andere natürliche Ressourcen wie Kobalt, Nickel, Mangan oder Kupfer werden laut Schätzungen in absehbarer Zeit verbraucht sein, ähnlich wie es bei Erdöl der Fall ist [16]. Die Preise pro Tonne dieser Materialien spiegeln diese Ressourcenknappheit wider, so kostet beispielsweise

Kobalt 25.800 $ und Nickel 14.060 $ pro Tonne [16,17]. Der Tonnenpreis für Lithium liegt dagegen bei 6600 $ [18].

Aktuell lohnt sich das Recycling von Lithium wirtschaftlich noch nicht, doch mit steigenden Zahlen von Elektrofahrzeugen erhöht sich auch der Preis für diesen Rohstoff. Des Weiteren ist die Rückgewinnung von Lithium technisch aufwändig, was der Grund für die weltweit geringe Anzahl an Verwertungsunternehmen ist. Aktuell liegt die Wirtschaftlichkeit der Recyclingverfahren von Lithium-Ionen-Batterien im Rückgewinn der hochpreisigen Batteriemetalle.

4.2 Bewertung aktueller Recyclingverfahren für Lithium-Ionen-Batterien

Es existieren verschiedene Verfahren zum Recycling, in denen die Lithium-Ionen-Batterien zunächst mechanisch und anschließend pyrometallurgisch und/ oder hydrometallurgisch verarbeitet werden. Bei der mechanischen Aufbereitung werden die Lithium-Ionen-Batteriepacks in ihre einzelnen Komponenten meist noch manuell zerlegt oder geschreddert. Im Folgenden werden großtechnisch betriebene Batrec-Sumitomo Verfahren, der Batrec AG (Schweiz), die Toxco-Tieftemperaturzerlegung der Firma Toxco (Kanada) und der von der Firma Umicore (Belgien) entwickelte Umicore-Val'Eas®-Prozess kurz erläutert und anschließend verglichen.

Batrec konzentriert sich ausschließlich um die mechanische Trennung der Materialien. Hier werden die Batterien unter Schutzatmosphäre geschreddert und anschließend zu zwei Metall-, einer Kunststoff- und einer Feinfraktion sortiert. Toxco lässt die Sortierung der Metallfraktion außen vor und fokussiert sich auf die Rückgewinnung der seltenen Stoffen Kobalt und Lithium. Hierfür werden die Batteriezellen auf -186-196 °C abgekühlt, geschreddert und anschließend mit Lauge umspült. Umicore hingegen lässt das Lithium in der Schlacke, welche als Baubeton weiterverwendet wird. Es wird ein in drei Zonen aufgeteilter Schmelzofen verwendet, welcher eine Lithium-. Silizium- und Aluminiumreiche Schlacke und eine Eisen-, Kupfer-, Kobalt-, und Nickelhaltige Schmelze hervorbringt. Nickel und Kobalt werden im Umicore-Prozess wiedergewonnen. Die Recyclingeffizienz dieser Verfahren erscheint auf dem ersten Blick hoch, jedoch wird bei der Berechnung der Schlackeanteil miteinbezogen [19].

Zweck der aktuellen Recyclingverfahren für Lithium-Ionen-Batterien ist hauptsächlich die Verwertung der einzelnen Materialien der Lithium-Ionen-Zellen und sie gehen nicht auf die Zerlegung des kompletten Batteriepacks ein. Aktuell werden die Batteriepacks und -module meist manuell zerlegt und den beschriebenen Verfahren zugeführt. In dem in Kapitel 5 beschriebenen Ansatz sollen sowohl Batteriepack und -modul als auch die Batteriezelle in ihre Komponenten zerlegt werden. Aus Sicht des Recyclings ist es sinnvoll zunächst das Produkt- bzw. Komponentenrecycling (Wieder- bzw. Weiterverwendung) anzustreben, da dies weitestgehend die in der

Produktion eingesetzten Ressourcen einspart [20]. Durch die sortenreine Zerlegung können auch die Recyclingquoten in den Verwertungsbetrieben erhöht werden.

Tabelle 3: Vergleich der industriellen Recyclingverfahren von Lithium-Ionen-Batterien [19]

Verfahren	**Batrec**	**Toxco**	**Umicore**
Grundprozess	Mechanik	Hydrolyse	Pyrolyse
Recyclingeffizienz	hoch (k. Wertangabe)	80 %	64 %
Rückgewonnene Materialien und deren Verwendung	• Metallfraktion • Kunststofffraktion • Feinfraktion werden weitergeleitet zu entsprechenden Materialrecyclingfirmen	• Lithiumcarbonat und • Kobalt können zur Herstellung von Lithium-Ionen-Batterien wiederverwendet werden • Metallfraktion	• Kobalt – Kobaltoxid wird zur Kathodenherstellung genutzt • Nickel • Schlacke als Baubeton weiterverwendet

5 Automatisierte Demontage vom Batteriepack bis hin zu Zellkomponenten

5.1 Automatisierung in der Demontage

Durch die schwankenden Rücklaufzahlen, der Variantenvielfalt (s. Kap. 2.2), der Alterung, den unprofessionellen Reparaturen, Unfällen und anderen Beschädigungen stellt die Demontage gesonderte Anforderungen an die Forschung und Entwicklung und kann nicht als die einfache Umkehrung der Montagetätigkeit verstanden werden [21]. Dadurch kann der Zustand der Batterien am Ende des Lebenszyklus nicht vorherbestimmt werden.

Für den wirtschaftlichen Erfolg einer Automatisierung in der Demontage ist die hohe Flexibilität des Systems bei niedrigen Investitions- und Instandhaltungskosten bedeutend. Die bekannten, automatisierten Demontageanlagen im Bereich von Elektronikprodukten sind produktspezifisch und meist nur im Laborbetrieb umgesetzt [21, 22]. Durch die automatisierte Demontage können die Qualität und Quantität der Demontage und folglich auch die der Recyclingprozesse gesteigert werden. Ein weiterer treibender Faktor für die Automatisierung sind die humanen Arbeitsbedingungen [23].

Trotz dieser Vorteile hat sich die Automatisierung in der Demontage bis jetzt nicht durchgesetzt. Gründe hierfür sind:

- hohe Kosten und die damit verbundene lange Amortisierungszeit
- niedrige Stückzahlen
- schnelle Produktwechsel und Weiterentwicklungen (s. Kap. 2.1)
- Volumenschwankungen und

- die Komplexität der Produkte (s. Kap. 2.1).

Diese Gründe treffen auch auf die Demontage von Lithium-Ionen-Batterien zu. Zur Bewertung der Automatisierbarkeit müssen die Demontageschritte zunächst analysiert werden.

5.2 Analyse der Demontageschritte für Lithium-Ionen-Batterien

Um die Automatisierbarkeit der Demontage von Lithium-Ionen-Batterien bewerten zu können, werden mithilfe des Aufbaus der Batterie (s. Kap. 2.1) die einzelnen Demontageschritte abgeleitet (s. Abb. 4). Wie in Kap. 2.1 wird die Demontage auch in drei Phasen gegliedert: 1. Pack-, 2. Modul- und 3. Zellebene. In der ersten Phase wird das Batteriepack bis hin zu Modulen zerlegt, in der zweiten Phase ein Modul bis hin zu Zellen und in der letzte Phase wird eine Zelle selbst in ihre Komponenten zerlegt. Zwischen jeder Demontagephase muss eine Zustandsprüfung stattfinden. Falls die Teile funktionstüchtig sind, können diese der Sekundärnutzung (s. Kap. 3) zugeführt werden. Vor jeder Demontagephase findet eine Entladung statt.

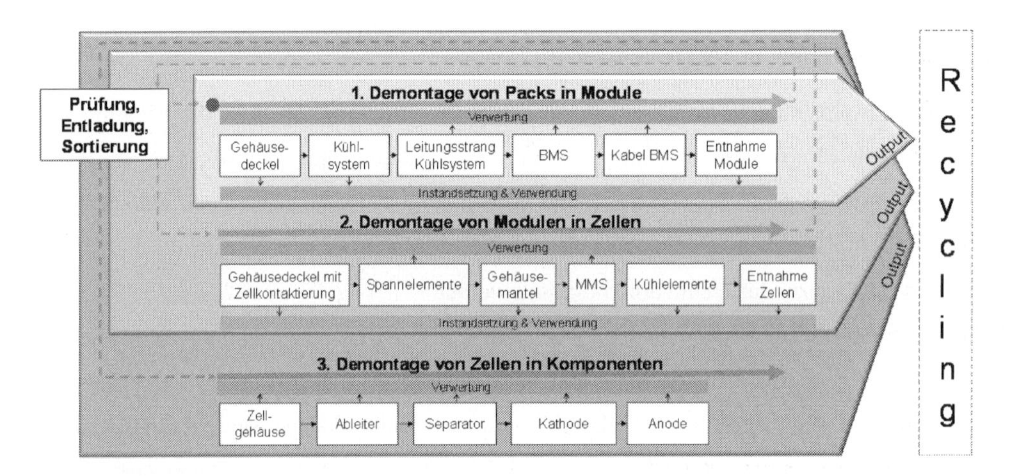

Abb. 4: Demontageschritte bei der Zerlegung des Batteriepacks

Nach der Demontage müssen die einzelnen Komponenten einer geeigneten Recyclingform (s. Kap. 3 – Recycling) zugeordnet werden. Es wird hier zwischen der direkten Wieder- bzw. Weiterverwendung mit oder ohne Instandsetzung und der Verwertung unterschieden. Kabel, Spannelemente, Platinen (MMS/ BMS) sowie die Komponenten der Zelle sollten verwertet werden. Alle weiteren Komponenten können, sofern sie nicht mehr reparierbar sind bzw. diese nicht auf dem Sekundärmarkt gefragt sind, wieder- bzw. weiterverwendet werden. Wenn dies nicht der Fall ist, werden diese ebenfalls verwertet.

5.3 Bewertung der Automatisierbarkeit der Demontageschritte

Um die Notwendigkeit und das Potential zur Automatisierung der verschiedenen Arbeitsschritte zu bestimmen, werden zunächst prozess-, sicherheits- und komponentenbezogene Kriterien bestimmt. Die Kriterien werden durch die Anwendung des paarweisen Vergleichs (wie im Projekt Lithorec) gewichtet. Hierdurch erhält jeder Faktor seine eigene Gewichtung. Anschließend erfolgt die Vergabe von Punkten für jeden einzelnen Faktor: -1 = negative, 0 = keine und 1 = positive Wirkung hinsichtlich Automatisierbarkeit bzw. Notwendigkeit. Bei der Auswertung werden die jeweiligen Werte der Automatisierungskriterien aufsummiert und den ebenfalls aufsummierten Notwendigkeitskriterien gegenübergestellt. In Tabelle 4 ist das Bewertungsschema abgebildet. Kriterien der Automatisierbarkeit sind in der Bewertungstabelle grau und die Kriterien, welche die Notwendigkeit zur Automatisierung bewerten grün hinterlegt Sie zeigt beispielhaft die Bewertung des Demontageschrittes „Demontage Gehäusedeckel". Bei der Analyse wurden sowohl Demontage- als auch Handhabungsschritte bewertet.

Tabelle 4: Bewertungstabelle zur Automatisierbarkeit

	Demontageschritt: Demontage Gehäusedeckel	**Punkte**	**Gewichtung**	**Gesamt**
Prozesskriterien	Anzahl Demontagebewegungen	-1	2	-2
	geringe Komplexität der Tätigkeit	1	7	7
	Automatisierungspotential des Werkzeuges	1	4	4
	Art des Verbindungselementes	1	3	3
	benötigte Positioniergenauigkeit	-1	3	-3
	Dauer der manuellen Demontage	-1	3	-3
	sortenreine Fraktionierung	1	4	4
	Abhängigkeit vom Zustand der Verbindung	-1	3	-3
	Kosten der Automatisierung	1	10	10
Sicherheitskriterien	direkter Kontakt mit gefährlichen Stoffen	-1	12	-12
	direkter Kontakt mit elektrischen Strömen	-1	11	-11
	Gefahr durch austretende Gase oder Stäube	1	12	12
	körperl. Belastung durch Komponentengewicht	-1	13	-13
Komponentenkriterien	Widerstandsfähigkeit gegenüber Werkzeug	1	1	1
	Platzbedarf nach Demontage	-1	1	-1
	geometrische Komplexität	1	4	4
	manuelle Handhabbarkeit	-1	4	-4
	Zugänglichkeit des Verbindungselementes	1	4	4
	Anzahl Outputelemente	1	1	1
Ergebnis	Notwendigkeit der Automatisierung			-20
	Potential zur Automatisierung			19

Die Bewertung in Tabelle 4 zeigt, dass keine direkte Notwendigkeit zur Automatisierung des Demontageschritts Gehäusedeckel besteht. Dem gegenüber steht der positive Wert vom Automatisierungspotential, der anzeigt, dass eine Automatisierung jedoch technisch möglich ist. Es ergeben sich insgesamt 16 Demontageschritte und 18 Handhabungsschritte, die es zu bewerten gilt. Dabei wurden die fünf Demontageschritte der Zelldemontage zusammenfassend bewertet.

Im Folgenden werden die Ergebnisse der Bewertung in Form einer Portfoliomatrix dargestellt. Diese beinhaltet alle Demontagetätigkeiten (Index D) und die wesentlichen Handhabungstätigkeiten (Index H).

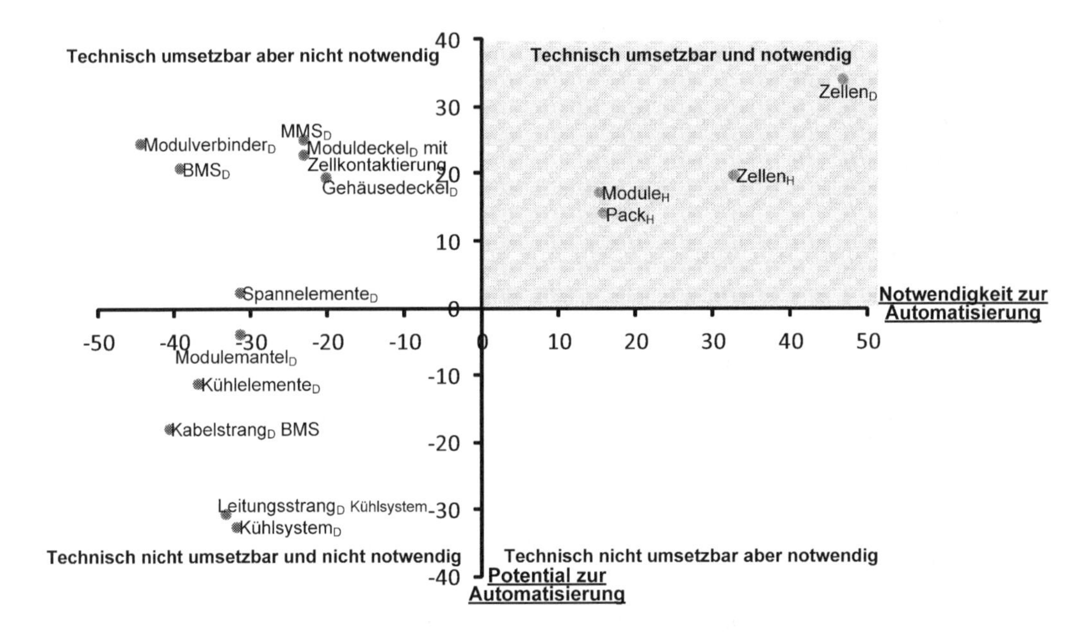

Abb. 5: Bewertung der Demontageschritte auf Notwendigkeit und Potential zur Automatisierung

Für die Bewertung der Automatisierbarkeit und der Notwendigkeit zur Automatisierung ergeben sich vier Felder (s. Abb. 5), nach denen sich die Demontageschritte gliedern lassen. Die Auswertung zeigt, dass für den größten Teil der Demontageschritte eine Umsetzung technisch möglich ist, jedoch keine Notwendigkeit zur Automatisierung besteht (2. Quadrant). Des Weiteren ergeben sich Arbeitsschritte, welche technisch nicht oder nur schwer umsetzbar sind, und bei denen keine Notwendigkeit besteht (3. Quadrant). In dem Feld der technisch nicht umsetzbaren, jedoch notwendigen Operationen befinden sich keine der untersuchten Arbeitsschritte (4. Quadrant). Es ergeben sich nur wenige Arbeitsschritte, die technisch möglich und auch notwendigen sind: die Handhabungsvorgänge auf Pack-, Modul- und Zellebene und vor allem die Zelldemontage. Diese Schritte sollten automatisiert bzw. teilautomatisiert durchgeführt werden.

5.4 Notwendige Schritte zur Automatisierung

Lithium-Ionen-Batterien verlangen nach einer flexiblen teilautomatisierten Demontagezelle, die für neue Varianten und steigende Stückzahlen erweiterbar ist. Dabei sollten die Informationen zur Demontage zentral aus einer Demontagedatenbank verfügbar sein. Die bereits existierende Demontagedatenbank „International Dismantling Information System", eine Informationsplattform der Fahrzeughersteller für die Verwertungsbetriebe, beinhaltet konkrete Demontageanleitungen für ausgewählte Objekte. Jedoch gibt es aktuell keine Anleitung für die Demontage bzw. Zerlegung der Batterie selbst, sondern nur zur Demontage der Batterie aus dem Fahrzeug. Deshalb wurde an der Universität Siegen eine erste Demontagedatenbank entwickelt. Diese beinhaltet unter anderem die demontagerelevanten Informationen wie z.B. Hersteller von Pack, Modul und Zelle, Zelltyp, Kühlmedium, Anzahl Module bzw. Zellen, Gewichte, Maße und Materialien. In *Tabelle 5* wird ein Auszug aus der Demontagedatenbank gezeigt. Es werden die Informationen zu den Lithium-Ionen-Batterien der Automodelle Nissan Leaf, Smart Fortwo ED, Opel Ampera, Mitsubishi i-MiEV und Chevrolet Volt dargestellt. Diese befinden sich nach den Zulassungszahlen 2012 und 2013 unter den Top 10 der meist verkauften Elektrofahrzeuge in Deutschland.

Tabelle 5: Auszug aus der Demontagedatenbank zu Lithium-Ionen-Batterien aus Elektrofahrzeugen

Automodell	**Nissan Leaf**	**Smart Fortwo ED**	**Opel Ampera**	**Mitsubishi i-MiEV**	**Chevrolet Volt**
Zellhersteller	AESC	ACCUmotive	Opel/GM/LG Chem	GS Yuasa	LG Chem
Packgewicht	273-294	175	197	236	197
Anzahl Module	48	-	3	22	-
Anzahl Zellen	192	93	288	88	>200
Zelltyp	Pouchzelle	Rundzelle	Pouchzelle	Prismatisch	Pouchzelle
Kühlmedium	Luft	-	Flüssigkeit	Luft	-

Neben den Informationen, die aus der Datenbank erhoben werden können, sind Beschädigungen und Ladezustände der Batterie von Interesse. Um den Originalzustand mit dem Zustand bei der Demontage abzugleichen und die relevanten Daten den Demontageprozessen automatisch zuzuführen, sollte die Batterie codiert sein. Mit der Demontagedatenbank ist der erste Baustein für eine automatisierte Demontage gelegt.

Es sind weitere Entwicklungen in den einzelnen Einheiten für den Erfolg dieses Ansatzes notwendig:

- Entwicklung von Demontagefamilien auf allen drei Demontageebenen [23]
- Modularer Aufbau der Demontagezelle zur stufenweisen Erhöhung des Automatisierungsgrades [22, 24, 25]
- Weiterentwicklung von sensorgeführten Demontagerobotern, adaptierbaren Demontagewerkzeugen und flexiblen Greifsystemen
- Umsetzung der intelligenten Zellensteuerung durch die Verknüpfung der Datenbank mit der Sensorik, der Bildverarbeitung und der Robotersteuerung
- Weitere Forschungstätigkeiten sind in der verhaltensbasierten Robotik [22], im Bereich der künstlichen Intelligenz, der Sensorik und der Bildverarbeitung notwendig.

Mit Entwicklungen in den genannten Bereichen kann die automatisierte flexible Demontage von den einzelnen relevanten Arbeitsschritten der Pack-, Modul- und Zellhandhabung und der Zelldemontage in Zukunft wirtschaftlich realisiert und betrieben werden.

6 Zusammenfassung und Ausblick

In diesem Beitrag wird die Automatisierbarkeit von einzelnen Schritten zur Demontage von Lithium-Ionen-Batterien bewertet. Zuvor wurde der Aufbau der Lithium-Ionen-Batterie und ihr Lebenszyklus in den einzelnen Phasen der Herstellung (Zelle, Modul, Pack), der Nutzung (Primär- und Sekundärnutzung) und des Recyclings (Verwendung, Instandsetzung und Verwertung) dargestellt. Danach wurden die aktuell großtechnisch betriebenen Recyclingverfahren von der Batrec AG, Toxco und Umicore erläutert, hinsichtlich ihrer Effizienz und den wiedergewonnen Materialien verglichen und bewertet. Dabei wurde deutlich, dass diese Verfahren meist erst auf Zellebene ansetzen und nur auf der Verwertung der Materialien abzielen. Die Zerlegung bzw. Demontage der Batteriepacks und -module wird manuell durchgeführt. Der in Kapitel 5 beschriebene Ansatz betrachtete die Demontage der Batterie bis zu den einzelnen Zellkomponenten und bewertete die Automatisierbarkeit dieser Demontageschritte.
Dabei wurden bei der Zelldemontage und bei den Handhabungsschritten von Batteriepack, -modul und -zelle die Notwendigkeit und ein hohes Potential zur Automatisierung festgestellt. Zusätzlich wurde jeder demontierten Komponente eine effiziente Recyclingform - Verwendung, Instandsetzung oder Verwertung - zugeordnet. Bis auf die Komponenten Kabel, Spannelemente, Platinen (MMS/ BMS) sowie der innere Aufbau der Zelle sollten alle Komponenten zunächst instandgesetzt, verwendet und erst nach der Sekundärnutzung verwertet werden.
Die bisherigen Untersuchungen zeigen, dass Lithium-Ionen-Batterien nach flexibel teilautomatisierten Demontagesystemen verlangen, die für neue Varianten und steigende Stückzahlen erweiterbar sein müssen. Deshalb wurden die notwendigen Schritte zur Automatisierung der Demontageschritte festgelegt. Als ein erster Baustein wurde an der Universität Siegen eine Demontagedatenbank für Lithium-Ionen-Batterien entwickelt. Diese beinhaltet unter anderem die demontagerelevanten Informationen der Hersteller von Pack, Modul und Zelle, Zelltyp, Kühlmedium, Anzahl Module bzw. Zellen, Gewichte, Maße und Materialien. Mit der Umsetzung der weiteren Schritte, wie z.B. die Umsetzung der intelligenten Zellensteuerung durch die Verknüpfung der Datenbank mit der Sensorik, der Bildverarbeitung und der Robotersteuerung, kann die automatisierte Demontage für ausgewählte Demontageschritte in Zukunft erfolgreich umgesetzt werden.

7 Literatur

[1] M. Weyrich und N. Natkunarajah, „ Konzeption einer automatischen Demontageanlage für Lithium-Ionen-Batterien“, VDI Automatisierungskongress, Baden Baden, 25. - 26. Juni 2013.

[2] M. Beermann, G. Jungmeier., J. Wenzel, J. Spitzer, L. Canella, A. Engel, M. Schmuck, S. Koller, „Quo Vadis Elektroauto? Grundlagen einer Road Map für die Einführung von Elektro-Fahrzeugen in Österreich.“, Graz 2010.

[3] B. Ketterer , U. Karl, D. Möst und S. Ulrich, Wissenschaftliche Berichte FZKA 7503, „Lithium-Ionen Batterien - Stand der Technik und Anwendungspotenzial in Hybrid-, Plug-In Hybrid und Elektrofahrzeugen.“, Forschungszentrum Karlsruhe GmbH, 2009.

[4] N. Savage, „Batteries That Breathe“, 2011. Online im Internet: http://www.spectrum.ieee.org/green-tech/fuel-cells/batteries-that-breathe [Abgerufen 18.12.13]

[5] A. Manthiram, Y. Fu und Y.-S. Su, „Challenges and Prospects of Lithium Sulfur Batterie“, „Accounts of chemical research” Vol. 46 No.5 S.1125–1134, 2012. Online im Internet: http://pubs.acs.org/accounts [Abgerufen 18.12.13]

[6] R. L. Hartmann II, „An aging model for lithium-ion cells“, 2008.

[7] Winston Battery Limited, „Specification for Winston rare earth lithium yttrium power battery”, 2011. Online im Internet: http://en.winston-battery.com/index.php/products/power-battery/item/wb-lyp100aha?category_id=176 [Abgerufen 18.12.13]

[8] Institut für Automation und Kommunikation e.V. Magdeburg und Kiefermedia GmbH, „Begleitforschung zum kabellosen Laden von Elektrofahrzeugen: Chancen und Risiken beim kabellosen Laden von Elektrofahrzeugen, Technologiefolgenabschätzung für eine Schlüsseltechnologie in der Durchbruchphase der Elektromobilität.“, 2011.

[9] K. Kelly, R. Fox und R. Kreis „Chevrolet Volt-Batterien: Zweites Leben für erneuerbare Energien?“, 2010. Online im Internet: http://media.gm.com/media/ch/de/chevrolet/news.detail.html/content/Pages/news/ch/de/2010/CHEVROLET/09-21_chevrolet_GM-ABB_mou1.html [Abgerufen 11.12.13]

[10] H.-G. Servatius; U. Schneidewind und D. Rohlfing, „Smart Energy - Wandel zu einem nachhaltigen Energiesystem“ , Berlin, Heidelberg: Springer 2012.

[11] Dr. Th. Schlick, B. Hagemann; M. Kramer; J. Garrelfs und A. Rassmann; „Zukunftsfeld Energiespeicher - Marktpotenziale standardisierter Lithium-Ionen-Batteriesysteme", 2012. Online im Internet: http://www.rolandberger.de/media/pdf/Roland_Berger_Zukunftsfeld_Energiespeicher_20120912.pdf [Abgerufen 11.12.13]

[12] ABB Media Relations, „ABB and partners to evaluate the reuse of the Nissan LEAF battery for commercial purposes", 2012. Online im Internet: http://www.abb.com/cawp/seitp202/a2b2d2aff96520bec1257989004e62ae.aspx

[13] VDI-Richtlinien, „Recycling elektrischer und elektronischer Geräte – Demontage.", VDI 2343 Blatt 1, 2009.

[14] M. Buchert, W. Jenseit, C. Merz und D. Schüler, „Ökobilanz zum „Recycling von Lithium-Ionen-Batterien (LithoRec)", 2011 Online im Internet: http://www.oeko.de/oekodoc/1500/2011-068-de.pdf

[15] A. Kumar, „The Lithium Battery Recycling Challenge.", 2013. Online im Internet: http://www.waste-management-world.com/articles/print/volume-12/issue-4/features/the-lithium-battery-recycling-challenge.html [Stand 02.05.2013].

[16] Metal Pages, „Cobalt metal prices, news and information.", 2013. Online im Internet: http://www.metal-pages.com/metals/cobalt/metal-prices-news-information/ [Stand 18.12.13]

[17] Finanzen.net, „Aktueller Nickelpreis in Dollar je Tonne.", 2013. Online im Internet: http://www.finanzen.net/rohstoffe/nickelpreis [Stand 18.12.13]

[18] B. Junker, „Canada Lithium-Aktie legt um fast 10% zu", 2013 Online im Internet: http://www.goldinvest.de/index.php/canada-lithium-aktie-legt-um-fast-10-zu-28989 [Stand 04.07.2013]

[19] A. Kampker D. Vallée und A. Schnettler,.„Elektromobilität - Grundlagen einer Zukunftstechnologie", Berlin, Heidelberg: Springer Vieweg, 2013.

[20] W. Beitz, „Bedeutung umweltgerechter Produktion", „Optionen zukünftiger industrieller Produktionssysteme", S. 51-75, 1997.

[21] K. Hohm, H. Müller-Hofstede und H. Tolle, „Robot Assisted Disassembly of Electronic Devices". Proceedings of the 2000 IEEE/RSJ International Conference on Intelligent Robots and Systems, S. 1273-1278, 2000.

[22] K. Tani und E. Güner , „Concept of an autonomous disassembly system using behavior-based robot-ics", „Advanced Robotics", Vol.11, No.2, S. 187-198, 1997.

[23] B. Kopacek, „Semi-automatisierte Demontage für Elektronikschrottrecycling.", „e&i Elektrotechnik und Informationstechnik", Heft 5, S. 149-153, 2003.

[24] Kwak M.J., Hong Y.S., Cho N.W., „An eco-architecture based approach for supporting design for disassembly. ", In Proceedings of 19th International Conference on Production Research (ICPR), Chile, 2011.

[25] A.J.D. Lambert, „Optimal disassembly of complex products.", „International Journal of Production Research", Vol.35, No.9, S. 2509-2524, 1997.

Danksagung: Der Beitrag entstand im Rahmen des Ziel 2 - Projektes „Verfahren zum Recycling großer Lithium-Ionen-Batterien" mit dem Förderkennzeichen 21060226612 unter Zuwendung des Landes Nordrhein-Westfalen und der Europäischen Union und in Kooperation mit der IBG Automation in Neuenrade.

ENTWICKLUNG EINES ECODESIGN-TOOLS FÜR DIE LUFTFAHRTINDUSTRIE

A.-K. Wimmer, Dr. A. Salles, T. Müller

Fraunhofer-Institut für Chemische Technologie ICT, Joseph-von-Fraunhoferstr. 7, 76327 Pfinztal, e-mail: ann-kathrin.wimmer@ict.fraunhofer.de

Keywords: Ecodesign, Design for environment, umweltgerechte Produktentwicklung, Luftfahrt, Flugzeug

1 Einleitung

Die Luftfahrtindustrie transportiert pro Jahr 2,2 Mrd. Passagiere. Im Vergleich zum Jahr 2012 wird sich bis 2030 das Produkt aus Passagieranzahl und Flugkilometern und bis 2050 die kommerzielle Flugzeugflotte verdoppeln. Dieses Wachstum bei gleichzeitigem Schutz der Umwelt zu meistern stellt eine große Herausforderung für die vergleichsweise junge Luftfahrtindustrie dar. Die Entsorgung von Flugzeugen gewinnt zunehmend an Bedeutung. Allein die Anzahl der jährlich außer Betrieb genommenen Flugzeuge der weltweiten Airbus- und Boeingflotte wird von ca. 280 im Jahr 2012 auf 800-900 im Jahr 2030 ansteigen [1, 2]. Die Entsorgungsmöglichkeiten müssen ökonomisch und ökologisch betrachtet werden. Aktuell ist ein Recycling nur bei Metallen wirtschaftlich, State of the Art für die restlichen Materialien sind Verbrennung und Deponierung.

Der Flugverkehr verursacht der Flugverkehr u. a. Ozonbildung (O_3) durch NO_x-Emissionen und Kohlenstoffdioxidbildung (CO_2). Er trägt 2 % zu den anthropogenen CO_2-Emissionen bei und emittiert 628 Mio. t CO_2 pro Jahr. Das europäische Beratungsgremium für die Luft- und Raumfahrt ACARE hat für das Jahr 2020 gegenüber 2000 folgende Ziele definiert [1, 3]:

- 50 % weniger Treibstoffverbrauch, CO_2-Emissionen und wahrgenommener Lärm pro Passagierkilometer
- 80 % weniger NO_x-Emissionen
- Nachhaltig weniger Umweltauswirkungen von Herstellung, Instandhaltung und Entsorgung von Flugzeugen und zugehörigen Produkten [1, 3].

2 Materialien und Methoden

2.1 Materialien

Momentan werden vor allem drei Hauptmaterialgruppen für Flugzeugzellen verwendet: Aluminiumlegierungen, faserverstärkte Composite und Faser-Metall-Laminate. Aluminiumlegierungen sind aufgrund der spezifischen Festigkeit bei tragbaren Kosten das dominierende Material für Flugzeugzellen. Bei kohlenstofffaserverstärkten Kunststoffen sind durch den Wegfall von Nieten und anderen Befestigungsmaterialien weniger Teile als bei Aluminiumlegierungen notwendig. Nachteilig sind die Herstellungs- und Verarbeitungskosten. Glasfaserverstärktes Aluminium (glass-reinforced aluminium laminate, GLARE) verfügt über eine außergewöhnliche Dauerfestigkeit [4].

2.2 Methoden

In der Produktdesignphase werden ca. 80 % aller produktbezogenen Kosten und Umwelteinflüsse festgelegt. Eine umweltgerechte Produktentwicklung kann nachfolgende Umweltauswirkungen in der Produktion, Nutzung und Entsorgung erheblich reduzieren. Ecodesign bezeichnet dabei die Reduktion von Umweltbelastungen während des gesamten Produktlebenszyklus durch intelligentes Produktdesign bei angestrebter gleicher Wettbewerbsfähigkeit [5, 2].
Der ökologische Aspekt des Tools basiert auf der Normserie ISO 14040.
Marktpreise können mit der so genannten Delphi-Methode prognostiziert werden. Bei dieser mehrstufigen Befragungsmethode werden Experten schriftlich nach dem Eintreffen bestimmter Zukunftsereignisse befragt oder gebeten, Entwicklungstrends zu beurteilen. In Stufe zwei bekommen die Experten die Antworten der anderen Experten zugeschickt und können nun ihre bisherige Meinung überprüfen und gegebenenfalls anpassen. Somit konvergiert die Spanne der Antworten [6].

3 Diskussion

Das Fraunhofer ICT leitet den Bereich „Eco Design Guideline“ des europäischen Verbundforschungsvorhabens „Clean Sky – Eco Design“. Ziel des siebenjährigen Projekts ist die umweltfreundliche Herstellung und Entsorgung von Flugzeugen. Am Fraunhofer ICT wird dafür ein Ecodesign-Tool für Flugzeuge entwickelt, um gemäß den ACARE-Zielen zu kalkulieren. Mit diesem webbasierten Leitfaden können Flugzeugdesigner auf einfache Weise umweltgerechte Lösungen identifizieren und umsetzen, um nachhaltige Ergebnisse zu erzielen. Für ausgewählte Flugzeugteile und deren Materialkombinationen bekommt der Produktentwickler umweltrelevante Ergebnisse sowie Alternativen basierend auf ökonomischen und ökologischen Aspekten aufgezeigt. Hierbei erfolgt ein Vergleich von Materialkombinationen in Bauteilen nach Trennbarkeit, Recyclingfähigkeit und Wirtschaftlichkeit. Das Webtool zeigt das proaktive Auftreten der Luftfahrtindustrie und ist für Marketing, PR, Management und insbesondere für Designer ohne Ökobilanzierungswissen als Entscheidungshilfe geeignet.

4 Literatur

[1] Cleansky: *Aviation & Environment.* http://www.cleansky.eu/content/homepage/aviation-environment. Zuletzt eingesehen am: 06.06.2012

[2] Cleansky: *Eco-design.* http://www.cleansky.eu/content/page/eco-design. Zuletzt eingesehen am: 12.06.2012

[3] UBA: *Klimawirksamkeit des Flugverkehrs: Aktueller wissenschaftlicher Kenntnisstand über die Effekte des Flugverkehrs.* Umweltbundesamt Fachgebiet: I 2.1 Klimaschutz, Dessau-Roßlau, 2012

[4] Tavares, S. M. O.; Camanho, P. P. und Castro, P. M. S. T.: *Materials Selection for Airframes: Assessment Based on the Specific Fatigue Behavior.* In: Springer Berlin Heidelberg (Hrsg.), Structural Connections for Lightweight Metallic Structures, S. 239-261, 2012

[5] Müller, Jutta; Schischke, Karsten; Hagelüken, Marcel und Griese, Hansjörg: *Eine Einführung in Ökodesign-Strategien –Wie, was und warum?* Workshopreihe für Eco-Design für kleine und mittelständische Unternehmen der Elektronikbranche des Fraunhofer IZM, Berlin, im Auftrag der Europäischen Kommission - Titel: "Geschäftsvorteile durch ÖkoDesign", Nürnberg, 2005

[6] Volkmann, Martin: *Delphi-Methode.* http://imihome.imi.uni-karlsruhe.de/ndelphi_methode_b.html. Zuletzt eingesehen am: 17.12.2013